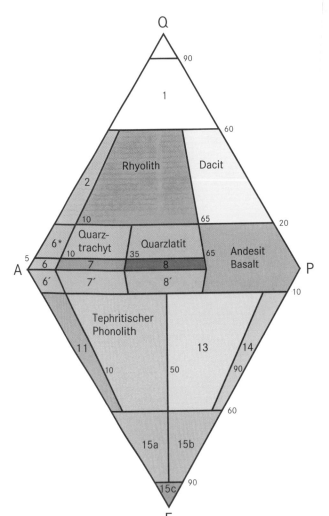

1	= keine Vulkanite
2	= Alkalifeldspatrhyolith
6	= Alkalifeldspattrachyt
6*	= Quarz-Alkalifeldspattrachyt
6´	= Foidführ. Alkalifeldspattrachyt
7	= Trachyt
7´	= Foidführender Trachyt
8	= Latit
8´	= Foidführender Latit
11	= Phonolith
13	= Phonolithischer Basanit, Phonolithischer Tephrit
14	= Basanit (Ol >10%) Tephrit (Ol <10%)
15a	= Phonolithischer Foidit
15b	= Tephritischer Foidit
15c	= Foidit

QAPF-(Streckeisen-)Doppeldreieck für Vulkanite (umgezeichnet nach Le Maitre et al. 2004; digitale Ausführung: Fiona Reiser). Erläuterungen s. Abb. 5.36, S. 165.

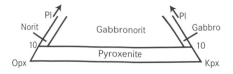

Klassifikationsdreiecke für Ultramafite (links) und Gabbroide ohne wesentlichen Hornblendenanteil (Mitte und links) (umgezeichnet nach Le Maitre et al. 2004; digitale Ausführung: Thomas Bisanz). Erläuterungen s. Abb. 5.37, S. 166.

Gesteinsbestimmung im Gelände

Basaltische Tephraschichten, Teneriffa, Straße TF 24, ca. 4 km nordnordöstlich vom Observatorio del Teide

Roland Vinx

Gesteinsbestimmung im Gelände

4. Auflage

Roland Vinx
Hamburg

ISBN 978-3-642-55417-9   ISBN 978-3-642-55418-6 (eBook)
DOI 10.1007/978-3-642-55418-6

Die Deutsche Nationalbibliothek verzeichnet diese Publikation in der Deutschen Nationalbibliografie; detaillierte bibliografische Daten sind im Internet über http://dnb.d-nb.de abrufbar.

Springer Spektrum
4. Aufl.: © Springer-Verlag Berlin Heidelberg 2015

Planung und Lektorat: Merlet Behncke-Braunbeck, Martina Mechler, Dr. Christoph Iven
Satz: TypoStudio Tobias Schaedla, Heidelberg

Gedruckt auf säurefreiem und chlorfrei gebleichtem Papier

Springer-Verlag GmbH Berlin Heidelberg ist Teil der Fachverlagsgruppe Springer Science+Business Media. (www.springer.de)

Danksagung

Während der Arbeit an den verschiedenen Auflagen der „Gesteinsbestimmung im Gelände" habe ich in vielfältiger Weise Hilfe und Beiträge erhalten, für die mich an dieser Stelle bedanken möchte. Dr. Heinrich Kawinski (Grenzach) hat mit großer Sorgfalt die meisten Kapitel der ersten Auflage auf Fehler, Unklarheiten und Lücken durchsucht. Prof. Dr. Friedhelm Thiedig (Münster, Norderstedt) hat wertvolle Hinweise zur Verbesserung der dritten Auflage gegeben. Prof. Dr. Jochen Schlüter (Mineralogisches Museum der Universität Hamburg) hat mit großer Geduld Mineralproben für Fotos aus den Tiefen der Sammlungen zur Verfügung gestellt und dabei vielfältigen Rat gegeben. Matthias Bräunlich (Hamburg) hat mir wichtige Proben von verschiedenen Rapakivigraniten überlassen, Jutta Solcher (Evendorf) ein Glazialgeschiebe aus Eklogit, Prof. Dr. Panagiotis Voudouris (Athen) ein Sortiment von Blauschiefern. Dipl.-Geologin Fiona Reiser (Passau) und Dipl.-Mineraloge Thomas Bisanz (Hamburg) haben die Endgestaltung eines Teils der Grafiken übernommen. Dr. Bernd Stütze und seine Mitarbeiterinnen Elisabeth Thun und Jutta Richarz (alle Hamburg) haben gesteinschemische Analysen von problematischen Vulkaniten angefertigt, Peter Stutz (Hamburg) Gesteinsdünnschliffe. Für die Überlassung des Fotos 5.4 danke ich Dr. Kay Heyckendorf (Hamburg). Rat in Detailfragen, Führungen im Gelände, Anregungen und Literatur habe ich von vielen weiteren Experten, Kolleginnen, Kollegen und Freunden erhalten. Besonders gilt dies für Dr. Vladimír Cajz (Prag), Prof. Dr. Olav Eklund (Turku), Prof. Dr. Annette Eschenbach (Hamburg), Dr. Alf Grube (Flintbek), Prof. Dr. Dieter Jung (Hamburg), Prof. Dr. Anders Lindh (Lund), Prof. Dr. Eva-Maria Pfeiffer (Hamburg), vereidigter Natursteinsachverständiger Arthur Schröder (AS Arthur Schröder GmbH, Naturstein-Fachagentur, Hamburg), cand. mag. Per Smed (Kopenhagen) und Hans-Joachim Wohlenberg (Tornesch). Schließlich möchte ich Dr. Christoph Iven, Dr. Jens Seeling und Dipl.-Biologin Heidemarie Wolter (Spektrum Akademischer Verlag) für die freundliche und geduldige Betreuung früherer Auflagen danken. Entsprechendes gilt für Frau Merlet Behncke-Braunbeck und Frau Martina Mechler (Springer Spektrum) für die angenehme Zusammenarbeit bei der Entwicklung der vierten Auflage.

April 2014   Roland Vinx

Verzeichnis der Abkürzungen und Zeichen

☐	= unbesetzte Position im Kristallgitter
Ab	= Albitkomponente in Plagioklas (Feldspat)
An	= Anorthitkomponente in Plagioklas (Feldspat)
BB	= Bildbreite (Breite des insgesamt abgebildeten Bereichs)
BH	= Bildhöhe (Höhe des insgesamt abgebildeten Bereichs)
CNMMN	= Commission on New Minerals and Mineral Names
GPa	= Gigapascal (Messgröße für Drucke; 1 GPa entspricht 10 Kilobar)
Gew.-%	= Gewichtsprozent
IMA	= International Mineralogical Association
IUGS	= International Union of Geological Sciences
SCMR	= Subcommission on the Systematics of Metamorphic Rocks
Vol.-%	= Volumenprozent

Inhaltsverzeichnis

Einleitung

Die Petrographie oder Gesteinskunde ist ein gemeinsames Teilgebiet der Fächer Geologie und Mineralogie, soweit diese inhaltlich auf Gesteine und deren Minerale ausgerichtet sind. In dieser „Gesteinsbestimmung im Gelände" soll es hauptsächlich um den Teil gesteinskundlicher Untersuchungen gehen, der unmittelbar an den Gesteinsvorkommen **ohne Labormethoden oder Mikroskopie** auskommen muss.

Auch in anderen Zusammenhängen kommt es darauf an, Gesteine ohne aufwändige Methoden zu bestimmen. Beispiele hierfür sind die Untersuchung von Gesteinen **in Sammlungen, an Bauwerken,** prähistorischen **Steinwerkzeugen** und **Kunstwerken.** Die Notwendigkeit von Gesteinsbestimmungen im Gelände oder **unter geländeähnlichen Bedingungen** kann sich so nicht nur im Rahmen der **Geologie** und **Petrographie** ergeben, sondern ebenso in der **Geographie, Bodenkunde, Archäologie, Architektur** und **Landschaftsarchitektur.**

Außer beruflicher Veranlassung gibt es viele weitere Gründe, sich mit Gesteinen und deren Mineralen zu befassen. Gerade diejenigen, die sich aus **Neigung und Interesse** mit Gesteinen beschäftigen, benötigen einen Leitfaden, der praktische Tipps gibt und vor allem den Weg durch historisch gewachsene Namen, Regeln, Ausnahmen, fehlerhafte Vereinfachungen und Widersprüche bahnt.

Geologische und gesteinskundliche Untersuchungen beginnen immer im Gelände. Hierbei kommt es auf umfassende Beobachtungen mit den Hilfsmitteln an, die man ohne großen Aufwand mit sich führen kann. Auch jede weiterführende Untersuchung mit dem Mikroskop oder mit Labormethoden erfordert eine sinnvolle Probenauswahl. Dies geht nicht, ohne die vorkommenden Gesteine schon im Herkunftsgebiet zu erkennen und ihre geologische Bedeutung einzuschätzen. Eine dem Zufall überlassene Probengewinnung im Gelände kann weiterführende Untersuchungen von vornherein sinnlos machen. Gesteine sind es, in denen die **Information über geologische Prozesse** und die Geschichte des Untersuchungsgebiets dokumentiert ist. Manche Gesteine enthalten Fossilien als Momentaufnahmen der Entwicklung des Lebens auf der Erde (Abb. 1). Andere dokumentieren die Entstehung längst abgetragener Gebirge oder verschwundener Ozeane. Jedes Gesteinsstück bietet lesbare Information. Es ist nicht schwer, das Lesen zu üben. Vor diesem Hintergrund sollte dieses Bestimmungsbuch gesehen werden. Nicht zuletzt prägen die lokalen Gesteine **Landschaften, historische Bauten** (Abb. 2) und **frühgeschichtliche Kulturdenkmäler.**

Das vorliegende Gesteinsbestimmungsbuch bezieht Erläuterungen geologischer und petrographischer Zusammenhänge ein. Trotzdem ist diese „Gesteinsbestimmung im Gelände" kein Lehrbuch der Petrographie als solcher. Es soll jedoch das **Verstehen von Gesteinen im Gelände ohne zusätzliches Lehrbuch** ermöglichen. Zum Inhalt gehört das gesteinskundliche **Basiswissen,** wie es auch in **Gesteinsbestimmungskursen** und **bei Geländeübungen** im Rahmen geowissenschaftlicher Bachelorstudiengänge vermittelt wird. Darüber hinaus sind die grundlegenden Ausführungen und die Abhandlungen zu den einzelnen Gesteinsarten systematisch so erweitert, dass das Buch auch als **petrographisches Nachschlagewerk** und für weiterführende Studiengänge geeignet ist.

Der Titel „Gesteinsbestimmung im Gelände" ist nicht so zu verstehen, dass es sich um ein Buch zur Mitnahme in der Jackentasche handeln soll. Der Umfang ergibt sich auch dadurch, dass fehlerträchtige Vereinfachungen vermieden werden. Bei der Geländearbeit lässt sich das Buch im Fahrzeug mitführen, in der Unterkunft bereithalten oder bedarfsweise auch im Rucksack tragen. Zur klaren und möglichst knappen Darstellung von geologischen Zusammenhängen lässt sich ohne Verluste an Korrektheit nicht auf die Verwendung von Fachbegriffen verzichten. Soweit diese unmittelbar die Gesteinsklassifikation betreffen, sind sie jeweils beim ersten Vorkommen erläutert. Zahlreiche Querverweise sollen auch beim Nachschlagen und fragmentarischen Lesen die Klärung ermöglichen.

Abb. 1 Zu Kalkstein gewordene ehemalige Sedimentoberfläche mit zusammengeschwemmten Ammonitengehäusen (Ceratiten) und Muschelschalen, Oberer Muschelkalk, Grasdorf bei Hildesheim. BB 25 cm.

Die Bestimmung irgendwelcher Objekte, so auch der von Gesteinen, erfordert immer eine **Klassifikation** als Grundlage, um sicherzustellen, dass unter einer Bezeichnung tatsächlich das Gleiche und Richtige verstanden wird. Die Frage der Klassifikation ist bei Gesteinen komplex, z. T. im Fluss und in Teilbereichen uneinheitlich. Entscheidender Wert wird auf die Verwendung der aktuell gültigen Klassifikationen gelegt. Den von internationalen Fachorganisationen (Subkommissionen der International Union of Geological Sciences) vereinbarten Bezeichnungen wird Vorrang vor regionalen, nationalen oder historischen Sondertraditionen gegeben. In Bereichen ohne entsprechende Vereinbarungen (Sedimentgesteine) werden die üblichsten bzw. sinnvollsten Klassifikationen verwendet.

Zweck und Konzeption der „Gesteinsbestimmung im Gelände"

Unter Gesteinsbestimmung im Gelände wird hier die Deutung und Bestimmung von Gesteinen verstanden, soweit dies unter Geländevoraussetzungen möglich ist. Es geht nicht allein um Gesteinsbestimmung im Sinne von bloßen Namenszuordnungen; diese sind im Gelände in manchen Fällen nur vorläufig oder näherungsweise möglich. Mindestens ebenso so wichtig wie die korrekte Benennung eines Gesteins, z. B. als Granit, sind Beobachtungen, die **Rückschlüsse über die geologische Geschichte des Gesteins und der Fundregion** erlauben.

Zum Teil sind Gesteine unter Geländebedingungen nicht sicher bestimmbar, wenn die es

Abb. 2 Feldsteinmauerwerk der im 12. Jahrhundert aus lokal verfügbaren Gesteinen gebauten Kirche St. Viti in Zeven, Nordniedersachsen. Nur das Material des Portalvorbaus ist Sandstein, der nicht der Region entstammt. Die nur teilweise bearbeiteten Feldsteine sind eine regional typische Mischung von Glazialgeschieben aus überwiegend magmatischen und metamorphen Gesteinen. Hauptherkunftsgebiet ist das heutige Ostschweden.

zusammensetzenden Mineralkörner (Kristalle) zu klein sind und andere Gesteine zum Verwechseln ähnlich aussehen. In jedem Fall lassen sich aber überflüssige Untersuchungen oder manche Fehldeutungen vermeiden, wenn man die Möglichkeiten feldpetrographischer Vorauswertung im Gelände vollständig nutzt.

Nur Petrographen haben gewöhnlich Zugang zu einem petrographischen Mikroskop (Polarisationsmikroskop) oder zu einem petrographisch-geochemischen Labor. Für die große Mehrheit derer, die sich mit Gesteinen befassen, sind die Möglichkeiten weiterführender Untersuchungen begrenzt. Die Gesteinsbestimmung im Gelände soll gleichermaßen helfen, Grundlagen für weiterführende Untersuchungen zu legen, wie auch die oft nicht fortführbare und daher zunächst abschließende Bestimmung und Deutung von Gesteinen zu ermöglichen. Hierzu gehört, dass die **Grenzen geländepetrographischer Methodik** nicht verschwiegen werden.

Die Bestimmung und Deutung von Gesteinen unter Geländebedingungen soll so weit wie möglich führen. Sie muss sich auf die ohne Mikroskop und Laboruntersuchungen beobachtbaren Merkmale und Eigenschaften beschränken. Die hierbei zur Verfügung stehende Methodik macht den wesentlichen Unterschied solcher im weitesten Sinne **makroskopischen Gesteinsbestimmung** gegenüber mikroskopischen oder chemischen Bestimmungsverfahren aus. Für die Benennung makroskopisch wird hier keine Trennung zwischen Beobachtung im **Aufschlussmaßstab**, im **Nahbereich ohne Lupe**, oder im **Nahbereich mit Lupe** vorgenommen. Der Begriff makroskopische Gesteinsbestimmung schließt dadurch mesoskopische Gesteinsbestimmung ein. Er ist dementsprechend nachfolgend zwecks Textvereinfachung weiter gefasst, als dies mancherorts üblich ist. Es wird davon ausgegangen, dass im konkreten Einzelfall möglichst der Aufschlusszusammenhang beachtet, das Gestein im Überblick angesehen, und eine geeignete Lupe benutzt wird.

Dieses Buch gibt eine an der Praxis orientierte Anleitung zur **makroskopischen Gesteinsbestimmung**. Es enthält **keinen systematischen Bestimmungsgang**, z. B. als festgelegte, hierarchische Abfolge von Ja-Nein-Entscheidungsweichen. Dieses Prinzip funktioniert für die Bestim-

mung von Blütenpflanzen, nicht aber ausreichend zuverlässig zur Bestimmung von Gesteinen mit ihren oft fließenden Übergängen und Merkmalsausnahmen.

Makroskopische Gesteinsbestimmung im Gelände und an Sammlungsmaterial hängt von der Bewertung gesteinsspezifisch-individueller Merkmale und Regeln ab. In der Praxis wird z. B. ein Glimmerschiefer auch bei geringer Erfahrung schon nach kurzer Betrachtung direkt als solcher erkannt. Eine in einem systematischen Bestimmungsgang möglicherweise voranzustellende Einstufung als Metamorphit ergibt sich dann erst sekundär. Das Gestein Eklogit wird man in vielen Fällen unmittelbar als eben dieses Gestein erkennen und erst dann sicherheitshalber eine mit anderen Mineralen verwechselbare Komponente des für die Einstufung als Eklogit relevanten Mineralbestands doch lieber genauer mustern (Omphacit).

Es wäre andererseits nicht sachgerecht, aus Prinzip unsystematisch vorzugehen. Keinesfalls sollen Klassifikationsregeln gebrochen werden. Vielmehr wird besonderes Gewicht auf die **Klarstellung von Definitionen und Benennungsregeln** gelegt, weil sonst jede Bestimmung bezugslos vage und mehrdeutig bleiben müsste. Hierbei musste teilweise ein praxisbezogener Weg zwischen „wild gewachsenen" und z. T. auch uneinheitlichen Regelungen gesucht werden. Dies gilt vor allem für manche Sedimentgesteine (Abschn. 6.2). Ein weitgehend systematisierter Bereich der makroskopischen Gesteinsbestimmung liegt in der Anwendung der festliegenden Bestimmungsregeln der IUGS-Klassifikationen magmatischer und metamorpher Gesteine (Abschn. 5.6, 7.1). Hierbei gibt es jedoch einige Freiheit bezüglich der Vorgehensreihenfolge. Die möglichst weit führende praktische Gesteinsbestimmung unter Geländebedingungen gründet auf so viel Systematik wie möglich unter zusätzlicher Berücksichtigung individueller Merkmale und Regeln.

Die farbigen **Gesteins- und Mineralfotos** sind als Beispiele des für viele Gesteine und auch Minerale höchst variablen Aussehens zu verstehen, nicht jedoch als vorrangige Bestimmungsgrundlage. Die ausschlaggebenden Merkmale der einzelnen Minerale und Gesteine sind im Text erläutert. Bei der Auswahl der Mineral-,

Gesteins- und Geländefotos standen Beispiele im Vordergrund, die den jeweiligen Normalfall möglichst deutlich repräsentieren sollen. Die Herkunftslokalitäten von nicht selbst gewonnenen Sammlungsproben sind nach Maßgabe der zugehörigen Etiketten angegeben, d. h. in unterschiedlicher Präzision. In einigen Fällen waren keine Fundorte ermittelbar. Dies gilt vor allem für Sammlungsproben mit dem Status von Verbrauchsmaterial, wie es in mineralogischen Universitätsinstituten für die Durchführung von Übungen eingesetzt wird. Oft sind solche Proben besonders typisch für die normale Ausbildung von Mineralen. Das Fehlen eines Fundorts ist dann kein entscheidender Mangel.

Minerale werden in dieser Gesteinsbestimmung im Gelände in ungefährer Reihenfolge ihrer Wichtigkeit soweit behandelt, wie sie **in Gesteinen** als makroskopisch erkennbarer oder die Eigenschaften prägender Bestandteil vorkommen. Weder geht es hierbei um seltene Minerale noch um solche, die nur mit dem Mikroskop erkennbar sind. Auch Sammlerraritäten, wie z. B. ungewöhnliche Ausbildungsformen oder Farbvarietäten sonst häufiger Minerale sind nicht Gegenstand der Betrachtungen. In Hohlräumen oder in Spalten frei gewachsene Minerale sind keine Gesteinsbestandteile. Auch bezüglich der Gesteine wird keine Vollständigkeit unter Einbeziehung möglichst vieler Seltenheiten angestrebt. Es geht um die möglichst sichere Bestimmung und Deutung der **häufigen und geologisch wichtigen Gesteine** und um die Vermittlung der im Gelände möglichen Untersuchungstechniken.

Besonders für feinkörnige Gesteine ist eine Benennung mit einem eindeutig festlegbaren Gesteinsnamen im Gelände oft nur unter Beachtung eher subtiler Merkmale und Regeln möglich, oder überhaupt nicht. Trotzdem können in fast jedem Fall Aussagen zur näherungsweisen Einstufung und zur geologischen Bedeutung gemacht werden. Diese Aussagen sind höherwertiger als die Gewissheit, ob das Gestein z. B. definitiv ein Andesit oder ein Dacit ist. Die Übergänge sind fließend. Im genannten Fall kann oft nur eine chemische Gesteinsanalyse Sicherheit gewähren. Selbst Mikroskopie muss nicht zu einem eindeutigen Ergebnis führen.

Dieses Buch führt in die Arbeitsweise der Geländepetrographie ein. Hierbei werden zunächst die erkennbaren Gesteinsmerkmale zugrunde gelegt. Da diese bei manchen Gesteinen nicht in ausreichendem Maße spezifisch sind, werden für die in Frage kommenden Beispiele die Möglichkeiten gezielter zusätzlicher Detailbeobachtungen dargestellt. Besondere Bedeutung hat die Beachtung des **geologischen Umfelds** und die Einbeziehung von einfachen **petrographischen und geochemischen Regeln**. Hierdurch können manche zunächst unbestimmbar erscheinenden Gesteine recht sicher eingestuft werden. Es wird in Kauf genommen, dass dadurch manchmal der Eindruck des „Griffs in die Trickkiste" entsteht.

1 Wissenschaftliche und praktische Bedeutung der Gesteinsbestimmung im Gelände: Methoden und Hilfsmittel

Das Bestimmen von Gesteinen steht gewöhnlich am Anfang gesteinskundlichen Arbeitens. Die Gesteinskunde wird mit unterschiedlicher Sinngebung oder auch undifferenziert mal als **Petrographie**, mal als **Petrologie** bezeichnet. Petrographie ist der traditionellere Begriff. Er wird heute vor allem für die beschreibende und klassifizierende Gesteinskunde verwendet. Unter Petrologie wird hingegen vorrangig der Teil der Gesteinskunde verstanden, bei dem es um experimentelle oder quantitativ messende Labormethoden, deren Auswertung und um genetische Schlussfolgerungen geht. Beides ist nicht klar zu trennen. Gerade die Geländebeobachtung und makroskopische Gesteinsansprache liefern oft die Voraussetzungen für quantitative Laboruntersuchungen. In diesem Buch wird durchgehend der Begriff Petrographie verwendet.

Die Bestimmung und Auswertung von Gesteinen im Gelände ist nur ein kleiner Teil der Petrographie. Sie ist jedoch wesentlicher Teil der geologischen Basisarbeit. Vieles von dem, was inzwischen über die Erde, über bestehende oder längst abgetragene Gebirge und über Teilung und Zusammenwachsen von Kontinenten bekannt ist, wurde unter Einsatz von Labormethoden ermittelt. Andererseits entstammen viele grundlegende Erkenntnisse der **direkten Geländebeobachtung und -interpretation von Gesteinen** und deren Beziehungen zueinander. Im Gelände einfach ermittelbare Zusammenhänge lassen sich oft mit Labormethoden nicht erkennen. Ein Beispiel hierfür ist die für geologische Schlussfolgerungen elementare Feststellung der stratigraphischen Stellung eines Gesteins. Die **Stratigraphie** („Schichtkunde") umfasst den Teilbereich der Geologie, bei dem es um die lagerungsbedingte Abfolge von geschichteten Gesteinen, vor allem von Sedimentgesteinen geht (Abschn. 6.2) und damit auch um deren zeitliche Einordnung.

Jede weiterführende petrographische Untersuchung erfordert eine **Probenahme im Gelände**. Hierbei soll die Probe ein meist riesiges Gesteinsvolumen repräsentieren und in direktem Bezug zur Fragestellung aussagekräftig sein. Aufwändige geowissenschaftliche Forschungsarbeiten können wegen ungeeigneter Probenauswahl oder wegen unzureichender Geländebeobachtungen zu unsinnigen Ergebnissen führen.

Die Geländepetrographie hat zentrale Bedeutung bei der **geologischen Kartierung**, der geologischen Grundlagenarbeit schlechthin. Hierbei geht es um die Dokumentation des geologischen Baus eines meist größeren Gebiets. Hauptziel ist die Lokalisierung der Grenzen zwischen den beteiligten Gesteinseinheiten an der Oberfläche. Die Herstellung einer geologischen Karte erfordert intensive Geländearbeit, auch wenn durch Auswertungen von Luftbildern und Satellitenaufnahmen viel Routinearbeit eingespart werden kann. Ohne die zuverlässige Einstufung der vorkommenden Gesteine vor Ort ist geologische Kartierung nicht möglich.

Bei der systematischen Aufsuchung von Rohstoffen wie Erzen und Industriemineralen, der **Prospektion**, kommt es ähnlich wie bei der geologischen Kartierung darauf an, den Gesteinsbestand direkt im Gelände möglichst flächendeckend zu erfassen. Erst dann können allgemeine Regeln z. B. der Bindung bestimmter Erze an bestimmte Gesteine oder Gesteinsassoziationen für die gezielte Aufsuchung ausgenutzt werden.

Die **Auswertung von Glazialgeschieben**, d. h. von durch eiszeitliches Gletscher- oder Inlandeis umgelagerten Gesteinsbrocken, ist die einzige Methode zur einigermaßen präzisen Ermittlung der Eisherkunft und des Transportwegs (Kap. 10). Von besonderer Bedeutung ist dies für Untersuchungen im nordischen, baltoskandischen Vereisungsgebiet. Hierbei kommt es vor allem auf das Erkennen sog. Leitgeschiebe an. Dies sind Brocken von Gesteinen, deren Herkunft durch petrographischen Vergleich mit bekanntem, merkmalsgleichem Gestein des jeweiligen Ursprungsvorkommens ermittelbar ist. Leitgeschiebeauswertungen sind auch ein unverzichtbares Hilfsmittel zur stratigraphischen Einstufung der Ablagerungen verschiedener Eisvorstöße. Leitgeschiebestudien haben in den nordeuropäischen ehemaligen Vereisungsgebieten, so im Norddeutschen Tiefland, eine lange Tradition. Sie erfordern Sicherheit in der Gesteinsbestimmung. Die Identifikation und Untersuchung der Leitgeschiebe und des sonstigen Geschiebebestands erfolgt aus praktischen Gründen fast ausschließlich mit makroskopischen Bestimmungsmethoden, oft direkt im Gelände. Die Glazialgeschiebekunde ist daher ein ureigenes Anwendungsgebiet für makroskopische Untersuchungsmethoden. Hierbei herrschen ähnliche Bedingungen wie bei der Beschäftigung mit Sammlungsproben. Auch Glazialgeschiebe müssen ohne Beobachtung ihres ursprünglichen Geländezusammenhangs bestimmt werden.

Ganz wesentlich ist das Bestimmen von Gesteinen im Gelände auch dann, wenn es darum geht, das richtige Material auszuwählen, um eine **Gesteinssammlung** aufzubauen oder zu erweitern. Hierzu müssen Art und Bedeutung des Materials im Gelände erkannt werden. Im Gelände entscheidet sich, ob die für die jeweilige Sammlungskonzeption geeigneten Proben gewonnen werden oder nicht. Dies betrifft nicht nur Privatsammlungen. Jedes geologische und mineralogische Institut benötigt eine Gesteinssammlung für Unterrichts-, Beleg- und Forschungszwecke. Eine Sammlung sollte daher entsprechend der aktuellen Entwicklung des Fachs kontinuierlich ausgebaut werden. Angesichts vieler schon verschwundener oder irgendwann un-

zugänglich werdender Vorkommen ist dies ein Beitrag zur fachlichen Zukunftssicherung.

Sammlungen haben in materialbezogenen Naturwissenschaften eine zentrale Bedeutung. Dies betrifft Fächer wie die Botanik, Zoologie, Geologie, Paläontologie und nicht zuletzt die Mineralogie samt Petrographie. Immer wieder ergibt es sich, dass für Forschungszwecke unvorhergesehen auf Sammlungsbestände zurückgegriffen werden muss. Gut betriebene wissenschaftliche Sammlungen von einiger Größe können den Rang von Kulturgütern haben. Petrographische Geländearbeit ist fast immer mit der Gelegenheit verbunden, ohne besonderen Zusatzaufwand wichtige Sammlungsproben zu gewinnen. Allerdings steht bei den meisten Probenahmen zunächst ein Forschungsprojekt im Vordergrund. Über die Fokussierung auf die hierfür benötigten Arbeitsproben geschieht es dann leicht, dass die allgemeine Gesteinssammlung des Heimatinstituts vergessen wird.

Arbeitsmethoden, Hinweise zum praktischen Vorgehen

Die Gesteinsuntersuchung und -bestimmung unter Geländebedingungen umfasst vor allem die auswertende Beobachtung von Mineralbeständen und sonstigen Merkmalen mit dem bloßen Auge und mit einer Lupe, wann immer möglich unter Einbeziehung geologischer Befunde des Vorkommens.

Die Bestimmung des Mineralbestands eines Gesteins erfordert unbewachsene, unverwitterte, unzerkratzte und saubere Gesteinsbruchflächen. Diese werden durch Anschlagen mit einem geeigneten Hammer hergestellt.

Die **Probengewinnung** gehört zu den ganz wesentlichen Aufgaben der geländepetrographischen Arbeit. Nach erfolgter Auswahl ist die Herstellung von Proben eine **handwerkliche Tätigkeit**, bei der es wie bei jedem Handwerk auf geeignetes Werkzeug und Geschicklichkeit ankommt. Das Vorgehen orientiert sich an dem vorgesehenen Zweck. Hierbei kommt es darauf an, nicht zu kleine, aber auch nicht unsinnig große Proben zu nehmen. Es gilt, möglichst unverwittertes und repräsentatives Material unter Dokumentation der Fundsituation zu entnehmen. Die größtmögliche Schonung des Vorkommens ist unerlässlich, es sei denn, es handelt sich um einen Steinbruch, in dem ohnehin gerade Material abgebaut wird. Die Zeiten des Plünderns von sensiblen Vorkommen sollten Vergangenheit sein.

Fehlende Erfahrung führt leicht zu unangemessener **Probengröße**. Oft werden auch ungünstig geformte oder zu viele Proben gleicher Art mitgenommen und damit das möglicherweise begrenzte und nicht nachwachsende Vorkommen in unnötigem Maße beeinträchtigt. Zu große oder unförmige Proben erfordern überdies unangemessen viel Platz bei der Lagerung, und man erreicht schneller die Grenzen der Transportkapazität. Die Formgebung der Proben geschieht am besten im Herkunftsvorkommen, keinesfalls jedoch an einem anderen Gesteinsvorkommen. Bruchstücke falscher Gesteine am falschen Ort können zu Verwirrung führen.

Die unreflektierte bis „triebhafte" Mitnahme von Gestein, z. B. auf Exkursionen, sollte bei empfindlichen und mengenmäßig begrenzten Vorkommen vermieden werden. Viele besondere Gesteinsvorkommen stehen ohnehin unter Naturschutz, sodass strenge Einschränkungen gelten. Die Probenahme kann genehmigungspflichtig oder völlig verboten sein. Wenn es nicht auf horizontierte Probenahme ankommt, sollte nur loses Material entnommen werden. Abschläge, Bohrlöcher oder gar Sägungen an exponierten Stellen von anstehenden Felsen oder auch an Findlingen sind bleibende Schäden. Durch bewusstes Aufsuchen lässt sich fast immer ein nicht ins Auge fallender, geeigneter Bereich finden, im günstigsten Fall unter wiederherstellbarer Schutt- oder Bodenbedeckung.

Für mikroskopische und routinemäßige gesteinschemische Untersuchungen reichen in Abhängigkeit von der Homogenität und Korngröße des Gesteins oft einige hundert Gramm. Hierbei ist zu berücksichtigen, dass ein wesentlicher Teil der Probe zur Dokumentation, für mögliche Folgeuntersuchungen und auch als Material für makroskopische Vergleiche übrig bleibt.

Oft kommt es schon bei der Gewinnung auf eine zweckmäßige **Formgebung der Proben** an. Man kann sich hierdurch viel Mühe bei der Weiterverarbeitung ersparen. Günstig sind angenähert quaderförmige Proben mit ungefähr rechtwinkligen Kanten. Für Fotos sind Bruchflächen

zweckmäßig, die aus Gründen der Tiefenschärfe über die zu fotografierende Fläche einigermaßen eben sind. Bizarr und zufällig geformte Brocken bergen Verletzungsgefahr beim Hantieren durch scharfe Grate und sind ungeeignet für eine geordnete, platzsparende Aufbewahrung. Klemmende Schubladen wegen sich verkeilender Gesteinsstücke sind ein vermeidbares Ärgernis. Gesteinsproben verdienen auch die Berücksichtigung ästhetischer Gesichtspunkte. Unterschiedlich geformte Brocken in Zufallsgrößen sind als Untersuchungsmaterial geeignet, kaum jedoch als Objekte einer attraktiven Belegsammlung. Mit einiger Übung und geeigneten Hämmern verschiedener Größen lassen sich schon im Gelände in wenigen Minuten für Dokumentations- und Sammlungszwecke geeignete **Gesteinshandstücke** herstellen. Im Idealfall sind dies flache, rechteckige Stücke von handlicher Größe. In früheren Gesteinssammlungen waren Handstücke mit einigermaßen einheitlich ca. 9 × 12 cm Fläche und ca. 3 cm Dicke Standard (Abb. 1.1). Die Kanten wurden facettiert, sodass sich insgesamt eine flach kissenähnliche Form ergab. Für anspruchsvolle Gesteinssammlungen ist eine Fortsetzung dieser Tradition sinnvoll.

Das **Vorgehen bei der Herstellung von Gesteinsproben** für hochwertige Sammlungen und Ausstellungszwecke sollte zunächst an reichlich verfügbarem Gestein eines unproblematischen Vorkommens praxisnah geübt werden. Es ist nicht zu erwarten, dass gut und einigermaßen einheitlich geformte Probenstücke auf Anhieb gelingen. In jedem Fall sind immer mehrere Arbeitschritte erforderlich und man muss in Kauf nehmen, dass immer wieder auch Ausschuss entsteht. Hierbei wird man bei der Probenahme in anstehenden Vorkommen anders vorgehen als bei der Probenherstellung aus Geröllmaterial (unten). Unter der Voraussetzung, dass man anstehendes Gestein oder davon abgelöstes Blockwerk, z. B. in einem Steinbruch beproben möchte, ist eine bestimmte Abfolge von Schritten sinnvoll:

1. Auswahl einer geeigneten Entnahmestelle
2. Aufsetzen einer **Schutzbrille** (!)
3. Abschlagen einer scheibenförmigen Rohprobe mit einem Vorschlaghammer
4. Grobformung mit einem mittelgroßen Hammer
5. Endformung mit kleineren Hämmern

Abb. 1.1 Gesteinshandstücke im Format ca. 9×12 cm in traditioneller Kissenform, Gabbronorit (grau) und Granit (blassrötlich). Beide Gesteine entstammen dem Harz: Gabbronorit des Harzburger Gabbromassivs und Granit des Brockenmassivs (Lokalname: Ilsestein-Granit).

Wenn man ein Gesteinshandstück in traditioneller Kissenform (Abb. 1.1) oder in Form eines flachen Quaders aus massigem Gestein herstellen möchte, benötigt man zu Anfang eine ausreichend großflächige, ebene Scheibe von der für die endgültige Probe angestrebten Dicke (Abb. 1.3). Die Scheibe gewinnt man durch gut gezieltes, kräftiges Abschlagen mit einem Vorschlaghammer von einer vorspringenden, möglichst geradlinigen Felskante. Am besten schlägt man mit einer der beiden Seitenkanten der breiten Seite des Hammerkopfs, nicht mit der gesamten Fläche. Hierzu muss der Hammer um einige Grad schräg gestellt sein. Eine von vornherein zu große Scheibendicke ist durch Hämmern nicht mehr korrigierbar. In diesem Fall sollte man nach Möglichkeit lieber gleich eine neue Scheibe abschlagen.

Von der Rohscheibe schlägt man nacheinander mit abgestuft immer kleineren Schlosserhämmern (unten) überschüssiges Gestein vom Rand der Scheibe ab, bis man das bezüglich Form und Größe gewünschte Format angenähert erreicht hat. Hierbei hält man als Rechtshänder die Probe in der linken Hand. Ablegen auf dem Boden ist ungünstig. Beide Hände sollten durch Arbeitshandschuhe geschützt werden. Wenn man einen für die jeweilige Arbeitsphase zu großen Hammer benutzt, bricht die Probe leicht in der Mitte auseinander. Jeder zu sanfte Schlag, bei dem sich kein Gesteinsstück ablöst, hinterlässt eine hässliche Schlagspur. Das Bemessen der optimalen Hammergröße und der

Schlagintensität gelingt nach einigen Versuchen an Übungsproben.

Nach der Grobformung lassen sich mit einem Hammer von 150 bis höchstens 200 g Gewicht die Kanten weiter begradigen und, wenn man dies wünscht, auch in Kissenform facettieren (Abb. 1.1) und zusätzliche Proben für verschiedene Zwecke formen (Abb. 1.3). Alle bei der Probenherstellung verwendeten Hämmer sind Verbrauchsmaterial mit begrenzter Haltbarkeit. Der äußere, gehärtete Bereich nutzt bei der Arbeit ab. Man sollte daher in Abhängigkeit von der Zähigkeit der Gesteine und von der geplanten Probenmenge ausreichend Reservehämmer mit sich führen. Der ungehärtete Innenbereich eines abgenutzten Hammerkopfs ist zur Bearbeitung festerer Gesteine nicht geeignet.

Einigermaßen ordentlich geformte Proben von deutlich geringerer als der üblichen Handstückgröße von ca. 9×12 cm Fläche sind aus Platz- und Gewichtsgründen für Übungssortimente (Abb. 1.2) vorteilhaft, wenn diese in vielfacher Ausführung benötigt werden. Am Mineralogisch-Petrographischen Institut der Universität Hamburg sind vier verschiedene Sortimente aus je ca. 40 Proben von maximal 5 × 7 cm Größe in jeweils 14-facher Ausführung in Gebrauch: gesteinsbildende Minerale, magmatische Gesteine, Sedimentgesteine und metamorphe Gesteine. Solche kleineren Proben lassen sich kaum durch Hämmern in Form bringen. Da ästhetische Gesichtspunkte für sie eher nebensäch-

Abb. 1.2 Teil eines Sortiments magmatischer Gesteine für makroskopische Gesteinsbestimmungsübungen an der Universität Hamburg. Die Musterstücke haben maximal Größen von 5×7 cm.

lich sind, können sie am einfachsten durch Sägen an das gewünschte Sammlungsformat angepasst werden.

Die **Herstellung von Gesteinsdünnschliffen** für mikroskopische Untersuchungen wird erleichtert, wenn schon im Gelände eine zusätzliche Probe des Gesteins mit mindestens ca. 5 cm Querschnitt mitgenommen wird. Hierdurch wird der Sägeaufwand verringert und der Belegprobe später eine unschöne Sägefläche erspart.

Wenn **chemische Gesteinsanalysen** beabsichtigt sind, benötigt man zusätzliches Gesteinsmaterial zur Herstellung von Pulver zur weiteren Analysenvorbereitung. Die **Probenmengen** sind so zu bemessen, dass sie für die chemische Zusammensetzung des Gesteins in Abhängigkeit von der Fragestellung repräsentativ sind.

Je grobkörniger oder inhomogener das Gestein ist, desto größer muss die Probe sein. Um Pulver mahlen zu können, z. B. in einer Scheibenschwingmühle, braucht man ca. erbsengroße Bröckchen des Gesteins. Nur wenn viel Material benötigt wird, ist der Einsatz eines Backenbrechers bei der Vorzerkleinerung sinnvoll. Für normale, d. h. kleinere Probenmengen im hundert-Gramm-Bereich hat es sich neben der Mitnahme gesonderter Abschläge (Abb. 1.3) bewährt, schon im Gelände auf die Herstellung nicht gerundeter, sondern eckiger Kanten aus unverwittertem Gestein an mehreren Seiten der Probe zu achten. Von solchen Proben können später leicht die zu mahlenden Bröckchen in Handarbeit mit einem

kleinen Hammer abgeschlagen werden. Wenn dies rundum an verschiedenen Seiten der Probe geschieht, ist in den meisten Routinefällen eine ausreichend gemittelte Zusammensetzung des Materials gewährleistet und es bleibt von einer Ausgangsmasse von ca. 500 bis 1000 Gramm ein ordentlich aussehendes Kernstück von angemessener Größe für die Dokumentation übrig. Das Material reicht dann gewöhnlich auch noch für zusätzliche Dünnschliffe, Anschliffe und Sonderpräparate. Die zur Erzielung ausreichender Repräsentativität benötigte Granulatmenge liegt oft im 50–100-Gramm-Bereich. In anderen Fällen ist jedoch in Abhängigkeit von der Gesteinshomogenität und der Fragestellung deutlich größerer Aufwand erforderlich.

Für die eigentliche Durchführung einer Routinebestimmung der Haupt- und Spurenelemente mit einem Röntgenfluoreszenzspektrometer (RFA), dem Standardgerät für Gesteinsanalysen, reichen wenige Gramm Gesteinspulver. Für Sonderuntersuchungen können jedoch auch sehr große Probenmengen nötig werden. Dies gilt vor allem für die Gewinnung von Mineralkonzentraten nur geringfügig vorkommender Anteile. So ist es üblich, für die Heraustrennung von Zirkonen für konventionelle isotopische U-Pb-Altersbestimmungen Proben von z. B. ca. 40 kg aufzumahlen, um ausreichende Mengen von Zirkonkonzentrat zu gewinnen. Neuere U-Pb-Altersbestimmungsmethoden kommen mit Proben von Dünnschliffgröße aus.

Abb. 1.3 Gneisblock mit daraus gewonnenen Proben in unterschiedlichem Bearbeitungszustand bzw. für verschiedene Zwecke: Rohscheibe (rechts vor dem Block), Quader zur Herstellung von Gesteinsdünnschliffen (unten Mitte rechts), vorgeformte Scheibe zur Handstückherstellung oder als Dokumentationsprobe (unmittelbar neben den Hämmern), fertiges Handstück (Vordergrund), Abschlagscherben zur Herstellung von Granulat für chemische Analysen. Die abgebildeten Hämmer wurden in der Reihenfolge abnehmender Größe eingesetzt.

Wenn es darum geht, petrographische **Sammlungsproben aus größeren losen Geröllen** herzustellen, ist das für anstehende Vorkommen beschriebene Abschlagen planer Scheiben nur selten möglich. Es gelingt nur ausnahmsweise, Gerölle mit einem Hammer überhaupt ebenflächig zu teilen. Eher erhält man gewölbte Bruchflächen oder mehrere unregelmäßige Zufallsbruchstücke. Dies betrifft besonders kleinere Glazialgeschiebe im Norddeutschen Tiefland (Kap. 10) und ebenso Bachgerölle und Lesesteine in Gebirgslandschaften. Das grundsätzlich mögliche und manchmal auch sinnvolle Belassen im Originalzustand ist bei Anwitterung der Außenflächen sowie bei ungünstigen Größen und Formen nicht zweckmäßig. Auch erschwert das Fehlen frischer Bruchflächen die Mineral- und damit auch Gesteinsbestimmung. Wegen der meist rundlichen Form lassen sich selbst von größeren Blöcken, sofern sie nicht ohnehin geschützt sind, kaum ausreichend große, gute Rohproben abschlagen. Für wichtige Untersuchungszwecke, nicht aber zur Herstellung konventioneller Sammlungsproben, bleibt dann nur die aufwändige und optisch besonders beeinträchtigende Möglichkeit der Gewinnung eines Bohrkerns.

Da an den meisten Vorkommen das gleiche Gestein in verschiedenen Geröllgrößen und -formen zu finden ist, empfiehlt sich für petrographische Sammlungszwecke das Suchen nach günstig geformten, mittelgroßen Steinen mit Durchmessern von nicht viel mehr als 12 cm zur Aufbereitung mit einem im Gelände einsetzbaren, zum Teilen von Gestein geeigneten, transportablen Gerät.

In der Praxis bewährte Geräte zur Herstellung gut geformter Proben aus mittelgroßen Geröllen massiger Gesteine wie z. B. Granit sind sog. **Steinknacker** (Abb. 1.4), wie sie von Steinsetzern bei Pflasterarbeiten verwendet werden. Sie werden gewöhnlich eingesetzt, um Pflastersteine ohne Säge ebenflächig in vorherbestimmter Richtung zu zerteilen. Ebenso ermöglichen sie die Herstellung von Gesteinsproben gewünschter Form und Größe. Mit einem Steinknacker kann man ebenflächige Scheiben von gewünschter Dicke aus harten Gesteinen erzeugen (Abb. 1.4). Oft gelingt dies mehrfach parallel oder auch in Querrichtungen am selben Stein. Die entstandene Scheibe kann dann genauso weiterverarbeitet werden, wie dies oben für die Probenahme aus anstehendem Vorkommen beschrieben ist. Ebenso können Steine unter Gewinnung ebener Trennflächen halbiert werden oder es können beispielsweise Quader in gewünschter Abmessung hergestellt werden. Steinknacker sind für die Bedienung durch eine Person eingerichtet.

Je nach Bauart des Geräts lassen sich Gerölle von z. B. bis zu 12 cm Dicke, solange sie nicht besonders zäh sind, mit einem der üblichen Steinknacker bearbeiten, unter der Voraussetzung, dass es zwei näherungsweise parallel zueinander orientierte Außenflächen zum Einspannen gibt.

Abb. 1.4 Steinknacker mit zer-
teiltem Geröll. Durch zweimaliges
Pressen ist aus einem granitischen
Glazialgeschiebe eine zur weiteren
Verarbeitung geeignete Scheibe
gewonnen worden. Steinknacker
werden gewöhnlich für Pflasterungs-
arbeiten eingesetzt.

Kugelähnliche, gedrungen ellipsoidische oder keilförmige Steine entgleiten unter dem Druck der beiden pressenden Schnittkanten. Ein wesentlicher Vorteil gegenüber der Arbeit mit dem Vorschlaghammer ist es, dass bei sachgerechtem Einsatz eines Steinknackers weniger Gefahr durch herumfliegende Gesteinssplitter besteht und dass in der Regel fast kein Schutt entsteht.

Es ist jedoch ein gravierender Nachteil, dass Steinknacker wegen ihrer notwendigerweise robusten Bauweise und dem damit verbundenen Gewicht im Gelände nicht weit bewegt werden können. Sie kommen daher bei der Geländearbeit als ständig mitgeführte Routineausrüstung nicht in Betracht. Allerdings kann ein Steinknacker geeigneter Größe in jedem Kombi-Pkw in einem kleinen Teil des Laderaums mitgeführt und bedarfsweise neben dem Fahrzeug aufgestellt werden. Allerdings hebt man das Gerät wegen seines Gewichts am besten zu zweit. Eine Alternative zur Mitnahme im Auto ist die Stationierung beim Geländequartier. In jedem Fall lässt es sich vermeiden, die zur Aufbereitung vorgesehenen Gerölle in ihrer Originalgröße bis zum Heimatinstitut oder nach Hause transportieren zu müssen.

Hilfsmittel

Im Gelände kommen für die Routinearbeit nur Hilfsmittel in Betracht, die man jederzeit oder bei besonderem Bedarf mit sich tragen kann (Abb.

1.5). Die Grundausstattung besteht vor allem aus einem **Hammer** mittlerer Größe (Kopfgewicht 500 bis 800 g) oder besser, einem Sortiment abgestufter Größen, z. B. 150–200 g, 400–500 g und 800–1000 g. Zur einfachen Gewinnung von Proben fester Gesteine von größeren Blöcken ist ein **Vorschlaghammer** mit mindestens 3 kg schwerem Kopf und möglichst langem Stiel unverzichtbar. Es gilt die Grundregel, dass der Hammer größenordnungsmäßig die gleiche Masse haben sollte wie der gewünschte Abschlag. Die kleineren Hämmer sind für die Formatisierung der Proben nötig oder für die Zerteilung kleinerer Brocken. Für die Herstellung von Gesteinsproben am geeignetsten sind **Schlosserhämmer** mit gut gehärtetem Kopf (z. B. der Marke Picard). Ungenügend gehärtete Hämmer (Baumarktqualität) sind zur Gesteinsbearbeitung unbrauchbar und gefährlich, weil sich bei der Gesteinsbearbeitung am Hammerkopf scharfe Grate bilden und leicht Metallsplitter herumfliegen.

Die üblichen **Geologenhämmer** sind wegen ungünstiger Schwerpunktlage, fehlender Elastizität des Stiels und ungenügender Größenabstufung zur Probengewinnung von harten Gesteinen ungeeignet. Ihre Hauptbedeutung liegt in ihrer Eignung zum Scharren im Boden und zum Herausbrechen von Brocken und Platten aus dem Gesteinsverband.

Da kleinere Proben am besten in der Hand zugeschlagen werden, benötigt man robuste **Arbeitshandschuhe**. Am besten sind Winter-Arbeits-

Abb. 1.5 Werkzeuge und Utensilien zur petrographischen Geländearbeit: Schutzbrille, Schlosserhämmer verschiedener Größen, Geologenhämmer, Lupe, Zollstock, Magnete, Härteprüfstifte, Strichtafel, Salzsäurefläschchen, wasserfester Filzstift, Taschenmesser, Zeckenzange.

handschuhe geeignet, weil sie dick gefüttert sind und dadurch die Erschütterung der haltenden Hand am meisten mindern. Besonders schnittgefährdet ist die Innenfläche der Hand, mit der man die Probe hält. Durch abspringende Gesteinssplitter werden die Knöchel der Hand verletzt, mit der man schlägt, wenn man ohne Handschuhe arbeitet. Zum Schutz der Augen muss beim Bearbeiten von Gesteinen ausnahmslos immer eine **Schutzbrille** getragen werden.

Unerlässlich ist eine **Einschlaglupe** mit 8- bis 12-facher Vergrößerung und kurzer Brennweite. Allerdings werden solche Einschlaglupen oft irrtümlich wie Leselupen eingesetzt. Anders als bei Leselupen muss der Abstand zwischen Lupe und Auge wie auch zwischen Lupe und Probe kleiner sein als die Brennweite der Lupe. Dies bedeutet, dass die Lupe unmittelbar vor das Auge gebracht werden muss, jedoch ohne hierbei die Probe zu beschatten. Die sinnvolle Benutzung einer Lupe erfordert etwas Übung.

Zur Identifikation stark magnetischer Minerale und auch zu deren Separation aus Lockermaterial wie z. B. Sand ist ein kleiner **Magnet** erforderlich, oder besser mehrere, weil sie leicht verloren gehen. Am besten haben sich die kleinsten Magnete bewährt, die in Schreibwarengeschäften für Pinnwände erhältlich sind. Hierbei ist jedoch darauf zu achten, dass sie möglichst stark magnetisch sind. Bei einem für solche Magnete üblichen Durchmesser von ca. 8 mm sollten sie Eisengegenstände von 50 g Ge-

wicht halten können. Für Härtevergleiche zur Mineraldiagnose ist die Mitnahme von **Härtestiften** sinnvoll. Diese enthalten an ihren spitzen Enden Mineralproben bekannter Ritzhärte (Abschn. 3.1).

Oft ist es ein Mangel, wenn die ursprüngliche Orientierung z. B. einer Schichtfläche oder von eingeregelten Kristallen in einem Gestein nicht mehr rekonstruierbar ist. Daher ist es sinnvoll, einen **Geologischen Gefügekompass** mit ins Gelände zu nehmen. Zur zuverlässigen Lokalisierung und Dokumentation von Probenahmepunkten sind **topographische Karten** und/oder ein **GPS-Gerät** erforderlich.

Für die Kennzeichnung von Gesteinsproben und Beschriftung von Probenbeuteln haben sich mittelgroße **Filzstifte** mit schwarzer, **wasserfester** Tinte für Gesteine aller Farben von weiß bis tiefschwarz bewährt.

Es ist unsachgemäß, aufwändig gewonnene Proben anschließend wie Schüttgut zu behandeln. Jede Probe muss unbedingt einzeln verpackt werden, um gegenseitiges Zerkratzen beim Transport zu vermeiden. Geeignetstes **Verpackungsmaterial** sind Polyäthylenbeutel mit ca. 0,05 mm Wandstärke. Als Standardgröße empfiehlt sich 20 × 30 cm. Polyäthylenbeutel können mit dem gleichen wasserfesten Filzstift beschriftet werden wie die Probe selbst. Bei Gewinnung feuchter Proben, vor allem bei Regen, ist dies besonders wichtig. Die Durchsichtigkeit der Beutel ermöglicht im Gegensatz zu Papier jederzeit eine schnelle Durchmusterung, ohne dass ein Auspacken nötig wird. Polyäthylenbeutel der angegebenen Wandstärke sind auch zum Transport von Lockermaterial geeignet.

Zusätzlich kann je nach Situation die Mitnahme weiterer Hilfsmittel sinnvoll sein, wie Meißel, Härteskala, Strichtafel, Salzsäurefläschchen, Zollstock, Taschenmesser, Waschpfanne und Sieb, Gießkanne und Bürste (zum Reinigen von Gesteinsoberflächen). Salzsäure ermöglicht das Erkennen von Karbonatgehalten in Gesteinen. Üblich ist die Verwendung zehnprozentiger, kalter Salzsäure. Bei dieser Konzentration ist es zusätzlich zum Erkennen von Karbonat möglich, Calcit und Dolomit zu unterscheiden (Abschn. 6.4.1). Beim Einsatz von Salzsäure ist zu bedenken, dass versehentliche Spritzer in die Augen schwere Schäden bewirken. Es sollte zusätzlich zur Salzsäure eine steril mit Wasser gefüllte und versiegelte Augenspülflasche griffbereit gehalten werden. Für die beschreibende und abbildende Dokumentation der Probenahme und von Geländebefunden benötigt man ein robustes Feldbuch und eine Kamera.

Bei geologischer Arbeit in bewachsenem Gelände ist man einem hohen Risiko von Zeckenbefall ausgesetzt. Deshalb gehört eine **Zeckenzange** zur standardmäßigen Geländeausrüstung.

Pflege von Gesteinsproben

Besonders in Übungssammlungen verschmutzen Gesteine recht stark. Sie werden nach einiger Zeit unansehnlich. Dies kann dazu führen, dass wesentliche Merkmale der vorhandenen Minerale undeutlich werden. Es empfiehlt sich daher eine **schonende Behandlung**. Man sollte sie nur mit fettfreien Händen und möglichst nur an den schmalen Kanten anfassen.

Als **Reinigungsmethode für feste Gesteinsproben** ohne empfindliche Minerale hat sich ein mindestens einstündiges Tauchbad in zunächst heißer Lösung von Geschirrspülmaschinen-Reiniger bewährt (Eine Dosierungseinheit auf ca. fünf Liter Wasser). Nach weitgehender Abkühlung der Lösung wird das Gestein mit reichlich klarem Wasser abgespült. Bei nicht zu empfindlichen Gesteinen kann beim Abspülen eine weiche Bürste eingesetzt werden.

2 Gesteine: Grundlagen

Gesteine sind das Material aus dem Kruste und Mantel der festen Erde bestehen. Sie bilden **geologische Einheiten** in den Größenordnungsbereichen von Kubikzentimetern bis hin zu großräumigen Anteilen ganzer Gebirge oder des regionalen Untergrunds. Gesteine sind **Gemenge von mehreren Mineralarten**, im Einzelfall auch aus nur einem Mineral oder noch seltener aus natürlichem Glas. Gesteine können extrem unterschiedliche Festigkeit und Zusammenhalt haben.

Die einzelnen Gesteine sind durch ihren Mineralbestand und durch Gestalt und Verteilung ihrer Bestandteile geprägt. Der **Mineralbestand** ist die Gesamtmenge der das Gestein zusammensetzenden Mineralarten. Der vollständige Mineralbestand ist Ausdruck der chemischen Zusammensetzung des Gesteins. Beispiele für Minerale sind Quarz oder Feldspäte. In manchen Zusammenhängen ist es sinnvoll, statt von Mineralen von Phasen zu sprechen. **Phasen** im Zusammenhang mit Gesteinszusammensetzungen sind physikalisch unterschiedliche Komponenten, die mechanisch voneinander abgesetzt oder abtrennbar sind. In diesem Sinne sind die Kristalle einer Mineralart zusammen eine Phase des jeweiligen Gesteins. Auch Glas oder Fluide sind mögliche Phasen von Gesteinen. In Magmen bildet die Schmelze eine Phase.

Merkmale der Gestalt und Verteilung der Gesteinsbestandteile werden – abhängig von der Zugehörigkeit zu einer der in Abschn. 2.1 erläuterten Gesteinsgruppen – mit z. T. uneinheitlicher Bedeutung unter den Begriffen **Gefüge**, **Struktur** und **Textur** beschrieben. Hierzu gehören Form, Größe und Anordnung der Minerale und anderer Gesteinsbestandteile wie auch die Gliederung des Gesteins. Andere Gesteinsbestandteile oder Arten der Gliederung sind z. B. Glas, Hohlräume, Klüfte, Fossilreste, Schichtung und enthaltene Fragmente anderer Gesteine.

Klüfte sind Trennfugen, die alle ausreichend festen Gesteine durchschneiden. Oft bestimmen sie weitgehend deren mechanische Teilbarkeit. Die Bezeichnungen Gefüge, Struktur und Textur haben für die einzelnen in Abschn. 2.1 charakterisierten Gesteinsgruppen z. T. unterschiedliche Bedeutung. Sie werden daher in den Abschnitten 5.4, 6.1 und 7.1 gesondert erläutert. Eine zusätzliche Gefahr der Verwirrung besteht darin, dass englisch *texture* ungefähr die Bedeutung des deutschen Begriffs Struktur hat.

Abgesehen von den direkt beobachtbaren Eigenschaften hat jedes Gestein ein **Alter**. Wenn auch Gesteinsalter mit makroskopischen Methoden nicht messbar sind, so zeigen doch Lagerungsverhältnisse Altersbeziehungen an. In ungestörter Abfolge vorkommendes Sedimentgestein ist jünger als das Unterlagernde. Zwischen Unterlage und Überlagerung kann eine weite Zeitlücke bestehen. Abb. 2.1 zeigt im unteren Teil geschichtete Sedimentgesteine, die bei einer Gebirgsbildung (Kaledonische Orogenese) steilgestellt und anschließend durch Erosion eingeebnet und später von jüngeren Sedimenten überlagert wurden. Gesteine und Gesteinsabfolgen sind erdgeschichtliche Zeugnisse aus der Tiefe der Zeit. In der Abb. 2.1 repräsentiert die Unstetigkeitsfläche (Diskordanz) eine Zeit, die ausreichte, um wesentliche Anteile des zuvor entstandenen Kaledonischen Gebirges einzuebnen. Abb. 7.2 zeigt ein Gestein, dessen Geschichte mit der Ablagerung von Sand und Ton vor knapp 1,9 Milliarden Jahren begann.

2.1 Gesteinsgruppen

Zum Verständnis der nachfolgenden Beschreibungen der gesteinsbildenden Minerale (Abschn.

Abb. 2.1 Überlagerung steil einfallender, durch Erosion gekappter Grauwackeschichten des Ordovizium durch geschichteten, roten Sandstein des oberen Old Red (Devon). Siccar Point südöstlich Edinburgh, schottische Nordseeküste.

3.2) ist es notwendig, schon hier, vor der Behandlung der Gesteine im Einzelnen, einen einleitenden Überblick zu geben. Ausgehend von der Entstehungsweise lassen sich die meisten Gesteine einer der vier Gesteinsgruppen zuordnen: Sedimentite, Magmatite, Metamorphite und Erdmantelgesteine (Abb. 2.2).

Sedimentgesteine (Sedimentite) sind Gesteine, die an der Erdoberfläche als Folge der Verwitterung älterer Gesteine nach Umlagerung derer Komponenten entstehen. Im einfachsten Fall werden durch Verwitterung freigesetzte Gesteinspartikel nach mechanischem Transport wieder abgesetzt. Solche Partikel werden als **detritische Körner** oder als **Detritus** bezeichnet. Vor der Sedimentation kommt es zumeist zur Sortierung der Komponenten z. B. nach Korngröße und Verwitterungsresistenz. Andererseits ist Vermengung von Material verschiedener Herkunft üblich. Insgesamt ergibt sich eine besondere Vielfalt der Zusammensetzungen von Sedimentgesteinen. Zu den Sedimentgesteinen gehören auch an der Erdoberfläche entstandene Ansammlungen organischen Materials und andere von Organismen gebildete Gesteine. Sedimentverändernde Prozesse ohne oder unter nur mäßiger Temperatur- und/oder Druckerhöhung wie Kompaktion und Verfestigung des ursprünglich lockeren Materials werden unter dem Begriff **Diagenese** zusammengefasst. Diagenetische Prozesse können gleich nach der Sedimentation, noch an der Erdoberfläche einsetzen. Überwiegend finden sie jedoch im Zuge fortschreitender Überlagerung in einiger Tiefe statt. Höchsttemperaturen der Diagenese liegen ohne verbindliche Festlegung bei 150 ± 50 °C. Gesteinsveränderungen bei höheren Temperaturen werden zur Gesteinsmetamorphose gerechnet. Bei der diagenetischen Verfestigung spielt Neubildung (Authigenese) von Mineralen *in situ* im **Porenraum** die wesentliche Rolle. Man spricht in diesem Zusammenhang von **authigenen Mineralen**. Diese können die Funktion von **Bindemittel** im ursprünglich lockeren Sediment übernehmen. Sedimentgesteine sind häufig, jedoch keinesfalls immer geschichtet. Das Wesen sedimentärer **Schichtung** liegt in der Übereinanderfolge von gewöhnlich plattigen (schichtförmigen) Gesteinskörpern, die sich in irgendeiner Weise voneinander unterscheiden. Am häufigsten und auffälligsten sind Unterschiede der Farben oder Zusammensetzungen.

Magmatische Gesteine (Magmatite) entstehen durch Abkühlung und Kristallisation oder zumindest Erstarrung von aus dem Oberen Erdmantel oder der tieferen Kruste stammendem Magma. **Magmen** sind heiße, fließfähige Stoffsysteme, die immer maßgeblich, jedoch selten vollständig aus Schmelze bestehen. Bei der Erstarrung von Magma im Zuge der Abkühlung auf oder nahe der Erdoberfläche entstehen vulkanische Gesteine = **Vulkanite**. Oberflächlich ausfließendes, gewöhnlich teilentgastes Magma wird als **Lava** bezeichnet, in nicht ganz un-

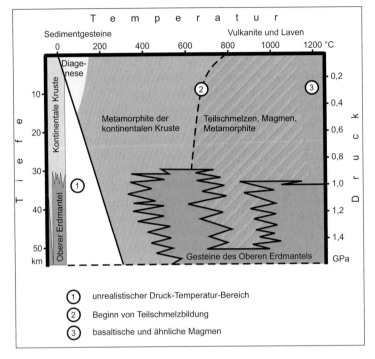

Abb. 2.2 Schematische Darstellung der Bildungsbereiche der wesentlichen Gesteinsgruppen in Abhängigkeit von Druck und Temperatur. Der Druck ist von der Versenkungstiefe abhängig. Gesteine des Oberen Erdmantels (grau) unterliegen ähnlich wie die durch bunte Farben repräsentierten Gesteine der kontinentalen Kruste Metamorphose und Teilaufschmelzung, allerdings wegen schwerer schmelzbarer Zusammensetzung bei höheren Temperaturen. Gesteine der ozeanischen Kruste können durch gebirgsbildende Prozesse Bestandteil der kontinentalen Kruste werden. (Digitale Ausführung: Fiona Reiser)

problematischem Sprachgebrauch oft auch der durch Erstarrung daraus entstandene Vulkanit. Durch Ausfließen von Lava an der Erdoberfläche hervorgegangene Vulkanite sind **effusiv** bzw. Effusiva. Bei Steckenbleiben und Abkühlung von Magma in Tiefen im Größenordnungsbereich von Kilometern bilden sich sog. Tiefengesteine, die besser als plutonische Gesteine oder **Plutonite** zu bezeichnen sind (viele Metamorphite entstehen in ähnlichen Tiefen). Die entsprechenden Magmenkörper heißen Plutone. Plutonite und andere durch Eindringen von Magma in schon vorhandenes Gestein entstandene Magmatitkörper heißen **intrusiv** bzw. Intrusionen.

Magmen unterliegen in vielen Fällen Differentiationsprozessen. Die Folge ist eine gerichtete chemische Entwicklung des jeweils noch nicht auskristallisierten (Rest-)Magmas. Daraus resultiert die zeitlich oder räumlich gestaffelte Bildung verschiedener, miteinander jedoch verwandter und benachbarter Gesteine, die alle aus einem gemeinsamen Ausgangsmagma herzuleiten sind. Sie sind **Differentiate** des gemeinsamen Ausgangsmagmas. Übliche Differentiationsfolgen sind eine Zunahme von SiO_2 und der Alkalien und eine Verschiebung des Verhältnisses Mg/Fe

zu Lasten von Mg. Im Zuge der Differentiation kann es gegen Ende der Auskristallisation von Plutonen mit absinkender Temperatur zu einer Anreicherung von H_2O-reicher fluider Phase im Restmagma kommen. Der hohe Anteil von im Magma gelöstem Wasser bewirkt eine Erniedrigung der Kristallisationstemperaturen, mit gleichzeitiger Tendenz zu Grobkörnigkeit. Ursache hierfür ist eine durch den hohen H_2O-Gehalt bedingte, stark gesteigerte Mobilität der Atome bzw. Ionen, durch die das Wachstum schon vorhandener Kristalle gegenüber der Neubildung von Kristallisationskeimen begünstigt wird. Die resultierenden, grob- bis riesenkörnigen Gesteine werden als **Pegmatite** bezeichnet. Am häufigsten sind Pegmatite mit granitischer Zusammensetzung. An das pegmatitische Stadium (ca. 700–550 °C) kann sich bei ausreichender Aktivität von Restfluiden ein **pneumatolytisches Stadium** anschließen (ca. 550–374 °C). Hierbei kommt es durch Einwirkung ionenreicher fluider Phase zu Mineralneubildungen und Reaktionen mit dem vorhandenen Mineralbestand.

Eine Zwischenstellung zwischen magmatischen und sedimentären Gesteinen nehmen **Pyroklastite** ein. Hierzu gehören u. a. vulkanische

Tuffe. Sie sind Produkte von explosiven Vulkan-eruptionen, deren Ablagerung mit der von Sedimentmaterial vergleichbar ist. Dies hat zur Folge, dass pyroklastische Gesteine sowohl im Rahmen der Sedimentpetrographie behandelt werden (Schmincke 1988) als auch Gegenstand der Klassifikation magmatischer Gesteine sind (Le Maitre et al. 2004).

Metamorphe Gesteine (Metamorphite) entstehen aus schon vorhandenen Vorläufergesteinen (Edukten) im festen oder überwiegend festen Zustand dadurch, dass es zur Änderung des Mineralbestands oder auch nur zur Umgestaltung unter Erhalt des Mineralbestands kommt. Auslöser sind geänderte, meist erhöhte Temperaturen, in jedem Fall über 100 °C, und/oder Änderungen der Drucke. Sonderfälle sind **metasomatische Gesteine (Metasomatite)** und **Migmatite**. Metasomatite sind Metamorphite, die erhebliche Stoffzufuhr oder auch -abfuhr ohne Mitwirkung von Schmelze, allein durch die Einwirkung von Fluiden, erfahren haben. Migmatite sind Metamorphite, die durch im Gesteinsverband verbliebene und dort wieder auskristallisierte Teilschmelzanteile geprägt sind.

H_2O-reiche fluide Phase ist meistens an metamorphen Reaktionen beteiligt, oft auch CO_2. Eine Aufnahme oder Entfernung allein von H_2O gilt daher nicht als Metasomatose. Eine kleine Sondergruppe von Gesteinen, die zu den Metamorphiten gerechnet wird, ist allein durch tektonische Deformation gekennzeichnet, die sich bis in den Einzelkornbereich auswirkt. Das Wesen nicht ausschließlich deformativer Metamorphose ist eine Rekombination des vom Ausgangsgestein ererbten chemischen Elementbestands zu einem Mineralbestand, der den veränderten Temperaturen und Drucken angepasst ist. Diese Anpassung kann über Zwischenstufen anderen Metamorphosegrads erfolgen. Ursprünglich hat mit Ausnahme von Metasomatiten ein nicht metamorphes Gestein ähnlicher chemischer Zusammensetzung vorgelegen.

Metamorphose kann in großräumigem, regionalem Maßstab stattfinden (**Regionalmetamorphose**), z. B. ursächlich und zeitlich gebunden an erhöhte Temperaturen auf Grund von Gebirgsbildung (**Orogene Metamorphose**), als Folge großräumiger Versenkung (**Versenkungsmetamorphose**) oder im Untergrund des Ozeanbodens auf Grund hydrothermaler Aktivität zirkulierenden, aufgeheizten Wassers in Bereichen mit Sea-Floor-Spreading (**Ozeanboden-Metamorphose**). Der Begriff Orogene Metamorphose bedeutet Regionalmetamorphose, die mit der Entwicklung orogener Gürtel verbunden ist (Fettes & Desmons 2007). Ursache sind verschiedene plattentektonische Prozesse wie z. B. Subduktion am Kontinentalrand oder Kontinent-Kontinent-Kollision.

Zu einer Metamorphose im begrenzt lokalen Rahmen kommt es durch thermische Einwirkung von Magma auf angrenzendes Nebengestein (**Kontaktmetamorphose**). Hinzu kommen Sonderfälle wie z. B. die lokale Aufheizung durch unterirdische Flözbrände (Abschn. 7.2.1).

Wenn es darum geht, magmatische und metamorphe Gesteine gemeinsam gegen Sedimentite abzugrenzen, können sie als **kristalline Gesteine** zusammengefasst werden oder es kann von dem **Kristallin** die Rede sein, wenn über die einzelnen Gesteine hinaus geologische Einheiten oder Areale aus regionalmetamorphen und/oder magmatischen, dann vorzugsweise plutonischen Gesteinen beschrieben werden. Parallel hierzu wird bei der Beschäftigung mit nordischen Glazialgeschieben zwischen Kristallingeschieben aus magmatischem oder metamorphem Gestein einerseits und Sedimentärgeschieben andererseits unterschieden. Hintergrund dieser Betonung des kristallinen Aufbaus im Namen ist die Tendenz, dass in vielen magmatischen und metamorphen Gesteinen anders als in den meisten Sedimentgesteinen Kristalle des beteiligten Mineralbestands deutlich erkennbar sind. Der aus der Frühzeit der Geologie stammende Begriff „Urgestein", mit dem ein wesentlicher Teil der kristallinen Gesteine gemeint war, ist gegenstandslos. Seine Grundlage war die zeitbedingte Fehleinschätzung der Altersbeziehungen.

Regionalmetamorphe und plutonische Gesteine treten gemeinsam in Kernregionen von Faltengebirgen auf und besonders großflächig in durch Abtragung eingeebneten, proterozoischen, seltener archaischen Gebirgsrümpfen. Solche von sedimentären Deckschichten freien, durch Gebirgsbildung, Metamorphose und Magmatismus geprägten Gesteinskomplexe werden unabhängig von den jeweils vorkommenden Gesteinsarten als **Grundgebirge** bezeichnet, korrespondierend zur sedimentären Überlagerung, die unter dem Namen **Deckgebirge** zusammengefasst werden kann.

Erdmantelgesteine kommen nur unter besonderen geologischen Bedingungen an der Erdoberfläche vor. Sie haben regelmäßig eine metamorphe Prägung, unterscheiden sich jedoch in vieler Hinsicht von den Metamorphiten und anderen Gesteinen der kontinentalen Kruste. Daher werden sie in diesem Bestimmungsbuch trotz enger Beziehung zu den Metamorphiten als eigene Gesteinsgruppe behandelt.

Nicht jedes natürliche mineralische Aggregat ist ein Gestein oder ein Gesteinsbestandteil. Manche Minerale können als Füllung oder Auskleidung von Hohlräumen innerhalb schon bestehender Gesteinskörper auftreten, statt als Bestandteil des eigentlichen Gesteinsverbands. Solche manchmal spektakulären Mineralbildungen sind in den meisten Fällen **hydrothermal** entstanden. Hydrothermale Mineralbildung erfolgt durch Ausfällung aus heißer wässriger Lösung, die vorhandenes Gestein auf Korngrenzen und innerkristallin oder auch in Rissen durchströmen kann. Der Temperaturbereich für hydrothermale Prozesse reicht bis knapp 400 °C, überlappt sich also mit den Temperaturen niedriggradiger Metamorphose. Massive hydrothermal entstandene mineralische Bildungen (**Mineralisationen**) treten vor allem als Füllung temporärer Spalten (gangförmig) auf oder am Austrittsort von Thermalwässern. Solche gesteinsartigen mineralischen Bildungen werden üblicherweise nicht als Gesteine angesehen, sondern als Mineralanreicherungen, die entsprechend mit ihren Mineralnamen bezeichnet werden, z. B. als Calcit-Gangfüllung oder -Sinter statt als Kalkstein. Hydrothermalbildungen können außer in erkennbaren (ehemaligen) Hohlräumen auch im Gestein selbst verteilt enthalten sein, dann gewöhnlich nach teilweiser Verdrängung von Anteilen des primären Mineralbestands. Die hydrothermale Mineralisation ist auch in diesem Fall nicht primär gesteinsbildend, sondern lediglich gesteinsverändernd. Man spricht hierbei von **hydrothermaler Alteration** (Abschn. 5.5).

3 Gesteinsbildende Minerale

Minerale sind **natürlich vorkommende, anorganisch-chemische Verbindungen**. Seltener sind Minerale, die aus nur einem einzigen chemischen Element bestehen. Viele Minerale haben variable chemische Zusammensetzungen, allerdings innerhalb jeweils spezifischer Grenzen. Minerale treten durchweg als **Kristalle** auf, unabhängig davon, ob die äußere Gestalt dies erkennen lässt oder nicht.

Auch einzelne Ausnahmen nichtkristalliner, mineralartiger, natürlicher Substanzen werden im deutschen Sprachgebrauch zu den Mineralen gerechnet, im Amerikanischen jedoch als *mineraloids* ausgegrenzt. Eine entsprechende Bezeichnung („Mineraloide") ist im Deutschen nicht üblich. Allenfalls kann von mineralartigen Substanzen gesprochen werden. Die wichtigsten Beispiele hierfür sind flüssiges, elementares Quecksilber und Opal. Letzterer ist zwar fest, jedoch nicht kristallin. Auch natürliche Gläser können in amerikanischen Veröffentlichungen als *mineraloids* eingestuft sein.

Der interne kristalline Bau ist für jedes Mineral durch eine festliegende Geometrie der dreidimensional periodischen Anordnung der beteiligten Ionen oder Atome bestimmt. Jedem Mineral kommt somit ein ganz bestimmter Bautyp des **Kristallgitters** zu. Die Größe der einzelnen Kristalle im Gestein kann so gering sein, dass man makroskopisch nur eine einheitliche Masse wahrnimmt, die jedoch aus einer Vielzahl von nur mikroskopisch erkennbaren, **mikrokristallinen** Einzelkristallen besteht. Von **kryptokristallinem** Material spricht man, wenn auch mikroskopisch keine individuellen Kristalle mehr erkennbar sind, mit Röntgenbeugungsmethoden aber kristalline Struktur nachweisbar ist. Nichtkristallines, festes Material wird als **amorph** bezeichnet.

Der parallele Begriff **Mineralien** ist in seiner Bedeutung unscharf. Er hat seinen Platz vorzugsweise im Bereich der Medien, des Handels und der Esoterik bis hin zu eindeutig Fehlerhaftem, so wenn z. B. von Mineralien statt Ionen in Mineralwasser die Rede ist. Das Wort Mineralien ist in geowissenschaftlichem Zusammenhang verzichtbar. Hier sollte man grundsätzlich besser von Mineralen sprechen.

In den hier zunächst folgenden Erläuterungen werden einige Minerale vorweg als Beispiele genannt. Ihre nähere Charakterisierung folgt im Zuge der Beschreibung der für makroskopische Gesteinsbestimmungen relevanten Minerale in Abschn. 3.2. Die Abbildungstexte unter den Mineralfotos enthalten zusätzliche Informationen zu den einbettenden Gesteinen und Begleitmineralen. Diese sind allein auf Grundlage der vorangegangenen Erläuterungen möglicherweise nicht von vornherein vollständig verständlich. Sie bieten jedoch ergänzende Information bei bestehenden Grundkenntnissen. Anderenfalls kann man bei Bedarf die anschließenden, erläuternden Abschnitte hinzuziehen.

Anfang 2014 waren ca. 4900 Minerale von der **International Mineralogical Association (IMA)** anerkannt. Jedes Jahr kommen neue hinzu, für Ende 2014 ist mit ca. 5000 anerkannten Mineralen zu rechnen. Ca. 300 Minerale gelten als **gesteinsbildende Minerale**, ohne dass eine strenge Abgrenzung zu nicht gesteinsbildenden Mineralen möglich oder sinnvoll wäre. Ein gesteinsbildendes Mineral muss nicht unbedingt häufig vorkommen, aber es muss zumindest gelegentlich integrierter Gesteinsbestandteil sein, also z. B. nicht nur Aufwuchs auf Kluftflächen oder Bestandteil von Erzen. Viele gesteinsbildende Minerale haben den Rang von **akzessorischen Mineralen**. Dies sind solche, die nur in untergeordneter Menge im Gestein vorkommen, manche von ihnen allerdings recht regelmäßig. Beispiele hierfür sind Zirkon und Apatit. Trotz häufigen Vorkommens werden sie wegen oft zu geringer Korngröße mit makroskopischen Methoden gewöhnlich übersehen. Die meisten der ca. 250 gesteinsbildenden Minerale sind für die makroskopische Gesteinsbestimmung ohne Bedeutung. Hierdurch reduziert sich die Menge der Minerale, die man ohne Mikroskop, unter Geländebedingungen erkennen können sollte, auf wenige Dutzend. Dies sind vor allem solche, die als **Hauptminerale** (Hauptgemengteile) wichtige Gesteine maßgeblich zusammensetzen. Minerale, die in einem bestimmten Gestein nicht notwendig enthalten sein müssen, im Einzelfall aber in bedeutender Menge auftreten, und dann oft auch makroskopisch erkennbar sind, werden bezüglich des jeweiligen Gesteins als **Nebenmineral** (Nebengemengteil) bezeichnet. Ein Beispiel hierfür kann Granat in Granit sein. Er fehlt in den meisten Graniten, tritt aber in manchen Vorkommen in bedeutender Menge auf. Die Einstufung als Granit hängt nicht vom Granatgehalt ab. In manchen anderen Gesteinen, z. B. in Eklogit, ist Granat hingegen Hauptmineral. Eklogit muss Granat enthalten, anderenfalls ist das Gestein kein Eklogit. **Opake Minerale** werden nicht überall uneingeschränkt zu den gesteinsbildenden Mineralen gerechnet, obwohl einige von ihnen regelmäßig wesentlicher Bestandteil mancher Gesteine sind. Es sind Minerale, die auch in dünnen Schichten opak, d. h. lichtundurchlässig, nicht transparent sind. Hierzu gehören vor allem sulfidische und oxidische **Erzminerale** wie Pyrit oder Magnetit, aber auch Graphit als reiner Kohlenstoff. Wesentlicher Grund für die Sonderstellung neben den normalen gesteinsbildenden Mineralen ist, dass die mikroskopische Untersuchung der Erzminerale nur im reflektierten Licht (Auflicht) mit besonders eingerichteten Erzmikroskopen möglich ist. Die Mikroskopie der nichtopaken gesteinsbildenden Minerale hingegen erfolgt mit petrographischen Mikroskopen (Durchlicht-Polarisationsmikroskopen) im durchscheinenden Licht.

In Gesteinen besonders wichtige oxidische und sulfidische opake Minerale werden nachfolgend als gesteinsbildend gewertet und ebenso beschrieben wie die sehr viel bedeutenderen nichtopaken gesteinsbildenden Minerale.

Die Verwirklichung einer äußerlich erkennbaren Kristallgestalt ist von ungehindertem Wachstum abhängig. Dieses ist in Gesteinen wegen gegenseitiger Platzkonkurrenz oft nicht möglich. Im Gesteinsverband zeigen Kristalle daher überwiegend eine durch die Nachbarschaft aufgezwungene, unregelmäßige äußere Gestalt, die als **Xenomorphie** (Abb. 3.1), oder weniger üblich, als Allotriomorphie bezeichnet wird. Frei gewachsene Kristalle sind durch ebene Außenflächen und geradlinige Kanten mit mineralspezifischen geometrischen Beziehungen zueinander gekennzeichnet: **Idiomorphie** (Abb. 3.2). Nur für Kristalle in metamorphen Gesteinen, z. T. auch in Sedimentgesteinen mit entsprechenden diagenetischen Neubildungen, werden statt der umfassend verwendbaren Adjektive idiomorph bzw. xenomorph auch die Bezeichnungen **idioblastisch** bzw. **xenoblastisch** verwendet. Unterschiedliche Minerale neigen unterschiedlich stark zur Ausbildung idiomorpher bzw. xenomorpher Kristalle in Gesteinen. Auch die Art des Auftretens ist von Bedeutung. Im festen Gesteinsverband sind vor allem **Einsprenglinge** oft idiomorph. Dies sind früh gebildete, relativ große Kristalle in Magmatiten, die einige Zeit frei in der magmatischen Schmelze eingebettet waren und dort ungehindert wachsen konnten, bis die umgebende Schmelze in Form einer feinkörnigen **Grundmasse** erstarrt war (Abschn. 5.3.1, Abb. 3.14).

Gesteinsbildende Minerale haben nur ausnahmsweise eine festliegende chemische Zusammensetzung. Solch ein Ausnahmebeispiel ist Quarz. Häufiger ist die chemische Zusammensetzung innerhalb mineralspezifisch vorgegebener, oft weiter Grenzen variabel. Dies gilt besonders für **Mischkristalle.** In diesen Fällen gibt es eine gegenseitige Austauschbarkeit von bestimmten chemischen Elementen, die die gleichen Stellen im Kristallgitter besetzen können. Der Bautyp des Kristallgitters bleibt trotz solcher chemischen Variabilität erhalten, ebenso auch die äußere Kristallmorphologie. Man spricht von **Isomorphie, isomorpher** Mischbarkeit oder von einer **isomorphen Mischkristallreihe.** So kann Mg gewöhnlich Fe^{+2} zu beliebigem Anteil ersetzen, und umgekehrt. Dies betrifft u. a. Pyroxene, Amphibole und Olivin. In den häufigsten Feldspäten (Plagioklase) können die Elementpaare Na + Si gegen Ca + Al in mengenmäßiger Kopplung ausgetauscht werden. In Kristallen von Mineralen mit isomorpher Mischbarkeit können die Mengenverhältnisse der gegeneinander austauschbaren chemischen Ele-

Abb. 3.1 Xenomorpher Quarz (bläulich, transparent) und roter Kalifeldspat (z. T. xenomorph, z. T. idiomorph) in Granit (Lokalname: Roter Graversfors-Granit). Graversfors nördlich Norrköping, Östergötland, Schweden. BB 5,5 cm.

Abb. 3.2 Idiomorphe Quarzkristalle. Lautenthal, Westharz. BB 10 cm.

mente ausgehend vom Kern bis zum Rand hin kontinuierlich oder auch sprungweise variieren. Solche Kristalle werden als **zonar** bezeichnet. Substantivisch kann man von **Zonarbau** oder Zonarität sprechen. Die Austauschbarkeit bestimmter chemischer Elemente in Mineralen ist nicht auf isomorphe Mischkristallreihen beschränkt und in ihrem Ausmaß oft temperaturabhängig. Es kommt dann bei langsam absinkender Temperatur in Abhängigkeit von der Ursprungszusammensetzung zur **Entmischung** der nicht mehr miteinander mischbaren Komponenten.

Die stufenlose gegenseitige Austauschbarkeit chemischer Elemente innerhalb zusammenge-

höriger Mineralgruppen erfordert **Übereinkünfte zur Abgrenzung und Benennung** von Unterteilungen. So fehlen in Mischkristallreihen naturgegebene Grenzen. Beispiele hierfür sind Augit und Diopsid, oder Jadeit und Omphacit unter den Pyroxenen, oder die einzelnen Plagioklase. Es ist ein neuerer Grundsatz der **Commission on New Minerals and Mineral Names (CNMMN)** der IMA, Mischkristallreihen zwischen zwei Komponenten für Zwecke der Benennung möglichst nur einmal, und zwar in der Mitte, bei 50 Mol-% beider Komponenten zu trennen: **50-%-Regel.** Zur Benennung des realen Minerals aus zwei Komponenten wird dann die

Bezeichnung der näherliegenden reinen End-komponente benutzt. Solche Namen sind daher grundsätzlich zweideutig. Zusätzliche Namen für enger gefasste Zwischenstufen waren in der Vergangenheit üblich. Heute sind sie weitgehend abgeschafft. Sie dürfen nur dann beibehalten werden, wenn sie aufgrund besonderer Gebräuchlichkeit nicht durch formalen Beschluss der Mitglieder der CNMMN abgeschafft worden sind (Nickel 1992). So gibt es für Orthopyroxene nur noch die Abstufungsnamen Enstatit und Ferrosilit oder für Olivine nur noch Forsterit und Fayalit. Die gleichen Bezeichnungen galten vorher als Mineralnamen nur für Mischkristalle, die zu mindestens 90 % aus den jeweils nächstliegenden reinen Endgliedern bestanden. Eine solche engere Unterteilung mit sechs Abstufungen ist nur für die Mischkristallreihe der Plagioklase bisher erhalten geblieben.

Besonders in Grenzfällen kann die Zuordnung innerhalb von Mischkristallreihen nur auf Grundlage von chemischen Mineralanalysen vorgenommen werden. Eine der Chemie der Minerale nur angenähert gerecht werdende makroskopische Bestimmung ist jedoch kein Verhängnis, weil mit den willkürlich gelegten Klassifikationsgrenzen fließend ineinander übergehender Minerale keine sprunghafte Änderung der Mineral- und auch Gesteinseigenschaften verbunden ist. Wichtig ist es hingegen, für das jeweilige Gestein kennzeichnende Minerale in ihrer typischen Ausbildung zu erkennen.

Der Begriff Isomorphie darf nicht mit **Isotypie** verwechselt werden. Isotypie bedeutet, dass verschiedene Minerale mit signifikant unterschiedlicher chemischer Zusammensetzung den gleichen Bautyp des Kristallgitters haben. Isotypie kann bei idiomorpher Ausbildung gleiche äußere Morphologie bedingen. Ein Beispiel ist das Paar Leucit und Analcim.

Unter den gesteinsbildenden Mineralen gibt es wichtige Beispiele für **Polymorphie** bzw. **Dimorphie** und **Trimorphie**. Hierunter versteht man die Existenz mehrerer oder zweier bzw. dreier Minerale mit gleicher chemischer Zusammensetzung jedoch unterschiedlicher Geometrie des Kristallgitters. Der Begriff Polymorphie wird oft undifferenziert unter Einschluss von Dimorphie und Trimorphie gebraucht. Wichtige trimorphe Minerale sind die Al-Silikate Andalusit, Disthen (Kyanit) und Sillimanit, alle mit der Zusammensetzung Al_2SiO_5. Polymorphie besteht unter den SiO_2-Phasen Quarz, Tridymit, Cristobalit, Coesit und Stishovit. Polymorphe, trimorphe und dimorphe Minerale können durch **Inversion**, d. h. Umbau des Kristallgitters ohne weitere chemische Reaktion oder auch durch völlige Neukristallisation auseinander hervorgehen. Auslöser für Inversion sind Druck- oder Temperaturänderungen. Ein Beispiel sind die Kalifeldspäte Sanidin und Mikroklin (Abschn. 3.2).

Die wichtigsten gesteinsbildenden Minerale sind **Silikate**. Das Grundprinzip ihrer kristallinen Struktur ist die Verknüpfung von SiO_4-Einheiten mit zwischengelagerten Kationen von vor allem Al, Fe, Mg, Ca, Na, K und manchmal Anionen wie F, OH, Cl. Untergeordnet können viele weitere Elemente wie Ti, Mn, Cr, Sr, Ba, Rb, Zr in nennenswerter Menge vorkommen. In manchen gesteinsbildenden Mineralen, z. B. in Feldspäten, ist ein Teil des SiO_4 durch AlO_4 ersetzt. Die vier Sauerstoffatome sind in tetraedrischer Anordnung um das Zentralatom angeordnet: **SiO_4-Tetraeder** bzw. in manchen Mineralen anteilig auch AlO_4-Tetraeder. Benachbarte SiO_4- bzw. AlO_4-Tetraeder können über gemeinsame O-Atome miteinander in sehr fester Bindung verknüpft sein. Durch die Geometrie der Tetraeder-Verknüpfung in begrenzt linearer, prinzipiell unendlich linearer, ringförmiger, flächiger, oder räumlicher Anordnung sind verschiedene Strukturtypen der gesteinsbildenden Silikate bedingt: **Gruppensilikate**, **Kettensilikate**, **Ringsilikate**, **Schichtsilikate**, **Gerüstsilikate**. Hinzu kommen **Inselsilikate**, bei denen es keine gemeinsamen O-Atome der benachbarten Tetraeder gibt.

Kristalle können, wenn sie idiomorph entwickelt sind, ihren kristallographischen Strukturtyp widerspiegeln. So neigen Kettensilikate zur Ausbildung länglich gestreckter oder leisten- bis nadelförmiger Kristalle. Schichtsilikate sind ausgeprägt plättchenförmig kristallisierende Minerale, zumeist mit einer einzigen sehr guten Spaltbarkeit, die bei ausreichender Kristallgröße sofort auffällt.

Die nichtsilikatischen gesteinsbildenden Minerale verteilen sich auf **Karbonate**, **Sulfate**, **Oxide**, **Phosphate**, Chloride und Oxidhydrate.

Für die Anwendung der international verbindlichen **IUGS-Klassifikation magmatischer**

3

Gesteine (Abschn. 5.6) ist eine Unterscheidung heller und dunkler Minerale erforderlich. Die petrographischen Bezeichnungen hell oder dunkel, angewandt auf Minerale, beziehen sich auf die chemische Zusammensetzung, nicht notwendig auf die sichtbare Farbe. Die Unterscheidung zwischen hellen und dunklen Mineralen spielt auch für die Einstufung mancher metamorpher Gesteine eine Rolle. Für Sedimentgesteine ist die Unterscheidung irrelevant. Gesteine des Oberen Erdmantels bestehen praktisch nur aus dunklen Mineralen.

Dunkle Minerale (mafische Minerale, Mafite) sind vor allem solche, die als maßgebliche chemische Komponente die Elemente Fe oder Mg oder deren geochemische Vertreter enthalten. Zweiwertiges Fe und Mg sind im Kristallgitter fast immer austauschbar. Bezüglich der sichtbaren Farbe gilt, dass maßgebliche Beteiligung von Fe zu dunkler Färbung führt. Armut an Fe mit komplementärem Übergewicht von Mg führt hingegen zu hellem Aussehen bis hin zu Farblosigkeit. Von der Zusammensetzung her dunkle Minerale können also entweder dunkle oder helle Färbung zeigen. Die im Folgenden aufgelisteten Minerale gelten als dunkel im chemischen Sinne bzw. als mit dunklen Mineralen verwandt (Le Maitre et al. 2004): **Glimmer, Amphibole, Pyroxene, Olivin, opake Minerale** (Erzminerale), **Epidot, Granate, Melilith** und Akzessorien wie **Zirkon, Apatit, Orthit (Allanit), Titanit.** Hinzu kommen primäre, d. h. magmatisch gebildete **Karbonatminerale**, die nur in den seltenen Karbonatiten und manchen Foiditen (Abschn. 5.7.7, 5.7.8) eine Rolle spielen. Die Summe der Volumenprozente aller dunklen und damit verwandten Minerale im jeweiligen Gestein ist im hier beschriebenen Sinne als **Zahl M** eine der Grundlagen der Klassifikation magmatischer Gesteine (Le Maitre et al. 2004) (Abschn. 5.6). Magmatische und Erdmantelgesteine mit einer Zahl M $\geq$ 90 heißen ultramafisch bzw. **Ultramafitite.** Von Fall zu Fall gilt dies auch für Metamorphite.

Helle Minerale (salische, felsische Minerale) sind Quarz und die silikatischen Minerale, deren Zusammensetzung allein durch die Elemente Si, Al, K, Na oder Ca bestimmt ist. Eine Sonderstellung nimmt der K-Al-Glimmer Muskovit ein, der in die Errechnung der Zahl M wie ein dunkles Mineral mit einbezogen wird. Der ebenfalls geochemisch „helle" Glimmer Paragonit spielt in Magmatiten keine Rolle, sonst müsste er auch in M einbezogen werden. Entsprechendes wie für Muskovit gilt für den ebenfalls Fe- und Mg-freien Apatit und für alle magmatischen Karbonate. Als helle Minerale gelten: **Quarz** und andere SiO_2-Minerale, **Feldspäte** sowie **Feldspatvertreter** (Foide). Die meisten Beispiele heller Minerale sind tatsächlich hell aussehend.

Die **Farbzahl** (*colour index*) **M′** entspricht der Zahl M abzüglich des Anteils von Muskovit, Apatit, primären Karbonaten u. ä. Diese Minerale werden bezüglich der Farbzahl M′ als nicht dunkle Minerale eingestuft, dem realen Farbeindruck und der Mineralchemie entsprechend. Alle Karbonatminerale werden bezüglich M′ einheitlich als nicht dunkel gewertet, obwohl z. B. Dolomit, Magnesit und Siderit Mg oder Fe enthalten. Die Farbzahl M′ spielt eine Rolle bei der Charakterisierung magmatischer Gesteine.

3.1 Diagnostisch wichtige Mineraleigenschaften

Für eine Mineraldiagnose unter Geländebedingungen können nur **Mineraleigenschaften und Merkmale** herangezogen werden, die mit einfachen Mitteln erkenn- oder überprüfbar sind. Zusätzlich kann die Kenntnis weiterer Eigenschaften für ein Verständnis von Mineralen und Gesteinen unerlässlich sein. Dies gilt besonders für die chemischen Zusammensetzungen.

Zur Beobachtung einiger Mineraleigenschaften dürfen nur ausreichend große Einkristalle herangezogen werden, nicht hingegen polykristalline Aggregate. So wäre es zur Beurteilung der Spaltbarkeiten eines Minerals unsinnig, die Anzahl der in mehreren benachbarten Kristallen auftretenden Spaltflächen zu summieren oder deren Winkel kristallübergreifend abzuschätzen.

Chemische Zusammensetzung

Während die nachfolgend angesprochenen Merkmale direkt beobachtbar sein können, ist die chemische Zusammensetzung mit makroskopischen Methoden nicht ermittelbar. Für das Verständnis der Mineraleigenschaften und der Regeln des Vorkommens der jeweiligen Minerale ist es jedoch unerlässlich, die chemischen Zusammensetzungen wenigstens qualitativ zu kennen. Aus diesem Grund werden bei der Beschreibung der Minerale Angaben zur Chemie, und damit verbunden, z. T. auch zur Anordnung der Atome bzw. Ionen im Kristallgitter gemacht. Wenn man ein Mineral bestimmt hat, ist damit immer auch eine Aussage zur chemischen Zusammensetzung verbunden.

Ein wichtiger Aspekt der Mineralchemie ist das **Vorkommen oder Fehlen von OH-Gruppen** im Kristallgitter. Hiermit hängt die thermische Stabilität des jeweiligen Minerals zusammen und damit die Bindung an bestimmte Metamorphosegrade. Die sukzessive Veränderung der Gesteinseigenschaften mit ansteigender Metamorphose ist in hohem Maße durch den Ersatz OH-haltiger durch OH-freie Minerale oder Mineralkombinationen von sonst ähnlicher Zusammensetzung bedingt, unter Abgabe von H_2O, das als „Vehikel" oder „Schmierstoff" des bei der metamorphen Umkristallisation erforderlichen Stofftransports dient.

Farbe

Viele Minerale sind farbig. Häufig sind die gerade zu beobachtenden Farben, einschließlich Farblosigkeit, nicht die einzigen, die bei dem jeweiligen Mineral vorkommen. Die Farben sind demzufolge oft nicht mineralspezifisch. Ein Beispiel für ein in vielen Färbungen vorkommendes Mineral ist Quarz mit Farbvarietäten wie Bergkristall (farblos), Amethyst (violett), Citrin (gelb), Rosenquarz (rosa), Rauchquarz (braun bis schwarz), Blauquarz (Abb. 3.1, 3.11). Dünne Überzüge verschiedenster Art können den Farbeindruck verfälschen. Andererseits gibt es Minerale, die überwiegend eine gleiche Färbung zeigen. Ein Beispiel hierfür ist Mg-reicher Olivin. Er ist durchweg blassgrün bis hell gelblich-grün (Abb. 3.9, 3.41). Die Farbe spielt bei der Mineralbestimmung in solchen Einzelfällen eine entscheidende Rolle. Manchmal kann auch das Vorkommen einer Farbe unter mehreren möglichen den Ausschlag bei der Unterscheidung zwischen einander ähnlichen Mineralen geben. So kann Kalifeldspat ebenso wie der Feldspat Plagioklas weiß sein. Sehr häufig ist Kalifeldspat jedoch rot, Plagioklas hingegen nur äußerst selten und dann mit abweichender Farbnuancierung. In den Mineralbeschreibungen werden die **wesentlichen Farben** der einzelnen Minerale angegeben, wie sie in üblichen Gesteinen für das jeweilige Mineral vorkommen.

Schiller

Manche gesteinsbildenden Minerale können einfarbige oder auch bunte Schillereffekte zeigen, die dem unmittelbaren Untergrund der Oberfläche entstammen. Der Schiller entsteht durch ein Wechselspiel von Streuung, Reflexion und Interferenz des unterschiedlich tief eindringenden Lichts. Hierzu sind feine, optisch wirksame Unstetigkeitsflächen oder Inhomogenitäten im Kristall erforderlich. In gesteinsbildenden Mineralen sind dies gewöhnlich durch Entmischung entstandene feine Einlagerungen anderer Minerale oder auch eng gescharte mechanische Ablösungsflächen. Für Schiller jeglicher Art ist charakteristisch, dass Intensität und Farbeindruck von den Richtungsbeziehungen zwischen Mineraloberfläche, Lichtquelle und Auge abhängig sind, sich beim Drehen der Probe also stark ändern und dass der Schiller auch unsichtbar werden kann. Schiller tritt nicht in allen Exemplaren der in Frage kommenden Minerale auf. Die meisten Minerale zeigen nie deutlichen Schiller.

Schiller spielt bei der Diagnose von gesteinsbildenden Mineralen eine untergeordnete Rolle. Wichtig kann er z. B. für die Bestimmung von Pyroxenen in langsam abgekühlten Gesteinen sein. **Labradorisieren** (Abb. 3.3) ist ein bei manchen Feldspäten auftretender, leuchtend farbiger, auf Interferenz des Lichtes beruhender Schiller, der durch submikroskopisch feine Entmischungsstrukturen bewirkt wird. Meist überwiegt ein intensives Blau, je nach Probe und in Abhängigkeit von der Richtung des Lichteinfalls und der Beobachtungsposition können auch andere Farben, besonders Gelb, Grün, Orange und Rot vorkommen.

Abb. 3.3 Labradorisierender Plagioklas. Der farbige Schiller entsteht durch Interferenz des Lichts an feinen Entmischungslamellen im eigentlich farblosen Kristall. Das geradlinige Streifenmuster geht auf alternierende Orientierung der optisch wirksamen Einlagerungen aufgrund von polysynthetischer Verzwillingung zurück (unten). Labrador, Kanada. BB 12,5 cm.

Anlauffarben

Überzüge auf Mineraloberflächen mit Dicken im Größenordnungsbereich der Wellenlängen des sichtbaren Lichts können bunte Farbeffekte bewirken (Farben dünner Blättchen), die auf Interferenz des Lichts zurückgehen. Typisch ist das Nebeneinandervorkommen mehrerer kräftiger Farben, ähnlich wie bei Ölfilmen auf Wasser. Die meisten Minerale zeigen nie Anlauffarben, für wenige sind sie aber recht kennzeichnend, so für Kupferkies (Abb. 3.88) und Hämatit. Die Anlauffarben verursachenden Belege auf Mineralen gehen zumeist auf Verwitterungseinwirkung zurück, können aber auch durch Niederschlag aus heißer Gasphase bedingt sein.

Strichfarbe

Die Strichfarbe beobachtet man nach Abreiben der Mineralsubstanz unter kräftigem Andrücken auf einer rauen, hellen Unterlage, die härter sein muss als das zu untersuchende Mineral. Hierbei kommt es nicht auf flächenhaftes Einfärben an. Es reicht, einen einfachen Strich zu erzeugen. Dieser Strich besteht aus pulverfeinem Abrieb des Minerals. Seine Färbung wird gewöhnlich am deutlichsten, wenn man durch ein-

Abb. 3.4 Strichfarbe der neben der Strichtafel liegenden Zinkblendeprobe. BB 9,5 cm.

3

maliges Wischen über den Strich gröbere und lose aufliegende Partikel entfernt und damit gleichzeitig die feinsten Partikel fest auf die Oberfläche reibt. Üblich ist die Verwendung von **Strichtafeln** aus unglasiertem, weißem Porzellan (Abb. 3.4). Im Gelände kann man sich manchmal mit einem harten, hellen Gesteinsstück wie z. B. nicht zu grobkörnigem, weißem Quarzit helfen. Während mit der Farbe eines Minerals der Farbeindruck des von der Oberfläche oder aus Oberflächennähe zurückgeworfenen Lichts gemeint ist, entspricht die Strichfarbe der absorptionsbedingten Farbe einer dünnen Schicht im durchscheinenden Licht. Eine ähnliche Farbe ist bei durchlichtmikroskopischer Betrachtung des gleichen Minerals im dünnschichtigen Präparat zu sehen (Standard-Gesteinsdünnschliff von ca. 25 µm Dicke).

Wenn das Material im Gesteinsdünnschliff lichtundurchlässig (opak) ist, erscheint ein dunkler, kräftig gefärbter bis schwarzer Strich. Einen erkennbar gefärbten, d. h. nichtweißen Strich zeigen nur Minerale mit bei makroskopischer Betrachtung kräftig-dunkler Oberflächenfarbe sowie vollständig schwarze und metallisch glänzende (s. u.) bzw. weitgehend opake Minerale. Wenn ein Mineral eine Strichfarbe zeigt, ist diese im Gegensatz zur oft sehr variablen Oberflächenfarbe in engen Grenzen einheitlich und daher mineralspezifisch. Farblose und schwach gefärbte Minerale zeigen einen sich auf der Strichtafel nicht abhebenden, weißen Strich ohne diagnostischen Wert. Für solche Minerale ist in den nachfolgenden Mineralbeschreibungen keine Strichfarbe angegeben.

Glanz/Transparenz

Bei vergleichender Betrachtung von Oberflächen verschiedener Minerale zeigen sich deutliche Unterschiede des Glanzes. Für Zwecke der Gesteinsbestimmung vorrangig ist die Unterscheidung zwischen **metallischem Glanz** bei Mineralen mit großem Reflexionsvermögen und **nichtmetallischem (gewöhnlichem) Glanz** bei Mineralen mit geringem Reflexionsvermögen (Abb. 3.5). Metallischer Glanz ist an weitgehend lichtundurchlässige (opake) Minerale gebunden. Dies ist zu beachten, wenn in Gesteinen Minerale vorkommen, die auf den ersten Blick metallähnlich zu glänzen scheinen, obwohl sie in dünnen Schichten oder an Ecken durchscheinend sind. Der scheinbar metallische Glanz hängt in solchen Fällen anders als tatsächlicher metallischer Glanz von einer speziellen Orientierung zur Lichtquelle ab. Besonders manche hellen oder durch Verwitterung aufgehellten Glimmer können in einer Weise aufglänzen, die bei nicht ausreichender Beachtung der Transparenz und Abhängigkeit von der Stellung zur Lichtquelle für metallisch gehalten werden kann („Katzengold"). Gleiches gilt auch für manche hell schillernden Orthopyroxene („Bronzit").

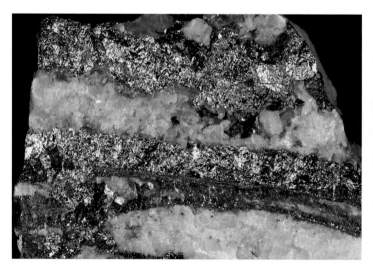

Abb. 3.5 Metallischer Glanz von Kupferkies (goldfarben) und nichtmetallischer Glanz von Schwerspat (weiß). Erzprobe, Westharz. BB 5,5 cm.

Metallischer Glanz tritt nur bei elementaren Metallen, Metallsulfiden und manchen Oxiden auf. Diese werden gewöhnlich als Erzminerale eingestuft. Die üblichen gesteinsbildenden Minerale sind zumindest in Schichtdicken von 25 µm, wie sie für Gesteinsdünnschliffe gebräuchlich sind, transparent. Transparente Minerale zeigen nichtmetallischen Glanz, der auch als gewöhnlicher Glanz bezeichnet wird. Beispiele hierfür sind Feldspäte und Quarz, aber auch intensiv gefärbte, makroskopisch dunkel bis schwarz aussehende Minerale wie Pyroxene und Amphibole. Letztere wirken im Handstück nicht transparent, sind es aber in Dünnschliffdicke. Bei den mengenmäßig weit überwiegenden nichtmetallisch glänzenden Mineralen der nachfolgenden Zusammenstellung wird der Glanz zusätzlich näher charakterisiert. Die verwendeten Bezeichnungen haben nur ergänzende Bedeutung. Die Abgrenzungen der verschiedenen Arten von Glanz gegeneinander sind z. T. stark vom subjektiven Empfinden abhängig.

Ein Teil der Arten von nichtmetallischem Glanz resultiert vorrangig aus unterschiedlich hohen Lichtbrechungswerten. **Diamantglanz** ist an besonders hohe Lichtbrechung gebunden, **Glasglanz** (Abb. 3.10) an mittlere, **wässriger Glanz** (Abb. 5.108) an niedrige. Die Feinstruktur der Oberfläche oder oberflächennaher Bereiche im Kristall kann auch entscheidend zum Charakter des Glanzes beitragen. Beispiele hierfür sind: völlig glatte Oberflächenstruktur (lackartiger Glanz), feine, oberflächenparallele Ablösungsflächen (**Perlmuttglanz**), Trübungen (**Porzellanglanz**) oder feinfaseriger Aufbau (**Seidenglanz**). Minerale mit glatten, sanft unebenen Bruchflächen zeigen bei zusätzlicher feinster Trübung **Wachsglanz** oder **Fettglanz**. Von **lackartigem Glanz** als Sonderfall von Glasglanz ist in den Mineralbeschreibungen die Rede, wenn sehr dunkel gefärbte, vorzugsweise schwarze, glatte Oberflächen aussehen wie hochglanzlackiert. Die Bezeichnung ist nicht allgemein üblich, erscheint aber zur Charakterisierung des Glanzes mancher wichtiger Minerale besonders treffend, so für Biotit, manche Amphibole und Pyroxene im Gesteinsverband. Bei metallischem Glanz ist zusätzlich die Farbtönung mineralspezifisch: goldgelb, grau, schwarz bzw. silbern oder kupferfarben.

Spaltbarkeit/Bruch

Die Geometrie des Kristallgitters und die Art der beteiligten Atome oder Ionen bedingen die Stärke der Bindungen in und zwischen den unterschiedlichen Gitterebenen des Kristalls. Die Folge ist, dass die meisten gesteinsbildenden Minerale durch eine oder mehrere Richtungen stark verringerten Zusammenhalts gekennzeichnet sind. **Beim mechanischen Zertrümmern** bilden sich dann ebene **Spaltflächen** mit mineralspezifisch festliegenden Orientierungen (Abb. 3.6), und zwar unabhängig davon, ob der Kristall idiomorph ausgebildet ist oder nicht. Die Spaltflächen liegen oft nicht parallel zu den Außenflächen des jeweiligen Kristalls, wenn er überhaupt idiomorph ausgebildet ist. Die Orientierung und Anzahl der durch die interne Geometrie des Kristalls bedingten Spaltrichtungen, und damit auch die Winkel zwischen ihnen, sind streng mineralspezifisch. Die Winkel zwischen zwei einander schneidenden Spaltbarkeiten lassen sich am besten bei Orientierung der Schnittkanten in Blickrichtung abschätzen. Auch die Vollkommenheit oder Unvollkommenheit der Ausbildung von Spaltflächen in den einzelnen Richtungen ist kennzeichnend für das jeweilige Mineral. Nicht festliegend hingegen ist die Position, an der genau der Kristall sich gemäß der Spaltbarkeit bei mechanischer Überbeanspruchung teilt, etwa im Sinne einer einzigen „Sollbruchstelle". Wenn von einer Ebene der Spaltbarkeit die Rede ist, bedeutet dies nur, dass es eine festliegende Flächenorientierung innerhalb des Kristalls gibt, zu der es streng parallel, jedoch an beliebigen Stellen zur tatsächlichen ebenflächigen Zerteilung kommen kann.

Bei der Bewertung von Spaltbarkeiten kann es dazu kommen, dass Spaltflächen und Außenflächen idiomorpher Kristalle verwechselt werden. Man ist dann sicher, eine Spaltfläche vor sich zu haben, wenn man deren Entstehung beim Zerlegen eines Kristalls selbst beobachtet hat.

Man spricht von **Bruch**, wenn beim Zerbrechen unebene, zufällige Flächen entstehen. Bruch kann mineralspezifisch ausschließlich vorkommen oder auch neben Spaltbarkeiten. Bruchflächen können rau oder glatt sein. Rauer Bruch wird oft auch als spröder Bruch bezeichnet. Glatte Bruchflächen von konvex/konkaver

Abb. 3.6a Calcit-Einkristall (natürlicher Spaltrhomboeder, milchig-trüb), ungereinigt wie aus dem Gelände. Campanien, Süditalien. Kantenlänge ca. 8 cm. **b** Durch wenige Hammerschläge aus dem Calcitkristall der Abb. 3.6a erzeugte Spaltstücke. Die Spaltstücke sind durch drei vom internen Kristallbau her vorgegebene Richtungen von Spaltflächen begrenzt. Die neu exponierten Spaltflächen sind schneeweiß. Die ehemaligen Außenflächen sind an ihrer grauen Verschmutzung erkennbar.

Form werden als muschelig bezeichnet. **Muscheliger Bruch** bei Fehlen jeglicher Spaltbarkeit ist z. B. für Quarz kennzeichnend (Abb. 3.7).

Vollkommene, d. h. zuverlässig und regelmäßig bei oft schon geringer Druck- oder Schlagbeanspruchung ebenflächig auftretende Spaltbarkeiten werden in den Mineralbeschreibungen als **sehr gute Spaltbarkeiten** bezeichnet. **Gute Spaltbarkeiten** erfordern zu ihrer Verwirklichung gewöhnlich größere Druck- oder Schlagbeanspruchung, es entstehen aber immer noch zuverlässig ebene Trennflächen, zumindest wenn die Richtung des Drucks oder Schlags ungefähr mit der Ebene der jeweiligen Spaltbarkeit zu-

sammenfällt. **Mäßige Spaltbarkeit** wird nicht bei jedem Spaltversuch zuverlässig aktiviert.

Durch weniger als drei Richtungen von Flächen lassen sich dreidimensionale Körper nicht vollständig begrenzen. Daher zeigen Spaltstücke aller Minerale mit weniger als drei ausreichend guten Spaltbarkeiten zusätzlich Bruchflächen, wenn nicht Kristallaußenflächen hinzukommen. Eine einzige, sehr gute Spaltbarkeit weisen z. B. alle Glimmer auf. Innerhalb der Ebene der Spaltplättchen besteht starker Zusammenhalt. Feldspäte sind wichtige gesteinsbildende Minerale mit zwei Spaltbarkeiten, die gut bis sehr gut entwickelt sein können. Minerale mit mindestens

Abb. 3.7 Bruch: Quarzkristall mit Bruchfläche (muscheliger Bruch). BB 3,5 cm

zwei gut ausgebildeten Spaltbarkeiten kann man allgemein als „spätig" bezeichnen. Mineralnamen mit dem nach- oder seltener vorangestellten Wortteil „spat" sind z. B. Feldspat, Kalkspat, Schwerspat, Spateisenstein.

Mit Spaltbarkeit verwechselbar ist **Teilbarkeit**, die auch als Absonderung bezeichnet werden kann. Teilbarkeit kann ebenso wie Spaltbarkeit zu ebenen Trennflächen führen. Anders als Spaltbarkeit in z. B. Feldspäten oder Glimmern ist Teilbarkeit nicht in allen Kristallen einer hierzu neigenden Mineralart entwickelt. Teilbarkeit tritt nur unter besonderen Voraussetzungen auf. Diese können sein: lamellare Verzwillingung, mechanische Parallelverschiebung innerhalb der Kristalle (Translation) oder lamellare Entmischung. Der Begriff Teilbarkeit kann überdies auch auf Gesteine angewandt werden, z. B. wenn eine Klüftung die Zerlegung begünstigt.

Härte

Die Härte eines Minerals ist ähnlich wie die Spaltbarkeit Ausdruck der Bindungskräfte innerhalb des Kristallgitters und daher für das jeweilige Mineral spezifisch. Die Härte kann unter Geländebedingungen, d. h. ohne Laborgeräte, am einfachsten in Form der **Ritzhärte** geprüft werden. In vielen Mineralen gibt es richtungsabhängige Härteunterschiede, doch sind diese meist so unbedeutend, dass sie mit Geländemethoden nicht erkennbar sind. Eine Ausnahme mit auffällig großer Richtungsabhängigkeit der Ritzhärte ist Disthen.

Die Ritzhärte ist Ausdruck des mechanischen Widerstands, den ein Mineral dem Versuch entgegenbringt, seine Oberfläche zu zerkratzen. Es ist nicht sinnvoll, Gesteine oder Mineralaggregate über den Einzelkristall hinaus einer Härteprüfung zu unterziehen. Selbst sehr harte Kristalle können oft leicht aus ihrem Verband gerissen werden, sodass die Probe insgesamt sehr viel leichter ritzbar zu sein scheint, als dies für die einzelnen Kristalle gilt. Seit Mohs im Jahr 1822 eine Abfolge von zehn Mineralen mit abgestufter Ritzhärte zusammenstellte, benutzt man dieses Sortiment von Referenzmineralen zum Vergleich für einfache Härtebestimmungen. Man bezeichnet dieses Mineralsortiment als **Mohs'sche Härteskala**. Angaben zur Härte der einzelnen Mine-

Tabelle 3.1 Mohs'sche Härteskala: Reihung nach ansteigender Ritzhärte

1	Talk	6	Feldspat
2	Gips	7	Quarz
3	Kalzit	8	Topas
4	Fluorit	9	Korund
5	Apatit	10	Diamant

rale beziehen sich in den nachfolgenden Beschreibungen ausnahmslos hierauf.

Die Mohs'sche Härteskala besteht in der praktischen Anwendung aus einem **Sortiment von zehn unterschiedlich ritzharten Mineralen**, denen in der Reihenfolge zunehmender Härte die Zahlen 1 bis 10 zugeordnet werden (Tab. 3.1). 1 ist das weichste Mineral, 10 das härteste. Die einzelnen Abstufungsschritte der Härtezunahme von 1 bis 10 sind von uneinheitlicher Größe. Die Zahlenfolge hat außer der Festlegung der Reihenfolge keine quantitative Bedeutung.

Die praktische Härtebestimmung läuft darauf hinaus, dass die zu untersuchende Mineralprobe an den ihr zukommenden Platz innerhalb der Härteskala eingeordnet wird. Hierzu wird geprüft, welches das weichste Mineral der Härteskala ist, mit dem die Probe gerade noch geritzt werden kann, und welches das härteste Mineral der Härteskala ist, das seinerseits von der Probe gerade noch ritzbar ist. In der Regel besteht das Ergebnis darin, dass das unbekannte Mineral zwischen zwei aufeinander folgenden Stufen der Härteskala eingordnet wird. Das Mineral hat dann z. B. eine Härte zwischen 3 und 4, nach Reinsch (1999) in Kurzform am eindeutigsten anzugeben als $3 < H < 4$. In Beschreibungen auch übliche Bruchzahlen wie 3½ oder 6½ dürfen nicht mit 3,5 oder 6,5 quantitativ gleichgesetzt werden. In den seltenen Fällen weitgehender Übereinstimmung mit der Härte eines Referenzminerals kann dessen Abstufungszahl eingesetzt werden. In solchen Fällen kann auch eine Angabe von der Art nahe 4, nahe 6 o. ä. sinnvoll sein. Eine scheinbar genauere Abstufung, z. B. 3,2 oder 3,8 wäre angesichts der Grenzen der Methodik unsinnig.

Bei der Durchführung einer Härtebestimmung muss man darauf achten, ob die nach dem

3

Ritzversuch sichtbare Spur auf der Oberfläche der Mineralprobe eine vertiefte Rille ist oder ob sie nur aus pulverigem Abrieb des Materials aus der Härteskala besteht, der mit dem Finger weggewischt werden kann. Im ersten Fall ist die Probe weicher als das Material, mit dem gekratzt wurde, im zweiten Fall härter. Eine Unterscheidung ist am sichersten bei Betrachtung mit einer Lupe möglich. Dies gilt besonders, wenn beide beteiligten Minerale große Härte haben.

Eine handlichere Alternative gegenüber der Mitnahme von Mineralbrocken ins Gelände sind **Härtestifte**, die Spitzen mit festliegender Ritzhärte haben. Allerdings sind sie nicht für Gegenproben durch Ritzen mit dem unbekannten Mineral geeignet.

Dichte (spezifisches Gewicht)

In Abhängigkeit von den Atomgewichten der beteiligten chemischen Elemente und von der Packungsdichte der Ionen oder Atome im Kristall kommt jedem Mineral eine feste oder begrenzt variable Dichte zu. Die präzise Bestimmung der Mineraldichte erfordert den Einsatz von Labormethoden. Alle Minerale mit einer **Dichte über ca. 2,85 g/cm^3** gelten als **Schwerminerale**. Grundlage für gerade diese „unrunde" Abgrenzung ist die Dichte von Bromoform (Tribrommethan), der zur Schweretrennung ursprünglich gebräuchlichen Flüssigkeit. Bromoform ist giftig und kann nur unter geeigneten Vorkehrungen im Labor eingesetzt werden. Inzwischen gibt es Ersatzflüssigkeiten. Quarz hat als wichtiges Beispiel eines „Leichtminerals" eine Dichte von 2,65 g/cm^3, Plagioklas als häufigster Feldspat eine Dichte zwischen 2,62 und 2,76 g/cm^3. Gesteine haben Dichten, die sich aus den Einzeldichten der beteiligten Minerale unter Anrechnung der Porosität ergeben.

Eine grobe Trennung von Mineralgemengen nach der Dichte ist im Gelände für Lockermaterial geeigneter Korngröße durch Auswaschen mit Wasser möglich. Hierzu kann man eine Waschpfanne einsetzen, wie sie auch beim Goldwaschen eingesetzt wird. Beim Auswaschen erfolgt eine dichteabhängige Sortierung durch rotierend strömendes Wasser. Leichtes Material schwappt bei entsprechend angepasster Strömungsgeschwindigkeit nach leichtem Verkippen

des Trogs selektiv mit einem Wasserschwall über den Rand. Die Schwerminerale bleiben angereichert unten zurück. An Stränden können Brandung und Wind natürliche Anreicherungen von Schwermineralkörnern bewirken. So finden sich vor Steilufern der Ostseeküste gelegentlich auffällig dunkle oder auch rote Schlieren oder Lagen im Strandsand, die vor allem die Schwerminerale Magnetit, Ilmenit und Granat enthalten.

Manche Minerale oder entsprechend zusammengesetzte Gesteine fallen bei ausreichender Größe schon beim Halten in der Hand durch eine auffällig hohe Dichte auf. Beispiele hierfür sind Schwerspat und granatreiche Gesteine wie Eklogit. In den Beschreibungen der einzelnen Minerale werden die Dichten nur mit ihrem Zahlenwert angegeben. **Die angegebenen Zahlen bedeuten jeweils g/cm^3.**

Kennzeichnende Morphologie

Zur Beschreibung der kennzeichnenden Morphologie von Kristallen kann der naheliegende Begriff Kristallform nicht unreflektiert verwendet werden, weil er in der Kristallographie eine vom allgemeinen Sprachgebrauch abweichende, enger gefasste Bedeutung hat. In der Kristallographie versteht man unter einer **Kristallform** jeweils symmetriegemäß zusammengehörige „(hkl)-Flächen". Erläuterungen hierzu finden sich in Lehrbüchern der Kristallographie. Einfache Beispiele für solche Formen aus zusammengehörigen „(hkl)-Flächen" sind die Gesamtheit der Flächen des Würfels, des Oktaeders oder eines Prismas.

Die Summe der an einem idiomorphen Kristall vorkommenden Formen bezeichnet man als dessen **Tracht**. Aus der Tracht und den Größenverhältnissen der vorkommenden Flächen ergibt sich der **Habitus** des jeweiligen Kristalls. Er entspricht der äußeren Morphologie = Kristallgestalt. Die Beachtung des Habitus idiomorph ausgebildeter Kristalle kann zur Mineralbestimmung beitragen. So ist es für Glimmer kennzeichnend, in Form sechseckiger, blättchenförmiger Kristalle vorzukommen. Mit kubischer Symmetrie kristallisierende Kristalle, wie Granate, bilden gewöhnlich isometrische Kristalle. **Isometrisch** bedeutet, dass die Außenflächen vom Mittelpunkt gleich weit entfernt sind (z. B.

Granat in Abb. 3.43 und Leucit in Abb. 5.104). Ein isometrischer Kristall ist keinesfalls in einer Richtung langgestreckt, tafelig oder blättchenförmig ausgebildet. An gut entwickelten idiomorphen Kristallen lässt sich durch Erkennen bestimmter kristallographisch definierter Kristallformen wie z. B. Oktaeder, Rhomboeder oder hexagonalem Prisma die zur Zeit des Wachstums gültige Zugehörigkeit zu einem der sieben möglichen Kristallsysteme ermitteln. Im Gesteinsverband ist dies jedoch nicht oft von praktischer Bedeutung. Einfache Beispiele sind die zum kubischen Kristallsystem gehörenden, grundsätzlich isometrischen Kristallformen Rhombendodekaeder, Würfel und Oktaeder.

Zur Charakterisierung der Morphologie idiomorpher, einzeln erkennbarer Kristalle in Gesteinen werden zumeist Begriffe verwendet, die den Habitus beschreiben. Hierzu gehören:

nadelig, faserig, leistenförmig, prismatisch, stängelig, säulig, spindelförmig, blättchenförmig, tafelig, rhomboedrisch, dipyramidal, würfelig, tönnchenförmig.

Bei Bedarf werden ergänzende Adjektiva vorangestellt: gedrungen, lang, kurz, dünn, dick u. ä.

Zusammenhängende Massen aus vielen Kristallen meist einer Art werden als **Aggregate** bezeichnet (Abb. 3.30, 3.31, 3.60, 3.76). Deren Ausbildung, die ebenso wie die einzelner Kristalle oft mineralspezifisch ist, kann ebenfalls adjektivisch beschrieben werden durch z. B.:

büschelig, parallelfaserig, asbestiform, divergentstrahlig, radialstrahlig, dendritisch, dendritisch, schalig, rosettenartig, schuppig, blättrig, körnig.

Begriffe wie **derb, krustig, erdig, kreidig, gelartig, dicht, traubig, knollig, amorph** beziehen sich auf **feinkörnige Massen** aus makroskopisch nicht einzeln erkennbaren Kristallen oder auch auf nichtkristallines, mineralähnliches Material.

Magnetische Eigenschaften

Besonders Magnetit ist so stark ferromagnetisch, dass schon bei Annäherung eines Dauermagneten an magnetitreiches Gestein oder an ausreichend große Magnetitkörner an der Gesteinsoberfläche gegenseitige Anziehung deutlich spürbar ist. Mit einem Magneten lässt sich auch der oft erhebliche Magnetitanteil von Schwermineralanreicherungen an Stränden oder in Bachläufen von anderen dunkel aussehenden Schwermineralen unterscheiden und aussondern (Abb. 3.84). Für die meisten Minerale sind magnetische Eigenschaften für Untersuchungen mit Geländemethoden bedeutungslos. Eine weitere, oft deutlich magnetisch anziehende Ausnahme neben Magnetit ist das Sulfidmineral Magnetkies (Abb. 3.90).

Verzwillingung

Die Kristalle mancher Minerale kommen recht regelmäßig verzwillingt vor. Verzwillingung bedeutet, dass Teile von äußerlich einheitlichen Kristallen eine gegenüber unmittelbar angrenzenden Teilbereichen des gleichen Kristalls gesetzmäßig abweichende Orientierung des Kristallgitters aufweisen. Zwillingskristalle können einfach verzwillingt sein oder Viellinge bilden. Verzwillingte Kristalle sind bei idiomorpher Ausbildung häufig daran erkennbar, dass sie anders als unverzwillingte Kristalle einspringende Winkel zeigen, d. h. Hohlformen zwischen aneinander grenzenden Kristallaußenflächen (Abb. 3.8). Unverzwillingte, idiomorphe Kristalle zeigen keine einspringenden Winkel. Allerdings besteht Verwechslungsgefahr mit parallel verwachsenen, nicht verzwillingten Kristallen. Trotzdem sollte auf einspringende Winkel geachtet werden.

Spaltflächen, die im unverzwillingten Kristall durchgängig einheitliche Orientierung zeigen, können in verzwillingten Kristallen voneinander abweichende Orientierungen zu beiden Seiten der Verwachsungsflächen haben. Hierdurch wird die in unverzwillingten Kristallen mögliche einheitliche Einspiegelung solcher Flächen über den gesamten Kristallquerschnitt ausgeschlossen. Stattdessen können die zu den verschiedenen Teilindividuen gehörenden Flächensegmente innerhalb des gleichen Kristalls zu beiden Seiten der Verwachsungsnaht nur im Wechsel in Reflexionsstellung zur Lichtquelle gebracht werden (Abb. 3.17). Bei Viellingen kann die Einspiegelung in lamellarem Wechsel erfolgen (Abb. 3.15). Die Art der Verzwillingung (einfache Zwillinge oder lamellare Viel-

Abb. 3.8 Kalifeldspat, verzwillingt (Karlsbader Zwilling). Umgebung von Karlovy Vary (Karlsbad), Tschechien. BB 9,5 cm.

linge) ist von ausschlaggebender Bedeutung für die Unterscheidung von Feldspäten.

Entmischungsstrukturen

Unter den wichtigen gesteinsbildenden Mineralen neigen Feldspäte und Pyroxene bei langsamer Abkühlung zu innerkristalliner Entmischung. Hierbei kommt es auf möglichst langes Verweilen unter noch hohen Temperaturen, aber deutlich unterhalb der Bildungstemperatur an. Entmischt werden Komponenten, die zunächst im Kristall eingebaut, bei niedrigerer Temperatur aber nicht mehr toleriert werden. Auf Entmischung zurückgehende Einlagerungen im Kristall können makroskopisch sichtbar und dann ein wichtiges Bestimmungsmerkmal sein. Das Vorkommen makroskopisch erkennbarer Entmischungsbildungen ist wegen der Abhängigkeit von hohen Ausgangstemperaturen und langsamer Abkühlung auf plutonische und höhergradig metamorphe Gesteine beschränkt. Direkt sichtbare Entmischungsstrukturen können vor allem für die Unterscheidung verschiedener Feldspäte ausschlaggebend sein (Abb. 3.16).

Neigung zu besonderen Verwachsungsformen

Während die meisten Minerale in Gesteinen als einzelne Kristalle vorliegen, neigen manche Minerale dazu, faserige Aggregate aus vielen Kristallen zu bilden (z. B. Aragonit), in Form von radialstrahligen Rosetten aufzutreten (z. T. Pyrophyllit) oder eine größere Anzahl von Kristallen anderer Minerale zu umwachsen und einzuschließen (Cordierit). Letztere Ausbildung wird bei magmatischer Entstehung als poikilitisch bezeichnet (Abb. 5.81), bei metamorpher Entstehung als **poikiloblastisch** (Tafel 7.1D).

Manchmal nur mikroskopisch auffallend, recht oft auch schon mit der Lupe erkennbar, können filigrane Verwachsungen mehrerer, meist zweier verschiedener Minerale auftreten. Solche, als **Symplektite** bezeichneten Aggregate sind Reaktionsprodukte, bei denen sich die beteiligten Minerale gegenseitig schlauch- oder schwammartig durchdringen (Abb. 10.7). Verschiedenste Mineralkombinationen können in symplektitischer Verwachsung auftreten.

Eckig-geometrische Verwachsungen von speziell Quarz und Feldspat werden als **graphische Verwachsung** (Abb. 5.31), mikrographische Verwachsung oder – bei auffälligen Korngrößen – als **schriftgranitische Verwachsung** bezeichnet (Abb. 5.30).

Regeln des Vorkommens

Für viele Minerale gilt, dass sie bevorzugt mit bestimmten anderen Mineralen zusammen auftreten. So ist Nephelin ein häufiger Begleiter von Ägirin. Chromit kommt fast ausschließlich in olivinreichen Gesteinen vor. Für Omphacit ist es charakteristisch, dass er neben Granat Hauptbestandteil des metamorphen Gesteins Eklogit ist. Omphacit und Granat in Eklogit (Abb. 3.39) sind ein Beispiel für eine **Paragenese**. Von einer Paragenese spricht man, wenn zwei oder mehrere Minerale als gleichzeitige Bildungen in einem Gestein zusammen auftreten. Im Gegensatz hierzu kommen manche Minerale wegen physikalisch-chemischer Ungleichgewichte normalerweise nicht mit bestimmten anderen Mineralen im gleichen magmatischen oder metamorphen Gestein zusammen vor. So repräsentiert Quarz einen Überschuss von SiO_2 und ist daher nicht neben Mineralen stabil, die ein Defizit von SiO_2 erfordern. Aus diesem Grund kommen Feldspatvertreter als SiO_2-untersättigte Minerale nicht mit Quarz gemeinsam vor, außer unter ganz besonderen Umständen und dann keinesfalls in stabiler Beziehung zueinander.

Ein Beispiel für eine solche Ausnahme kann sein, dass Quarzkörner aus einem Nebengestein, also als Fremdkörper, in ein SiO_2-untersättigtes Magma gelangen. Bei ausreichender Reaktionszeit würde es unter Abbau von Quarz zur Bildung von Reaktionsprodukten kommen. Diese können makroskopisch als einhüllende Säume sichtbar werden.

In metamorphen Gesteinen sind die meisten Minerale an bestimmte Druck-Temperatur-Kombinationen gebunden. Die Erfüllung chemischer Voraussetzungen allein reicht nicht aus. Manche Minerale kommen überhaupt nicht in Metamorphiten vor, andere nicht in Magmatiten. Leicht verwitternde Minerale fehlen gewöhnlich in Sedimentgesteinen, es sei denn, sie treten als nach der Sedimentation entstandene Neubildungen auf.

Für manche Minerale ist es als ergänzende Information sinnvoll, Namen von Gesteinen anzugeben, in denen sie vorkommen können. Dies geschieht, obwohl die Gesteine selbst erst in den nachfolgenden Kapiteln behandelt werden. Die Erläuterungen zu den genannten Gesteinsnamen sind dort leicht auffindbar. Entsprechende Querverweise werden nur vereinzelt gegeben.

Verhalten bei chemischer Verwitterung

Chemische Verwitterung ist ein an niedrige Temperaturen gebundener Mineralabbau unter Mitwirkung von Wasser im Bereich der Erdoberfläche. Die Verwitterung setzt direkt an der Oberfläche an, wirkt aber ebenso entlang von Kluftfugen, soweit von der Oberfläche stammendes Wasser eindringen kann. Die Resistenz von gemeinsam in einem Gestein vorkommenden Mineralen gegenüber chemischer Verwitterungseinwirkung kann sehr unterschiedlich sein. Auf angewitterten Gesteinsoberflächen können leicht verwitternde Minerale Vertiefungen bewirken (z. B. Olivin) oder besonders resistente Minerale herausragen. Bei beginnender chemischer Verwitterung können charakteristische Farbveränderungen eintreten. Ein Beispiel ist Gelbfärbung von angewittertem Olivin (Abb. 3.9).

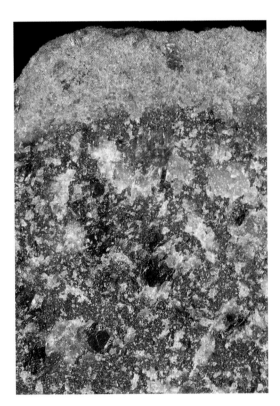

Abb. 3.9 Verwitterung von Olivin: unverwitterter, blassgrüner Olivin (unten) übergehend in verwitterten, gelbockerfarbenen Olivin (oben). Die eingestreuten, kräftiger gefärbten Kristalle sind verwitterungsresistentere Begleitminerale, roter Granat und grüner Chromdiopsid. Das Gestein ist Granatlherzolith des Oberen Erdmantels (Abschn. 8.2, 8.4). Rød Kleiva, Westnorwegen. BH 3,5 cm.

Verhalten bei hydrothermaler Alteration

Hydrothermale Alteration kann leicht mit chemischer Verwitterung verwechselt werden. Der Unterschied besteht darin, dass hydrothermale Einwirkung von im Gesteinsverband zirkulierendem, heißem, oft ionenreichem Wasser ausgeht, während chemische Verwitterung von kühlem, von der Oberfläche zutretendem, zumindest anfangs stark ionenungesättigtem Wasser bewirkt wird. Die Temperaturen reichen bis weit in den Bereich niedriggradiger Metamorphose. Hydrothermale Umwandlung geht zu Lasten des ursprünglichen Mineralbestands und führt zu Mineralen, wie sie sonst für niedrigmetamorphe Gesteine mit entsprechender Zusammensetzung kennzeichnend sind. Die Neubildungen sind gewöhnlich feinkörnig. Oft liegen sie nur randlich oder feinverteilt innerhalb noch weitgehend oder partiell erhaltener Kristalle der ursprünglichen Minerale. Die makroskopische Auswirkung ist dann z. B. eine Farbveränderung des noch in Umrissen erkennbaren primären Minerals, der Verlust der Spaltbarkeit oder ein Verwischen ursprünglicher Verzwillingung. Da es erhebliche Unterschiede der Empfindlichkeit gegenüber hydrothermaler Einwirkung gibt, kann das unterschiedliche Ausmaß der Umwandlung sonst ähnlicher Minerale im gleichen Gestein zur Diagnose des primären Mineralbestands ausgenutzt werden. Von besonderer Bedeutung ist dies bei der Unterscheidung von Kalifeldspäten gegenüber Plagioklas. Oft ist eine alterationsbedingte, makroskopisch deutlich sichtbare „Vergrünung" von Plagioklas (Abb. 3.19) dessen einziges oder bestes makroskopisches Unterscheidungsmerkmal gegenüber Kalifeldspat. Olivin in Plutoniten wird man selten völlig unalteriert antreffen. Sehr viel häufiger verrät sich seine reliktische oder ehemalige Existenz in Gestalt seines Alterationsproduktes Serpentin (Abb. 3.42, 5.65).

Hydrothermale Alteration kann im Einzelfall, nicht aber grundsätzlich, gleichbedeutend sein mit deuterischer Alteration (Abschn. 5.5). Der Begriff „Alteration" ohne ergänzenden Zusatz umfasst beides.

3.2 Wichtige gesteinsbildende Minerale einschließlich Gesteinsglas

Für die Bestimmung und das Verständnis der meisten Gesteine ist das sichere Erkennen der maßgeblich beteiligten Minerale unerlässlich. Die hierfür wichtigen gesteinsbildenden Minerale und natürlichen Gläser sind im Folgenden mit ihren ausschlaggebenden Erkennungsmerkmalen beschrieben. Hinzu kommt die Angabe der jeweiligen chemischen Zusammensetzung und die Nennung des Kristallsystems, innerhalb dessen das jeweilige Mineral kristallisiert, bei Silikatmineralen auch die Zugehörigkeit zum jeweiligen Silikatstrukturtyp.

Eine einheitliche Strukturierung der Beschreibungen wird, soweit sinnvoll, angestrebt. Der Schwerpunkt liegt auf den für die makroskopische Praxis diagnostischen Eigenschaften. Besonders ausführlich geschieht dies für die bei der Gesteinsklassifikation elementaren und oft auch komplexen Mineralgruppen wie Feldspäte, Glimmer, Amphibole und Pyroxene. Die weniger bedeutenden oder bezüglich ihrer makroskopischen Eigenschaften einfacheren Minerale werden knapper, weitgehend stichwortartig behandelt. Dies gilt für die Minerale, die in der Reihenfolge der Zusammenstellung im Anschluss an Granat beschrieben werden.

In den nachfolgenden Mineralbeschreibungen werden die jeweilige Zugehörigkeit zu einem der Kristallsysteme, sowie der Strukturtyp bei Silikaten, Härte, Dichte, Spaltbarkeit, Art des Vorkommens und z. T. auch Farben angegeben. Die chemischen Zusammensetzungen sind vorzugsweise gemäß Back (2014) formatiert, jedoch davon abweichend ohne eckige Klammern. In Einzelfällen wurden Zusammensetzungen nach Angaben unter www.webmineral.com bzw. www.mindat.org angepasst Gegeneinander austauschbare chemische Elemente sind in gemeinsamen runden Klammern angegeben, durch Komma voneinander getrennt in der Reihenfolge ihrer Mengenanteile. Weitgehende Dominanz eines Elements kann zusätzlich durch Fettdruck angezeigt werden. Angaben zu den Wertigkeiten von z. B. Fe sind weggelassen.

Mehrfachnennungen gleicher Elemente sind Ausdruck unterschiedlicher Positionen in der Kristallstruktur bzw. unterschiedlicher Wertigkeit. □-**Symbole in Mineralformeln** weisen auf eine unbesetzte Position im Kristallgitter hin. Beschreibungen von Farben, Teilbarkeiten und Vorkommen sind durch eigene Beobachtungen ergänzt.

Es würde dem Sinn dieser „Gesteinsbestimmung im Gelände" widersprechen, auf im seltenen Einzelfall verwirklichte Sonderfarben, Ausbildungsformen oder Vorkommensarten einzugehen. Der Mineralienhandel oder auch Mineralsammlungen geben ein irreführendes Bild, weil dort seltene oder auffällige Farbvarietäten bevorzugt werden.

Ein ergänzender Hinweis erscheint notwendig: **Mineralnamen haben im Deutschen fast immer männliches Geschlecht.** Ausnahmen sind Namen auf -blende, wie Hornblende oder Zinkblende, die als weiblich aufgefasst werden. Der Sprachgebrauch der allgemeinen Medien ist bezüglich der Mineralnamen zunehmend fehlerhaft. So heißt es nicht „das Quarz, sondern „**der Quarz**", „**der Graphit**" statt „das Graphit", oder auch „**der Asbest**" statt „das Asbest". Ebenso ist es falsch, „das Kristall" zu sagen. Es heißt „der Kristall", es sei denn, man meint sog. Kristallglas. Dieses ist jedoch wie alle Gläser gerade nicht kristallin.

Gesteinsglas

Gesteinsglas ist kein Mineral. Es kann aber wie ein Mineral als selbständige Phase neben anderen Anteilen in Gesteinen enthalten oder sogar einziger Gesteinsbestandteil sein. Vollständig oder weitgehend aus Glas bestehende Gesteine werden in Abschn. 5.8.12 beschrieben. Dies sind z. B. die **vulkanischen Gläser** Obsidian (Abb. **3.10**, 5.107) und Bims (5.111). Mit Ausnahme diaplektischer Gläser (s. u.) sind Gesteinsgläser wie technisch hergestellte Gläser unterkühlte Schmelzen mit meist SiO_2- bzw. Al_2O_3-betonter und Fe-Mg-armer Zusammensetzung. Im atomaren Maßstab entsprechen sie strukturell silikatischen Schmelzen. Am häufigsten sind rhyolithische oder rhyolithähnliche Zusammensetzungen. Voraussetzung zum Ausbleiben der Kristallisation ist immer eine zügige Abkühlung. Bei extrem schneller Abkühlung können auch normalerweise zur spontanen Kristallbildung neigende Fe- oder Mg-betonte, basaltische Schmelzen glasig erstarren. Dies geschieht z. B. am unmittelbaren Kontakt zu Wasser. Die meisten natürlichen Gläser sind vulkanischer Entstehung. Sehr untergeordnet können Gläser anderen Ursprungs vorkommen. Selten, aber von großer geologischer Bedeutung sind **Impaktgläser** (Abb. 7.59) als Bestandteil von Impaktgesteinen wie z. B. Sueviten (Abschn. 7.4). Eine besondere Art von Impaktgläsern sind **diaplektische Gläser**. Sie entstehen

Abb. 3.10 Vulkanisches Gesteinsglas: Obsidian, muscheligen Bruch und Glasglanz zeigend. Lipari, Italien. BB 10 cm.

aus Quarz oder Feldspäten, deren Kristallgitter beim Durchgang der Schockwelle eines Impaktereignisses im festen Zustand ihre strukturelle Ordnung verlieren. Im Gesteinsverband findet sich dann Glas mit der chemischen Zusammensetzung des ehemaligen Minerals sowie mit dessen mehr oder weniger erhaltenen Umrissen. Auf tektonischen Bewegungsflächen in hohen Krustenstockwerken kann es zur Aufschmelzung durch Reibungswärme kommen. Bei ausreichend rascher Abkühlung kann diese Schmelze als Glas erstarren: **Pseudotachylyt** (Abschn. 7.5). In Plutoniten oder Regionalmetamorphiten kommen Gläser wegen zu langsamer Abkühlung nicht vor. Bei Blitzschlag können in Quarzsand wurzelartig verzweigte Gebilde aus natürlichem Quarzglas entstehen: **Lechatelierit**.

Gläser sind metastabil und neigen besonders bei erhöhter Temperatur zur Entglasung, d. h. zur Auskristallisation. Dies geschieht gewöhnlich von lokalen Zentren ausgehend in Form radial-feinfaserig aufgebauter, kugeliger Aggregate. Diese werden als **Sphärolithe** bezeichnet, wenn sie aus einem SiO_2-Mineral und Feldspat bestehen (weiß) oder **Variolen** (dunkel), wenn sie aus Plagioklas und Pyroxen bestehen. Naturgemäß ist außer über die Färbung die Unterscheidung zwischen Sphärolithen und Variolen makroskopisch nicht zu erzielen. Als Regel kann gelten, dass in Gläsern rhyolithischer oder ähnlicher Zusammensetzung Sphärolithe auftreten und in basaltischen Gläsern Variolen.

Unter anhaltender Verwitterungseinwirkung können Gläser mehrere Gew.-% Wasser aufnehmen. Natürliche Gläser enthalten regelmäßig Wasser. Intakte Gläser sind weitgehend auf geologisch jüngere Vulkanite beschränkt. Die allermeisten Gläser sind jünger als Miozän (unter 25 Millionen Jahre). In Mitteleuropa sind permische Gläser die ältesten mengenmäßig bedeutenden. Präkambrische Gläser sind große Seltenheiten. Das Vorkommen von Gläsern kann als grober Hinweis auf ein wahrscheinlich eher geringes geologisches Alter des Materials gewertet werden. Das Auftreten von Glas dokumentiert zusätzlich das Ausbleiben nennenswerter metamorpher Einwirkung seit der Erstarrung des Glases.

Gesteinsglas zeigt wie technisch hergestelltes Glas keine ebenen Spaltflächen. Es bricht unter Entstehung von glatten, glasglänzenden, zumeist gewölbten, muscheligen Oberflächen auseinander. Nicht aufgeschäumtes, rissfreies Gesteinsglas ist gewöhnlich schwarz oder dunkel mit grüner oder brauner Tönung. Die Ecken sind durchscheinend. Basaltisches Glas ist lackglänzend tiefschwarz. Eng gescharte Risse, wie sie in manchen Gläsern (Perliten) üblich sind, bewirken eine Aufhellung bis hin zu weiß. Durch Gasentmischung aufgeschäumte Schmelze ohne erheblichen kristallinen Anteil bildet bei Erstarrung unter weiterem Ausbleiben von Kristallisation einen Glasschaum: Bims. Dieser zeigt weißgraue bis schneeweiße Farbe.

Quarz, andere SiO_2-Modifikationen

Die Minerale der SiO_2-Gruppe stehen mit Ausnahme des je nach Modifikation vollständig oder teilweise nichtkristallinen (amorphen) Opal in Polymorphiebeziehungen zueinander. Besonders Quarz besteht im Idealfall aus nahezu reinem SiO_2, nur untergeordnet enthalten einige der SiO_2-Minerale andere Beimengungen. Dementsprechend gehören sie zu den **hellen Mineralen**. Das gesteinsbildend mit Abstand wichtigste Mineral dieser Gruppe ist Quarz. Er ist stöchiometrisch weitgehend reines SiO_2. Für einige weniger häufige Minerale der SiO_2-Gruppe sind Beimengungen von Alkalien oder Al die Regel (Tridymit, Cristobalit). Alle kristallinen Minerale der SiO_2-Gruppe können strukturell wegen dreidimensionaler Verknüpfung der SiO_4-Tetraeder als Gerüstsilikate aufgefasst werden. Allerdings fehlen Kationen, die der Einstufung als Silikat im chemischen Sinne Berechtigung geben würden.

Quarz SiO_2

SiO_2 tritt in Form mehrerer polymorpher Minerale auf. Gesteinsbildend ist nur **Quarz** von Bedeutung. Er kann sich aufgrund seiner besonders großen Verwitterungsresistenz, außer unter tropisch-humiden Bedingungen, in Form von Quarzsand als weitgehend monomineralisches Sediment anreichern. Zusätzlich kommt Quarz in Sedimentgesteinen als authigene Bildung vor.

Kristallisation von Quarz findet unter allen Druck-Temperatur-Bedingungen der kontinentalen Kruste statt. Er ist dementsprechend üblicher Bestandteil von Magmatiten und Metamorphiten mit ausreichend großem SiO_2-Gehalt. Wesentliche Voraussetzung zur Entstehung von Quarz ist ein Überschuss von SiO_2.

Je nach herrschenden Druck-Temperatur-Bedingungen kristallisiert Quarz als **Hochquarz mit hexagonaler Symmetrie** oder als **trigonaler Tiefquarz**. Der Gitterbau ist aber auch in ursprünglich als Hochquarz gebildetem Quarz in Gesteinen an der Erdoberfläche immer trigonal. Hochquarz ist bei Oberflächendruck nur bei Temperaturen oberhalb von **573 °C** stabil, mit zunehmendem Druck erhöht sich auch die Inversionstemperatur. Bei Unterschreitung der druckabhängig variablen Inversionstemperatur reorganisiert sich das Kristallgitter spontan und reversibel zu Tiefquarz. Hierbei kann der bei der ursprünglichen Kristallisation entstandene äußere Umriss nicht verändert werden. Im Gesteinsverband ist Quarz jedoch **überwiegend xenomorph** (Abb. 3.1, **3.11**), sodass gewöhnlich nicht erkennbar ist, ob ursprünglich Hoch- oder Tiefquarz vorlag. In magmatischen Gesteinen ist der Quarz durchweg ursprünglich als Hochquarz kristallisiert, außer bei extrem hohen Drucken.

Idiomorpher Quarz ist im Gesteinsverband selten. Am ehesten kommt er in rhyolithischen Vulkaniten und in manchen anorogenen Graniten vor. Er zeigt dann je nach Schnittlage in der Gesteinsoberfläche in Form **sechseckiger Querschnitte** die zu erwartende Hochquarz-Morphologie (Abb. 3.12). Seltene Beispiele mit magmatisch gebildetem, trigonalem Tiefquarz weisen auf Kristallisation in der Tiefe von orogenetisch verdickter kontinentaler Kruste hin (Flick 1987). Solch primärer magmatischer Tiefquarz kann im Gegensatz zu primärem Hochquarz in geeigneter Schnittlage dreieckige oder rhombenförmige Querschnitte zeigen.

Das Hauptmerkmal, an dem Quarz im Gestein erkannt werden kann, ist das Fehlen ebener Spaltflächen. Stattdessen sind glatte, **glasartig glänzende** Bruchflächen üblich, die gewölbte Formen zeigen. Dieser **muschelige Bruch** (Abb. 3.7) ermöglicht in Verbindung mit der **Härte 7** die sichere Bestimmung von Quarz im Gestein.

Hinweise zur **Verwechslungsgefahr mit Nephelin** (Abb. 5.72) bzw. **Cordierit** (Abb. 3.47) finden sich bei deren Beschreibungen. Die **Dichte** von Quarz ist 2,65. Der Gitterbau von Quarz entspricht dem von Gerüstsilikaten.

Im Gesteinsverband ist Quarz zumeist **farblos** und glasartig **transparent** (z. B. Abb. 4.4, 5.29, 5.46, 5.50). Diese Transparenz führt dazu, dass auftreffendes Licht in den Quarz eindringt und erst von dem in der Tiefe schwächer beleuchteten Hintergrund aus Nachbarmineralen zurückgeworfen wird. Hierdurch wirkt glasklarer Quarz scheinbar grau oder dunkel getönt. Nur ganz selten ist der Quarz im Gestein tatsächlich rauchig getönt. Gefärbte Modifikationen von Quarz treten im Gesteinsverband kaum auf. Eine Ausnahme bildet **Blauquarz** (Abb. 3.1, 3.11, 5.43). Er ist gewöhnlich leicht getrübt und zeigt eine blasse bis auffällige blaue Tönung. Die Blaufärbung ist bei angefeuchteter Oberfläche kräftiger als bei trockenen Proben. Blauquarz tritt regional begrenzt, dann aber gebietsweise allgegenwärtig in Magmatiten oder auch hochgradigen Metamorphiten auf. Die Blaufärbung ist nur im gestreuten Licht sichtbar. Isolierte Körner von Blauquarz sind im durchscheinenden Licht blass-orangerot. **Milchquarz** ist durch winzige Flüssigkeitseinschlüsse weiß getrübter Quarz (Abb. 3.13). Er kommt in Pegmatiten (Abschn. 5.10.2) vor (Abb. 5.123, 5.124) und er bildet oft die aus heißer wässriger Lösung (hydrothermal) ausgefällte Füllung von Gangspalten, oder er kann im Zuge niedriggradiger Metamorphose durch H_2O umgesetzt und in Form linsen- bis plattenförmiger Körper ausgefällt werden (Abb. 7.23). Solch aus dem zunächst weitgehend homogenen Gesteinsverband herausgetrennter (segregierter) und lokal konzentrierter Quarz wird als **Segregationsquarz** bezeichnet, unabhängig davon, ob er milchig oder klar ist. Vor allem in Phylliten kommt in dieser Weise gebildeter Milchquarz in oft großer Menge vor (Abschn. 7.3.1.2). Mit zunehmendem Metamorphosegrad nimmt die Milchigkeit tendenziell ab. Wegen einer gegenüber den einbettenden Schiefern sehr viel größeren Verwitterungs- und Abriebsresistenz kann Milchquarz wie auch sonstiger Quarz in Kiesen oder Konglomeraten in Form von Geröllen angereichert sein (Abb. 6.13).

Abb. 3.11 Quarz in Granit (Lokalname: Vånevik-Granit). Durch bläuliche Färbung (Blauquarz) hebt sich der xenomorphe Quarz hier besonders deutlich von den Nachbarmineralen ab, roter Kalifeldspat, weißer Plagioklas, schwarzer Biotit und schwarze Hornblende. Vånevik, Ostsmåland, Schweden. BB 10,5 cm.

Abb. 3.12 Idiomorpher, rauchig getönter Quarz neben rotbraunem Kalifeldspat in Rapakivigranit (Pyterlit, Abschn. 5.7.3). Der Quarz ist ursprünglich als Hochquarz kristallisiert, erkennbar an einer Tendenz zu sechseckigen (hexagonalen) Querschnitten. Pyterlahti, Südostfinnland. BB 3,5 cm.

Der Quarz einzelner Granit- und anderer Gesteinsvorkommen kann **granuliert** sein (Abb. 5.33). In solchen Fällen zeigt sich bei Betrachtung mit der Lupe, dass die zusammenhängend erscheinenden Quarzkörner nicht monokristallin ausgebildet sind, sondern aus vielen kleinen Einzelkörnern bestehen. Die Ursache ist tektonische Beanspruchung bei relativ geringen Temperaturen. Durch die Granulierung ist der für Quarz kennzeichnende muschelige Bruch auf die winzigen Teilkörner begrenzt und dadurch makroskopisch nicht erkennbar.

Die Bildung von Quarz setzt im Gestein oder Magma einen Überschuss an SiO_2 gegenüber Alkalien oder Fe und Mg voraus, der nicht in Feldspäten oder Pyroxenen untergebracht werden kann. Dies bedeutet, dass Quarz in der Regel nicht mit SiO_2-defizitären Mineralen wie Olivin oder Feldspatvertretern gemeinsam vorkommen kann. Quarz bringt aufgrund seiner Zusammensetzung **keine Alterationsprodukte** hervor. Wenn Quarz vorhanden ist, ist er im Gegensatz zu Nephelin und Cordierit grundsätzlich unalteriert.

Opal $SiO_2 \cdot nH_2O$

Opal ist in variablem Ausmaß wasserhaltiges SiO_2 in vollständig amorpher Ausbildung (Opal-A)

Abb. 3.13 Milchquarz, Bruchstück. Ohne Fundortangabe. BB 5 cm.

oder mit Anteilen von kryptokristallinem Cristobalit bzw. Tridymit (Opal-CT). Opal-A und Opal-CT sind makroskopisch nicht unterscheidbar. Nach amerikanischem Sprachgebrauch wird Opal als *mineraloid* eingestuft. Im Gegensatz zu Opal in Schmucksteinqualität ist er als Gesteinsbestandteil meist feinkörnig verteilt und daher makroskopisch kaum erkennbar, außer wenn er massiv als Füllung von Porenraum auftritt, dies vor allem in sekundär (hydrothermal) verkieselten Vulkaniten und Tuffen. Er kann dann ein als Opalisieren bezeichnetes, durch Beugung und Interferenz bewirktes Farbspiel zeigen. Die Härte liegt mit $5^1/_2$–$6^1/_2$ deutlich unter der von Quarz. Auch die Dichte ist mit 2,1–2,2 geringer. Der Bruch ist muschelig. Als diagenetische Bildung tritt Opal gesteinsbildend als Bestandteil von Flint (Feuerstein) in der Schreibkreide Nordwesteuropas auf und biogen in Form von Organismenresten wie Schwammnadeln, Radiolarien und Diatomeen. Opal ist als Gesteinsbestandteil nicht für sich erkennbar.

Chalcedon SiO_2

Chalcedon ist kein selbständiges Mineral, sondern **Quarz in krypto- bis mikrokristalliner, feinfaseriger Ausbildung** mit einer Tendenz zu entsprechend feinfaserigem Bruch, der jedoch auch muschelig sein kann. Die Dichte ist mit ca. 2,6 etwas geringer als die von massivem Quarz. Chalcedon erscheint makroskopisch als **dichte,** **zumeist farblos durchscheinende Masse**. Primäre Oberflächen von Chalcedon-Aggregaten zeigen oft wulstig-traubige Formen und intensiven Wachsglanz. Durch Beimengungen von pigmentartig fein verteilten anderen Mineralen, z. B. von Hämatit oder Nickelsilikaten, können verschiedene Färbungen bewirkt werden. An solche Färbungen sind Sondernamen geknüpft, die vor allem in der Mineralkunde und im Mineralienhandel ihren Platz haben: z. B. Karneol (rot), Chrysopras (grün). **Jaspis** ist undurchsichtiger, intensiv gefärbter Chalcedon. Chalcedon bildet als hydrothermales Fällungsprodukt gangförmige Körper und Füllungen oder Auskleidungen von ehemaligen Hohlräumen, vor allem in Vulkaniten. Er kann wesentliche Füllung der Mandeln in Mandelsteinen sein (Abschn. 5.4.2). Im sedimentär-diagenetischen Bereich tritt Chalcedon bzw. Jaspis neben oder statt Opal als Material von kieseligen Konkretionen (Flint) auf (Abb. 6.101), ferner als Einkieselungssubstanz von ursprünglich kalkigen Fossilien und von fossilen Hölzern.

Tridymit, Cristobalit SiO_2
(mit variablen Gehalten von Al, Na, K)

Tridymit und Cristobalit können, makroskopisch nicht erkennbar, Bestandteil von Opal sein. Vereinzelt können beide Minerale für sich oder gemeinsam in Hohlräumen vor allem SiO_2-reicher Vulkanite auftreten. In Plutoniten oder Me-

3

tamorphiten kommen sie nicht vor, in Sedimentgesteinen nicht für sich erkennbar.

Coesit SiO_2

Coesit ist als Hochdruckphase extrem selten, aber von großer geologischer Bedeutung, falls es Hinweise auf seine (ehemalige) Existenz gibt. Er ist in manchen Impaktiten (Abschn. 7.4) und in extremen Hochdruckmetamorphiten nachgewiesen, so vereinzelt in Eklogiten (Abschn. 7.3.2.4). In geeigneten Gesteinen ist das gezielte Aufsuchen von Hinweisen auf Coesit sinnvoll. Coesit selbst ist makroskopisch nicht erkennbar und in den wenigen Vorkommen gewöhnlich ohnehin bei Druckentlastung unter Volumenzunahme zu Quarz invertiert. Ein Hinweis auf ehemaligen Coesit können – nur mikroskopisch erkennbar – **aufgesprengte, ehemals Coesit einschließende Kristalle** sein, vor allem von Granat und Pyroxen.

Feldspäte

Im an der Erdoberfläche zugänglichen nichtsedimentären Gesteinsspektrum sind Feldspäte die häufigsten Minerale. In manchen Sedimentgesteinen kommen Feldspäte als umgelagerte, detritische Komponente oder als authigene Bildungen vor. Das Auftreten der Feldspäte ist auf Gesteine der kontinentalen und ozeanischen Kruste beschränkt. Unter den chemischen und physikalischen Bedingungen des Erdmantels sind Feldspäte ausgeschlossen, außer unmittelbar unter der Grenze zur Erdkruste, und nur wenn diese eine eher geringe Mächtigkeit hat. Feldspäte sind von ihrem Mengenanteil her und wegen ihrer relativ geringen Dichte wesentliche Ursache der isostatischen Stabilität der Kontinente: „Unsinkbarkeit der Kontinente".

Die gesteinsbildenden Feldspäte sind Silikate des Ca, Na und K, in denen 25–50 % des Si durch Al ersetzt sind. Na und Ca sind im Feldspat-Kristallgitter sehr viel mehr als Na und K gegeneinander austauschbar. Wegen unterschiedlicher chemischer Wertigkeit des Na^{1+} und Ca^{2+} erfolgt ein komplementärer Ladungsausgleich durch Ersatz eines Teils des Si^{4+} durch Al^{3+}. Strukturell gehören alle Feldspäte zu den **Gerüstsilikaten**.

Idiomorph ausgebildete Feldspäte lassen **monokline**, seltener **trikline** Symmetrie erkennen. Der Habitus idiomorpher Kristalle in Gesteinen ist oft **tafelig**, wobei sowohl gedrungene (Abb. 5.28) als auch dünnplattige Gestalt möglich ist (Abb. 5.25). Eine Ausnahme hiervon bildet Anorthoklas (s. u.). Bei hohen Temperaturen ist in Feldspäten die monokline Symmetrie begünstigt. Bei Abkühlung erfolgt eine Umorganisation (**Inversion**) des Kristallgitters zu trikliner Symmetrie. Bei Na-Ca-Feldspäten (Plagioklasen) ist die trikline Symmetrie bei höheren Temperaturen als bei Kalifeldspäten schon der stabile Zustand. Kalifeldspäte invertieren erst im Zuge fortgeschrittener Abkühlung.

Die gesteinsbildenden Feldspäte sind chemisch im Wesentlichen Kombinationen der reinen Komponenten:

Albit	$NaAlSi_3O_8$	(Ab)
Orthoklas	$KAlSi_3O_8$	(Or)
Anorthit	$CaAl_2Si_2O_8$	(An)

Albit- und Anorthitkomponente sind in der **isomorphen Mischkristallreihe der Plagioklase** gegeneinander austauschbar. Feldspäte aus im Wesentlichen Orthoklas- und Albitkomponente werden als **Alkalifeldspäte** zusammengefasst. Feldspäte, die alle drei Komponenten in wesentlicher Menge enthalten, heißen **ternäre Feldspäte**.

Die Bezeichnung Orthoklas ist zweideutig. Es kann, wie oben, die reine K-Feldspat-Komponente gemeint sein oder ein Kalifeldspat, der aufgrund unvollständiger Inversion in einem strukturellen Zwischenzustand zwischen monoklinem Sanidin und triklinem Mikroklin verblieben ist. Im folgenden Text geht jeweils aus dem Zusammenhang hervor, welche Bedeutung gemeint ist. Zusätzlich gilt, dass die realen Minerale Albit, Orthoklas und Anorthit nicht ausschließlich aus den reinen Komponenten Albit, Orthoklas oder Anorthit bestehen müssen, sondern nur zu mindestens 90 Mol-% (Albit, Anorthit) oder zu mindestens 50 Mol-% (Orthoklas).

In magmatischen Gesteinen sind die jeweils auftretenden Feldspäte **Indikatoren für den geochemischen Charakter** der zugrundeliegenden Magmen und damit der Gesteine. So ist es folgerichtig, dass die seit 1989 international verbindliche IUGS-Klassifikation der magmatischen Gesteine auf Grundlage der **QAPF-Doppeldreiecke** (Abschn. 5.6, Abb. 5.35, 5.36) die Ermittlung des Mengenverhältnisses Alkalifeldspäte zu Plagioklas erfordert.

    In metamorphen Gesteinen ist das Auftreten oder auch Fehlen bestimmter Feldspäte **kennzeichnend für spezifische Metamorphosegrade** bei gegebenem Edukt. **In Sedimentgesteinen** bildet das (nicht regelmäßige) Vorkommen von umgelagerten (detritischen) Feldspäten ein wesentliches **Merkmal des kompositionellen Reifegrads** (Abschn. 6.3) und kann als Hinweis zu den Verwitterungsbedingungen im Liefergebiet und auch zur Transportgeschichte gewertet werden. Daraus ergibt sich, dass dem Erkennen und Unterscheiden der Feldspäte schon im Gelände eine vorrangige Bedeutung zukommt.

Gemeinsame makroskopische Merkmale der gesteinsbildenden Feldspäte

Feldspäte haben eine Reihe von gemeinsamen Merkmalen, die für die Bestimmung herangezogen werden können:
1. Meist helle Farbtöne oder Farblosigkeit, z. T. auch Transparenz; kräftige Rot-, Orange- und Brauntöne weitgehend nur bei Kalifeldspat
2. Nichtmetallischer Glanz, Glasglanz (nach Alteration auch matt)

3. **Zwei gute bis sehr gute Spaltbarkeiten mit ca. 90°-Winkel zueinander**, bei Orthoklas und Sanidin 90°, bei Plagioklasen geringfügig variabel um 86°. Sonstige Trennflächen uneben, oft stufig getreppt.
4. **Härte 6**
5. In magmatischen Gesteinen Neigung zu idiomorpher, tafeliger Ausbildung (Ausnahme: Anorthoklas)
6. **Neigung zu Verzwillingung**

Bei der Bestimmung als Feldspat müssen möglichst viele dieser Merkmale erfüllt sein. Keines der unter 1–6 genannten Merkmale reicht für sich aus. Abb. 3.14 zeigt ein Gestein mit Feldspäten unterschiedlicher Färbung.

Mögliche Verwechslungen mit anderen Mineralen

Das Vorliegen von weniger als drei Richtungen guter Spaltbarkeit bedingt, dass Feldspäte niemals allseitig von ebenen Spaltflächen begrenzt sein können. Es kommen immer unebene Bruchflächen hinzu. Diese werden im Gesteinsverband bei flüchtiger Betrachtung leicht mit den Bruchflächen des in keiner Richtung Spaltbarkeit zeigenden **Quarz** verwechselt. Der Hauptunterschied besteht darin, dass die Bruchflächen von Feldspäten rau oder unregelmäßig getreppt sind, während die von Quarz muscheligen Bruch zeigen. Die Härte ist geringer als beim Quarz: Härte

Abb. 3.14 Verschiedene Feldspäte als Einsprenglinge in einem Porphyr (Abschn. 5.4.1). Alle in der braunen Grundmasse eingebetteten, nicht dunkelgrauen bis schwarzen Kristalle sind Feldspäte. Die blass rötlichen Kristalle sind Kalifeldspat, die grünlich-grau getönten sind Plagioklase. Die Oberflächen der Feldspäte sind überwiegend Spaltflächen. Die unterschiedlichen Färbungen sind durch die jeweilige Feldspatart und z. T. auch sekundäre Umwandlung bedingt. Glazialgeschiebe, Nähe Eckernförde. Herkunft: Norddalarna, Schweden. BB 6 cm.

3

6 gegenüber 7. **Calcit** zeigt rundum sehr gut entwickelte Spaltflächen („Spaltrhomboeder") und ist mit Härte 3 erheblich weicher als Feldspäte. Die Winkel zwischen den verschiedenen Spaltbarkeiten weichen mit ca. 75° beim Calcit deutlich von den ca. 90° der Feldspäte ab.

Einzelcharakterisierung wichtiger Feldspäte

Zusätzlich zu den gemeinsamen Eigenschaften der Feldspäte gibt es eine Reihe von spezifischen Merkmalen der einzelnen Feldspäte, die eine sichere Unterscheidung der verschiedenen Feldspäte ermöglichen. Von vorrangiger Bedeutung sind hierzu innerkristalline **Entmischungsstrukturen** und unterschiedliche Arten von **Verzwillingung**.

Plagioklase $(Na,Ca)Al_{1-2}Si_{3-2}O_8$

In der gleichberechtigten Einbaumöglichkeit von Na und Ca mit mengenmäßig daran gekoppeltem Austausch von Si und Al zum Ladungsausgleich ist die weitgehend lückenlose **Mischkristallreihe der Plagioklase samt Albit** mit den reinen Endkomponenten **Albit** (Ab) und **Anorthit** (An) begründet. Alle Plagioklase und Albit haben trikline Symmetrie. Eine Einschränkung der vollständigen Mischbarkeit deutet sich bei manchen Plagioklasen durch Labradorisieren an, das auf unsichtbar feine Entmischungsstrukturen zurückgeht. Die weitgehend kontinuierliche Plagioklas-Mischkristallreihe ist in mit eigenen Namen belegte Abstufungen gegliedert:

An		Ab		
An	0–5	Ab	100–95	**Albit**

(als **Alkalifeldspat** zu werten)

An	5–10	Ab	95–90	**Albit**

(als **Plagioklas** zu werten)

An	10–30	Ab	90–70	**Oligoklas**
An	30–50	Ab	70–50	**Andesin**
An	50–70	Ab	50–30	**Labradorit**
An	70–90	Ab	30–10	**Bytownit**
An	90–100	Ab	10–0	**Anorthit**

Albit darf bei der Bestimmung magmatischer Gesteine nicht als Plagioklas gelten, weil er nach seiner chemischen Zusammensetzung ebenso auch ein Alkalifeldspat ist. Nach Le Maitre et al.

(2004) ist Albit mit An < 5 im Gegensatz zu Regeln der IMA als Alkalifeldspat einzustufen, mit An > 5 hingegen als Plagioklas. Das Vorgehen bezüglich Albit bei der Gesteinsbestimmung ist in diesem Abschnitt unter „Hinweise zur Bestimmungspraxis: Anorthoklas und Albit" erläutert. Dort werden auch Vorkommensregeln von Albit gesondert von Plagioklas beschrieben.

Statt die Abstufungsnamen der Plagioklase zu benutzen, ist es üblicher, die Zusammensetzungen durch Angabe der Anorthitgehalte zu charakterisieren, in der Kurzform **An** mit einer nachgestellten Zahl zwischen 0 und 100 (in Tiefstellung geschrieben). Die Angabe An_{30} bedeutet z. B., dass der Plagioklas 30 Mol-% Anorthitkomponente enthält. Mit makroskopischen Methoden sind die An-Gehalte nicht ermittelbar.

Plagioklase in Vulkaniten, Ganggesteinen und beschleunigt abgekühlten Plutoniten weisen oft **Zonarbau** auf. Dieser ist makroskopisch nur in alterierten Plagioklasen gelegentlich erkennbar. Wegen erhöhter Alterationsanfälligkeit bei hohem An-Gehalt können zonare Unterschiede des Verhältnisses An/Ab durch unterschiedlich intensive Alteration abgebildet werden. Dies kann sich in einer vom meist An-reicheren Kern zum An-ärmeren Rand sich verringernden, schmutzig graugrünen oder grünen Tönung zeigen.

Es ist eine störende Einschränkung der makroskopischen Gesteinsbestimmung, dass der Anorthitgehalt von Plagioklasen mit den zur Verfügung stehenden Methoden nicht ermittelbar ist. Dies betrifft besonders die Bestimmung von Gabbros und Dioriten, die über den Anorthitgehalt der Plagioklase unterschieden werden. Auswege werden im Abschn. 5.7.4 beschrieben.

Das Erkennen von Plagioklas als solchem ist hingegen in ausreichend grobkörnigen Gesteinen, d. h. bei Korngrößen ab 1 mm sehr zuverlässig möglich. Es kommt nur darauf an, die in den allermeisten Plagioklasen entwickelte und mit der Lupe gewöhnlich gut erkennbare, streifig-lamellare **polysynthetische Verzwillingung** zu beachten bzw. gezielt zu suchen (Kasten 3.1). Sie ähnelt bezüglich strenger Parallelität, Geradlinigkeit und wechselnder Lamellenbreite den Strichcodes auf Verkaufsverpackungen. Sie kann schon ohne Lupe erkennbar sein (Abb. 3.15, 5.64).

Plagioklase sind die häufigsten Feldspäte. Die meisten Plutonite und Vulkanite enthalten Pla-

Kasten 3.1
Erkennen der Verzwillingung von Feldspäten

Verzwillingte Teilindividuen innerhalb des gleichen Kristalls unterscheiden sich chemisch nicht voneinander, jedenfalls nicht aufgrund der Verzwillingung. Sie sind daher anders als im Fall von Entmischungslamellen immer lamellenübergreifend einheitlich gefärbt. Das Wesen der Verzwillingung ist ein sprunghafter Wechsel der Orientierung gleichartiger Teilindividuen mit gesetzmäßiger geometrischer Beziehung zueinander. Hieraus ergeben sich Verkippungen der ebenen Spaltflächen zu beiden Seiten der Verwachsungsebene um einige Grad. Dies hat zur Folge, dass die Spaltflächen innerhalb aneinander grenzender Teilindividuen niemals gemeinsam, sondern nur im Wechsel durch leichtes Hin- und Herkippen in Reflexionsstellung zum Sonnen- oder Lampenlicht gebracht werden können. Beim Einspiegeln des Kristall- oder Gesteinsstücks durch Hin- und Herdrehen blinkt mal die eine, mal die andere Spaltfläche auf, oder im Fall von polysynthetischen Viellingen nur eine der Spaltflächenscharen. Ohne Aufsuchen der Reflexionsstellungen der Spaltflächen, also bei zufälliger Orientierung, bleibt die Verzwillingung im Gegensatz zu Entmischungslamellen unsichtbar. Die in Reflexionsstellung gut erkennbaren Verwachsungsnähte sind meist geradlinig, z. T. allerdings mit sprungartigen Versätzen. Die Verzwillingung ist nur auf Spaltflächen sichtbar, die nicht mit den Verwachsungsebenen der Zwillingsindividuen zusammenfallen. Bei Plagioklasen sind dies nicht die größten Spaltflächen, sondern vorzugsweise schmale, langgestreckte, die quer zur Ebene der oft tafelförmigen Kristalle orientiert sind.

gioklas. Gabbros und Diorite sind Beispiele für Plutonite mit besonderer Dominanz von Plagioklas gegenüber Alkalifeldspat. Unter den Vulkaniten sind Andesite und Basalte diejenigen, die Plagioklas gewöhnlich als einzigen Feldspat führen. In Metamorphiten tritt nichtalbitischer Plagioklas mit ansteigendem Metamorphosegrad ab Amphibolitfazies auf. Erst bei höchsten metamorphen Drucken (Eklogitfazies) wird er instabil. In wichtigen klastischen Sedimentgesteinen wie in manchen Sandsteinen, Grauwacken und Arkosen kann Plagioklas detritisch neben Quarz auftreten. Authigener Plagioklas kommt vor, ist aber mengenmäßig unbedeutend und makroskopisch nicht erkennbar.

Die bei Plagioklasen vorkommenden **Farben** sind in Tab. 3.2 zusammengestellt. Die **Dichten** variieren zwischen 2,62 (Ab) und 2,76 (An).

Abb. 3.15 Spaltfläche eines Plagioklaskristalls mit polysynthetischer Zwillingsstreifung in Reflexionsstellung einer der beiden Lamellenscharen. Hillared, südöstlich Borås, Schweden. BB 4 cm.

3 Alkalifeldspäte $(K,Na)AlSi_3O_8$

Zwischen den chemischen Feldspatkomponenten Orthoklas (Or) und Anorthit (An) ist selbst bei hohen Temperaturen nur unvollständige Mischkristallbildung möglich. Orthoklas- (Or) und Albitkomponente (Ab) sind bei Temperaturen des hochmetamorphen oder magmatischen Bereichs in erheblicherem Umfang austauschbar, bei niedrigen Temperaturen hingegen nur in geringem Maße. Aufgrund der Instabilität von K-Na-Feldspat-Mischkristallen bei geringeren Temperaturen ergeben sich als Folge langsamer Abkühlung **Entmischungsstrukturen**, die in typischer Ausbildung makroskopisch wie eine Maserung aussehen (Abb. 3.16). Ein morphologisch einheitlicher Kristall besteht dann aus zwei farblich voneinander abgesetzten Feldspatarten in inniger Verwachsung und Durchdringung. In den Kalifeldspäten von Vulkaniten und Kontaktmetamorphiten fehlen wegen schneller Abkühlung makroskopisch sichtbare Entmischungsstrukturen.

Entmischungsaggregate aus miteinander verwachsenen Alkalifeldspatphasen werden als Perthit bzw. Mesoperthit oder Antiperthit bezeichnet. Zwischen ihnen bestehen fließende Übergänge. **Perthit** (Abb. 3.16) besteht aus Kalifeldspat als Wirtskristall mit eingelagerten Entmischungslamellen aus Na-reichem Plagioklas (Oligoklas, Andesin). **Mesoperthit** besteht zu etwa gleichen Anteilen aus Kalifeldspat und Plagioklaslamellen oder der Plagioklasanteil dominiert in begrenztem Aus-

maß. Bei makroskopischer Bestimmung ist es am sinnvollsten, einheitlich von **Kalifeldspat mit perthitischer Entmischung** zu sprechen. **Antiperthit** ist im Gegensatz zu Perthit und auch Mesoperthit besonders Na-reich. K-Feldspat ist der entmischte Anteil, Na-reicher Plagioklas der Wirt. Antiperthitische Entmischung ist makroskopisch nur selten erkennbar und dann nicht wie perthitische Entmischung lamellar, sondern fleckig.

Alle drei gesteinsbildenden Kalifeldspäte Sanidin, Orthoklas und Mikroklin können einfach verzwillingt sein. Auf geeignet orientierten Spaltflächen zeigen sich dann zwei ungefähre Hälften, die im Wechsel in Reflexionsstellung zur Lichtquelle gebracht werden können. Solche **einfache Verzwillingung**, ohne zusätzliche, makroskopisch erkennbare polysynthetische Lamellen, ist ein sicheres, wenn auch nicht immer entwickeltes Merkmal zur Bestimmung von Kalifeldspat (Abb. 3.17). Eine für Mikroklin kennzeichnende, komplexe polysynthetische Verzwillingung ist nur mikroskopisch erkennbar.

Je nach dem primären Vorherrschen von Na oder K, dem Ausmaß der Entmischung und/oder – makroskopisch nicht erkennbarer – Inversion im Kristallgitter kommen verschiedene **Alkalifeldspäte** in Gesteinen vor: die **Kalifeldspäte** Orthoklas, Mikroklin, Sanidin und die **K-Na-Feldspäte** Anorthoklas bzw. Perthit und Mesoperthit sowie **Albit**.

Die Kalifeldspatminerale Sanidin, Orthoklas und Mikroklin haben die gleiche chemische Zu-

Abb. 3.16 Spaltfläche eines perthitisch entmischten Kalifeldspats (Mikroklin). Das Geflecht aus hellen Einlagerungen besteht aus Na-reichem Feldspat. Ohne Fundortangabe. BB 5 cm.

Abb. 3.17 Spaltfläche eines Kalifeldspatkristalls (Mikroklin) mit einfacher Verzwillingung. Die Verzwillingung entspricht der in Abb. 3.8 gezeigten. *In situ* im Gesteinsverband (Charnockit, Abschn. 7.3.1.5), Varberg, Schweden. BB 6 cm.

sammensetzung KAlSi$_3$O$_8$. Ein Teil des K ist gewöhnlich durch Na ersetzt. **Sanidin** (Abb. **3.18**, 5.98) ist die bei magmatischen oder sehr hohen metamorphen Temperaturen sich bildende, monokline Phase von Kalifeldspat. **Mikroklin** ist die trikline Tieftemperaturphase (Abb. 3.16, 3.17). Die an idiomorphen Kristallen im Gestein in seltenen Fällen erkennbare äußere monokline Symmetrie erlaubt jedoch keine Bestimmung als Sanidin. Es kommen ebenso Mikroklin oder Orthoklas in Betracht, weil es bei langsamer Abkühlung durch Umbau des Kristallgitters zur **Inversion** von Sanidin zu Mikroklin kommt. Hierbei bleibt die äußere Morphologie erhalten. **Orthoklas** nimmt eine Zwischenstellung beim fließenden Übergang ein. Die monokline Hochtemperaturphase Sanidin bleibt nur bei schneller Abkühlung erhalten, vor allem in Vulkaniten. Da Inversion in gleichem Maße wie Entmischung von möglichst langsamer Abkühlung abhängt, ist Sanidin frei von Entmischungsstrukturen. Dies drückt sich makroskopisch in oft glasklarer Transparenz des Sanidin aus (Abb. 3.18). In Mikroklin hingegen ist Entmischung meist schon makroskopisch gut erkennbar, vermindert gilt dies auch für Orthoklas. Glasklare Transparenz kommt in Mikroklin und Orthoklas nicht vor.

Das **Vorkommen der verschiedenen Kalifeldspäte** ist an spezifische Bedingungen gebunden.

Abb. 3.18 Sanidin-Megakristall (Abschn. 5.3.1), Blick auf Spaltfläche. Volkesfeld, Osteifel. BB 6,5 cm.

Die mit Abstand häufigsten Alkalifeldspäte **in Plutoniten** und **Regionalmetamorphiten** sind **Mikroklin** und **Orthoklas**. In **Vulkaniten** und **Kontaktmetamorphiten** fehlt Mikroklin. Dort hingegen tritt Sanidin auf, allenfalls Orthoklas. Das Vorkommen von **Sanidin** ist auf K-betonte Vulkanite und hochgradige Kontaktmetamorphite beschränkt. Orthoklas nimmt eine Zwischenstellung mit fließenden Grenzen zu Mikroklin und Sanidin ein und kann auch in Vulkaniten und Subvulkaniten sowie in seicht in kühles Nebengestein intrudierten Plutonen vorkommen. **Perthite** finden sich vor allem **in hochgradig regionalmetamorphen Gesteinen**, sowie in **Plutoniten** und **Pegmatiten**.

Die bei Alkalifeldspäten vorkommenden **Farben** sind in Tab. 3.2 zusammengestellt bzw. bei den Einzelbeschreibungen angegeben. Die **Dichten** der Alkalifeldspäte liegen zwischen 2,55 und 2,63.

Anorthoklas (Abb. 5.99) ist ein ternärer Hochtemperatur-Alkalifeldspat aus überwiegend Albit- neben Orthoklaskomponente, bei gleichzeitiger Beteiligung von Anorthitkomponente. Anorthoklas wird nur magmatisch gebildet. Bei Abkühlung wird er instabil. Wenn diese, wie für Plutonite üblich, relativ langsam erfolgt, kommt es zu antiperthitischer bis mesoperthitischer Entmischung unter gleichzeitiger Inversion des Kristallgitterbaus. Die Anorthoklas-Folgeprodukte sind daher Gemenge aus verschiedenen, innerhalb des ursprünglichen Kristallumrisses miteinander mikroskopisch fein verwachsenen Feldspatphasen, die an Temperaturen unterhalb derer der magmatischen Kristallisation angepasst sind. In Anorthoklas ist polysynthetische Verzwillingung üblich. Sie ist jedoch so fein, dass sie makroskopisch nicht erkennbar ist. Anorthoklas tritt in den relativ seltenen Na-betonten **Alkalivulkaniten** auf, in Plutoniten in Form von

Tabelle 3.2 Übersicht der Bestimmungsmerkmale von Plagioklas und Kalifeldspäten

	Orthoklas, Mikroklin	Sanidin	Plagioklas
Farben	**ziegelrot, blassrot, weiß, grau, gelblich, braun, orange, grün, blassbläulich**	**farblos transparent,** gelblich weiß, rauchig getönt	**weiß, grau, farblos,** grauviolett, braunviolett, graubraun, blassbläulich, gelb, selten rot, grünlich (s. u.)
Zwillinge	nur **einfache Zwillinge** aus zwei ca. gleichgroßen Individuen, oft unregelmäßige Verwachsungsnähte, oft unverzwillingt	nur **einfache Zwillinge** aus zwei ca. gleichgroßen Individuen, oft unverzwillingt	Viellinge in lamellarer Anordnung: **polysynthetische Zwillinge** neben einfacher Verzwillingung. In Metamorphiten z. T. nicht verzwillingt, Lamellierung geradlinig-parallel
Entmischung	**perthitische Entmischung** häufig, Lamellierung unebenflächig, subparallel	keine Entmischung	keine Entmischung makroskopisch sichtbar
Alteration	weitgehend unempfindlich gegen Alteration, z. T. Kaolinisierung	z. T. Kaolinisierung	oft **grünliche Sekundärbildungen**: Verlust von Spaltbarkeit und Zwillingslamellierung, oft verstärkt im Kernbereich
Zonarbau	selten: konzentrische Streifen stärkerer perthitischer Entmischung und/oder Rottönung	kaum erkennbar	häufig: nur in alteriertem Plag. makroskop. erkennbar, zunehmende Alterationsintensität im Kernbereich (grünlich)

Folgeprodukten. Charakteristisch ist sein Vorkommen in **Rhombenporphyr** (Abschn. 5.8.7, Abb. 5.99).

Albit ohne nennenswerten Anteil von An ist der einzige Feldspat in niedriggradigen (grünschieferfaziellen) Regionalmetamorphiten. In Magmatiten kann er vor allem neben Nephelin in Foidsyeniten auftreten. Häufig ist er Produkt von metasomatischer Na-Zufuhr unter Verdrängung anderer Feldspäte. Als authigene Bildung in Sedimentgesteinen bleibt er makroskopisch unsichtbar.

Unterscheidung der Feldspäte

Entscheidende Bedeutung bei der Feldspatbestimmung im Gesteinsverband hat die Unterscheidung von Plagioklas gegenüber Kalifeldspat der häufigsten Modifikationen Orthoklas/Mikroklin und, in Vulkaniten, das Erkennen von Sanidin. Es ist unumgänglich, gezielt nach den in Tab. 3.2 zusammengestellten Merkmalen der wichtigsten gesteinsbildenden Feldspäte zu suchen. Hierzu gehört vor allem die Art der Verzwillingung. Wie man sie am besten erkennt ist in Kasten 3.1 erläutert. Wenn keine eindeutige Einstufung gelingt, sind die anschließenden Hinweise zur Bestimmungspraxis heranzuziehen.

Hinweise zur Bestimmungspraxis: Orthoklas/Mikroklin, Plagioklas und Sanidin

Die Bestimmung der Feldspäte sollte vor allem an den in Tab. 3.2 fettgedruckten eindeutigen Merkmalen orientiert sein. Zunächst wird sich der **Farbeindruck** aufdrängen. Ein rötlich oder **rot gefärbter** Feldspat wird mit größter Wahrscheinlichkeit Kalifeldspat der Modifikationen **Orthoklas** oder **Mikroklin** sein. Dies gilt auch für rotähnliche Färbungen wie orange oder orangebraun. In alterierten Magmatiten kann vereinzelt Albit intensiv rot sein, äußerst selten auch Plagioklas in granitischen Plutoniten mit der Tendenz zu regionaler Bindung (z. B. Südfinnland). Der begleitende Kalifeldspat ist dann ebenfalls rot, jedoch durchweg deutlich blasser getönt als der Plagioklas. Ein nicht roter Feldspat kann mit gleicher Wahrscheinlichkeit Kalifeldspat oder

Plagioklas sein. **Orthoklas** und **Mikroklin** lassen sich makroskopisch nicht sicher voneinander unterscheiden. Es besteht nur die Tendenz, dass makroskopisch erkennbare perthitische Entmischung eher in Mikroklin auftritt als in Orthoklas.

Das zuverlässigste und überdies meistens beobachtbare Unterscheidungsmerkmal zwischen Plagioklas und Kalifeldspäten ist die **Art der Verzwillingung**. Ihr Erkennen erfordert aber etwas Übung und gezielte Beobachtung sowie gute Beleuchtung. Im Gelände ist direktes, aber nicht zu grelles Sonnenlicht günstiger als Streulicht oder sehr hartes Sonnenlicht. Ohne Lupe wird man selten auskommen. Weil die Verzwillingung nur durch Einspiegelung der geringfügig unterschiedlich orientierten Spaltflächen sichtbar wird, müssen unbedingt völlig frische Gesteinsbruchflächen beobachtet werden. Abgeschliffene, abgeriebene oder angewitterte Oberflächen sind wegen Zerstörung oder Mattheit der Feldspat-Spaltflächen nicht geeignet.

Makroskopisch erkennbare **polysynthetische Verzwillingung** kommt nur bei **Plagioklas** aller An-Abstufungen einschließlich Albit vor, niemals hingegen bei Kalifeldspäten. Anders als in Magmatiten kann die polysynthetische Verzwillingung des Plagioklas in Metamorphiten fehlen. Er ist dann zwar noch anhand seiner Spaltbarkeit vom Quarz makroskopisch unterscheidbar, nicht aber vom möglicherweise gleichfalls unverzwillingten Kalifeldspat. Für Metamorphite ist jedoch die Feldspat-Unterscheidung zumindest im Gelände nicht von unverzichtbarer Bedeutung für die Bestimmung des Gesteins. Die wichtigsten Metamorphite mit wesentlichem Feldspatanteil, die Gneise, werden unabhängig vom Mengenverhältnis Alkalifeldspat/Plagioklas in gleicher Weise klassifiziert. Es kommt nicht auf die Art des Feldspats an. Allerdings gibt es Abhängigkeiten der Art des Feldspats von den bei der Metamorphose erreichten Temperaturen.

Eine für Mikroklin bei mikroskopischer Beobachtung kennzeichnende polysynthetische Verzwillingung ist immer so fein, dass sie auch mit der Lupe nicht beobachtbar ist.

Einfache Verzwillingung aus nur zwei Einzelindividuen ist die einzige in **Kalifeldspäten** be-

3

obachtbare Verzwillingung. Sie tritt zwar ebenso in Plagioklasen auf, dort jedoch regelmäßig zusammen mit polysynthetischer Verzwillingung, sodass sie innerhalb der polysynthetischen Lamellierung getarnt wird. Das diagnostisch **ausschlaggebende Merkmal für Kalifeldspat** ist daher weniger das bloße Vorkommen einfacher Verzwillingung als das **Fehlen von polysynthetischer Verzwillingung**. Dies ist wichtig, weil viele Kalifeldspäte anders als die allermeisten Plagioklase unverzwillingt sind.

Die Verzwillingung kann nur auf Spaltflächen quer zur Orientierung der Zwillings-Verwachsungsebenen beobachtet werden, nicht aber auf Spaltflächen, die mit den Verwachsungsebenen zusammenfallen. Da die Verwachsungsebenen meistens einer der beiden Spaltbarkeiten der Feldspäte entsprechen, und zwar gewöhnlich der besten, größtflächig entwickelten, ist jeweils nur an einem Teil der Feldspat-Spaltflächen Verzwillingung erkennbar. Bei idiomorphen Kristallen mit tafeligem Habitus sind dies die kleineren Spaltflächen, die oft länglichen Umriss zeigen. Die Bruchflächen quer zu beiden Spaltbarkeiten lassen keine Verzwillingung erkennen. Dies alles bedeutet, dass nur ein Teil der Feldspäte einer Art in der Gesteinsoberfläche seine Verzwillingung erkennen lässt. Es kommt dann auf den Vergleich mit den eindeutig verzwillingten Feldspäten im gleichen Gestein an. Hierbei sind die Größenverhältnisse, die Morphologie und die Farbe zu beachten.

In den meisten Fällen führt bewusste Suche nach der Art der Verzwillingung zum Erfolg, sodass die Feldspatbestimmung hiermit abgeschlossen werden kann. Selbst in 1 mm großen Plagioklasen lassen sich mit der Lupe normalerweise noch die polysynthetischen Zwillingslamellen erkennen. Gerade kleinere Kalifeldspäte sind häufiger unverzwillingt. Hier ist dann notfalls das für Plagioklase zumindest in Magmatiten nicht übliche Fehlen jeglicher Verzwillingung ausschlaggebend. Es sollte dann jedoch besonders verstärkt auf die anderen Merkmale geachtet werden.

Die nur in den langsam abgekühlten Kalifeldspäten **Mikroklin** und **Orthoklas**, nicht in Sanidin und Plagioklas auftretenden **perthitischen Entmischungslamellen** unterscheiden sich bezüglich ihres Aussehens von der für Plagioklas

kennzeichnenden polysynthetischen Zwillingslamellierung auf dreierlei Weise:
1. Perthitische Entmischungslamellen sind im Gegensatz zu den Zwillingslamellen des Plagioklas **niemals geradlinig** oder streng parallel.
2. Perthitische Entmischungslamellen sind im Gegensatz zu den Zwillingslamellen des Plagioklas **nicht parallel zu einer der Spaltflächen** orientiert. Sie können daher, wenn vorhanden, auf allen Flächen sichtbar sein, allerdings in unterschiedlichen Anschnittkonfigurationen.
3. Perthitische Entmischungslamellen sind im Gegensatz zu den Zwillingslamellen des Plagioklas **farblich abgesetzt**. In rötlichen oder gelblichen Kalifeldspäten sind sie heller als die Umgebung. In weißen Kalifeldspäten können sie sich durch klarere Transparenz abheben. Das Auftreten von perthitischen Entmischungslamellen ist ein sicheres und daher ausreichendes gemeinsames Indiz für Mikroklin oder Orthoklas. Oft kommen einfache Verzwillingung und perthitische Entmischung im gleichen Kalifeldspatkristall vor.

Sanidin fehlen im Gegensatz zu Mikroklin und Orthoklas alle Merkmale, die von langsamer Abkühlung abhängig sind. Dies gilt vor allem für perthitische Entmischung. Sanidin ist gewöhnlich glasklar und farblos (Abb. 3.18), nicht rot oder braun wie viele Orthoklase oder Mikrokline. Als Folge schneller Abkühlung kann Sanidin anders als Orthoklas und Mikroklin, aber ähnlich wie Plagioklas in manchen Vulkaniten, enggeschart parallele Risse zeigen, die bei grober Betrachtung mit perthitischen Entmischungslamellen verwechselt werden können. Mit der Lupe zeigt sich dann, dass der Feldspat zwischen den Rissen anders als Mikroklin oder Orthoklas glasklar ist. Die für Kalifeldspäte kennzeichnende einfache Verzwillingung kann bei Sanidin ebenso vorkommen wie in Orthoklas und Mikroklin. Sanidin ist am ehesten mit den übrigen Kalifeldspäten verwechselbar. Für die makroskopische Gesteinsbestimmung ist dies meist unerheblich. Der Übergang zu Orthoklas ist fließend. Zur Unterscheidung kann auch herangezogen werden, dass plutonisches Gefüge Sanidin aus-

Abb. 3.19 Durch Alteration grünlich gefärbte Plagioklaskristalle in Andesit. Eycott-Vulkanite, Cumbria, Nordengland. BB 10 cm.

schließt, der Kalifeldspat in Vulkaniten aber eher Sanidin ist.

Alkalifeldspäte und Plagioklase unterscheiden sich signifikant durch ihre **Resistenz gegenüber Alterationseinwirkung**. Plagioklas wird sehr viel deutlicher in Mitleidenschaft gezogen als Kalifeldspäte. Grünfärbung aufgrund von Alteration tritt nur bei Plagioklasen auf (Abb. 3.19). Dies gilt vor allem für Plagioklase mit hohem Anteil von An-Komponente. Kaolinisierung führt zu kreideartig weißem, mürbem Folgematerial. Sie kann bei allen Feldspäten auftreten, im Gestein oft zunächst selektiv bei Plagioklasen.

Für den Fall, dass weder Verzwillingung, perthitische Entmischung, Rotfärbung oder typische Alterationsprodukte auftreten, müssen die sonstigen Merkmale herangezogen werden. Möglicherweise handelt es sich um einen der seltener auftretenden Alkalifeldspäte Anorthoklas oder Albit.

Hinweise zur Bestimmungspraxis: Anorthoklas und Albit

Anorthoklas ist an Na-betonte Alkalimagmatite gebunden. Idiomorphe Kristalle von Anorthoklas sind in günstigen Fällen an auffällig **rhombenförmigen Querschnitten** zu erkennen (Abb. 5.99). Bereiche unterschiedlicher, komplexer Entmischung können in Form von fleckigen oder streifigen Inhomogenitäten mit oder auch ohne Lupe erkennbar sein. Verzwillingung ist makroskopisch nicht erkennbar. Anorthoklas kann in fleckiger, z. T. zonarer Anordnung getrübt sein. Auch die Farbintensität ist oft innerhalb der einzelnen Kristalle uneinheitlich. Übliche Farben sind grauweiß, weiß oder bläulich, seltener auch rötlich. Transparente Kristalle können bräunlich-grau getönt sein. Ein von der Lichteinfalls- und Beobachtungsrichtung abhängiges Labradorisieren kann die Eigenfarben überdecken, dies gilt für den entmischten, ehemaligen Anorthoklas in Plutoniten.

Alkalifeldspat-Albit mit $An_{<5}$ und **Plagioklas-Albit** mit $An_{>5}$ gemäß Le Maitre (2004) sowie andere Plagioklase unterscheiden sich nicht durch makroskopisch beobachtbare, spezifische Merkmale. Eine Bestimmung ist jedoch in vielen Fällen durch Beachtung von Regeln des Vorkommens möglich. An-armer Plagioklas bzw. reiner Na-Feldspat tritt primärmagmatisch nur in seltenen Alkaligesteinen wie Nephelinsyeniten und in manchen Pegmatiten auf. Der Abreichste Plagioklas, der in nichtpegmatitischen, SiO_2-gesättigten, d. h. foidfreien magmatischen Gesteinen als primäre Bildung vorkommt, hat mindestens Oligoklas-Zusammensetzung. Albit kann dort allenfalls als Produkt postmagmatischer Alteration auftreten. Die Alteration beschränkt sich dann jedoch nicht auf die Bildung

3

von Albit, sondern betrifft das Gestein insgesamt. Ausdruck hiervon kann eine grüne Färbung des Mafitanteils des Gesteins sein oder auch eine dunkelrote bis rotviolette Tönung der Grundmasse in Vulkaniten. Nester von weißen Karbonaten können hinzukommen. Ursache der Gesteins-Grünfärbung ist der Übergang der primären Mafite in Chlorit; die Rotfärbung geht auf fein verteilte Hämatitbildung zu Lasten primärer Mafite zurück. Der Albit selbst ist in den meisten Fällen farblos transparent oder weiß. Rotfärbung des Albits ist nicht ausgeschlossen. Die Feldspäte alterierter Magmatite sind nicht zwangsläufig albitisiert. Auch kann die Albitisierung unvollständig geblieben sein. Es kann immer noch Feldspat mit primärer Verzwillingung erhalten sein. Im Falle gut erkennbarer, ungestört den Kristall durchziehender Zwillingslamellen wird man sich bei makroskopischer Bestimmung, auch alterierter Magmatite, für Plagioklas entscheiden, außer wenn Nephelin zu erkennen ist oder wenn das Gestein pegmatitisch ist. Die Verzwillingung in durch Albitisierung entstandenen Albiten hält kaum über größere Teile des Kristallquerschnitts durch.

In Metamorphiten tritt Albit nur bei niedrigen Metamorphosegraden auf, neben Chloriten oder anderen Mineralen, die niedrige Metamorphosetemperaturen anzeigen. Albit kann in Metamorphiten makroskopisch erkennbare polysynthetische Verzwillingung zeigen. Dies ist häufig jedoch nicht der Fall. Einer Verwechslung mit An-reicherem Plagioklas kann man am ehesten entgehen, wenn man auf den Gesteinscharakter insgesamt achtet. So ist in einem Chlorit- oder Epidot-reichen Metamorphit ohne Kalifeldspat, Pyroxen, Granat oder schwarzem Amphibol nur mit Albit zu rechnen, ebenso in Nephelin-führenden, syenitischen Plutoniten.

Feldspatvertreter (Foide): Nephelin, Leucit (Pseudoleucit), Analcim, Sodalithgruppe

Feldspatvertreter kristallisieren aus Magmen an Stelle von Feldspat, wenn zu wenig SiO_2 zur Verfügung steht, um das vorhandene Na, K, oder auch Ca in Feldspäten unterzubringen. Feldspatvertreter oder Foide sind an ein SiO_2-Defizit im Gestein gebunden, können also nicht neben Quarz gebildet werden. Nephelin kann auch metasomatischer Entstehung sein, oder kann eine metamorphe Überprägung überstanden haben. Feldspatvertreter gehören im chemischen Sinne zu den **hellen Mineralen**. Strukturell handelt es sich um **Gerüstsilikate** unterschiedlicher Symmetrie.

Nephelin $(Na,K)AlSiO_4$

Nephelin ist der häufigste Feldspatvertreter. Er ist an Na-betonte Alkaligesteine gebunden. Dies können Vulkanite, Plutonite und metasomatische Gesteine sein, seltener Gneise entsprechender Zusammensetzung (Nephelingneise).

In Vulkaniten kann Nephelin idiomorph auftreten. Er zeigt dann in Abhängigkeit von der Schnittlage aufgrund **hexagonaler** Symmetrie sechseckige oder rechteckige Querschnitte. In Plutoniten ist Nephelin eher xenomorph. Besonders in mafitreicheren Alkalivulkaniten ist Nephelin, makroskopisch kaum erkennbar, an der feinen Füllmasse zwischen Einsprenglingen und mafischen Grundmassekristallen beteiligt ("Intergranularkitt"). Nephelin ist entweder **farblos transparent** (Abb. 3.20, 5.72), weißlich oder grau getönt oder blassrötlich. In manchen Plutoniten, besonders auch in Pegmatiten, wirkt Nephelin **ölartig getönt**. Weitere Merkmale sind **mehrere nur mäßige Spaltbarkeiten**. Es besteht die Tendenz zu unvollkommenem **muscheligem Bruch**, der gewöhnlich rauer ist als der von Quarz. Spaltflächen zeigen Glasglanz, Bruchflächen Fettglanz. Da ungetrübter Nephelin ähnlichen Glanz wie Quarz zeigen kann, besteht bei Fehlen von Spaltflächen Verwechslungsgefahr. Eine Vereinfachung bei der Bestimmung liegt darin, dass Nephelin **nicht zusammen mit Quarz** im gleichen Gestein vorkommen kann. Wichtiges eindeutiges Unterscheidungsmerkmal gegenüber Quarz ist eine **Härte von knapp 6**. Die Dichte von Nephelin liegt um 2,6 bis knapp 2,7.

Da Nephelin nur in alkalibetonten Gesteinen vorkommt, geht sein Auftreten oft mit hierfür kennzeichnenden Mafiten einher. Es ist daher bei der Bestimmung sinnvoll, das mögliche

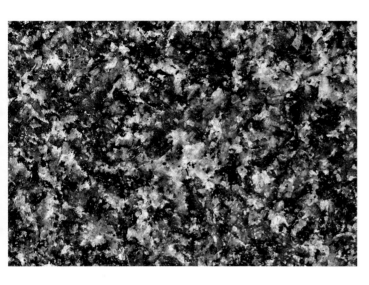

Abb. 3.20 Nephelin (grau erscheinend, transparent) in Nephelinsyenit. Die weißen Kristalle sind Feldspat, die schwarzen Pyroxen und die kleinen roten Körner sind Eudialyt. Bauxitmine Campo do Leme bei Poços de Caldas, Minas Gerais, Brasilien. BB 4 cm.

Vorkommen betont nadelig ausgebildeter, dunkelgrüner bis schwarzer Alkali-Amphibole bzw. -Pyroxene wie Arfvedsonit oder Ägirin zu beachten. Diese sind zwar untereinander verwechselbar, kennzeichnen aber gemeinsam die gleichen Alkaligesteine. Der seltenere, meist auffallend leuchtend rote Eudialyt (Abb. 3.20, 5.73) deutet ebenfalls auf eine große Wahrscheinlichkeit des Vorkommens von Nephelin hin. Quarz muss in jedem Fall fehlen.

Leucit　　$KAlSi_2O_6$

Leucit kommt in geologisch jungen, K-betonten Alkali-Vulkaniten und -Subvulkaniten vor. In Metamorphiten und Sedimentgesteinen fehlt er. In Plutoniten fehlt er außer in seltenen Beispielen von eher subvulkanischem Charakter. Leucit kann aus strukturellen Gründen auch zu den Zeolithen (s. u.) gerechnet werden (Coombs et al. 1998).

Leucit ist gewöhnlich **idiomorph** ausgebildet. Primär, bei Temperaturen über 605 °C, kristallisiert Leucit mit **kubischer** Symmetrie, entsprechend sind die Kristalle isometrisch ausgebildet. Inversion des internen Gitterbaus zu tetragonaler Symmetrie ist bei Abkühlung unter 605 °C unausbleiblich, hat aber keine Auswirkung auf die einmal vorhandene äußere Gestalt. Im Gestein zeigt Leucit polygonale, angenähert **kreisrunde**

Abb. 3.21 Idiomorphe Pseudoleucite *in situ* in alteriertem Phonolith. Uranmine Osamu Utsumi, Minas Gerais, Brasilien. BB 12 cm.

Querschnitte. Freiliegende Kristalle zeigen gewöhnlich in schöner Ausbildung die Form des „**Leucitoeders**" = Deltoid-Ikositetraeders (Abb. 3.21, 5.104). Es ist durch 24 nicht rechteckige Vierecke gekennzeichnet. Weitere Merkmale sind **glasklare Transparenz** oder **weiße** bis **schwach graue** Trübung, Glasglanz, **muscheliger Bruch** sowie eine **Härte über 5 bis zu 6**. Leucit hat eine Dichte von 2,5.

Ein nicht immer, aber oft entwickeltes Erkennungsmerkmal von Leucitkristallen ist das Auftreten von tröpfchenartigen Grundmasse-Einschlüssen in Form einer oder mehrerer konzentrischer Kugelschalen, die im Anschnitt girlandenartig erscheinen: „**Schlackenkränzchen**" (Abb. 5.104).

Vor allem in Gesteinen, die älter sind als Tertiär, sind Leucite gewöhnlich in Pseudoleucit umgewandelt. Bei der Umwandlung bleibt die äußere, für Leucit typische Gestalt der idiomorphen Kristalle erhalten (Abb. 3.21). Pseudoleucit ist ein makroskopisch homogen aussehendes, feinkörniges, nicht transparentes, mattglänzendes, weiß bis gelblich gefärbtes Gemenge ohne Spaltbarkeit mit meist festem Zusammenhalt. An seiner Zusammensetzung sind K-reicher Feldspat, Nephelin, Analcim und Zeolithe beteiligt.

Analcim $NaAlSi_2O_6 \cdot H_2O$

Analcim ist ein Zeolithmineral (s. u.), das die Rolle eines Feldspatvertreters einnehmen kann (Coombs et al. 1998). Er tritt als Gesteinsbestandteil in Na-betonten, gewöhnlich mafitreichen Alkalimagmatiten an Stelle von Nephelin auf. So ist er essenzieller Bestandteil von Tescheniten (Analcimgabbros) (Abschn. 5.7.7, Abb. 5.77). Oft ist nicht erkennbar, ob der Analcim magmatisch oder hydrothermal gebildet wurde. Er kann deuterisches Alterationsprodukt von Nephelin, manchmal auch von Leucit sein oder hydrothermale Bildung (Abb. 5.101), oft gemeinsam mit anderen Zeolithen. In Sedimentgesteinen kann Analcim authigen entstehen, so im Porenraum von Sandsteinen oder auf Klüften. In Vulkaniten ist Analcim am ehesten Bestandteil der Grundmasse und daher nicht makroskopisch bestimmbar.

In Magmatiten ist Analcim **oft xenomorph**. Wenn Analcim idiomorph und in ausreichender Größe auftritt, und nicht als Alterationsprodukt von Nephelin, dann läßt er gleiche Kristallmorphologie erkennen wie Leucit. In Einklang mit seiner meist **kubischen** Gittersymmetrie sind Deltoid-Ikositetraeder für ihn kennzeichnend, allerdings anders als bei Leucit fast nur bei Wachstum in Hohlräume hinein. Im Gesteinsverband sind gewöhnlich allenfalls rundlich-isometrische Querschnitte Andeutung der angestrebten Morphologie. Gewöhnlich ist Analcim glasglänzend **farblos**, **weiß**, **rosa** oder **grau**. Er zeigt **keine deutliche Spaltbarkeit**. Die **Härte liegt knapp über 5**, die Dichte zwischen 2,2 und 2,3.

Analcim gilt in Verbindung mit Nephelin als wesentlicher – makroskopisch unsichtbarer – Verursacher der **Sonnenbrenner**-Neigung mancher Alkalibasalte (Abb. 5.85). Diese zeigt sich unter Verwitterungseinwirkung innerhalb höchstens einzelner Jahre durch Auftreten heller, fleckig verteilter Nester auch unter der Oberfläche, von denen eine Sprengwirkung ausgeht. Die Folge ist ein rasches Zerbröckeln des Gesteins.

Cancrinit $(Na,Ca)_6(CO_3)_2Al_6Si_6O_{24}Na_2(H_2O)_2$

Dominierendes Anion des Cancrinit ist CO_3. Dementsprechend ist Cancrinitbildung an **plutonische** Drucke gebunden, weil sonst CO_2 entweichen würde. In Vulkaniten kommt Cancrinit daher kaum vor. Er ist magmatisches Kristallisat oder Reaktionsprodukt zwischen Nephelin und CO_2-reichen Fluiden. Cancrinit tritt vor allem in Foidsyeniten neben oder statt Nephelin auf.

Cancrinit kristallisiert mit **hexagonaler** Symmetrie, jedoch **meist xenomorph**. Idiomorpher Cancrinit bildet gedrungene Säulen oder ist nadelförmig langgestreckt. Es gibt **mehrere Richtungen sehr guter Spaltbarkeit**. Die **Härte liegt zwischen 5 und 6**, die Dichte zwischen 2,3 und 2,5. Cancrinit ist zumeist **farblos transparent**, weiß, blassgrau oder **gelblich**, glas- bis perlmuttglänzend (Abb. 3.22). Makroskopisch besteht Verwechslungsgefahr mit Nephelin. Dieser hat jedoch keine Richtung guter Spaltbarkeit. Anders als Nephelin reagiert Cancrinit unter Einwirkung von Salzsäure unter

3

Abb. 3.22 Cancrinit (gelbe Säume um Plagioklas). Litchfield, Maine. BB 5,5 cm.

Entwicklung von CO_2-Bläschen, allerdings träger als Calcit.

Sodalithgruppe

Zur Sodalithgruppe gehören die Feldspatvertreter **Sodalith**, **Nosean** und **Hauyn**. Chemisch sind es Na-Al-Silikate, die Chlorid bzw. Sulfat als Bestandteil des Kristallgitters enthalten. Ein Teil des Na kann durch Ca ersetzt sein, am meisten im Hauyn. Nosean und Hauyn bilden eine Mischkristallreihe, sodass reale Kristalle in ihrer Zusammensetzung beliebige Zwischenstufen zwischen den reinen Endgliedern bilden. Deren Zusammensetzungen sind:

Sodalith $Na_8Al_6Si_6O_{24}Cl_2$
Nosean $Na_8Al_6Si_6O_{24}(SO_4) \cdot H_2O$
Hauyn $(Na,Ca)_{4-8}Al_6Si_6(O,S)_{24}(SO_4,Cl)_{1-2}$

Die Minerale der Sodalithgruppe sind an magmatische Alkaligesteine gebunden. **In Plutoniten tritt am ehesten Sodalith auf**, oft zusammen mit Nephelin, z. B. in Foyaiten. In Vulkaniten ist Sodalith seltener. **Hauyn und Nosean hingegen sind ganz überwiegend Bestandteil vulkanischer Gesteine.** Die Minerale der Sodalithgruppe

Abb. 3.23 Hauyn (blau) in Tephrit. Laacher-See-Gebiet, Eifel. BB 4,5 cm.

kristallisieren mit **kubischer Symmetrie** aus dem Magma. Sie bilden demzufolge durchweg **isometrische Kristalle**, soweit sie idiomorph ausgebildet sind. Dies ist für Einsprenglinge gewöhnlich der Fall. Besonders Hauyn (Abb. 3.23) aber auch Nosean (Abb. 5.103), am wenigsten Sodalith neigen zu kräftig **blauer oder blaugrauer Färbung**. Es kommen aber ebenso unspezifische Farben vor wie transparent farblos, weiß, grau, braun, gelb, schwarz, selten auch grünlich oder blassrötlich. Bei der besonders häufigen Blaufärbung kommt in Vulkaniten kein Mineral außer der Sodalithgruppe in Betracht. Ein weiteres Farbmerkmal der Sodalithgruppe ist die Neigung zu intensiver, konzentrisch-zonarer Uneinheitlichkeit der Farbintensität. Eine Unterscheidung innerhalb der Sodalithgruppe ist makroskopisch weder zuverlässig möglich noch sinnvoll.

Alle Minerale der Sodalithgruppe können richtungsabhängig **gute Spaltbarkeit** neben **muscheligem Bruch** zeigen. Spaltflächen zeigen Glasglanz, Bruchflächen Fettglanz. Die **Härte liegt einheitlich zwischen 5 und 6**. Die Dichten streuen zwischen 2,3 und 2,5.

Zeolithe:

z. B. Natrolith $Na_2Al_2Si_3O_{10} \cdot 2H_2O$

Zeolithe bilden eine schwer überschaubare, extrem artenreiche Gruppe gewöhnlich H_2O-haltiger Gerüstsilikate, die überwiegend **hydrothermaler Entstehung** sind. Eine aktuelle Zusammenstellung der Zeolithminerale bringen Coombs et al. (1998).

Wie in Feldspäten und Feldspatvertretern tritt in gewöhnlichen Zeolithen regelmäßig Al neben Si in tetraedrischer Anordnung zu O auf. In selteneren Beispielen sind P, Zn oder Be wesentliche Tetraederbestandteile. Außerhalb der Tetraedergerüste sind Alkali- bzw. Erdalkali-Kationen wesentlicher Bestandteil der Zusammensetzung. Vorrangig sind dies Na und Ca, in geringerem Maße auch K, Li, Sr, Ba. Im chemischen Sinne können die wichtigsten Zeolithe als helle Minerale angesehen werden, in einigen Beispielen sind aber auch Mg, Fe oder Mn von Bedeutung. Für Zwecke der magmatischen Gesteinsklassifikation sind die allermeisten Zeolithe ohne Belang. Die wenigen Ausnahmen **magmatisch** kristallisierender Zeolithe werden üblicherweise als Feldspatvertreter eingestuft. Dies betrifft vor allem Analcim (Abb. 5.77). In **niedrigstgradigen Metamorphiten** können Zeolithe vorkommen und für die Ermittlung des Metamorphosegrads von Bedeutung sein. Wegen Feinkörnigkeit spielt dies bei makroskopischer Gesteinsbestimmung jedoch keine Rolle. Hinzu kommt eine ausgesprochene Seltenheit entsprechender Gesteine. Die meisten Zeolithe sind **farblos transparent oder weiß**. Es gibt aber auch durch Beimengungen bewirkte Farbtönungen: bräunlich oder rosa bei Heulandit, rot oder rotbraun bei Chabasit, lachsfarben bei Stilbit oder orange bei Ferrierit.

Zu erkennen sind Zeolithe am ehesten in Vulkaniten, wo sie als hydrothermale Füllung oder Auskleidung von Hohlräumen oder in gangartigen Spaltenfüllungen auftreten. Im Gesteinsverband selbst sind Zeolithe ohne Mikroskop selten erkennbar und daher für die makroskopische Gesteinsbestimmung bedeutungslos. Dies gilt für Zeolithe im Porenraum von Pyroklastiten und in niedriggradigen Metamorphiten sowie für diagenetisch gebildete Zeolithe in manchen Sedimentgesteinen. Zeolithe in ausreichend großen Hohlräumen, speziell in Vulkaniten, treten oft als gut ausgebildete, farblos transparente oder weiße, idiomorphe Kristalle auf. Häufigere Beispiele hierfür sind dünn-nadelig, in Form büschelförmiger Aggregate kristallisierender Natrolith oder würfelähnlicher Chabasit. Zeolithe kristallisieren in verschiedenen Kristallsystemen. Es gibt daher keine gemeinsamen morphologischen Merkmale. Aufgrund durchweg niedriger Lichtbrechung zeigen Zeolithe einen nur schwachen, wässrigen Glanz. Allen hydratisierten Zeolithen gemeinsam ist die Eigenschaft, bei relativ niedrigen Temperaturen (< 400 °C) reversibel zu entwässern und in der entwässerten Form andere Moleküle zu absorbieren.

Glimmer

Glimmer bilden eine Gruppe von leicht erkennbaren Mineralen, die besonders in Metamorphiten mittlerer Metamorphosegrade verbreitet vorkommen sowie in plutonischen Magmatiten, vor allem in Graniten und ähnlich zusammengesetzten Gesteinen. Es gibt aber auch Glimmer, die an hohe metamorphe Drucke oder Bedingungen des Oberen Erdmantels angepasst sind. Glimmer werden für die Bestimmung magmatischer Gesteine nach den IUGS-Vorschriften (Abschn. 5.6) ausnahmslos als **dunkle Minerale** gewertet, auch wenn sie weder Mg noch Fe enthalten, mineralchemisch also den Charakter heller Minerale haben.

Alle Glimmer sind **Schichtsilikate**. Das Kristallgitter ist durch flächige Vernetzung der SiO_4- bzw. AlO_4-Tetraeder über gemeinsame O-Atome in einer Ebene bestimmt: **Tetraederschichten**. Hinzu kommen parallel angelagerte **Oktaederschichten** mit Al, Fe oder Mg im Zentrum der Oktaeder. Die Ecken der Oktaeder werden z. T. von **OH-Gruppen** eingenommen, stattdessen können auch Cl oder F eintreten. Um die OH-Gruppen bei hoher Temperatur im Glimmergitter zu halten, sind erhöhte H_2O-Partialdrucke in der Umgebung erforderlich. Da dies in Oberflächennähe, z. B. in Laven, nicht möglich ist, fehlen Glimmer in Vulkaniten, oder sie treten als angegriffene Relikte auf. Die einzelnen Stapel aus Tetraeder- und Oktaederschichten werden durch **Zwischenschichtionen**, K, Na oder Ca mit nur schwachen Bindungskräften miteinander verknüpft. Aus dieser Kristallstruktur, die in sich monokline Symmetrie hat, ergeben sich Eigenschaften, die für die makroskopische Bestimmung als Glimmer ausschlaggebend sind: starker Zusammenhalt in der Bindungsebene der Tetraeder und **eine einzige extrem gute Spaltbarkeit** (Abb. 3.24) zwischen den Tetraeder-Oktaeder-Stapeln. Ausdruck dieses Gitterbautyps ist auch die Neigung aller Glimmer, blättchenförmige Kristalle zu bilden. Die Zugehörigkeit eines individuellen Glimmerkristalls zu einem der Kristallsysteme ist von einer variablen Geometrie der Stapelfolge der Einzelschichten im Kristallgitter abhängig und daher nicht einheitlich. Äußerlich zeigen gut ausgebildete idiomorphe Glimmer sechseckige, **pseudohexagonale** Umrisse.

Wie in Feldspäten ist in allen Glimmern ein Teil der Tetraederpositionen mit Al statt Si besetzt, im Gegensatz zu Feldspäten kommen OH-Gruppen hinzu. Die wesentlichen chemischen Unterschiede zwischen den verschiedenen Glimmern sind in den Oktaeder- und Zwischenschichten lokalisiert. **Gewöhnliche Glimmer**

enthalten K oder Na als Zwischenschichtionen. Wenn stattdessen Ca eintritt, resultieren seltenere glimmerartige Minerale mit z. T. abweichenden physikalischen Eigenschaften: **Sprödglimmer**. Wichtigstes Beispiel ist Margarit.

Die Zwischenschichten und Oktaederschichten der gesteinsbildend wichtigen Glimmer enthalten als essenzielle oder gewöhnlich bzw. häufig vorkommende Elemente:

	Zwischen-schicht	Oktaeder-schicht
Muskovit	K	Al
Paragonit	Na	Al
Phengit	K	Al, Fe, Mg
Biotit	K	Fe, Mg, Al, Ti
Phlogopit	K	**Mg**, (Fe)
Glaukonit	K, Ca, Na	Al, Fe, Mg
Margarit (Sprödgl.)	Ca	Al

Muskovit, Paragonit, Phengit und weitgehend Fe-freier Phlogopit sind hell aussehende Glimmer. Hell ist hierbei im Sinne des tatsächlichen Farbeindrucks gemeint. Phlogopit geht mit zunehmendem Fe-Gehalt und damit einhergehender Zunahme der Intensität der Dunkelfärbung in Biotit über. Biotit und Phlogopit sind Teil eines isomorphen Mischkristallsystems aus vier Komponenten. Außer Mg und Fe untereinander sind Fe, Mg und Si noch partiell gegen Al austauschbar. Zwischen Muskovit und Paragonit gibt es trotz gleicher Summenformel nur unvollkommene Mischbarkeit. **Entmischung zwischen unterschiedlichen Glimmern tritt nicht auf.** Entmischungen sonstiger Komponenten, z. B. von Rutil (TiO_2), sind in Glimmern selten und außer in manchen Pegmatiten nur mikroskopisch beobachtbar.

In SiO_2- und K-reichen **Plutoniten**, besonders in Graniten und Granodioriten ist Biotit das wichtigste mafische Mineral und zumeist auch der einzige Glimmer (Abb. 5.51). Muskovit ist in entsprechenden Gesteinen weniger üblich (Abb. 5.50). Er kann entscheidender Hinweis darauf sein, dass das zugehörige Magma Teilschmelze aus Krustenmaterial mit sedimentärer Vorgeschichte war (S-Typ-Granit: Abschn. 5.7.3). In **Vulkaniten** fehlen Muskovit und Paragonit, außer gelegentlich als Alterationsprodukte. Auch Biotit/

Phlogopit ist in Vulkaniten sehr viel seltener als in entsprechend zusammengesetzten Plutoniten.

In **Metamorphiten** sind die auftretenden Glimmer (oder deren Fehlen) wichtige Indikatoren für Eduktzusammensetzung und Metamorphosegrad. So sind feinkörnige, kaum als Einzelkorn erkennbare, aber der Gesteinsoberfläche seidigen Glanz verleihende, helle Glimmer für niedrige Metamorphosegrade ehemals toniger Gesteine charakteristisch (Abb. 7.21, 7.22). Gut ausgebildete Glimmer und die dadurch geprägten Gesteine, die Glimmerschiefer, entsprechen mittleren Metamorphosegraden (Abb. 7.25). Weiter erhöhte metamorphe Temperaturen führen zum Verschwinden von Glimmer. So kann die Mineralkombination Muskovit und Quarz durch Kalifeldspat ersetzt werden, mit der Folge, dass aus Glimmerschiefer Gesteine mit völlig anderen Eigenschaften entstehen: Gneis oder Migmatit. In Hochdruckmetamorphiten können abhängig von den chemischen Voraussetzungen Phlogopit, Paragonit oder Phengit am Mineralbestand beteiligt sein. Metamorphe Gesteine niedriger und mittlerer Metamorphosegrade mit Al- und Ca-reicher Zusammensetzung, z. T. auch metasomatische Gesteine, sind mögliche Träger von Sprödglimmern.

Kompositionell unreife **Sedimentgesteine** (Abschn. 6.3) können detritische Glimmer enthalten, oft gemeinsam mit ebenfalls detritischen Feldspäten. Ein ausschließlich im sedimentären Bereich vorkommender Glimmer ist Glaukonit (Abb. 3.26).

Gemeinsame makroskopische Merkmale der gesteinsbildenden Glimmer

Die meisten gesteinsbildenden Glimmer, **mit Ausnahme von Glaukonit und Sprödglimmern** haben eine Reihe gemeinsamer, z. T. ungewöhnlicher makroskopischer Merkmale (Nr. 1 und Nr. 2), die eine sichere Unterscheidung von anderen Mineralen ermöglichen:

1. **Eine einzige, extrem gut ausgebildete Spaltbarkeit**. Es können leicht papierdünne Spaltplättchen vom Rand her abgezogen werden. Diese können mit einigem Geschick weiter in noch dünnere, auch bei dunklen Glimmern transparente Filme zerlegt werden

2. Ausreichend dünne Spaltplättchen sind **elastisch biegsam**, bei Überbeanspruchung knickend, kaum zerbrechbar
3. **Hohe Reißfestigkeit** auch dünner Glimmerplättchen
4. **Glatte Spaltflächen** ohne Quergliederung (Abb. 3.24), daher einheitliches Aufleuchten der den gesamten Kristallquerschnitt überdeckenden Spaltfläche in Reflexionsstellung zum Licht; bei gebogenen Glimmern stetiges „Durchlaufen" der Reflexion beim Drehen der Probe
5. **Transparenz**, bei stark gefärbten Glimmern nur für sehr dünne Spaltplättchen geltend
6. **Nichtmetallischer Glanz**, bei farblosen Glimmern perlmuttähnlich
7. Keine Entmischungsstrukturen
8. Keine erkennbare Verzwillingung
9. Idiomorphe Kristalle: **tafelförmig, auch tönnchenförmig, sechseckiger Umriss**

Die Ritzhärte gewöhnlicher Glimmer (außer Sprödglimmer) ist wegen der vollkommenen Spaltbarkeit und Biegsamkeit der Kristalle nicht leicht zu ermitteln. Allerdings wird deutlich, dass die Härte nicht groß sein kann. Gewöhnliche Glimmer haben **Härten zwischen 2 und 3**, Sprödglimmer sind tendenziell härter, richtungsabhängig bis maximal 6. Die **Dichten** gewöhnlicher Glimmer variieren zwischen 2,4 und 3,3, die von Sprödglimmern zwischen 3,0 und 3,1.

Die Bestimmung als gewöhnlicher Glimmer ist schon bei richtig beurteiltem Zutreffen der Merkmale 1 und 2 in einem gesteinsbildenden Mineral kaum noch zweifelhaft. Die weiteren Merkmale sollten zur Absicherung gegen Fehleinschätzungen bei 1 und 2 trotzdem immer beachtet werden.

Mögliche Verwechslungen mit anderen Mineralen

Chlorite gleichen Glimmern bezüglich einer einzigen, sehr guten Spaltbarkeit, idiomorpher Kristallmorphologie und auch der Härte. Im Unterschied zu Glimmern sind Chlorite aber nicht elastisch biegsam. Auch zeigen sie durchweg eine bei Glimmern nicht vorkommende, dunkelgrüne Färbung (Abb. 3.53). Das Vorkommen makroskopisch erkennbarer Chloritkristalle ist im Gegensatz zu Glimmern an Metamorphite mäßigen Metamorphosegrads (z. B. Grünschiefer) gebunden, oder sie gehen auf Alteration primärer Mafite, besonders von Bioten oder Amphibolen zurück. Grobkörnig kristallisierter **Vermiculit** (Abb. 3.61), der nicht zu den Glimmermineralen gehört, kann mit dunkel getöntem Phlogopit, weniger mit Muskovit verwechselt werden. Er kann wie Phlogopit in Ultramafititen auftreten. Anders als Glimmer, aber ähnlich wie Chlorite, zeigen Spaltplättchen von Vermiculit keine Elastizität. Bei anhaltendem Zweifel kann eine Probe mit einem Feuerzeug erhitzt werden. Vermiculit bläht sich hierbei im Gegensatz zu Glimmern um ein Vielfaches seines Ausgangsvolumens auf („Blähglimmer", Abb. 3.61).

Einzelcharakterisierung wichtiger Glimmer

Muskovit $KAl_2\square AlSi_3O_{10}(OH)_2$

Muskovit ist der häufigste hell aussehende Glimmer. Muskovit ist überwiegend **farblos transparent** (Bedeutung des Namens: „Moskauer Glas") (Abb. 3.24 rechts). In dicken Kristallpaketen erscheint Muskovit oft silbergrau oder gelblich bis beige. Einbau von V bewirkt schwache bräunliche oder grünliche Tönungen. Intensiv smaragdgrün ist Cr-haltiger Muskovit mit dem Sondernamen **Fuchsit**.

Im Gesteinsverband zeigen Muskovitplättchen häufig einen Schiller, der auf dünnschichtige, lamellare Aufblätterung entlang der Spaltbarkeitsrichtung und daraus resultierende Lichtreflexe aus der Tiefe zurückgeht. In Abhängigkeit von der Einfallsrichtung des Lichts resultiert ein perlmuttartiger oder Fischhaut-ähnlicher Glanz, der bei fehlender Übung mit silbrig-metallischem Glanz verwechselt werden kann (Abb. 7.14). Dass es sich nicht um metallischen Glanz handeln kann, wird spätestens dann erkennbar, wenn man ein abgelöstes, dünnes Spaltplättchen vorliegen hat. Ein metallisch glänzendes Mineral wäre anders als der hochtransparente Muskovit lichtundurchlässig.

Muskovit kommt in manchen granitischen Plutoniten vor, jedoch sehr viel seltener als Bio-

tit, und dann meist neben ihm in Zweiglimmergraniten. Von großer Bedeutung ist Muskovit in metamorphen Gesteinen, besonders in hellen Glimmerschiefern. Ähnlich gilt dies allerdings auch für den vom Muskovit makroskopisch wie mikroskopisch nicht unterscheidbaren Paragonit. Beide bewirken in gleicher Weise „silbrig"-weiß glänzendes Aussehen biotitarmer, glimmerreicher Gesteine. In Vulkaniten kommt Muskovit nur in feinstkristalliner, makroskopisch kaum erkennbarer Form als Alterationsprodukt von Feldspäten vor. Solch feinschuppiger, als Einzelkristall kaum wahrnehmbarer Hellglimmer (Abb. 7.21, 7.22) ist vor allem wesentlicher Bestandteil von Phylliten (Abschn. 7.3.1.2), niedriggradigen Metamorphiten, die aus Tongesteinen herzuleiten sind. Die Glimmerschüppchen sind dann gewöhnlich parallel eingeregelt. Vor allem auf den Schieferungsflächen von Phylliten kommt es dadurch zu einem hellen, seidigen Glanz. Für feinkörnigen Muskovit oder Paragonit gibt es die beschreibende Sonderbezeichnung **Serizit**. Serizit ist kein selbständiges Mineral, sondern nur eine feinschuppige Ausbildungsform von Muskovit und Paragonit. Serizit bildet sich bei Alteration von Feldspäten und anderen Al-haltigen Mineralen oder bei geringgradiger Metamorphose. Auch das muskovitähnliche Tonmineral Illit kann an der Serizitisierung alterationsempfindlicher Minerale wie z. B. Plagioklas beteiligt sein.

In betont mafitreichen oder ultramafischen Magmatiten auftretender farbloser oder hell getönter Glimmer ist kein Muskovit (oder Paragonit), sondern Phlogopit. Auch in basischen bzw. Mg-reichen Metamorphiten wie Dolomitmarmoren mit Silikatanteil ist **Phlogopit** der übliche Glimmer (Abb. 3.25). Die makroskopische Bestimmung kann hier nur nach der größeren Wahrscheinlichkeit des Vorkommens in solchen Gesteinen erfolgen. Andererseits ist in Glimmerschiefern oder granitischen Plutoniten Phlogopit ausgeschlossen. Heller Glimmer in nicht ultramafischen Hochdruckmetamorphiten kann statt oder neben Paragonit auch **Phengit** sein. Dieser ist makroskopisch nicht von Muskovit oder Paragonit unterscheidbar. Als Phengit werden Glimmer-Mischkristalle bezeichnet, die abweichend vom strukturell und chemisch ähnlichen Muskovit zusätzlich Fe und Mg enthalten. Bucher

Abb. 3.24 Spaltplättchen von Biotit (links, dunkel) und Muskovit (rechts, hell). Ohne Fundortangabe. BB 6,5 cm.

& Frey (2002) geben als Beispielzusammensetzung an: $K(Mg,Fe)AlSi_4O_{10}(OH)_2$.

Paragonit $\quad NaAl_2\square AlSi_3O_{10}(OH)_2$

Paragonit hat die gleichen makroskopisch erkennbaren Eigenschaften wie Muskovit, ist also mit diesem verwechselbar. Er ist ebenso **farblos transparent**, allenfalls blassgelblich getönt, und zeigt den gleichen silbrig-weißen Schiller. Auch die Bedingungen des Vorkommens in metamorphen Gesteinen überlappen sich weitgehend, wobei Paragonit aber besonders in niedriggradigen Metamorphiten weniger häufig ist als Muskovit. In Hochdruckmetamorphiten hingegen ist verstärkt mit Paragonit wie auch Phengit anstelle von Muskovit zu rechnen. Bezüglich der möglichen Verwechslung mit Phlogopit gilt Gleiches wie für Muskovit. Der helle Glimmer in granitischen Plutoniten ist gewöhnlich Muskovit.

Biotit

In der Glimmer-Nomenklatur der CNMMN der IMA (Rieder et al. 1998) werden unter Bezugnahme auf ein Vier-Komponenten-Diagramm Biotite als „trioktaedrische Glimmer zwischen oder nahe den Verbindungslinien Annit-Phlogopit und Siderophyllit-Eastonit" bezeichnet. Zusätzlich muss es sich um „**dunkle Glimmer** ohne Lithium" handeln. Mit dunkel ist hier der Farb-

eindruck gemeint. Laut Rieder et al. (1998) ist der Mineralname Biotit ein Beispiel für einen „Seriennamen für unvollständig untersuchte Glimmer, der von Geologen oder Petrographen benutzt werden kann".

Die reinen Komponenten, aus denen Biotit-Mischkristalle in wechselndem Mengenverhältnis zusammengesetzt sind, haben folgende Zusammensetzungen:

Phlogopit $\quad KMg_3AlSi_3O_{10}(OH)_2$
Annit $\quad KFe_3AlSi_3O_{10}(OH)_2$
Eastonit $\quad KMg_2AlAl_2Si_2O_{10}(OH)_2$
Siderophyllit $\quad KFe_2AlAl_2Si_2O_{10}(OH)_2$

Biotit zeigt alle Merkmale der gewöhnlichen Glimmer. Von Muskovit und Paragonit ist er leicht unterscheidbar, weil er als einziger Glimmer gewöhnlich **tiefdunkel gefärbt** ist (Abb. 3.24 links). Am häufigsten ist ein reines Schwarz, das auf Spaltflächen im unverwitterten Gestein durch einen **lackartigen Glanz** zusätzlich betont wird. In grellem Sonnenlicht können ablösende, sehr dünne Spaltblättchen braun, seltener dunkelgrünlich durchscheinen. Schmutzig grüne, manchmal fleckig-uneinheitliche oder vom Rand ausgehende Oberflächenfarbe geht auf Chlorit als Alterationsbildung zurück. Durch Verwitterung ausgebleichter Biotit kann im Gesteinsverband oder auch lose in Verwitterungsrückständen und Sedimenten goldähnlich gelblich schillern (Abb. 7.29). Solche Plättchen von

„Katzengold" werden gelegentlich mit Goldflitterchen verwechselt, wenn die Transparenz der Glimmerplättchen übersehen und auch deren Elastizität nicht beachtet wird. Goldflitter sind biegsam, federn aber nicht zurück, außerdem haben sie Dichten zwischen 16 und 19 gegenüber 2,8–3,2 von Biotit.

Biotit ist der häufigste Glimmer. Unter den Plutoniten führen vor allem die meisten Granite und Granodiorite Biotit (Abb. 5.51). Oft ist er hier das einzige dunkle Hauptmineral neben makroskopisch nicht erkennbaren Akzessorien. Auch in Dioriten, Tonaliten, Gabbronoriten, Syeniten und Monzoniten ist er häufig, wenn auch kaum noch als einziger Mafit. Biotit kommt in manchen Vulkaniten vor, dann gewöhnlich matt glänzend, reliktisch als Einsprengling. Wichtigste Beispiele hierfür sind manche Rhyolithe, Dacite, Andesite wie auch Alkalivulkanite.

In basischen Plutoniten wie Gabbros oder Noriten (Abschn. 5.7.5) kann der chemisch nicht festgelegte und makroskopisch nicht erfassbare Übergang von Biotit zu Phlogopit erfolgen.

In der makroskopischen Praxis wird man dunkel gefärbten bis schwarzen Glimmer als Biotit einstufen, hell kupferbraun schillernden oder blasser getönten, hellfarbenen Glimmer in Gabbros oder gar ultramafischen Magmatiten einschließlich Erdmantelgesteinen hingegen als Phlogopit bestimmen. Farblose Phlo-gopite, wie sie in unreinen Marmoren vorkommen, sind nicht mit dem stets nahezu oder vollständig schwarzen Biotit verwechselbar.

In der Bestimmungspraxis kann es anfangs zu Schwierigkeiten der Unterscheidung von Biotit und vor allem Amphibol im Gesteinsverband kommen, wenn der Amphibol tiefschwarz ist, wie z. B. in Graniten üblich. Das Problem besteht darin, dass beim Aufschlagen des Gesteins einige der eingebetteten Biotite gewaltsam quer zur einzigen Spaltbarkeit zerrissen werden können, ohne dass eine Spaltfläche freiliegt. Man sieht dann bei einem Teil der Biotite nicht auf die Spaltflächen, sondern auf die Abrisskanten. Diese zeigen auch mit der Lupe kleinmaßstäbliche, parallele Riefen, nicht unähnlich den Schnittkanten der für Amphibole kennzeichnenden zwei Spaltbarkeiten. Zur Unterscheidung ist zu beachten, dass die Abrisskanten im Biotit eng geschart sind. Man wird auch nirgends zwei unterschiedlich orientierte Spaltflächen in einem Kristall erkennen. Hinzu kommt beim Biotit, nicht bei Amphibol, die Möglichkeit, Spaltplättchen mit einer Nadel am Rand wegzubiegen oder abzulösen.

Phlogopit $\quad$ K(**Mg**,Fe)$_3$AlSi$_3$O$_{10}$(OH)$_2$

Phlogopit ist sowohl Name für ein reines Mg-Endglied des Biotit-Vier-Komponenten-Misch-

Abb. 3.25 Phlogopit (dunkel getönte, z. T. schillernde Kristalle) in Karbonatgestein. Templeton, Quebec. BB 5 cm.

kristallsystems als auch für reale Glimmer mit hohem Anteil von Phlogopitkomponente. Weitgehend Fe-freier Phlogopit kann **farblos** transparent sein und silbrig hell schimmernd wie Muskovit. Immer noch als Phlogopit einzustufen ist deutlich transparenter Glimmer mit **grauer** oder **bräunlicher** Tönung (Abb. 3.25).

Eine Unterscheidung zwischen farblosem Phlogopit einerseits und Muskovit samt Paragonit und Phengit andererseits ist allein über das Aussehen oder sonstige makroskopisch ermittelbare Merkmale nicht möglich. Allein die **einander ausschließenden Regeln des Vorkommens** ermöglichen die Bestimmung. Phlogopit ist **im magmatischen Bereich** einschließlich Erdmantelgesteinen an **mafitreiches bis ultramafisches Milieu** gebunden. Normale Begleitminerale sind hierbei Olivin, Pyroxene und Plagioklas, nicht aber Kalifeldspat oder Quarz. Muskovit in Magmatiten ist auf helle, granitische Plutonite beschränkt. Übliche Hauptbegleiter sind Kalifeldspat und Quarz.

In **Regionalmetamorphiten** besteht mit zunehmender Druckeinwirkung die Tendenz der Zunahme des Anteils von Phlogopitkomponente im Biotit. Hell aussehender Phlogopit kann in Eklogiten vorkommen. Auch in dolomitischen unreinen Marmoren ist Phlogopit der übliche farblose Glimmer.

Unter den Gesteinen des Oberen Erdmantels können peridotitische Xenolithe in einzelnen Vorkommen alkalibasaltischer Gesteine Phlogopit enthalten. Phlogopit ist Hauptbestandteil von manchen Kimberliten (Kap. 8) und in manchen seltenen Alkalimagmatiten.

Glaukonit

ca. $K_{0,8}(Fe,Al)_{1,3}(Mg,Fe)_{0,7}\square Al_{0,1}Si_{3,9}O_{10}(OH)_2$

Glaukonit bildet nicht wie die anderen hier beschriebenen Glimmer makroskopisch erkennbare, plättchenförmige Kristalle. Stattdessen kommt er ähnlich wie Tonminerale, zu denen er häufig gerechnet wird, **polykristallin-feinkörnig** vor, mit dem zusätzlichen Merkmal, dass er oft **rundliche Aggregate (Pellets)** von ca. Millimeter-Größe formt (Abb. 3.26, 6.30). Hierbei sind, makroskopisch unsichtbar, regelmäßig andere Phyllosilikate beteiligt. Glaukonit ist **ausschließlich an Sedimentgesteine gebunden** und **Indikator für marine Sedimentation**. Er kann jedoch auch umgelagert in nichtmarinen Sanden auftreten. Es ist typisch für Glaukonit, dass dessen Pellets sich bezüglich des Gesteinsgefüges wie detritische Komponenten verhalten, d. h. sie liegen wie diese, und mit ihnen zusammen, eingebettet in Bindemittel, in einer feinkörnigen Matrix oder umgeben von Porenraum. Glaukonit ist vor allem an Sande oder Sandsteine, tonig-mergelige Gesteine und Kalkstein gebunden. Ein häufiger Begleiter ist Phosphorit (vgl. Apatit).

Abb. 3.26 Glaukonitpellets (klein, kräftig grün) in kreidezeitlichem Sandstein. Bavnodde, Bornholm. BB 3,5 cm.

Glaukonit ist in aller Regel durch eine kräftige **grüne Färbung** zu erkennen, die Übergänge zu blaugrün oder gelbgrün zeigen kann. Angewitterter Glaukonit nimmt eine hell-ockergelbe Farbe an, oft sichtbar in äußeren Randbereichen von im Inneren grünen, glaukonitführenden Sedimentgesteinen. Eine von Pellets ausgehende Grünfärbung oder Sprenkelung in Sedimentgesteinen, z. B. von Grünsanden und Grünsandsteinen (Abb. 6.28), ist durch Glaukonitführung bedingt, nicht aber jedes Grün. Ein meist fahles Graugrün, ohne Bindung an Pellets, wie es vor allem schichtweise oder fleckig in manchen roten Sandsteinen oder tonigen Gesteinen vorkommt, geht nicht auf Glaukonit zurück. Hier ist eher ein Chloritanteil in toniger Matrix die Ursache.

Margarit $CaAl_2\square Al_2Si_2O_{10}(OH)_2$

Der wichtigste **Sprödglimmer** Margarit ist gesteinsbildend wenig bedeutend. Er tritt in manchen niedrig- bis mittelgradigen metamorphen Gesteinen auf, die in einiger Menge Al und Ca enthalten.

Margarit bildet **farblose** oder **grau bis rosa** getönte Blättchen von glimmerartigem Aussehen mit intensivem Perlmuttglanz. Seltenere Farben sind blassgelblich oder blassgrünlich. Verglichen mit gewöhnlichen Glimmern hat er eine etwas höhere **Ritzhärte von gut 4** gegenüber 2 bis 3. Margarit ist nicht elastisch biegsam wie z. B. Muskovit, sondern spröde zerbrechlich.

Amphibole

Amphibole bilden eine besonders artenreiche Mineralgruppe. Für alle wesentlichen magmatischen Gesteine gibt es an deren besondere Bedingungen angepasste Vertreter. Ähnliches gilt für die meisten Druck-Temperaturbereiche der Metamorphose mit Ausnahme niedrigster und höchster Grade. Gesteine des Oberen Erdmantels können unter besonderen Bedingungen Amphibol enthalten. In Sedimentgesteinen kommen Amphibole nur detritisch vor.

Amphibole sind nach ihrer Zusammensetzung **dunkle Minerale**. Die sichtbare Färbung ist dann dunkel, wenn im Zuge der gegenseitigen Austauschbarkeit von Mg und Fe in bedeutender Menge Fe eingebaut ist. Die häufigste Farbe von Amphibolen in Magmatiten und Metamorphiten höherer Metamorphosegrade ist schwarz (Abb. 3.27). Sehr Mg-betonte Amphibole sind blass getönt oder farblos hell aussehend.

Amphibole gehören zu den **Kettensilikaten**. Grundelement des Kristallgitters sind **Doppelketten** aus SiO_4-, in manchen Amphibolen anteilig auch aus AlO_4-Tetraedern, die durch gemeinsame O-Atome in linearer Reihung miteinander verbunden sind. Benachbarte Doppelketten sind je nach Amphibolart durch spezifische Kationen aneinander gebunden. Dies sind vor allem Mg, Fe, Ca, Na, Al, Ti, Li. Amphibole enthalten ebenso wie Glimmer, aber im Gegensatz zu Pyroxenen **OH-Gruppen**. Die OH-Gruppen können z. T. durch Cl oder F ersetzt sein. Die Stabilisierung der OH-Gruppen im Kristallgitter hängt bei hohen Temperaturen ähnlich wie bei Glimmern von erhöhten H_2O-Partialdrucken ab. Unter vulkanischen Bedingungen wird daher Pyroxen statt Amphibol begünstigt.

Starke Bindung innerhalb der Tetraeder-Doppelketten gegenüber schwächerer Bindung zwischen ihnen ist Ursache für das Fehlen einer Spaltbarkeit quer zur Längserstreckung der Ketten. Parallel zur Kettenorientierung hingegen gibt es zwei Richtungen sehr guter Spaltbarkeit (Abb. 3.28). Diese beiden Spaltbarkeiten schneiden einander unter einem Winkel von 54–56° (ca. 60°) bzw. komplementär zu 180° mit 124–126° (ca. 120°). Die Schnittkanten zwischen den beiden Spaltbarkeiten liegen in Richtung der kristallographischen Achse c. Fast alle Amphibole kristallisieren mit **monokliner** Symmetrie, wenige Ausnahmen mit **orthorhombischer**. Solche Ausnahmen mit einiger Bedeutung als gesteinsbildende Minerale sind die Ca-freien **Orthoamphibole** Anthophyllit und Gedrit. Anders als für die Klinopyroxene unter den Pyroxenen ist es für die monoklin kristallisierende große Mehrheit der Amphibole nicht üblich, von „Klinoamphibolen" zu sprechen.

Idiomorphe Amphibole neigen artspezifisch unterschiedlich stark zu **säuliger, leistenförmig-**

3

langgestreckter oder nadeliger Ausbildung (Abb. 3.29) mit der Längsachse in Richtung der kristallographischen Achse c, d. h. in Längsrichtung der Tetraeder-Doppelketten. Manche Amphibole können dünnfaserige, parallelstrahlige Aggregate bilden, bis hin zu **asbestiformer** Ausbildung.

Gelegentlich finden sich Mineralbeschreibungen, in denen erklärt wird, dass Amphibole bei idiomorpher Ausbildung daran zu erkennen sind, dass sie in Schnitten quer zur Längserstreckung sechseckige Umrisse zeigen, im Gegensatz zu achteckigen Umrissen von Pyroxenen. Hierzu gilt, dass auch Amphibole achteckigen Querschnitt haben können.

Die Chemie der Amphibole ist komplexer als bei allen anderen Gruppen gesteinsbildender Minerale. Über die unter Mafiten übliche Austauschbarkeit von Mg und Fe hinaus gibt es vielfältige Möglichkeiten von isomorphem Ersatz jeweils unter Beteiligung einiger der oben genannten Elemente. Die große chemische Toleranz der Amphibolstruktur wird dadurch angezeigt, dass **Entmischungen** verschiedener Amphibole untereinander nicht üblich sind.

Eine extrem große chemische Variabilität innerhalb der Gruppe der Amphibole findet auch in einer seit Leake et al. (1997) immer komplexer gewordenen Klassifikation ihren Ausdruck (z. B. Leake et al. 2004, Hawthorne & Oberti 2007, Hawthorne et al. 2012). Zur sicheren Bestim-

mung sind zumeist chemische Analysen erforderlich. Für die makroskopische Bestimmung kann es nur darauf ankommen, wenigstens die in verbreiteten oder geologisch wichtigen Gesteinen auftretenden Amphibole möglichst zu erkennen.

Amphibole dürfen nicht, wie es manchmal geschieht, unterschiedslos als Hornblenden bezeichnet werden. **Hornblenden** sind eine spezielle Gruppe innerhalb der sehr viel umfassenderen Gesamtheit der Amphibole. Im am weitesten gefassten Sinn handelt es sich um Ca-reiche Amphibole mit erheblichem Al-Gehalt an Stelle von Si.

Hornblenden sind die üblichen Amphibole der meisten Plutonite und Vulkanite, soweit diese Amphibol führen. Dies gilt für so unterschiedliche Gesteine wie z. B. Granite, sofern diese nicht ausgeprägt alkalischen Charakter haben, für Granodiorite, Diorite und Gabbros, wie auch für deren vulkanische Entsprechungen. In Vulkaniten sind Amphibole seltener als in den jeweiligen plutonischen Äquivalenten.

In hellen **magmatischen Alkaligesteinen** treten keine Hornblenden, sondern Alkaliamphibole auf, ein wichtiges Beispiel hiervon ist Arfvedsonit.

In **mittelgradigen Metamorphiten** mit ausreichend mafitreicher Zusammensetzung wie z. B. Amphiboliten und Amphibolgneisen ist

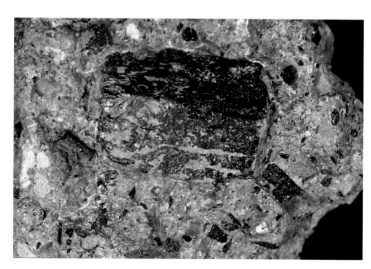

Abb. 3.27 Amphibol-Megakristall (Abschn. 5.3.1) (Hornblende) in Tephrit. Ohne Fundortangabe. BB 5,5 cm.

schwarze Hornblende der normale Amphibol (Abb. 7.8). In **niedriggradigen Metamorphiten** tritt stattdessen meist grüner aktinolithischer Amphibol auf (Abb. 3.53). Die Übergänge zwischen den Zusammensetzungen sind fließend. **Hochgradige Metamorphite** wie Granulite und Eklogite enthalten Amphibol allenfalls untergeordnet. An ihre Stelle treten Pyroxene.

Bei mäßigen Temperaturen gebildete **Hochdruck-Metamorphite** basischer Zusammensetzung (Blauschiefer) enthalten als kennzeichnenden Amphibol gewöhnlich Glaukophan (Abb. **3.30**, 7.39, 7.48).

In **Sedimentgesteinen** können Amphibole als Bestandteil der detritischen Schwermineral-Fraktion vorkommen.

Gemeinsame makroskopische Merkmale der gesteinsbildenden Amphibole

Die meisten Amphibole in Magmatiten sind dunkel, oft schwarz gefärbt. Vor allem in Metamorphiten kommen auch Amphibole mit anderen Färbungen vor, besonders häufig sind Grün und Grau. Die Unterscheidung von Amphibolen im Gesteinsverband gegenüber Pyroxenen ist nicht immer einfach und erfordert die Beachtung möglichst vieler der wesentlichen Merkmale:

1. Überwiegend dunkle Färbung, artspezifisch besonders häufig **tiefschwarz** (Abb. 3.69, 5.28, 5.55, 5.90, 7.8, 7.41, 7.42, 8.3), **dunkelgrün** (Abb. **3.29**, 3.53), seltener grau bis fast farblos, Einzelbeispiele graublau oder kräftig blau bis dunkelblau: Glaukophan mit Anteil von Fe-Alkaliamphibol-Komponente (Abb. 3.30, 7.48).
2. Bei schwarzen und intensiv gefärbten Amphibolen ein erkennbar **farbiger Strich**, meist bräunlich oder grünlich.
3. Nichtmetallischer Glanz, kaum transparent, besonders bei tiefschwarzen Amphibolen oft intensiver, **lackartiger Glanz der Spaltflächen**. Hierdurch oft Glitzern der Bruchflächen amphibolreicher Gesteine in der Sonne. Weniger intensiv gefärbte Amphibole zeigen Glasglanz.
4. **Zwei sehr gut ausgebildete Spaltbarkeiten,** die sich mit **Winkeln von 54–56° bzw. 124–126°** schneiden (Abb. 3.28). Das Auftreten der o. g. Winkel zwischen zwei Spaltbarkeiten, bei Fehlen weiterer Spaltbarkeiten, gilt als wichtigstes gemeinsames Merkmal aller Amphibole; bei dünn-nadeligen Amphibolen ist es jedoch nicht erkennbar. In der makroskopischen Bestimmungspraxis ist es üblich, die Winkelbeträge wegen fehlender Messmöglichkeit lediglich zu schätzen und auf 60° bzw. 120° gerundet anzugeben.

Abb. 3.28 Spaltstück eines xenomorphen Hornblende-Megakristalls aus basanitischem Schlottuff (Abb. 5.114). Die ursprünglichen Außenflächen und -kanten sind während der explosiven vulkanischen Aktivität abgeschliffen worden. Die geradlinige Kante im Vordergrund ist eine von mehreren parallelen Schnittkanten der zwei Spaltbarkeitsrichtungen in Amphibol, die sich mit ca. 120° schneiden. Rosenberg, Kreis Kassel, Nordhessen. BB 7 cm.

3

5. **Härte 5–6. Dichte** abhängig vor allem vom Verhältnis Mg/Fe: 2,9–3,6.

6. Bei Alterationseinwirkung werden Amphibole ausgehend von der Oberfläche und von Rissen vor allem in Chlorite umgewandelt. Auch ursprünglich schwarze Amphibole oder deren Relikte nehmen dadurch eine oft ungleichmäßig verteilte, matt grüne oder graugrüne Färbung und stumpfen Glanz an.

7. Je nach Art des Amphibols kann es charakteristische Begleitminerale geben oder das Vorkommen ist an besondere Gesteine gebunden.

Mögliche Verwechslungen mit anderen Mineralen

Schwarze Amphibole werden häufig mit anderen schwarzen Mineralen verwechselt, besonders mit Pyroxenen, aber auch mit Turmalin, Biotit und manchmal auch serpentinisiertem Olivin.

Zur Unterscheidung gegenüber **Pyroxenen** sind Farbe und Strichfarbe wie auch die Härte nicht einsetzbar. Härten und Farben variieren bei Amphibolen und Pyroxenen in gleichem Bereich. Als wichtigstes Unterscheidungsmerkmal gelten stattdessen die **Winkel zwischen den jeweils zwei Spaltbarkeiten**: gerundet ca. **60°/120° bei Amphibolen** gegenüber gerundet ca. **90° bei Pyroxenen**. Hierzu gibt es jedoch Einschränkungen. Diese sind im nachfolgenden Abschnitt über Pyroxene beschrieben.

Ein mögliches Unterscheidungsmerkmal zwischen Amphibolen und Pyroxenen im Gestein kann die **Intensität des Glanzes** sein. Dies gilt vor allem für Plutonite, d. h. für langsam abgekühlte magmatische Gesteine und für manche Regionalmetamorphite. Der Glanz auf Spalt- bzw. Bruchflächen von Pyroxenen solcher Gesteine wirkt oft matt oder gebrochen (Abb. 3.35, 7.44). Die Ursache hierfür sind feinlamellare, makroskopisch nicht erkennbare Entmischungslamellen in Pyroxenen. Wegen des Fehlens entsprechender Entmischungen zeigen hingegen Spaltflächen von Amphibolen durchweg intensiveren, klaren Glanz (Abb. 7.8, 7.41). In Vulkaniten und anderen schnell abgekühlten Gesteinen gibt es entsprechende Unterschiede nicht. Dort

zeigen auch Pyroxene intensiven Glanz (Abb. 3.36).

Besonders in niedrigergradigen und mäßig mittelgradigen Metamorphiten sind die dort vorkommenden Amphibole meist **dünn-nadelig**, manchmal auch faserig ausgebildet oder zu büscheligen Aggregaten vereinigt. Nadelige und sehr viel mehr noch faserige Ausbildungsform ist bei Pyroxenen seltener.

Schwierigkeiten der Unterscheidung können auch zwischen manchen Amphibolen und **Turmalin** auftreten. Gleiches gilt für die Unterscheidung zwischen Pyroxenen und Turmalin. Der in Gesteinen übliche Turmalin ist tiefschwarz, in Metamorphiten auch braunschwarz. Er unterscheidet sich farblich und vom Glanz her oft nur wenig von unentmischten, tiefschwarzen Pyroxenen (vor allem Augiten) oder Amphibolen (vor allem Hornblenden). Er ist allerdings mit Härte 7 gegenüber 5 bis 6 der Amphibole und Pyroxene deutlich härter als diese. Auch hat Turmalin anders als Amphibole keine Spaltbarkeit. Da Turmalin durchweg idiomorph auftritt, kann er oft an abgerundet dreieckigen Querschnitten erkannt werden. Gelegentlich bildet er radialstrahlig angeordnete Nadelbüschel („Turmalinsonnen"). Manchmal können feine Längsriefen auf den langgestreckten Prismenflächen der Kristalle auf Turmalin hinweisen. Bezüglich des Vorkommens ist zu berücksichtigen, dass makroskopisch auffälliger Turmalin vor allem in sehr hellen granitischen und pegmatitischen Gesteinen vorkommt, während Amphibole und Pyroxene eher an dunklere, mafit- und plagioklasreiche Gesteine gebunden sind.

Auch **schwarze Serpentinmasse**, wie sie als Alterationsprodukt ursprünglich eingestreuter Olivinkörner in Plutoniten auftreten kann, wird gelegentlich für Amphibol oder Pyroxen gehalten. Solche feinkörnig-dichten, schwarzen Serpentinaggregate sind jedoch von Amphibol wie auch Pyroxen sicher unterscheidbar, weil die Serpentinmasse weder Spaltbarkeit noch rauen Bruch zeigt, sondern unebene aber geglättet erscheinende, matt glänzende Trennflächen (Abb. 5.65). Auch ist Serpentinmasse mit Härten unter oder um 3 signifikant weicher als Amphibole oder Pyroxene.

Besonders in Plutoniten und retrograd beeinflussten, hochgradigen Regionalmetamorphiten kann Amphibol Pyroxen randlich als geschlossene Hülle oder fleckenweise verdrängen. Ebenso können mikroskopisch feine, schwammartige Verwachsungen von Pyroxen und Amphibol im Inneren von makroskopisch einheitlich erscheinenden Kristallen auftreten. Ursache ist dann sekundäre Bildung von meist schwarzem Amphibol zu Lasten des primären Pyroxens, der nicht unbedingt schwarz sein muss. Folge dieser unvollständigen Verdrängung ist unregelmäßig rauer Bruch aufgrund des Fehlens einheitlich orientierter Spaltbarkeit. Orthopyroxene sind von Ersatz durch Amphibol weniger häufig betroffen als Klinopyroxene. Da unvollkommene Spaltbarkeit und matter Glanz eines der möglichen Merkmale für Pyroxene, vor allem Klinopyroxene ist, wird die Bestimmung auf eine Einstufung als Pyroxen hinauslaufen. Die Gesteinsklassifizierung reflektiert dann vorrangig den primären Zustand und nicht spätere Anpassungsreaktionen. Dies ist in den meisten Fällen sinnvoll.

Einzelcharakterisierung wichtiger Amphibole

Hornblende

$$\square Ca_2(Mg,Fe)_4AlSi_7AlO_{22}(OH)_2$$

Hornblende wird von Seiten der CNMMN der IMA als Bezeichnung für gefärbte Ca-Amphibole verstanden, ohne damit eine spezifischere chemische Eingrenzung zu verbinden. Die einzigen definierten Minerale mit -hornblende als Namensbestandteil sind Magnesiohornblende und Ferrohornblende. Die oben angegebene Mineralformel ist eine Kombination der Formeln von Magnesiohornblende und Ferrohornblende.

Hornblenden sind meist **tiefschwarze**, seltener schwarzgrün bis dunkelgrün gefärbte Amphibole. Freiliegende Außenflächen und Spaltflächen von nicht alterierten oder angewitterten schwarzen Hornblenden zeigen **lackartigen Glanz** (Abb. 7.8). Hornblenden sind die üblichen Amphibole in den verbreitetsten magmatischen Gesteinen, z. B. in Graniten, Granodioriten, Dioriten (Abb. 5.55) und Gabbros, wie auch in Rhyolithen, Daciten, Andesiten, Basalten bzw. basaltähnlichen Vulkaniten (Abb. 3.27) und entsprechend zusammengesetzten pyroklastischen Bildungen. Die Amphibole der meisten Amphibolite (Abb. 7.42) und amphibolführenden Gneise sind ebenfalls Hornblenden. Besonders übliche Begleitminerale sind als helles Mineral Plagioklas und Biotit und/oder Klinopyroxen unter den dunklen Mineralen.

Idiomorphe Hornblendeeinsprenglinge oder -megakristalle (Abschn. 5.3.1) in Vulkaniten und pyroklastischen Bildungen sind meist gedrungen säulig mit sechs- oder achteckigem Umriss quer zur Längserstreckung. Im Querschnitt sollten dann Winkel von ca. 60° oder 120° zwischen aneinander grenzenden oder zwischen den jeweils übernächsten Außenflächen vorliegen, wenn man sich diese Flächen bis zur gemeinsamen Schnittkante extrapoliert denkt.

Tremolit/Aktinolith

$$\square Ca_2(Mg,Fe)_5Si_8O_{22}(OH)_2$$

Sowohl Aktinolith wie Tremolit bilden gewöhnlich langgestreckte **Nadeln oder Leisten** (Abb. 3.29), die zu strahligen Aggregaten gruppiert sein können. Ein anderer Name für Aktinolith ist Strahlstein. Der nadelige Wuchs kann bei beiden Amphibolen bis hin zu **asbestiformen** Faserbüscheln entwickelt sein. Spaltflächen sind in den nadel- oder dünn-leistenförmigen Kristallen kaum erkennbar. Mikroskopisch feinkörniger, wirrfaserig verfilzter Aktinolith bildet ein besonders zähes, dichtes Gesteinsmaterial von meist dunkelgrüner Farbe, das als **Nephrit** Werkstoff für besonders robuste Steinwerkzeuge, Waffen und Schmuck war („Nephritjade").

Der Fe-freie bzw. Fe-arme Tremolit und der Fe-reichere Aktinolith unterscheiden sich durch ihre Färbung, allerdings unter Überlappung. Tremolit kann farblos, **gelblich**, grünlich oder mit **hellgrauer** Tönung auftreten. Typischer Aktinolith ist **dunkelgrün** gefärbt.

Tremolit und Aktinolith sind typischerweise **metamorphe Bildungen**. In magmatischen Gesteinen können aktinolithische Amphibole als – makroskopisch meist nicht erkennbare – sekun-

Abb. 3.29 Aktinolith (leisten-förmig) in Aktinolith-Talkschiefer. Zillertal, Tirol. BB 6 cm.

däre Umwandlungsprodukte von Pyroxenen vorkommen. Tremolit tritt über weite Bereiche sowohl der Kontakt- wie auch Regionalmetamorphose auf, oft neben Karbonatmineralen wie Calcit oder Dolomit in Marmoren. Aktinolith hingegen ist an niedrige Metamorphosegrade gebunden. Häufige **Begleitminerale sind Albit, Chlorite und Epidot.** Aktinolith kann wesentliche Komponente von **Grünschiefern** sein (Abb. 3.53).

Richterit $Na_2CaMg_5Si_8O_{22}(OH)_2$

Richterit kann sich bei der Metamorphose von unreinen Kalksteinen unter metasomatischer Na-Zufuhr bilden. Oft ist er im Gestein nicht gleichmäßig verteilt, sondern in Klüften und Nestern konzentriert. Die Ausbildung ist kurzsäulig, nadelig oder asbestiform. Richterit kann Bestandteil von Skarnen sein (Abschn. 7.8). Eine zuverlässige makroskopische Bestimmung ist nicht möglich. Die Farbe variiert zwischen farblos, grünlich, bräunlich und gelblich.

Glaukophan $\square Na_2Mg_3Al_2Si_8O_{22}(OH)_2$

Glaukophan ist der übliche, nicht aber einzig mögliche Amphibol in sog. **Blauschiefern.** Die Farbe von Glaukophan ist **blaugrau bis lavendelblau** (Abb. **3.30,** 7.48). Sie ist vor allem deswegen auffallend, weil Blautöne unter gesteinsbildenden Mineralen nur selten auftreten.

Andere Beispiele für gesteinsbildende Minerale mit blauer Färbung sind Cordierit, Blauquarz, Disthen und Sodalithe. Glaukophan tritt gehäuft in gesteinsprägender Menge in Blauschiefern auf. Das gewöhnlich schiefrige Gestein ist dann insgesamt graubläulich getönt, selten kräftig blau.

Die einzelnen Glaukophankristalle können makroskopisch als **langgestreckte, nadelige Kristalle** erkennbar sein, die im Gestein anders als in Abb. 3.30 häufig in einer Vorzugsrichtung eingeregelt sind. Wegen geringer Korngröße sind Spaltflächen oder gar die Winkel zwischen ihnen nicht erkennbar.

Glaukophan und Glaukophanschiefer sind **metamorphe Bildungen,** die an Edukte basaltischer Zusammensetzung und hohe Drucke bei niedrigen metamorphen Temperaturen gebunden sind (Abschn. 7.3.2.5).

Arfvedsonit $NaNa_2Fe_4FeSi_8O_{22}(OH)_2$

Arfvedsonit bildet zusammen mit dem seltenen Eckermannit eine Mischkristallreihe. Im Eckermannit tritt an Stelle des Fe_4Fe des Arfvedsonits Mg_4Al ein. Arfvedsonit ist an magmatische, meist helle, Alkali-betonte Gesteine wie Syenite, Nephelinsyenite, Phonolithe und Lamprophyre gebunden. Häufiger Begleiter ist der Alkalipyroxen Ägirin.

Arfvedsonit ist durchweg idiomorph ausgebildet. Kennzeichnend sind langgestreckte, oft

Abb. 3.30 Glaukophan (blaue, rosettenförmige Aggregate). Valley Ford, Sonoma County, Arizona. BB 3,5 cm.

nadelige Kristalle. Die Färbung ist schwarzgrün bis schwarz.

Anthophyllit $\square Mg_7Si_8O_{22}(OH)_2$

Anthophyllit gehört zusammen mit Gedrit zur kleinen Gruppe der mit orthorhombischer Symmetrie kristallisierenden Orthoamphibole. Diese Zugehörigkeit ist jedoch nur mikroskopisch erkennbar.

Anthophyllit tritt wie Gedrit nur **in metamorphen Gesteinen**, z. T. auch als metasomatische Bildung auf. Hierbei ist er an **amphibolit-**faziellen Metamorphosebedingungen gebunden. Typisch ist das Auftreten in Reaktionszonen zwischen ultramafischen Gesteinen und SiO_2-reicheren Nebengesteinen. Ebenso kann aus Ca-armen, Mg-reichen Edukten (Talkschiefer, Serpentinit) Anthophyllitschiefer oder Anthophyllitfels entstehen. Der Habitus der einzelnen Kristalle ist **stängelig-nadelig** oder blättrig mit der Neigung zur Bildung parallel- oder divergentstrahliger Aggregate (Abb. 3.31). Diese können asbestiform ausgebildet sein. Die übliche Färbung ist bräunlich, seltener grau oder grünlich.

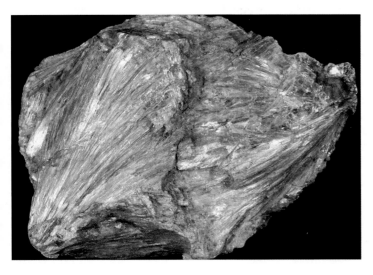

Abb. 3.31 Anthophyllit (büschelförmige Aggregate). Mojave County, Arizona. BB 5,5 cm.

Abb. 3.32 Gedrit (überwiegend aus Gedrit bestehender Amphibolit). Snarum, Norwegen. BB 2,7 cm.

Gedrit　　　$\square Mg_5Al_2Si_6Al_2O_{22}(OH)_2$

Gedrit ist wie Anthophyllit ein nur mikroskopisch als solcher erkennbarer Orthoamphibol. Er tritt in amphibolitfaziellen, Al-reichen Metamorphiten auf. Beispiele hierfür sind Gedritamphibolite oder Gedritschiefer.

Es führt zu Ungereimtheiten zwischen den Klassifikationen von Gesteinen und Mineralen, dass der Namenszusatz „Ortho" jeweils sehr Verschiedenes bedeuten kann. Ein (metamorphes) Orthogestein ist ein Metamorphit aus magmatischem Edukt. Orthoamphibole sind weitgehend Ca-freie Minerale, die mit orthorhombischer Symmetrie kristallisieren. Aus chemischen Gründen kommen sie nicht in Metamorphiten vor, die aus magmatischen Edukten hervorgegangen sind. In der Konsequenz bedeutet dies, dass der Orthoamphibol Gedrit nicht in Orthoamphibolit vorkommt.

Gedrit bildet in Gesteinen säulige oder auch nadelige Kristalle, die zu büschelförmigen Aggregaten gruppiert sein können. Gedrit ist gewöhnlich braun, grünlich oder schwarz gefärbt (Abb. 3.32).

Hinweise zur Bestimmungspraxis

Ausreichend grobkörnig ausgebildete Amphibole zeigen im Gegensatz zu vielen Pyroxenen auch in schnell abgekühlten Magmatiten oft gut entwickelte Spaltflächen. Die sichere Beurteilung der Winkel zwischen den Spaltbarkeiten gelingt am ehesten, wenn man mit der Lupe **in Richtung der Schnittkanten zwischen den beiden Spaltflächen** peilt. Diese entspricht bei Amphibolen und auch Pyroxenen der Längserstreckung der Kristalle bei Idiomorphie. Es sollten Winkel von gerundet 60° oder komplementär dazu 120° zwischen den Spaltflächen zu erkennen sein. Bei Blickrichtung senkrecht auf die Schnittkanten sind die Winkel schlechter abschätzbar. Wenn keine gut erkennbaren Spaltflächen zu sehen sind, liegt eine Einstufung als Pyroxen näher.

Die beiden Spaltbarkeiten und die Winkel zwischen ihnen sind makroskopisch nicht beobachtbar, wenn man es mit dünn-leistenförmigen bis faserigen Kristallen zu tun hat, wie sie für die Amphibole vieler metamorpher Gesteine kennzeichnend sind. Hier entspricht die Einstufung als Amphibol dann der höchsten Wahrscheinlichkeit, wenn man zumindest mit der Lupe **dünne, langgestreckte Leisten oder Nadeln** erkennen kann. Hinzu kommt dann oft eine grünliche oder auch, im Fall von Glaukophan, dunkel bläuliche Färbung. Nur in seltenen, nephelinsyenitischen oder phonolithischen Magmatiten kann auch Pyroxen (Ägirin) nadelförmig auftreten.

3

Abb. 3.33 Pyroxeneinsprenglinge (Augit) in Basalt. Fassatal, Südtirol. BB 4 cm.

Pyroxene

Pyroxene sind **die häufigsten dunklen Minerale** der Erdkruste. Sie kommen in Plutoniten, Vulkaniten, hochgradigen Metamorphiten und auch in Gesteinen des Erdmantels vor, in Sedimentgesteinen nur detritisch. In niedriggradigen und mäßig mittelgradigen Metamorphiten fehlen sie.

Strukturell sind alle Pyroxene **Kettensilikate**. Abweichend von den SiO_4/AlO_4-Doppelketten der Amphibole sind in Pyroxenen **Einfachketten** Grundelement des Kristallgitters. Die Bindung der Ketten aneinander bewirken die gleichen Kationen wie bei den Amphibolen: Mg, Fe, Ca, Na, Al, Ti. Im Gegensatz zu Amphibolen und Glimmern fehlen jedoch OH-Gruppen. Hieraus resultiert eine gegenüber Amphibolen signifikant erhöhte Stabilität bei hohen Temperaturen und geringen H_2O-Partialdrucken. Die Verringerung des H_2O-Partialdrucks beim Magmenaufstieg führt nicht zur Destabilisierung. Petrographischer Ausdruck hiervon ist das regelmäßige Auftreten von Pyroxenen in geeignet zusammengesetzten Vulkaniten wie z. B. Basalten (Abb. 3.33) und in hochgradigen, „trockenen" Metamorphiten wie Granuliten (Abschn. 7.3.2.3) und Eklogiten (Abschn. 7.3.2.4).

Für die Beziehung zwischen Gitterbau und Spaltbarkeiten gilt das Gleiche wie für Amphibole. Es gibt zwei Spaltbarkeiten, deren gemeinsame Schnittkanten mit der Längserstreckung der Tetraederketten zusammenfallen, aber keine Spaltbarkeit, die die Tetraederketten schneidet. Lediglich die geometrische Beziehung zwischen den beiden Spaltbarkeiten ist gegenüber den Amphibolen modifiziert. Ursache hierfür sind geringere Breiten der Einfachketten der Pyroxene im Vergleich zu den Doppelketten der Amphibole. Statt mit 54–56° wie bei Amphibolen schneiden sich die beiden Spaltbarkeiten unter einem Winkel von 91–93° (Abb. 3.35). Ähnlich wie bei den Amphibolen gibt es neben einer Mehrheit **monoklin** kristallisierender Pyroxene, den **Klinopyroxenen**, auch **orthorhombisch** kristallisierende Pyroxene, die als **Orthopyroxene** bezeichnet werden.

Dem Baumuster als Kettensilikat entspricht die Neigung von Pyroxenen, bei Idiomorphie ähnlich wie Amphibole in Richtung der kristallographischen Achse c langgestreckte, **säulige Kristalle** zu bilden. Im Vergleich zur Amphibolgruppe besteht jedoch eine geringere Neigung zu ausgeprägt nadeligem Wuchs. Noch seltener ist dünnfaserige Ausbildung. Jadeit und vereinzelt auch Ägirin sind Ausnahmen, die gelegentlich feinfaserige, makroskopisch dichte Aggregate bilden können. Im Gegensatz zur Gruppe der Amphibole gibt es keinen Pyroxenasbest.

Die Chemie der Pyroxene ist bei grundsätzlicher Ähnlichkeit weniger variabel als die der Amphibole. Anders als unter Amphibolen besteht ein weiter Bereich von temperaturabhängig größerer oder geringerer Unmischbarkeit zwischen Ca-reichen und nahezu Ca-freien Pyroxenen. Folge

3

hiervon sind **Entmischungen**, die in gesteinsbildend besonders wichtigen Pyroxenen bei langsamer Abkühlung praktisch zwangsläufig entstehen. Sowohl Orthopyroxene wie diopsidisch-augitische Klinopyroxene können einander in Plutoniten gegenseitig in mikroskopischem Maßstab entmischen. Die Folge sind dann makroskopisch unsichtbare, eng gescharte Klinopyroxenlamellen in Orthopyroxen bzw. entsprechende Orthopyroxenlamellen in Klinopyroxen. Hinzu kommt die Möglichkeit der Entmischung mikroskopisch dünner, streng parallel eingeregelter Ilmenitlamellen. Einige dieser Entmischungen können zu ebenflächiger **Teilbarkeit** (Absonderung) führen, die sehr viel ausgeprägter sein kann als die normalen Spaltbarkeiten in Kristallen ohne Entmischung. Durch lamellare Entmischung von Orthopyroxen z. T. fast glimmerartig teilbarer, jedoch im Gegensatz zu Glimmer spröde zerbrechlicher Klinopyroxen kann als Diallag bezeichnet werden. Da es sich hierbei nur um eine Ausbildungsform von Augit oder Diopsid (unten) handelt, darf Diallag nicht als selbständiges Mineral verstanden werden.

Für die Gesamtheit der Pyroxene gibt es eine von der CNMMN der IMA erarbeitete Klassifikation (Morimoto et al. 1988). Auf Grundlage

der chemischen Zusammensetzung werden vier wesentliche gesteinsbildende Gruppen unterschieden. Eine wenig bedeutende fünfte Gruppe von Li-Pyroxenen spielt für die Bestimmung normaler Gesteine keine Rolle.

Die vier wesentlichen Pyroxengruppen sind:
1. **Ca-Pyroxene**   z. B. Diopsid, Augit
2. **Mg-Fe-Pyroxene**   z. B. Enstatit, Pigeonit
                        (weitgehend Ca-frei
                        bzw. Ca-arm)
3. **Na-Pyroxene**   z. B. Jadeit, Ägirin
4. **Ca-Na-Pyroxene**   z. B. Omphacit

Die Gruppen eins und zwei können als **Ca-Mg-Fe-Pyroxene** zusammengefasst werden (Morimoto et al. 1988). Sie bilden zusammen die Hauptmenge der in Gesteinen vorkommenden Pyroxene. Ihre chemischen Beziehungen sind in Abb. 3.34 dargestellt.

Anstelle der dargestellten chemischen Gruppeneinteilung der Pyroxene ist für die Einstufung gabbroider Plutonite, ultramafischer Gesteine und mancher hochgradiger Metamorphite eine parallele, kristallstrukturell begründete Klassifikation einzusetzen (Abschn. 5.6.1, 5.7.9, 7.3.1.5). Hierbei geht es um die Unterscheidung zwischen

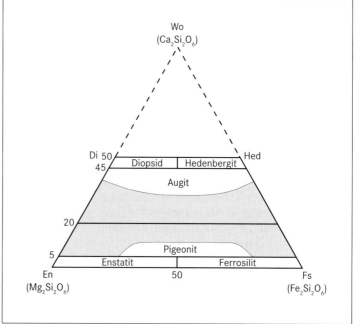

Abb. 3.34 Stellung der Ca-Mg-Fe-Pyroxene als Mischkristalle aus ihren reinen Komponenten Ca-Silikat (Wollastonit = Wo), Mg-Pyroxen (Enstatit = En) und Fe-Pyroxen (Ferrosilit = Fs). Das Mineral Wollastonit ist kein Pyroxen. Augit, Diopsid, Hedenbergit und Pigeonit sind Klinopyroxene. Enstatit und Ferrosilit sind Orthopyroxene. Grau getönte Fläche: Bereich der Unmischbarkeit, der temperaturabhängig schmaler oder breiter sein kann. (Digitale Ausführung: Thomas Bisanz)

Orthopyroxenen und Klinopyroxenen. Orthopyroxene sind als häufig vorkommende Pyroxene ungleich bedeutender als die seltenen Orthoamphibole unter den Amphibolen.

Die Abgrenzung zwischen Ortho- und Klinopyroxenen fällt nicht mit einer Grenze der chemischen Gruppeneinteilung zusammen. Es gilt zwar, dass alle Orthopyroxene Mg-Fe-Pyroxene sind, aber umgekehrt trifft dies nicht zu. Der Mg-Fe-Pyroxen Pigeonit ist trotz orthopyroxenähnlicher Zusammensetzung strukturell ein Klinopyroxen. Allerdings wird man Pigeonit makroskopisch nicht erkennen können. Selbst mikroskopisch wird er oft mit Augit verwechselt. Eine Vereinfachung besteht darin, dass Pigeonit praktisch nur in Vulkaniten vorkommt.

Oft ist es jedoch möglich, individuelle Pyroxene zu bestimmen. Grundlage hierfür sind artspezifische Merkmale oder auch Regeln des Vorkommens. In anderen Fällen hingegen muss es ausreichen, das zu bestimmende Mineral überhaupt als Pyroxen zu erkennen.

Subalkalische Plutonite und Vulkanite (Abschn. 5.2.1) gabbroider, basaltischer oder ähnlicher Zusammensetzung enthalten nahezu immer Pyroxene als wesentlichen Bestandteil. Dies sind zumeist Augite. Orthopyroxen kann hinzutreten oder in manchen Plutoniten (Noriten) auch einziger Pyroxen sein. In **ultramafischen Plutoniten und Erdmantelgesteinen** können Augit bzw. Diopsid als Klinopyroxene wesentliche Komponente sein, zusätzlich auch Mg-reicher Orthopyroxen.

Für Na-reiche **magmatische Alkaligesteine** (Abschn. 5.2.1) ist **Ägirin** kennzeichnend. Auch Alkalipyroxene, die nach ihrer Zusammensetzung zwischen Ägirin und Augit stehen, sind nicht selten: Ägirinaugit.

In niedriggradigen Metamorphiten fehlen Pyroxene. Erst mit **höhergradig amphibolitfazieller Metamorphose** tritt Klinopyroxen ein, je nach Eduktzusammensetzung als Diopsid oder Augit. Orthopyroxen bildet sich erst mit Übergang zur **Granulitfazies** (Abb. 7.5). Makroskopisch wird man ihn dann aber nicht erkennen bzw. von Klinopyroxen unterscheiden können.

Jadeit und **Omphacit** sind Pyroxene von **Hochdruckmetamorphiten**. Beide bilden sich unter Aufnahme von Na, das vor allem instabil gewordenem Plagioklas entstammt.

In **Sedimentgesteinen** können Pyroxene nur als Teil der detritischen Schwermineral-Fraktion auftreten.

Gemeinsame makroskopische Merkmale der gesteinsbildenden Pyroxene

Unter den Pyroxenen gibt es mit Ausnahme des Fehlens blauer Farbtöne die gleiche Variationsbreite der Färbung wie unter den Amphibolen. Auch bezüglich der Regeln des Vorkommens und der Morphologie gibt es viele Gemeinsamkeiten, sodass die Unterscheidung gegenüber Amphibolen schwierig sein kann. Ein gern als zuverlässig hingestelltes Unterscheidungsmerkmal, die Ausbildung der Spaltbarkeiten, hat Tücken. Hinzu kommt, dass es für die Bestimmung mancher Gesteine geboten ist, Klino- und Orthopyroxene zu unterscheiden. Hierbei sind schnell die Grenzen makroskopischer Mineralbestimmung erreicht. Bei der Bestimmung mutmaßlicher Pyroxene müssen alle beobachtbaren Merkmale ausgenutzt werden:

1. Auftreten verschiedener Färbungen: **schwarz** (Abb. **3.33**, **3.36**, 5.25, 5.59, 5.89, 5.101, 5.125), **grün** (Abb. **3.9**, **3.37**, **3.39**, 5.105, 8.2, 8.6), dunkelbraun, hellbraun, gelblich-bräunlich (Abb. 5.66), hellgrau. Hell getönte Pyroxene sind gewöhnlich Mg-reiche und entsprechend Fe-arme Glieder innerhalb von Fe/Mg-Mischkristallreihen. Seltene Beispiele hell aussehender Pyroxene anderer Zusammensetzung sind manche Jadeite und der nur in Lithium-reichen Pegmatiten vorkommende Li-Al-Pyroxen Spodumen. Spodumen ist kein wichtiges gesteinsbildendes Mineral und wird daher hier nicht weiter berücksichtigt. Intensive **Grüntöne** unalterierter Kristalle sind nur bei manchen Klinopyroxenen üblich.

2. **Deutlich gefärbter Strich** mit grüner oder brauner Tönung bei schwarz oder dunkel gefärbten Pyroxenen.

3. **Nichtmetallischer Glanz**, gewöhnlich nicht oder wenig transparent. Tiefschwarze Pyroxene oft lackartig glänzend. Leuchtend grüne oder hell getönte Pyroxene können durchscheinende Kanten zeigen oder als kleine Streukörner insgesamt transparent sein. Der Glanz von Pyroxenen kann stark von der Abkühlungsgeschichte abhängig sein. Lackartig

Abb. 3.35 Pyroxen-Spaltstück (Enstatit-Einkristall), beide Richtungen der Spaltbarkeit zeigend, die ca. 90° zueinander orientiert sind: waagerechte Oberseite, senkrechte Vorderseite. Chalkidiki, Griechenland. BB 5 cm.

intensiver Glanz wird durch Ausbleiben von Entmischungen bei schneller Abkühlung begünstigt. Er tritt vor allem bei schwarzen Pyroxenen in Vulkaniten und kleineren, oberflächennah erstarrten Plutonen auf. Spaltflächen von Pyroxenen in langsam abgekühlten Plutoniten, in Erdmantelgesteinen und in vielen Metamorphiten glänzen wegen feiner, makroskopisch nicht erkennbarer Entmischungslamellen matter oder auch seidenartig. Ein besonders intensiver Schiller, der manchmal mit metallischem Glanz verwechselt wird, ist weitgehend auf Orthopyroxen beschränkt. Der inzwischen abgeschaffte Name Bronzit für Orthopyroxen mit 70–90 % Enstatitkomponente hebt auf hell-bronzeähnlichen Schiller Mg-betonten Orthopyroxens ab.

4. **Zwei Spaltbarkeiten**, die sich mit **Winkeln von 91–93°, gerundet 90°** schneiden (Abb. 3.35). Die Ausbildung der Pyroxen-Spaltbarkeiten ist jedoch vor allem in magmatischen, ganz besonders in vulkanischen Gesteinen oft so unvollkommen, dass unebene, raue, gelegentlich sogar muschelige **Bruchflächen** statt ebener Spaltflächen auftreten (Abb. 3.36). Mikroskopisch ist in Pyroxenen sehr oft erkennbar, dass die durch die Spaltbarkeiten bedingten Risse aussetzen oder unabhängig von den Richtungen der Spaltbarkeiten einen gebogenen Verlauf nehmen. Die hieraus resultierende, im Vergleich zu Amphibolen **unvollkommenere Ausbildung der Spaltbarkeiten** kann als

Unterscheidungsmerkmal von Pyroxen gegenüber Amphibol eingesetzt werden.

5. **Härte 5–6, meist nahe 6, Dichte** abhängig von Mg/Fe: 3,2–4,0 (Spodumen 3,0–3,2)

Mögliche Verwechslungen mit anderen Mineralen

Die größte Gefahr der Verwechslung besteht gegenüber den strukturell, farblich und von der Ritzhärte her sehr ähnlichen Mineralen der Gruppe der **Amphibole**. Als Hauptunterscheidungsmerkmal gelten signifikant abweichende **Winkel zwischen den jeweils 2 Spaltbarkeiten**: gerundet **90° bei Pyroxenen** gegenüber gerundet 60° bzw. 120° bei Amphibolen. Diese für mikroskopische Untersuchungen sehr zuverlässige Regel kann bei makroskopischer Betrachtung zu Fehlbestimmungen führen, weil manche Klinopyroxene zusätzlich zu den oft nicht besonders vollkommen entwickelten Spaltbarkeiten Flächen guter Teilbarkeit zeigen können. Winkel zwischen Teilbarkeits- und Spaltflächen können bei grober makroskopischer Betrachtung mit Winkeln wie sie für die Spaltbarkeiten der Amphibole kennzeichnend sind, verwechselt werden. Auf diese Weise kann **Amphibol vorgetäuscht** werden. Ursache sind orientiert eingelagerte, ebenflächige Entmischungslamellen, die die **zusätzliche Teilbarkeit** bewirken können.

Solche durch Entmischung bedingte zusätzliche Teilbarkeit kann in plutonischen Klinoyro-

Abb. 3.36 Augit-Megakristalle (Abschn. 5.3.1) mit muscheligem Bruch in basaltischem Vulkanit. Gran Canaria, Kanarische Inseln. BB 4 cm.

xenen, in Klinopyroxenen von Erdmantelgesteinen und in Megakristallen auftreten. Besonders irreführend ist, dass die zusätzliche, „falsche Spaltbarkeit" besser ausgebildet sein kann als die regulären, durch die Pyroxenstruktur bedingten Spaltbarkeiten.

Andere Spaltwinkel als recht nahe 90° erlauben daher nur bei präziser Abschätzung eine zweifelsfreie Zuordnung. Erkennbare Winkel nahe 90° hingegen sind bei auch sonst zutreffenden Merkmalen ein entscheidendes Indiz für Pyroxene.

Wegen mikroskopisch feiner Entmischungslamellierung zeigen Pyroxene vor allem in Plutoniten und auch in manchen Regionalmetamorphiten einen in der Tendenz matteren Glanz als Amphibole in entsprechenden Gesteinen.

In Vulkaniten kommt es wegen des Fehlens von Entmischung nicht zu matten Oberflächen, sodass der Glanz der zumeist augitischen Pyroxene dem von Hornblenden gleicht. Die Pyroxen-Spaltbarkeiten sind jedoch gerade hier oft sehr unvollkommen oder überhaupt nicht entwickelt. Zusätzliche Teilbarkeiten sind in Pyroxenen von Vulkaniten nicht üblich. Im Gegensatz zu den bei ausreichender Kristallgröße gewöhnlich deutlich besser spaltenden Amphibolen zeigen die Pyroxene in Vulkaniten daher oft nur undeutliche Ansätze von Spaltflächen. Die **Qualität der Spaltbarkeit** ist oft das beste makroskopische Unterscheidungsmerkmal zwischen Pyroxenen und Amphibolen **in Vulkaniten**. Gut

ausgebildete Spaltbarkeit spricht für Amphibol, schlechte oder sogar weitgehend fehlende für Pyroxen.

In alkalibasaltischen Vulkaniten können in größerer Tiefe gebildete, oft zentimetergroße, einsprenglingsartige Pyroxen-Megakristalle vorkommen. Sie sind stets Klinopyroxene. Sie zeigen gegenüber gewöhnlich tiefschwarzen Amphibol-Megakristallen teilweise eine dunkelgrünliche Tönung und Neigung zur Transparenz an Kanten.

In pyroxenführenden **orogenen Metamorphiten** sind die Pyroxene tendenziell feinkörniger und auf Spaltflächen weniger glänzend als Amphibole in den gleichen Gesteinen. Mehrere Millimeter oder gar Zentimeter lange, intensiv glänzende, schwarze Kristalle sind mit großer Wahrscheinlichkeit Amphibole. Feinkörnige schwarze Kristalle können Pyroxen oder Amphibol sein. Eine Unterscheidung ist dann mit makroskopischen Methoden kaum möglich. Bei ausreichender Erfahrung kann der meist gegenüber Pyroxenen intensivere Glanz von Amphibolen bzw. umgekehrt der geringere von Pyroxenen einen Hinweis geben. Intensiv grüne Kristalle können, wenn sie zusammen mit Granat vorkommen oder in Peridotiten, als Pyroxene angesehen werden. Mit Granat zusammen vorkommende Amphibole in Metamorphiten sind zumeist schwarz.

In Gesteinen des Oberen Erdmantels kommen Ortho- und Klinopyroxene vor. Amphibole sind selten, und dann meist schwarz. Die Farbe von typischen Klinopyroxenen in Erdmantelgesteinen ist intensiv grün. Orthopyroxene des Erdmantels sind blassgrau oder blassoliv, z. T. auch mit graugrünlicher Tönung.

Die makroskopische Unterscheidung von Amphibolen und Pyroxenen **in Kontaktmetamorphiten** ist wegen geringer Korngrößen generell nicht möglich. Pyroxen ist an hohe Metamorphosetemperaturen gebunden.

Das Auftreten von Amphibolsäumen um Klinopyroxen und von **schwammartigen Verwachsungen von Pyroxen und Amphibol** in äußerlich einheitlich erscheinenden Kristallen ist im Abschnitt über die Amphibole beschrieben. Für die Verdrängung von Pyroxen durch Amphibol gibt es die Bezeichnung **Uralitisierung**.

Unterscheidung von Ortho- und Klinopyroxen

Von großer Wichtigkeit für die Gesteinsbestimmung, jedoch besonders schwierig und mit makroskopischen Methoden oft nicht möglich ist die **Unterscheidung von Ortho- und Klinopyroxenen**. Wenn man in einem Gestein zwei sich bezüglich irgendwelcher Merkmale unterscheidende Pyroxene feststellt, ist es für sichere Aussagen unbedingt nötig, eine Probe für gründlichere Untersuchungen zu nehmen. Mögliche Merkmalsunterschiede zwischen Ortho- und Klinopyroxen können das Ausmaß der Idiomorphie, die Färbung, die Intensität von Alteration, möglichen Schiller und Korngrößen betreffen. In Abhängigkeit von der Art des Gesteins, der Abkühlungsgeschichte und der Mineralchemie der Pyroxen-Mischkristalle zeigen Pyroxene unterschiedliche, sich allerdings z. T. überlappende Merkmale.

In Vulkaniten sind Orthopyroxen, Augit und Pigeonit nur mit mikroskopischen oder Labormethoden voneinander unterscheidbar.

In Plutoniten kann wenigstens der Versuch der Unterscheidung mit makroskopischen Methoden unternommen werden. Orthopyroxen mit geringem bis mäßigem Fe-Gehalt kann einen besonders spektakulären Schiller auf Spaltflächen zeigen, der von Entmischungslamellen ausgeht. Dieser Schiller fehlt oft, kann aber auch so intensiv sein, dass er auf den ersten Blick mit

metallischem Glanz verwechselbar sein kann. Hierbei können je nach Fe/Mg-Verhältnis des Orthopyroxens messing- oder bronzeartige Tönungen bis hin zu kupferfarben und rotbraun auftreten. Abweichend von metallischem Glanz zeigt sich der Schiller aber nur in geeigneter Orientierung zur Lichtquelle deutlich. Anders als bei Mineralen mit metallischem Glanz sind abgetrennte, dünne Späne durchscheinend.

Mg-betonter Klinopyroxen kann ebenfalls Schiller zeigen, wenn er als Diallag ausgebildet ist. Diesem fehlt jedoch in der Regel die Intensität des Schillers, die mit metallischem Glanz verwechselbar ist. Typischer ist ein eher glimmerartiges oder seidiges Aufglänzen, das oft mit einer grünlichen oder bräunlichen Farbtönung verbunden ist. Wenn Orthopyroxen und Klinopyroxen gemeinsam in Plutoniten auftreten, ist der zu ausgeprägterer Idiomorphie tendierende Pyroxen meistens der Orthopyroxen.

Vor allem Mg-reiche, d. h. hell gefärbte Orthopyroxene sind sehr viel mehr als Klinopyroxene empfindlich gegen Alterationseinflüsse, die zur Bildung von Phyllosilikaten am Außenrand und durchgreifend entlang der Spaltbarkeiten führen können. Hierdurch kann ein faseriger Habitus bewirkt werden. Bastit ist eine Bezeichnung für solchen meist fahl grünlich grau schillernden, serpentinisierten Orthopyroxen mit oder ohne Beteiligung von feinkristallinem Talk. Der alterierte Orthopyroxen hat dann eine stark verringerte Härte, sodass er im Gegensatz zum Klinopyroxen mit einer Stahlnadel (Härte ca. 5) quer zur Faserung geritzt werden kann.

Orthopyroxen tritt nicht zusammen mit Feldspatvertretern auf, wohl aber Klinopyroxen. Orthopyroxene sind im magmatischen Bereich auf subalkalische Gesteine tholeiitischer oder kalkalkalischer Magmatitserien (Abschn. 5.2.1) beschränkt. Meist treten sie neben augitischen oder diopsidischen Klinopyroxenen auf, seltener für sich.

In Metamorphiten sind Klinopyroxene verbreiteter als Orthopyroxene. Klinopyroxen setzt in der Amphibolitfazies ein. Das Auftreten von Orthopyroxenen ist auf granulitfazielle Gesteine und höchstgradige Kontaktmetamorphite geeigneter Zusammensetzung beschränkt. Die Orthopyroxene sind dann durchweg wegen zu geringer Korngrößen makroskopisch nicht bestimmbar.

In **Gesteinen des Oberen Erdmantels** sind Ortho- und Klinopyroxene am besten unterscheidbar. In den üblichen Erdmantelgesteinen von peridotitischer oder pyroxenitischer Zusammensetzung tritt intensiv smaragdgrüner Klinopyroxen auf: Chromdiopsid. Sehr viel seltener und nur lokal kommt schwarzer augitischer Klinopyroxen zusätzlich oder allein vor. Orthopyroxene in Erdmantelgesteinen sind nahezu farblos bis schwach grünlich oder olivfarben.

Einzelcharakterisierung wichtiger Pyroxene

Augit $(Ca,Na)(Mg,Fe,Al,Ti)(Si,Al)_2O_6$

Augit ist der häufigste Klinopyroxen in Magmatiten, unabhängig davon, ob es sich um Plutonite, Vulkanite oder zugehörige pyroklastische Bildungen handelt. Wichtigste Gesteinsbeispiele sind Gabbros, Diorite, Andesite und basaltische Gesteine (Abschn. 5.8.4). In pyroxenführenden oder pyroxenitischen Gesteinen des Oberen Erdmantels ist Augit nicht der übliche Klinopyroxen, er kann aber in manchen Vorkommen an Stelle von Diopsid auftreten, z. T. neben Amphibol. Ähnlich wie die in magmatischen Gesteinen alternativ statt oder neben Augit auftretenden Hornblenden sind auch die Augite meist **tiefschwarz gefärbt** (Abb. 3.33) und in Vulkaniten wie pyroklastischen Bildungen auch lackartig

glänzend (Abb. 3.36). In Plutoniten ist der Glanz oft weniger intensiv. Auch in hochgradig metamorphen Gesteinen können Augite vorkommen, dort können sie außer schwarz auch schwarzbraun oder dunkelgrün gefärbt sein. Wichtigstes Unterscheidungsmerkmal gegenüber Hornblende ist das **Fehlen klarer Spaltbarkeiten** oder, wenn diese gelegentlich entwickelt sind, Winkel von ca. 90° zwischen den aneinander grenzenden Spaltflächen. Augiteinsprenglinge oder Megakristalle (Abschn. 5.3.1) in vulkanischen Gesteinen können gut ausgebildete Idiomorphie zeigen. Die Kristalle sind dann gedrungen säulig.

Diopsid $Ca(Mg,Fe)Si_2O_6$

Diopsid ist überwiegend an **metamorphe Gesteine** sowie an **Gesteine des Oberen Erdmantels** gebunden. Diopsid ist oft darüber hinaus wesentlicher **Bestandteil von Skarnen** (Abschn. 7.8). Mit zunehmend augitnaher Zusammensetzung (Ca-ärmer, oft Al-haltig) und dann auch augitähnlichen Merkmalen kann Diopsid im mineralchemischen Sinne auch in Magmatiten vorkommen. Typischer Diopsid ist meist **deutlich grün gefärbt** (Abb. 3.37) und in Form kleiner Körner oft transparent. Weitere Farben sind weißgrau und blassgrün. Besonders intensive, smaragdgrüne Färbung ist für Diopside in Peridotiten und Pyroxeniten des Oberen Erdmantels kennzeichnend (Abb. 3.9, 8.2, 8.6). Das intensive

Abb. 3.37 Diopsid (grün) in Skarn (Abschn. 7.8) neben rotem Granat und weißem Quarz. Sunnerskog östlich Vetlanda, Ostsmåland, Schweden. BB 3,5 cm.

Grün geht auf Cr-Gehalte zurück. Solch **Chromdiopsid** ist der übliche Klinopyroxen in Erdmantelgesteinen. Er hebt sich in unalterierten und unverwitterten Peridotiten durch seine kräftige Färbung vom blasser grünen Olivin ab. Nach chemischer Verwitterung fällt Chromdiopsid oft noch mehr auf. Er ist sehr viel verwitterungsresistenter als Olivin, sodass er sich gewöhnlich mit unverändertem Smaragdgrün von dem meist hell-gelblichen Verwitterungsmaterial des Olivins abhebt (Abb. 3.9).

Die Bildung von Diopsid ist im gesamten Druck-Temperatur-Bereich der metamorphen Amphibolitfazies (Abb. 7.5) möglich und an Ca-, Mg- und Si-reiche, aber Fe-arme Eduktzusammensetzungen gebunden. Diese Bedingungen werden von unreinen Marmoren und Karbonatsilikatgesteinen (Abschn. 7.3.4.2) besonders gut erfüllt, die aus dolomitisch-silikatischen Sedimentgesteinen hervorgegangen sind.

Orthopyroxen:

Enstatit $\mathbf{(Mg,}Fe)_2Si_2O_6$
Ferrosilit $\mathbf{(Fe,}Mg)_2Si_2O_6$

Makroskopisch bestimmbar sind Orthopyroxene nur in manchen **Plutoniten** und in **Erdmantelgesteinen**. Sie treten darüber hinaus auch in hochtemperierten Kontakt- wie Regionalmetamorphiten auf, sind dann aber nur mikroskopisch bestimmbar. In Alkaligesteinen fehlen Orthopyroxene.

Die Orthopyroxene bilden eine Mischkristallreihe mit den Endkomponenten:
Enstatit $Mg_2Si_2O_6$ (En)
Ferrosilit $Fe_2Si_2O_6$ (Fs)

Die Minerale **Enstatit** und **Ferrosilit**, sie haben die gleichen Namen wie die reinen Komponenten, bilden gemäß der 50-%-Regel zusammen die vollständige Mischkristallreihe der Orthopyroxene. Dies gilt seit 1988 auf Grundlage der eingangs im Pyroxenabschnitt angesprochenen IMA-Klassifikation (Morimoto 1988). Diese Regelung wird aber besonders in geologischen Arbeiten oft ignoriert. Die Bezeichnungen **Bronzit**, **Hypersthen**, **Ferrohypersthen** und **Eulit** sind **ungültig**, sie waren bis 1988 üblich und finden sich daher in vor 1988 erschienenen Texten, aber auch in jüngeren Arbeiten. Die hierbei zugrunde gelegten historischen Abgrenzungen sind bezogen auf Mol.-% Enstatit (En): Enstatit (100–90), Bronzit (90–70), Hypersthen (70–50), Ferrohypersthen (50–30), Eulit (30–10), Ferrosilit (10–0). Enstatit ist seit 1988 der einzige Mg-betonte Orthopyroxen, Ferrosilit der einzige Fe-betonte. Entsprechend sind Gesteinsnamen wie „Bronzitit", „Hypersthenandesit" oder „Hypersthengranit" nicht mehr durch gültige Mineralnamen unterstützt.

Innerhalb der Mischkristallreihe gibt es mit abnehmendem Verhältnis Mg/Fe eine stufenlose Farbvariation von farblos bzw. **weißgrau** über hell **olivfarben**, **gelblich braun** und **braun** oder

Abb. 3.38 Orthopyroxen (bronzeartig schillernd) in magnetitdurchsetzter, schwarzer Serpentinmasse. Alterierter, grünlich-grauer Plagioklas. Mela-Olivinnorit. Radauberg, Westharz. BB 10 cm.

grün nach **schwarz**. Hell getönte Orthopyroxene sind in Erdmantelgesteinen und in den meisten ultramafischen Plutoniten üblich (Abschn. 5.6, 5.7.9). In Noriten und Gabbronoriten (Abschn. 5.7.5) können die Orthopyroxene je nach Mg/Fe-Verhältnis des Gesteins mal sehr hell, mal kräftig getönt oder auch schwarz gefärbt sein.

Vor allem helle und nur mäßig gefärbte Orthopyroxene in Plutoniten und Erdmantelgesteinen können aufgrund eines auf Entmischung zurückgehenden, bronzeartig wirkenden Schillers bestimmbar sein (Abb. **3.38**, 5.81). Idiomorphe Orthopyroxene sind **kurzsäulig** ausgebildet.

Omphacit $(Ca,Na)(Mg,Fe,Al)Si_2O_6$

Omphacit ist ein gewöhnlich säulig oder xenomorph ausgebildeter, **kräftig grün**, **graugrün** oder **dunkelgrün** gefärbter Pyroxen, der als Mischkristall chemisch zwischen Jadeit + Ägirin und Ca-Mg-Fe-Pyroxenen steht (Morimoto 1988). Er tritt **in Eklogiten** und damit in der hiernach benannten metamorphen Eklogitfazies auf (Abb. **3.39**, 7.46). Da es andere ähnlich grün gefärbte Pyroxene gibt, bestimmt man Omphacit makroskopisch am sichersten indirekt über die vorangehende Bestimmung des Gesteins als Eklogit. Grundlage hierfür ist, dass Omphacit **gemeinsam mit rotem Granat** das bezüglich des Farbkontrasts der beiden Hauptminerale und auch wegen hoher Dichte (ca. 3,4) auffällige granatpyroxenitische Gestein Eklogit maßgeblich zusammensetzt. Das Gestein Eklogit ist sicherer bestimmbar als das Mineral Omphacit für sich.

Bei Dekompression unter gegenüber der Hochtemperatur-Eklogitbildung kaum verringerten, granulitfaziellen Temperaturen (Abb. 7.5) zerfällt Omphacit zu filigran-feinen, symplektitischen Verwachsungen aus diopsidischem Pyroxen und Plagioklas. Solch dekomprimierter Omphacit kommt recht häufig vor. Er ist makroskopisch als mattgrüne, seidig schillernde Masse erkennbar (Abb. 7.47). Mit der Lupe lassen sich in manchen Fällen die beiden Komponenten der symplektitischen Verwachsung getrennt wahrnehmen.

Ägirin $NaFeSi_2O_6$

Ägirin ist kennzeichnender Pyroxen ausgeprägter **Alkalimagmatite**. In entsprechenden Plutoniten, wo er ausreichend große, gewöhnlich **idiomorphe Kristalle** bilden kann, tritt er oft neben Nephelin und Alkali-Amphibol wie z. B. Arfvedsonit auf. Die Kristallgestalt ist **säulig** oder **leistenförmig** (Abb. 3.40) bis langgestreckt **nadelig**, selten auch faserig. Die Farbe variiert mit allen Übergängen zwischen **dunkelgrün bis schwarz**. Seltener kommt rötlich braune Färbung vor. In Vulkaniten, wie z. B. Phonolithen, können Mikrokristalle von Ägirin oder von ägirinnah zusammengesetzten Pyroxenen eine grünliche Tönung der Grundmasse bewirken.

Abb. 3.39 Omphacit (grün) in Eklogit. Spaltbarkeitsbedingte Ablösungsflächen innerhalb eines Teils der leistenförmigen Omphacitkristalle bewirken blassgrüne Färbung durch Lichtreflexion dicht unterhalb der Oberfläche. Nur intakte Kristalle erscheinen kräftig grün. Die roten Kristalle sind Granat. Saualpe, Kärnten. BB 4,5 cm.

3

Abb. 3.40 Ägirin (leistenförmig) in
Calcit. Mac Gregor Lake, Quebec,
Kanada. BB 5 cm.

Jadeit $Na(\mathbf{Al},Fe)Si_2O_6$

Jadeit gehört als Pyroxen zu den dunklen Mineralen, obwohl er eine Zusammensetzung ähnlich Albit oder Nephelin hat, also im chemischen Sinne eigentlich „hell" ist. Die Bildung von Jadeit anstelle von Albit (und Quarz) wird durch **hohe Drucke** bewirkt. Jadeit ist ein Mineral in **Metamorphiten**, die bei eher mäßigen Temperaturen sehr hohen Drucken unterworfen waren. Der Jadeit vertritt dann die Albitkomponente ursprünglicher Feldspäte. Er neigt zur Kristallisation in Form feinkristalliner, makroskopisch **dichter, zäher** Massen (Jade), die im mikroskopischen Maßstab faserig oder körnig aufgebaut sein können. Gelegentlich bildet Jadeit auch kleine, gedrungene, monokristalline Säulen. Dies gilt für extreme Hochdruckgesteine, in denen Jadeit weiß bzw. **farblos** sein kann. Häufigere Färbungen sind **hell grünlich** oder auch **kräftig grün**. Seltener ist Jadeit grünblau gefärbt, selten blau bis violett.

Jade des für Mineral- und Gesteinsbezeichnungen nicht maßgeblichen Mineralienhandels kann außer aus feinkristalliner Jadeitmasse auch aus mikrokristallinem Aktinolithfilz (Nephrit), fuchsithaltigem Quarzit oder entsprechend feinkörnigen Na-Fe-Pyroxen-Jadeit-Diopsid-Mischkristallen bestehen. Daneben werden verschiedenste Dinge unter der Bezeichnung Jade angeboten. So ist sog. „Ostseejade" fein-parallelfaserig gewachsener Calcit mit meist blassgrünlicher Tönung. Der übliche Name hierfür ist Faserkalk.

Olivin:
Forsterit $(\mathbf{Mg},Fe)_2SiO_4$
Fayalit $(\mathbf{Fe},Mg)_2SiO_4$

So wie Feldspäte die dominierende Mineralgruppe der Erdkruste sind, ist Olivin mit noch erheblich größerem Anteil **das wichtigste Mineral der erreichbaren Gesteine des Oberen Erdmantels**. Olivin tritt aber auch als Bestandteil von Gesteinen der kontinentalen und ozeanischen Kruste auf, vor allem in basischen Plutoniten, in basaltischen Vulkaniten sowie in Kontakt- und Regionalmetamorphiten geeigneter Zusammensetzung. Olivin ist wegen hoher Anfälligkeit gegen chemische Verwitterung nur unter besonderen Bedingungen Detritusanteil in Sedimentgesteinen, am ehesten in Form von Geröllen aus olivinführenden Gesteinen.

Olivin ist nach seiner Zusammensetzung ein **dunkles Mineral**, obwohl der übliche gesteinsbildende Olivin sehr hell gefärbt und transparent ist. Ihm fehlt daher eine charakteristische Strichfarbe. Olivin gehört zu den **Inselsilikaten**, er kristallisiert mit **orthorhombischer** Symmetrie. Im Kristallgitter gibt es wie bei Pyroxenen keine OH-Gruppen.

In makroskopisch relevanter Größe tritt Olivin in Gesteinen **kaum idiomorph** auf, sei es als Einsprengling in Vulkaniten oder als – aus-

3

nahmsweise nicht serpentinisierter – Bestandteil von Plutoniten oder von olivinreichen ultrabasischen Gesteinen (Abschn. 5.6, 5.7.9) des Oberen Erdmantels.

Olivin bildet eine Mischkristallreihe mit den Mg- bzw. Fe-Endkomponenten:

Forsterit Mg_2SiO_4 (Fo)
Fayalit Fe_2SiO_4 (Fa)

Die gleichen Namen werden gemäß der 50-%-Regel für die beiden einzigen erlaubten Unterteilungen der Mischkristallreihe verwendet, Fayalit für Olivine mit Fa > 50, Forsterit bei Fo > 50. Ehemalige Namen für Zwischenabstufungen, wie z. B. Chrysolith, sind nicht mehr gültig. Sie haben für Gesteinsbenennungen nicht dieselbe Bedeutung wie die entsprechenden Abstufungsbezeichnungen der Orthopyroxene gehabt. In Abhängigkeit vom Verhältnis Fo/Fa variieren die Farbe und andere Eigenschaften. Mit abnehmendem Fo wechselt die Farbe von hellgrau-farblos des reinen Forsterits über **blassgrün** und etwas intensiver grün im Zusammensetzungsbereich von Forsterit zu gelb, olivgrün oder bernsteinfarben von noch deutlich Mg-haltigem Fayalit bis hin zu nahezu schwarz weitgehend Mg-freien Fayalits, wie er eher in Hüttenschlacken als in natürlichen Gesteinen vorkommt. Die Resistenz gegen Alteration (Serpentinisierung) nimmt mit steigendem Fa-Gehalt zu.

Olivin ist bezogen auf die Zusammensetzung von Orthopyroxen ähnlich **SiO_2-defizitär** wie

Feldspatvertreter gegenüber Feldspäten. Dies bedeutet, dass Olivin in Magmatiten und Metamorphiten gewöhnlich **nicht neben Quarz** vorkommen kann, dessen Bildung gerade an einen SiO_2-Überschuss gebunden ist. Eine Ausnahme ist sehr Fe-betonter Fayalit. Er kann stabil neben Quarz auftreten, kommt jedoch nur äußerst selten vor und ist dann makroskopisch auch nur ausnahmsweise erkennbar (Abb. 5.59).

Olivin magmatischer Gesteine und des Erdmantels

Der bei weitem **häufigste gesteinsbildende Olivin** ist mit ca. Fo_{70}–Fo_{95} **Mg-betont**. Im unalterierten und unverwitterten Zustand ist er transparent und hat eine **hellgrüne Färbung** (Abb. 3.41). Solch Fe-armer Forsterit ist der übliche Olivin in basaltischen Vulkaniten und in Gesteinen **des Oberen Erdmantels** (dort Fo > 80), wie sie als peridotitische Xenolithe in manchen Vulkaniten, in alpinotypen Peridotiten und als Anteil von Ophiolithabfolgen an der Erdoberfläche vorkommen können (Abschn. 8.2, 8.3).

Unalterierter Olivin kann muscheligen Bruch zeigen, oft neben einer Richtung deutlicher und einer Richtung mäßiger Spaltbarkeit.

Olivin mit ungefähr gleichen Anteilen von Fayalit- und Forsteritkomponente oder mäßigem Überwiegen von Fa ist seltener. In Differentiaten von Gabbromagmen wird solcher Olivin kaum gebildet, weil parallel zum Anstieg von Fe/

Abb. 3.41 Olivin (hell gelblich-grün, transparent) als Hauptbestandteil von Peridotit, daneben schwarzer Chromspinell und blassolivfarbiger Enstatit. Erdmantelgestein als Auswürfling eines Maarvulkans. Dreiser Weiher, Eifel. BB 3,5 cm.

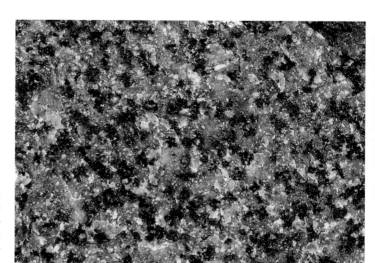

Abb. 3.42 Serpentinisierter Olivin (schwarze Flecken) in Troktolith. Die hellgraue Komponente ist Plagioklas, die kupferfarbigen Anteile sind Phlogopit. Harzburger Gabbronoritmassiv, Westharz. BB 7,5 cm.

Mg gewöhnlich auch der SiO_2-Gehalt im Magma soweit zunimmt, dass die Olivinkristallisation unterdrückt wird. Er kann aber z. B. in manchen doleritischen (Abschn. 5.4.2) Ganggesteinen auftreten. Seine Farbe im unalterierten Zustand tendiert dann zu transparent gelb.

Während der Olivin in Vulkaniten ganz überwiegend unalteriert auftritt, ist er **in Plutoniten überwiegend serpentinisiert**. Der Olivin ist hier sehr oft randlich und von Rissen ausgehend, oft aber auch vollständig in eine dichte Masse aus Serpentin und fein verteiltem Magnetit umgewandelt. Makroskopisch ist diese **magnetithaltige Serpentinmasse mattschwarz** (Abb. **3.42**, 5.65), hat eine geringe Härte von höchstens 3 und ist unregelmäßig brechend. Eine Verwechslung mit den sonstigen häufig schwarz aussehenden mafischen Mineralen Pyroxen, Amphibol oder gar Biotit lässt sich daher vermeiden. Eher besteht eine Ähnlichkeit mit der Grundmasse mancher basaltischer Gesteine.

Schon bei geringer Serpentinisierung überdeckt die Schwärzung durch den feinverteilten Magnetit die Transparenz und die Farbe des Olivins. Daher ist die Unterscheidung zwischen vollständig und teilweise serpentinisiertem Olivin im unverwitterten Gestein schwierig. Angewitterte Gesteinsoberflächen ermöglichen hingegen ein einfaches Erkennen von Reliktolivin, der anders als Serpentin von der Oberfläche und von Klüften aus gelblich-bräunlich anwittert.

Reines Serpentingestein bleicht höchstens oberflächennah fahlgrau oder gelblich bis weiß aus.

Betont **fayalitischer Olivin** mit Fa um 80 oder mehr tritt in seltenen magmatischen Gesteinen mit hohem Fe/Mg-Verhältnis auf oder in Metamorphiten aus Fe-reichen Edukten, nicht aber in Gesteinen des Erdmantels. Im magmatischen Bereich ist Fa-reicher Olivin kennzeichnend für späte Differentiate vollständig entwickelter tholeiitischer Plutonitserien, für Ferrogabbros oder Ferrodiorite (Abb. 5.59, Abschn. 5.7.5) und für manche alkalireichen Magmatite. Auf die mögliche Existenz betont fayalitischen Olivins in dunklen magmatischen Gesteinen sollte besonders geachtet werden, wenn das Gestein wesentliche Merkmale von Ferrogabbro oder Ferrodiorit (Abschn. 5.7.5) zeigt. Dies sind rostig-braune Verwitterungsfarben und eine hohe Dichte, die beim Halten einer faustgroßen oder größeren Probe in der Hand auffällt. Oft kommt eine extreme Zähigkeit des Gesteins hinzu. Fayalitischer Olivin neigt in Ferrogabbros und Ferrodioriten zu xenomorpher Ausbildung als Zwickel zwischen den Plagioklasen.

Olivin metamorpher Gesteine

Niedriggradige Metamorphose unter Anwesenheit von H_2O zerstört Olivin, sodass unter Bedingungen der Grünschieferfazies Olivin serpentinisiert wird. Olivin bildet sich hingegen kontakt- wie regionalmetamorph in dolomitisch-silikatischen Mischgesteinen. Hierbei stabilisiert CO_2 Olivin zu niedrigeren Temperaturen hin, sodass Olivinneubildung bei relativ geringen metamorphen Temperaturen eintreten kann.

Dieser häufigste metamorphe Olivin ist typischerweise nahezu reiner Forsterit. Die Färbung ist grau-farblos bis blassgrün. Schwarzer Fayalit kommt als Bestandteil seltener hochmetamorpher silikatischer Fe-Erze vor.

Merkmale gesteinsbildenden Olivins

Die zur Bestimmung ausschlaggebenden Merkmale des in Gesteinen üblichen forsteritischen Olivins sind zusammengefasst und ergänzt:
1. **Hellgrüne Färbung**, bei erhöhtem Fa-Gehalt Übergang zu gelb
2. Nichtmetallischer Glanz: **Glasglanz**, transparent
3. Oft **muscheliger Bruch**, neben einer deutlichen und einer oft kaum verwirklichten mäßigen **Spaltbarkeit**, Winkel zwischen den Spaltbarkeiten 90° (wenn vorhanden)
4. **Härte knapp 7**, Dichte 3,2 (Fo) – 4,4 (Fa)
5. **Ockergelb bis bräunlich verwitternd**
6. **Neigung zur Serpentinisierung**: dadurch Umwandlung in eine mattschwarze, selten rötliche, dichte, strukturlose Masse
7. **Nicht neben Quarz** vorkommend

Mögliche Verwechslungen mit anderen Mineralen

Verwechslungen mit anderen Mineralen sind bei Beachtung der beschriebenen Merkmale in Magmatiten und Erdmantelgesteinen kaum möglich. Dies gilt sowohl für unalterierten, als auch für serpentinisierten, ehemaligen Olivin. Problematischer kann die Unterscheidung des manchmal kaum oder nur sehr blass grünlich gefärbten Olivins in unreinen Marmoren gegenüber dem dort regelmäßig vorkommenden **Diopsid** sein. Die Färbung kann sehr ähnlich sein. Anders als Olivin, der oft nahezu isometrisch-körnig kristallisiert, hat Diopsid oft eher gedrungen säulige Gestalt. Auch zeigt er besser entwickelte Spaltbarkeiten als der Olivin.

Melilith $(Ca,Na)_2(Al,Mg)(Si,Al)_2O_7$

3

Tetragonal. Gruppensilikat. Härte 5–6. Dichte 3,0. Drei mäßige Spaltbarkeiten (jeweils 90°). Färbung: honiggelb, braun, grünbraun. Glasglanz bis Fettglanz. Melilith ist in Magmatiten ebenso wie Forsterit inkompatibel mit Quarz und mit Plagioklas sowie Amphibol.

Entstehung/Vorkommen: Als Reaktionsprodukt basischer Magmen mit Karbonatgesteinen, magmatisch in Alkalimagmatiten, kontaktmetamorph in unreinen Kalksteinen. Melilith ist selten und in feinkörnigen Gesteinen makroskopisch überhaupt nicht erkennbar.

Granat

$$(Fe,Mg,Ca,Mn)_3(Al,Fe,Ti)_2(Si,Fe)_3O_{12}$$

Granate bilden eine bezüglich Vorkommen, Zusammensetzung und Färbung vielseitige Mineralgruppe. Sie gelten vor allem als Minerale metamorpher Entstehung, kommen jedoch außer in Gesteinen **mittlerer und hoher Metamorphosegrade** auch in **granitischen und syenitischen Plutoniten** einschließlich Pegmatiten vor, sowie in **rhyolithischen bis andesitischen Vulkaniten** und ähnlich zusammengesetzten Ganggesteinen. **Kontaktmetamorph** entstandene Granate sind vor allem an Gesteine gebunden, die aus unreinen sedimentären Karbonatgesteinen hervorgegangen sind. Manche **Peridotite des Oberen Erdmantels** enthalten Granat als wesentliche Komponente. In Sanden und Sandsteinen ist Granat ein häufiger Bestandteil der **Schwermineralfraktion** (Abb. 6.29).

Granate sind **Inselsilikate**, die mit **kubischer Symmetrie** kristallisieren. **Spaltbarkeiten fehlen.** Stattdessen zeigen Granate mäßig gut ausgebildeten muscheligen Bruch. Größere Granate sind oft von unebenflächigen Rissen durchzogen, die mit ihrer Orientierung die tektonische Beanspruchung reflektieren.

Die **Härten** liegen je nach Zusammensetzung zwischen $6^1/_2$–8, die Dichten zwischen 3,1–4,3. Vorkommende **Farben** sind tiefrot, braunrot, braun, grün, gelb, schwarz, blassrot, weiß und farblos transparent verbunden mit Glas- bis Fettglanz. Besonders in Glimmerschiefern, weniger häufig auch in anderen Gesteinen können Granate **idiomorph** gewachsen sein, gewöhnlich sind

3

Abb. 3.43 Granat (idiomorph bzw. idioblastisch) in Glimmerschiefer. Ein Teil der Kristalle zeigt gut ausgebildete Rhombenflächen. Fauske, Nordland, Nordnorwegen. BB 18,5 cm.

die idiomorphen Kristalle als **Rhombendodeka-eder** ausgebildet (Abb. 3.43). In tektonisch stark beanspruchten Gneisen zeigen Granate oft zerlappte Umrisse (Abb. 7.4, 10.8). Auch können sie von anderen Mineralen des Gesteins durchsetzt oder zu einer feinkörnigen Masse zerlegt sein.

Alle Granate werden als **dunkle Minerale** eingestuft. Ihre Chemie ist durch die Kombination von jeweils drei zweiwertigen und zwei dreiwertigen Ionen pro Formeleinheit geprägt. Die gesteinsbildend wichtigsten Endglieder sind:

Pyrop	$Mg_3Al_2Si_3O_{12}$
Almandin	$Fe_3Al_2Si_3O_{12}$
Spessartin	$Mn_3Al_2Si_3O_{12}$
Grossular	$Ca_3Al_2Si_3O_{12}$
Andradit	$Ca_3Fe_2Si_3O_{12}$
Schorlomit	$Ca_3(Ti,Fe)_2(Si,Fe)_3O_{12}$

Bevorzugte Mischbarkeit besteht einerseits zwischen Pyrop, Almandin und Spessartin, andererseits zwischen Grossular und Andradit. Untereinander sind diese beiden Gruppen hingegen nur eingeschränkt mischbar. Die häufigsten Granate sind rote oder rotbraune Almandin-Pyrop-Mischkristalle mit oder ohne wesentliche Beteiligung von Spessartinkomponente. Sehr pyropbetonter Granat kann blassrosa-transparent sein. Reiner Pyrop kommt kaum vor, er ist dann völlig farblos. Granate der Gruppe Grossular-Andradit können grün, braun, gelb, rosa gefärbt oder farblos sein, daneben aber auch rotbraun, sodass allein aufgrund der Farbe Verwechslungen mit Almandin-Pyrop-(Spessartin)-Mischkristallen möglich sind.

Ein wesentlicher Unterschied besteht jedoch in der Art des Vorkommens. Granate der Gruppe Grossular-Andradit sind vor allem in metamorphen, karbonatisch-silikatischen Mischgesteinen und in **Skarnen** (Abschn. 7.8) üblich (Abb. 3.37, 7.69), Almandin-Pyrop dagegen in Gneisen (Abb. 3.45, 7.29), Glimmerschiefern (Abb. 3.43, 7.25), sauren Granuliten (Abb. 7.33), Eklogiten (Abb. 3.39) und Erdmantelgesteinen (Abb. 3.9, 8.11) sowie in granitischen Magmatiten.

Manche **Nephelinsyenite** enthalten makroskopisch sichtbare, grauschwarze bis schwarze, Ti-reiche Granat-Mischkristalle aus Andradit- und Schorlomit-Komponente (Melanit).

Granate überstehen als besonders verwitterungsresistente Minerale oft selbst den vollständigen Zerfall des einbettenden Gesteins. Pyropreiche Granate werden vor allem in tektonisch aus dem Erdmantel aufgestiegenen Peridotiten und Serpentiniten häufig von Säumen aus einem retrograd neugebildeten, feinstkörnig verwachsenen Mineralgemenge eingehüllt oder auch vollständig ersetzt (Abb. 8.1, 8.11). Das makroskopisch nicht näher bestimmbare Material verdankt seine Entstehung der mit dem Aufstieg verbundenen Druckentlastung bei noch hohen Temperaturen. Es wird als **Kelyphit** bezeichnet. An der Zusammensetzung von Kelyphit aus Granat können z. B. Hornblende, Orthopyroxen, Cr-haltiger Spinell, Phlogopit und Chlorit beteiligt sein. Die Bezeichnung Kelyphit wird gelegentlich auch für Umwandlungs- und Reaktionsprodukte aus anderen Mineralen verwendet.

Al$_2$SiO$_5$-Trimorphe: Andalusit, Sillimanit, Disthen

Die Al$_2$SiO$_5$-Trimorphen Andalusit, Disthen und Sillimanit sind an **Al-reiche metamorphe Gesteine** gebunden, die gewöhnlich aus ehemals tonigen Sedimentgesteinen hervorgegangen sind. Disthen kann darüber hinaus in manchen Eklogiten von Bedeutung sein. Vereinzelte **granitische Plutonite** können Andalusit oder Sillimanit führen. Es ist von den bei der Metamorphose wirksamen Drucken und Temperaturen abhängig, welches der drei Al$_2$SiO$_5$-Minerale gebildet wird. Sie sind daher wichtige **Indikatoren für die Ermittlung von Metamorphosebedingungen. Andalusit** (Abb. **3.44**, 7.17) ist an relativ niedrige Drucke und Temperaturen gebunden. Daher tritt er vor allem als kontaktmetamorphes Mineral auf. **Sillimanit** (Abb. 3.45) zeigt hohe Temperaturen bei mäßigen Drucken an. **Disthen** (Abb. 3.46) hingegen erfordert vor allem hohe Drucke bei weiter Temperaturtoleranz. Als Bestandteil der **detritischen Schwermineralfraktion** von Sedimentgesteinen treten vor allem Andalusit und Disthen auf.

Andalusit   Al$_2$SiO$_5$

Orthorhombisch. Inselsilikat. Härte $6^1/_2$–$7^1/_2$. Dichte 3,1–3,2. Zwei gute Spaltbarkeiten. Färbung: meist blass-graurosa bis braunrosa, seltener weiß-farblos oder grauweiß, ferner rot, grau, violett, gelb, grünlich. Glasglanz.

Entstehung/Vorkommen: Vor allem kontaktmetamorph, hierbei gewöhnlich lang leistenförmig (prismatisch) mit viereckigem Querschnitt als Chiastolith. In Regionalmetamorphiten makroskopisch einschlusslose, xenomorphe Körner oder gedrungene Leisten.

Chiastolith ist kein eigenes Mineral, sondern eine auffällige Ausbildungsform von Andalusit mit im Querschnitt des Kristalls kreuzförmig angeordneten dunklen Bereichen voller mikroskopisch feiner, dunkler Einlagerungen. Im Längsschnitt zeigt sich über die gesamte Kristalllänge ein dunkler Kern. Chiastolith ist der für kontaktmetamorph überprägte Tonschiefer übliche Andalusit (Abb. 7.17).

Sillimanit   Al$_2$SiO$_5$

Orthorhombisch. Kettensilikat. Härte $6^1/_2$–$7^1/_2$. Dichte 3,2–3,3. Sillimanit bildet faserige Aggregate aus langgestreckt nadeligen bis faserigen Einzelkristallen, z. T. divergentstrahlige Büschel. Eine gute Spaltbarkeit in Längsrichtung, unebenflächiger Querbruch. Färbung: durchweg farblos-transparent oder weiß, seltener gelblich, bräunlich, grünlich. Glasglanz bis Fettglanz, dünnfaserige Aggregate seidig glänzend.

Entstehung/Vorkommen: Hochtemperiert regional- und kontaktmetamorph.

Sillimanit tritt in Metamorphiten mit überwiegend statischer Kristallisation häufig nesterartig in Form feinfaseriger Aggregate auf. Auf

Abb. 3.44 Andalusit (bräunlich, leistenförmig). Sellenberg, Eckergneis-Komplex, Westharz. BB 7 cm.

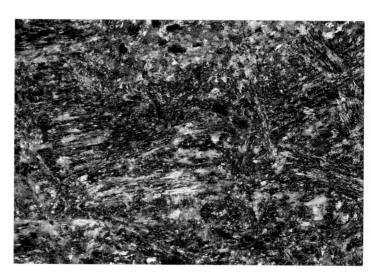

Abb. 3.45 Sillimanit (faserig-bü-schelige Aggregate) in gneisartigem, granatführendem (rot) Metamorphit. Leuchtenberg bei Vohenstrauß, Oberpfalz. BB 3,5 cm.

angewitterten Oberflächen können sich diese selbst in durchgängig hellen Gesteinen als **auffällig weiße** Flecken oder Streifen abheben. Gröber ausgebildete Sillimanitnadeln oder -aggregate ähneln Wollastonit. Wollastonit tritt jedoch zusammen mit karbonatischen Mineralen oder Ca-Mg-Silikaten auf, während Sillimanit vorzugsweise an Gesteine mit Feldspäten, Glimmer und Quarz gebunden ist. Abb. 7.9 zeigt Sillimanitnadeln in rosettenförmiger Anordnung.

Disthen (Kyanit) Al_2SiO_5

Triklin. Inselsilikat. Ausgeprägte Richtungsabhängigkeit der Ritzhärte (Härteanisotropie): in Längsrichtung der Kristalle Härte 4–4$^1/_2$, in Querrichtung 6–7. Dichte 3,6–3,7. Kristalle durchweg idiomorph: flache, langgestreckte Leisten. Zwei sehr gute bis gute Spaltbarkeiten in Längsrichtung der Kristalle, eine weitere mäßige Spaltbarkeit quer zur Längserstreckung der Leisten. Färbung: leuchtend hellblau (Abb. 3.46), weiß (beide Farben oft in streifig-scheckiger Verteilung nebeneinander), seltener grau, grünlich, gelb, rötlich, dunkelgrau. Disthen tritt nicht farblos-klar auf. In Abhängigkeit von der Orientierung der Spaltflächen Perlmuttglanz, auch seidiger Glanz oder Glasglanz.

Entstehung/Vorkommen: Nur regionalmetamorph, jeweils druckbetont amphibolit- und granulitfaziell, in Eklogiten.

Disthen ist vor allem durch seine zumeist leuchtend **hellblaue Färbung** erkennbar. Es gibt kaum gesteinsbildende Minerale mit ähnlich klarer Blaufärbung. Lazulith bildet keine flachen, lang gestreckt idiomorphen Kristalle, hat schlechtere Spaltbarkeit, tritt ohnehin meist derb auf und zeigt keine merkliche Härteanisotropie. Nicht alterierter, blauer Cordierit ist eher tintenblau und gewöhnlich klar transparent.

Staurolith $Fe_2Al_9Si_4O_{23}(OH)$

Monoklin. Inselsilikat. Härte 7. Dichte 3,8. Eine mäßige Spaltbarkeit in Längsrichtung. Färbung: dunkelbraun, rotbraun, gelbbraun. Strich farblos. Glasglanz, auf Bruchflächen Fettglanz.

Staurolith bildet meist gut entwickelte, leistenförmig langgestreckte, idiomorphe Kristalle (Abb. 3.46). Als besonders charakteristisch gilt das Auftreten von Durchkreuzungszwillingen mit Winkeln von ca. 90° bzw. ca. 60° untereinander. Solche Zwillinge fehlen jedoch oft. Färbung und Glanz können denen des in Glimmerschiefern üblichen Granats gleichen. Staurolith unterscheidet sich durch seine leistenförmige Gestalt vom isometrisch kristallisierenden Granat.

Entstehung/Vorkommen: In mittelgradig metamorphen, Fe-reichen metapelitischen Schiefern (Glimmerschiefern). Je nach Druck unterschiedliche Begleitminerale: geringerer Druck: Cordie-

Abb. 3.46 Disthen (blau) in Staurolith-Disthen-Glimmerschiefer. Der Staurolith bildet braunrote, längliche Kristalle. Cala, Tessin. BB 10 cm.

rit, Andalusit (Sillimanit); höherer Druck: Granat, Disthen.

Cordierit $(Mg,Fe)_2Al_4Si_5O_{18}$

Orthorhombisch. Gerüstsilikat, auch als Ringsilikat deutbar. Härte 7. Dichte 2,5–2,8. Cordierit bildet gewöhnlich xenomorph-körnige, oft andere Minerale oder Fremdkörper enthaltende (poikiloblastische) Kristalle. Bei Idiomorphie sechseckig kurzsäulig. Keine deutlich werdende Spaltbarkeit, unregelmäßige Risse, Tendenz zu unvollkommen muscheligem Bruch. Farben: oft transparent, blassbläulich-grau, grünlichblau, blaugrau, tinten-

blau, violettblau, dunkelblau; durch eingelagerte Fremdkörper oft auch tiefschwarz, dann matt. Sonst Glasglanz bis Fettglanz.

Entstehung/Vorkommen: Kontakt- und regionalmetamorph in Metapeliten (Knotenschiefer, Gneise), amphibolit- und granulitfaziell. In Magmatiten meist als Kontaminationsprodukt. Am ehesten in Graniten und Granitpegmatiten.

Der für Cordierit kennzeichnende poikiloblastische Wuchs führt dazu, dass er aufgrund eingelagerter feiner Fremdpartikel vor allem in kontaktmetamorph überprägten Tonschiefern nur in Form **mattschwarzer Flecken** in Erschei-

Abb. 3.47 Cordierit (links oberhalb der Bildmitte, blassblau, transparent) in Feldspat-Cordierit-Segregation in Gneis. Gipfel des Großen Arber, Bayerischer Wald (Turmbaustelle). BB 3,5 cm.

Abb. 3.48 Pinitisierter Cordierit (dunkel, xenomorph) in Cordierit-Feldspat-Granofels. Flen, Södermanland, Schweden. BB 3,5 cm.

nung tritt (Abb. 7.16). Diese meist einige Millimeter großen Flecken können selbst dann erhalten bleiben, wenn der Cordierit vollständig alteriert ist. Die eigentlich blaue Färbung kann vollständig durch die Einlagerungen, die vor allem aus kohlig-graphitischem Material oder Biotit bestehen, überdeckt werden. Auch in manchen Regionalmetamorphiten kann Cordierit durch eingelagerten Biotit schwarz gefärbt sein (Abb. 7.2, 10.6).

In Regionalmetamorphiten bildet unalterierter Cordierit meist transparent-klare oder getrübte, blaugraue, blau-grünlichgraue bis rein **blaue**, überwiegend xenomorphe Körner (Abb. 3.47), die bezüglich Härte und muscheligem Bruch im Gestein manchmal Blauquarzen ähneln können. Isolierte Cordieritkörner zeigen im Gegensatz zu Blauquarz deutlichen **Pleochroismus** („Mehrfarbigkeit"). Die Farbintensität ändert sich in Abhängigkeit von der Orientierung des Kristalls zum Sonnenlicht und die Farbtönung kann von Blau nach Gelblich wechseln. Blauquarz tritt regional gehäuft auf und kommt anders als Cordierit vorzugsweise in Magmatiten vor (z. B. Småland-Granite) oder aber großräumig überhaupt nicht. Daher sind Verwechslungen wenig wahrscheinlich. Cordierit ist im Gegensatz zum „alterationsunfähigen" Quarz besonders anfällig gegen Alteration. Alteration von Cordierit wird oft pauschal, ohne dass man die Folgeminerale identifiziert, als **Pinitisierung** bezeichnet. Ein Mineral mit dem Namen Pinit gibt es nicht. Die nur mikroskopisch

erkennbaren Folgeprodukte sind vor allem Muskovit und andere Phyllosilikate. Alterierter (pinitisierter) Cordierit ist meist dunkel grünlichgrau bis grauschwarz und ölig mattglänzend bei rauem bis muscheligem Bruch (Abb. 3.48). Pinitisierter Cordierit verwittert besonders schnell und vollständig. Hierdurch entstehen auf angewitterten Gesteinsoberflächen den Cordieriten in Größe und Form entsprechende Vertiefungen. Cordierit wird in regionalmetamorphen Gesteinen leicht übersehen bzw. für Quarz oder Feldspat gehalten.

Korund Al_2O_3

Trigonal. **Härte 9**. Dichte 4,0. Korund (Abb. 3.49) ist im Gesteinsverband oft körnig-xenomorph, bei Idiomorphie sehr unterschiedliche Gestalt möglich: z. B. flach tafelig, gedrungen säulig, spindelförmig, auf Flächen oft deutliche Zwillingsstreifung. Keine Spaltbarkeit, unregelmäßige Risse. Färbung: farblos, gelblich, grau, rot, blau. Glasglanz.

Entstehung/Vorkommen: Regional- und kontaktmetamorph in Si-armen, Al-reichen Gesteinen, zu hohem Anteil in Smirgel (Abschn. 7.2), in manchen Gneisen und metapelitischen Hornfelsxenolithen, magmatisch in Nephelinsyeniten und Alkalibasalten, allgemein selten und wenn vorhanden, meist feinkörnig und daher dann makroskopisch kaum sichtbar. Hoher Korundgehalt

Abb. 3.49 Korund (blau) in Pegmatit. Miask, Ural. BB 5 cm.

z. B. in Smirgel kann durch extreme Härte des Materials insgesamt deutlich werden.

Wollastonit CaSiO₃

Triklin. Kettensilikat. Härte $4^{1}/_{2}$–5. Dichte 3,0. Nadelig-faseriger Wuchs (Abb. 3.50), gewöhnlich in Form feinfaseriger Aggregate. Drei gute bis sehr gute und weitere mäßige Spaltbarkeiten in Längsrichtung, daher Betonung des ohnehin schon faserigen Wuchses. Färbung: weiß, farblos, hellgrau, z. T. mit schwacher Grüntönung. Glasglanz, feinfaserige Aggregate seidenglänzend.

Entstehung/Vorkommen: Amphibolit- bis granulitfaziell, kontaktmetamorph (kontaktnah), kalkige Metasedimentite, denen SiO_2 metasomatisch zugeführt wurde, SiO_2-haltige Dolomite. Selten in magmatischen Alkaligesteinen.

Turmalin

Gesteinsbildende Turmaline enthalten vor allem die Komponenten Schörl, Dravit und Elbait.

Schörl $NaFe_3Al_6Si_6O_{18}(BO_3)_3(OH)_4$
Dravit $NaMg_3Al_6Si_6O_{18}(BO_3)_3(OH)_4$
Elbait $Na(Li,Al)_3Al_6Si_6O_{18}(BO_3)_3(OH)_4$

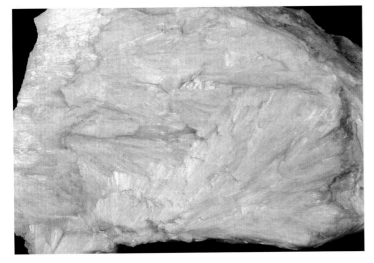

Abb. 3.50 Wollastonit (faserige Aggregate). Roskala, Finnland. BB 8 cm.

Abb. 3.51 Turmalin (schwarz: Schörl) in pegmatitischem Granit. Die unregelmäßigen Brüche quer zur Längserstreckung bei Fehlen von Spaltbarkeiten sind für Turmalin kennzeichnend. Regna, Södermanland, Schweden. BB 11 cm.

Mischbarkeit besteht vor allem zwischen Dravit und Schörl sowie zwischen Dravit und Elbait

Trigonal. Ringsilikat. Härte $7–7^{1}/_{2}$. Dichte (Schörl) 3,2. Langgestreckt nadeliger bis gedrungen säuliger, prismatischer Wuchs, **Querschnitte oft dreieckig** mit herausgewölbten Seitenflächen. Außenflächen können in Längsrichtung gerieft sein. Keine Spaltbarkeit, quer zur Längserstreckung muschelig-splittrig brechend. Färbung: verschiedenste Farben (Schmucksteine), der in Gesteinen weitaus häufigste Turmalin (Schörl) ist **tiefschwarz** (Abb. 3.51). Strichfarbe wegen großer Härte kaum beobachtbar. Glasglanz.

Entstehung/Vorkommen des Schörls: Spätmagmatisch bzw. pneumatolytisch in Graniten, Granitpegmatiten und in deren Nebengesteinen (Turmalinhornfels), oft durch Reaktion pneumatolytisch zugeführten Bors mit Biotit oder auch Feldspäten. Auf Klüften in Graniten aufgewachsen als radialfaserige Aggregate („Turmalinsonnen"). Makroskopisch oft nicht sichtbar in niedriggradig metamorphen, ehemaligen Tongesteinen (Metapeliten), vor allem in Phylliten als brauner bis braunschwarzer Dravit.

Vesuvian
$$Ca_{19}(Al,Mg,Fe)_{13}Si_{18}O_{68}(O,OH,F)_{10}$$
Tetragonal. Inselsilikat. Härte 6–7. Dichte 3,3. Gedrungen säuliger bis dünn-nadeliger Wuchs, häufig quadratischer Querschnitt, oft auch derbe

Massen. Keine deutliche Spaltbarkeit, uneben rauer Bruch. Färbung: braun (Abb. 3.52), grün, gelb, selten rötlich oder bläulich. Glasglanz, auf Bruchflächen Fettglanz.

Entstehung/Vorkommen: In kontakt- oder regionalmetamorph überprägten unreinen Kalksteinen, in Skarnen.

Chlorit
$$(Mg,Fe,Al,Mn)_{5–6}(Si,Al)_4O_{10}(OH,O)_8$$
Monoklin. Schichtsilikat. Härte 2–3. Dichte 2,6–3,3. Makroskopisch erkennbare, idiomorphe Kristalle selten, u. a. sechseckige Plättchen, meist feinkörnige Massen. Eine sehr gute Spaltbarkeit. Färbung: meist **dunkelgrün** (Abb. 3.53), seltener hellgrau, silbrig-grün, bräunlich, schwarzgrün. Glimmerartiger Glas- oder Perlmuttglanz, feinkörnige Massen seidig glänzend.

Entstehung/Vorkommen: Niedriggradig regionalmetamorph, auch diagenetisch. Alterationsprodukt von mafischen Mineralen in Magmatiten, Bestandteil von Tonen. In Sedimentgesteinen nicht makroskopisch bestimmbar. Mehr noch als Aktinolith, Epidot und Albit gesteinsprägendes **Hauptmineral von Grünschiefern**.

Ausreichend große Kristalle sind glimmerähnlich, unterscheiden sich von diesen aber durch die gewöhnliche grüne Färbung. Spaltblättchen sind **nicht elastisch** biegsam wie die

Abb. 3.52 Vesuvian (braun). Auerbach, Odenwald, Südhessen. BB 5,5 cm.

von Glimmern, sondern bleiben gebogen. Feinkörnige Chloritmassen oder auch wesentliche Chloritanteile in Gesteinen sind vor allem an ihrer grünen Färbung, verbunden mit seidigem Glanz erkennbar. Auch in Phylliten zeigt sich oft schon ein geringer Chloritanteil an merklicher Grünfärbung, ohne dass auch nur ein einziges Chloritschüppchen lokalisiert werden könnte.

Pumpellyit

$$(Mg,Fe)Ca_2(Al,Fe)_2SiO_4Si_2O_7(OH,O)_2 \cdot H_2O$$

Monoklin. Gruppensilikat (komplexe Mischstruktur). Härte $5^1/_2$. Dichte 3,2. Makroskopisch erkennbare Kristalle nur in Hohlräumen. Nadelig oder tafelig ausgebildete Kristalle. Zwei sehr gute bzw. gute Spaltbarkeiten. Färbung: grün (Abb. 3.54), blaugrün.

Entstehung/Vorkommen: Niedrigstgradig regionalmetamorph in grünen Schiefern der Subgrünschieferfazies und in Grünstein. Im Gesteinsverband wegen Feinkörnigkeit nicht makroskopisch identifizierbar, bewirkt ähnliche Gesteinsfärbung wie Chlorit. Gut erkennbare Kristalle nur in Hohlräumen basischer Gesteine als hydrothermale Bildung.

Abb. 3.53 Chlorit (dunkelgrün, blättchenförmig) als Hauptbestandteil von Grünschiefer. Die dunklen, nadelförmigen Kristalle sind Aktinolith. Aktinolith-Chloritschiefer. Pfitsch, Tirol. BB 4 cm.

Abb. 3.54 Pumpellyit
(grüne, büschelförmige Aggregate)
auf glaukophanreichem Gestein.
Occidental, Sonoma County,
Kalifornien. BB 4 cm.

Chloritoid $(Fe,Mg,Mn)_2Al_4Si_2O_{10}(OH)_4$

Monoklin oder triklin. Schichtsilikat. Härte $6^1/_2$. Dichte 3,5–3,8. Sechseckige, plättchenförmige Kristalle (Abb. 3.55), feinkörnige Aggregate. Eine sehr gute Spaltbarkeit parallel zur Plättchenebene. Spaltblättchen spröde-unelastisch. Färbung: braun, grün, bläulichgrau, schwarzgrün, schwarz. Glasglanz.

Entstehung/Vorkommen: Meist niedriggradig, seltener höhergradig metamorph in Fe-reichen, ehemaligen tonigen Gesteinen (Metapeliten) und in Metabasalten von Ophiolithabfolgen (Abschn. 8.2, 8.3).

Stilpnomelan $K(Fe,Mg)_8(Si,Al)_{12}(O,OH)_{36} \cdot 2H_2O$

Monoklin. Schichtsilikat. Härte 3. Dichte 2,8–3,0. Plättchenförmige Kristalle, oft blättrige, faserige oder dichte Aggregate (Abb. 3.56). Eine gute Spaltbarkeit parallel zur Plättchenebene (glimmerartig). Spaltplättchen spröde-unelastisch. Färbung: schwarz bis schwarzgrün. Glasglanz.

Entstehung/Vorkommen: Niedriggradig metamorph in Grünschiefern, Phylliten, Quarziten und Metabasiten. Auch in Blauschiefern neben Glaukophan. Stilpnomelan ist leicht mit Biotit verwechselbar.

Abb. 3.55 Chloritoid (dunkel)
in Phyllit. Halgraben bei Leoben,
Steiermark. BB 5 cm.

Abb. 3.56 Stilpnomelan (dunkel) in quarzitischer Matrix. Prägraten, Osttirol. BB 4 cm.

Serpentinminerale $Mg_3Si_2O_5(OH)_4$

Trigonal, monoklin, orthorhombisch (makroskopisch ohne Bedeutung). Schichtsilikate. Härte an Einzelkristallen makroskopisch nicht bestimmbar (Angaben variieren zwischen $2^1/_2$ und 4). Dichte 2,5–2,6. Keine makroskopisch erkennbaren Kristalle. Die zwei Serpentinminerale **Antigorit** und **Lizardit** bilden, makroskopisch nicht voneinander unterscheidbar, extrem feinkörnige, **dichte, matt glänzende**, muschelig brechende Serpentinitmassen (Abb. **3.57**, 7.51) mit Gesteinshärten zwischen 3 und 4. Die Varietät „Bowenit" (Antigorit) erreicht Härten bis 5. **Chrysotil** für sich bildet parallelfaserige, seidig

glänzende Aggregate (**Serpentinasbest**) (Abb. 3.58). Die Färbung reiner, dichter Serpentinmassen ist meist grün (Abb. 3.57) oder bläulich grün, nach Anwitterung oder hydrothermaler Einwirkung auch fahl grünlich-grau bis weiß. Faserige Chrysotilaggregate sind gelblich, grau oder weiß.

Serpentinit als Gestein enthält zumeist Fe-Oxidminerale als fein verteiltes Pigment, ganz überwiegend Magnetit, hierauf beruht die **Schwarzfärbung** der meisten Serpentinite (Abb. 3.57). Mit einem starken Handmagneten ist der Magnetitgehalt nachweisbar (Abb. 5.81). Seltener ist braunrote Färbung, sie geht auf Hämatit zurück. Faserige Chrysotilaggregate füllen ge-

Abb. 3.57 Serpentinit. Der dunkle Anteil ist mit Magnetit durchsetzt, der hellgrüne ist magnetitfreier Serpentinit. Ohne Fundortangabe. BB 3,5 cm.

3

Abb. 3.58 Chrysotil (faseriger = asbestiformer Serpentin) als Gang in teilserpentinisiertem Peridotit. Peridotitmassiv von Ronda, Andalusien. BH 100 cm.

wöhnlich Klüfte im Serpentinit. Die Fasern sind hierbei parallel zueinander ausgerichtet und quer oder diagonal zur Kluftebene orientiert. Auf tektonischen Gleitflächen in Serpentinit und auch in basischen Magmatiten wie z. B. Gabbros treten hochglänzende, faserige oder dichte, splittrig brechende Serpentinbelege auf (Abb. 7.50).

Entstehung/Vorkommen: Als Serpentinit retrogrades, niedrig metamorph-hydrothermales Folgematerial des Olivins von Peridotiten. In metamorphen, karbonatisch-silikatischen Mischgesteinen können hell getönte, magnetitfreie Serpentinnester oder -lagen ehemaligen, sehr reinen Forsterit retrograd ersetzen (Abb. 7.55).

Talk $Mg_3Si_4O_{10}(OH)_2$

Triklin, monoklin. Schichtsilikat. Härte 1. Dichte 2,6–2,8. Meist feinkörnig dichte oder feinschup-

pige Massen. Erkennbare Kristalle glimmerartig blättchenförmig. Eine sehr gute Spaltbarkeit: Spaltblättchen biegsam, unelastisch. Färbung: weiß, farblos, blassgrün, dunkelgrün, braun. Grobschuppige Aggregate (Abb. 3.59), perlmuttglänzend, feinkörnige Massen seidig glänzend. Bei Berührung **sich talgig-fettig anfühlend**. Leicht abreibend. Bruch der feinkörnigen Aggregate unebenflächig-sanft. Speckstein (Talkfels) ist monomineralisches, feinkörnig-dichtes Talkgestein. Talkschiefer besteht aus parallel angeordneten Talkplättchen.

Entstehung/Vorkommen: Durch niedriggradige Metamorphose und hydrothermale Alteration in Ultrabasiten neben Serpentin, oft als Einlagerung in Serpentinit. Gegenüber Serpentin doppelt so viel Si pro Formeleinheit enthaltend, daher durch Mg-Entzug oder Si-Verfügbarkeit begünstigt. Mg-Entzug kann durch CO_2-Zufuhr in Serpentinit erfolgen, unter Bindung von Mg in Magnesit. Talkbildung ist auch durch niedriggradige Metamorphose SiO_2-haltiger Dolomite möglich.

Pyrophyllit $Al_2Si_4O_{10}(OH)_2$

Monoklin, triklin. Schichtsilikat. Härte 1–2. Dichte 2,7–2,9. Talkähnlich, erkennbare Kristalle glimmerartig blättchenförmig, meist dichte Massen oder feinblättrige bis faserige Aggregate bildend (Abb. 3.60). Eine sehr gute Spaltbarkeit: Spaltblättchen biegsam, unelastisch. Färbung: weiß, beige, gelblich, rötlich, grau, blassbläulich, bräunlich grün. Perlmuttglanz. Bei Berührung sich talkartig **talgig-fettig anfühlend**.

Entstehung/Vorkommen: Durch niedriggradige Metamorphose von Al-reichen Edukten oder durch hydrothermale bis pneumatolytische Einwirkung auf Al-haltige Minerale. Gröbere, massive Pyrophyllitaggregate können hydrothermales Fällungsprodukt sein. Gegenüber dem ähnlichen Talk, der vor allem an ultramafische Gesteine gebunden ist, bildet Pyrophyllit sich vorzugsweise in Metapeliten und anderen Al-reichen Gesteinen.

Abb. 3.59 Talkschiefer. Greiner, Zillertal, Tirol. BB 5,5 cm.

Abb. 3.60 Pyrophyllit (rosetten-förmige Aggregate). Indian Gulch, Mariposa County, Kalifornien. BB 6 cm.

Tonminerale

Alle Tonminerale sind Schichtsilikate. Meist sind sie submikroskopisch fein auskristallisiert oder auch gelförmig amorph. Kristalle der Tonminerale sind selbst mikroskopisch kaum erkennbar, Ausnahmen kann vor allem Vermiculit bilden. Sonst sind die Kristalle der einzelnen Tonminerale naturgemäß makroskopisch nicht bestimmbar. Trotzdem werden einige Beispiele angesprochen, weil Tonminerale die Hauptkomponenten besonders verbreiteter Sedimentgesteine, der Tongesteine sind und deren Eigenschaften prägen wie Plastizität bei Nässe oder Quellfähigkeit. Tongesteine bestehen zumeist aus mehreren Tonmineralen, oft unter Beteiligung anderer entsprechend feinkörniger Komponenten. Hierzu gehören feiner Quarzabrieb, organische Bestandteile und Chlorite. Tonminerale entstehen vor allem aus Material, das durch chemische Verwitterung oder hydrothermale Zersetzung von Feldspäten, Foiden, Glimmern und auch mafischen Mineralen verfügbar wird. Sie werden gewöhnlich mit Röntgenbeugungsverfahren bestimmt. Zur visuellen Beobachtung ist man auf ein Rasterelektronenmikroskop angewiesen.

Abb. 3.61 Vermiculit, z. T. durch Erhitzen ziehharmonikaartig aufgebläht („Blähglimmer"). Ohne Fundortangabe. BB 7 cm.

Vermiculit

$$(Mg,Fe,Al)_3(Si,Al)_4O_{10}(OH)_2 \cdot 4H_2O$$

Monoklin. Schichtsilikat. Härte $1^1/_2$. Dichte ca. 2,3. Wird zu den Tonmineralen gerechnet, tritt aber anders als andere Tonminerale nicht nur als Bestandteil feinstkörniger toniger Massen auf. Auch glimmerartige Plättchen bildend. Eine sehr gute Spaltbarkeit. Spaltblättchen biegsam, unelastisch. Färbung: farblos, graugelb, grün, braun. Glimmerartig perlmuttglänzend. Ausreichend große Vermiculitkristalle blättern bei Erhitzen, z. B. mit einem Feuerzeug, in spektakulärer Weise senkrecht zur Blättchenebene um ein Mehrfaches ihres ursprünglichen Volumens ziehharmonikaartig auf (Abb. 3.61). Der Name „**Blähglimmer**" resultiert hieraus. Glimmer haben diese Eigenschaft nicht.

Entstehung/Vorkommen: Einzeln erkennbare Vermiculitkristalle sind gewöhnlich hydrothermales *in-situ*-Alterationsprodukt von Phlogopit oder Biotit in basischen und ultrabasischen Gesteinen. Vermiculit als Tonbestandteil ist ein Endprodukt der Verwitterung von Gesteinen mit mafischen Mineralen.

Kaolinit $Al_2Si_2O_5(OH)_4$

Triklin. Härte 1 (kaum prüfbar). Dichte 2,6. Reiner Kaolinit bildet erdig-kreidige Massen (Abb. 3.62), die unter Hinzufügung von Wasser plastisch knetbar werden, aber **nicht aufquellen**.

Weiß, durch Beimengungen manchmal rötliche, bräunliche oder gelbliche Färbungen.

Entstehung/Vorkommen: Residualbildung durch Verwitterung in feuchtwarmem Klima oder durch niedrig-hydrothermale Alteration von Feldspat, Feldspatvertretern, Muskovit und anderen Al-reichen Silikaten. Umgelagert in Tonen.

Smektite z. B. Montmorillonit

$$(Na,Ca)_{0,3}(Al,Mg)_2Si_4O_{10}(OH)_2 \cdot nH_2O$$

Smektite sind **mit Wasser aufquellende** und bei Trocknung schrumpfende Tonminerale von sehr variabler Zusammensetzung und hohem Adsorptionsvermögen. Die angegebene Formel für Montmorillonit ist idealisiert. Härten 1–2 (kaum prüfbar). Dichte 2–3. Feinkörnige, erdig lose Massen bildend. Färbung reiner Smektite meist weiß, auch gelblich oder grünlich. Ein Beispiel für Smektit ist Montmorillonit (monoklin). Anders als Kaolinit enthalten Smektite neben Al in oft erheblicher Menge Mg und Fe.

Entstehung/Vorkommen: Smektite sind gewöhnlich zusammen mit anderen Tonmineralen Bestandteil von Tongestein. **Bentonit** oder Walkerde sind besonders Montmorillonit-reiche, tonige Substanzen mit großem Aufsaugvermögen. Ausgangsmaterial für die Bildung von Smektiten durch Verwitterung oder hydrothermale Zersetzung sind Gesteine mit mafischen Mineralen. In der Abfolge des schichtigen Kristallgitter-Aufbaus von Smekti-

Abb. 3.62 Kaolinitischer Ton (weiß). Produkt tertiärzeitlicher, subtropischer Verwitterung. Nordwestlich Meißen, Sachsen.

ten können lagenweise Struktur und Zusammensetzung von Chloriten oder von anderen Tonmineralen verwirklicht sein (Mixed-Layer-Aggregate).

Illit $\quad\quad K_{0,65}Al_{2,0}\square Al_{0,65}Si_{3,35}O_{10}(OH)_2$

Monoklin. Härte 1–2 (kaum prüfbar). Dichte 2,6–2,9. Illit ist eine häufige Komponente toniger Gesteine, obendrein oft in Mixed-Layer-Verwachsung mit Smektiten. Illit hat eine Muskovitähnliche Kristallstruktur. Mit zunehmendem Anteil von Illit- gegenüber Smektit nimmt die Quellfähigkeit von Tongesteinen ab. Reine Illitmasse ist weiß oder blass getönt.

Entstehung/Vorkommen: Illit entsteht unter diagenetischen oder geringgradig metamorphen Be-

dingungen, oft aus Smektitmineralen. Illit kann Produkt der Serizitisierung von Feldspäten sein.

Prehnit $\quad\quad Ca_2Al_2Si_3O_{10}(OH)_2$

Orthorhombisch. Schichtsilikatartige Struktur mit Verknüpfung der Schichten untereinander durch Ketten aus Al, OH und Ca. Härte 6–6½. Dichte 2,9–3,0. Häufig fächerartige oder kugelige Aggregate bildend (Abb. 3.63). Eine gute Spaltbarkeit. Färbung: transparent weißgrau bis weiß, z. T. mit grünlicher oder gelblicher Tönung. Wachsartig glänzend.

Entstehung/Vorkommen: Verbreitet in niedriggradig metamorphen basischen Gesteinen an Stelle von Plagioklas. Oft als Füllung in Gängen

Abb. 3.63 Prehnit (halbkugelförmige blassgrüne Aggregate). Gabbia, Fleimstal, Südtirol. BB 6 cm.

Abb. 3.64 Skapolith (Spaltstück). Tunaberg, Södermanland, Schweden. BB 6 cm.

und Hohlräumen in basischen Magmatiten und Grünsteinen.

Skapolithe:
Mischkristalle aus den Endgliedern
Marialith $\qquad$ $Na_4Al_3Si_9O_{24}Cl$
und Mejonit $\qquad$ $Ca_4Al_6Si_6O_{24}CO_3$

Tetragonal. Gerüstsilikat. Härte 5–6. Dichte 2,5–2,8. Gedrungen säulig bis stängelig oder xenomorph, auch derbe Massen. Zwei gute Spaltbarkeiten (90° zueinander). Färbung: **farblos**, weiß, grau, grünlich, gelblich (Abb. 3.64), rötlich. Oft trüb transparent, Glasglanz. Zum Teil mit Salzsäure aufschäumend.

Entstehung/Vorkommen: Oft durch Metasomatose aus Plagioklas entstehend, metamorph in unreinen Marmoren. Skapolithe ersetzen die chemisch verwandten Plagioklase.

Lawsonit $\qquad$ $CaAl_2Si_2O_7(OH)_2 \cdot H_2O$

Orthorhombisch. Gruppensilikat. Härte 6. Dichte 3,0–3,1. Tafelige oder gedrungen säulige Kristalle. Zwei gute bis sehr gute Spaltbarkeiten (90° zueinander). Färbung: farblos, weiß (Abb. 3.65), bläulich. Glasglanz.

Entstehung/Vorkommen: Hochdruckmetamorph bei niedrigen Temperaturen, gemeinsam mit Glaukophan in Metabasalten und Metagrauwacken.

Epidot $\qquad$ $Ca_2Al_2FeSi_2O_7SiO_4O(OH)$

Monoklin. Kombination Insel- und Gruppensilikat. Härte 6. Dichte 3,4–3,5. Kristalle säulig, oft als feinkörnige Gesteinskomponente, die durch ihre charakteristische Färbung erkennbar sein kann. Zwei sehr gute bis mäßige Spaltbarkeiten, in idiomorphen Kristallen parallel zur Längserstreckung, 115–116° zueinander. Färbung: gelbgrün (Abb. 3.66), oliv-dunkelgrün, Mn-reicher Epidot rot. Strich meist grau. Glasglanz.

Entstehung/Vorkommen: Metamorph in Gesteinen der Grünschiefer- und niedrigen Amphibolitfazies (Epidot-Amphibolitfazies), oft unerkennbar feinkörnig verteilt, aber auch nesterartige, z. T. gröberkörnige Aggregate. Als grünfärbendes, feinkörniges Alterationsprodukt in Plagioklas, hydrothermal als Füllung von Hohlräumen und Gängen. Oft als leuchtend **gelbgrüner** Belag auf Kluftflächen (Abb. 3.67), oder schmale Durchaderungen bildend. Hierbei kann der Epidot als färbendes Pigment in feinkörnig-dichte Quarzmassen eingebettet sein.

Zoisit $\qquad$ $Ca_3Al_3Si_2O_7SiO_4O(OH)$

Orthorhombisch. Kombination Insel- und Gruppensilikat (mit Epidot verwandt). Härte 6–7. Dichte 3,2–3,4. Kristalle kurzsäulig, divergentstrahlig, körnig oder derbe Massen, meist feinkörnig verteilte Gesteinskomponente. Zwei Spaltbarkeiten, eine gut, eine mäßig, in idiomor-

Abb. 3.65 Lawsonit (weiß). Valley Ford, Sonoma County, Kalifornien. BB 5 cm.

Abb. 3.66 Epidot (gelbgrüne Aggregate). Westharz. 5,5 cm.

Abb. 3.67 Epidot (grün) als Belag auf einer freiliegenden Kluftfläche. Die intensive Rotfärbung des Granitoids nahe des Kluftbelags geht zusammen mit der Epidotbildung auf Fluideinwirkung zurück. Nördlich Virserum, Ostsmåland, Schweden.

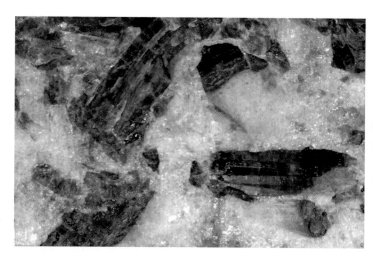

Abb. 3.68 Zoisit (bräunlich-grau, idiomorph). Prägraten, Osttirol. BB 5 cm.

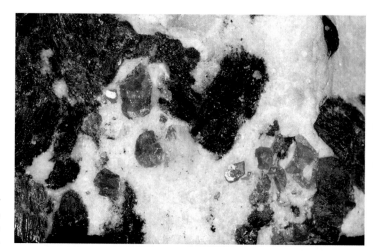

Abb. 3.69 Titanit (hell-bernsteinfarben, idiomorph) in Pegmatit. Das dunkle Mineral ist Hornblende. Ronco, Tessin. BB 3,5 cm.

phen Kristallen parallel zur Längserstreckung, 90° zueinander. Färbung: grau, grünlich, braun (Abb. 3.68). Trüb undurchsichtig, Glasglanz.

Entstehung/Vorkommen: Häufig in Regionalmetamorphiten vor allem der niedrigen Amphibolitfazies (Epidot-Amphibolitfazies) und druckbetonten Grünschieferfazies an Stelle von Plagioklas. Makroskopisch wegen Feinkörnigkeit meist nicht erkennbar.

Titanit $CaTiSiO_5$

Monoklin. Inselsilikat. Härte 5. Dichte 3,5–3,6. Kaum in makroskopisch auffälliger Größe, meist kleiner als 1 mm. Oft xenomorphe Körner. Idio-

morphe Kristalle schüppchenartig-keilförmig bzw. „briefkuvertförmig". Zwei mäßige Spaltbarkeiten, meist Bruch. Färbung: kräftig bernsteinfarben (Abb. 3.69), braun, gelb, gelbgrün, grün, farblos. Harzartiger Glanz oder mäßiger Diamantglanz.

Entstehung/Vorkommen: Typisches akzessorisches Mineral, als spätmagmatische Bildung verbreitet in granitischen und intermediären Plutoniten, besonders in Nestern von dunklen Mineralen, nur in S-Typ-Graniten (Abschn. 5.7.3) fehlend. Auch in Alkaliplutoniten vorkommend. Hydrothermal und in Metamorphiten mittlerer Metamorphosegrade, z. B. in Amphiboliten, Gneisen und unreinen Metakarbonaten. Retrogrades Reaktionsprodukt zu Lasten von Rutil (TiO_2) z. B. in Eklogiten.

Abb. 3.70 Apatit (gelblich). Durango, Mexiko. BB 4 cm.

Abb. 3.71 Lazulith (blau). Kreuzberg, Bischofshofen, Salzburg. BB 6 cm.

Apatit $\quad Ca_5(PO_4)_3(OH,F,Cl)$

Hexagonal. Härte 5. Dichte 3,1–3,3. Im Gestein häufig langgestreckte, sechseckige Nadeln oder Säulchen bildend, sehr häufig, aber zumeist makroskopisch nicht erkennbar. Keine deutliche Spaltbarkeit. Färbung: farblos transparent, braun, grün, gelb (Abb. 3.70), in manchen Pegmatiten blauviolett. Strich weiß. Fettglanz, idiomorphe, klare Kristalle auch auffällig glasglänzend mit Tendenz zu Diamantglanz.

Entstehung/Vorkommen: Sehr verbreitetes, früh kristallisierendes akzessorisches Mineral in verschiedensten Magmatiten, meist makroskopisch nicht erkennbar. Bei ausreichender Größe in Magmatiten meist nadelförmig idiomorph, farblos-transparent und mit auffällig reflektierenden Außenflächen. In manchen Magmatiten und in Metamorphiten xenomorph-körnig und kaum erkennbar. In Sedimentgesteinen als Hauptbestandteil von **Phosphorit** in Form dichter, meist dunkelbraun bis schwarz gefärbter knollig-wulstiger Lagen oder Konkretionen (Abb. 6.92). Häufig als meist bräunliches Fossilisationsmaterial z. B. von Wirbeltier-, Arthropoden- und manchen Brachiopodenresten. Im oberflächennahen Durchwurzelungsbereich bilden Pflanzenwurzeln sich in Form von rillenartigen Vertiefungen an der Oberfläche von Phosphorit ab. Ursache ist Anlösung wegen besonderer Bedeutung als Pflanzennährstoff.

Abb. 3.72 Topas (gelb, Bildmitte) und Quarz. Schneckenstein bei Klingenthal, Sächsisches Vogtland. BB 4 cm.

Lazulith (Blauspat) $(Mg,Fe)Al_2(PO_4)_2(OH)_2$

Monoklin. Härte 5– 6. Dichte 3,0–3,2. Idiomorphe Kristalle meist pyramidal, meist massig-derb auftretend. Zwei mäßige bis gute Spaltbarkeiten. Färbung: hellblau, tiefblau (Abb. 3.71), z. T. grünliche Tönung des Blaus. Strich farblos. Glasglanz.

Entstehung/Vorkommen: Pegmatitisch in Granitpegmatiten, hydrothermal in Quarzgängen. Metamorph nesterweise in quarzreichen Glimmerschiefern.

Topas $Al_2SiO_4(F,OH)_2$

Orthorhombisch. Inselsilikat. Härte 8. Dichte 3,5. Im Gesteinsverband tritt Topas meist xenomorph in Form rundlicher Körner oder körniger Aggregate auf. Es kommen daneben auch stängelige Aggregate vor. Besonders bei Hineinragen in Drusen oder Klüfte ist Topas idiomorph: gedrungen säulig und zumeist vielflächig. Eine sehr gute Spaltbarkeit. Färbung: farblos transparent, gelblich (Abb. 3.72), bräunlich, blau, rosa. Glasglanz.

Entstehung/Vorkommen: Nur regional begrenzt in granitischen Gesteinen und Al-reichen Nebengesteinen von Granitplutonen auftretend. Bildung durch pneumatolytische F-Metasomatose zu Lasten Al-haltiger Minerale, besonders Feldspäten.

Zirkon $ZrSiO_4$

Tetragonal. Inselsilikat. Härte $7^1/_2$. Dichte 4,6–4,7. Wegen Feinkörnigkeit selten makroskopisch erkennbar. Im Gestein oft gerundet bis nahezu kugelrund. Idiomorpher Zirkon bildet meist gedrungene, selten längere Säulchen mit quadratischem Querschnitt und kurzen vierzähligen Pyramiden an beiden Enden. Mäßige Spaltbarkeit parallel zur Längserstreckung möglich, gewöhnlich muscheliger Bruch. Färbung: braun (Abb. 3.73), gelb, rotbraun, grau, grün. Diamantglänzend bis fettglänzend.

Entstehung/Vorkommen: Sehr verbreitetes akzessorisches Mineral in den meisten Magmatiten, am wenigsten in mafitbetonten Gesteinen. Selten makroskopisch erkennbar. Zirkon übersteht metamorphe Umwandlung des einbettenden Gesteins. In Metamorphiten kaum als völlige Neubildung. Zirkon ist äußerst resistent gegen mechanischen Abrieb und auch gegen Resorption in den meisten Magmen, sodass ein individuelles Korn, z. B. in einem Granit, Relikt aus einem partiell aufgeschmolzenen Sedimentgestein sein kann und damit älter als das einbettende Gestein. Geringe U- und damit auch Pb-Gehalte machen Zirkon zu einem besonders wichtigen Mineral für isotopische Altersbestimmungen.

Eudialyt $Na_{15}Ca_6(Fe,Mn)_3Zr_3(Si,Nb)$ $(Si_{25}O_{73})(O,OH,H_2O)_3(Cl,OH)_2$

Trigonal. Ringsilikat. Härte 5–6. Dichte 2,8–3,1. Gewöhnlich xenomorph-körnig bei Korngrößen

Abb. 3.73 Zirkon (braun, idiomorph). Cheyenne Cañon, Colorado. BB 5 cm.

der Einzelkristalle oder auch Aggregate im Bereich von mehreren Millimetern bis Zentimetern. Kleine Körner anderer Minerale des Gesteins können poikilitisch eingewachsen sein. Eine mäßige Spaltbarkeit, unebenflächiger Bruch. Färbung: leuchtend rot-magenta („**himbeerfarben**"), braunrot, an der Oberfläche schnell graugelb anwitternd. Glasglanz.

Entstehung/Vorkommen: Selten, in Nephelinsyeniten. Wenn vorhanden, meist in auffälliger Menge als Zr-Mineral anstelle von Zirkon. Eudialyt als Gesteinsbestandteil zeigen Abb. 3.20 und Abb. 5.73.

Pyrochlor
$(Ca,Na,H_2O,\square)_2Nb_2(O,OH)_6(O,OH,F,H_2O,\square)$

Kubisch. Härte 5–6. Dichte 3,5–4,6. Idiomorph als Oktaeder oder Würfel, auch derbe Massen bildend. Keine gute Spaltbarkeit, muscheliger Bruch. Färbung: braunschwarz bis schwarz. Glasglanz, Übergang zu metallischem Glanz. Strich braun.

Entstehung/Vorkommen: Selten, charakteristisches Mineral in magmatischen Karbonatiten (Abb. 5.78).

Karbonatminerale: Calcit, Aragonit, Dolomit, Magnesit, Siderit, Ankerit

Karbonatminerale treten nur in den seltenen Karbonatiten als primäre Komponenten magmatischer Gesteine auf. Ungleich verbreiteter sind sie in entsprechend zusammengesetzten Sedimentgesteinen, dies gilt besonders für Calcit und Dolomit. Sie sind die dominierende, oft fast ausschließliche Komponente von Kalksteinen und Dolomitgestein, dies in meist feinkörniger, massiger Ausbildung. In Marmoren verschiedener Metamorphosegrade hingegen sind sie häufig so grobkörnig ausgebildet, dass die Einzelkörner deutlich erkennbar sind. Karbonate, vor allem Calcit, können als hydrothermale Bildung vorkommen, besonders in Gangform, aber auch als Mandelfüllung. Nur bei freiem Wuchs in Hohlräumen kommen idiomorphe Kristalle vor.

Das Mineral Dolomit kann im ebenfalls als Dolomit bezeichneten Gestein, gewöhnlich nur mit der Lupe erkennbar, Teilidiomorphie in Form freier Kanten und Ecken zeigen. Dies betrifft spätdiagenetische Dolomite (Abschn. 6.4.2). Ursache hierfür ist eine mit der üblichen Dolomitentstehung aus Calcit bzw. Kalkstein einhergehende Volumenverringerung, die zur Entstehung einer sekundären Porosität des Gesteins führt.

3 Ein gemeinsames Merkmal der nachfolgend aufgeführten Karbonatminerale ist mit Ausnahme von Aragonit das Vorliegen von **drei sehr guten Spaltbarkeiten**, die zusammen der Kristallform des Rhomboeders angehören: **Spaltrhomboeder** (Abb. 3.74). Tatsächliche Spaltstücke sind aufgrund der allenfalls einmal zufällig einheitlichen Größe der Außenflächen meistens „Parallelogrammoeder". Die Winkel zwischen den Rhomboeder-Spaltbarkeiten variieren geringfügig zwischen 72° und 75°. Die Karbonatminerale zeigen unterschiedlich heftige **Reaktion mit Salzsäure** (Aufbrausen). Besonders zur Unterscheidung von Calcit gegenüber Dolomit im Gestein kann die unterschiedliche Reaktionsintensität ausgenutzt werden. Calcit reagiert stark mit kalter, ca.

10-prozentiger Salzsäure, Dolomit nur sehr schwach (Blasenentwicklung tritt verzögert ein und ist nur mit Lupe deutlich erkennbar). Siderit und zuweilen auch Ankerit färben die Salzsäure gelb. Calcit, Dolomit und Magnesit bewirken keine Färbung.

Calcit (Kalkspat) $CaCO_3$

Trigonal. Härte 3. Dichte 2,7–2,9. Im Gesteinsverband immer xenomorph. Idiomorphe Kristalle extrem vielgestaltig, Rhomboeder für sich sehr selten. Färbung: farblos transparent, dann starke Doppelbrechung erkennbar: Doppelspat (Abb. 3.74), milchig weiß (Abb. 3. 75), gelblich, rosa. Glasglanz.

Abb. 3.74 Calcit-Spaltrhomboeder (ungetrübt), Doppelbrechung zeigend: Doppelspat. Die Schrift liegt nur in einfacher Ausfertigung unter dem Calcit. Island. BB 6,5 cm.

Abb. 3.75 Calcit (milchig weiß) mit Spaltbarkeiten. Monte Bulgheria, Campanien, westlich Sapri, Süditalien.

Entstehung/Vorkommen: Einzige stabile $CaCO_3$-Phase bei Drucken und Temperaturen der Erdoberfläche. In Riesenmengen als Kalkstein, als hydrothermale Gangfüllung, in magmatischen Karbonatiten, metamorph in Marmoren.

Aragonit $CaCO_3$

Orthorhombisch. Härte $3^1/_2$–4. Dichte 2,9. Oft strahlige Aggregate bildend (Abb. 3.76), dann ebenflächige Ablösung zwischen den einzelnen Kristallen. Keine deutliche Spaltbarkeit, muscheliger oder auch rauer Bruch. Färbung: farblos, weiß, gelblich, orange. Glasglanz, auf Bruchflächen Fettglanz.

Entstehung/Vorkommen: Seltener als Calcit. Stabile $CaCO_3$-Phase bei erhöhten Drucken, wie sie an der Erdoberfläche oder unter Bedingungen der Diagenese nicht erreicht werden. Gegenüber Calcit jedoch durch Anwesenheit von Mg- oder SO_4-Ionen begünstigt, besonders bei tropischen Temperaturen. Wird bei Diagenese durch Calcit ersetzt, daher kein Gesteinsbestandteil. Hydrothermal in Hohlräumen, als Gehäusebestandteil von Fossilien.

Dolomit $CaMg(CO_3)_2$

Trigonal. Härte $3^1/_2$–4. Dichte ca. 2,9. Idiomorphe Kristalle ganz überwiegend Rhomboeder, meist klein, Neigung zur Bildung „sattelförmi-

Abb. 3.76 Aragonit (radialstrahlige Aggregate). Lutynia (Leuthen), Schlesien, Polen. BB 6 cm.

Abb. 3.77 Dolomit. Unvollständige Fundortangabe („Katzwinkel"). BB 6 cm.

ger", gekrümmter Flächen (durchweg an Überschuss-Ca gebunden). Im Gesteinsverband sind die in kleine Poren hineinragenden freien Außenflächen für zuckerkörnigen Glanz mancher Dolomitgesteine verantwortlich. Färbung: farblos, weiß (Abb. 3.77), oft gelblich oder bräunlich getönt. Glasglanz.

Entstehung/Vorkommen: Massig als Dolomitgestein nach diagenetischer Dolomitisierung von Calcit bzw. Kalkstein. Hydrothermal als Gangfüllung. In magmatischen Karbonatiten. Metamorph in Dolomitmarmoren und in Kalksilikatgesteinen.

Magnesit $MgCO_3$

Trigonal. Härte $3^1/_2-4^1/_2$. Dichte 3,0–3,5. Durchweg derb-massig auftretend (Abb. 8.9). Färbung: weiß, farblos, gelb, braun. Glasglanz.

Entstehung/Vorkommen: Als Reaktionsprodukt in Serpentinit (oft mikrokristallin aus ehemaligem Gel), in Talk- und Chloritschiefern.

Siderit (Spateisenstein) $FeCO_3$

Trigonal. Härte $4-4^1/_2$. Dichte 3,7–3,9. Meist derb auftretend, idiomorphe Kristalle ganz überwiegend als Rhomboeder ausgebildet. Färbung: gelb, graugelb, gelblich-braun (Abb. 3.78), rostig

braun anwitternd, angewittert z. T. bunt anlaufend. Glas- bis Perlmuttglanz.

Entstehung/Vorkommen: Diagenetisch in mikrokristalliner Ausbildung in Toneisenstein (Abschn. 6.8, 6.9), dort auf Rissen auch erkennbare Kristalle, hydrothermal, metasomatisch in Kalken, in karbonathaltigen Metamorphiten, in Serpentinit (oft mikrokristallin als ehemaliges Gel), in Talk- und Chloritschiefern.

Ankerit $Ca(Fe,Mg,Mn)(CO_3)_2$

Trigonal. Härte $3^1/_2-4$. Dichte 2,9–3,1. Idiomorphe Kristalle gewöhnlich Rhomboeder. Färbung: weiß, gelb, braun, rostig braun anwitternd. Glasglanz.

Entstehung/Vorkommen: Metasomatisch oder diagenetisch in Kalkstein. In hydrothermalen Gängen. Bestandteil mancher magmatischer Karbonatite. In hochgradigen Metamorphiten aus Fe-reichen Sedimentgesteinen.

Gips $CaSO_4 \cdot 2H_2O$

Monoklin. Härte 2. Dichte 2,3–2,4. Im Gipsgestein xenomorph. In Hohlräumen und in Tonen oft zentimetergroße, idiomorphe Kristalle: besonders kennzeichnend ist dicktafeliger Habitus mit Parallelogramm-förmigem Umriss,

Abb. 3.78 Siderit (gelblich, angewittert bräunlich), oben idiomorpher Quarz. Salchendorf, Siegerland. BB 8 cm.

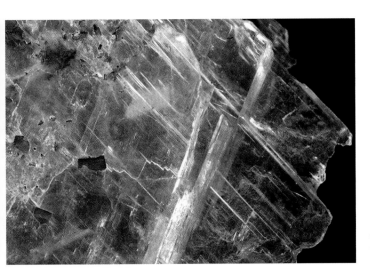

Abb. 3.79 Gips (Spaltstück, „Marienglas"). Stadtgebiet Elmshorn, Südholstein. BB 5 cm.

manchmal zu winkelförmigen „Schwalbenschwanzzwillingen" kombiniert. Drei sehr gute Spaltbarkeiten, häufig großflächige Spaltblättchen, auf denen sich die Spuren der zwei Querspaltbarkeiten mit Winkeln von ca. 66° schneiden (Abb. 3.78). Färbung: farblos. Auf den unterschiedlichen Flächen Glasglanz, Perlmuttglanz oder Seidenglanz.

Gips ist deutlich wasserlöslich, daher führt Gipsgestein von einiger Mächtigkeit immer zu intensiver Verkarstung der Landschaft. Auf freiliegenden Gesteinsoberflächen bilden sich Lösungsrillen (Abb. 6.89).

Entstehung/Vorkommen: Massig-derb als Gipsgestein, als solches stets Verwitterungsprodukt von Anhydritgestein aufgrund von Wasseraufnahme. Idiomorphe Gipskristalle in tonigen Sedimentgesteinen sind Produkt von Sulfidverwitterung und anschließender Verbindung der dabei entstehenden Sulfationen mit Ca-Ionen. An Austrittstellen vulkanischer Gase auf Ca-reichen Gesteinen.

Anhydrit $CaSO_4$

Orthorhombisch. Härte $3–3^{1}/_2$. Dichte 2,9–3,0. Durchweg xenomorph in Form körnig-massigen

Abb. 3.80 Anhydrit. Sulz am Neckar. BB 4,5 cm.

Gesteins auftretend, z. T. marmorartig grobkristallin. Drei gute bis sehr gute Spaltbarkeiten, die sich mit jeweils 90° schneiden. Färbung: weiß, farblos, hellblau (Abb. 3.80), grau, rötlich, bräunlich. Glasglanz.

Entstehung/Vorkommen: Als sedimentäres (diagenetisches) Anhydritgestein im Zusammenhang mit Salzlagerstätten, Erhalt abhängig vom Ausschluss von Wasser, sonst unter Wasseraufnahme vergipsend. Anhydrit überzieht sich im Freien innerhalb eines Jahres mit einer dünnen Gipsschicht, z. B. auf frisch exponierten Bruchflächen. Selten in Metamorphiten oder als hydrothermale Bildung.

Steinsalz (Halit)   NaCl

Kubisch. Härte 2. Dichte 2,1–2,2. Körnig-massiges Steinsalz bildend (Der Name ist für Mineral und Gestein gleich), idiomorphe Kristalle in Würfelform. Drei sehr gute Spaltbarkeiten, die sich mit jeweils 90° schneiden (Abb. 3.6). Färbung: transparent farblos-klar, rötlich getrübt, blaue Schlieren (selten). Glasglanz.

Entstehung/Vorkommen: Wichtigstes Salzmineral, gesteinsbildend als ausschließliches oder nahezu ausschließliches Mineral des Gesteins Steinsalz (Abb. 6.87). Ausfällungsprodukt bei der Eindampfung von Meerwasser und terrestrischen Salzseen. Wegen hoher Wasserlöslichkeit nur in aridem Klima an der Erdoberfläche vorkommend. Steinsalz ist auch an seinem Kochsalzgeschmack erkennbar.

Fluorit (Flussspat) CaF_2

Kubisch. Härte 4. Dichte 3,2. Meist grobkristallin-derbe Massen bildend. In offenen Klüften und Gangspalten auch idiomorph: besonders häufig als Würfel (Abb. 3.81), seltener sind Oktaeder oder andere kubische Formen bzw. Kombinationen. Vier sehr gute Spaltbarkeiten, die den Flächen des Oktaeders entsprechen. Färbung: violett, violettschwarz, grün, gelb, blau, rosa, farblos transparent, weiß, rotbraun; oft mehrere Farben in zonarer Anordnung nebeneinander. Häufigste Farbe im Gesteinsverband ist ein kräftiges, sonst unter gesteinsbildenden Mineralen kaum vorkommendes Violett. Hieran ist Fluorit recht gut erkennbar. Glasglanz bis wässriger Glanz. Dunkelvioletter bis fast schwarzer Fluorit gibt beim Zerbrechen kurzzeitig einen stechenden Geruch ab, der auf Freiwerden von elementarem Fluor zurückgeht: „Stinkspat".

Entstehung/Vorkommen: Hydrothermales Gangmineral, späte Bildung in manchen granitischen Gesteinen und hellen Alkalimagmatiten, Bindemittel in manchen Sandsteinen. In hellen Magmatiten tritt Fluorit gelegentlich im Gesteinsverband auf, besonders häufig jedoch in miarolithischen Hohlräumen (Abschn. 5.4.3).

Abb. 3.81 Fluorit (violett). Wölsenberg bei Nabburg, Oberpfalz. BB 6 cm.

Abb. 3.82 Baryt, fächerförmige Aggregate bildend. Dreislar, Sauerland. BB 5 cm.

Baryt (Schwerspat) BaSO₄

Orthorhombisch. Härte $2^1/_2$–$3^1/_2$. **Dichte ca. 4,5.** Meist grobspätig-derbe oder auch feinkörnig-dichte Massen bildend (Abb. 3.5), fächerförmige Aggregate idiomorpher Kristalle (Abb. 3.82). Drei sehr gute, bzw. gute Spaltbarkeiten; auf flächigen Spaltplättchen nach der besten Spaltbarkeit können sich zwei zu dieser senkrecht stehende Querspaltbarkeiten zeigen, die sich untereinander mit 78° schneiden. Färbung: zumeist milchig weiß, auch farblos transparent, gelblich-grau, grau, blassblau, rötlich, braun. Glasglanz, z. T. Perlmuttglanz.

Entstehung/Vorkommen: Kein Gesteinsbestandteil in Magmatiten oder Metamorphiten, verbreitet als hydrothermales Gangmineral, diagenetisch in Sedimentgesteinen als Bindemittel oder konkretionär.

Graphit C

Überwiegend hexagonal. Härte 1 (Schleifhärte nicht entsprechend gering). Dichte 2,1–2,3. Idiomorphe Kristalle spielen in Gesteinen keine Rolle, feinkristallin derbe Massen oder Beimengungen bildend. Eine sehr gute Spaltbarkeit, in gleicher Ebene extreme innerkristalline Gleitfähigkeit.

Abb. 3.83 Graphit. Sri Lanka. BB 6 cm.

Auch auf weicher Unterlage (Papier, Handfläche) leicht abfärbend, sich weich und talg- oder wachsartig anfühlend. Spalt- oder Gleitplättchen biegsam. Färbung: schwarz. Strich metallisch grau. Matt metallischer Glanz (Abb. 3.83), opak.

Entstehung/Vorkommen: Als Gemengteil in verschiedensten metamorphen Gesteinen aus Edukten mit organischem Anteil, seltener in basischen Magmatiten, plutonischen Ultramafititen und in Gesteinen des Oberen Erdmantels. Wird oft übersehen.

Magnetit Fe_3O_4

Kubisch. Härte $5^1/_2$. Dichte 5,2. Ganz überwiegend xenomorphe Massen oder Einzelkörner bildend. Idiomorphe Kristalle vor allem in Grünschiefern als Oktaeder. Kaum in Erscheinung tretende Spaltbarkeiten (Flächen des Oktaeders), stattdessen gewöhnlich muscheliger Bruch. Färbung: grauschwarz. Übergang zu metallischem Glanz, opak. Strich schwarz. Magnetit ist **stark ferromagnetisch**, sodass mit einem Handmagneten deutliche Anziehung spürbar ist (Abb. 3.84). Er ist daher mit ähnlich aussehenden, allenfalls sehr schwach magnetischen Mineralen nicht verwechselbar: Chromit, Ilmenit; eine ebenfalls stark magnetische Ausnahme ist der seltene und als Gesteinsbestandteil irrelevante Jakobsit ($MnFe_2O_4$), ebenso Platin.

Entstehung/Vorkommen: Üblicher Bestandteil mafitreicher Magmatite, z. T. zu bedeutenden Erzlagerstätten angereichert, in Skarnbildungen (Abschn. 7.8), in vielen Metamorphiten. Sedimentär als detritische Komponente von Sanden und Sandsteinen, oft zusammen mit anderen Schwermineralen angereichert, so abschnittweise an Steiluferabschnitten der südlichen Ostseeküste und in besonderer Konzentration an schwarzen Stränden vulkanischer Inseln oder Küstengebiete (Abb. 6.25, 6.26, 6.28, 6.29).

Chromit $FeCr_2O_4$
(gewöhnlich mit Anteilen von Mg und Al)

Kubisch. Härte $5^1/_2$. Dichte 4,5–4,8. Kaum idiomorph auftretend, bildet xenomorphe Einzelkörner oder auch derbe Massen im Gesteinsverband. Keine Spaltbarkeit, muscheliger bis rauer Bruch. Färbung: schwarz (Abb. 3.85). **Strich braun** (Abb. 3.86). Glanz lackartig, Übergang zu metallischem Glanz, opak.

Entstehung/Vorkommen: Fast ausschließlich in ultramafischen Gesteinen als Begleiter von Olivin vorkommend, vor allem in harzburgitischen und dunitischen Spinellperidotiten des Oberen Erdmantels, dort meist gleichmäßig eingestreut, z. T. aber auch lagig oder nesterartig (podiform) angereichert (Abb. 3.85). Gelegentlich in olivinreichen, plutonischen Differentiaten.

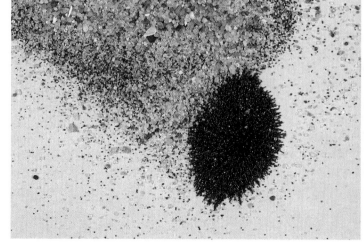
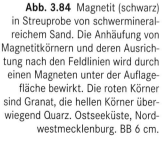

Abb. 3.84 Magnetit (schwarz) in Streuprobe von schwermineralreichem Sand. Die Anhäufung von Magnetitkörnern und deren Ausrichtung nach den Feldlinien wird durch einen Magneten unter der Auflagefläche bewirkt. Die roten Körner sind Granat, die hellen Körner überwiegend Quarz. Ostseeküste, Nordwestmecklenburg. BB 6 cm.

3

Abb. 3.85 Chromit (schwarz) in Dunit des Oberen Erdmantels. Das grüne Gestein besteht weitgehend aus Olivin (Peridotit). Vurinos, nördliches Zentralgriechenland. BB 7 cm.

Ilmenit $FeTiO_3$

Trigonal. Härte 5–6. Dichte 4,5–5,0. Im Gestein meist xenomorph. Idiomorphe Kristalle tafelig oder rhomboedrisch. Keine Spaltbarkeit, z. T. aber eine Teilbarkeit durch Entmischungslamellierung, muscheliger oder rauer (spröder) Bruch. Färbung: schwarz mit bräunlicher Tönung. **Strich schwarz** (Abb. 3.86). Matt metallisch glänzend.

Entstehung/Vorkommen: Üblicher Bestandteil besonders von mafitreichen magmatischen Gesteinen neben Magnetit. Als detritischer Bestandteil in Sedimentgesteinen, oft mit Magnetit zusammen in Schwermineralanreicherungen.

Vom sehr ähnlich aussehenden Magnetit durch fehlenden bzw. äußerst schwachen Magnetismus unterscheidbar, von Chromit durch Farbe und Strichfarbe: **Chromit: schwarz aussehend, aber brauner Strich; Ilmenit schwarz mit bräunlicher Tönung, schwarzer Strich.**

Hämatit Fe_2O_3

Trigonal. Härte $6^1/_2$ (in feinkörnigen Massen oft geringer), Dichte 5,2–5,3. Keine Spaltbarkeit

Abb. 3.86 Pyrit (Py), Hämatit in Form von Eisenglanz (Hä), Chromit (Cr) und Ilmenit (Il) mit ihren jeweiligen Strichfarben um Strichtafel gruppiert. Ohne Fundortangaben. BB 12 cm.

aber zwei Teilbarkeiten möglich. Strich rot bis rotbraun, opak. In drei makroskopisch unterscheidbaren Modifikationen auftretend:

Eisenglanz (Abb. 3.86) ist grobkristalliner oder körnig-derber Hämatit. Idiomorphe Kristalle vielgestaltig. Färbung: stahlgrau, z. T. mit Anlauffarben. Metallischer Glanz.

Entstehung/Vorkommen: Hydrothermal oder pneumatolytisch. In Metamorphiten aus Fe-reichen Edukten, hier z. T. zu bedeutenden Fe-Lagerstätten angereichert, so in Itabiriten bzw. gebänderten Eisensteinen (BIF) (Abschn. 7.3.7). Als Bestandteil von Skarnen (Abschn. 7.8). In Pegmatiten.

Specularit („Eisenglimmer") ist eine Modifikation von Eisenglanz in Form dünnblättrig-schuppiger, glimmerartig aussehender Aggregate, die für intensiv geschieferte Itabirite charakteristisch sind (Abschn. 7.3.7, Abb. 7.58).

Roteisen (Abb. 3.87) ist Hämatit in feinkristalliner, oft faseriger, z. T. auch locker erdiger Ausbildung. Idiomorphe Kristalle treten nicht auf. Roteisen in Form feinfaseriger Aggregate mit spiegelnd glatt-wulstigen Oberflächen wird als Roter Glaskopf bezeichnet, dieser ist im Bruch mattglänzend faserig. Färbung: tief braunrot bis rot, Oberflächen von Roteisenaggregaten haben oft einen erdig-losen Roteisenbelag von besonders intensiv roter Farbe. Dieser Belag färbt beim Anfassen die Hände und ist ohne Seife nur unvollständig abwaschbar. Polierte Flächen von rotem Glaskopf zeigen metallischen Glanz.

Entstehung/Vorkommen: Hydrothermal, als roter Glaskopf durch Auskristallisation von Gel. Bestandteil von Fe-Oolithen (Abschn. 6.8)

Hämatit bildet sehr häufig ein gleichmäßig oder fleckig fein-verteiltes rotes Pigment in verschiedensten Gesteinen. Die Färbung von roten Sandsteinen, Kalksteinen, Radiolariten, aber auch von roten Feldspäten geht auf Anwesenheit von Hämatit zurück.

Massiver Hämatit als Roteisen und Eisenglanz ist neben Magnetit das wichtigste Eisenerzmineral.

Kupferkies (Chalkopyrit) $CuFeS_2$

Tetragonal. Härte $3^1/_2$–$4^1/_2$. Dichte 4,1–4,3. Idiomorphe Kristalle flächenreich, jedoch selten und klein, meist derb auftretend. Keine deutliche Spaltbarkeit, gelegentlich Teilbarkeit, muscheliger Bruch z. T. auch rau. Färbung: satt-goldgelb (Abb. 3.5, **3.88**, 3.91). Strich grünlich schwarz. Metallischer Glanz, opak. Bunte Anlauffarben, z. T. auch schwarz auf länger exponierten Oberflächen. Im Gelände z. T. von leuchtend blau oder grün gefärbten Verwitterungsmineralen begleitet (Abb. 9.9). Hierdurch vom z. T. sehr

Abb. 3.87 Hämatit als Roteisen ausgebildet (faseriges Aggregat). Egremont, Cumbria, Nordengland. BB 6 cm.

Abb. 3.88 Kupferkies (rechts, goldgelb) und hell goldgelber Pyrit (links). Beide Proben sind Bruchstücke. Der hellere Bereich der Kupferkies-Oberfläche ist frisch angebrochen, die intensiver farbigen Randbereiche sind länger freiliegend (Anlauffarben). Ohne Fundortangaben. BB 8 cm.

ähnlich aussehenden Pyrit unterscheidbar. Hauptunterschied ist die Härte: **Kupferkies ist mit einem Messer ritzbar, Pyrit nicht.**

Entstehung/Vorkommen: Als in geringer Konzentration verteilter Bestandteil in manchen Magmatiten. Massiv als hydrothermale Gangbildung. Kaum erkennbar in feinstkörniger Verteilung in manchen bituminösen Sedimentgesteinen (Kupferschiefer, Abschn. 6.3.5, Abb. 9.9).

Pyrit   FeS$_2$

Kubisch. Härte 6–6^1/$_2$. Dichte 5,0–5,2. Besonders in Sedimentgesteinen oft idiomorph, viele kubische Formen, u. a. Würfel, Oktaeder, Pentagondodekaeder, derbe Massen. Uneinheitliche Neigung zu Spaltbarkeit, maximal zwei Richtungen, meist muscheliger Bruch. Färbung: messingartig hell bis goldfarben (Abb. 3.86, **3.88**, 7.20). Strich schwarz mit olivfarbenem Stich. Metallisch glänzend, opak. Bei Anschlagen z. B. gegen Flint **Funkenentwicklung und SO$_2$-Geruch.**

Entstehung/Vorkommen: Häufig, aber mengenmäßig untergeordnet als Bestandteil verschiedenster magmatischer, metamorpher, metasomatischer und sedimentärer Gesteine. Hydrothermale Gangbildung. Konkretionäre Knollen in Sedimentgesteinen und Metasedimenten, besonders in Tongesteinen und Mergeln auch idiomorphe Einkristalle. Feinverteilt in bituminösen Tonen und Tonschiefern, dort auch Fossilisationsmaterial (z. B. pyritisierte Ammoniten).

Molybdänglanz (Molybdänit)   MoS$_2$

Hexagonal. Härte 1–1^1/$_2$. Dichte 4,7–4,8. In idiomorpher Ausbildung sechseckige Tafeln bildend (Abb. 3.89) oder dünne Überzüge auf Gesteinsklüften. Kristalle unelastisch biegsam, oft schon von Natur aus verbogen. Eine glimmerartig vollkommene Spaltbarkeit. Färbung: hell-silberfarben bis bleigrau. Strich dunkelgrau, nach intensivem Verreiben, z. B. mit zweiter Strichtafel grünliche Tönung. Metallisch glänzend, opak. Überzüge von Molybdänglanz auf Kluftflächen können auch nach längerem Verwitterungseinfluss wie frische Metallfolien glänzen. Molybdänglanz fühlt sich fettig-talgig an und färbt graphitartig ab.

Entstehung/Vorkommen: Pegmatitisch, pneumatolytisch, hydrothermal. Molybdänglanz ist ein selteneres Sulfidmineral. Er ist an saure, seltener intermediäre Gesteine gebunden. Auftreten in Gängen oder als Imprägnation in Magmatiten, auch in Quarzgängen.

Magnetkies (Pyrrhotin)   Fe$_{1-x}$S
$$(X = 0,1–0,2)$$

Monoklin, hexagonal. Härte 4, Dichte 4,6. Nur sehr selten idiomorph, sechseckige Tafeln, ge-

Abb. 3.89 Molybdänglanz (silbergrau-metallisch glänzend), in Calcit. Namibia. BB 4 cm.

wöhnlich xenomorph verteilt im Gesteinsverband, derbe Massen. Keine deutliche Spaltbarkeit, meist nur Bruch. Färbung: bräunlich

bronzeartig. Strich grauschwarz. Metallisch glänzend, opak. Uneinheitlich stark und richtungsabhängig magnetisch anziehend (Abb. 3.90).

Entstehung/Vorkommen: Häufig feinverteilt oder als massive Segregationen in basischen Magmatiten, hydrothermale Gangbildung.

Bleiglanz (Galenit)　　　PbS

Kubisch. Härte $2^{1}/_{2}$ (z. T. geringer). Dichte 7,2–7,6. Idiomorphe Kristalle meist Würfel oder Oktaeder bzw. Kombinationen von beiden, oft gerundete Kanten. Häufig grobspätig-derbe Massen bildend. Drei sehr gute Spaltbarkeiten, die 90° zueinander stehen (Flächen des Würfels), untergeordnet auch Flächen des Oktaeders als Spaltflächen vorkommend. Färbung auf frischen Spaltflächen silbergrau (Abb. 3.91), Außenflächen oft mattgrau, verschiedene Anlauffarben, vor allem blau. Strich grauschwarz. Intensiver, silberartig heller metallischer Glanz auf frischen Flächen, opak.

Entstehung/Vorkommen: Ganz überwiegend hydrothermal, seltener diagenetisch in Sedimentgesteinen.

Zinkblende (Sphalerit)　　　(Zn,Fe)S

Kubisch. Härte $3^{1}/_{2}$–4. Dichte 3,9–4,2. Meist grobspätig, massig-derb, idiomorphe Kristalle

Abb. 3.90 Magnetkies mit an senkrechter Fläche anhaftendem Magnet. BH 5,5 cm.

3

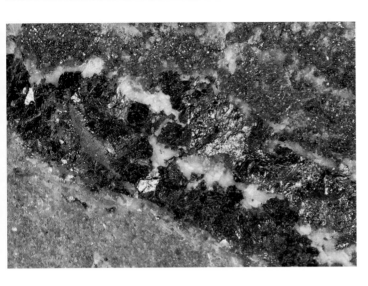

Abb. 3.91 Zinkblende (diagonales braunes Band), goldgelber Kupferkies (darüber) und silbergrauer, feinkörniger Bleiglanz (oben und rechts) in Erzprobe. Westharz. BB 6 cm.

vielgestaltig isometrisch. Mehrere Richtungen sehr guter Spaltbarkeit, zusätzliche Komplikation durch häufige Verzwillingung. Färbung: bei geringem Gehalt an FeS gelblich transparent, verbunden mit Diamantglanz, mit zunehmendem FeS braun (Abb. 3.91) bis schwarzbraun mit halbmetallischem Glanz, z. T. auch nahezu metallischer Glanz, dann weitgehend opak. Strich in Abhängigkeit von der Zusammensetzung parallel mit der Intensität der Oberflächenfärbung variabel: weiß, gelb bis braun (Abb. 3.4).

Entstehung/Vorkommen: Hydrothermale Gangbildung, diagenetisch.

Goethit   FeO(OH)

Orthorhombisch. Härte $5–5^{1}/_{2}$. Dichte 3,8–4,3. Gewöhnlich als derbe, feinfaserige, dichte oder pulverige Massen. Sehr gute Spaltbarkeit parallel zur Faserrichtung, ohne makroskopische Bedeutung. Färbung: braunschwarz, rostbraun, z. T. über ocker bis hellgelb variierend. Strich braun bis braungelb. Glanz je nach Ausbildung matt, seidig oder diamantartig.

Goethit bildet neben dem sehr viel selteneren, blättchenförmig kristallisierenden **Lepidokrokit** die Gruppe der unter dem Namen „Limonit" (Brauneisen) zusammengefassten, unter Verwit-

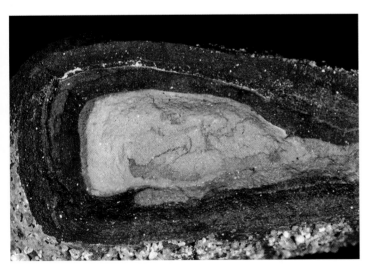

Abb. 3.92 „Limonit" (rostig braun) als Bindemittel in der Kruste eines verwitterten Sandsteins mit ehemals Fe-karbonatischer Bindung. Kernbereich wegen Bindemittelverlusts mürbe und herausbröckelnd („Hexenschüsselchen"). Glinstedt bei Bremervörde, Nordniedersachsen. BB 6 cm.

Abb. 3.93 Mangandendriten auf Plattenkalk. Solnhofen, Bayern. BB 4 cm.

terungseinwirkung allgegenwärtig auftretenden FeO(OH)-Minerale.

Entstehung/Vorkommen: Aus ehemaligem Gel als Verwitterungsprodukt verschiedenster Fe-haltiger Minerale. Dem Rost an verrostendem Eisen entsprechend. Als krustiger, feinfaseriger oder pulverig-erdiger, braun färbender Anteil in Verwitterungsbildungen (Abb. **3.92**, Abb. 6.24), in Raseneisenerz (Abb. 6.96).

„Manganomelane"
Gemenge aus verschiedenen
Manganoxiden und -hydroxiden

Unter dem Namen Manganomelane werden chemisch und strukturell sehr unterschiedliche Mn-Minerale zusammengefasst, die unter oxidierenden Bedingungen entstehen. Sie sind allgemein feinkristallin-dicht bis amorph und von schwarzer Farbe. Ausreichend große Aggregate können von großer Festigkeit sein und muschelig brechen. Daneben kommen porös-erdige Massen vor. **Mangandendriten** (Abb. 3.93) sind filigran verästelte, hauchdünne, schwarze Aggregate auf Gesteinsoberflächen oder auf Klüften. Sie bestehen gewöhnlich aus Manganomelanen.

Gibbsit $Al(OH)_3$

Monoklin. Härte $2^{1}/_{2}$–$3^{1}/_{2}$. Dichte ~2,4. Glimmerartige, sechseckige Blättchen. Gewöhnlich als feinkristalline, erdig-poröse Masse. Eine sehr gute Spaltbarkeit. Färbung: farblos weiß, durch Beimengungen auch blassrötlich, bräunlich, grau oder grünlich. Glasglanz bis Perlmuttglanz.

Entstehung/Vorkommen: Bestandteil (neben anderen) von erdig-porösen oder auch dichten Verwitterungs-Residualbildungen, besonders von Bauxit (Abb. 6.2, 9.4).

Diaspor $AlO(OH)$

Orthorhombisch. Härte $6^{1}/_{2}$–7. Dichte 3,3–3,5. Feinkörnig blättrige Aggregate bildend, Einzelkristalle tafelig. Eine sehr gute Spaltbarkeit, auch muscheliger Bruch. Färbung: farblos, durch Beimengungen auch grün, grau, braun, gelb oder rötlich. Glasglanz.

Entstehung/Vorkommen: Als feinkristalliner Bestandteil (neben anderen) von erdig-porösen oder auch dichten Verwitterungs-Residualbildungen, besonders von Bauxit. In Al-reichen Metamorphiten neben Korund oder Al-Silikaten.

4 Gesteine: Allgemeine Einführung

4.1 Ursachen der Gesteinsvielfalt der Erde

Wenn die Erde ein wasserarmer, geologisch toter Planet wäre, ähnlich wie der Mond, würde es außer sehr alten Basalten (Abschn. 5.8.4) und Gabbros (Abschn. 5.7.5), sowie deren Differentiaten und mechanischen Umlagerungsprodukten, kaum weitere Gesteine geben. Die Petrographie des Mondes konnte durch wenige Kilogramm Gesteinsproben in wesentlichen Grundzügen geklärt werden.

Die Vielfalt an Gesteinen auf der Erde ist maßgeblich durch die **Verfügbarkeit von Wasser** bedingt, nicht nur in Gewässern, als Eis oder in der Atmosphäre, sondern vor allem innerhalb der Erdkruste und des Erdmantels. In der Erdkruste und im Erdmantel ist Wasser wesentliche Komponente, entweder indirekt in Form von OH-Gruppen in vielen Mineralen gebunden oder auch in Magmen gelöst. Als Folge des irdischen Wasserreichtums tragen Lebewesen zusätzlich zur Gesteinsvielfalt bei.

Ohne Wasser wäre weder die plattentektonische Aktivität der Erde möglich noch die Bildung der meisten Gesteine. Erst das Vorhandensein von reichlich H_2O in der Erdkruste ermöglicht die Entstehung großer Mengen granitischer Magmen, toniger Sedimentgesteine oder glimmerreicher Metamorphite. Die Absenkung und damit verbundene metamorphe Überprägung von an der Oberfläche gebildeten Gesteinen in großen Tiefen und bei hohen Temperaturen wäre auf einer „trockenen" Erde ebenso wenig möglich, wie deren Wiederaufstieg und Freilegung durch Erosion.

Durch Verwitterung unter Einwirkung von Wasser wird an der Erdoberfläche ständig Gestein zersetzt. Die Verwitterungsprodukte werden umgelagert, mechanisch und chemisch getrennt, und durch Kombination mit Komponenten anderer Herkunft zu teilweise extrem zusammengesetzten Sedimentgesteinen rekombiniert wie etwa Kalkstein. Dessen Ca^{2+} entstammt vor allem der Verwitterung von Feldspäten, während das CO_3^{2-} in beträchtlichem Maße durch vulkanische Tätigkeit zugeführt wird. Durch fließendes Wasser kann es zur selektiven Anreicherung bestimmter Komponenten kommen, so von Quarzkörnern, wie sie Sande und Sandsteine zusammensetzen. Später nachfolgende Metamorphose unterschiedlicher Intensität vergrößert die Gesteinsvielfalt weiter. Aus einem Ausgangsgestein können je nach erreichter Temperatur und Versenkungstiefe (Druck) unterschiedliche Arten von Metamorphiten gebildet werden und bei ausreichender Erwärmung können Magmen und schließlich magmatische Gesteine entstehen. Die Gesamtheit der Prozesse des Abbaus, der Umlagerung und Rekombination von Gesteinsbestandteilen an der Erdoberfläche und in der Tiefe wird häufig als **Kreislauf der Gesteine** bezeichnet. Diese traditionelle Benennung als Kreislauf ist jedoch auch irreführend. So ist die Entstehung von Granitmassiven samt dem Wachstum der Kontinentalen Kruste ein Beispiel für eine gerichtete Entwicklung im Laufe der Erdgeschichte, ebenso wie die Bildung großer Mengen von sedimentären Karbonatgesteinen.

4.2 Klassifikation und Benennung von Gesteinen

Schon die bloße Menge der unterschiedlichen auf der Erde vorkommenden Gesteine macht es schwer, Überblick zu gewinnen. Hinzu kommen einige **Inkonsistenzen der Gesteinsbenennung**. Hierzu gehört, dass im Alltagsgebrauch und bei der Vermarktung andere Regeln gelten als in der

Geologie und der Petrographie. Beispiele hierfür sind die „Marmore" des Handels, bei denen es sich im petrographischen Sinne oft um gewöhnliche Kalksteine handelt, oder „schwarzer Granit" aus Südschweden, dessen petrographisch richtige Bezeichnung Diabas oder Dolerit ist.

Noch verwirrender ist es, dass es sogar petrographisch korrekt sein kann, ein und dasselbe Gestein **je nach Betrachtungsansatz unterschiedlich zu benennen.** So kann sich hinter den Bezeichnungen Ultrabasit, Ultramafitit, Peridotit, Harzburgit und Olivin-Orthopyroxen-Kumulat das gleiche Gestein vom gleichen Vorkommen verbergen, ohne dass eine der Benennungen unzutreffend wäre.

Für Sedimentgesteine kann Nachlässigkeit bei der Beschreibung zu einem Durcheinander von petrographischen Namen und Bezeichnungen führen, die sich auf die Einstufung innerhalb der Schicht- und Altersabfolge (Stratigraphie) beziehen. Es gibt ein **Nebeneinander von petrographischen und stratigraphischen Bezeichnungen.** So heißt ein Abschnitt innerhalb der Schichtfolge der Mittleren Trias Deutschlands und einiger Nachbargebiete Trochitenkalk. In dieser auch als mo_1 (Oberer Muschelkalk 1) bezeichneten stratigraphischen Einheit treten Lagen auf, die tatsächlich maßgeblich aus Trochiten (Crinoidenresten) zusammengesetzt sind. Gewöhnlich überwiegen jedoch andere Gesteine. Der stratigraphische Name Trochitenkalk ist daher nicht auf ein petrographisch einheitliches Gestein beschränkt. Es ist andererseits unzulässig, petrographisch zutreffend als Crinoidenkalke klassifizierte Gesteine unabhängig von der stratigraphischen Stellung mit dem stratigraphisch belegten Namen Trochitenkalk zu bezeichnen.

Bestrebungen zur Einigung auf eine entrümpelte, verbindliche Klassifikation haben zunächst nur für die meisten Magmatite zu einer verbindlichen Regelung geführt, die einen großen Teil der Erdmantelgesteine mit einschließt: **IUGS-Klassifikation magmatischer Gesteine** (Le Maitre et al. 1989, Le Maitre et al. 2004). IUGS steht für International Union of Geological Sciences, hier eigentlich für deren „Subcommission on the Systematics of Igneous Rocks".

In der IUGS-Klassifikation der Magmatite wurden bewährte Gesteinsnamen nach Möglichkeit beibehalten. Eine Vielzahl von verwirrenden Lokal- und Varietätsnamen hingegen wurde aufgegeben. An Stelle von 1586 bis 1989 in der Literatur eingeführten magmatischen Gesteinsbezeichnungen reicht nun ein Bestand von ca. 300 verbindlich definierten Namen aus. Selbst die meisten dieser Gesteine sind selten. Für die **Metamorphite** erschien 2007 eine Klassifikation der IUGS (Fettes & Desmons 2007). Traditionell finden sich sowohl nationale und individuelle Besonderheiten wie auch Bedeutungsverschiebungen im Laufe der Zeit. Diese berühren den Inhalt dieser Gesteinsbestimmung im Gelände aber nur wenig.

Für **Sedimentgesteine** gab es bis Anfang 2014 weder eine international vereinbarte Gesamtklassifikation, noch überhaupt eine dafür zuständige Kommission der IUGS. Die Folge sind teilweise konkurrierende Sedimentit-Klassifikationen.

Erschwerend ist auch, zumindest am Beginn der Beschäftigung mit Gesteinen, dass das **übergeordnete Klassifikationsprinzip in sedimentäre, magmatische und metamorphe Gesteine** genetisch begründet ist. Dies bedeutet, dass nicht unmittelbar beobachtbare Eigenschaften eines Gesteins zur Grundeinstufung herangezogen werden, sondern Interpretationen, die auf die jeweiligen Entstehungsprinzipien abzielen. Die Entstehung ist bei Vorliegen des fertigen Gesteins jedoch längst abgeschlossen, manchmal seit Jahrmilliarden, und entzieht sich damit der Beobachtung. Auch finden die meisten gesteinsbildenden Prozesse verborgen in der Tiefe statt. Nur die gegenwärtige Entstehung mancher suprakrustaler Gesteine kann tatsächlich verfolgt werden. Unter dem Begriff **suprakrustale Gesteine** lassen sich die direkt an der Erdoberfläche entstehenden Gesteine zusammenfassen, die Sedimentite und Vulkanite.

Ein durchgängig **systematischer Bestimmungsgang,** der alle wichtigen Gesteine zuverlässig erfasst, wäre wünschenswert. Hierzu fehlen jedoch schon übergeordnete, allgemein gültige Gruppenmerkmale zur Einstufung von Gesteinen als z. B. magmatisch, metamorph oder sedimentär. Es gibt in allen Hauptgesteinsgruppen sehr harte und verwitterungsresistente Beispiele wie auch mürbe und leicht zerfallende, gelbe ebenso wie graue oder rote. Schichtung bzw. schichtungsähnlicher Lagenbau ist ebenso wie monotone Massigkeit nicht auf eine Gesteinsgruppe beschränkt. Am ehesten gibt es übergeordnete Ausschlussmerkmale wie Fehlen von Glas in normalen Metamorphiten oder Plutoniten. Dies bedeutet aber nicht in der Umkehrung, dass jedes glasfreie Gestein ein Metamorphit oder Plutonit ist. Einen Rapakivigranit erkennt man nicht dadurch, dass man zuerst den magmatischen Charakter ermittelt. Man wird das Gestein unmittelbar als Rapakivigranit erkennen, und dies bedeutet dann zwangsläufig, dass es magmatischer Entstehung sein muss. Ein systematischer Bestimmungsgang für Gesteine, bei dem über nacheinander angeordnete Ausschlussmerkmale und „Entscheidungsweichen" alle wesentlichen Gesteine auf Grundlage von Gruppenzugehörigkeiten bestimmbar wären, muss in groben Vereinfachungen, Fehlern und Sackgassen enden. Hier wird dieser Weg nicht verfolgt. Selbst so gewöhnliche Gesteine wie Amphibolit (metamorph) und Hornblendegabbro (magmatisch) können einander makroskopisch so ähnlich sein, dass am ehesten noch der geologische Rahmen – unter günstigen Bedingungen – eine Entscheidung ermöglichen kann.

Die mit Abstand bedeutendsten Gesteinsgruppen sind die **Sedimentgesteine, Magmatite** und **Metamorphite**. Sie sind in Abschn. 2.1 charakterisiert. Hier müssen sie nicht noch einmal beschrieben werden. Die Einordnung in Abschn. 2.1 hat den Sinn, dass Angaben zu Vorkommensregeln einiger der gesteinsbildenden Minerale in Abschn. 3.2 eine Grundlage haben.

Außerhalb oder am Rande der genannten drei großen und wichtigsten Gesteinsgruppen gibt es seltenere oder weniger vielfältige Gesteine oder gesteinsähnliche Bildungen, für deren Klassifikation aufgrund besonderer Entstehungsbedingungen zusätzliche Gruppierungen erforderlich sind.

Gesteine des Oberen Erdmantels zeigen Gemeinsamkeiten sowohl mit metamorphen wie auch mit magmatischen Gesteinen. Die petrographische Variabilität ist um Größenordnungen geringer als in der Erdkruste. Die dominierenden, ultramafischen Mineralbestände aus Olivin, Pyroxenen, und Chromspinell sind weitgehend identisch mit denen entsprechend zusammengesetzter ultramafischer Magmatite, wie sie als Differentiate mancher Magmen auftreten können. Die für viele Gesteine der Erdkruste kennzeichnenden Feldspäte fehlen jedoch, außer im unmittelbaren Grenzbereich zur Kruste. Nur dort kann untergeordnet Plagioklas vorkommen. Die Gefüge sind fast immer durch bis in den Einzelkornbereich einwirkende Deformationsvorgänge geprägt, wie sie für viele Metamorphite, nicht jedoch für Magmatite kennzeichnend sind. Gesteine des Erdmantels können als **Metamorphite spezifischer Zusammensetzung** und einer Prägung bei meist besonders hohen Temperaturen und Drucken gelten. Ihr Ursprung ist letztlich magmatisch.

Für Zwecke der Gesteinsbestimmung im Gelände ist es sinnvoll, die Gesteine des Erdmantels als eigene Gruppe zu behandeln. Hierbei ergibt sich jedoch eine Inkonsistenz dadurch, dass Erdmantelgesteine bei oder nach ihrem tektonischen Aufstieg intensiv durch metamorphe Prozesse innerhalb der umgebenden Kruste überprägt werden können. Entsprechende Gesteine, vor allem Serpentinite (Abschn. 7.3.3) werden daher oft vorrangig als Metamorphite (wenn auch aus Erdmantelgesteinen) aufgefasst, während für weniger umgewandelte Peridotite und Pyroxenite des Oberen Erdmantels meist die Zugehörigkeit zum Erdmantel im Vordergrund steht. Hieraus resultiert eine teilweise Parallelität der Behandlung (Abschn. 7.3.3 und 8.4).

Die verwendeten Gesteinsnamen sind die gleichen wie für plutonische Gesteine mit denselben Mineralbeständen. Aus der Einstufung als z. B. Harzburgit oder Orthopyroxenit geht daher nicht hervor, dass von einem Erdmantelgestein die Rede ist. Manche Erdmantelgesteine hingegen dokumentieren durch ihren Mineralbestand so hohe Drucke, dass eine magmatische Entstehung in der Erdkruste nicht in Betracht kommt. Aus diesem Grund ist mit der Bestimmung als Granatperidotit die Einstufung als Gestein des Erdmantels verbunden.

Erdmantelgesteine können dort auftreten, wo tektonische Bewegungsbahnen mit einem Tiefgang bis in das Niveau des Erdmantels wirksam geworden sind. Dies ist gebietsweise in Orogenen der Fall, z. B. Alpen, Erzgebirge als Teil der Varisziden, Betische Kordillere, Skandinavische und Britische Kaledoniden.

Alkalibasaltische Vulkane (Abschn. 5.8.4) können beim Aufstieg des Magmas aus dem Oberen Erdmantel peridotitische Xenolithe (Abschn. 8.1) als Nebengesteinsfragmente mitreißen, die sich dann in Form von zentimeter- bis dezimetergroßen Brocken im Basalt oder in Pyroklastiten finden. Schließlich gibt es in den Ozeanen lokal Gebiete, in denen die ozeanische Kruste fehlt, sodass Erdmantelgesteine den Ozeanboden bilden.

Residuale Verwitterungsbildungen (Kap. 9) sind eigentlich Bestandteile von Bodenprofilen und gehören daher im strengeren Sinne nicht zu den Gesteinen. Es handelt sich um Material, das nach mehr oder weniger umfassender Verwitterung des Ausgangsgesteins zurückbleibt, oft nach Neubildung von Mineralen und selektivem Stoffabtransport. Durch Umlagerung im Nahbereich ist auch Materialzufuhr möglich. Der für viele Böden kennzeichnende Anteil humoser organischer Komponente kann fehlen.

Zu den residualen Verwitterungsbildungen gehören in Mitteleuropa verbreitete *in situ*-Vergrusungen von meist gröberkörnigen Magmatiten, besonders von Graniten. Ursache ist die meist unvollständige chemische Verwitterung von Feldspäten und Glimmern unter weitgehendem Erhalt des Quarzanteils.

Unter tropischen Verwitterungsbedingungen können sich mächtige gesteinsartige Residualbildungen wie **Bauxite** oder tonige **Saprolite** bilden, in denen ehemals vorhandene Quarze und Feldspäte vollständig herausgelöst bzw. zerstört sind. Saprolite sind *in situ* anteilig oder vollständig vertonte Gesteine, oft unter Erhaltung der Grobgefüge der Ausgangsgesteine. Eine Einbeziehung dieser **Residualgesteine** in petrographische Überlegungen ist schon deshalb sinnvoll, weil alle diese Bildungen das Ausgangsmaterial diagenetischer Fortentwicklung zu gesteinsartigen **Paläoböden** oder „Soilstones" innerhalb von Schichtfolgen sein können, wie auch das Edukt von Metamorphiten. Auf Grund selektiver Entfernung mobiler Komponenten wie Si, Ca, Mg und Alkalien, verbunden mit komplementärer, relativer Anreicherung immobiler Elemente, wie vor allem Al und Fe, können extreme chemische Zusammensetzungen zustande kommen, die ungewöhnliche Metamorphite bedingen.

Steinmeteorite sind Fragmente von Asteroiden, in sehr seltenen Fällen auch des Mondes oder des Mars. Ein Teil von ihnen kann basaltischen (Abschn. 5.8.4) oder gabbroiden Gesteinen (Abschn. 5.7.5) der Erde ähneln. Die Wahrscheinlichkeit Meteorite zu finden ist extrem gering. Hinweise auf die Meteoritnatur geben die Fundumstände und eine beim Flug durch die Atmosphäre entstehende, dünne, schwarze Glaskruste. Häufig werden künstliche Produkte, vor allem Verhüttungsschlacken für Meteorite gehalten.

4.3 Übersicht bestimmungsrelevanter Merkmale von Gesteinen

Die Grundlagen der Gesteinsklassifikation sind in Abschn. 2.1 erläutert. Unabhängig von der Einstufung eines Gesteins als z. B. magmatisch, metamorph oder sedimentär müssen zur Bestimmung die wesentlichen, im jeweiligen Fall beobachtbaren Merkmale möglichst vollständig ausgewertet werden. Hierbei geht es nicht nur um die Benennung, sondern ebenso um Informationen zur geologischen Geschichte der Fundregion. Wichtige Merkmalskategorien sind:

1. **Geologisches Vorkommen**
2. **Allgemeines Aussehen und Eigenschaften**
3. **Mineralbestand (für Sedimentgesteine: Zusammensetzung)**
4. **Gefüge (für Sedimentgesteine: Gefüge, Strukturen)**
5. **Erscheinungsform im Gelände**

Die ausführlicheren Gesteinsbeschreibungen sind entsprechend strukturiert, soweit es für das jeweilige Gestein sinnvoll ist. Für einige wichtige Sedimentite ist wegen besonderer Komplexität der Klassifikation ein Absatz über Regeln der Benennung und Bestimmung vorangestellt. Die Abfolge der Beschreibungen bedeutet nicht, dass auch die Gesteinsbestimmung in der gleichen Reihenfolge verlaufen muss. Wesentliche Unterschiede des sinnvollen Vorgehens bestehen zwischen magmatischen, metamorphen und Erdmantelgesteinen einerseits und Sedimentgesteinen andererseits. Nur Sedimentgesteine sind in vielen Fällen durch die Tätigkeit von Organismen geprägt oder Organismenreste sind sogar wesentlicher Bestandteil. Schon hierdurch, und durch z. T. extreme Zusammensetzungen nehmen Sedimentgesteine eine besondere Stellung ein. Dies wirkt sich auch auf die Bedeutung der Begriffe Gefüge, Struktur und Textur aus (Abschn. 6.1). Auch das Merkmal

4

Abb. 4.1 Aus vulkanischen Gesteinen aufgebaute Vulkanlandschaft (Vulcano von Lipari aus gesehen). Äolische Inseln, nördlich Sizilien.

Mineralbestand hat für Sedimentgesteine einen anderen Rang als für Metamorphite oder Magmatite. So geht in die Definition von z. B. Konglomerat, Ton oder Schluff kein bestimmter Mineralbestand ein.

Selbst bei Magmatiten und Metamorphiten wird am zu untersuchenden Gestein manchmal das Gefüge vor dem Mineralbestand beachtet werden. In der Bestimmungspraxis ermöglichen in vielen Fällen schon die Merkmalskategorien 3 und 4 (S. 120) zusammen eine eindeutige Bestimmung plutonischer Gesteine. Für manche Sedimentite, wie Tongesteine, deren Mineralbestand makroskopisch nicht erkennbar ist, werden stattdessen Merkmale der Punkte 1, 2 und 5 den Ausschlag geben. Grundsätzlich empfiehlt es sich jedoch, bei der konkreten Gesteinsbestimmung alle genannten Merkmalskategorien bewusst zu beachten, selbst wenn man glaubt, das Gestein schon auf den ersten Blick ausreichend eingestuft zu haben.

Geologisches Vorkommen

Mit dem Merkmal geologisches Vorkommen ist der entstehungsbedingte Zusammenhang mit den **großräumigen geologischen Verhältnissen** und mit möglichen Begleitgesteinen gemeint. Ein Gestein ist oft Teil zusammengehörender Gesteinsserien. Daher ist es für die Bestimmung wichtig, ob ein merkmalsarmes, feinkörniges und dunkelgraues Gestein in einem erkennbar vulka-nischen Gebiet vorkommt (Abb. 4.1), oder zwischen einem Granitkörper und benachbartem Tonschiefer. Im ersten Fall ist die Wahrscheinlichkeit groß, dass es sich um ein vulkanisches Gestein handelt. Im zweiten Fall sollte vorrangig daran gedacht werden, dass es ein kontaktmetamorpher Hornfels sein kann (Abb. 7.15).

Allgemeines Aussehen

Das allgemeine Aussehen entspricht dem Eindruck, der beim Betrachten des Gesteins im Aufschluss oder auch aus größerer Nähe entsteht. Es ist in stark unterschiedlichem Maße vor allem von der Farbe, der mechanischen Festigkeit und von der Gliederung des Gesteinskörpers abhängig. Angaben zu den Gesteinsfarben beziehen sich auf unverwittertes Material, wenn nicht ausdrücklich auf Verwitterungsfarben hingewiesen wird. Die Grobgliederung des Gesteinskörpers kann u. a. schichtig, massig oder schieferig sein. Ein dünnplattig teilbares, dunkelgraues, feinkörniges, festes und auf den Trennflächen seidig-matt glänzendes Gestein kann kein Granit sein. Eher kommt ein Tonschiefer in Frage. Mit einiger Erfahrung lassen sich manche Gesteine so schon bei flüchtiger Betrachtung aus einiger Entfernung erkennen. Ein extrem feinkörniges Material, das im feuchten Zustand plastisch weich ist, darf man ohne Kenntnis des makroskopisch ohnehin nicht erkennbaren Mineralbestands für einen Ton halten (Abb. 4.2).

4

Abb. 4.2 Ton mit Fahrspuren als Ausdruck der plastischen Verformbarkeit im feuchten Zustand. Lamstedt, Landkreis Cuxhaven, Nordniedersachsen.

Basaltische Vulkanite zeigen oft eine besonders gut ausgebildete säulenförmige Gliederung des Gesteinskörpers (Abb. 4.3). Dunkelgraue, feinkörnige Gesteine mit entsprechendem Absonderungsgefüge sind mit hoher Wahrscheinlichkeit basaltisch oder basaltähnlich (Abschn. 5.8.4).

Mineralbestand (bzw. für Sedimentite: Zusammensetzung)

In ausreichend grobkörnigen Gesteinen sind die es zusammensetzenden Minerale für sich erkennbar und dann für die Einstufung ausschlaggebend (Abb. 4.4). In sehr feinkörnigen Gesteinen lassen sich die Minerale nicht erkennen und daher auch nicht direkt bestimmen. Dies hat für Magmatite und Metamorphite zur Folge, dass dann auch die Gesteinsbestimmung nicht in systematischer Vollständigkeit möglich ist und oft unsicher bleiben muss. Grundsätzlich ist die Bestimmung der Minerale, soweit sie Bestandteil der Definition des betreffenden Gesteins sind, für die Gesteinsansprache unerlässlich. Eine Gesteinsbestimmung „gegen den Mineralbestand" wird mit Sicherheit falsch. So ist ein in jeder Hinsicht granitartig aussehender und auch in dafür geeignetem geologischem Umfeld auftretender Plutonit mit Sicherheit kein Granit, wenn der Quarzgehalt bei nur 10 Vol.-% liegt (Abb. 5.35).

Der Mineralbestand ist in seiner Summe wegen der spezifischen chemischen Zusammensetzung der Einzelminerale auch **Ausdruck der chemischen Gesteinszusammensetzung**. Viele Minerale oder Mineralkombinationen doku-

Abb. 4.3 Säulige Absonderung von Basalt in besonders regelmäßiger Ausbildung. Naturdenkmal Panská Skála (Herrnhausfelsen), westlich Novy Bor (Haida), České středohoří (Böhmisches Mittelgebirge), Tschechien.

4

Abb. 4.4 Granit (Lokalname: Haga-Granit) aus rotem Kalifeldspat, transparentem, grau erscheinendem Quarz, farblosem Plagioklas und dunklen Mineralen. Das Gefüge reflektiert magmatische Kristallisation und das Fehlen späterer Deformationsbeanspruchung. Ödkarby im Norden der Hauptinsel des Åland-Archipels, Südwestfinnland. BB 7,5 cm.

Abb. 4.5 Gneis aus rotem Kalifeldspat, farblosem Quarz, Plagioklas und dunklen Mineralen. Der Mineralbestand entspricht dem des Granits der Abb. 4.4. Die beiden Gesteine unterscheiden sich durch das Gefüge. Die hier erkennbare Einregelung der Komponenten ist Ausdruck der metamorphen Kristallisation unter dynamischen Bedingungen. Halmstad, Halland, Südwestschweden. BB 12,5 cm.

mentieren spezifische Druck- und/oder Temperaturbereiche zur Zeit ihrer Bildung.

Für die Klassifizierung von Sedimentgesteinen tritt der – entweder nicht erkennbare oder oft auch triviale – Mineralbestand in den Hintergrund. Manche Sedimentite enthalten Gesteinsfragmente, andere bestehen bei großer Gefüge- und Strukturvielfalt fast ausschließlich aus feinstkristallinem Calcit. Daher ist es sinnvoller, bei Sedimentiten von der Zusammensetzung zu sprechen.

Gefüge von Magmatiten und Metamorphiten, Gefüge und Strukturen von Sedimentiten

Das Gefüge als Kombination aus Struktur und Textur eines magmatischen oder metamorphen Gesteins kann in bildlicher Sicht als Schrift verstanden werden. Diese gibt über die bloße Anwesenheit der Minerale hinaus deren Beziehungen zueinander und damit die **Bildungsgeschichte des Gesteins** wieder. Nur das Gefüge ermöglicht die Unterscheidung zwischen dem Vulkanit Rhyolith und dem Plutonit Granit oder zwischen Granit und entsprechend zusammengesetztem Gneis (Abb. 5.2, 4.4, **4.5**). Alle drei

Abb. 4.6 Steile Erosionskante am Rand eines flächig freiliegenden Lagergangs (Abschn. 5.3). Salisbury Crag im Stadtgebiet von Edinburgh (Schottland). Das Gestein des Lagergangs ist Teschenit (Abschn. 5.7.7).

Gesteine können gleiche Mineralbestände haben, unterliegen aber unterschiedlichen Entstehungsprozessen.

Metamorphe Reaktionsbeziehungen bzw. weitgehende Gleichgewichtseinstellung können in vielen Fällen schon makroskopisch über die Konfiguration der Korngrenzen, oder anhand von zwischengeschalteten Reaktionsprodukten erkannt werden. Ob ein Granit bei tektonischer Ruhe statisch auskristallisieren konnte, und damit möglicherweise anorogener Entstehung ist, dokumentiert vor allem das Gefüge.

Für Sedimentgesteine hat der Begriff Gefüge keine übergeordnete Bedeutung. Als Strukturen werden spezifisch sedimentäre, oft biogene Phänomene beschrieben, die neben dem Gefüge bestehen. Entsprechend muss für Sedimentite zwischen Gefüge und Struktur unterschieden werden (Abschn. 6.1).

Erscheinungsform im Gelände

Die Erscheinungsform im Gelände ist Grundlage dessen, was man schließlich als **geologischen Geländebefund**, d. h. als Summe der Beobachtungen im Gelände im Übersichtsmaßstab wahrnimmt. Hierzu gehören z. B. großmaßstäbliche Absonderungsformen innerhalb des Gesteinskörpers, Zusammenvorkommen mit bestimmten Begleitgesteinen, bei großen Vorkommen auch gesteinsabhängige Landschaftsformen. Letztere sind Ausdruck des Gesteinscharakters

unter Beeinflussung durch Klima und regionale Morphologie. Glimmerschiefer wird in ebenem Gelände unter einer Verwitterungsdecke verborgen sein, im Hochgebirge aber schartige Felsgebilde aufbauen. Ein massiver Felsklotz kann nicht aus mürbem und dünnplattig geschichtetem Sedimentgestein bestehen. Ein großflächiger, plateauförmiger Berg lässt vermuten, dass er aus mächtigen, ungefalteten Schichten eines besonders verwitterungsresistenten Sedimentgesteins besteht oder aus flächig ausgebreitetem magmatischem Gestein (Abb. **4.6**).

Granitische und granitähnliche Magmatite neigen im mitteleuropäischen Klima außerhalb der Hochgebirge zur Bildung von Klippen, die wie übereinander gestapelte, rundlich-pralle Säcke aussehen (Wollsackklippen) (Abb. 5.48).

Leicht wasserlösliche Gesteine, vor allem Gips und Anhydrit, bewirken eine durch engräumige Hohlformen (Erdfälle, Schlotten) geprägte Karstlandschaft (Abb 6.85).

Eine isolierte, steile Kuppe in ebener Landschaft, ohne Nähe zu einer ähnlich hohen Schichtstufe legt nahe, dass eine erosionsresistente Schlotfüllung aus z. B. Basalt vorliegt (Abb. 5.8).

Bei der Beschreibung der einzelnen Gesteine wird vorzugsweise von Klimabedingungen und Landschaftsformen in Deutschland und Nachbarländern ausgegangen, wenn nicht Anderes genannt ist.

Hinweise zur petrographischen Bestimmung

Für die Bestimmung mancher Gesteine unter Geländebedingungen ist die Berücksichtigung von nebensächlich erscheinenden oder nur im Einzelfall möglichen Beobachtungen hilfreich. So kann es auf die Beachtung von Xenolithführung (Abschn. 5.2) oder des Verwitterungsverhaltens ankommen. Im Einzelfall wird auf **petrographische Regeln** hingewiesen, die für die Bestimmung ausgenutzt werden können; hierbei sind nicht die jeweils gültigen Klassifikationsregeln gemeint, sondern chemisch oder physikalisch begründbare Vorkommens- oder Ausschlussregeln. So sollte die Grünfärbung eines Sandsteins nicht auf Olivin zurückgeführt werden. Oder es muss bezweifelt werden, dass ein als Nephelin angesehenes Mineral in einem quarzreichen Plutonit tatsächlich Nephelin ist. Bei besonders großer Verwechslungsgefahr zwischen ähnlich aussehenden Gesteinen werden Unterscheidungsmerkmale genannt, wenn es diese gibt.

5 Magmatische Gesteine

Magmatische Gesteine (Magmatite) entstehen durch Abkühlung von Magmen, die zuvor als Teilschmelzen im Oberen Erdmantel oder in der Unteren Kruste gebildet worden sind. In Abhängigkeit von den Magmenzusammensetzungen kann ein weites Spektrum unterschiedlich zusammengesetzter Magmatite auftreten. Eine Grundklassifikation unterscheidet zwischen Alkaligesteinen und subalkalischen Gesteinen sowie zwischen basischen, intermediären und sauren Gesteinen. Die nachfolgenden Definitionen entsprechen denen von Le Maitre et al. (1989) bzw. Le Maitre et al. (2004). **Alkaligesteine** sind so reich an Na und/oder K, dass sie entweder Feldspatvertreter und/oder Alkaliamphibole und/oder Alkalipyroxene enthalten oder von ihrer chemischen Zusammensetzung her enthalten würden, wenn sie vollständig auskristallisiert wären. Zumindest eines der genannten Minerale muss entweder tatsächlich (modal) vorhanden sein oder sich aus der chemischen Analyse rechnerisch (normativ) ergeben (Abschn. 5.6). Konkrete Beispiele für Alkaligesteine sind Phonolithe, Tephrite, Foidsyenite oder Basanite. Als **Subalkaligesteine** gelten nahezu alle magmatischen Gesteine, die nicht Alkaligesteine sind. Wichtige Beispiele für Subalkaligesteine sind tholeiitischer Basalt, Andesit sowie foidfreier Gabbro, Diorit oder Granit. Karbonatite (Abschn. 5.7.8) und extrem selten vorkommende oxidische Magmatite sind Ausnahmen, die weder sinnvoll als Alkali- noch als Subalkaligesteine einstufbar sind.

Als **saure Gesteine** werden Magmatite bezeichnet, die mindestens 63 Gew.-% SiO_2 enthalten. **Basische Magmatite** sind Gesteine mit SiO_2-Gehalten zwischen 45 und 52 Gew.-%. **Intermediäre Gesteine** sind Magmatite, die mit SiO_2-Gehalten zwischen 52 und 63 Gew.-% zwischen sauren und basischen Gesteinen vermitteln. Bezüglich ihrer SiO_2-Gehalte als **ultrabasisch** gelten Magmatite mit weniger als 45 Gew.-% SiO_2. **Ultramafische Gesteine** bestehen zu mindestens 90 Vol.-% aus mafischen und verwandten Mineralen (M ≥ 90).

Auf Grundlage von makroskopischen Untersuchungen lassen sich naturgemäß keine präzisen, quantitativen Aussagen zur Chemie machen. Es gilt aber, dass saure Gesteine, wenn sie voll auskristallisiert sind, eher hell als dunkel gefärbt sind und bei ausreichenden Korngrößen meist Quarz erkennen lassen. Basische Gesteine sind meist reich an dunklen (= mafischen) Mineralen und/oder Plagioklas. Aus dem maßgeblichen Vorkommen von mafischen Mineralen leitet sich die in der IUGS-Klassifikation magmatischer Gesteine im Gegensatz zur Bezeichnung ultramafisch nicht unterstützte und daher auch nicht verbindlich definierte Bezeichnung **mafische Gesteine** ab. Gleichwohl wird sie von manchen Autoren z. B. zur Charakterisierung von entsprechend zusammengesetzten magmatischen Edukten metamorpher Gesteine angewandt. Eine konsequenterweise ebenso mögliche Bezeichnung Mafitit, vergleichbar dem etablierten Terminus Ultramafitit, ist nicht gebräuchlich. Mafische und basische Gesteine sind tendenziell die gleichen Gesteine. Hierbei gibt es jedoch Inkonsistenzen. Als mafische Gesteine werden vor allem gabbroartige Gesteine, Basalte und auch Andesite sowie daraus abgeleitete Metamorphite angesehen. Bezüglich ihrer SiO_2-Gehalte sind Andesite jedoch intermediäre Gesteine. Hier werden zutreffend zusammengesetzte, konkrete Gesteine einheitlich als basisch bezeichnet, während das Adjektiv mafisch ausschließlich zur Kennzeichnung von Mineralen verwandt wird. Eine nicht vermeidbare Ausnahme bilden spezifische, aus basischen Magmatiten hervorgegangene metamorphe Gesteine, die allgemein als mafische Granulite bezeichnet werden (Abschn 7.3.2.3).

Nach Le Maitre et al. (2004) heißen Magmatite mit einer Farbzahl M´ von 0–10 **hololeuko-**

5

krat, mit 10–35 **leukokrat**, mit 35–65 **mesokrat**, mit 65–90 **melanokrat** und mit 90–100 **holomelanokrat** (bis 2004 ultramafisch, sodass es zwei unterschiedliche Definitionen für ultramafisch gab: $M' \geq 90$ und $M \geq 90$). Hiervon unabhängig sind für die verschiedenen Plutonite jeweils Leuko-, Normal- und Melavarianten in individueller Abhängigkeit von der Farbzahl M' definiert. Quantitative Angaben hierzu finden sich in den Abschnitten zu den jeweiligen Gesteinen.

Unterschiedliche Ausgangsgesteine der Teilaufschmelzung in Kombination mit den jeweils zugrunde liegenden geotektonischen Mechanismen führen zu spezifischen Magmen und Magmatiten oder Magmatitgemeinschaften. Die mineralogische und chemische Zusammensetzung der Magmatite ermöglicht umgekehrt Rückschlüsse auf die geotektonischen Ursachen der Magmenentstehung. Dies gilt oft auch noch nach metamorpher Überprägung.

5.1 Magmatismus

Magmatisches Geschehen kann in Form von Vulkanismus an der Erdoberfläche stattfinden. Die Entstehung von vulkanischen Gesteinen = **Vulkaniten** kann daher prinzipiell direkt beobachtet werden, wenn auch am Ozeanboden naturgemäß nur bedingt. Die Landschaft ist auch nach Abschluss vulkanischer Aktivität noch längere Zeit durch vulkanische Oberflächenformen geprägt (Abb. 4.1, 5.5, 5.6, 5.7). Die Einstufung der beteiligten Gesteine als Vulkanite ergibt sich dann schon ohne nähere Bestimmung.

Plutonite entstehen in der Erdkruste (= plutonisch) und werden daher erst nach Abtragung der überlagernden Gesteine zugänglich. Ihre Entstehung kann nicht direkt beobachtet werden.

5.2 Magma

Magmen enthalten aufgrund ihrer hohen Temperatur einen so großen Anteil von Schmelze, dass sie fließfähig sind. In selteneren Fällen können sie vollständig aus Schmelze bestehen.

Häufig gelangen Brocken von Nebengestein oder auch von frühem Kristallisat in das Magma, gelegentlich auch Magma abweichender Zusammensetzung. Wenn es nicht zur vollständigen Resorption kommt, finden sich nach der Erstarrung entsprechende Einschlüsse von „Fremdgestein" im Magmatit, sie werden unabhängig von der Art des Materials und unabhängig davon, ob sie in Vulkaniten oder Plutoniten auftreten, als **Xenolithe** bezeichnet (Abb. **5.1**, 5.41, 5.86, 5.112, 8.2). **Komagmatische Xenolithe** (Autolithe) sind Einschlüsse von Magmatiten, die in

Abb. 5.1 Rhyolith mit dunklen, basischen Xenolithen und transparenten, jedoch dunkel erscheinenden Quarzeinsprenglingen. Rote Kalifeldspateinsprenglinge fallen in der roten Grundmasse nicht auf. Glazialgeschiebe (Roter Ostseeporphyr). Landesteil Schleswig, Herkunft: Grund der nördlichen Ostsee. BB 11 cm.

unmittelbarer Verwandtschaftsbeziehung zum einbettenden Gestein stehen, z. B. als Restit der partiellen Aufschmelzung bei der Magmenentstehung. Gewöhnlich sind sie dunkler als das einbettende magmatische Gestein.

Die meisten Magmen sind Suspensionen von Kristallen gesteinsbildender Minerale in silikatischer Schmelze. Ausnahmen sind Schmelzen mit karbonatischer Zusammensetzung. Magmen enthalten stets gelöste fluide Anteile, vor allem H_2O und CO_2. Im nach der Abkühlung vorliegenden magmatischen Gestein fehlt die fluide Phase. Hinweise auf ihre ehemalige Existenz sind miarolithische (Abschn. 5.4.3) oder blasenförmige Hohlräume im Gestein, oder Minerale, die OH, H_2O oder CO_3 enthalten.

Magmen haben aufgrund ihrer hohen Temperatur, verbunden mit zumindest teilweise flüssigem, nicht kristallinem Zustand und wegen ihres fluiden Anteils geringere Dichten als entsprechend zusammengesetzte Gesteine. Daher neigen sie zum Aufsteigen. Vulkanite dokumentieren mit ihren Mineralbeständen und Gefügen üblicherweise momentane Zustände von Magmen. Nur die im Magma gelösten fluiden Anteile fehlen. Einsprenglinge (Abschn. 5.3.1) repräsentieren schon vorhandene Kristalle, während die Grundmasse (Abschn. 5.3.1) die unmittelbar vor der Förderung noch vorhandene Schmelze abbildet. Möglicherweise erhaltenes Glas ist unterkühlte Schmelze. Plutonite müssen nicht die Magmenzusammensetzung repräsentieren. Sie können eine Teilfraktion des Magmas im Zuge der Auskristallisation repräsentieren.

5.2.1 Magmentypen

Häufig kommen altersgleiche und genetisch zusammenhängende Magmatite von unterschiedlicher Zusammensetzung gemeinsam vor, sodass man von **Magmatitserien** sprechen kann. Die Variation innerhalb einer Serie ist dann oft durch fließende Übergänge gekennzeichnet, kann aber auch bimodal sein, d. h. auf zwei voneinander abgesetzte Bereiche der Zusammensetzung beschränkt. Die Variabilität ist am besten chemisch fassbar und zeigt sich in ansteigendem SiO_2-Gehalt, steigendem Fe/Mg-Verhältnis und zunehmendem Alkaligehalt sowie anderen chemischen Trends. Am Anfang vollständiger Magmatitserien stehen gewöhnlich Basalte, deren gabbroide plutonische Entsprechungen (Abschn. 5.8.4, 5.7.5) oder zu ultramafischen Zusammensetzungen tendierende Differentiate. Für die weitere Entwicklung sind dann für jede Serie eigene Folgemagmen und signifikant unterschiedliche Gesteine kennzeichnend. Die Zusammenhänge können im Gelände erkennbar sein.

Auf Grundlage der Chemie der einzelnen Magmen und damit der Gesteine werden zunächst **alkalische Serien** und **subalkalische Serien** unterschieden. Wesentliche subalkalische Magmatitassoziationen sind **tholeiitische Serien** und **Kalkalkaliserien**. Das Vorkommen der einzelnen Serien ist an spezifische geotektonische Voraussetzungen gebunden. Informationen hierzu finden sich bei den Beschreibungen der jeweils charakteristischen Gesteine. Der Serienzugehörigkeit kommt daher geologische Bedeutung zu. Unter Beachtung der Gesamtheit der vorkommenden Gesteine ist diese oft schon im Gelände erkennbar.

Zu voll entwickelten **alkalischen Vulkanitserien** gehören phonolithische oder trachytische Differentiate neben spezifischen basaltischen Gesteinen im weiteren Sinne (Alkali-Olivinbasalt, Basanit). Diese Basalte (Alkalibasalte) entsprechen angenähert den nicht differenzierten Ausgangsmagmen. Die Differentiate können auch fehlen, sodass nur die basaltischen Gesteine für sich auftreten. Selbst dann kann die Serienzugehörigkeit erkennbar sein (Abschn. 5.8.4).

Alkalische Plutonitserien beginnen mit Gabbros im engeren Sinne, d. h. gabbroiden Gesteinen ohne Orthopyroxen, oder auch mit klinopyroxenitischen oder wehrlitischen Ultramafititen. Endglieder der Differentiation sind vor allem Syenite oder foidführende Gesteine.

Kalkalkalische und tholeiitische Vulkanitserien beginnen jeweils mit plagioklasreichen Basalten. Endprodukte können in beiden Serien Rhyolithe sein.

Die nicht von sich aus verständliche Bezeichnung tholeiitisch ist in veränderter Schreibweise über den lokalen Gesteinsnamen Tholeyit vom Ort Tholey im Saarland abgeleitet. Der Tholeyit von Tholey kann als subvulkanischer Monzodiorit (bzw. Mikromonzodiorit) eingestuft werden (Jung 1958).

5

Ein Kennzeichen für Kalkalkaliserien ist das Vorkommen größerer Mengen intermediärer bis saurer Gesteine oder deren Überwiegen über die Basalte. Andesite und Dacite sind die charakteristischen Kalkalkalivulkanite. In tholeiitischen Serien treten diese mengenmäßig zurück oder fehlen, sodass es zu Bimodalität aus Basalt einerseits und Rhyolith andererseits kommen kann. Auch sind Rhyolithe seltener als in Kalkalkaliserien. Oft treten tholeiitische Basalte allein auf. Große Volumen von pyroklastischen Ablagerungen sind üblicher Bestandteil von Kalkalkaliserien, weniger jedoch von tholeiitischen Vulkanitserien. In Kalkalkalimagmatiten gibt es im Gegensatz zu den eher pyroxendominierten tholeiitischen Gesteinen häufig Amphibole neben oder anstelle von Pyroxenen als mafische Minerale. Dies gilt für Plutonite wie für Vulkanite.

In typischen **kalkalkalischen Plutonitserien** folgen auf orthopyroxenführende gabbroide Gesteine oder Hornblendegabbros Diorite, die ihrerseits in Granodiorite und schließlich plagioklasbetonte Granite (Monzogranite) übergehen. Ultramafische Differentiate sind pyroxenitisch oder hornblenditisch.

Tholeiitische Plutonitserien sind durch einen Differentiationsverlauf gekennzeichnet, der von mengenmäßig überwiegenden orthopyroxenführenden Gabbroiden (Olivinnorite, Norite, Gabbronorite) zu geringen Volumen Fe-betonter Gabbros oder Diorite (Ferrogabbro/-diorit) führt. Diorite wie auch Granodiorite spielen keine wesentliche Rolle. Am Ende können geringe Volumen granitischer bzw. granitähnlicher Differentiate entwickelt sein. Ultramafische bzw. nahezu ultramafische Differentiate orthopyroxenitischer bis harzburgitischer Zusammensetzung können am Anfang der Abfolge stehen. Hierbei sind Kumulatgefüge (Abschn. 5.6.4, 5.7.5), verbunden mit magmatischer Schichtung üblich (Abschn. 5.3.2.2).

5.3 Magmatische Fazies: Plutonite, Vulkanite, Subvulkanite, pyroklastische Bildungen, Ganggesteine, Hyaloklastite

Ein einmal entstandenes Magma kann in Abhängigkeit von seiner endgültigen Platznahme und Abkühlungsgeschichte bei gleicher chemischer und mineralogischer Zusammensetzung Magmatite mit drastisch unterschiedlicher Gefügeausbildung hervorbringen. Magmatitkörper können intrusiv oder effusiv sein. **Intrusiv** bedeutet, dass das zugrunde liegende Magma in vorhandenes Gestein eingedrungen ist (intrudiert), dort abgekühlt und auskristallisiert ist. Der so entstandene, ursprünglich von Nebengestein umgebene magmatische Gesteinskörper ist unabhängig von seiner Konfiguration eine Intrusion. **Effusiv** sind alle Vulkanite, die auf an der Oberfläche ausgeflossene Lava zurückgehen.

Plutonite entstehen durch intrusive Platznahme von Magmen in Tiefen von einigen Kilometern, eingebettet in Nebengesteine, die eine gegenüber der Erdoberfläche erhöhte Temperatur haben. Hinzu kommt ein generell schlechtes Wärmeleitvermögen der umgebenden Gesteinshülle, sodass die Abkühlung nur langsam erfolgt. Hierdurch wird das Wachstum schon vorhandener Kristalle begünstigt und gleichzeitig die Bildung von neuen Kristallisationskeimen erschwert. Ursache hierfür ist, dass die Neubildung von Kristallisationskeimen in der Schmelze bei gegebenen chemischen Voraussetzungen geringfügig niedrigere Temperaturen erfordert als das Weiterwachstum von Kristallen der gleichen Mineralart. Da bei der Kristallisation laufend Wärme entsteht, wird das Erreichen von Temperaturen verzögert, bei denen sich in großer Menge weitere Kristallisationskeime bilden würden. Die sichtbare Folge ist eine **tendenziell grobkörnige Ausbildung von Plutoniten**.

Ein weiterer Faktor, der Grobkörnigkeit in manchen Plutoniten zusätzlich begünstigt, ist die Anwesenheit von im Magma gelöstem H_2O. Dieses kann nur unter erhöhtem Druck im Magma gehalten werden, wie er im Tiefenniveau

Abb. 5.2 Granit als Plutonit (rechts) und Rhyolith als Vulkanit (links). Die Mineralbestände sind gleich. Der Granit ist phaneritisch, der Rhyolith abgesehen von Einsprenglingen aphanitisch. Nur die Korngrößen unterscheiden sich signifikant. Der Granit trägt den Lokalnamen Götemar-Granit, er stammt aus Ostsmåland, Schweden. Der Rhyolith hat den Lokalnamen Bredvad-Porphyr, er stammt aus Norddalarna, Schweden. BB 12 cm.

der Plutone besteht, nicht aber in Oberflächennähe oder gar in Laven.

Das Gefüge von Plutoniten kann bezüglich der Korngrößen als **phaneritisch** bezeichnet werden (Abb. 5.2). Phaneritisch bedeutet, dass die individuellen Kristalle, aus denen das Gestein besteht, für sich mit dem bloßen Auge erkennbar sind (Best 2003). Ausgenommen sind hierbei lediglich akzessorische Minerale, die meist nur als winzige Kristalle vorkommen. Le Maitre et al. (2004) geben für Plutonite erforderliche **Korngrößen von > 3 mm** an.

Vulkanite entstehen effusiv, d. h. durch Ausfließen von Lava an der Erdoberfläche. Die Abkühlung setzt sofort wirksam ein, weil eine wärmeisolierende Umhüllung durch Nebengesteine fehlt. Schnelle Wärmeabfuhr in ohnehin kühler Umgebung führt anders als bei Plutoniten zur spontanen Bildung vieler Kristallisationskeime in gegebenem Volumen, ohne dass diese Kristalle anhaltend weiterwachsen können. Die am Gestein erkennbare Auswirkung der schnellen Abkühlung ist eine **tendenzielle Feinkörnigkeit der Vulkanite**. Das maßgebliche Gefüge ist **aphanitisch** (Abb. 5.2, 5.23), d. h. die individuellen Kristalle sind nur mikroskopisch oder mit anderen geeigneten Laborgeräten bestimmbar (Best 2003). Le Maitre et al. (2004) geben **< 1 mm als Korngrößenbereich für Vulkanite** an und bezeichnen ihn ebenfalls als aphanitisch. Hierbei ist zu beachten, dass viele Vulkanite einen Anteil großer Kristalle als Einsprenglinge enthalten

(Abschn. 5.3.1). Entscheidend für die Einstufung als Vulkanit sind nicht diese besonders großen Kristalle, sondern die Korngrößen der einbettenden Grundmasse.

Bei der Entstehung von Vulkaniten kann die Kristallisation in Abhängigkeit von der Abkühlungsgeschwindigkeit und auch der Zusammensetzung sogar anteilig oder vollständig unterdrückt werden. Die Folge ist dann das Auftreten von **Glas** im Gestein oder ein vollständig aus Glas bestehender Vulkanit. Vulkanite sind allerdings oft nicht vollständig feinkörnig. Dies kann u. a. daran liegen, dass schon beim endgültigen Aufstieg des Magmas größere Kristalle vorhanden waren.

Um einer zwischen 1 mm und 3 mm liegenden, gegenüber normalen Plutoniten zu geringen, für Vulkanitgrundmassen jedoch zu großen Korngröße gerecht zu werden, können die plutonischen Namen durch den vorangestellten Zusatz **Mikro-** ergänzt werden. Plutonitbezeichnungen mit dem Vorsatz Mikro- sind für alle Magmatite mit entsprechenden Korngrößen anwendbar. So gibt es z. B. Mikrogabbros, Mikrogranite, Mikrodiorite und Mikrosyenite.

Subvulkanite sind intrusive Gesteine, die durch Abkühlung und Auskristallisation von Magma unter der Erdoberfläche, jedoch in geringerer Tiefe und mit meist geringerem Volumen als typische Plutonite entstehen. Ihre Feinkörnigkeit ist oft nicht so ausgeprägt wie die der Vulkanite. Sie leiten von den Vulkaniten zu den

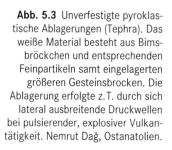

Abb. 5.3 Unverfestigte pyroklastische Ablagerungen (Tephra). Das weiße Material besteht aus Bimsbröckchen und entsprechenden Feinpartikeln samt eingelagerten größeren Gesteinsbrocken. Die Ablagerung erfolgte z.T. durch sich lateral ausbreitende Druckwellen bei pulsierender, explosiver Vulkantätigkeit. Nemrut Dağ, Ostanatolien.

Plutoniten über. Im Folgenden wird an geeigneten Stellen auf sie hingewiesen, sie werden aber nicht als eigene Gruppe für sich behandelt. Manche Ganggesteine können als Subvulkanite aufgefasst werden.

Als **Ganggesteine** können die meisten magmatischen Gesteine auftreten. Sie bilden intrusive Gesteinskörper entweder als **Gänge** im engeren Sinne, d.h. als zumindest ursprünglich mehr oder weniger steil einfallende, plattenförmige Ausfüllungen von geweiteten Fugen im Gesteinsverband, oder als ursprünglich parallel zur Schichtung eingelagerte **Lagergänge = Sills** (Abb. 4.6, 5.11). Sie können je nach Intrusionstiefe und Abkühlungsgeschichte der Umgebung eher Plutoniten oder Vulkaniten gleichen. Die Gesteine von Gängen oder Lagergängen können am unmittelbaren Kontakt zum Nebengestein Randzonen (**Salbänder**) entwickelt haben, in denen sie aufgrund schneller Abkühlung extrem feinkörnig sind (Chilled Margins).

Außer gewöhnlichen Magmatiten in Gangform gibt es **spezifische Ganggesteine** besonderer Zusammensetzung und mit eigenen Namen, die ausschließlich oder typischerweise in Form von Gängen auftreten. Nur um Letztere geht es bei der Detailbeschreibung der spezifischen Ganggesteine (Abschn. 5.10). Hierzu gehören **Lamprophyre**, **Aplite**, **Pegmatite** und **Granitporphyre** (Abschn. 5.7.3). Pegmatite und Granitporphyre treten allerdings häufig auch als Stöcke auf, Pegmatite auch in Form von Schlie-

ren oder Nestern. **Stöcke** sind mehr oder weniger beulenförmige Gesteinskörper, die in Gesteine anderer Art als nach oben gerichtete Einstülpungen eingelagert sind.

Subvulkanite und viele Ganggesteine können als **hypabyssische Gesteine** zusammengefasst werden. Der Begriff kennzeichnet sie nach seiner Wortbedeutung als weder in plutonischen Tiefen noch an der Oberfläche, sondern in mäßiger Tiefe entstandene Magmatite.

Pyroklastische Bildungen sind die Produkte explosiv-vulkanischer Zerlegung des Zusammenhalts des aufsteigenden Magmas oder auch fester Gesteine, oft einschließlich nichtvulkanischen Materials im Bereich des Aufstiegswegs. Abb. 5.3 zeigt ein Beispiel einer schlotnah abgelagerten Pyroklastitdecke.

Hyaloklastite entstehen durch Abschreckung und Zerspringen von vulkanischem Glas am Kontakt von ausfließender Lava gegen Wasser. Wegen chemischer Instabilität von Gläsern kommt es gewöhnlich zu Mineralneubildungen in feinstkörniger Form, z.B. von Zeolithen und Phyllosilikaten.

5.3.1 Makroskopische und Geländemerkmale von Vulkaniten

Alle Vulkanite sind durch einen feinkristallinen, oft auch glasführenden Anteil gekennzeichnet:

die **Grundmasse**. Diese erscheint makroskopisch gewöhnlich als dichte, einheitliche und homogene Masse. Die sie zusammensetzenden Kristalle sind meist viel kleiner als 1mm, wenn auch Le Maitre et al. (2004) 1 mm als Obergrenze der Korngröße angeben (Abschn. 5.3). Die Kristalle sind gewöhnlich mit bloßem Auge nicht als einzelne Körner erkennbar, oft nicht einmal mit einer Lupe. Die Grundmasse hängt räumlich zusammen, alle übrigen Bestandteile sind darin isoliert eingebettet.

In vielen Vulkaniten sind millimeter- bis ca. 1 cm-große, selten größere **Einkristalle** in die Grundmasse eingestreut. Diese heben sich dann als **Einsprenglinge** von der einbettenden Grundmasse ab (Abb. 3.14, 5.91, 5.104). Eine Grundmasse ist in Vulkaniten immer vorhanden. Einsprenglinge können fehlen (Abb. 5.23). Völlig einsprenglingsfreie Vulkanite sind jedoch nicht die Regel. In einem individuellen Vulkanit können mehrere oder nur eine Mineralart als Einsprenglinge vorkommen. Die Einsprenglinge können in einer Phase zunächst langsamer Abkühlung entstanden oder vom Ausgangsmaterial der Teilaufschmelzung ererbt sein. Zwischen den Grundmasse- und Einsprenglingskristallen gibt es gewöhnlich eine Verteilungslücke der Korngrößen statt fließender Übergänge.

In Magmatiten können einsprenglingsartige, auffällig große Kristalle vorkommen. Solche sich aufgrund ihrer Größe besonders von der einbettenden Gesteinsmasse abhebenden Kristalle werden als **Megakristalle** bezeichnet, ohne dass eine für alle Magmatite einheitliche Mindestgröße als Abgrenzung zu normalen Einsprenglingen angegeben werden kann. Best (2003) nennt > 5 mm als vom Gesteinsgefüge abhängige Mindestgröße. Die Kristalle in vollständig grobkörnigen Gesteinen wie Pegmatiten (Abschn. 2.1, 5.10.2) sind keine Megakristalle. Die Bezeichnung Megakristall steht nicht für eine besondere Art der Entstehung. Oft stammen Megakristalle jedoch aus großer Tiefe. Dies gilt für zentimetergroße Pyroxen-, Amphibol- oder Phlogopit-Einkristalle in manchen Alkalibasalten. Für manche mafischen Megakristalle lässt sich nachweisen, dass sie schon im Niveau des Oberen Erdmantels im anschließend aufgestiegenen Magma gebildet worden sind. Eine an hohe Drucke angepasste Mineralchemie man-

cher Megakristalle kann sich manchmal makroskopisch durch farblich oder strukturell abgesetzte Anwachssäume oder auch randliche Reaktionssäume zeigen. Körnig-raue Oberflächen von Bruchflächen können kurzfristige interne Aufschmelzung durch aufstiegsbedingte Druckentlastung anzeigen. In Vulkaniten und Plutoniten verschiedener Zusammensetzung können Feldspat-Megakristalle auftreten, z. B. in manchen Anorthositen. Megakristalle können Größen von über 10 cm erreichen.

Von Einsprenglingen makroskopisch nicht unterscheidbar sind besonders in Basalten vorkommende **Xenokristalle**, es sei denn, es handelt sich um eindeutig nicht ins Gestein gehörende Minerale. Sie sind aus magmenfremdem Nebengestein einzeln herausgetrennte Kristalle. Diesbezüglich ähneln sie Xenolithen, die jedoch zusammenhängende Brocken aufgenommener Gesteine sind (Abschn. 5.2). Besonders Olivine in SiO_2-armen Basalten sind sehr oft keine Einsprenglinge, sondern Xenokristalle. Sie können neben normalen Olivineinsprenglingen auftreten, die aus dem Basaltmagma kristallisiert sind.

Besonders basaltische und andesitische Vulkanite können durch die Entmischung von Gasen unmittelbar vor der Erstarrung grobporig sein. Sie enthalten dann rundlich begrenzte, **blasenförmige Hohlräume** oder sie zeigen schlackiges Gefüge (Abb. 5.87).

5.3.1.1 Geologische Formen des Auftretens von Vulkaniten

In geologisch jungen und besonders in rezenten Vulkangebieten sind vulkanische Oberflächenformen wie z. B. Krateröffnungen, in manchen Fällen sogar mit noch sichtbarer vulkanischer Aktivität, der auffälligste Hinweis auf das Vorkommen vulkanischer Gesteine. In geologisch alten Vulkangebieten sind die ehemaligen vulkanischen Landschaftsformen abgetragen oder überdeckt. Hier können neben der räumlichen Beziehung zu den Nebengesteinen vor allem für Vulkanite kennzeichnende Absonderungsgefüge der Gesteine unübersehbarer Ausdruck der vulkanischen Entstehung sein, ohne dass zunächst die einzelnen vulkanischen Gesteine näher bestimmt sein müssen.

5 Vulkanische Oberflächenformen und subvulkanische Gesteinskörper

Vulkanische **Krater** und **Calderen** sind morphologischer Ausdruck gegenwärtiger oder erst kurz zurückliegender vulkanischer Aktivität. Es sind kreisförmige oder elliptische morphologische Hohlformen (Abb. 4.1), die ihre Entstehung punktförmig fokussierter vulkanischer Aktivität verdanken.

Vulkanische Krater entstehen durch explosive Fördertätigkeit, während Calderen vulkanische Einsturzbecken über teilentleerten Magmenherden sind. Typische Calderen haben Durchmesser von mehreren Kilometern bis weit über 10km. Reine Krater haben selten mehr als 1km Durchmesser, meist sind sie kleiner. Krater- und calderabildende Aktivität überlagern einander oft, sodass komplexe Mischstrukturen auftreten können.

Lavadecken sind flächig ausgedehnte Vulkanitkörper, in den meisten Fällen von basaltischer oder basaltähnlicher Zusammensetzung (Abb. 5.4). Sie verdanken ihre Entstehung der Ausbreitung großer Volumen schnell und wiederholt ausgeflossener, niedrigviskoser Laven auf weitgehend ebener Landoberfläche.

Die Förderkanäle sind oft spaltenförmig und zumeist unter den von ihnen gespeisten Decken verborgen. Mächtigkeiten von Einzeldecken im mehrere Meter- bis Zehnermeter-Bereich sind üblich. Wenn mehrere Deckenergüsse übereinander gestapelt sind, können sich Gesamtmächtigkeiten von einigen hundert Metern und mehr ergeben. Vielphasige Deckenergüsse von regionaler Ausdehnung bilden an Erosionsrändern oft treppenförmig gegliederte **Trappbasalte**. Diese sind nicht immer durchgehend basaltisch.

Über stärker geneigtem oder unebenem Gelände ausfließende Lava bildet besonders bei geringerem Volumen zungenförmige **Lavaströme**. Die Form ist abhängig von der Menge und der Viskosität des Magmas, das bei einem Förderereignis ausfließt. Typische Lavaströme basaltischer Zusammensetzung z. B. von den Flanken des Ätna sind oft nur wenige Meter dick, aber viele Kilometer lang. Rhyolithische Obsidianströme von Lipari haben Längen von ca. 1km, sind aber einige Zehnermeter dick. Ströme aus hochviskoser Lava haben steile Stirnseiten, geringviskose Lava bildet flacher endende Ströme (Abb. 5.5).

Unzerstörte Oberflächen von Lavadecken und Lavaströmen können im Gegensatz zu Gängen oder Sills glatte oder wulstig geformte Krusten zeigen (**Pahoehoe-Lava = Stricklava**), von schlackigem Material bedeckt sein (**Aa-Lava**, Abb. 5.88) oder in eher einfach polygonale, lose Fragmente und Blöcke zerlegt sein (**Blocklava**, Abb. 5.9). Beim Weiterfließen kann ein solcher Blocklavastrom seine eigenen blockigen Fragmente überfahren und umschließen, sodass eine **Lavastrombrekzie** entsteht (Abschn. 5.4.1).

Kegel- oder schildförmige **Zentralvulkane** sind für punktförmig lokalisierte vulkanische

Abb. 5.4 Basaltische, jungtertiäre Lavadecke des Columbia-River-Plateaus. Abfolge von übereinander gestaffelten Lavaströmen. Nahe Dry Falls, westlich Coulee City, Washington State. (Foto Kay Heyckendorf)

Abb. 5.5 Bimodaler Lavastrom. Unter einem Obsidianstrom (mit höherer Seitenböschung, im Bereich des Abhangs) hervorkommend, hat ein basaltischer Lavastrom wegen geringerer Viskosität trotz ähnlichen Volumens weiter in die Ebene fließen können (Vordergrund). Nordflanke des Nemrut Dağ, Ostanatolien.

Fördertätigkeit kennzeichnend. Sie sind besonders auffällig und gelten oft als Vulkane schlechthin. Die Neigung der Flanken ist von der Viskosität der beteiligten Laven und vom Verhältnis von Laven zu pyroklastischem Material abhängig.

Vor allem andesitische Vulkane bauen kegelförmige **Stratovulkane** = Schichtvulkane mit nach außen einfallender Wechsellagerung von Lavastrombildungen und pyroklastischen Ablagerungen auf (Abb. 5.6). Bei lange anhaltender Aktivität an einem Ort können auch Alkaligesteine sehr große, komplexe Schichtvulkane aufbauen (Ostafrika). Aus Wurfschlacken aufgebaute, kleinere **Schlackenkegel** sind Produkte kurzlebiger vulkanischer Fördertätigkeit am jeweiligen Ort. Wurfschlacken sind Brocken aufgeschäumten, porösen vulkanischen Materials, das bei der Fördertätigkeit ausgeworfen wird. Langlebige basaltische Vulkane ohne wesentliche Beteiligung pyroklastischen Materials bilden Abfolgen aus großflächigen Lavadecken oder Lavaströmen, die sich zu sanft geböschten **Schildvulkanen** übereinander stapeln (Abb. 5.7).

Viele steil kegelförmige vulkanische Berge älterer Vulkanregionen sind keine Stratovulkane, sondern durch selektive Erosion weniger resistenter Nebengesteine herausgeschälte Schlotfüllungen, sog. **Schlotstiele** (Abb. 5.8). Ihnen fehlen naturgemäß Krater oder randlich herabführende Lavaströme. Gangförmige Zufuhrkanäle können erosionsbedingt mauerartig herausstehen.

Lava, die sich nicht flächig ausbreiten kann, bildet **Lavadome**. Hierzu gehören **Staukuppen** (Abb. 5.9), die dadurch entstehen, dass z. B. rhyolithische, trachytische oder auch phonolithische

Abb. 5.6 Stratovulkan mit steil geböschter Kegelform. Die Förderprodukte sind andesitisch und basaltisch. Semeru, Java.

Abb. 5.7 Sanft geböschter, großflächiger, basaltischer Schildvulkan-
komplex von neogenem bis
quartärem Alter. Karacadağ, Süd-
ostanatolien. Fotostandort auf zuge-
hörigem Basaltplateau.

Abb. 5.8 Schlotstiel (Erosionsrest
der Schlotfüllung eines alkalibasaltischen, tertiären Vulkans).
Desenberg (345 m) bei
Warburg, Westfalen.

Laven sich aufgrund ihrer hohen Viskosität unmittelbar am Förderort auftürmen. Staukuppen-
vulkane haben demzufolge keinen offenen Krater. Kennzeichnend sind rundum steile Flanken.
Im Inneren ist gewöhnlich eine konzentrisch
angeordnete plattige Absonderung entwickelt.
Am Fuß kann heruntergebrochenes Blockwerk
aufgetürmt sein. Dicht unter der Oberfläche,
eingebettet in pyroklastisches Material oder unverfestigte Sedimentgesteine, kann sich Magma
ballonartig Platz verschaffen und staukuppen-
ähnliche **Quellkuppen** aufbauen. Form, interner
Bau und verursachende Magmen unterscheiden
sich nicht notwendig. Quellkuppen sind seicht

subvulkanische Bildungen, die im Gegensatz zu
Staukuppen erst nach Abtragung der Umhüllung
freiliegen.

Gänge und **Lagergänge (Sills)** (Abb. 5.10,
5.11) sind im typischen Fall hypabyssische Gesteinskörper. Sills sind innerhalb von Schichtfugen oder entlang von Diskordanzflächen lateral ausgebreitet. Gänge fallen steil ein und
durchschlagen das Nebengestein. Sie können
Zufuhrkanäle längst abgetragener, ehemaliger
Vulkane sein. Gehäuft auftretende, parallele,
gewöhnlich basaltische Gänge (**Gangschwärme**)
sind Ausdruck episodischer, großräumiger
Dehnungstektonik. Besonders bei geringer

5

Abb. 5.9 Lavadom (Staukuppe) aus Obsidian-Blocklava. Nemrut Dağ, Ostanatolien.

Mächtigkeit kühlen Gänge und Lagergänge so schnell aus, dass deren Gesteine sich vom Gefüge her nicht von oberflächlich ausgeflossenen Vulkaniten unterscheiden. Die kontaktmetamorphe Beeinflussung des Nebengesteins ist zumeist unbedeutend oder fehlend. Wegen der zur schnellen Platznahme erforderlichen geringen Viskosität kommen nur basaltische oder verwandte Gesteine für oberflächennahe Sills in Frage.

5.3.1.2 Absonderungsformen und Inhomogenitäten von Vulkaniten und Subvulkaniten

Während die Beobachtung der vulkanischen Oberflächenmorphologie unzerstörte und unüberdeckte Flächen erfordert, also auf junge Vulkangebiete beschränkt ist, lassen sich typisch vulkanische Absonderungsformen gewöhnlich auch im Aufschlussmaßstab und in alten, teilerodierten und überdeckten Vulkanitvorkommen sicher erkennen.

Massige, homogene Ausbildung

Andesitische, dacitische und rhyolithische, aber auch basaltische und sonstige Lavaströme bzw. Gangfüllungen können über ihre gesamte Mächtigkeit oder abschnittweise einheitlich massig aufgebaut sein. Klüftung und Bankung treten

dann eher weitständig auf und führen nicht zu ausgeprägt plattiger oder säuliger Absonderung. Massige Ausbildung ist auch für die meisten Plutonite (Abb. 5.15, 5.39, 5.56) und viele Metamor-

Abb. 5.10 Basischer Gang (schwarz) in rötlich-grauem Granit. Skiresjön, westlich Vimmerby, Ostsmåland, Schweden.

Abb. 5.11 Basaltischer Lagergang (massig), schichtkonkordant in dünnplattigem Unterem Muschelkalk eingelagert. Mächtigkeit des Lagergangs knapp 1 m. 4 km nördlich Dransfeld, Landkreis Göttingen.

phite sowie für manche Sedimentgesteine üblich, sodass sie für sich kein ausreichendes Indiz für ein vulkanisches Gestein ist.

Säulige Absonderung

Säulige Absonderung bei sonstiger Homogenität der Zusammensetzung ist auf Vulkanite beschränkt, mit der seltenen Ausnahme kleinmaßstäblicher säuliger Aufgliederung mancher Sandsteine unmittelbar am Kontakt zu Vulkaniten oder Subvulkaniten. Vor allem basaltische Gesteinskörper zeigen sehr häufig eine polygonalsäulige Gliederung mit Durchmessern der einzelnen Säulen im Dezimeter-Maßstab (Abb. 4.3, **5.12**). Säulige Absonderung, mit der Tendenz zu relativer Dicksäuligkeit bis in den Meter-Bereich, kommt auch bei Rhyolithen, Andesiten, Daciten u. a. vor.

Die Querschnitte idealer Basaltsäulen sind ähnlich wie Bienenwaben sechseckig, ebenso können Kombinationen von Drei- bis Siebenecken vorkommen. Durchmesser und Form können bei unvollkommenen Säulen im Säulenverlauf wechseln. Die Säulen werden nach der Erstarrung des Magmas bei fortschreitender Abkühlung zur Kompensation der thermischen Kontraktion angelegt. Ihre Längsachsen sind senkrecht zur Abkühlungsfläche orientiert, d. h. in Richtung des thermischen Gradienten. Dies bedeutet, dass sie in flächig ausgedehnten Decken senkrecht zur Basis und

zur Oberseite eingestellt sind, in Gängen senkrecht zum Kontakt und in kleinen stockartigen Körpern (Abschn. 5.3.2.1) divergentstrahlig (**Meilerstellung**, Abb. 5.82).

Abb. 5.12 Säulig gegliederter Alkalibasalt, senkrecht zu den Säulenachsen angeschnitten. Kitzkammer am Hohen Meißner, Nordhessen.

5

Abb. 5.13 Plattig-bankige Absonderung von Phonolith (Tephriphonolith nach TAS-Klassifikation, Abschn. 5.8.2). Ústí nad Labem (Aussig an der Elbe), Tschechien.

Plattige Absonderung

Plattige Absonderung tritt in Metamorphiten häufiger auf als in Vulkaniten. Sie geht dann jedoch mit metamorpher Foliation einher (Abschn. 7.1.2). Innerhalb der Gesteinsgruppe der Vulkanite ist plattige Absonderung, wenn sie allein auftritt, für manche nichtbasaltischen Gesteine kennzeichnend. Rhyolithe, Trachyte, Dacite und ganz besonders Phonolithe können plattige Absonderung im Zentimeter- bis Dezimeter-Maßstab zeigen (Abb. 5.13). Oft geht sie mit laminar-schlieriger Inhomogenität einher, die die letzte Fließbewegung unmittelbar vor der Erstarrung abbildet. Phonolithe können eine fast schieferungsähnliche, oft extrem dünnplattige Teilbarkeit im Zentimeter-, manchmal auch Millimeter-Bereich zeigen, die besonders auf angewitterten Oberflächen deutlich wird. In Lavaströmen und Lagergängen kommt es oft zur Mitte hin zur Abstandsvergrößerung der Absonderungsflächen.

Kissenförmige Absonderung, Kissenlava (Pillowlava)

Kissenförmige Absonderung ist kennzeichnend für das Ausfließen von gewöhnlich basaltischen

Abb. 5.14 Kissenlava (Pillowlava). Submarin ausgeflossener Basalt. Die hellen, scharf begrenzten Flecken sind Napfschnecken mit ca. 2 cm Durchmesser. Downan Point, Ballantrae, Ayrshire, Südwestschottland.

5

Laven im Wasser, vor allem am Ozeanboden. Hierbei kommt es zur sofortigen Abschreckung und Erstarrung am Außenkontakt der sich tropfen- oder ballonartig ausdehnenden individuellen Fließkörper. Durch anhaltende Fördertätigkeit werden mächtige Stapel von Basaltkissen angehäuft. Für **Kissenlava** (= **Pillowlava**) ist eine Größe der Einzelkissen im Dezimeter- bis Meter-Maßstab üblich (Abb. 5.14).

Die Kissen können andererseits isoliert in **Hyaloklastiten** liegen (Abschn. 5.3.5, 5.9) Die einzelnen Kissen zeigen als Folge der randlichen Abschreckung gegen das Wasser Glaskrusten oder deren Relikte. Die Korngrößen der Grundmasse nehmen nach außen ab. Gasblasen oder Mandeln (Amygdalen) können an der ursprünglichen Oberseite konzentriert sein.

Bei mangelnder Erfahrung sind Verwechslungen zwischen Pillowabsonderung und der für viele basische Magmatite typischen **schaligen Verwitterung** möglich (Abb. 5.16, 5.68). Hier hilft ein Blick auf das unverwitterte Gestein im selben Aufschluss mit dann massiger oder säuliger Absonderung. Die Verwitterungskrusten selbst sind oft bräunlich-rostig getönt und nach außen zunehmend bröckelig.

5.3.2 Makroskopische und Geländemerkmale von Plutoniten

Plutonite sind abgesehen von einzelnen akzessorischen Kristallen (Nebengemengteilen) wie z. B. Zirkon und Apatit so grobkörnig, dass ihre Kristalle für sich einzeln mit bloßem Auge gut erkennbar sind. Dies betrifft alle für eine Diagnose entscheidenden Minerale. Typische Plutonite sollen Korngrößen > 3 mm haben (Abschn. 5.3).

Plutonite bilden gewöhnlich massive Körper von erheblichem Volumen. Die Lagerungsbeziehungen zu den Nebengesteinen sind intrusiv, abgesehen von jüngerer Überdeckung oder jüngerer Tektonik. Reaktionsfähige Nebengesteine, z. B. Tonschiefer, zeigen am Kontakt thermische Beeinflussung (Kontaktmetamorphose).

Hohlräume als Folge der Entmischung von Gasen kommen in Plutoniten seltener vor als in Vulkaniten. Wenn sie auftreten, dann am ehesten in granitoiden Gesteinen und in Form von Miarolen (Abschn. 5.4.3).

5.3.2.1 Geologische Formen des Auftretens von Plutoniten

Plutonite treten als intrusive Massen von oft vielen Kubikkilometern Volumen auf, sodass Aufschlüsse in der Regel nur kleine Ausschnitte des Gesteinskörpers zeigen. Im einzelnen Aufschluss ist daher kein Bild von der Gesamtkonfiguration zu gewinnen. Eine Klärung erfordert dann systematische Feldbeobachtungen oder flächenhafte geologische Kartierung.

Stöcke haben rundum steil einfallende Außenkontakte und runde bis elliptische Querschnitte. Typische Stöcke haben eine Oberflächenausdehnung meist weit unter 100 Quadratkilometer bis hinunter in den Größenordnungsbereich von weniger als 1 Quadratkilometer, Letzteres gilt besonders für subvulkanische Bildungen. Der Begriff Stock wird in uneinheitlichem Sprachgebrauch für plutonische Beispiele häufig durch den unspezifischeren Begriff **Pluton** ersetzt. Ausreichend große Intrusivkörper sind überwiegend als **zonierte Plutone** ausgebildet. Hiermit ist gemeint, dass in sich geschlossene Plutone aus verschiedenen, miteinander in genetischer Verwandtschaftsbeziehung stehenden Gesteinen zusammengesetzt sind. Der Bau ist oft konzentrisch, entweder mit abrupten oder mit fließenden Übergängen zwischen den beteiligten Gesteinen.

Batholithische Komplexe bestehen aus einander durchdringenden, nahezu gleichalten großen Stöcken oder tiefreichenden Plutonen von genetisch verwandter Zusammensetzung. Gesamtflächen im Größenordnungsbereich von Tausenden von Quadratkilometern sind die Regel.

Lopolithe und **Lakkolithe** sind mächtige plutonische Intrusionen von sillähnlicher bis linsiger Form. **Phakolithe** sind zungenförmig mit randlichem Zufuhrkanal konfiguriert. Im Vergleich zu den gewöhnlich in Oberflächennähe gebildeten Sills ist das Verhältnis Mächtigkeit zu Durchmesser tendenziell größer. Zwischen Lopolithen, Lakkolithen und Phakolithen gibt es fließende Übergänge. Typische Lopolithe sind muldenförmig in ihre Unterlage eingesenkt. Lakkolithe wölben ihr Hangendes beulenförmig empor. Lakkolithe und Lopolithe entstehen zumeist unter anorogenen tektonischen Voraussetzungen.

Ringintrusionen sind nach herkömmlichem Modell konzentrisch ineinander gestaffelte einzelne Intrusivkörper, deren Geometrie durch sich nach unten öffnende Kegelmäntel oder auch Zylindermäntel bestimmt wird. Sie fügen sich als Teilsegmente zu **Ringkomplexen** mit Durchmessern von einzelnen Kilometern bis zu mehreren Zehnerkilometern zusammen. An der Oberfläche ergeben sich je nach Vollkommenheit der Ausbildung ring- oder sichelförmige Anschnitte. Die Breite individueller Ringintrusionen liegt zumeist im Bereich einiger hundert Meter. Das gleiche Bild einer konzentrischen Abfolge von ringförmig angeordneten Magmatitkörpern kann sich auch innerhalb einer vom Rand her konzentrisch auskristallisierenden und gleichzeitig differenzierenden, zonierten Intrusion ergeben.

Die jeweils verwirklichte Intrusionsform wird durch die strukturelle Vorprägung des Nebengesteins und mögliche synchrone tektonische Aktivität bestimmt sowie durch die Viskosität des Magmas und das Dichteverhältnis Magma/Nebengesteine. Magmen relativ geringer Dichte, diese haben gewöhnlich gleichzeitig eine hohe Viskosität, neigen besonders zur Bildung von **Stöcken** und **Phakolithen**. Dies betrifft besonders **granitische**, **dioritische** und **syenitische Magmen**.

Gabbroide Magmen sind aufgrund hoher Dichte und oft geringer Viskosität geeignet, **sillähnliche Lakkolithe** oder **Lopolithe** zu bilden. Große stockförmige Plutone aus gabbroidem Material sind im oberen Bereich der Erdkruste viel seltener als solche mit granitischer Zusammensetzung.

Ringintrusionen entstehen unter Voraussetzungen, die nicht an bestimmte Magmen gebunden sind. Als auslösender Mechanismus gilt das Absinken des unterlagernden Sockels eines Zentralvulkans über einem tiefer liegenden Magmenreservoir, mit der Folge des Einfließens von Magma in die ringförmig umlaufenden Randbrüche. **Ringkomplexe** können daher individuell oder von Fall zu Fall aus sehr verschiedenen Magmatiten von **Granit** bis hin zu **ultramafischen Kumulaten** bestehen.

Die Entstehung batholithischer Komplexe setzt riesige Volumen von Magmen relativ geringer Dichte voraus, die diapirisch aufstiegsfähig sind. Dies ist vor allem an aktiven Kontinentalrändern möglich, an denen überwiegend kalkalkalische Magmen gebildet werden. Daher bestehen **Batholithkomplexe** überwiegend aus **granitischen**, **granodioritischen**, **dioritischen** und **untergeordnet gabbroiden** Teilplutonen.

5.3.2.2 Absonderungsformen und Inhomogenitäten plutonischer Gesteine

Plutonite treten im Aufschlussmaßstab überwiegend homogen auf. Schon im Aufschlussbereich deutlich werdende Inhomogenität weist auf besondere Prozesse bei der Platznahme des Magmas oder bei dessen Auskristallisation hin.

Massige, homogene Ausbildungsform

Alle Plutonite können massig und großmaßstäblich homogen auftreten. Besonders für Granite, Granodiorite, Monzonite, Tonalite, Diorite, Syenite und foidführende Plutonite ist dies die Regel. Eine sichtbare Gliederung ergibt sich dann nur durch das meist weitständige Klüftungsmuster mit grobbankiger bzw. quaderförmiger Absonderung (Abb. 5.15, 5.40). Der Kluftabstand liegt meist im Bereich einiger Dezimeter bis mehrerer Meter.

Schlierig inhomogene Ausbildung

Schlieren sind diffuse, seltener scharf begrenzte, meist rasch auskeilende, unebenflächig ausgebildete Einlagerungen, deren Zusammensetzung von der Umgebung abweicht. Sie heben sich vor allem farblich oder durch unterschiedlichen Einsprenglingsanteil ab und können durch subparallele Anordnung die laminare Fließbewegung unmittelbar vor der Erstarrung abbilden. Schlieren treten vor allem in granitischen und dioritischen Magmatiten auf, deren Magmen hohe Viskosität haben.

Abb. 5.15 Granit, massig ausgebildet. Gliederung nur durch Klüftung. Okertal, Westharz.

Magmatische Schichtung

Magmatische Schichtung tritt besonders in anorogenen, aber auch in orogenen, basischen Intrusionen auf. Die schichtig miteinander wechsellagernden Gesteine sind gewöhnlich Differentiate des gleichen Magmensystems. Vor allem gabbroide und ultramafische, seltener auch syenitische und foidreiche Plutonite können im Aufschlussmaßstab, weniger im Handstückbereich, schichtigen Aufbau zeigen.

Magmatische Schichtung ist innerhalb eines Plutons in der Regel nur abschnittweise entwickelt. Der nicht erkennbar geschichtete Anteil überwiegt meist. Trotzdem ist es üblich, solche Plutone in Gänze als geschichtet (**Layered Intrusions**) zu bezeichnen. Magmatische Schichtung geht oft mit dem Auftreten von Kumulatgefügen einher (Abschn. 5.4.3, 5.6.4, 5.7.5.1).

Gemeinsame Ursache der meisten Formen magmatischer Schichtung ist die Sedimentation von Kristallisat aus fließendem oder stagnierendem Magma. Wie bei der Bildung eigentlicher Sedimentgesteine sind verschiedene Sedimentationsmechanismen möglich. Gravitative Saigerung von Kristallisat ist nur eine der Möglichkeiten.

Modale Schichtung ist durch lagenweise Zu- und Abnahme des Anteils beteiligter Minerale bedingt, oft bis hin zum völligen Aus- und Wiedereinsetzen (Abb. 5.67). Ein häufiges Beispiel ist das schichtweise gehäufte Auftreten von Kumulus-Plagioklas (Abb. 5.80, Abschn. 5.7.5.1) in sonst mafitgeprägten Plutoniten. Die Kontakte zwischen benachbarten Schichten können abrupt oder fließend sein. **Mineralgradierte Schichtung** liegt vor, wenn die Mengenanteile der Minerale sich von Schicht zu Schicht fließend ändern. Im Falle **korngrößengradierter Schichtung** ändern sich die Korngrößen in geschichteter Anordnung.

Kryptische Schichtung ist im Gelände nur schwer erkennbar, da es keine sichtbare Wechsellagerung gibt. Hierbei handelt es sich um den kontinuierlichen, meist differentiationsbedingt einseitig gerichteten Wechsel der chemischen Zusammensetzung der mafischen Mischkristalle und des Plagioklas ohne Änderung des pauschalen Mineralbestandes. Kryptische Schichtung kann sich abzeichnen, wenn gegen Ende der Fraktionierung so Fe-reiche Differentiate entstanden sind, dass deren rostig braune Verwitterungsfarben sich von den eher grau anwitternden, stratigraphisch darunter liegenden, Mg-betonteren Gesteinen abheben. Dies betrifft die seltenen Ferrogabbros (Abschn. 5.7.5).

Rhythmische Schichtung ergibt sich durch lagenweisen Wechsel zwischen mehreren, modal unterschiedlich zusammengesetzten Gesteinen. Rhythmische Schichtung kann im Maßstab von Zentimetern bis 100 Metern angelegt sein.

Inch-Scale-Layering ist rhythmische Schichtung mit streng periodischem Wechsel von hellen und dunklen Lagen von auffallend einheitlicher Mächtigkeit (Abb. 5.16). Typischerweise sind die Einzellagen ca. 1 Zoll (engl. *inch*), d. h. ca. 2,5 cm dick, im abgebildeten Beispiel nicht weniger als 2 cm und nicht mehr als 3 cm. Die Ableitung der Bezeichnung ist offensichtlich. Eine deutsche Entsprechung des Namens gibt es nicht. Die hellen und dunklen Lagen sind durch

Abb. 5.16 Inch-Scale-Layering in Gabbro. Die rhythmische magmatische Schichtung ist auf der sich schalig ablösenden Verwitterungskruste am deutlichsten erkennbar. Findling (Glazialgeschiebe). Glinstedt bei Bremervörde, Nordniedersachsen. Höhe des Findlings 70 cm.

Abb. 5.17 Intrusionsbrekzie. Basische, dunkle Magmatitfragmente in hellem Granitoid. Böschung der Fernstraße 34 zwischen Vimmerby und Kisa, östlich Gullringen, Nordostsmåland, Schweden.

abwechselnde Dominanz von Plagioklas bzw. Mafiten bedingt.

Gegenseitige Durchdringung mehrerer Magmatite

Netzgänge (Net Veins) bestehen meist aus hellen magmatischen Gesteinen, die in dreidimensional unregelmäßig netzartiger Anordnung zusammenhängende Gangsysteme innerhalb fragmentierter, gewöhnlich dunklerer Magmatite bilden. Das vom Volumen her überwiegende, dunkle Material ist dadurch in isolierte, weitgehend *in situ* gebliebene, eckig-polygonale Brocken von meist Dezimeter-Größe zerlegt, die zu beiden Seiten der Gänge wie Stücke eines Puzzles zusammenpassen. Es muss beim Eindringen des Magmas des helleren Gesteins vollständig auskristallisiert gewesen sein.

Intrusionsbrekzien bestehen aus einem hohen Anteil von eckigen Fragmenten aus durchweg plutonischem Gestein, eingebettet in einer zusammenhängenden Masse aus einem anderen plutonischen Gestein oder Ganggestein (Abb. 5.17). Die gewöhnlich dunklen Fragmente „schwimmen" anders als in Netzgang-Komplexen frei in dem einbettenden, helleren Gestein, das einen wesentlichen Anteil des Gesamtvolumens ausmacht. Benachbarte dunkle Fragmente passen nur noch ausnahmsweise zusammen.

Composite Dykes bestehen aus helleren und dunkleren Magmatiten, die gemeinsam ohne wesentliche Durchmischung Gänge innerhalb des Nebengesteins füllen. Eine festliegende Benennung gibt es im Deutschen nicht. Eine den Sachverhalt treffende Bezeichnung ist **mehrphasiger Gang**. Am häufigsten sind mehrphasige Gänge, deren Ränder aus anderem, meist basi-

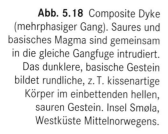

Abb. 5.18 Composite Dyke (mehrphasiger Gang). Saures und basisches Magma sind gemeinsam in die gleiche Gangfuge intrudiert. Das dunklere, basische Gestein bildet rundliche, z. T. kissenartige Körper im einbettenden hellen, sauren Gestein. Insel Smøla, Westküste Mittelnorwegens.

scherem Gestein bestehen als die Zentren. Es kann aber auch zu Magmendurchmengung (engl. *magma mingling*) ohne Homogenisierung gekommen sein (Abb. 5.18), im Gegensatz zu Magmenvermischung (engl. *magma mixing*), bei der es zur weitgehenden Homogenisierung kommt. Als Folge von Durchmengung zweier Magmen zeigt dann ein dunkleres, meist relativ feinkörniges Material gerundete Umrisse innerhalb eines umschließenden helleren Gesteins. Composite Dykes sind Ausdruck der gleichzeitigen Existenz und gemeinsamen Intrusion zweier nicht miteinander vermischter Magmen oder der sukzessiven Intrusion verschiedener Magmen.

5.3.3 Makroskopische und Geländemerkmale von pyroklastischen Bildungen

Pyroklastisch heißen Produkte von explosivem, d. h. gasreichem Vulkanismus (Abschn. 5.9). Das Material wird vom ausströmenden Gas oder von abrupten Explosionen aus dem Förderschlot mitgerissen und in der Umgebung oder im Schlot selbst abgelagert. Hierbei sind beliebige Mengenverhältnisse zwischen ausschließlich vulkanogenen Partikeln und Nebengesteinsfragmenten möglich. Vulkanogene Klasten können aus dem Fördermagma selbst bezogen sein oder aus älterem vulkanischem Gestein des Untergrunds.

Dem Fördermagma selbst entstammende Partikel können als noch nicht erstarrte, heiße Lavafetzen ausgeworfen worden sein oder als schon erstarrtes Gestein.

Die Petrographie individueller pyroklastischer Ablagerungen ist vor allem von der Art der beteiligten Klasten geprägt, von deren Korngrößenverteilung, vom Ablagerungsmilieu (auf Land oder unter Wasser), von der Temperatur bei der Ablagerung und von Prozessen nach der Ablagerung. Pyroklastische Bildungen können ungeschichtet-massig bis hin zu perfekt ebenflächig geschichtet auftreten (Abb. 5.19), auch gibt es alle Übergänge zwischen völlig unverfestigten, hochporösen Lockermassen und flintartig festen, harten Gesteinen.

Wegen der Vielfalt der Eigenschaften gibt es kein allgemein gültiges Merkmal, das in jedem Fall die pyroklastische Natur eindeutig belegen könnte. Einerseits kann man feinkörnige und auch mürbe pyroklastische Ablagerungen mit manchen Sedimentgesteinen verwechseln, andererseits können stark verfestigte Pyroklastite ohne merkliche Porosität für die Erstarrungsprodukte ehemaliger Laven gehalten werden.

Der größte Teil der pyroklastischen Bildungen kann aber doch anhand der Kombination mehrerer der folgenden möglichen Merkmale im Gelände von Gesteinen anderer Gruppen unterschieden werden. Diese sind vor allem:

- Regionale Bindung an das Vorkommen von Vulkaniten, besonders solcher mit alkalischer,

Abb. 5.19 Bimstephra (hell) und dunkle Aschenlagen. Pyroklastische Förderprodukte des Laacher-See-Vulkans. Bimsgrube zwischen Nickenich und Eich, Osteifel.

kalkalkalischer oder rhyolithischer Zusammensetzung

- Großflächige Verbreitung trotz Zusammensetzungen (z. B. rhyolithisch), deren Viskosität das Ausfließen ausgedehnter Lavadecken oder Sills ausschließt
- Hohe Porosität und entsprechend mürbe Konsistenz
- Eingestreute, einsprenglingsartige magmatogene Kristalle wie z. B. Feldspäte, Biotit, schwarzer Amphibol, schwarzer Pyroxen
- Eingelagerte Megakristalle oder peridotitische bzw. pyroxenitische Xenolithe
- Brekziöser Aufbau mit überwiegend vulkanitischer Zusammensetzung der Klasten, schlechte Korngrößensortierung
- Vorkommen von schaumig-porösen, glasigen Klasten (Bims) in feinerer Matrix
- Eindellung der Unterlage an der Unterseite größerer Klasten
- Eutaxitisches Gefüge (für sich allein ausreichend zur Einstufung als Ignimbrit) (Abschn. 5.9)

5.3.4 Makroskopische und Geländemerkmale von magmatischen Ganggesteinen

In diesem Abschnitt geht es nur um solche Gesteine, die typischerweise allein in Form von Gängen auftreten (Abschn. 5.10). Dies sind **Lamprophyre** und **Aplite**, bedingt auch **Pegmatite** und **Granitporphyre**. Pegmatite und Granitporphyre kommen auch als Stöcke vor, Erstere auch als Schlieren innerhalb ähnlich zusammengesetzter, aber feinerkörniger Gesteine.

Die Gangnatur ist wegen zumeist geringer Mächtigkeit der Gangkörper oft im Aufschluss unmittelbar beobachtbar. Pegmatite und Granitporphyre können aber auch Körper bis in den Hundertmeter-Größenordnungsbereich bilden.

Die meisten Pegmatite und Aplite sind granitisch oder granitähnlich zusammengesetzt und oft besonders hell getönt. Das Hauptmerkmal von Pegmatiten ist extreme Grobkörnigkeit, Aplite hingegen sind vulkanitartig feinkörnig und zusätzlich frei von Einsprenglingen. Lamprophyre sind dunkel aussehende Ganggesteine, die entweder keine oder nur mafische Einsprenglinge enthalten. Granitporphyre sind granitisch zusammengesetzte Gesteine mit oft ausgeprägt porphyrischem Gefüge (Abschn. 5.7.3, Abb. 5.21). Die Grundmasse ist feiner als für Granite üblich, aber tendenziell gröber als die von Rhyolithen, oft sind die Feldspat- und auch Quarzeinsprenglinge auffällig gerundet (Abb. 5.42).

5.3.5 Makroskopische und Geländemerkmale von Hyaloklastiten

Aufgrund der Entstehung durch schockartiges Abkühlen und Zerspringen am Kontakt von Lava gegen Wasser sind Hyaloklastite aus – meist alterierten – Glasfragmenten zusammengesetzt. Diese können durchgängig so feinkörnig sein, dass man Einzelpartikel kaum sieht oder es können bis Zentimeter-große Fragmente in einer feinerkörnigen Matrix stecken. In der Matrix ist es gewöhnlich zur hydrothermalen Neubildung von z. B. Karbonaten, Zeolithen oder feinkörnigen

5

Abb. 5.20 Basaltischer Hyaloklastit mit eingelagerten Pillows. Palagonia, Sizilien.

Phyllosilikaten gekommen, meist unter Erhalt einer Restporosität (Abb. 5.121). Im typischen Fall ergibt sich dann das Bild einer mürben, oft grünen oder auch grauen Masse, oft mit diffus abgegrenzten, schlierig eingelagerten, hellen Neubildungen. Die Festigkeit ist meist gering. Hyaloklastite bilden häufig die einbettende Matrix in den Zwickeln zwischen den Kissen von Pillowlaven. Hierbei können die Einzelfragmente durch ihre Form als von den Pillow-Außenseiten abgeplatzte Segmente von Außenschalen erkennbar sein. Die hyaloklastitische Matrix kann so weit überwiegen, dass die Pillows isoliert voneinander darin eingestreut sind (Abb. 5.20).

5.4 Gefüge von magmatischen Gesteinen

Es gibt **kein gemeinsames Gefügemerkmal** anhand dessen Magmatite gegenüber metamor-

phen und sedimentären Gesteinen allgemein gültig abgegrenzt werden können. Schichtungslosigkeit und ungeregelte Gefüge sind weder für Magmatite zwingend noch bei anderen Gesteinen zuverlässig fehlend. Nur tendenziell sind Magmatite eher **massig**, von **beträchtlicher Festigkeit** und **ohne Einregelung der Mineralkörner** ausgebildet. Eine Übersicht wichtiger magmatischer Gefüge zeigt Tafel 5.1.

Intensive Einregelung der Minerale aufgrund tektonischer Beanspruchung ist ein Merkmal vieler Regionalmetamorphite. Jedoch können auch synorogen auskristallisierte Magmatite durch interne Deformation alle Übergänge zu solchen Metamorphiten zeigen. Auch durch magmatische Fließvorgänge können eingeregelte Gefüge entstehen. In manchen Magmatiten kann ähnlich wie in vielen Sedimentgesteinen gut ausgebildete Schichtung vorkommen.

Trotz der vorangestellten Einschränkungen können dennoch die meisten Magmatite schon im Gelände ohne nähere Bestimmung als solche erkannt werden. Einen auffälligen Hinweis liefern in günstigen Fällen z. B. die im vorangegangenen Kapitel beschriebenen Absonderungsformen. So ist bei säuliger Gliederung oder Auftreten von Pillows die Einstufung als magmatisch mit geringen Ausnahmen zwingend.

Den meisten Magmatiten fehlt eine makroskopisch erkennbare Porosität. Magmatite sind dementsprechend überwiegend **kompakt**. Ausnahmen sind pyroklastische Bildungen und Hyaloklastite. Diese können ebenso wie viele Sedimentgesteine kommunizierenden Porenraum enthalten. Porenraum in sonstigen Magmatiten, vor allem in Vulkaniten, aber auch in manchen Plutoniten besteht hingegen aus isolierten Hohlräumen, die von der festen Gesteinsmasse allseitig umschlossen werden. Beispiele sind Vulkanite mit eingelagerten Gasblasen, Bims und vulkanische Schlacken.

Ebenso wie die meisten höhergradigen Metamorphite sind Magmatite tendenziell, keinesfalls aber im Sinne einer strengen Regel, mechanisch zäher und resistenter gegen Verwitterung als die meisten Sedimentgesteine.

5.4.1 In Plutoniten und Vulkaniten gleichermaßen auftretende Gefüge

Das Vorkommen der meisten magmatischen Gefüge ist entweder an Vulkanite oder an Plutonite gebunden. Nur porphyrisches Gefüge ist eine in beiden Gruppen häufig auftretende und makroskopisch erkennbare Ausnahme. Ophitisches Gefüge kann in gabbroiden Plutoniten vorkommen, dort aber im Gegensatz zu basaltischen Vulkaniten und Ganggesteinen selten und meist uncharakteristisch, sodass es unter den Gefügen von Vulkaniten und Ganggesteinen beschrieben wird (Abschn. 5.4.2).

Manche Gefügetypen treten nur in einzelnen Gesteinen auf. Diese bezüglich ihres Vorkommens speziellen Gefüge werden im Zusammenhang mit den Gesteinen beschrieben, für die sie kennzeichnend sind. Dies gilt für eutaxitisches Gefüge (Abschn. 5.9), Spinifex-Gefüge (Abschn. 5.8.11), und perlitisches Gefüge (Abschn. 5.8.12).

Sowohl unter den Vulkaniten, dort in der Grundmasse, wie unter den Plutoniten kommen Gefügetypen vor, die man als **körnige Gefüge**, oder näher charakterisiert als **gleichkörnige Gefüge** bzw. **ungleichkörnige Gefüge** zusammenfasst. Wegen fehlender makroskopischer Erkennbarkeit in Vulkaniten werden sie unter den Gefügen der Plutonite beschrieben.

Bezüglich magmatischer Gesteinsgefüge kann zwischen Struktur und Textur unterschieden werden. **Strukturmerkmale** beziehen sich auf die kristallisationsbedingte Ausbildung einzelner Körner oder auch von Kornaggregaten. Hierzu gehören die Korngrößen, Kornformen oder Anordnungen von Korngruppierungen. Auch die Art des Auftretens von vulkanischem Glas zählt zu den magmatischen Strukturen. Magmatische **Texturmerkmale** betreffen geometrische Beziehungen, die das Gestein insgesamt prägen. Objekte der geometrischen Anordnung können alle Komponenten sein, einschließlich von z. B. Hohlräumen oder schlierigen Einlagerungen. Nachfolgend ist für die aufgeführten Gefügearten angegeben, ob sie als Struktur oder Textur eingestuft werden.

Mit der durchgängigen Verwendung des Begriffs Gefüge vermeidet man bei der Beschreibung von Magmatiten und auch Metamorphiten Unklarheiten der Abgrenzung. Nur für Sedimentgesteine hat der Begriff Gefüge eine abweichende und spezifische Bedeutung (Abschn. 6.1).

Porphyrisches Gefüge (Struktur) (Abb. 5.21, 5.22) ist durch das Nebeneinander zweier Korngrößenklassen gekennzeichnet, im typischen Fall fehlen dazwischen liegende Korngrößen. Die Korngrößenverteilung ist dann bimodal. Durch ihre Größe auffallende **Einsprenglinge** liegen isoliert eingebettet in einer zusammenhängenden, deutlich feinerkörnigen Grundmasse. Die **Einsprenglinge müssen Einkristalle sein**. In Vulkaniten und typischen Subvulkaniten mit porphyrischem Gefüge ist die Grundmasse aphanitisch (Abb. 5.21), in Plutoniten mit porphyrischem Gefüge phaneritisch. **Porphyrisch-apha-**

Abb. 5.21 Porphyrisch-aphanitisches Gefüge in subvulkanischem Granitporphyr (Lokalname: Löbejüner Porphyr). In der roten, feinkörnigen Grundmasse stecken orangerote Einsprenglinge von Kalifeldspat, grünlich-gelber Plagioklas und transparenter, grau erscheinender Quarz. Löbejün bei Halle / Saale. BB 8,5 cm.

5 **nitische Gefüge** (z. B. Abb. 5.94, 5.99, 5.101) sind die häufigsten Gefüge von Vulkaniten. Porphyrische Plutonite sind seltener als porphyrische Vulkanite. Sie haben **porphyrisch-phaneritische Gefüge** (Abb. 5.22). In ihnen sind die Einzelkristalle der Grundmasse oft schon für sich größer als die Einsprenglinge in Vulkaniten. Einsprenglinge in Plutoniten haben oft Größen im Zentimeter-Bereich.

Gelegentlich können die Gefüge bestimmter olivinreicher bis peridotitischer **Kumulatgesteine** mit großen poikilitischen Orthopyroxenen bei flüchtiger Betrachtung porphyrischem Gefüge ähneln (Abschn. 5.7.5.1, Abb. 5.81). Der wesentliche Unterschied zu porphyrischem Gefüge ist außer der poikilitischen Umwachsung mehrerer bis vieler Kristalle anderer Minerale in den scheinbaren Einsprenglingen, dass in solchen Kumulaten die großen Kristalle erst gebildet wurden, als die von ihnen umwachsenen kleineren Kristalle schon akkumuliert waren.

Die mit dem Gefügebegriff porphyrisch zusammenhängende Bezeichnung **Porphyr** (engl. *porphyry*) steht in der IUGS-Terminologie für alle magmatischen Gesteine mit Einsprenglingen in feinerkörniger Grundmasse. Dies gilt unabhängig von der chemischen oder mineralogischen Zusammensetzung und unabhängig von den absoluten Korngrößen. Konkret als Porphyr benannte Gesteine sind jedoch entweder Vulkanite oder Subvulkanite bzw. Ganggesteine. Es ist nicht üblich, Plutonite mit porphyrischem Gefüge als Porphyr zu bezeichnen. Ebenso gibt es für porphyrische Basalte und andere dunkle Vulkanite Vorbehalte gegenüber der prinzipiell erlaubten Benennung als Porphyre.

Fließgefüge (Fluidaltextur) ist vor allem an die Einregelung von Kristallen durch laminares Fließen des Magmas gebunden. Fluidaltextur liegt aber auch dann vor, wenn ein Magmatit gestreckte oder verfaltete Schlieren in der Grundmasse zeigt. In manchen Fällen sind die Schlieren allein durch unterschiedliche Farbtönung oder durch von der Umgebung abweichendes Verwitterungsverhalten erkennbar. Auch Gläser können Fluidaltextur zeigen (Abb. 5.107).

Brekziöses Gefüge (Textur) kommt in vielen Gesteinsgruppen vor, so auch in Vulkaniten und Plutoniten. In Lavaströmen kann brekziöses Gefüge Folge des Zerbrechens und der Aufarbeitung von festen Erstarrungskrusten durch noch fließende Lava sein. In solchen Lavastrombrekzien bestehen die Fragmente und die einbettende Matrix aus weitgehend einheitlichem Material. Das brekziöse Gefüge ist dann eher auf angewitterten Oberflächen erkennbar als im frischen Bruch. Lavastrombrekzien treten vor allem bei andesitischen und dacitischen Zusammensetzungen auf.

Plutonische Brekzien (Intrusionsbrekzien, Abb. 5.17) enthalten oft ebenfalls Fragmente aus Material, das mit der einbettenden Matrix verwandt ist. So kann es früher auskristallisiertes und schon verfestigt gewesenes Material sein, das bei einem späteren Aufstiegspuls des Magmas fragmentiert wurde. Einen vergleichenden Überblick über wichtige magmatische Gefüge geben die Tafeln 5.1 und 5.2 am Ende der Gefüge-Einzelbeschreibungen.

Abb. 5.22 Porphyrisches Gefüge in Granit (porphyrisch-phaneritisch). Einsprenglinge von blassrotem Kalifeldspat in phaneritischer Grundmasse aus Kalifeldspat, Quarz, Plagioklas und dunklen Mineralen. Lemland, Åland-Archipel, Südwestfinnland. BB 8,5 cm.

5.4.2 Auf Vulkanite, Subvulkanite und Ganggesteine beschränkte Gefüge

Glomerophyrisches Gefüge (Struktur) unterscheidet sich von porphyrischem dadurch, dass eine jeweils überschaubare Zahl von Einsprenglingen aneinander haftet oder miteinander verwachsen ist. Solche in der Grundmasse isoliert liegenden Kristallhäufchen werden als glomerophyrische Aggregate bezeichnet (Tafel 5.1, C).

Vitrophyrisches Gefüge (Struktur) ist durch eine weitgehend glasige Grundmasse mit darin eingestreuten Einsprenglingen gekennzeichnet. Die Einsprenglinge sind meist überwiegend Feldspäte; Quarz und auch mafische Minerale können hinzukommen. Falls die Grundmasse einen kristallisierten Anteil enthält, besteht dieser aus makroskopisch nicht erkennbaren Mikrokristallen oder unvollständig ausgebildeten, winzigen Skelettkristallen (Mikrolithen). Beide bewirken eine Minderung des glasigen Aussehens der Grundmasse hin zu matterem Glanz.

Aphyrisches Gefüge (Struktur) ist durch das Fehlen von Einsprenglingen gekennzeichnet (Abb. 5.23). Das Gestein besteht allein aus dem einer Grundmasse entsprechenden Anteil. Vollkommen aphyrisch ausgebildete Vulkanite sind selten. Zumindest mikroskopisch sind meistens Einsprenglinge erkennbar. **Felsitisch** ist eine Bezeichnung für aphyrisches, dichtes Gefüge von leukokraten Vulkaniten und Subvulkaniten, die weitgehend aus Quarz und Feldspat bestehen.

Für entsprechend gröberkörnige Plutonite ohne Einsprenglinge ist der Begriff aphyrisch nicht anwendbar. Das Fehlen von Einsprenglingen ist sehr viel mehr als in Vulkaniten der Normalfall. Daher besteht kein Grund für die Hervorhebung. Man würde stattdessen etwa von einem richtungslos-gleichkörnigen Gefüge sprechen oder die – im plutonischen Bereich erkennbare – Ausbildung der Einzelkörner berücksichtigen und das Gefüge z. B. als panallotriomorph-körnig bezeichnen (Abschn. 5.4.3).

Mikrolithisches Gefüge (Struktur) liegt vor, wenn sehr kleine, auch mit der Lupe nicht erkennbare Kristalle (Mikrokristalle und/oder Mikrolithe) in extrem feinkörnige, oft glasige Grundmasse eingebettet sind. Einen mikrolithischen Gesteinsbereich nimmt man makroskopisch als strukturloses, dichtes Material mit leicht rauer Oberfläche wahr. Aphyrische Gefüge erweisen sich mikroskopisch gewöhnlich als mikrolithisch.

Ophitisches Gefüge = Gerüstgefüge (Struktur) ist an das reichliche Auftreten von möglichst dünnplattig ausgebildetem Plagioklas gebunden, wie es vor allem für basaltische Vulkanite und Ganggesteine besonders charakteristisch ist. In ophitischen Gefügen bilden die Plagioklase idiomorphe Tafeln ohne bevorzugte Orientierung, von denen im typischen Fall viele vollständig oder teilweise in größere Pyroxene eingebettet sind, ohne sich notwendigerweise zu berühren (Abb. 5.24). Ophitisches Gefüge kann sich auf angewitterten Gesteinsoberflächen dadurch zeigen, dass gleichmäßig verteilte, rundliche Flecken pustelartig vorstehen und sich auch farblich abheben (Abb. 5.68).

Abb. 5.23 Aphyrisch-aphanitisches Gefüge in Basalt. Nur die blaugraue Fläche zeigt das Gestein, die Umgebung ist von biogenem Material überzogen und verschmutzt. Der gezeigte Ausschnitt gehört zur kontaktnahen, feinkörnig ausgebildeten Randfazies eines Lagergangs. Hunneberg, Västergötland, Schweden. BB ca. 25 cm.

Sie bilden die Aggregate aus Pyroxenkristallen und darin eingelagerten Plagioklasen ab.

Intergranulares Gefüge (Struktur) (Abb. 5.25) ist dadurch gekennzeichnet, dass die Zwickel zwischen idiomorphen Plagioklastafeln von kleineren, überwiegend mafischen Kristallen und oft auch feinkörniger Matrix ausgefüllt sind. Bei Vorliegen von Glas in der Matrix heißen entsprechende Gefüge **intersertal**. Wenn Glas den Feldspat überwiegt, heißt das Gefüge **hyalopilitisch**. Bei der makroskopischen Gesteinsbeschreibung wird oft nicht klar zwischen ophitisch und intergranular unterschieden, zumal Übergänge die Regel sind. Der Begriff ophitisch ist oft mit umfassenderer Bedeutung verwendet worden. Intergranulare Struktur ist das am häufigsten vorkommende Gefüge in Basalten.

Die Korngrößen von Gesteinen mit intergranularen oder ophitischen Gefügen können von makroskopisch kaum erkennbar bis zentimetergroß variieren. Selbst in diesen seltenen Fällen extremer Grobkörnigkeit kann es sich um Gesteine mächtigerer Gänge oder Lagergänge handeln.

Als **doleritisch** wird im überwiegenden Sprachgebrauch ein makroskopisch gut erkennbares, mikrogabbroides, ophitisches oder intergranulares Gefüge mit überwiegenden Korngrößen von 1–3 mm und z.T. auch gröber bezeichnet. Die Gefügebezeichnung wird im Folgenden in diesem Sinne verwendet, sie entspricht damit weitgehend dem substantivischen Gesteinsnamen **Dolerit** (Abschn. 5.7.5.2).

Ophitische, doleritische und intergranulare Gefüge schließen die zusätzliche Anwesenheit

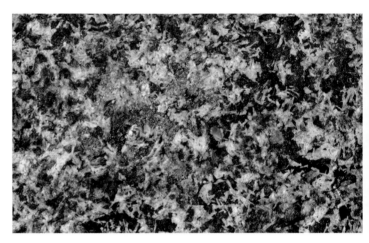

Abb. 5.24 Ophitisches Gefüge in grobkörnigem Dolerit (Abschn. 5.7.5.2), weiße, tafelförmige Plagioklase in schwarzem Augit. Der größte Teil des in der Bildmitte die Plagioklase einhüllenden Augits gehört einem poikilitischen Einkristall an, dessen eine Spaltbarkeit gerade so orientiert ist, dass das Sonnenlicht reflektiert wird. Die Rauigkeit der Oberfläche des einspiegelnden Augits ist durch Unvollkommenheit der Spaltbarkeit bedingt. Die diffusen, braunen Flecken auf der Gesteinsoberfläche sind verwitterungsbedingt. Rotsidan, nordöstlich Härnösand, Västernorrland, Schweden. BB 10 cm.

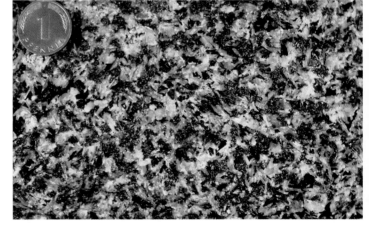

Abb. 5.25 Intergranulares Gefüge in grobkörnigem Diabas (doleritisches Ganggestein, Abschn. 5.7.5.2). Schwarzer Pyroxen und schwarzer Magnetit als Zwickelfüllung zwischen weißen, weitgehend idiomorphen, dünntafeligen Plagioklasen unterschiedlicher Orientierung (Lokalname: Åsby-Diabas). Älvdalen, Norddalarna, Schweden. BB 10 cm.

von Einsprenglingen nicht aus, meist sind es dann große Plagioklase. Das Gestein kann in solchem Fall z. B. als porphyrisch mit intergranularer Grundmasse beschrieben werden. Es sollte nicht als Porphyr bezeichnet werden (Abschn. 5.4.1).

Trachytisches Gefüge (Struktur) kommt in Grundmassen, besonders von trachytischen und phonolithischen Vulkaniten und Subvulkaniten vor. Hierbei sind ohne große Zwischenräume angeordnete, kleine, tafelige Feldspäte **fluidal eingeregelt**. Die so parallel zueinander orientierten Feldspäte sind gewöhnlich Sanidin oder Orthoklas. Makroskopisch ist trachytisches Gefüge selten erkennbar. Häufig eingestreute Kalifeldspat-Einsprenglinge bewirken zusätzlich porphyrisches Gefüge, das dann das makroskopische Bild des Gesteins prägt.

Vor allem in basischeren Vulkaniten können kugelförmige, ellipsoidische oder schlauchförmige Hohlräume mit glatten Wänden eingestreut sein. Die Hohlräume sind allseitig durch Gesteinsmaterial umschlossen. Es gibt keinen kommunizierenden Porenraum des gesamten Gesteins. Saure Gesteinsgläser können den Charakter erstarrten Schaums annehmen (Bims). Ursache ist jeweils Gasentmischung zur Zeit der Erstarrung. Durch eingestreute Gasblasen geprägte Vulkanite werden oft beschreibend charakterisiert, z.B. als Andesit **mit blasenförmigen Hohlräumen**. Der sprachlich sonderbare und unübliche Terminus „blasiges Gefüge" lässt sich so umgehen. Die auch mögliche Bezeichnung **vesikuläres Gefüge** ist im Deutschen wenig gebräuchlich.

Mandelsteingefüge (Textur) oder **amygdaloides Gefüge** (Abb. 5.26) ist ebenfalls durch Entmischung von Gasblasen während der Erstarrung bestimmt. Jedoch sind die Gasblasen nicht offen, sondern durch hydrothermale Neubildungen vollständig ausgefüllt. Es handelt sich meist um ausgesprochen feinkörnige, zumindest aber fast immer polykristalline Aggregate von z.B. Chloriten, Chalcedon oder Karbonaten, oft miteinander vermengt oder in konzentrisch-schichtigem Wechsel von außen nach innen. Solche immer noch blasenförmigen Mandeln dürfen nicht mit den stets monokristallinen und tendenziell idiomorphen Einsprenglingen verwechselt werden. Mandelsteingefüge darf daher trotz Ähnlichkeit bei flüchtiger Betrachtung keinesfalls als porphyrisch bezeichnet werden. Teilgefüllte Gasblasen haben gewöhnlich den Charakter von Drusen mit frei gewachsenen, idiomorphen Kristallen um den zentralen Hohlraum herum. Hieraus resultiert **drusiges Gefüge**.

5.4.3 Auf Plutonite beschränkte oder nur dort makroskopisch erkennbare Gefüge

Für die wesentlichen in Plutoniten vorkommenden Gefüge gibt es Bezeichnungen mit z. T. überlappender Bedeutung. Auch können mehrere der nachfolgend erläuterten Gefüge im gleichen Gestein zusammen vorkommen. Dies führt dazu,

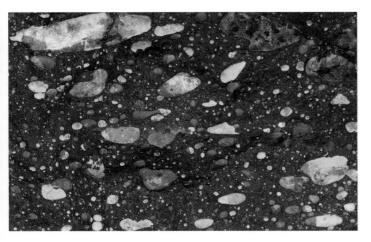

Abb. 5.26 Mandelsteingefüge in alteriertem, basaltisch-andesitischem Vulkanit (Melaphyrmandelstein). Freisen, Nahebergland. BB 11 cm.

5

Abb. 5.27 Richtungslos-körniges Gefüge in Granit, daher von allen Seiten gleich aussehend. Glazialgeschiebe, Nordwestmecklenburg. Herkunft: Bornholm (Lokalname: Vang-Granit). BB ca. 12 cm.

dass eine bestimmte Gefügebenennung nicht immer die allein richtige sein muss. Ein Plutonit kann z. B. richtungslos körnig und panallotriomorph körnig sein (s. u.).

Richtungslos- (= unorientiert-) körniges Gefüge (Struktur) ist unter Plutoniten am verbreitetsten. Hierbei zeigen Bruchflächen des Gesteins unabhängig von deren Orientierung im Gesteinsverband bzw. unabhängig von der Betrachtungsrichtung das gleiche Bild (Abb. 5.27). Makroskopisch jeweils für sich erkennbare Kristalle bilden ein lückenloses Mosaik aus sich flächig berührenden, bis schwach miteinander verzahnten Körnern. Richtungslos-körniges Gefüge geht am häufigsten mit gleichkörnigem Gefüge einher. In Plutoniten mit porphyrischem Gefüge zeigen die Einsprenglinge oft eine fluidale Einregelung, die Strömumgsvorgänge im Magma kurz vor der endgültigen Erstarrung abbildet.

Eingeregelt- (= orientiert-) körniges Gefüge (Struktur) ist daran gebunden, dass ein Teil der Kristalle, besonders Feldspäte oder Pyroxene sowie Amphibole, sich durch tafelige oder leistenartige Wuchsform abhebt und zusätzlich bevorzugt in einer Ebene oder Richtung eingeregelt ist (Abb. 5.28). Die möglichen Ursachen hierfür sind Fließbewegung des Magmas bis unmittelbar vor der endgültigen Erstarrung, mechanische Sedimentation von Kristallen auf einer ebenen Unterlage oder Kompaktion (Shelley 1993). Solche Einregelung in Plutoniten wird auch als **magmatische Lamination** bezeichnet. Die Einregelung darf

nicht auf tektonisch bedingte Deformation zurückgehen, d. h. es sollten keine unabhängigen Deformationsmerkmale vorkommen wie gebogene oder zerbrochene Kristalle, linsenförmige Gestalt größerer Feldspäte, Granulierung von Quarz oder Auswalzung von Glimmeraggregaten. Im Gegensatz zum ähnlichen trachytischen Gefüge mancher Vulkanite fehlt eine feinerkörnige Grundmasse.

Panallotriomorph-körniges Gefüge (Struktur) liegt vor, wenn die beteiligten Kristalle in körnigen plutonischen Gesteinen vollständig xenomorph (allotriomorph) ausgebildet sind.

Hypidiomorph-körniges Gefüge (Struktur) ist durch idiomorph ausgebildete Komponenten des Mineralbestands bedingt (Abb. 5.29). Meist sind dies Feldspäte, in mafitbetonten Plutoniten auch Pyroxene. Idiomorphie aller beteiligten Kristalle und Mineralarten, d. h. panidiomorphes Gefüge im strengen Sinne, ist nicht möglich, weil durch lauter idiomorphe Kristalle keine vollständige Raumerfüllung zu erreichen wäre. Durchweg ebenflächige, nicht verzahnte Kornkontakte bedeuten keine Idiomorphie, auch wenn sie hiermit verwechselt werden können. Ebenflächige Korngrenzen, oft mit 120°-Berührungspunkten zwischen aneinander grenzenden Kristallen, sind Ausdruck weitgehender Gleichgewichtseinstellung, nicht von Idiomorphie. Solche Gefüge können in voll entwickelten Akkumulaten (Abschn. 5.7.5.1) auftreten. Eine entsprechende Korngrenzengeometrie ist auch in

5

Abb. 5.28 Magmatische Laminati-
on: Durch Fließbewegung parallel
eingeregelte, helle, z. T. rötliche,
dicktafelige Kalifeldspatkristalle in
Monzonit. Aufgrund der Einregelung
sind die Kalifeldspäte zum großen
Teil einheitlich längsgeschnitten.
Das dunkle Mineral ist Hornblende.
Robschütztal bei Meißen, Sachsen.
BB 5,5 cm.

statisch kristallisierten Metamorphiten üblich
und prägt dort Gefüge, die als granoblastisch
bezeichnet werden (Abschn. 7.1.1).

Seriales Gefüge (Struktur) bezeichnet ungleichkörnige Gefüge mit kontinuierlicher Korngrößenverteilung. Von den kleinsten vorkommenden Kristallen bis zu den größten gibt es
fließende Übergänge ohne dazwischen fehlende
Korngrößen. Manche Granite haben seriale Gefüge. Sie sind dann weder gleichkörnig noch
porphyrisch.

Schriftgranitisches Gefüge (Struktur) ist ein
Verwachsungsgefüge, das besonders in granitisch zusammengesetzten Pegmatiten auftritt

(Abschn. 5.10.2). Es besteht aus Kalifeldspat und
Quarz, die einander in grob strukturierter **gra-
phischer Verwachsung** durchdringen (Abb.
5.30). Die Bezeichnung graphisch hebt darauf
ab, dass die beteiligten Minerale eine gegenseitige Anpassung ihrer Umrisskonfiguration zeigen. Bevorzugt treten geradlinige und scharf
gewinkelte Grenzlinien, mit der Tendenz zur
parallelen Wiederholung auf. In geeigneter An-
schnittrichtung ergibt sich so ein Bild, das Ähnlichkeit mit Keilschrift oder Runen hat (engl.
runic texture). Der Maßstab der einzelnen Feld-
spat- oder Quarzstege reicht von mehreren Millimetern bis zu einzelnen Zentimetern. Die ein-

Abb. 5.29 Hypidiomorph-körniges
Gefüge in Granit (Lokalname: Siljan-
Granit). Roter, tendenziell idiomorpher Kalifeldspat und gelber,
tendenziell idiomorpher Plagioklas
neben xenomorphem, grau erscheinendem Quarz. Südwestlich Mora,
Norddalarna, Schweden.
BB 5 cm.

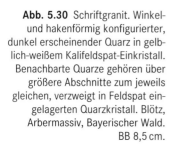

Abb. 5.30 Schriftgranit. Winkel- und hakenförmig konfigurierter, dunkel erscheinender Quarz in gelblich-weißem Kalifeldspat-Einkristall. Benachbarte Quarze gehören über größere Abschnitte zum jeweils gleichen, verzweigt in Feldspat eingelagerten Quarzkristall. Blötz, Arbermassiv, Bayerischer Wald. BB 8,5 cm.

ander durchdringenden Feldspäte und Quarze sind gewöhnlich dezimeter-, manchmal metergroße Einkristalle, erkennbar an der einheitlichen Reflexionsstellung des Feldspats.

Im Matrixanteil mancher Plutonite, vor allem in vielen Rapakivigraniten, oder auch in Quarz-Feldspat-betonten, hellen Ganggesteinen und Subvulkaniten kann graphische Verwachsung von Quarz und Feldspat im gerade noch mit bloßem Auge oder mit der Lupe erkennbaren Maßstab auftreten (Abb. 5.31). Solche bis auf ihre filigrane Feinkörnigkeit Schriftgranit-ähnlichen Verwachsungen kennzeichnen mikrographisches Gefüge (Struktur). Gleiche Bedeutung hat die Bezeichnung **granophyrisches Gefüge**.

Poikilitisches Gefüge (Struktur) ähnelt ophitischem Gefüge. Ein Unterschied liegt jedoch darin, dass der Begriff poikilitisch sich auf Einzelkörner bezieht, während ophitisch vorrangig das gesamte Gestein charakterisiert. Vom Gefügebild her umschließen poikilitisch ausgebildete Kristalle viele Kristalle anderer Mineralarten oder einer anderen Mineralart vollständig (Abb. 5.81). Bei ophitischem Gefüge ist die Einhüllung unvollkommener. Die Kristalle der Mineralart, die das ophitische Gefüge bestimmt (Pyroxen), sind tendenziell kleiner als poikilitisch gewachsene und sie lassen viele der eingeschlossenen Kristalle (Plagioklas) nach außen hinausragen. Ophitisches Gefüge tritt bevorzugt in mikrogabbroiden Gesteinen auf, poikilitisches in echten Plutoniten. Poikilitisches Gefüge ist anders als

ophitisches Gefüge nicht auf das Mineralpaar Pyroxen-Plagioklas beschränkt.

Rapakivigefüge (Struktur) kann zweierlei bedeuten. **Rapakivigefüge im engeren Sinne** beinhaltet gemäß Vorma (1976):

* Gerundete Umrisse von Alkalifeldspat-Großkristallen (Ovoiden).
* Ummantelung eines Teils der Ovoide durch Plagioklashüllen (Oligoklas-Andesin).
* Auftreten zweier Generationen von Alkalifeldspat und Quarz.
* Ausbildung der älteren Quarzgeneration oft als idiomorpher Hochquarz.

Rapakivigefüge im engeren Sinne ist an größere Rapakivigranit-Plutone gebunden (Abschn. 5.7.3). Die Feldspatovoide sind durchweg einen bis mehrere Zentimeter groß und bestehen im Kern aus perthitisch entmischtem Kalifeldspat (Mikroklin). Die Feldspataggregate mit einhüllendem Plagioklassaum werden als **ummantelte Ovoide** bezeichnet (Abb. 5.31). Der Kalifeldspat im Kern und der umhüllende Plagioklas können monokristallin oder polykristallin sein. Die Ovoide sind im Gegensatz zu gewöhnlichen Einsprenglingen oft von mafischen Mineralen oder auch von Quarz durchsetzt. Die Ovoide heben sich trotz ihres oft komplexen inneren Aufbaus einsprenglingsähnlich von der feiner strukturierten Matrix ab. In der Matrix können Kalifeldspat und Quarz mikrographisch verwachsen sein.

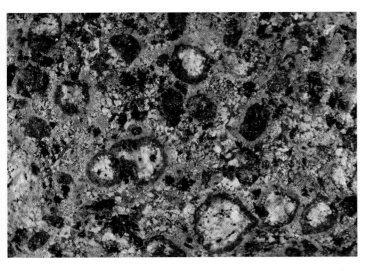

Abb. 5.31 Wiborgit (Rapakivi-granit) mit Rapakivigefüge. Ummantelte Ovoide aus blassröt-lichem Kalifeldspat mit Hüllen aus grauem Plagioklas. Für Wiborgite von den Ålandinseln ist eine Matrix aus graphischen Verwachsungen von Quarz und Kalifeldspat kenn-zeichnend, die diese Probe als filigrane Struktur zwischen den Ovoiden zeigt. Glazialgeschiebe, Landesteil Schleswig. Herkunft: Åland-Archipel, Südwestfinnland. BB 7 cm.

Ummantelte Ovoide sind Merkmal nur einer, wenn auch der auffälligsten und bekanntesten Fazies von Rapakivigraniten. Diese oft als eigentlicher bzw. typischer Rapakivigranit angesehene Ausbildungsform kann gemäß finnischem Sprachgebrauch (Rämö & Haapala 1995) als **Wiborgit** bezeichnet werden (Abb. 5.31, 5.52). Viele Rapakivigranite führen keine ummantelten Ovoide und werden daher oft nicht als Rapakivis erkannt. Sie können z. B. pyterlitisches Gefüge zeigen (unten), das entgegen den Klassifikationsgepflogenheiten ebenfalls ein Rapakivigefüge ist. Es ist bedauerlicherweise nicht üblich, würde aber Klarheit schaffen, bei Auftreten ummantelter Ovoide in Rapakivigraniten von „**wiborgitischem Gefüge**" zu sprechen.

Zusätzliche Konfusion entsteht dadurch, dass auch Granite ohne Beziehung zu Rapakivi-Plutonismus Kalifeldspäte mit Plagioklassäumen enthalten können (Abb. 5.45). Es ist irreführend, dass auch für solche Gesteine die Bezeichnung Rapakivigefüge benutzt wird. Hierbei wird gewöhnlich kaum deutlich gemacht, dass es sich allenfalls um **Rapakivigefüge im weiteren Sinne** handelt. Nach Vorma (1976) ist dessen einziges Merkmal das Vorkommen Plagioklas-ummantelter Ovoide von Alkalifeldspat, wobei die Alkalifeldspäte in den Kernen nicht ovoidförmig gerundet sein müssen, sondern auch idiomorph ausgebildet sein können.

Pyterlitisches Gefüge (Struktur) unterscheidet sich vom Rapakivigefüge (im engeren Sinne) der Wiborgite dadurch, dass Plagioklasmäntel um die Kalifeldspatovoide fehlen. Stattdessen tritt oft eine girlandenförmige Umrahmung der großen Kalifeldspäte durch Quarze mit einer Tendenz zu sechseckig-idiomorphen Querschnitten auf (Abb. 5.53). Pyterlitisches Gefüge ist an Rapakivi-Plutone gebunden.

Magmatite mit **Orbikulargefüge (Textur)** sind besonders auffällige, aber seltene und immer räumlich eng begrenzte Sonderentwicklungen von Plutoniten. Es gibt keine Bindung an eine bestimmte Magmenzusammensetzung. Orbikulargefüge treten u. a. in Graniten, Granodioriten, Gabbros und Dioriten auf. Orbikulargefüge sind durch kugel- oder ellipsoidförmige Aggregate (engl. *orbs* bzw. *orbicules*) mit Durchmessern von wenigen Zentimetern bis ca. 15 cm gekennzeichnet (Abb. 5.32). Jedes von ihnen zeigt konzentrisch-schichtigen Aufbau im Millimeter- bis Zentimeter-Maßstab. Die oft unauffälligen Zentren bestehen aus früh gebildeten Kristallen oder Fremdeinschlüssen. Innerhalb der Aggregate wechseln sich feldspatreiche und mafitreiche Zonen in konzentrischer Anordnung ab. Die mafischen Minerale sind Amphibole oder Glimmer. Die Matrix zwischen den konzentrisch-schichtigen Aggregaten zeigt meist richtungslos-körnige plutonische Gefüge. In manchen Beispielen können halbierte „Orbs" auftreten oder sie können von radialen Sprüngen durchzogen sein.

Miarolithisches Gefüge (Textur) geht auf die Entmischung von fluider Phase in Plutoniten

5

Abb. 5.32 Quarzmonzonit mit Orbikulargefüge (kein Rapakivigefüge): Konzentrisch aufgebaute, ellipsoidische bis kugelförmige Gebilde in einer hellen Matrix. Die Korngrößen der Einzelkristalle liegen im für Plutonite typischen Bereich. Die hellen Bereiche bestehen hauptsächlich aus Feldspäten mit wenig Quarz. Die dunklen Zonen sind durch reichlich Amphibol mit wenig begleitendem Biotit geprägt. Die Durchmesser der einzelnen konzentrischen Gebilde liegen durchweg zwischen 5 und 10 cm, im Einzelfall auch größer. Slättemossa, südlich Järnforsen, Ostsmåland, Schweden.

unter entsprechend höheren Drucken als in Vulkaniten zurück. Ganz überwiegend sind Granite betroffen. Anders als rundliche Gasblasen in Vulkaniten zeigen die Hohlräume (Miarolen) unregelmäßig-bizarre Umrisse. Dies liegt daran, dass Kristalle aus dem umgebenden Gestein in den Hohlraum ragen. Miarolen haben den Charakter von Drusen, d. h. von mit idiomorphen Kristallen ausgekleideten Hohlräumen.

Kumulatgefüge (Abb. 5.65, 5.81) sind Gefüge meist gabbroider und ultramafischer Gesteine, für die die jeweils einen oder anderen der bisher erläuterten Gefügebezeichnungen auch anwendbar sind. Hintergrund der Kumu-

latklassifikation ist, dass Gesteine mit Kumulatgefügen als magmatische Sedimentgesteine verstanden werden können. Hierbei wird vor allem zwischen früh gebildeten Kristallen und einer anschließend auskristallisierten Zwischenmasse unterschieden. Kumulatgefüge gehen oft mit magmatischer Schichtung einher. Erläuterungen hierzu finden sich in Abschn. 5.6.4 und im Zusammenhang mit der Beschreibung von gabbroiden Gesteinen in Abschn. 5.7.5.1. Die Kumulatklassifikation mit entsprechenden Gefügebezeichnungen ist nur für Plutonite von spezifischer Entstehung anwendbar.

5.4.4 Übergänge zu metamorphen Gefügen

Anorogen entstandene Magmatite sind durch ungestörte magmatische Gefüge gekennzeichnet. Viele Plutonite und Vulkanite sind jedoch **synorogene** Bildungen. Ihre Magmengenese ist an Orogenesen gebunden, bei denen das magmatische Geschehen mit tektonischen und metamorphen Prozessen einhergeht. Synorogene Plutonite sind wegen ihrer Platznahme innerhalb der Kruste unvermeidbar den mit der Orogenese verbundenen tektonischen und metamorphen Ereignissen ausgesetzt, wenn sie vor deren Abschluss auskristallisiert sind. Ähnliches gilt für Vulkanite, wenn sie im Zuge der Orogenese versenkt werden. Dies führt dazu, dass vor oder während der Durchbewegung auskristallisierte orogene Magmatite im Gegensatz zu anorogenen Entsprechungen **Deformation bis in den Einzelkornbereich** erfahren haben können, ohne dass es zu wesentlichen Änderungen des Mineralbestands gekommen sein muss (Abb. 5.33). Dies betrifft Magmatite, die aufgrund ihres zeitlichen Bezugs zur Orogenese als synorogen, frühorogen, **präkinematisch** oder **synkinematisch** einzustufen sind. Präkinematisch bedeutet: vor der tektonischen Durchbewegung gebildet, synkinematisch: während der tektonischen Durchbewegung gebildet. Die Deformation kann sich bis hin zu gneis- oder schieferartigen Gefügen auswirken (Abschn. 7.1.2). Die Abgrenzung zu metamorphen Gesteinen ist fließend. Im Einzelfall hängt es dann vom Ansatz

5

Abb. 5.33 Granit mit bis in den Einzelkornbereich durchgreifender Deformation (u. a. granulierter Quarz), gneisgranitartig (Lokalname: Virbo-Granit). Nördlich Oskarshamn, Ostsmåland, Schweden. BB 10 cm.

der jeweiligen Untersuchung ab, ob magmatische oder metamorphe Gesteinsnamen verwendet werden. Für das Verständnis der Geologie des Untersuchungsgebiets ist das Erkennen orogen bedingter Deformation von größerer Bedeutung als die bloße Gesteinsbenennung.

Eine übliche Folge von mäßiger orogen-metamorpher Überprägung ist Einregelung vor allem größerer Kristalle und von Glimmer in eine bevorzugte Richtung bis hin zur Anlage von Foliation (Abschn. 7.1.2). Manche Kristalle können gebogen oder zerbrochen sein. Feldspateinsprenglinge können Annäherung an linsenförmige Umrisse zeigen, ehemalige Quarzeinkristalle können zu feinkörnig granulierten Aggregaten zerbrochen sein (**granulierter Quarz**). Nur postkinematische oder spätorogene Magmatite zeigen ähnlich wie anorogene Plutonite und Vulkanite unveränderte magmatische Gefüge.

Eine andersartige, nicht mit Deformation zusammenhängende Art des Übergangs zwischen magmatischen und metamorphen Gesteinen wird durch **statische Reaktionsgefüge** repräsentiert. Ursache hierfür sind unvollständig erfolgte Anpassungen des primären Mineralbestands an veränderte Druck-Temperatur-Bedingungen. Das Gefüge kann vom Gesamteindruck her magmatisch erscheinen, z. B. dadurch, dass noch eine intergranulare Konfiguration von Plagioklas und Pyroxenen erhalten ist oder hypidiomorph-körniges Gefüge. Erst bei genauerem Hinsehen können sich dann Reaktionssäume aus neugebil-

deten Mineralen zwischen den primären Korngrenzen zeigen (Abb. 7.44). Solche Reaktionssäume (Coronen) sind metamorphe Bildungen.

5.5 Alteration von magmatischen Gesteinen

Während der Abkühlung im Anschluss an die magmatische Kristallisation oder im Gefolge anhaltender magmatischer Aktivität in ihrem Entstehungsbereich sind Magmatite Fluiden ausgesetzt, die auf Korngrenzen und auch innerkristallin wirksam werden können. Hierdurch kann es in Abhängigkeit von Temperaturverlauf, Fluidzusammensetzung und Einwirkdauer zum teilweisen oder vollständigen Abbau der ursprünglichen Minerale kommen.

Sie werden dann teilweise oder vollständig durch Folgeminerale ersetzt, die submagmatischen Temperaturen und verstärkter Aktivität von Fluiden, besonders von H_2O, z. T. auch CO_2 angepasst sind. Dies sind Minerale, die OH-Gruppen in ihrem Kristallgitter enthalten bzw. Karbonate oder CO_3^{2-}-haltige Minerale. Die stattfindenden Reaktionen werden unter dem Begriff **Alteration** zusammengefasst. **Hydrothermale Alteration** ist an den hydrothermalen Temperaturbereich gebunden (bis knapp 400 °C). Das Wasser kann hierbei als vor der

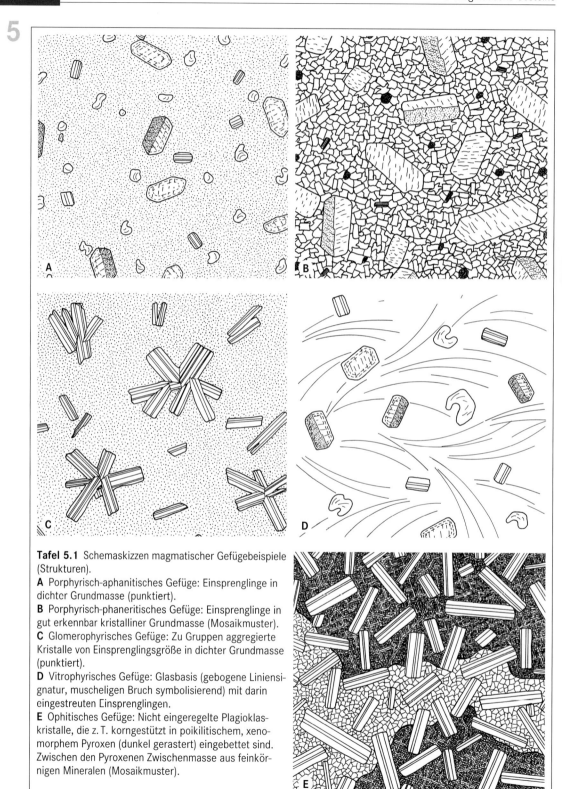

Tafel 5.1 Schemaskizzen magmatischer Gefügebeispiele (Strukturen).
A Porphyrisch-aphanitisches Gefüge: Einsprenglinge in dichter Grundmasse (punktiert).
B Porphyrisch-phaneritisches Gefüge: Einsprenglinge in gut erkennbar kristalliner Grundmasse (Mosaikmuster).
C Glomerophyrisches Gefüge: Zu Gruppen aggregierte Kristalle von Einsprenglingsgröße in dichter Grundmasse (punktiert).
D Vitrophyrisches Gefüge: Glasbasis (gebogene Liniensignatur, muscheligen Bruch symbolisierend) mit darin eingestreuten Einsprenglingen.
E Ophitisches Gefüge: Nicht eingeregelte Plagioklaskristalle, die z. T. korngestützt in poikilitischem, xenomorphem Pyroxen (dunkel gerastert) eingebettet sind. Zwischen den Pyroxenen Zwischenmasse aus feinkörnigen Mineralen (Mosaikmuster).

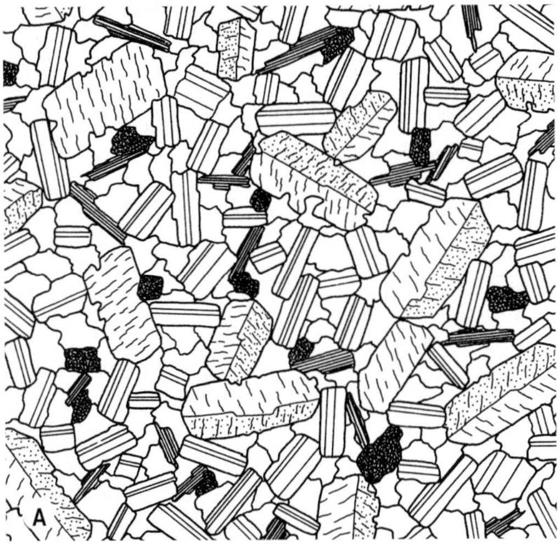

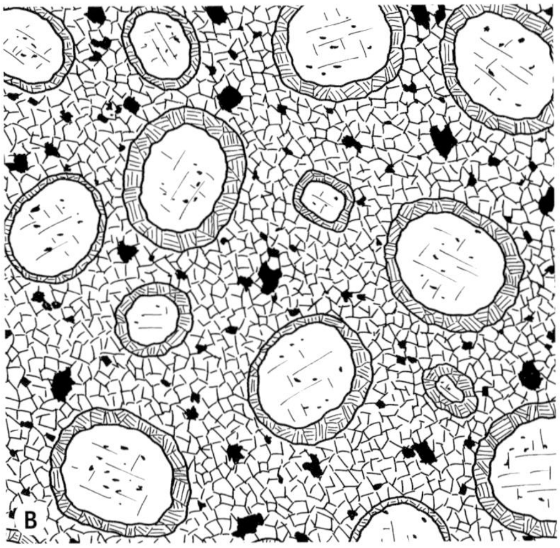

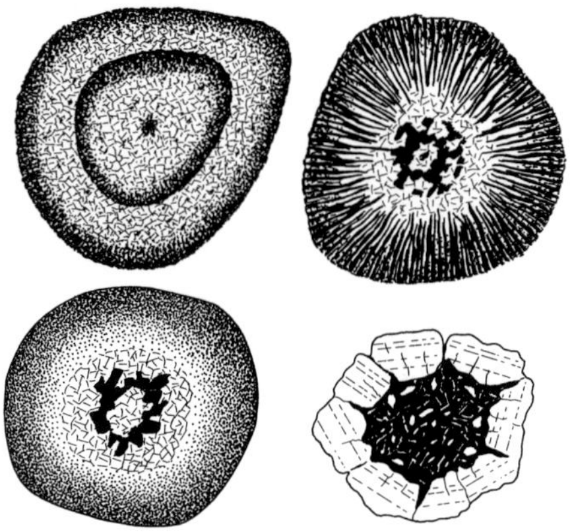

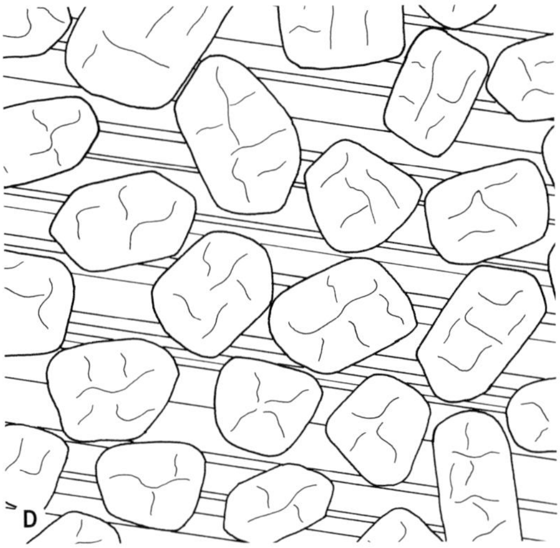

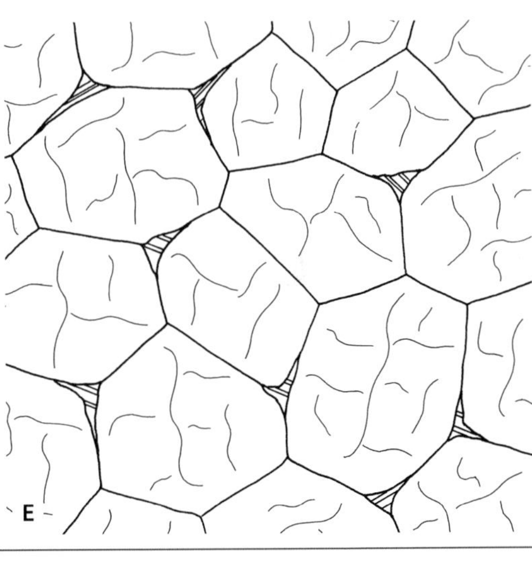

Tafel 5.2 Schemaskizzen magmatischer Gefügebeispiele.

A Hypidiomorph-körniges Gefüge (Struktur): Teilweise idiomorphe Kristalle. Die größeren Kristalle repräsentieren Kalifeldspat, der gewöhnlich eine Tendenz zu porphyrischem Gefüge bewirkt.

B Rapakivigefüge (Struktur): Kalifeldspatovoide (hell) von Plagioklas ummantelt (Parallelsignaturen) in Umgebung aus Feldspat und Quarz (Mosaikmuster) und Mafiten.

C Orbikulargefüge (Textur): Beispiele von *orbs* (engl.), wie sie mit radialem oder konzentrischem Aufbau jeweils für sich auftreten können. Die dunklen Signaturen repräsentieren Mafite. Die hellen Anteile sind Feldspäte ± Quarz.

D Orthokumulatgefüge: In diesem Beispiel umschließt poikilitischer Plagioklas (Zwillingsstreifung) korngestützte Olivine (mit symbolisierten Rissen).

E Adkumulatgefüge: In diesem Beispiel füllen Olivine (angedeutete Risse) bis auf kleine, plagioklasgefüllte Zwickel den gesamten Raum. Die Olivine sind *in situ* bis zur weitgehenden Raumerfüllung gewachsen.

5

vollständigen Abkühlung aktives Restfluid dem magmatischen System selbst entstammen oder aus anderer Quelle zugeführt worden sein. **Deuterische Alteration** ist nicht an den Temperaturbereich hydrothermaler Prozesse gebunden, sie kann auch bei darüber hinausgehenden Temperaturen erfolgen. Alteration führt zu Mineralneubildungen, wie sie auch in Metamorphiten vorkommen, die bei entsprechenden Temperaturen unter Anwesenheit von reichlich Wasser geprägt sind. Bei vollständiger Überprägung größerer Gesteinsvolumen, besonders unter Einschluss der Nebengesteine, wird man eher von Metamorphose sprechen. Wenn die primären Minerale nur unvollständig und womöglich nur in Teilbereichen eines Gesteinskörpers ersetzt worden sind, liegt eine Bewertung als Alteration näher. Abb. 3.19 zeigt alterierten (vergrünten) Plagioklas, die Abbildungen 3.42, 5.61, 5.65, 5.88 zeigen alterierten (serpentinisierten), ehemaligen Olivin.

Alteration darf nicht mit **Verwitterung** verwechselt werden (Kap. 9). Verwitterung geht von der Oberfläche aus und ist an die dort herrschenden niedrigen Temperaturen gebunden. Alteration entspricht in Bezug auf Temperaturen und Mineralneubildungen mittel- bis niedriggradiger Metamorphose. Häufige Alterationsprodukte sind Chlorite, Albit, Serpentin, Karbonate, Serizit und Hämatit sowie manche Amphibole. Besonders alterationsempfindliche Primärminerale sind Pyroxene (Orthopyroxene mehr als Klinopyroxene), Biotit, Plagioklas und Olivin. Glas ist gegenüber Alterationseinwirkung besonders instabil und wird sehr schnell vollständig durch feinkörnige Gemenge von Folgemineralen ersetzt.

Makroskopische Hinweise auf mögliche Alteration sind Vergrünung dunkler Gesteine, Ersatz von Olivin in Plutoniten durch schwarze Serpentinmasse oder Hämatitdurchstäubung des Gesteins. Letztere bewirkt eine Rot- oder Rotbraunfärbung des Gesteins (Abb. 5.34). Vergrünung geht auf Bildung von vor allem Chlorit zu Lasten primärer dunkler Minerale zurück und auf Epidotbildung in Plagioklas.

Bei fortgeschrittener Alteration magmatischer Gesteine kann es unklar sein, wie der beobachtete Mineralbestand zustande gekommen ist. Das Gestein könnte auch einer grünschieferfa

Abb. 5.34 Alterierter Rhyolith mit unterschiedlich intensiver, alterationsbedingter Rotfärbung. Bad Münster am Stein bei Bad Kreuznach, Nahebergland. BH ca. 1 m.

ziellen Regionalmetamorphose unterworfen gewesen sein.

5.6 Klassifikation und Benennung von Plutoniten und Vulkaniten

Als Ergebnis der Bestimmung eines magmatischen Gesteins wird gewöhnlich vor allem dessen Klassifizierung und entsprechende Benennung erwartet, z. B. als Granit, Basalt oder Rhyolith. Die eindeutige Klassifizierung von Gesteinen ist jedoch dadurch erschwert, dass **fließende Übergänge** die Regel sind. Dies gilt besonders für magmatische Gesteine. Es gibt keine von der Natur vorgegebenen Abgrenzungen zwischen verwandten Gesteinen wie z. B. zwischen Granit und Granodiorit oder Rhyolith und Dacit. Dies betrifft

jede Gesteinsbestimmung, unabhängig davon, ob sie auf mikroskopischer, chemischer oder makroskopischer Grundlage vorgenommen wird.

In diesem Abschnitt geht es um die Prinzipien der Klassifikation von Magmatiten, die Grundlage der Einstufung und Benennung von Gesteinen sind. Hierbei wird nicht der Einfachheit um den Preis der Korrektheit der Vorrang gegeben. Ohne solide Klassifikationsgrundlage ist Gesteinsbestimmung nutzlos. Dies schließt nicht aus, dass bei der Gesteinsbestimmung im Gelände von Fall zu Fall gesteinsspezifische Merkmale und Regeln herangezogen werden können. Diese sind in den Beschreibungen einzelner Gesteine und Gesteinsgruppen erläutert.

Eine **einheitliche Klassifikation der magmatischen Gesteine** besteht auf Grundlage von Übereinkünften seit 1989 in Form von Empfehlungen der International Union of Geological Sciences, Subcommission on the Systematics of Igneous Rocks. Diese Empfehlungen betreffen die allermeisten Magmatite und gelten als international verbindlich: **IUGS-Klassifikation magmatischer Gesteine** (Le Maitre et al. 1989). Die IUGS-Klassifikation ist unabhängig von der jeweils verfügbaren Untersuchungsmethode immer vorrangig gültig. Sie ist nicht speziell für makroskopische Bestimmungsmethoden konzipiert. Für die gesicherte Bestimmung besonders von Vulkaniten kann der Einsatz mikroskopischer oder gesteinschemischer Untersuchungsmethoden erforderlich sein.

Eine aktualisierte Neufassung der IUGS-Klassifikation magmatischer Gesteine ist Anfang 2005 erschienen und seitdem allein gültig (Le Maitre et al. 2004). Die Änderungen betreffen vor allem seltene Gesteine, die wesentlichen Klassifikationsprinzipien sind bestehen geblieben. Wichtigere Anpassungen betreffen z. B. den Ersatz des inzwischen ungültig gewordenen Mineralnamens Hypersthen durch Orthopyroxen und die Beseitigung einer Inkonsistenz bei der Definition ultramafischer Gesteine. Für die Einstufung von Magmatiten als vulkanisch oder plutonisch sind die in Abschn. 5.3 angegebenen Korngrößenbegrenzungen eingeführt worden. Hier wird durchgehend die Klassifikation von 2004 bzw. 2005 zugrunde gelegt.

Durch die IUGS-Klassifikation der Magmatite wird ein historisch gewachsenes Durcheinander von z. T. unscharfen, sich in der Bedeutung überlappenden und oft nur lokal angewandten Gesteinsbezeichnungen ersetzt.

Lokale Gesteinsnamen mit einem geographischen Namenszusatz können weiterhin als geologische Formationsbezeichnung sinnvoll sein, so bei der geologischen Kartierung oder bei der Beschäftigung mit Glazialgeschieben, bei der oft weniger die Petrographie als die Herkunft des jeweiligen Gesteins im Vordergrund steht. Es muss dann aber durch den Zusammenhang deutlich werden, dass nicht vorrangig eine petrographische Klassifikation beabsichtigt ist. Die gewählte Bezeichnung darf nicht einem der in der IUGS-Klassifikation verbindlich definierten Namen gleichen.

Die IUGS-Klassifikation ist nach Le Bas & Streckeisen (1991) unter Berücksichtigung von zehn Regeln entwickelt worden. Sie betreffen die Konzipierung der IUGS-Klassifikation, berühren z. T. aber auch die Bestimmungspraxis und werden daher hier aufgeführt:

1. Grundlage der Einstufung sind direkt beobachtbare Merkmale.
2. Tatsächliche Eigenschaften sollen Einstufungsgrundlage sein, nicht Interpretationen.
3. Die Gesteinsnamen sollen für alle Geologen sinnvoll benutzbar sein.
4. Soweit möglich, sollen gebräuchliche Gesteinsnamen verwendet werden.
5. Die einzelnen Gesteinsklassen müssen anhand eindeutiger Grenzbedingungen unterscheidbar sein.
6. Die Klassifikation soll anwendungsbezogen und unkompliziert sein.
7. Geologische Zusammenhänge sind bei der Abgrenzung zu beachten.
8. Die modalen Mineralbestände haben Vorrang bei der Klassifikation (s. u.).
9. Wenn modale Mineralbestände nicht ermittelt werden können, sind chemische analytische Daten die nächstrangige Klassifikationsgrundlage.
10. Die Terminologie soll internationale Akzeptanz ermöglichen.

Eine Inkonsequenz bezüglich der Regeln 1 bis 10 ist im IUGS-Bestimmungsgang prinzipiell unvermeidbar. Schon die Einstufung eines Gesteins als magmatisch ist fast immer das Ergebnis

5

von Interpretation, außer wenn vulkanisches Geschehen direkt zu beobachten ist. Hierin besteht formal ein Verstoß gegen die Grundsätze 1 und 2. Es lässt sich aber mit dieser Inkonsequenz leben, weil die Interpretation als magmatisches Gestein zumeist zweifelsfrei möglich ist.

Die Regeln 8 und 9, die die Bestimmungspraxis direkt betreffen, können mit makroskopischer Methodik nur für Plutonite weitgehend eingehalten werden (8) oder überhaupt nicht (9).

Mit dem in Regel 8 angesprochenen **modalen Mineralbestand** ist die makroskopisch oder mikroskopisch beobachtbare Mineralkombination in Vol.-% gemeint, die das Gestein tatsächlich zusammensetzt. Dem modalen Mineralbestand steht der **normative Mineralbestand** gegenüber, der in Gew.-% angegeben wird. Hierunter versteht man einen aus der chemischen Gesteinsanalyse nach normiertem Verfahren errechenbaren Mineralbestand, der dem zu erwartenden modalen Mineralbestand eines voll auskristallisierten magmatischen Gesteins der gegebenen Zusammensetzung näherungsweise entsprechen sollte. Ein normativer Mineralbestand lässt sich auch errechnen, wenn das Gestein Glas enthält oder vollständig daraus besteht.

Das **Prinzip der Klassifizierung von Magmatiten nach modalem Mineralbestand** gemäß Le Maitre et al. (2004) besteht vorrangig darin, dass eine Einordnung der Mengenverhältnisse der bestimmungsrelevanten Minerale des Gesteins in **Vol.-%** in Dreikomponenten-Korrelationen erfolgt, die graphisch als **gleichseitige Dreiecke** darstellbar sind.

In einem gleichseitigen Dreieck lässt sich jedes Mengenverhältnis von drei Komponenten als eigener Projektionspunkt darstellen, wenn jeder Ecke des gleichseitigen Klassifikationsdreiecks eine der drei Mineralkomponenten zugeordnet wird. Je mehr eine Probe z. B. von Komponente A enthält, desto näher liegt der Projektionspunkt bei der A-Ecke des Dreiecks. Das Mengenverhältnis von mehr als drei Komponenten ist zweidimensional nicht darstellbar. Für die Einführung einer zusätzlichen vierten Komponente in zweidimensionaler Darstellung kann jedoch ein Ausweg in Form von zwei aneinander liegenden gleichseitigen Dreiecken bestehen. Voraussetzung hierfür ist, dass es zwei gemeinsame Komponenten gibt und dass die anderen zwei der insgesamt vier Komponenten einander ausschließen. Aus den zwei Dreiecken ergibt sich so ein Doppeldreieck bzw. Rhombus als Grundlage der Klassifikation der großen Mehrheit der magmatischen Gesteine. Die vier Ecken des Diagramms sind den vier hellen Mineralen bzw. Mineralgruppen **Q**uarz, **A**lkalifeldspäten, **P**lagioklas und **F**eldspatvertretern (**F**oiden) zugeordnet. Dieses als **QAPF-Doppeldreieck** oder nach dessen Urheber (Streckeisen 1976) als **Streckeisen-Doppeldreieck** bezeichnete Diagramm ist vorrangige Grundlage der Klassifikation der meisten Magmatite (Abb. 5.35, 5.36). Die zweidimensionale Vierkomponentendarstellung ist nur möglich, weil Quarz und Feldspatvertreter sich gegenseitig ausschließen.

Da die vier Eckpunkte des QAPF-Doppeldreiecks ausschließlich **helle Minerale** repräsentieren, ist die 100-%-Basis der Anteilsberechnung nicht der gesamte Mineralbestand des Gesteins, sondern nur der Anteil der hellen Minerale. Das QAPF-Doppeldreieck ist nur anwendbar, solange die **Summe der hellen Minerale mindestens 10 Vol.-% des Gesamtmineralbestands** des Gesteins ausmacht. Anderenfalls ist das QAPF-Doppeldreieck nicht anwendbar. Es liegt dann ein ultramafisches oder sonstiges Sondergestein vor. Für diese Fälle gelten eigene Klassifikationsregeln (unten). Innerhalb des QAPF-Doppeldreiecks sind geometrisch einfach zugeschnittene Felder für die einzelnen Gesteine festgelegt. Die Felder sind fortlaufend und vollständig nummeriert. Es gibt einander entsprechende QAPF-Doppeldreiecke für Plutonite und für Vulkanite mit geringfügig voneinander abweichender Felderaufteilung. Das QAPF-Doppeldreieck in seinen beiden Versionen ermöglicht die Einstufung der meisten magmatischen Gesteine, soweit deren Mineralbestände bestimmbar sind und soweit helle Minerale nicht weniger als 10 Vol.-% ausmachen. Grundlage der Gesteinsbestimmung ist hierbei die Einordnung in eines der Felder des QAPF-Doppeldreiecks gemäß festgestellten Mengenverhältnissen der relevanten Minerale. Die Einstufung eines Plutonits z. B. in Feld 8 bedeutet, dass es sich um einen Monzonit handelt. Ein in Feld 8 fallender Vulkanit heißt Latit.

5

Kasten 5.1 Abschätzen von Mengenanteilen der QAPF-Minerale und Mafite

Zur Abschätzung der Mengenanteile der Hauptmi-nerale eines ausreichend grobkörnigen Gesteins kann eine mit etwas Übung leicht durchführbare Betrachtung angewendet werden. Hierbei kommt es zunächst darauf an, im überschaubaren Bereich der Gesteinsprobe die Kristalle der einzelnen Mineralarten bewusst zu lokalisieren. Anschlie-ßend kann man sich dann vorstellen, welchen Anteil der betrachteten Oberfläche eine bestimmte Mineralart erfüllen würde, wenn man sich vor-stellt, dass alle zugehörigen Körner zu einer geschlossenen Fläche an einer Seite der Probeno-berfläche zusammengeschoben wären. Dies kann man nacheinander für jede in Frage kommende Mineralart tun, möglichst ohne parallel Zwischen-summen zu errechnen. Die Abweichung der End-summe von 100 % gibt dann einen Anhalt zu möglichen Schätzfehlern. Da diese sich jedoch gegenseitig ausgleichen können, ist eine Summe von 100 % kein Beweis für Richtigkeit, eine deut-liche Abweichung aber ein klarer Beweis für min-destens einen Fehler. Besondere Aufmerksamkeit erfordern dunkel aussehende Minerale. Es besteht eine Neigung zur Überschätzung der Mengenan-teile dunkler Komponenten. Auch kann ein trans-parentes, helles Mineral dunkel wirken, wenn ein darunter liegendes dunkles Mineralkorn den Hin-tergrund bildet.

Dunkle Minerale sind im QAPF-Doppeldreieck nicht berücksichtigt. Dies geschieht für be-stimmte Gesteine in ergänzenden Sonderdrei-ecken. Solche **Sonderdreiecke sind für Gabbro-ide** (Abschn. 5.7.5) und für **ultramafische Ge-steine** vorgesehen (Abschn. 5.7.9, Abb. 5.37, 5.79). In ultramafischen Gesteinen sind die hel-len Minerale mit < 10 Vol.-% ohne mengenmä-ßige Bedeutung. Gabbroide werden auf Grund-lage der vorkommenden dunklen Minerale un-terschieden (Abb. 5.37, 5.79).

Für ultramafische Gesteine, z. B. Orthopyro-xenite, Harzburgite oder Dunite muss **M** ≥ 90 sein. In die Berechnung von M gehen außer den mineralchemisch dunklen Mineralen der Farb-zahl M′ auch sog. verwandte Minerale wie Mus-kovit, Apatit und primäre Karbonate ein.

Die Bestimmung magmatischer Gesteine ist nicht nur von der korrekten Bestimmung der im Gestein vorkommenden Minerale abhängig, sondern ebenso auch von der möglichst zuver-lässigen Ermittlung der Mengenanteile. Hierzu ist man bei der makroskopischen Gesteinsbe-stimmung auf Schätzungen angewiesen. Eine einfach anwendbare Möglichkeit des Vorgehens ist im Kasten 5.1 erläutert.

Zur Klassifizierung der ultramafischen Ge-steine werden herangezogen: Olivin, Orthopyro-xen, Klinopyroxen und Hornblende bzw. Kom-binationen davon (Abb. 5.37, 5.79). Im Rahmen der IUGS-Klasssifikation für magmatische Ge-steine (Le Maitre et al. 2004) gibt es **weitere Sonderdreiecke** für seltene Gesteine, die für die makroskopische Gesteinsbestimmung unter Ge-ländebedingungen in der aufgezeigten Ausführ-lichkeit auch deshalb nicht relevant sind, weil deren Bestimmung weitgehend auf Mikroskopie oder Labormethoden angewiesen ist. Dies be-trifft u. a. **Karbonatite** (Abschn. 5.7.8) und Magmatite mit >10 Vol.-% modalem Melilith. Ebenfalls für die makroskopische Gesteinsbe-stimmung kaum anwendbar ist eine tabellarische Gliederung unter Einbeziehung heller und dunk-ler Minerale für **Lamprophyre** (Abschn. 5.10.3). **Pyroklastische Bildungen** werden nach der Korngröße der Klasten und in Abhängigkeit von der Verfestigung eingeteilt (Abschn. 5.9).

5.6.1 Gruppenzuordnungen und Anpassung an makroskopische Bestimmungsmöglichkeiten

Der für die Gesteinsklassifizierung maßgebliche Mineralbestand ist mit makroskopischen Me-thoden für gewöhnliche Vulkanite nicht und auch für manche Plutonite nicht immer vollstän-

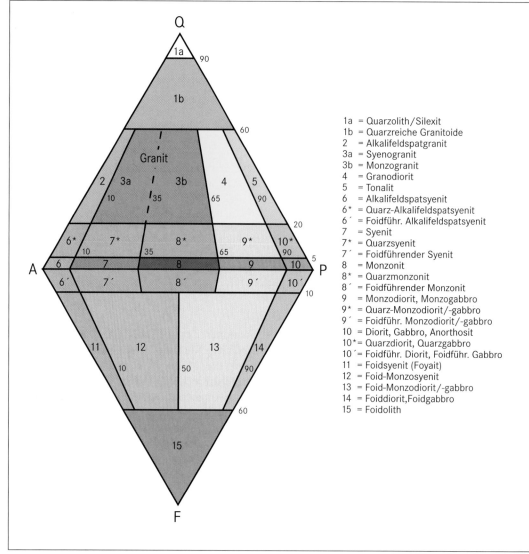

Abb. 5.35 QAPF-Doppeldreieck (Streckeisen Doppeldreieck) für Plutonite, umgezeichnet nach Le Maitre et al. (2004). **Grundlage der Klassifikation von Plutoniten mit mindestens 10 Vol.-% hellen Mineralen** (modaler Mineralbestand). Die Farbgebung kennzeichnet Gruppen mit gleichen Grundnamen. A = Alkalifeldspat, Q = Quarz, P = Plagioklas, F = Feldspatvertreter (Foide). Für die QAPF-Doppeldreiecke gelten nicht die allgemein üblichen Abkürzungen der Mineralnamen wie z. B. Pl für Plagioklas (vgl. Abb. 5.37). (Digitale Ausführung: Fiona Reiser)

dig bestimmbar. Für Vulkanite ist wegen Feinkörnigkeit oder sogar Glasanteil der Grundmasse oft nur über die TAS-Klassifikation (Abschn. 5.6.2.2, 5.8.2, Abb. 5.83) eine sichere Einstufung zu erzielen. Dies gilt immer dann, wenn der Mineralbestand selbst mikroskopisch nicht vollständig ermittelbar ist. Sowohl die mikroskopi-

sche Mineralbestimmung wie die Ermittlung der chemischen Zusammensetzung erfordern Methoden, die im Gelände nicht verfügbar sind. Deshalb sind angepasste Ersatz- bzw. Näherungs-Bestimmungsmethoden für den Geländeeinsatz erforderlich. Dies gilt für Vulkanite in jedem Fall, für Plutonite zum geringeren Teil. Ohne

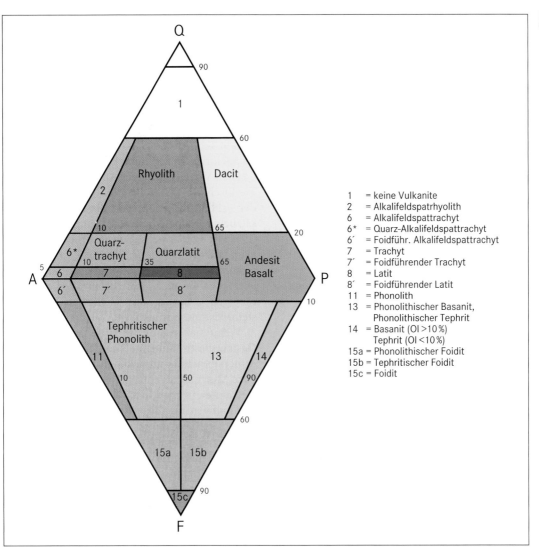

Abb. 5.36 QAPF-Doppeldreieck (Streckeisen-Doppeldreieck) für Vulkanite, umgezeichnet nach Le Maitre et al. (2004). **Grundlage der Klassifikation von Vulkaniten mit mindestens 10 Vol.-% hellen Mineralen** (modaler Mineralbestand). Die Farbgebung kennzeichnet Gruppen mit gleichen Grundnamen. Die Anwendung setzt die mikroskopische Bestimmung des Mineralbestands voraus. Das QAPF-Doppeldreieck ist dennoch für die makroskopische Bestimmung von Vulkaniten die „Eichbasis", z. B. bei der Absicherung vorläufiger Bestimmungen durch mikroskopische Untersuchungen. A = Alkalifeldspat, Q = Quarz, P = Plagioklas, F = Feldspatvertreter (Foide). Für die QAPF-Doppeldreiecke gelten nicht die allgemein üblichen Abkürzungen der Mineralnamen wie z. B. Pl für Plagioklas (vgl. Abb. 5.37). (Digitale Ausführung: Fiona Reiser)

Ausnahme kommt es darauf an, so weit wie möglich zu IUGS-konformen Ergebnissen zu kommen.

In der IUGS-Empfehlung (Le Maitre et al. 2004) werden hierfür vereinfachte, provisorische **Feldklassifikationen** für Vulkanite und Plutonite vorgeschlagen. Die Vereinfachung im Unter-

schied zur Klassifikation auf Grundlage des vollständigen QAPF-Doppeldreiecks besteht darin, dass zumeist mehrere Magmatite zu Gruppen zusammengefasst werden. Durch dieses Vorgehen wird die grundsätzliche Schwierigkeit makroskopisch nicht erkennbarer oder nur zum geringeren Teil erkennbarer Mineralbestände in Vulkaniten

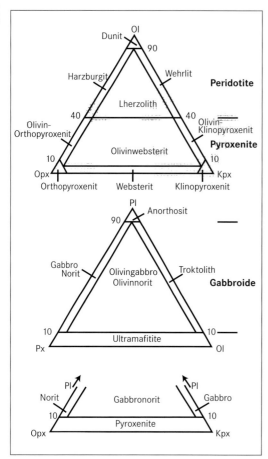

Abb. 5.37 Klassifikationsdreiecke für Ultramafitite (oben) und Gabbroide ohne wesentlichen Hornblendeanteil (Mitte und unten), umgezeichnet nach Le Maitre et al. (2004). Die Namen der Ultramafitite gelten für Plutonite und Gesteine des Erdmantels. Opx = Orthopyroxen, Ol = Olivin, Kpx = Klinopyroxen, Px = Pyroxen (undifferenziert), Pl = Plagioklas. Die Klassifikation für Ultramafitite und Gabbroide mit wesentlichem Hornblendeanteil zeigt Abb. 5.79. (Digitale Ausführung: Thomas Bisanz)

und Foidolith. Die zusammenfassenden Namen müssen mit der Endung -oid versehen oder bei sprachlichen Vorbehalten ersatzweise adjektivisch eingesetzt werden. Statt als Rhyolith muss dann das als rhyolithnah eingestufte Gestein im Sinne einer vorläufigen Benennung als Rhyolithoid bezeichnet werden bzw. als rhyolithisch. Die im Einzelnen vorgesehenen Benennungen sind in Tab. 5.1 den Namen auf Basis des QAPF-Doppeldreiecks gegenübergestellt.

Dem Vorteil geringerer Anforderungen an die Trennschärfe bei Vulkanitbestimmungen nach der Feldklassifikation steht die Einführung zusätzlicher Namen (auf -oid) entgegen (Kasten 5.2). Die Feldklassifikation ist eine Option, die grundsätzlich oder im Einzelfall angewendet werden kann, wenn sie als vorteilhaft angesehen wird. Sie wird hier nicht zur einzigen oder vorrangigen Grundlage der makroskopischen Gesteinsbestimmung gemacht.

Wenn man von der alleinigen Gründung der Gesteinsbestimmung auf unmittelbar **sichtbare** Mineralbestände abrückt, und auch **erschließbare** Mineralbestände einbezieht, sind selbst bei Vulkaniten in manchen Fällen recht sichere Bestimmungen möglich. Ein Rhyolith kann dann auch als Rhyolith bezeichnet werden. In der geländepetrographischen Praxis wird man zusätzliche Merkmale einzelner Gesteinsgruppen und petrographische Regeln ausnutzen können, die in der streng systematisierten IUGS-Feldklassifikation nicht berücksichtigt sind. Bei den Beschreibungen der einzelnen magmatischen Gesteine und Gesteinsgruppen in den nachfolgenden Kapiteln wird daher Gewicht auf die jeweils sich anbietenden weiteren Einstufungsmerkmale gelegt. Die Ausnutzung besonderer Bestimmungsmöglichkeiten kann für einzelne Gesteinsgruppen zu Ergebnissen führen, die der verbindlichen Klassifikation näher kommen als die IUGS-Feldklassifikation. Im folgenden Abschnitt 5.6.2 wird ein stärker an die Möglichkeiten der Gesteinsbestimmung im Gelände angepasstes Vorgehen umrissen.

jedoch nicht behoben. Nur gibt es weniger Klassifikationsgrenzen. Die Mineralbestände von Plutoniten sind hingegen oft so ausreichend erkennbar, dass die Einstufung auf Grundlage des vollständigen QAPF-Doppeldreiecks für Plutonite möglich ist. Bei der Einstufung von Gesteinen auf Grundlage der IUGS-Feldklassifikationen dürfen in der Regel nicht die meist enger gefassten, normalen Gesteinsnamen verwendet werden. Die einzigen Ausnahmen sind Anorthosit

Tabelle 5.1 IUGS-Feldbezeichnungen und deren Entsprechungen auf Grundlage der vollständigen QAPF-Doppeldreiecke   **5**

Vulkanite Feldklassifikation	Vollständige QAPF-Klasssifikation
Rhyolithoid	Rhyolith, Alkalifeldspatrhyolith
Dacitoid	Dacit
Trachytoid	Trachyt, Alkalifeldspattrachyt, Latit, samt aller foidführenden und Quarz-Varietäten
Andesitoid	Andesit
Basaltoid	Basalt
Phonolithoid	Phonolith, tephritischer Phonolith
Tephritoid	Tephrit, Basanit, phonolithischer Tephrit, phonolithischer Basanit
Foiditoid	Foidit, phonolithischer Foidit, tephritischer Foidit

Plutonite Feldklassifikation	Vollständige QAPF-Klasssifikation
Granitoid	Granit, Alkalifeldspatgranit, Granodiorit, Tonalit
Syenitoid	Syenit, Alkalifeldspatsyenit, Monzonit, samt aller foidführ. und Quarz-Varietäten
Dioritoid	Diorit, Monzodiorit, samt aller foidführenden und Quarz-Varietäten
Gabbroid	Gabbro, Monzogabbro, samt aller foidführenden und Quarz-Varietäten
Anorthosit	Anorthosit
Foiddioritoid	Foiddiorit, Foid-Monzodiorit
Foidgabbroid	Foidgabbro, Foid-Monzogabbro
Foidolith	Foidolith

Kasten 5.2
Benennung von magmatischen Gesteinsgruppen

In der IUGS-Klassifikation für Magmatite nach Le Maitre et al. (2004) gibt es im Zusammenhang mit der Feldklassifikation eine Inkonsistenz, die sich auf die Bestimmungspraxis auswirken kann. Dies betrifft die **Namensendungen auf -oid**. Sie sind in der Regel anzuwenden, wenn die Bestimmung nach den Feldklassifikationen vorgenommen wurde. Hierdurch soll der vorläufige Charakter der Bestimmung deutlich werden. Andererseits ist die Bezeichnung **Granitoid** – oder adjektivisch granitoid – unabhängig von der Bestimmungsmethode auch Sammelname für alle Plutonite die wesentlich aus Quarz, Alkalifeldspat und/oder Plagioklas bestehen. Entsprechendes gilt für die Bezeichnung **Gabbroid** (gabbroid) für alle Plutonite, die Plagioklas

als einziges helles Mineral enthalten und daher in das Feld 10 des QAPF-Doppeldreiecks fallen, mit Ausnahme von Diorit und Anorthosit, die nicht zu den Gabbroiden gerechnet werden.

Für andere Magmatite ist die Endung auf -oid nicht als Ausdruck einer von der Art der Bestimmung unabhängigen Gruppenzugehörigkeit vorgesehen. Sie wird daher hier außer für Granitoid und Gabbroid nicht verwendet. Stattdessen werden Gruppenzuordnungen in adjektivischer Form zum Ausdruck gebracht, wie sie dem allgemein üblichen Sprachgebrauch entspricht. Beispiele hierfür sind syenitisches Gestein oder basaltischer Vulkanit.

5

5.6.2 Praktisches Vorgehen bei der makroskopischen Bestimmung von Magmatiten

Ein die Bestimmungsmöglichkeiten einschränkender Grundsatz der IUGS-Klassifizierung ist, dass ein Gestein ohne Kenntnis der näheren geologischen Umstände des Fundgebiets definierbar sein soll, also allein durch Untersuchung der Eigenschaften der Einzelprobe, z. B. auch in einer Sammlung oder als isolierter Bohrkern. Diese Einschränkung ist bei der Bestimmung im Gelände nicht notwendig, weil dort oft ein zusätzliches Informationspotenzial besteht. Selbst an isolierten Proben sind durch Beachtung geeigneter Merkmale und Berücksichtigung petrographischer Regeln oft makroskopische Bestimmungen möglich, die über die Ergebnisse systematischen Vorgehens unter alleiniger Berücksichtigung der Mineralbestände hinausgehen. Allerdings wird eine Gesteinsbestimmung im Gelände in vielen Fällen unsicher bleiben müssen.

Für die makroskopische Bestimmung magmatischer Gesteine im Gelände können alle in Abschn. 4.3 erläuterten fünf Merkmalsgruppen in der jeweils am sinnvollsten erscheinenden Reihenfolge herangezogen werden, ergänzt durch die Berücksichtigung petrographischer Regeln, die bei der Beschreibung der einzelnen Gesteine oder Gesteinsgruppen von Fall zu Fall erläutert sind.

Zur Bestimmung eines magmatischen Gesteins ist vorweg durch Beachtung und Interpretation der **geologischen Situation** des Fundgebiets, der **Absonderungsformen** des Gesteins im Aufschlussmaßstab und vor allem des **Gefüges** zu prüfen, ob es sich am ehesten um einen Plutonit, einen Vulkanit, einen Subvulkanit, ein Ganggestein oder einen Pyroklastit bzw. Hyaloklastit handeln kann. Hinweise hierzu finden sich in den Unterabschnitten von Abschn. 5.3. Für eine Sammlungsprobe ohne Dokumentation des geologischen Zusammenhangs kann in jedem Fall das Gefüge im Handstückmaßstab herangezogen werden.

Im Anschluss an die Entscheidung für Vulkanit- oder Plutonitnatur soll die Bestimmung, soweit dies möglich ist, zunächst weiterhin systematisch erfolgen, vorrangig auf Grundlage des **Mineralbestands**. Hierbei kommt neben dem Erkennen von Quarz oder Feldspatvertretern der sicheren Unterscheidung der Feldspäte ausschlaggebende Bedeutung zu. Es muss unbedingt bewusst nach den in der Beschreibung der Feldspäte in Abschn. 3.2 erläuterten Merkmalen gesucht werden. Die zuverlässige Bestimmung von Magmatiten hängt vor allem hiervon ab.

Das zu empfehlende praktische Vorgehen ist für Plutonite und Vulkanite unterschiedlich. Spezielle Information hierzu wird in Abschn. 5.7.2 für Plutonite und in Abschn. 5.8.2 für Vulkanite gegeben. Subvulkanite und Ganggesteine werden in der Regel wie Vulkanite behandelt und mit den hierfür üblichen Namen benannt. Eine Alternative ist die Verwendung plutonischer Namen mit vorangestelltem Zusatz Mikro-. Nach möglichst weitgehender systematischer Voreinstufung kann auf die in den Abschnitten über die einzelnen Gesteine enthaltenen Zusatzinformationen zurückgegriffen werden.

Unabhängig von den Bestimmungsmethoden und deren Einschränkungen soll am Ende immer die **bestmögliche Annäherung an die Einstufung gemäß IUGS-Vorschriften** stehen. Diese haben in jedem Fall den Charakter von „Eichstandards". Es hängt dann von der für den jeweiligen Einzelfall abschätzbaren Zuverlässigkeit der Bestimmung ab, ob normale Gesteinsnamen wie z. B. Granit oder Phonolith verwendet werden oder ob unschärfer gefasste Bezeichnungen wie z. B. granitischer Plutonit im Sinne der IUGS-Feldklassifikation oder auch freie Benennungen wie phonolithartiger Vulkanit angemessener sind. In jedem Fall sollte deutlich gemacht werden, dass die Bestimmung makroskopisch erfolgte und daher letztlich vorläufigen Charakter hat.

Die feldpetrographische Gesteinsbestimmung sollte keine selbständige Disziplin mit eigener Terminologie sein. Gelegentlich benutzte Bezeichnungen für Vulkanite mit dem Vorsatz Phäno- wie z. B. Phänotrachyt sind nicht nützlich. Sie können dadurch zur Verwirrung führen, dass eine näher spezifizierte Bestimmung suggeriert wird, obwohl tatsächlich nur die Einsprenglinge (Phänokristalle) bestimmt wurden.

5.6.2.1 Plutonite

Für die Bestimmung vieler Plutonite kann das Klassifikationsschema nach dem QAPF-Doppeldreieck in unvereinfachter Form angewandt werden. Fehler können sich am ehesten bei der Abschätzung der Mengenverhältnisse von Plagioklas gegenüber Alkalifeldspat ergeben, z. B. wenn beide einheitlich farblos sind. Dies wirkt sich besonders bei der Bestimmung von Gesteinen mit Übergangszusammensetzungen zwischen mehreren Gesteinsgruppen aus.

Für einen Teil der mafitreichen basischen und ultramafischen Plutonite kann die ergänzende Verwendung der **Kumulatklassifikation**, eines vom IUGS-Klassifizierungsprinzip unabhängigen Einteilungsprinzips mit eigener Terminologie, von Vorteil sein (Abschn 5.6.4).

Grundlage der Bestimmung der meisten nichtultramafischen Plutonite auch im Gelände ist das **QAPF-Doppeldreieck**. Ergänzend oder alternativ hierzu kann das im nachfolgenden Abschnitt 5.6.3 erläuterte Bestimmungsdiagramm auf Grundlage der modalen Anteile von **Q**uarz, **A**lkalifeldspäten, **P**lagioklas, **F**eldspatvertretern und **M**afiten herangezogen werden. Es soll hier in Analogie zum QAPF-Doppeldreieck als **QAPFM-Diagramm** bezeichnet werden. Für ultramafische Gesteine sind die Dreiecksdarstellungen der Abbildungen 5.37 und 5.79 auch unter Geländebedingungen einsetzbar. Dies gilt nicht nur für plutonische (Kumulat-)Ultramafitite, sondern auch für die durchweg ultramafischen **Gesteine des Oberen Erdmantels**, die mit den gleichen Gesteinsbezeichnungen benannt werden.

5.6.2.2 Vulkanite

Zur Klassifikation von Vulkaniten bestehen zwei alternative Einstufungsprinzipien der IUGS (Le Maitre et al. 2004) in abgestufter Rangfolge der Priorität:

1. **Einstufung nach dem QAPF-Doppeldreieck** analog dem der Plutonite. Diese ist prinzipiell vorrangig. Voraussetzung ist jedoch die – allenfalls mikroskopisch mögliche – Bestimmung des vollständigen modalen Mineralbestands, unter der Voraussetzung, dass Glas nicht vorkommt. Auch bei ausgeprägter Feinkörnigkeit der Grundmasse ist eine mikroskopische Bestimmung des Mineralbestands nicht vollständig möglich.

2. **TAS-Klassifikation** auf der Grundlage gesteinschemischer Analysen. Die TAS-Klassifikation (Abschn. 5.8.2, Abb. 5.83) beruht auf der Korrelation der **Summe der Alkalien gegen SiO$_2$** (**T**otal **A**lkali/**S**ilica). Das TAS-Diagramm wird – jenseits der Möglichkeiten makroskopischer Gesteinsbestimmung – ergänzt durch Sondereinteilungen für Mg-reiche Vulkanite und Trachyvulkanite. Sie ist für unalterierte Vulkanite bei Vorliegen chemischer Analysen immer anwendbar, in vielen Fällen auch für alterierte und sogar metamorph umgewandelte.

Für die makroskopische Bestimmung von Vulkaniten ist die TAS-Klassifikation prinzipiell nicht anwendbar, die Klassifikation auf Grundlage des QAPF-Doppeldreiecks nur eingeschränkt. Beide Klassifikationen bilden jedoch die Bezugsbasis für mögliche spätere Überprüfungen und Absicherungen der im Gelände erfolgten Bestimmungen durch Untersuchung mitgenommener Proben. Ebenso können Bestimmungen, die an ähnlichen Gesteinen mit Geländemethoden erzielt werden sollen, durch mikroskopische und chemische Befunde an Vergleichsproben „geeicht" werden. Für Vulkanite kommt es in hohem Maße auf differenziertes Vorgehen nach einer vorläufigen Einstufung an. Diese vorläufige Einstufung erfolgt oft am einfachsten über das im folgenden Abschn. 5.6.3 als QAPFM-Diagramm beschriebene Bestimmungsschema, das für Vulkanite und Plutonite gleichermaßen einsetzbar ist. Weitere Hinweise geben die nachfolgenden Beschreibungen der einzelnen Gesteinsgruppen.

Ein grundsätzliches Problem, das die Bestimmung mancher Vulkanite beeinträchtigt und zu Missverständnissen führen kann, ist das Nebeneinander der voneinander unabhängigen Klassifikationen mit je nach Bestimmungsmethode unterschiedlichen Gesteinsnamen für gleiche Gesteine bzw. gleichen Namen mit nicht identischer Bedeutung.

Für eine Gesteinsbestimmung im Gelände bzw. mit makroskopischen Methoden haben Einstufungen und Benennungen, die ausschließlich chemisch begründet sind, nachrangige Bedeutung. Sie werden dennoch berücksichtigt, wo dies für das Verständnis von Zusammenhängen erforderlich ist. Eine Übersicht über die chemisch definierten Vulkanitnamen zeigen Abb. 5.83 und Tab. 5.2 in Abschn. 5.8.2.

5

5.6.3 QAPFM-Diagramm zur Bestimmung von Plutoniten und Vulkaniten

Ein in unterschiedlich umfassender Ausführung gebräuchliches Bestimmungsschema, das helle und dunkle Minerale gemeinsam berücksichtigt, ist in Abb. 5.38 als **QAPFM-Diagramm** dargestellt. Die Buchstaben Q, A, P und F stehen für dieselben Minerale wie beim QAPF-Doppeldreieck. Das zusätzliche M steht für Mafite. Die Abgrenzungsbedingungen der QAPF-Doppeldreiecke sind im QAPFM-Diagramm eingearbeitet. Dem Maßstab in waagerechter Richtung kommt keine Bedeutung zu. Ausschlaggebend ist hier die Erzielung einer ausreichenden Übersichtlichkeit und von Grenzlinien mit möglichst stetiger Krümmung. Nicht alle magmatischen Gesteine sind im QAPFM-Diagramm darstellbar.

Das QAPFM-Diagramm der hier eingeführten Fassung ist gegenüber den üblichen Darstellungen in einigen wesentlichen Details erweitert. Das Diagramm ist als abgewickelter Zylindermantel konzipiert. Die rechte und die linke Seite passen aneinander, wenn man das linke Ende bis zur Dreiecksmarkierung am rechten oberen Rand überlappen lässt. Diese Art der Konstruktion ist Ausdruck allgemein fließender Übergänge zwischen benachbart dargestellten Gesteinen.

Da es jeweils Plutonite und Vulkanite gibt, die einander bezüglich des Mineralbestands entsprechen, gilt das Diagramm gleichermaßen für beide Gesteinsgruppen. Vulkanische Gesteinsnamen stehen oben, die plutonischen Entsprechungen unten. Die Unterteilung des Diagramms in Felder, die jeweils das Vorkommen eines Minerals oder einer Mineralgruppe repräsentieren, ermöglicht die Bestimmung eines magmatischen Gesteins durch Abgleich des beobachteten Mineralbestands mit den für die verschiedenen Gesteinspaare üblichen Mineralbeständen. Es muss nur durch Rechts-/Linksverschieben eines gedachten senkrechten Profilschnitts die möglichst gut mit dem zu bestimmenden Gestein quantitativ übereinstimmende Mineralkombination gefunden werden. Diese wird im Diagramm durch die senkrecht aneinandergereihten Abschnitte der Schnittlinien durch die jeweiligen Felder in Prozentanteilen angezeigt. Die Mengenanteile sind an den seitlichen Skalen ablesbar. Die Abgrenzungen zwischen benachbarten Gesteinen werden durch senkrechte, gepunktete Linien angezeigt. Hierbei gibt es Unterschiede zwischen Vulkaniten und Plutoniten, wie dies auch durch unterschiedliche Feldergrenzen in den QAPF-Doppeldreiecken (Abb. 5.35, 5.36) zum Ausdruck kommt.

Die Abgrenzung des zusammenhängenden Felds der Mafite zu den jeweils angrenzenden Feldern der hellen Minerale deutet wegen stark variabler Mengenateile der Mafite in den einzelnen Gesteinsgruppen nur Tendenzen an und ist deswegen nicht durchgezogen. Lediglich am Übergang zu den Ultramafititen liegt die Grenze bei 90 Vol-% Mafiten definitionsgemäß fest. Im Mafitfeld ist durch eingetragene Abkürzungen von Mineralnamen angezeigt, welche mafischen Minerale vorrangig in welchen Gesteinen anzutreffen sind. Erhebliche Abweichungen sind möglich. Gewöhnlich fällt das Vorkommen der einzelnen Mafite nicht mit den Gesteinsabgrenzungen zusammen. Nur in einzelnen Fällen liegen dem Auftreten oder Fehlen bestimmter Mafite strenge petrographische Regeln zugrunde. Dies gilt für das regelmäßige Vorkommen von Klinopyroxen und Fehlen von Orthopyroxen in foidführenden Gesteinen und das Fehlen „normalen", Mg-reichen Olivins in quarzführenden Magmatiten. Quarzfreie oder quarzarme, feldspatreiche Gesteine sind im QAPFM-Diagramm in Klammern und mit hochgestelltem Stern angezeigt, z. B. (Syenit*). Als Grenzlinie zwischen Alkalifeldspat und Plagioklas gilt für solche Gesteine die gerade, gestrichelte Mittellinie im dann gegenstandslosen Quarzfeld.

Ein Vorteil der Gesteinsbestimmung im Gelände gegenüber Labormethoden ist die zusätzliche, in Bestimmungsdiagrammen nicht berücksichtigungsfähige, oben schon genannte Möglichkeit, auch feldgeologische Beobachtungen ausnutzen zu können. Konkret gehört hierzu z. B. das Auftreten begleitender pyroklastischer Bildungen, das Vorkommen bestimmter Xenolithe oder spezieller Absonderungsgefüge. Die Variationsbreite der vorkommenden Gesteinsfarben kann Hinweise geben oder z. B. auch die

5

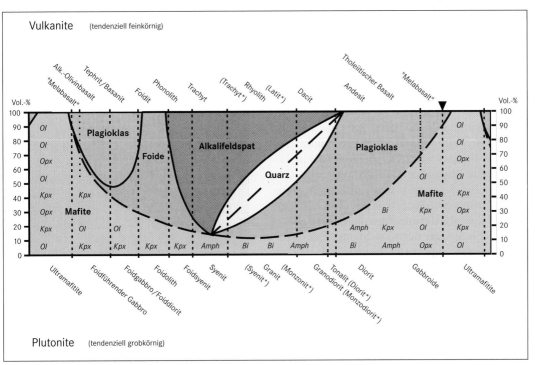

Vulkanite   (tendenziell feinkörnig)

Plutonite   (tendenziell grobkörnig)

Abb. 5.38 QAPFM-Diagramm für Vulkanite und Plutonite. Die Kürzel im Feld der Mafite zeigen an, welche mafischen Minerale in den oberhalb und unterhalb angegebenen Gesteinen mit besonders großer Wahrscheinlichkeit auftreten: Amph = Amphibol, Bi = Biotit, Kpx = Klinopyroxen, Ol = Olivin, Opx = Orthopyroxen. In Klammern gesetzte und mit * versehene Gesteinsnamen gelten für quarzfreie und nahezu quarzfreie Mineralbestände. In diesen Fällen gilt statt des Quarzfelds die gestrichelte Grenzlinie in dessen Mitte. (Digitale Ausführung: Fiona Reiser)

Form des Gesteinskörpers im Gelände (Abschn. 5.3.1.1, 5.3.2.1). Hierdurch kann das Spektrum der in Frage kommenden Gesteine gewöhnlich soweit eingeengt werden, dass selbst für einsprenglingsarme Vulkanite eine Bestimmung möglich ist, die der TAS-Einstufung ausreichend nahe kommt. Eine verbleibende Unschärfe der Bestimmung ist jedoch oft unvermeidbar und angesichts der ohnehin fließenden Übergänge von Gestein zu Gestein undramatisch.

Die in Bestimmungsdiagrammen nicht darstellbaren feldgeologischen Merkmale werden in den Einzelbeschreibungen der Gesteine erläutert. Der möglichst systematische Bestimmungsgang wird daher im konkreten Fall mit dem Versuch der Einstufung im QAPF-Doppeldreieck beginnen oder alternativ mit der Einordnung in das QAPFM-Diagramm. Die endgültige Abwägung unter den verbleibenden Alternativen wird dann anhand der Einzelbeschreibungen der

zunächst noch in Betracht kommenden Gesteine vorgenommen.

5.6.4 Kumulat-Klassifikation basischer Plutonite (ergänzend zur IUGS-Klassifikation)

Ein ursprünglich genetisch verstandener, inzwischen aber rein deskriptiver Klassifikationsansatz für bestimmte basische und ultramafische Plutonite besteht unter dem Namen **Kumulat-Klassifikation**. Er ist mit einer eigenen Terminologie verbunden. Hierbei werden anders als für die IUGS-Klassifikation der Plutonite nicht die Mengenverhältnisse der vorkommenden Minerale zugrundegelegt. Stattdessen unterscheidet man nach Gefügemerkmalen zwischen den zunächst aus der Schmelze kristallisierten Kris-

5

tallen und den späteren Bildungen aus der im Zwischenraum noch länger bestehenden Restschmelze. Der früh kristallisierte Anteil sind die **Kumuluskristalle**, zwischen denen sich im einfachsten Fall das anschließend gebildete **Interkumulusmaterial** findet. Entsprechende Gesteine können als **Kumulate** (Tafel 5.2) der jeweils primären Minerale bezeichnet werden, mit zusätzlicher Nennung der Interkumulusminerale. Ein Beispiel wäre: Olivin-Kumulat mit Interkumulus-Plagioklas und -Orthopyroxen. Gemäß der IUGS-Klassifikation würde es sich um einen Olivinnorit oder evtl. Harzburgit handeln. Mit der Kumulat-Terminologie kann man geeignete Plutonite unter Berücksichtigung des Gefüges besonders informativ beschreiben. Sie ist aber für die meisten Plutonite nicht anwendbar, für Vulkanite überhaupt nicht. Zur Beschreibung der Gefügebeziehungen zwischen Kumulus- und Interkumulusanteil dienen eigene Bezeichnungen für spezifische Kumulatgefüge (Kumulatstrukturen). Diese werden im Abschn. 5.7.5.1 im Zusammenhang mit der Beschreibung gabbroider Gesteine erläutert. Kumulatgesteine treten oft in Zusammenhang mit magmatischer Schichtung auf.

Abb. 5.39 Durch tief einschneidende, junge Erosion exponierter Teil eines Granitplutons, durch überwiegend steil stehende Klüftung gegliedert. Bodetal bei Thale, Ostharz.

5.7 Plutonite

Plutonite treten in den Kernregionen von jungen Orogenen auf und ebenso als wesentlicher Bestandteil tief abgetragener alter Gebirgssockel. Beispiel für die beiden Arten des Vorkommens sind die Zentralalpen und die inneren Bereiche der Varisziden Mitteleuropas. Eine noch größere Verbreitung haben Plutonite als Bestandteil proterozoischer und auch archaischer Kratone. Das uns am nächsten gelegene Beispiel ist der Baltische Schild, der in weiten Teilen Schwedens und Finnlands ohne jüngere Überdeckung zutage tritt. Kleinere Plutonitvorkommen finden sich in durch Erosion freigelegten Sockelbreichen von Vulkankomplexen.

Plutonitvorkommen sind allein durch ihren zumeist monotonen, massigen Aufbau (Abb. 5.15, **5.39**, **5.40**) und oft große Verwitterungsresistenz landschaftsprägend, besonders wenn sie sich über Hunderte von Quadratkilometern Fläche erstrecken. Die Entstehung von Plutoniten kann nicht beobachtet werden. Sie werden erst sichtbar, wenn die ursprüngliche Überdeckung von mehreren Kilometern Mächtigkeit abgetragen ist. An der Oberfläche freiliegende Plutonite sind mindestens jungtertiären Alters, meistens aber sehr viel älter. In Mitteleuropa haben die meisten Plutonite paläozoische Alter.

Die Nebengesteine von Plutoniten sind durch die Hitze des eingedrungenen Magmas kontaktmetamorph verändert, außer wenn sie nicht reaktionsfähige Zusammensetzungen haben oder wenn sie zur Zeit der Kontakteinwirkung schon höhergradig regionalmetamorph geprägt waren.

Plutonische Gesteine sind so grobkörnig, dass man anders als in Vulkaniten die Kristalle der Hauptminerale mit bloßem Auge als Individuen wahrnimmt. **Korngrößen von mindestens drei Millimetern** werden von Le Maitre et al. (2004) als Untergrenze genannt (Abschn. 5.3).

5

Abb. 5.40 Granit mit ausgeprägter Klüftung und Bankung. Die oberflächenparallele Bankung kann als Entlastungsklüftung infolge der Abtragung der Überlagerung gedeutet werden. Natürliche Steilwand aus Rapakivigranit, Docksta, südsüdöstlich Örnsköldsvik, Västernorrland, Schweden.

Unter den Plutoniten sind granitische Gesteine am häufigsten. Keine der anderen Gesteinsgruppen, wie z. B. Gabbroide, Diorite, Syenite oder foidführende Plutonite kommt in vergleichbarer Verbreitung vor. Auch sind Granitplutone oft besonders groß.

5.7.1 Vorbemerkungen

Plutonite repräsentieren anders als Vulkanite oft nicht die vollständige Zusammensetzung des Magmas zur Zeit der Platznahme. Man muss damit rechnen, dass sie nur den zu einem bestimmten Zeitpunkt kristallisierten Anteil des Magmas repräsentieren. Die ursprünglich zugehörige Schmelzfraktion kann fehlen. Dies gilt in besonderem Maße für basische Plutonite, wenn sie Kumulatcharakter haben (Abschn. 5.7.5.1).

Mancherorts kommen unterschiedliche, aber verwandte Plutonite gemeinsam vor, die als magmatische Differentiate aus dem gleichen Ausgangsmagma abgeleitet sind. Dies gilt besonders für basische und ultramafische Plutonite. Granitisches Magma hingegen entspricht dem Endstadium SiO_2-gesättigter Differentiationsserien, sodass Folgedifferentiate sich nur wenig unterscheiden oder fehlen. Geländeausdruck der Differentiation können u. a. magmatische Schichtung oder konzentrisch zonierte Plutone sein. Spektakulär von Graniten abweichende, ge-

wöhnlich dunklere Magmatite sind in Form von Xenolithen in manchen Graniten enthalten.

5.7.2 Besonderheiten der makroskopischen Bestimmung von Plutoniten

Für plutonische Gesteine ist, abgesehen von Sonderfällen, das von der IUGS-Klassifikation vorgegebene systematische Bestimmungsprinzip direkt anwendbar. Es besteht aus der quantitativen Erfassung des Mineralbestands in Vol.-% und der sich daraus ergebenden Einordnung in das für die jeweilige Mineralkombination vorgesehene Feld des QAPF-Klassifikationsdiagramms bzw. in eines der Ergänzungsdiagramme. Die Grenzbedingungen der einzelnen Gesteine sind dem in Abb. 5.35 dargestellten QAPF-Doppeldreieck bzw. den Ergänzungsdreiecken (Abb. 5.37) entnehmbar. Anstelle des QAPF-Doppeldreiecks und der Ergänzungsdiagramme kann auch das die mafischen Minerale und ultramafischen Gesteine einbeziehende QAPFM-Diagramm (Abb. 5.38) verwendet werden. Das allgemein gültige Vorgehen wird in Kasten 5.3 am Beispiel der Granite erläutert, die in Abschn. 5.7.3 wegen ihrer besonderen Bedeutung als erste Gruppe von Plutoniten beschrieben werden.

5 Besondere Merkmale von Plutoniten

1. Xenolithführung
Viele Plutonite enthalten Xenolithe (Abschn. 5.2, Abb. 5.41). Allgemein gilt, dass Kalkalkaligranite, Granodiorite und verwandte Gesteine häufig Brocken dunkleren magmatischen Gesteins enthalten. Granite, deren Magmen überwiegend Aufschmelzungsprodukte von Gesteinen der Kontinentalen Kruste mit sedimentärer Vorgeschichte sind, enthalten vor allem metasedimentäre Xenolithe.

2. Verwitterungsverhalten
Manche Plutonite neigen zu dünnschichtiger schaliger Verwitterung. Hierbei platzen flächig zusammenhaltende Hüllen aus angewittertem Material vom noch unverwitterten Kern eines Blocks ab (Abb. 5.16, 5.68). Dies gilt besonders für Gabbroide und Diorite mit hohem Anteil Fe-reicher Mafite und intensiv verzahnten Korngrenzen. Feldspat- und quarzreiche Plutonite neigen stattdessen unter Verwitterungseinwirkung eher zum Zerfall zu lockerem Grus (Abb. 6.1) neben allenfalls dickschichtigem Abplatzen von angewitterten äußeren Hüllen.

3. Vorkommen und Art von Kontaktmetamorphiten
Das Auftreten direkt angrenzender kontaktmetamorpher Gesteine ist ein klarer Hinweis auf die plutonische Natur eines Gesteins. Zusätzlich wird hierdurch angezeigt, dass die Lagerungsbeziehung gegenüber den angrenzenden Gesteinen intrusiv und nicht etwa tektonisch ist (Abb. 7.15).

4. Assoziierte andere Magmatite
Bestimmte Plutonite treten auffällig häufig mit bestimmten anderen Plutoniten in räumlicher und zeitlicher Beziehung auf. Dies gilt u. a. für Kalkalkaligranite, die oft mit Granodioriten, Tonaliten und Dioriten verknüpft sind.

Besondere petrographische Regeln zur Bestimmung von Plutoniten

1. Nichtverträglichkeit bestimmter Minerale
In Abschn. 3.2 wurde bei der Beschreibung einiger Minerale darauf hingewiesen, dass neben ihnen bestimmte andere Minerale nicht vorkommen können. Wichtigste makroskopisch relevante Beispiele solcher einander vollständig oder fast immer ausschließenden Minerale in Magmatiten sind:

Feldspatvertreter	⇔	Quarz
Olivin	⇔	Quarz (außer Fe-reicher Fayalit)
Feldspatvertreter	⇔	Orthopyroxen

2. Abhängigkeit bestimmter Minerale von chemischen Voraussetzungen
Wichtige Beispiele hierfür sind:
- Quarz nur in SiO_2-gesättigten Magmatiten
- Bindung von Orthopyroxen an tholeiitische oder kalkalkalische Magmatite und Erdmantelgesteine

Abb. 5.41 Granit mit dunklem, basischem oder intermediärem Xenolith. Nördlich Växjö, Ostsmåland, Schweden.

- Ausschluss von Orthopyroxen in Alkalimagmatiten
- Vorkommen von Ägirin oder Arfvedsonit in Alkalimagmatiten
- Muskovit in leukokraten Plutoniten
- Phlogopit in melanokraten Plutoniten
- Turmalin (magmatisch) in leukokraten Plutoniten

3. Bindung an spezifische geotektonische Voraussetzungen
Wichtige Beispiele hierfür sind:
- Batholithkomplexe mit hohem Anteil von Granodioriten und Dioriten subduktionsbedingt
- basaltische Gangscharen und Lavadecken bei anorogener Dehnungstektonik
- Foidsyenitische Plutone anorogen in Kratonen
- Alkalibetonte Granite anorogen in Kratonen
- Rapakivigranite anorogen in Kratonen, zeitliche Bindung an Jung- und Mittelproterozoikum

5.7.3 Granitische und verwandte Plutonite (Granitoide)

Als granitische und verwandte Plutonite werden hier die im QAPF-Doppeldreieck durch eigene Felder definierten quarzreichen Plutonittypen **Granit**, **Alkalifeldspatgranit**, **Granodiorit** und **Tonalit** zusammengefasst und vereinfacht als **Granitoide** oder granitische Gesteine bezeichnet. Granit kann in die Unterarten **Syenogranit** und **Monzogranit** aufgeteilt werden. Im Syenogranit macht Kalifeldspat mindestens 65 Vol.-% des Gesamtfeldspats aus, im Monzogranit weniger als 65 Vol.-%. Die Unterscheidung ist wenig üblich.

Alaskit ist Alkalifeldspatgranit, dem dunkle Minerale weitgehend fehlen. **Charnockit** ist in der IUGS-Klassifikation (Le Maitre et al. 2004) als Orthopyroxengranit definiert. Zumindest die europäischen Beispiele von Charnockiten sind jedoch granulitfaziell metamorphe Gesteine entsprechender Zusammensetzung. Sie werden daher im Rahmen der metamorphen Gesteine beschrieben (Abschn. 7.3.1.5). **Adamellit** ist synonym zu Monzogranit.

Rapakivigranite sind anorogene Granite. Ihr bekanntestes Merkmal sind zentimetergroße, gerundete Kalifeldspatkristalle oder -aggregate, die kugelschalig von Plagioklassäumen eingehüllt sind (ummantelte Feldspatovoide) (Abb. 5.52). Allerdings sind solche Rapakivigefüge weder auf Rapakivigranite beschränkt, noch zeigen alle Rapakivigranite Rapakivigefüge (Abb. 5.45, 5.53).

Schriftgranite gehören zu den pegmatitischen Gesteinen (Abschn. 5.10.2). Sie bestehen aus großmaßstäblichen graphischen Verwachsungen von Quarz und Kalifeldspat (Abb. 5.30).

Granitporphyre sind vom Mineralbestand her granitisch zusammengesetzte Gesteine, die sich von Graniten durch ein besonders auffälliges porphyrisches Gefüge mit nahezu vulkanitähnlich feinkörniger Grundmasse unterscheiden (Abb. 5.21, **5.42**). Die Einsprenglinge von Feldspäten und Quarz sind oft rundlich. Granitporphyre treten als Gänge oder auch als kleine, subvulkanische Stöcke in der Nachbarschaft von Granitplutonen oder unabhängig auf.

Geologisches Vorkommen

Granitoide, vor allem Granite selbst, sind die kennzeichnenden Plutonite ausreichend tief abgetragener kontinentaler Kruste. Eine Ausnahme bilden **Plagiogranite**, die untergeordneter Bestandteil ozeanischer Kruste sind und auch nicht in das Granitfeld des QAPF-Doppeldreiecks fallen. Wenn sie in kontinentaler Umgebung auftreten, sind sie durch tektonische Vorgänge dorthin gelangt. Plagiogranite sind mafitarme, durchweg weiße, tendenziell feinkörnige Tonalite (**Trondhjemite**) aus Na-betontem Plagioklas und Quarz mit nur untergeordnetem Anteil dunkler Minerale, gewöhnlich Amphibol. Gesteine mit plagiogranitischem Aussehen und Vorkommen können auch quarzdioritische oder quarzanorthositische Mineralbestände haben. Kalifeldspat fehlt im Gegensatz zu Granit im engeren Sinne. Der Terminus Plagiogranit ist verwirrend, aber Bestandteil der von der IUGS empfohlenen Klassifikation.

Auf den Kontinenten kommen granitische Plutonite unter z. T. gegensätzlichen geotektonischen Rahmenbedingungen vor, und haben dann jeweils spezifische Eigenschaften und Zusammensetzungen. Orogene enthalten in der Tiefe ihrer zentralen Teile oder durch Erosion freigelegt große Volumen granitischer und granitähnlicher Magmatite. Ebenso können unter

5

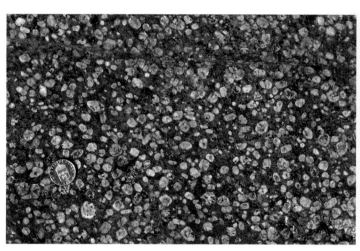

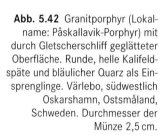

Abb. 5.42 Granitporphyr (Lokalname: Påskallavik-Porphyr) mit
durch Gletscherschliff geglätteter
Oberfläche. Runde, helle Kalifeldspäte und bläulicher Quarz als Einsprenglinge. Värlebo, südwestlich
Oskarshamn, Ostsmåland,
Schweden. Durchmesser der
Münze 2,5 cm.

anorogenen Bedingungen im Inneren kontinentaler Platten Granite gebildet werden.

Granitische Magmen bzw. Granite kommen
mit ihrer Zusammensetzung dem thermischen
Schmelzminimum SiO_2-gesättigter silikatischer
Stoffsysteme nahe. Granitische Magmen und damit auch Granite können auf verschiedenen Wegen entstehen, so als erstes und oft einziges Produkt partieller Aufschmelzung oder seltener
auch als letztes Differentiat. Für die Bildung
von Granitmagmen, die nicht unmittelbares
Produkt partieller Aufschmelzung sind, kommen vor allem Differentiation und Kontamina-
tion ursprünglich basischerer Magmen in Betracht. Dies geschieht über Zwischenstufen wie
z. B. Diorit und Granodiorit. Die direkte Bildung
granitischen Magmas erfolgt durch Teilaufschmelzung von geeigneten Gesteinen der
tieferen kontinentalen Kruste. Hierbei gibt es signifikante Unterschiede der Zusammensetzung
in Abhängigkeit vom Prozess der Magmengenese, vom tektonischen Rahmen und vom Auf-
schmelzungsedukt. Die jeweilige Art der vorkommenden Granite erlaubt daher umgekehrt
Rückschlüsse auf die geotektonischen Rahmenbedingungen zur Zeit der Magmenentstehung.

Allgemeines Aussehen und Eigenschaften

Granitoide sind meist hell aussehende, Quarz-
Feldspat-dominierte Plutonite mit einem gewöhnlich nur untergeordneten Anteil mafischer
Minerale. Granitische Gesteine sind gemeinsam
mit den mengenmäßig unbedeutenderen syenitischen Plutoniten oft besonders grobkörnig.
Dies schließt zahlreiche Gegenbeispiele nicht
aus. Trotz eines im Gegensatz zu vielen gabbroiden Gesteinen und Alkaliplutoniten eher monotonen Mineralbestands zeigen granitische
Plutonite von Vorkommen zu Vorkommen unterschiedliche, **individuelle Merkmale** (Abb.
3.1, 3.11, 4.4, 5.2, 5.22, 5.27, 5.29, 5.30, 5.31, 5.33,
5.43–5.46, **5.47** (Tonalit), 5.50, 5.52, 5.53). Beispiele hierfür können große, verschieden gefärbte Kalifeldspäte sein oder blaue Quarze, grob
porphyrisches Gefüge, nesterweise auftretende
Mafite und Kombinationen solcher und anderer
Merkmale. Außer individuellen Merkmalen
können granitische Gesteine auch regionale
Merkmale aufweisen, die dann die Gesteine
mehrerer Plutone gemeinsam zeigen.

In vielen Fällen ist es möglich, weit transpor-
tierte, lose Brocken oder Gerölle granitischer
Gesteine allein aufgrund petrographischer Merkmale ihren Ursprungsplutonen zuzuordnen.
Dies ist Routine bei der Untersuchung von granitischen Glazialgeschieben aus Ablagerungen
eiszeitlicher Inlandeisschilde. Solche Glazialgeschiebe mit bekannter Herkunft heißen Leitgeschiebe. Sie können im Norddeutschen Tiefland
bis über 1000 km von ihrem skandinavischen
oder finnischen Ursprungsvorkommen entfernt
gefunden werden. Ein Beispiel ist der vom
Åland-Archipel stammende Block aus Rapakivigranit der Abb. 5.31.

5

Abb. 5.43 Granit aus rotem Kalifeldspat, blauem Quarz, weißem Plagioklas. Westlich Västervik, Schweden. BB 8,5 cm.

Nordische Glazialgeschiebe sind Bestandteil von Mischungen verschiedenster Gesteine weit gestreuter Herkunft. Gleichwohl können sie mit makroskopischen Bestimmungsmethoden als z. B. Revsund-Granit aus Jämtland, Siljan-Granit aus Norddalarna oder als Rapakivigranit vom Åland-Archipel identifiziert werden. Zandstra (1999) beschreibt ca. 80 verschiedene granitische Gesteine bzw. Gruppen granitischer Gesteine als Leitgeschiebe des baltoskandischen Vereisungsgebietes. Ein Dutzend zusätzlicher granitischer Leitgeschiebe werden von Smed & Ehlers (2002) definiert.

Granite und sonstige granitische Plutonite zeigen anders als z. B. gabbroide oder dioritische Gesteine nicht nur unterschiedliche Hell- und Dunkeltönung, sondern eine große **Farbvariabilität**. Viele Granitoide sind spektakulär bunt (Abb. 4.4, 5.29, 5.43, 5.45), neben eintönig hellgrauen oder gelblich-weißen Beispielen (Abb. 5.40, 5.47 (Tonalit), 5.50). Die Art der jeweiligen Färbung ist nicht daran gebunden, ob es sich im Einzelfall um Granit, Granodiorit oder gar Syenit handelt. In jeder dieser Gesteinsgruppen gibt es u. a. weiße, rote, graue und auch reichlich mehrfarbige Beispiele. Ähnliche Gemeinsamkeiten gelten bezüglich der Gefüge. Dies bedeutet, dass der Syenit eines Vorkommens einem bestimmten Granit bei Nichtbeachtung des Mineralbestands sehr viel ähnlicher erscheinen kann als dieser Granit einem anderen Granit. Eine Bestimmung von granitischen Gesteinen nach flüchtigem Farbeindruck ist daher nicht möglich.

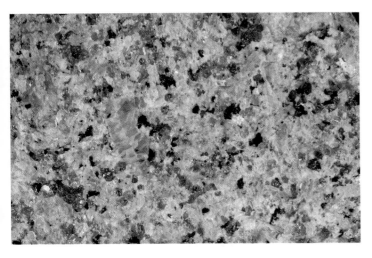

Abb. 5.44 Granit (Lokalname: Eibenstock-Granit) aus blassrotem Kalifeldspat, grau erscheinendem Quarz, gelblichem Plagioklas, dunklem Glimmer. Blauenthal, westliches Erzgebirge. BB 6,5 cm.

5

Abb. 5.45 Granit (Lokalname: Barnarp-Trikolore-Granit) aus braunem Kalifeldspat, gelblichem Plagioklas, blauem Quarz und schwarzem Biotit, der anteilig zu Chlorit alteriert ist. Der Granit zeigt Rapakivigefüge, obwohl er nicht zu den Rapakivigraniten gehört: Der große Feldspat im Zentrum des Bildviertels rechts unten ist ein entsprechend mit Plagioklas ummantelter Kalifeldspat. Hok südlich Jönköping, Småland, Schweden. BB ca. 12 cm.

Mineralbestand

Quarz ist in granitischen Plutoniten makroskopisch immer gut erkennbar, meist ist er ungetrübt transparent, farblos und bildet **xenomorphe** Körner. Für seltenere, regional beschränkt vorkommende granitische Gesteine ist idiomorpher Quarz kennzeichnend, so als Hochquarz mit sechseckigen Querschnitten in manchen Rapakivigraniten (Pyterlite, Abb. 3.12, 5.53). Regional gehäuft können granitische Gesteine blaue Quarze enthalten (Abb. 3.1, 3.11, 5.43, 5.45).

Zum Quarz kommt in jedem Fall Feldspat, wobei das Mengenverhältnis Plagioklas/Alkalifeldspat gemäß QAPF-Doppeldreieck für die weiterführende Klassifizierung entscheidend ist.

Die Plagioklase sind weiß oder grau, nach Alteration oft auch blassgrünlich-grau bis grün, seltener gelb. Die Kalifeldspäte, durchweg **Orthoklas** bis **Mikroklin**, oft mit deutlicher perthitischer Entmischung, können farblich von ziegelrot über orange, braun oder blassrötlich nach gelbgrau bis weiß variieren. In sehr seltenen Fällen führen Granite tief dunkelrote, hämatitgefärbte Plagioklase neben blasser rot gefärbten Kalifeldspäten. Das Vorkommen zweier erkennbar verschiedener Arten von rotem Feldspat, z. B. in manchen südfinnischen Graniten, ist ungewöhnlich und erfordert besonders gründliches Beachten aller Merkmale. Man wird den Plagioklas dann an seiner polysynthetischen Verzwillingung erkennen. Auch kann die Rot-

Abb. 5.46 Alkalifeldspatgranit (Lokalname: Ekerit) aus blassrotem Kalifeldspat, transparentem Quarz, dunklen Mineralen. Ekeren-See, Oslogebiet, Norwegen. BB 3,5 cm.

5

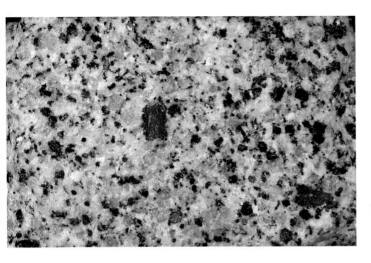

Abb. 5.47 Tonalit aus gelblichem bis hellgrauem Plagioklas, transparentem Quarz und schwarzer Hornblende. Adamello, Südtirol. BB 6 cm.

färbung über die Außenränder der Plagioklaskörner hinweg „verschmiert" sein.

Vor allem die Feldspäte bewirken einen unterschiedlichen Gesamtfarbeindruck der verschiedenen Granite. In bunten granitischen Gesteinen sind die Mengenanteile der verschieden farbigen Feldspäte sehr viel leichter abzuschätzen als in eintönig grauen oder weißen Gesteinen. Bestimmte Färbungen treten regional gehäuft auf. Ein Beispiel hierfür ist eine Dominanz von Graniten mit kräftig roten Kalifeldspäten in manchen Regionen Skandinaviens gegenüber der Seltenheit entsprechender Färbungen in Graniten der Alpen oder auch der europäischen Varisziden. Trondhjemite bzw. Plagiogranite sind typischerweise auffällig hell, meist weiß bis schwach gelblich-grau.

Mafische Minerale können in granitischen Gesteinen fast völlig fehlen. Seltener sind sie so reichlich im Gestein insgesamt enthalten oder in Schlieren konzentriert, dass ein dunkler Farbeindruck entsteht. Die dunklen Minerale in granitischen Gesteinen sind als Fe-reiche Mischkristalle durchweg auch optisch dunkel. Gewöhnlich sind sie tiefschwarz. Der als K-Al-Silikat im chemischen Sinne helle, nur nach Übereinkunft als mafitverwandt gewertete Muskovit bildet eine hell aussehende Ausnahme. In ungefährer Reihenfolge der Häufigkeit treten als dunkle Minerale auf: **Biotit**, **Amphibol**, Granat, Klinopyroxen. Zusätzlich zu Biotit kommt in nur manchen Graniten Muskovit vor. Klinopyroxen ist auf besondere und seltene Beispiele beschränkt. Orthopyroxen fehlt in granitischen Plutoniten, außer wenn Charno-

ckite zu den granitischen Gesteinen gerechnet werden. Makroskopisch bestimmbar ist der Orthopyroxen dort ohnehin nicht. Olivin kommt nur äußerst selten in granitischen Gesteinen vor, und dies nur als Fe-betonter Fayalit neben Klinopyroxen z. B. in manchen Rapakivigraniten.

Normale **Mafitgehalte** von Granitoiden sind ausgedrückt als **Farbzahl M′**:

- Alkalifeldspatgranit   **0–20**
- Granit   **5–20**
- Granodiorit   **5–25**
- Tonalit   **10–40**

Mafitärmere Entsprechungen können mit dem vorangestellten Namenszusatz Leuko- charakterisiert werden, mafitreichere mit dem Zusatz Mela-, z. B. als Melagranit.

Gefüge

Die meisten granitischen Plutonite sind **hypidiomorph-körnig** oder **panallotriomorph-körnig**. Im Einzelnen bedeutet dies eine Mischung aus tendenziell idiomorphen Feldspäten und fast immer xenomorphem Quarz als Hauptbestandteile. Der Anteil der Mafite ist gewöhnlich zu gering, als dass er gefügebestimmend sein könnte. Besonders Granite und Granodiorite können mit Korndurchmessern bis in den Größenbereich von mehreren Zentimetern ausgeprägt grobkörnig sein. **Porphyrisch-phaneritisches Gefüge** ist regional häufig. Die dann oft mehrere Zentimeter großen Einsprenglinge sind Kalifeldspäte, neben denen weiterer Kalifeldspat als Bestandteil der Zwischenmasse auftritt. Auch wenn kein ausgeprägt porphyrisches Gefüge erkennbar ist, bildet ein Teil der Kalifeldspäte oft größere Kristalle als Plagioklas und Quarz im gleichen Gestein. Größere Kalifeldspatkristalle neigen zur Idiomorphie und oft zusätzlich zur Einregelung als Folge laminaren Fließens des Magmas. Tonalite und Trondhjemite sind tendenziell feinkörniger und zeigen gewöhnlich kein porphyrisches Gefüge. Kennzeichnend für **postorogene und anorogene granitische Gesteine** sind richtungslos-körnige Gefüge als Folge von Auskristallisation und Abkühlung unter statischen Bedingungen.

Orogene granitische Gesteine zeigen oft schon makroskopisch unübersehbare Spuren **tektonischer Beeinflussung** in Form von Mineraleinregelung und -deformation (Abb. 5.33, Abschn. 5.4.4).

Erscheinungsformen im Gelände

Granitische Plutonite sind meist **massig** und im Zehner- und auch Hundertermeter-Maßstab und darüber hinaus homogen. Alleiniges Gliederungselement ist dann die nie fehlende **Klüftung** (Abb. 5.15, 5.40, **5.48**). Die vorwiegenden Kluftabstände können für weite Abschnitte des jeweiligen Massivs kennzeichnend sein. Üblich sind Abstände von mehreren Metern bis Dezimetern. Magmatische Schichtung kommt nicht vor, wohl aber gelegentlich diffuse Schlierigkeit. In manchen Vorkommen granitischer Gesteine häufen sich Xenolithe von Nebengestein oder von dunkleren Magmatiten.

Granit gilt als besonders hartes und verwitterungsresistentes Gestein. Dies stimmt im Vergleich mit vielen Sedimentgesteinen, weniger aber gegenüber vielen anderen magmatischen Gesteinen wie z. B. Basalten, Gabbros und Dioriten. Selbst die unmittelbar angrenzenden Kontaktmetamorphite sind oft härter und verwitterungsunanfälliger. Granitische Plutonite neigen außer in sehr kühlem oder aridem Klima dazu, unter Einwirkung chemischer Verwitterung tiefgründig zu **vergrusen**, d. h. es kommt im Zuge einsetzender Kaolinisierung der Feldspäte zum *in situ*-Zerfall in die Einzelkörner. Die Verwitterung setzt von der Oberfläche und von Klüften aus ein. Dies führt dazu, dass einmal an einer Kluft begonnene Vergrusung mehrere Zehnermeter in die Tiefe reichen kann. Andererseits können die Kernbereiche der von den Klüften umschlossenen Polygone lange intakt bleiben. Die Schnittkanten zwischen sich kreuzenden Klüften werden zunehmend gerundet. Wenn die Vergrusung weit fortgeschritten ist, können wegen der leichten Erodierbarkeit des losen Gruses die kaum verwitterten Kernbereiche als Felsklippen stehen bleiben. Diese zeigen dann von allen Seiten rundliche Konturen. Die freistehenden Felsgebilde ähneln übereinander gestapelten, prall gefüllten Säcken, daher der Name **Wollsackklippen** (Abb. 5.48). Die übliche Größe gut ausgebildeter Wollsackklippen liegt im Zehnermeter-Bereich. Meist treten sie spektakulär in Gruppen auf. Wollsack-

Abb. 5.48 Wollsackklippe aus Granit. Durch Verwitterung akzentuierte Bankung und Klüftung. Greifensteine, Erzgebirge.

klippen können in geringerem Maße auch von anderen Plutoniten, wie vor allem dioritischen und syenitischen Gesteinen gebildet werden.

Da granitische Gesteine meist großflächig und weitgehend homogen auftreten, bilden sie außer im Hochgebirge und in jung eingeschnittenen Tälern, wo sie schroffe Felswände aufbauen können (Abb. 5.39), Landschaftsformen aus weitgespannten Bergkuppen; ein typisches Beispiel ist der Brocken im Harz (Abb. 5.49).

Hinweise zur petrographischen Bestimmung

Das prinzipielle Vorgehen bei der Bestimmung von granitischen Gesteinen lässt sich auf die Bestimmung aller plutonischen Gesteine verallgemeinern. Im Kasten 5.3 wird am Beispiel granitischer Gesteine erläutert, worauf man achten sollte und welche Regeln eine Rolle spielen. Wenn anders als im gewählten Beispiel nicht Quarz, sondern Feldspatvertreter vorkommen, gilt in entsprechender Weise das untere Teildreieck des QAPF-Doppeldreiecks.

Geotektonische Einstufung von Granitoiden

Granitoide sind durch die geotektonischen Bedingungen bzw. das Ausgangsmaterial der partiellen Aufschmelzung bei der Magmenentstehung geprägt. Ein Klassifikationsschema zur Rekonstruktion der Aufschmelzungsbedingungen und

damit auch der geotektonischen Stellung wurde von Pitcher (1982, 1993) auf Grundlage von Chappell & White (1974) zusammengestellt. Pitcher unterscheidet vier Haupttypen granitischer Gesteine, die er unter den Bezeichnungen A-Typ, I-Typ, M-Typ und S-Typ als Ausdruck jeweils eigener geotektonischer Milieus versteht. Hinter den alphabetischen Abkürzungen verbergen sich: engl. *anorogenic*, *igneous*, *mantle* und *sedimentary*.

Diese Typ-Klassifikation granitischer Plutonite ist, obwohl vor allem geochemisch begründet, in vereinfachter Form und z. T. zusammenfassend auch makroskopischen und Geländemethoden zugänglich. Die nachfolgenden Charakterisierungen sind auf Grundlage von Pitcher (1982, 1993) vereinfacht, z. T. auch ergänzt und für geländepetrographische Untersuchungen angepasst. Es ist zu beachten, dass es sich vor allem bei den I- und M-Typ-Gesteinen nicht immer um Granite im engeren Sinne gemäß der QAPF-Feldereinteilung handelt. Sie sind z. T. lediglich Granitoide. Statt der Bezeichnungen A-Typ-Granit, I-Typ-Granit (-oid), M-Typ-Granit(-oid) und S-Typ-Granit werden alternativ, wenn auch seltener, die Benennungen A-Granit, I-Granit(-oid) und entsprechend verwendet.

S-Typ-Granite

Die Bildung von S-Typ-Graniten ist an **kontinentale Kollision** gebunden. S-Typ-Granite sind demgemäß **orogene** Magmatite. Ausgangsmaterial der Magmenbildung durch partielle Auf-

Abb. 5.49 Der vollständig aus Granit bestehende Brocken (1142 m) im Harz. Blickrichtung von Westen nach Osten. Der Gipfelbereich steht wenig unterhalb der ehemaligen Kontaktfläche zur abgetragenen Hornfelsüberdeckung.

Kasten 5.3 Vorgehen bei der Bestimmung von Plutoniten: Granit als Beispiel

Nach der Einstufung eines Gesteins als Plutonit folgt unter der Voraussetzung, dass mindestens 10 Vol.-% helle Minerale vorhanden sind, die Einordnung in eines der Felder des **QAPF-Doppeldreiecks für Plutonite** (Abb. 5.35). Eine Alternative zum QAPF-Doppeldreieck ist das **QAPFM-Diagramm** der Abb. 5.38. Wenn das Darstellungsprinzip des QAPFM-Diagramms keinen Vorteil bietet, ist das QAPF-Doppeldreieck vorzuziehen, bei Bedarf ergänzt durch die Sonderdiagramme für gabbroide Gesteine (Abb. 5.37). Die Hauptvorteile des QAPFM-Diagramms sind die Einbeziehung der dunklen Minerale und die gemeinsame Darstellung von Plutoniten und Vulkaniten.

Die Bestimmung des Mineralbestands beginnt mit der **Suche nach Quarz** mit den Merkmalen: muscheliger Bruch, glasartige Transparenz und fast immer xenomorphe Ausbildung. Die Transparenz hat zur Folge, dass der Quarz im Gesteinsverband grau getönt erscheint (Abschn. 3.2). In manchen Plutoniten ist der Quarz blau getönt (Abb. 5.43), selten auch rauchig braun (Abb. 3.12). Bei Vorkommen von Quarz muss das jeweilige Gestein in das obere Teildreieck des QAPF-Doppeldreiecks fallen.

Quarz kann mit dem in Graniten nicht vorkommenden Nephelin verwechselt werden, der an SiO_2-untersättigte Alkalimagmatite gebunden ist. Nephelin kann ebenfalls muschelig brechen, wenn auch eher unvollkommen und mit Tendenz zu rauem Bruch. Er ist selten so transparent wie Quarz und unterscheidet sich von ihm durch eine geringere Härte von knapp 6 gegenüber 7 des Quarz. Überdies kann Nephelin anders als Quarz auch Spaltflächen zeigen. Quarz und Nephelin kommen nicht gemeinsam im gleichen Gestein vor.

Wenn makroskopisch kein Quarz auffindbar ist oder nicht 20 Vol.-% erreicht, ist das Gestein kein Granitoid.

Ist der Quarzanteil ermittelt worden, müssen die **Feldspäte** erkannt und **unterschieden** werden. Hierbei kommt es auf die gezielte Suche nach den in Abschn. 3.2 beschriebenen Merkmalen von **Plagioklas** und **Kalifeldspat** bzw. **Perthit/Mesoperthit** an. Das Hauptmerkmal von Plagioklas ist dessen polysynthetische Verzwillingung. Mit einer Lupe ist sie zuverlässig erkennbar, außer wenn der Plagioklas stark alteriert ist.

Manche Plutonite können nebeneinander **Kalifeldspäte in verschiedenen Ausbildungen enthalten**. Bei oberflächlicher Untersuchung besteht dann die Gefahr, dass nur der eindeutige Kalifeld-

---

schmelzung sind Gesteine der tieferen kontinentalen Kruste, die den Zyklus aus Erosion, **Sedimentation** und unvermeidlich auch Metamorphose durchlaufen haben. Von besonderer Bedeutung sind hierbei aus ehemals tonigem Material hervorgegangene, entsprechend Al-reiche Metamorphite. S-Typ-Granite sind durchweg **leukokrate, „richtige" Granite** (Abb. 5.50). Die Einzelplutone sind mäßig groß, kaum oder nur **gering zoniert** und selten von andersartigen Magmatiten gleicher Altersstellung begleitet. In S-Typ-Graniten vorkommende Minerale, die in den Graniten der anderen Typen weitgehend fehlen, sind **Muskovit** und **Granat**, seltener auch Cordierit, Andalusit oder Sillimanit. **Biotit** ist wichtigstes, gewöhnlich einziges „echtes" dunkles Hauptmineral. Zusätzlich führen S-Typ-Granite anders als andere Granitoide reichlich **Muskovit** als zweiten Glimmer. Typische S-Typ-Granite sind dementsprechend als **Zweiglimmer-**granite ausgebildet. Sie sind in Mitteleuropa im Variszischen Orogen verbreitet.

Weitere Merkmale:
- z. T. Kalifeldspateinsprenglinge bzw. Megakristalle von mehreren Zentimetern Größe
- Überwiegend helle Färbung, keine intensive Rotfärbung
- Xenolithe metasedimentär
- Kein Titanit

I-Typ-Granitoide

Der geotektonische Rahmen der Bildung von I-Typ-Granitoiden ist subduktionsbedingt und damit **orogen: kontinentale magmatische Bögen** entlang destruktiver Plattenränder. Sie kommen oft in enger Assoziation mit nah verwandten M-Typ-Granitoiden vor und sind von diesen im Gelände nicht unterscheidbar. I-Typ-Granitoide

spat, z. B. mit roter Färbung oder deutlicher perthitischer Entmischung, als solcher erkannt wird, während der weniger eindeutig erkennbare, z. B. weiße Kalifeldspat für Plagioklas gehalten wird.

Perthit wird wegen des Überwiegens von Alkalifeldspat im QAPF-Doppeldreieck vollständig zu A bilanziert, **Mesoperthit** wird wegen der ungefähr gleichen Mengen von Alkalifeldspat und Plagioklas zur Hälfte zu A gerechnet, zur Hälfte zu P. Dies gilt bei mikroskopischer Untersuchung. Mit makroskopischen Methoden ist eine Unterscheidung von Perthit und Mesoperthit wegen der Feinheit der Entmischungsstrukturen meist nicht sinnvoll. In der makroskopischen Bestimmungspraxis wird man jeden nicht besonders grob perthitisch oder mesoperthitisch entmischten Feldspat vollständig als Komponente A in das QAPF-Doppeldreieck einbringen. Erst wenn größere Einschlüsse in Kalifeldspat mit der Lupe aufgrund polysynthetischer Verzwillingung als Plagioklas erkennbar sind, sollten diese zu P gerechnet werden, der umgebende Kalifeldspat zu A. Wegen der üblichen Feinheit der Entmischungen ist die angedeutete Differenzierung nur selten möglich.

Für die sonstigen zu A zu rechnenden Alkalifeldspäte gilt: Sanidin kommt nicht in Plutoniten vor.

Anorthoklas neigt zum Vorkommen in Form von Kristallen mit rhombenförmigen Querschnitten. Er kommt nicht neben makroskopisch erkennbarem Quarz vor. **Albit** mit An < 5 tritt plutonisch nur in ausgeprägten Alkaligesteinen auf, oft neben Nephelin, Ägirin, Arfvedsonit oder Eudialyt.

Schwierigkeiten kann die **Abgrenzung zwischen Plutoniten und Gneisen** mit entsprechender Zusammensetzung machen. Viele synorogen und frühorogen intrudierten Plutonite zeigen tektonisch bedingte, interne Deformation (Abb. 5.33). Oft geht die Beeinflussung bis in den Einzelkornbereich. Die Grenze zwischen z. B. Granit und Gneis ist fließend. In der Praxis werden meist solange die Magmatitnamen verwendet, wie der intrusive Charakter im Geländezusammenhang deutlich erkennbar ist.

Für kräftig deformierte Granite im Übergangszustand zu Gneis wird die Bezeichnung Gneisgranit verwendet. Für deformierte Plutonite anderer Zusammensetzung ist es hingegen kaum üblich, entsprechend von z. B. „Gneistonalit" oder „Gneismonzonit" zu sprechen. Stattdessen würden sie dann je nach Zusammensetzung und Intensität der Deformation z. B. tonalitischer Gneis oder deformierter Monzonit heißen.

Abb. 5.50 Zweiglimmergranit (S-Typ-Granit) aus weißen und gelblichen Feldspäten, transparentem Quarz, schwarzem Biotit und unauffälligen, vereinzelt farblos aufglänzenden Muskovitplättchen. Steinbruch Epprechtstein, südwestlich Kirchenlamitz, Fichtelgebirge. BB 9 cm.

gehen auf Magmen zurück, die Produkte der Teilaufschmelzung von Gesteinen der tieferen Kruste mit **magmatischer Vorgeschichte** sind (engl. *igneous*), ohne Prägung durch den sedimentären Zyklus. Auch Differentiation aus basischeren Magmen kann beteiligt sein. Die Gruppe der I-Typ-Granitoide umfasst ein kontinuierliches, z. T. differentiationsbedingtes Spektrum von Plutoni-

5

Abb. 5.51 Granodiorit (I-Typ-Granitoid) aus blassrötlichem Kalifeldspat, weißem Plagioklas, transparentem Quarz und schwarzem Biotit. Insel Smøla, Westküste Mittelnorwegens. BB 4,5 cm.

ten. Vor allem sind es **Granodiorite** (Abb. 5.51), **Tonalite, (Monzo)-Granite** und **Quarzmonzonite**. I-Typ-Granitoide sind **Kalkalkaliplutonite**, die häufig in großen **batholithischen Komplexen** mit **intermediären** Plutoniten assoziiert sind, besonders mit Dioriten. Häufige begleitende Vulkanite sind Andesit und Dacit. Oft kommen benachbart und altersgleich gabbroide Plutonite vor. **Biotit** und **Hornblende** können entweder für sich oder auch gemeinsam die wesentlichen dunklen Minerale sein.

Weitere Merkmale:
- Variabilität der Färbung
- Oft ausgeprägte Zonierung der Plutone
- Überwiegend dunkle, magmatische Xenolithe
- Nester von Biotit enthalten oft Titanitkörnchen (meist 0,5–1,0 mm, bernsteinbraun, glänzend)

M-Typ-Granitoide

Zu den M-Typ-Granitoiden werden zwei voneinander unabhängige Gruppen gerechnet, deren Entstehung an gegensätzliche geotektonische Regimes gebunden ist. Beiden ist gemeinsam, dass die – makroskopisch nicht erkennbare – geochemische Signatur auf **Erdmantelprägung** der Magmenquelle hinweist. Die kleinere, aber klarer fassbare und geologisch aussagekräftigere der beiden Gruppen wird ausschließlich von **Plagiograniten** gebildet, die als untergeordneter Anteil ozeanischer Kruste in **anorogenem** Milieu an **konstruktiven Plattenrändern** und in manchen **Back-Arc-Gebieten** ent-

stehen. Dementsprechend kommen sie auf den Kontinenten nur in Ophiolithkomplexen vor.

An Land sind Gesteine der zweiten Gruppe von M-Typ-Granitoiden ungleich häufiger. Diese treten wie I-Typ-Granitoide **in magmatischen Bögen entlang destruktiver Plattenränder** auf. Dementsprechend sind sie **orogene** Magmatite. Zwischen orogenen M-Typ-Granitoiden und I-Typ-Granitoiden gibt es fließende Übergänge in allen Abstufungen. Reine orogene M-Typ-Granitoide sind an **Inselbögen** gebunden, Misch- und Übergangstypen zu I-Typ-Granitoiden treten vor allem an **aktiven Kontinentalrändern** auf. Die wichtigsten Gesteine in voll ausgeprägten orogenen M-Typ-Assoziationen sind **Quarzdiorite** und **Tonalite**. Mit Geländemethoden wird man anhand der angegebenen Merkmale und unter Beachtung der regionalen Zusammenhänge nur erkennen, dass eine Assoziation orogener granitischer Gesteine mit I- und/oder M-Affinität vorliegt.

Weitere Merkmale orogener M-Typ-Granitoide
- Oft mit Inselbogenvulkaniten assoziiert
- Basische magmatische Xenolithe
- Oft komplexe Plutone mit hohen Anteilen von Quarzdiorit und Gabbro
- Keine Kalifeldspateinsprenglinge

Weitere Merkmale von anorogenen, plagiogranitischen M-Typ-Granitoiden
- Keine Granite im engeren Sinne, sondern Tonalite, Quarzdiorite, z. T. anorthositisch

- Plagioklas und Quarz in mikrographischer Verwachsung oder hypidiomorph-körnig
- Kleine, oft nur gangförmige Vorkommen, verknüpft mit ozeanischen Basalten und Gabbros
- Sehr hell bis weiß aussehende, farblose, feinkörnige Gesteine ohne Einsprenglinge
- Basische Xenolithe häufig
- Amphibol als wesentlicher Mafit

A-Typ-Granite

A-Typ-Granite sind **anorogene Granite**, deren **oft kleine Plutone** typischerweise in Riftzonen im Inneren kontinentaler Platten, entweder vereinzelt oder in Gruppen, z. T. auch gemeinsam mit **syenitischen** Gesteinen auftreten. Die Einzelplutone sind oft nur wenige Quadratkilometer große Subcalderabildungen. Einzige Ausnahme bezüglich der Plutongrößen sind Rapakivigranite, die gewöhnlich sehr große Vorkommen bilden. A-Typ-Granite sind in der Regel mehrphasig intrudiert. Begleitende intermediäre Magmatite treten nicht auf. Stattdessen sind A-Typ-Granite oft dominierender Bestandteil **bimodaler Assoziationen** mit begleitenden basischen Ganggesteinen oder Plutoniten. Vermittelnde Magmatite mit intermediären Zusammensetzungen fehlen. A-Typ-Granite (z. B. Abb. 5.22, 5.29, 5.46) sind oft intensiv **rot gefärbt**. Die Rotfärbung ist an **perthitische Kalifeldspäte** gebunden. Die Tendenz zur Rotfärbung bedeutet in der Umkehrung nicht, dass ein roter Granit ein A-Typ-Granit sein muss. Eine besondere Gruppe von A-Typ-Graniten sind **Rapakivigranite**. Sie werden wegen ihrer spezifischen Merkmale und als wichtigste A-Typ-Granite Europas nachfolgend gesondert charakterisiert.

Weitere Merkmale (ohne Rapakivigranite):
- Weites Korngrößenspektrum
- Basische magmatische Xenolithe, oft als diffus umgrenzte, dunklere Flecken
- Oft Amphibole und Pyroxene als mafische Minerale
- Keine durchgreifende tektonisch bedingte Deformation
- Häufig violetter Fluorit in feiner Verteilung

Rapakivigranite (Sondergruppe von A-Typ-Graniten)

Rapakivigranite sind nach Rämö & Haapala (1995) A-Typ-Granite, „die zumindest in größeren Batholithen anteilig Rapakivigefüge im engeren Sinne zeigen" (Abschn. 5.4.3). Dies bedeutet, dass viele Rapakivigranite kein Rapakivigefüge haben und daher nicht leicht erkennbar sind, vor allem nicht die Beispiele in kleineren Vorkommen ohne Rapakivigefüge im engeren Sinne. Nach Rämö & Haapala (1995) gelten für Rapakivigranite Merkmale, die über die für A-Typ-Granite allgemein gültigen hinausgehen:
- Überwiegend proterozoische Alter (1,0–1,7 Milliarden Jahre)
- Häufig Auftreten in Form sehr großer Batholithe (z. B. 40 000 km²)
- Häufig Anorthosite, Dolerite oder Gabbros als Begleitgesteine

Das Erkennen von Rapakivigraniten darf nicht allein vom Auftreten von Rapakivigefüge im weiteren Sinne, d. h. **ummantelter Feldspatovoide** abhängig gemacht werden. Sonst würden z. B. manche orogenen I-Typ-Granite als Rapakivis bestimmt werden (Abb. 5.45) und andererseits ein Großteil echter Rapakivis (Abb. 5.53) nicht als solche erkannt werden. Es gibt eine Reihe weiterer Merkmale oder Regeln (z. T. Rämö & Haapala 1995), die zwar meist nicht ohne Ausnahmen sind, die jedoch eine recht sichere Einstufung ermöglichen, wenn mehrere von ihnen zusammentreffen.

Weitere Merkmale:
- Gesteinsfarbe **rot** bis **braun**, seltener blassrötlich oder gelblich braun, sehr selten weiß
- Vorkommen in Europa: **Südfinnland**, NW-Russland, Mittel- und Nordschweden sowie Ukraine
- Als anorogene bzw. postorogene Plutonite **frei von tektonisch bedingter Deformation**
- Im Gegensatz zu sonstigen A-Typ-Graniten meist wesentlicher Gehalt von **Plagioklas**
- In manchen Beispielen: Ein Teil des **Quarzes idiomorph-sechseckig** (Abb. 3.12, 5.53)
- **Zwei Generationen von Quarz**, ebenso **zwei Generationen von Kalifeldspat**
- Biotit nur selten dominierendes dunkles Mineral, meist mehr **Amphibol** und **Pyroxen**.

- Kaum pegmatitische Einlagerungen, **Aplite** vorkommend
- Ummantelte **Feldspatovoide** (Abb. 5.31, 5.52) nur in großen Plutonen
- **Mikrographische Quarz-Feldspat-Verwachsungen** in manchen Vorkommen (Abb. 5.31)
- **Seltenheit von Xenolithen**: häufiger diffuse, dunklere Schlieren, z. T. Ovoide enthaltend

In ausreichend großen Rapakiviplutonen bzw. -batholithen treten verschiedene Faziesausbildungen nebeneinander auf. Die bekannteste Fazies, die zumeist als Rapakivi schlechthin angesehen wird, ist durch ummantelte Feldspatovoide geprägt. Sie sollte ausgehend von Rämö & Haapala (1995) am besten als **Wiborgit** bezeichnet werden (Abb. 5.31,

5.52). Rapakivigranit mit Alkalifeldspatovoiden, jedoch ohne oder fast ohne Plagioklasummantelung heißt **Pyterlit** (Abb. 5.53). Rapakivigranit mit nicht ummantelten, eckigen oder gerundet eckigen Feldspateinsprenglingen (bzw. Megakristallen) wird als **porphyrischer Rapakivigranit** bezeichnet. **Gleichkörniger Rapakivigranit** (Abb. 5.54) ist oft die einzige Fazies in kleinen Rapakiviplutonen, sie tritt aber ebenso in großen Vorkommen neben den anderen Faziestypen auf. Für sich allein ist gleichkörniger Rapakivi makroskopisch nicht sicher als Rapakivigranit erkennbar. Eine Zugehörigkeit hierzu liegt nahe, wenn ein Pluton mäßiger Größe in proterozoischer Umgebung monoton aus rotem bis rotbraunem, weitgehend biotitfreiem Granit besteht, wenn orogene Deformation fehlt

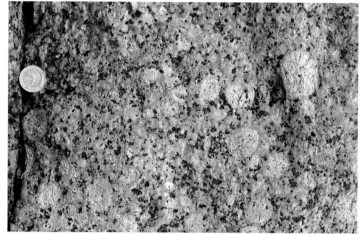

Abb. 5.52 Wiborgit (Rapakivigranit). Durch Eisschliff geglättete Felsoberfäche. Die nahezu kugelrunden Feldspatovoide bestehen aus blassrötlichem Kalifeldspat, der von grauem Plagioklas ummantelt ist. Die dunklen Minerale sind (im Foto nicht unterscheidbar) Amphibol und Klinopyroxen. Sandö nördlich Vårdö, Åland-Archipel, Südwestfinnland. Durchmesser der Münze 2,2 cm.

Abb. 5.53 Pyterlit (Rapakivigranit). Die braunroten Kalifeldspatovoide zeigen keine so klaren Umrisse wie die Ovoide des Wiborgits der Abb. 5.52. Plagioklasummantelungen fehlen weitgehend. Stattdessen sind die Kalifeldspatovoide von Girlanden aus tendenziell idiomorphen Quarzen mit sechseckigen Querschnitten (Hochquarzmorphologie) umgeben. Pyterlachti, Südostfinnland. BB 8 cm.

Abb. 5.54 Gleichkörniger Rapakivigranit. Norrfällsviken, nordöstlich Härnösand, Västernorrland, Schweden. BB ca. 30 cm.

und wenn womöglich Gabbro und/oder Anorthosit daneben vorkommen.

5.7.4 Dioritische Plutonite

Die dioritischen Plutonite belegen im **QAPF-Doppeldreieck die gleichen Felder wie die gabbroiden Gesteine**. Dies bedeutet, dass allein auf Grundlage des makroskopisch erkennbaren modalen Mineralbestands eine Unterscheidung zwischen Diorit und Gabbro nicht so einfach wie z. B. zwischen Granodiorit und Tonalit möglich ist. Für die Klassifikation ist der **An-Gehalt des Plagioklas** ausschlaggebend. Ein Gestein mit entsprechendem Mineralbestand ist bei An-Gehalten des Plagioklas von unter 50 Mol-% als dioritisch einzustufen, bei An-Gehalten über 50 % als gabbroid. Diese Unterscheidung ist mit makroskopischen Methoden nicht durchführbar.

Ersatzweise kann eine provisorische makroskopische Unterscheidung auf die Farbzahl M´ gegründet werden. Parallel zur Unterscheidung der Vulkanite Basalt und Andesit auf Grundlage des Mafitanteils (Abschn. 5.8.5, Le Maitre et al. 2004) erscheint es sinnvoll, deren plutonische Entsprechungen in gleicher Weise abzugrenzen. Dies bedeutet, dass ein **Diorit weniger als 35 Vol.-% mafische Minerale** enthalten sollte, ein Gabbro mehr als 35 Vol.-%. Häufig werden auch 40 Vol.-% als Grenze eingesetzt.

Als **dioritische Plutonite** können die im QAPF-Doppeldreieck (Abb. 5.35) durch gemein-

same Felder mit entsprechenden gabbroiden Plutoniten definierten Gesteine **Diorit**, **Quarzdiorit**, **Monzodiorit**, **Quarz-Monzodiorit** sowie **foidführende Diorite** und **foidführende Monzodiorite** zusammengefasst werden. Am häufigsten und geologisch bedeutendsten sind Diorite und Quarzdiorite.

Zumindest teilweise zu den dioritischen Plutoniten gehören Gesteine, die unter den Sonderbezeichnungen Redwitzit, Appinit, Palatinit vor allem in älterer und meist lokal oder regional ausgerichteter Literatur behandelt werden. **Ferrodiorit** wird gemeinsam mit Ferrogabbro im Abschn. 5.7.5 behandelt. Der Grund hierfür ist, dass Ferrodiorite gewöhnlich späte Differentiate tholeiitischer Magmen sind. Sie treten daher nicht in dioritischen Plutonitkomplexen auf, sondern als untergeordneter Anteil stark differenzierter gabbroider Differentiatiosserien mit tholeiitischem Charakter.

Foiddiorite und **Foid-Monzodiorite** des QAPF-Doppeldreiecks können als (mengenmäßig unbedeutende) eigene Gruppe der **foiddioritischen Gesteine** abgetrennt werden (Abschn. 5.7.7).

Geologisches Vorkommen

Diorite und Quarzdiorite sind kennzeichnende und bedeutende Bestandteile von **kalkalkalischen Plutonitserien**. Sie sind einerseits oft mit Gabbros oder Gabbronoriten assoziiert, andererseits mit Granodioriten und I-Typ bzw. orogenen M-Typ-

5

Granitoiden, untergeordnet auch mit monzonitischen Begleitern. Diese Gesteine repräsentieren dann zumeist gemeinsam das plutonische Niveau ehemaliger Inselbögen oder kontinentaler magmatischer Bögen. In beiden Fällen handelt es sich um subduktionsbedingten Magmatismus. Daneben treten dioritische Plutonite im weiteren Sinne mit unklarer geotektonischer Zuordnung in vielen metamorph-magmatischen Grundgebirgsregionen auf. Diorite und Quarzdiorite im engeren Sinne können Differentiate von Gabbromagmen unterschiedlicher geotektonischer Provenienz sein. Die Übergänge zwischen Gabbros bzw. Gabbronoriten und Dioriten sind dann oft fließend.

Allgemeines Aussehen und Eigenschaften

Dioritische Plutonite bestehen in typischer Ausbildung überwiegend aus tiefschwarzer Hornblende bzw. Biotit und grauem oder transparentem oder auch weißem Plagioklas (Abb. 5.55), sodass das Gestein bei oft gleichzeitiger Grobkörnigkeit schon bei Betrachtung aus einigen Metern Entfernung auffällig hell-dunkel gesprenkelt erscheinen kann. Ein deutlicher Helligkeitskontrast zwischen weißem Plagioklas und tiefschwarzen Mafiten, wie er in anderen Plutoniten kaum auftritt, zeichnet viele Diorite aus. Bei Betrachtung aus größerer Entfernung ist der Farbeindruck einheitlich grau, wenn keine groben Inhomogenitäten wie Xenolithe oder Schlieren auftreten. Dioritische Gesteine können aufgrund von Alteration

des Plagioklas eine grünliche Tönung zeigen. Die Farben Rot und Gelb oder bunte Mehrfarbigkeit kommen anders als in Granitoiden nicht vor.

Mineralbestand

In einem dioritischen Gestein müssen mindestens 65 Vol.-% des Gesamtfeldspats **Plagioklas** sein. Meistens ist Plagioklas sogar der einzige auffindbare Feldspat. Er zeigt mit der Lupe gut erkennbare polysynthetische Verzwilligung, wenn er unalteriert und damit weiß oder klar transparent ist. Dunkel getönte Plagioklase, wie in manchen gabbroiden Gesteinen, treten kaum auf. Häufigstes mafisches Mineral ist schwarze **Hornblende**. Hinzu kommt oft schwarzer Biotit in bedeutender Menge. Pyroxene und besonders Olivin können vorkommen, fehlen jedoch meist. Manche Diorite enthalten makroskopisch erkennbare, idiomorphe Titanitkristalle mit Größen um 1 mm.

Normale **Mafitgehalte** von dioritischen Gesteinen sind ausgedrückt als **Farbzahl M´**:

- Diorit   **25–50**
- Quarzdiorit   **20–45**
- Monzodiorit   **20–50**
- Quarz-Monzodiorit   **15–40**

Mafitärmere Entsprechungen können mit dem vorangestellten Namenszusatz Leuko- charakterisiert werden, mafitreichere mit dem Zusatz Mela-, z. B. als Meladiorit. Diesen würde man makroskopisch allerdings als Gabbro bestimmen, weil die vorrangige Unterscheidung über die Plagioklas-

Abb. 5.55 Diorit aus weißgrauem Plagioklas, schwarzer Hornblende und schwarzem Biotit. Insel Smøla, Westküste Mittelnorwegens. BB 4,5 cm.

zusammensetzung makroskopisch nicht durchführbar ist. Tatsächlich liegt die nach dem makroskopischen Mineralbestand sinnvollste **Abgrenzung zwischen dioritischen und gabbroiden Plutoniten mit 35 Vol.-% mafischer Minerale** innerhalb des für die jeweiligen Gesteine üblichen Streubereichs. Der scheinbare Widerspruch erklärt sich durch die Vorrangigkeit der Unterscheidung nach der Plagioklaszusammensetzung. Die Variationsbereiche der Farbzahlen von gabbroiden und dioritischen Gesteinen überlappen sich. Es ist daher sinnvoll, im Gelände auf weitere Unterscheidungsmerkmale zu achten (unten).

Gefüge

Typische Diorite und verwandte Gesteine sind mit Korndurchmessern im Bereich von 3 bis 10 mm ähnlich grobkörnig ausgebildet wie typische granitische Gesteine. Sie sind damit tendenziell grobkörniger als gabbroide Gesteine. Die meisten dioritischen Gesteine haben, wie für Plutonite üblich, richtungslos körniges Gefüge. Vor allem manche Diorite und Quarzdiorite können im Zentimeter- bis Dezimeter-Maßstab hell-dunkel-schlierig sein oder deutliche Einregelung der leisten- bzw. tafelförmigen Mafite und Plagioklase zeigen.

Erscheinungsformen im Gelände

Dioritische Gesteine neigen an der Erdoberfläche zur Vergrusung unter Herauswittern gerundeter Blöcke oder wollsackartiger Felsgruppen, allerdings weniger ausgeprägt als granitische Plutonite, auch sind die Klippen meist von deutlich geringerer, unspektakulärer Größe. Im frischen Anschnitt, in Steinbrüchen oder in frisch gesprengten Straßenböschungen zeichnen sich typische Diorite durch einen besonders starken Kontrast zwischen hellem Plagioklas und tiefschwarzen Mafiten aus.

Hinweise zur petrographischen Bestimmung

Dioritische Gesteine einschließlich Quarzdiorit oder Quarzmonzodiorit lassen mit makroskopischen Methoden keinen oder nur wenig Quarz erkennen. Selbst in Quarzdioriten ist der Quarz oft makroskopisch nur schwer erkennbar, beson-

ders wenn dessen Menge erheblich unter den maximal „erlaubten" 20 Vol.-% liegt. Er ist dann kaum auffindbar auf kleine Zwickelfüllungen zwischen den anderen Mineralen beschränkt. Das Vorkommen von reichlich Quarzkörnern ist eher Kennzeichen der im QAPF-Doppeldreieck angrenzenden Tonalite und Granodiorite. Der Plagioklas sollte weiß, seltener auch klar transparent sein und sich bei geeigneter Orientierung der Spaltflächen gut an seiner polysynthetischen Verzwillingung erkennen lassen. Kalifeldspat, erkennbar an einfacher Verzwillingung, fehlt außer in den Monzo-Varietäten weitgehend.

Monzodiorite und Quarzmonzodiorite sind durch das Auftreten von Alkalifeldspat, meist Kalifeldspat neben dominierendem Plagioklas gekennzeichnet. Eine Abgrenzung gegenüber Dioriten und Quarzdioriten ist nur dann makroskopisch möglich, wenn der Alkalifeldspat rötlich gefärbt ist oder gut erkennbare einfache Verzwillingung auftritt; auf beides kann man sich nicht verlassen.

Eine sichere makroskopische **Unterscheidung von dioritischen Plutoniten, speziell Dioriten, gegenüber Gabbros und Gabbronoriten** ist nicht möglich. Dies liegt an der Abgrenzung auf Grundlage der Anorthitgehalte der Plagioklas-Mischkristalle. Da diese makroskopisch nicht ermittelbar sind, können ohne Mikroskop nur parallele Ersatzmerkmale wie der Anteil dunkler Minerale (< bzw. > 35 Vol.-%) herangezogen werden. Das Ziel ist dann nur die Ermittlung der größeren Wahrscheinlichkeit, d. h. eine **provisorische Bestimmung**. Der sich für die Geländeklassifikation anbietende zusammenfassende Name **Gabbrodiorit** darf nicht als Ausweichbezeichnung verwendet werden, weil er für Gesteine unmittelbar auf der Klassifikationsgrenze zwischen Diorit und Gabbroiden mit Angehalten der Plagioklase von 50 Mol-% belegt ist.

Sinnvolle Grundlage für eine **vorläufige Einstufung** ist, dass Gabbros und Gabbronorite tendenziell dunkler aussehend und feinkörniger sind als Diorite. Um Einstufungen zu vermeiden, die von vornherein unsinnig sind, sollte immer zusätzlich auf die nachfolgend erläuterten parallelen Merkmale geachtet werden, vor allem auf die Art der Mafite. So ist es sicher falsch, einen hell aussehenden Plutonit aus 80 Vol.-% Plagioklas und 20 Vol.-% Olivin als Diorit zu bezeichnen. Es würde sich hier um das gabbroide Gestein Troktolith handeln. In jedem Fall muss deutlich gemacht werden, auf welcher Grundlage die Bestimmung erfolgt ist.

Die meisten Gabbros und Gabbronorite haben **Korngrößen** von 3–5mm. Der Gabbro der Abb. 5.58 ist relativ grobkörnig. Die Mehrzahl dioritischer Plutonite, vor allem Diorite selbst, sind tendenziell grobkörniger als Gabbros.

Dioritische und gabbroide Gesteine unterscheiden sich tendenziell durch jeweils charakteristische Mafite. **Olivin tritt in dioritischen Gesteinen kaum auf.** Olivinführung kann als recht deutlicher Hinweis auf gabbroiden Charakter gewertet werden. Typische Mafite von Gabbros und Gabbronoriten sind Pyroxene. Dagegen sind **Amphibole** und **Biotit** die üblichen Mafite in Dioriten. Dies gilt auch für die anderen dioritischen Gesteine. Da aber auch in manchen Gabbros Amphibol dominierendes mafisches Mineral sein kann (Hornblendegabbros), ist Amphibolführung für sich kein ausreichendes Indiz für dioritische Zusammensetzung, sondern nur Ausdruck einer erhöhten Wahrscheinlichkeit.

Dioritische Plutonite werden im Gegensatz zu Gabbros und Noriten nur selten im gleichen Pluton von ultramafischen oder nahezu ultramafischen Gesteinen begleitet, eher stehen sie mit Granodioriten oder Tonaliten in Zusammenhang. Magmatische Schichtung, wie sie in vielen gabbroiden Plutonen abschnittweise auftritt, ist in dioritischen Intrusivkörpern nicht üblich.

Die **Verwechslungsgefahr zwischen Dioriten und Noriten** ist gering. Wenn über 90 % des Pyroxenanteils eines Plutonits Orthopyroxen ist, wie es für Norite vorausgesetzt wird, hat der Plagioklas mit großer Wahrscheinlichkeit über 50 % An. Der Orthopyroxen sieht dann im Unterschied zu den Mafiten in Dioriten häufig hell aus.

Besonders die **Unterscheidung zwischen Dioriten und metamorphen Amphiboliten** oder auch Hornblendegneisen kann schwierig sein. Man kann sich nicht darauf verlassen, dass plutonische Diorite immer ein richtungslos-körniges oder sonstiges ungeregeltes Gefüge haben. Umgekehrt fehlen etlichen Amphiboliten Anzeichen für Mineraleinregelung, Foliation oder Bänderung (Abschn. 7.1.2).

Der geologische Rahmen kann hier Hinweise geben. So muss man von einer Metamorphitnatur ausgehen, wenn das Plagioklas-Amphibol-Gestein eine parallel zur tektonischen Prägung der Nebengesteine orientierte Einlagerung in amphibolitfaziellen Metamorphiten bildet, z.B. in Gneis und wenn zusätzlich die Kristalle eine Tendenz zur Einregelung zeigen. Ein diskordant zur Foliation der Nebengesteine eingelagerter, mächtiger Körper von Plagioklas-Amphibol-Gestein ist mit großer Wahrscheinlichkeit magmatisch, in diesem Fall also dioritisch bis gabbroid, selbst wenn alle Nebengesteine metamorpher Entstehung sind.

Wenn geologische Beziehungen im Gelände nicht erkennbar sind, kann es als Hinweis für mögliche magmatische Entstehung gewertet werden, wenn keine Einregelung zu sehen und gleichzeitig die Korngrenzen zwischen Plagioklasen und Amphibolen deutlich verzahnt sind. Weitgehendes Fehlen von Plagioklas deutet auf eine wahrscheinlich metamorphe Entstehung. Viele Amphibolite und Hornblendegneise führen im Gegensatz zu den allermeisten Dioriten und Gabbros in reichlicher Menge Granat, der sich dann mit kräftig roter Färbung gegenüber Amphibol und Plagioklas abbhebt (Abb. 7.8).

Trotz aller genannten Merkmale und Wahrscheinlichkeiten kann bei Fehlen von Granat eine Unterscheidung zwischen magmatischem Diorit und metamorphem Amphibolit im Gelände problematisch bleiben, zumal Amphibolite meist eine magmatische Vorgeschichte haben.

Möglichkeiten des Erkennens der geotektonischen Signifikanz dioritischer und gabbroider Plutonite sind im nachfolgenden Abschn. 5.7.5 behandelt.

5.7.5 Gabbroide Plutonite

Gabbroide Plutonite sind meistens dunkle, gewöhnlich massige Gesteine (Abb. 5.56). Sie belegen als Gesteinsgruppe im QAPF-Doppeldreieck die gleichen Felder wie die dioritischen Plutonite. Die gabbroiden Plutonite werden von diesen auf Grundlage der An-Gehalte der Plagioklase unterschieden. In Gabbroiden müssen die **An-Gehalte der Plagioklase über 50 Mol-%** liegen, in Dioriten darunter. Die An-Gehalte von Plagioklasen sind mit makroskopischen Methoden nicht bestimmbar. Daher sind bei makroskopischer Bestimmung Verwechslungen zwischen dioritischen

5

und gabbroiden Gesteinen unvermeidbar. Selbst mikroskopisch ist eine eindeutige Zuordnung in manchen Fällen nicht möglich. Allerdings gibt es Möglichkeiten der – bedingt zuverlässigen – provisorischen makroskopischen Unterscheidung. Diese sind in Abschn. 5.7.4 erläutert.

Grundlage der Detailgliederung der ins Gabbro- bzw. Dioritfeld (Feld 10) des QAPF-Doppeldreiecks fallenden gabbroiden Gesteine sind die Ergänzungsdreiecke Pl-Px-Ol und Pl-Opx-Kpx (Abb. 5.37). Hierdurch definierte Gesteine sind: Gabbros mit den Unterarten:
Gabbro, Olivingabbro

Gabbronorite mit den Unterarten:
Gabbronorit, Olivingabbronorit

Norite mit den Unterarten:
Norit, Olivinnorit

Hinzu kommen **Troktolith** und der ins gleiche QAPF-Feld fallende **Anorthosit** (Plagioklasit), der als weitgehend mafitfreies Gestein eine Sonderrolle außerhalb der Gruppe der gabbroiden Gesteine einnimmt. Auch darf der Plagioklas von Anorthositen mit An < 50 „dioritisch" sein.

Die meisten gabbroiden Gesteine sind Pyroxen-Plagioklas-Plutonite (Abb. 5.58). Olivin kann neben oder statt Pyroxenen vorkommen. In manchen Vorkommen ist Hornblende wesentliches oder einziges dunkles Mineral. Bei über 5 Vol.-% Anteil ist Hornblende neben Pyroxen Namensbestandteil, z. B. in Pyroxen-Hornblendegabbro. In **Hornblendegabbro** dominiert Hornblende soweit, dass Pyroxene nicht mehr als 5 Vol.-% der Summe von Plagioklas, Pyroxen und Hornblende ausmachen. Die Klassifikation von Gabbroiden und Ultramafititen mit wesentlicher Beteiligung von Hornblende zeigt Abb. 5.79 in Abschn. 5.7.9.

Weitere Unterarten gabbroider Gesteine im weiteren Sinne sind durch benachbarte Felder im QAPF-Doppeldreieck und ergänzende Regeln definiert: **Quarzgabbro, Quarznorit, Monzogabbro, Monzonorit, Quarz-Monzogabbro.** Anorthosit mit mehr als 5 Vol.-% Quarz heißt **Quarzanorthosit.** Hinzu kommen gabbroide Gesteine mit mäßiger, makroskopisch kaum einmal erkennbarer Foidführung: **foidführender Monzogabbro** und **foidführender Gabbro.** Ihre Bestimmung mit makroskopischen Methoden

Abb. 5.56 Gabbrofelsen. Höhenzug des „Great Eucrite" bei Sanna, Halbinsel Ardnamurchan, Westschottland. Nahaufnahme des Gesteins: Abb. 5.58.

wird nur in Ausnahmefällen über die Einstufung als gabbroides Gestein hinausgehen.

Gabbroverwandte Gesteine mit erheblicher Beteiligung von Foiden am Mineralbestand sind in Abschn. 5.7.7 z. T. berücksichtigt. Wegen Seltenheit spielen sie für die makroskopische Gesteinsbestimmung keine vorrangige Rolle. Hierher gehören **Foidgabbro (Teschenit, Theralith)** und **Foid-Monzogabbro (Essexit).**

Ferrogabbro (Ferrodiorit) ist eine Bezeichnung neben und außerhalb der Systematik des QAPF-Doppeldreiecks und der Zusatzdreiecke für gabbroide Gesteine. Ferrogabbros und Ferrodiorite sind durch Fe-reiche mafische Mischkristalle, vor allem Pyroxene und Olivin (Fayalit), gekennzeichnet. Oft ist Orthopyroxen neben Klinopyroxen beteiligt.

Gabbros mit An-Gehalten des Plagioklas über 70 werden manchmal als Eukrite bezeichnet. Da der Name Eukrit schon für meteoritische Gesteine aus anorthitischem Plagioklas und Klinopyroxen belegt ist, sollte er außer für diese Meteorite nicht verwendet werden. Die Unter-

5

scheidung gegenüber Gabbros mit Plagioklasen, deren An < 70 bleibt, entzieht sich ohnehin der makroskopischen Bestimmbarkeit.

Geologisches Vorkommen

Gabbros sind regelmäßiger Bestandteil der tieferen Abschnitte ozeanischer Kruste einschließlich ozeanischer Back-Arc-Gebiete. Sie treten demzufolge an Land in voll entwickelten Ophiolithkomplexen auf. Sehr viel häufiger kommen gabbroide Plutonite ohne Beziehung zu Ophiolithen als Intrusiva zwischen Gesteinen der kontinentalen Kruste, oft zeitlich und räumlich gemeinsam mit Granitoiden vor. Sie sind als Kristallisat mantelbezogener Magmen von relativ hoher Dichte zumindest in der höheren Kruste sehr viel seltener als granitische Plutonite. Auch sind sie seltener als ihre basaltischen vulkanischen Äquivalente. Der geotektonische Rahmen kann anorogen oder orogen sein.

Gabbroide Plutonite mit oder ohne begleitende ultramafische Differentiate sind regelmäßiger Bestandteil orogener kalkalkalischer Plutonitserien. Eigenständige Massive orogener gabbroider Gesteine sind z. B. in den skandinavischen und schottischen Kaledoniden verbreitet. Ihre verschiedenen Differentiationsverläufe können kalkalkalische oder tholeiitische Entwicklung oder Übergänge zwischen beiden zeigen. Ein Beispiel für eine streng tholeiitische Entwicklung eines synorogen intrudierten gabbroiden Magmenkörpers ist das Harzburger Gabbronoritmassiv im Harz. Anorogene gabbroide Plutone mit tholeiitischer Differentiationstendenz sind im Zusammenhang mit regionaler Dehnungstektonik zur Zeit der Öffnung des Nordatlantiks während des Alttertiärs in großer Anzahl entstanden. Sie bilden vor allem in Schottland und in Ostgrönland Intrusionen mit angenähert kreisförmigen Querschnitten, z. T. gemeinsam mit ultramafischen oder granitischen Begleitgesteinen. Magmatische Schichtung ist verbreitet. Auf archaische Kratone beschränkt ist das Vorkommen riesiger, meist tholeiitischer anorogener Komplexe aus gabbroiden und z. T. auch ultramafischen Gesteinen.

Allgemeines Aussehen und Eigenschaften

Gabbroide Gesteine bilden, wie schon durch die große Zahl der Benennungen angezeigt wird, eine heterogene Gesteinsgruppe. Die Eigenschaften der einzelnen Gesteine werden weiter unten beschrieben. Der allgemeine Farbeindruck kann zwischen hellgrau bis weiß mancher anorthositähnlicher Gabbroide (Abb. 5.62) oder gelblich hellgrau bestimmter Norite (Abb. 5.66) über dunkel gesprenkelt (Abb. 5.57) bis hin zu tiefschwarz mancher Gabbros variieren. Ebenso wie bei den dioritischen Gesteinen fehlen die unter granitischen Plutoniten verbreiteten bunten Farbtönungen. Gabbroide Gesteine können mit ultramafischen oder nahezu ultramafischen Gesteinen assoziiert sein, oft kommen sie mit diesen in schichtiger Wechsellagerung vor (Abb. 5.80).

Abb. 5.57 Gabbro aus schwarzem Klinopyroxen und weißem Plagioklas. Die braunen Farbtöne sind verwitterungsbedingt. Nordingrå, nordöstlich Härnösand, Västernorrland, Schweden. BB ca. 20 cm.

Abb. 5.58 Gabbro aus grauem Plagioklas, schwarzem Klinopyroxen und schwarzem Magnetit. Sanna, Halbinsel Ardnamurchan, Westschottland. BB 15 cm.

Mineralbestand

Gemäß der Definition gabbroider Gesteine dominiert **Plagioklas** unter den hellen Mineralen, meistens ist er einziges helles Mineral. Der Plagioklas kann vor allem weiß oder farblos transparent sein oder auch eine rauchig-dunkle, seltener violettbraune Färbung zeigen. Durch Alteration kann er getrübt und graugrün bis grün getönt sein. Der Anorthitgehalt des Plagioklas sollte – makroskopisch unkontrollierbar – größer als 50 % sein. Außer in den seltener vorkommenden Quarz- und Monzovarietäten treten Quarz und Alkalifeldspäte nicht in Erscheinung. Ihr geringer Mengenanteil ist makroskopisch oft kaum abschätzbar, besonders wenn der Alkalifeldspat farblos ist. Quarz füllt meist nur Zwickel zwischen den anderen Mineralen aus. Er bildet keine tendenziell rundlichen Körner wie in Graniten. In den meisten gabbroiden Gesteinen fehlen Quarz und Alkalifeldspäte vollständig.

Augitischer **Klinopyroxen** ist das überwiegende dunkle Mineral in Gabbroiden. Die Beteiligung anderer dunkler Minerale ist Grundlage für Sondernamen wie z. B. Norit oder Troktolith. Dunkle Minerale, die in spezifischen gabbroiden Gesteinen neben oder statt Klinopyroxen vorkommen, sind **Orthopyroxen**, **Olivin** und **Hornblende**. Biotit oder Phlogopit können hinzukommen, sowie regelmäßig Ilmenit und Magnetit als Opakminerale. Viele Gabbroide werden wegen ihres Magnetitgehalts von Magneten deutlich angezogen. Häufig sind durch metallischen Glanz auffallende Sulfidkörnchen eingestreut. Am häufigsten sind dies Pyrit, Magnetkies und Kupferkies.

Das Erkennen olivinführender Gabbroide scheitert gewöhnlich, wenn nach blassgrünem, transparentem Olivin gesucht wird. Mg-betonter Forsterit, wie er in vielen basaltischen Vulkaniten vorkommt, ist in Plutoniten überwiegend durch sein Alterationsprodukt, eine mattglänzend **schwarze Serpentinmasse** vertreten (Abb. 5.61, 5.65). Auch erhalten gebliebener Reliktolivin ist durchweg von Serpentinmasse umhüllt und Risse nachzeichnend maschenartig durchzogen. Beim Anschlagen entstehende Gesteinsbruchflächen folgen bevorzugt der Maschenstruktur des teilserpentinisierten Olivins durch das Serpentinmaterial. Der Reliktolivin ist nur durch eine feine Körnung in der farblich homogen schwarz erscheinenden Serpentinmassse zu erkennen. Es ist trotz der Serpentinisierung nicht üblich, von z. B. „Serpentingabbro" zu sprechen. Die Gesteinsbenennung orientiert sich für Plutonite gewöhnlich am magmatisch gebildeten, primären Mineralbestand. Dementsprechend sind trotz Serpentinisierung des Olivins Bezeichnungen wie Olivinnorit oder Troktolith üblich.

Anders als Mg-betonter, forsteritischer Olivin in gewöhnlichen Gabbros ist der **Fayalit** in den seltenen Ferrogabbros bzw. Ferrodioriten überwiegend unalteriert erhalten. Er ist dann gelb (Abb. 5.59), bernsteinfarben oder schwarz. Fayalit in Ferrogabbros bzw. Ferrodioriten tritt im Gegensatz zum gewöhnlich körnig ausgebildeten, früh in der Kristallisationsabfolge des Gesteins stehenden Forsterit als xenomorphe Zwickelfüllung zwischen tendenziell idiomorphem Plagioklas auf. Unabhängig davon, ob man Fayalit erkennt, ist sein

Vorkommen in gabbroiden Gesteinen nur dann wahrscheinlich, wenn ein Gabbroid Eigenschaften von Ferrogabbro bzw. Ferrodiorit zeigt (unten).

Normale **Mafitgehalte** von Gabbroiden samt noritischer und gabbronoritischer Entsprechungen und von Anorthositen sind ausgedrückt als **Farbzahl M′**:

- Gabbro   **35–65**
- Quarzgabbro   **25–55**
- Monzogabbro   **25–60**
- Quarz-Monzogabbro   **20–50**
- Anorthosit   **0–10**
- Quarzanorthosit   **0–10**

Mafitärmere Entsprechungen können mit dem vorangestellten Namenszusatz Leuko- charakterisiert werden, mafitreichere mit dem Zusatz Mela-, z. B. als Melagabbro. Bezüglich der Verwechslungsgefahr mit dioritischen Gesteinen gelten die im Abschnitt über Diorite gegebenen Hinweise.

Gefüge

Die **Korngrößen** von Gabbros mit Pyroxen als dunklem Mineral bleiben mit überwiegend 3–5 mm tendenziell kleiner als die der ähnlich aussehenden Diorite oder der meisten granitischen Plutonite. Dies bedeutet nicht, dass nicht auch gabbroide Plutonite mit Korngrößen von Zentimetern vorkommen. Hornblendegabbros neigen zu gröberer Körnigkeit als Pyroxengabbroide. Manche gabbroiden Plutone enthalten Abschnitte, in denen **magmatische Schichtung** auftritt. Lagen von Gabbro, Norit, Troktolith u. a. können untereinander oder mit Lagen aus ultramafischen bzw. nahezu ultramafischen Gesteinen abwechseln. Manche Gabbroidvorkommen zeigen schlierigen Wechsel zwischen hellen, plagioklasbetonten Bereichen und mafitreichen, dunkleren Abschnitten. Gabbroide haben hypidiomorph-körnige, teilweise auch panallotriomorph-körnige Gefüge. Meist fehlt eine Einregelung, sie kann jedoch abschnittweise in Gabbroidplutonen auftreten. Gleichzeitig auftretende magmatische Schichtung liegt dann konkordant in der Ebene der Einregelung. Mit dem Auftreten magmatischer Schichtung sind oft **Kumulatgefüge** verbunden. Wichtige Kumulatgefüge sind am Schluss dieses Abschnitts beschrieben.

Orogene gabbroide Gesteine können im Kontakt zwischen Olivin- und Plagioklaskörnern des magmatisch gebildeten Mineralbestands Reaktionssäume (Coronen) aus feinkörnigen, postmagmatischen Mineralneubildungen entwickeln. Diese sind makroskopisch als gewöhnlich hellere, den Olivin in Kontakt zu Plagioklas einhüllende Säume erkennbar, jedoch nicht auf ihren Mineralbestand bestimmbar. Die durch das Auftreten solcher **coronitischer Gefüge** geprägten gabbroiden Gesteine können als Coronitgabbros, Coronitnorite oder entsprechend bezeichnet werden. Da die Coronabildung kein magmatisches, sondern ein metamorphes Phänomen ist, werden coronitische Gefüge bzw. coronitische gabbroide Gesteine vorrangig als metamorphe Gefüge und als Metamorphite beschrieben (Abschn. 7.3.2.3).

Erscheinungsformen im Gelände

In Abhängigkeit vom Kornverband und vom Kluftraster können **Gabbros** und **Gabbronorite** samt ihrer Unterarten ausgesprochen verwitterungsresistent und zäh sein, sodass sie häufig freistehende Felsklippen bilden (Abb. 5.56). Gut ausgebildete Wollsackbildungen sind nicht üblich. Manche gabbroiden Plutonite neigen zu **schaliger Verwitterung** (Abb. 5.16) unter Ablösen von in sich oft recht festen äußeren Hüllen mit Einzeldicken von oft kaum einem Zentimeter. Sehr ähnliches Verwitterungsverhalten zeigen auch basaltische Ganggesteine mit doleritischem Gefüge (Abschn. 5.7.5.2).

Noritische Gesteine mit hohem Mg/Fe-Verhältnis und entsprechend hell erscheinenden Orthopyroxenen (Abb. 5.66) zeigen oft Idiomorphie der Orthopyroxene oder insgesamt glatte, einfach polygonale Kornformen und entsprechend gering verzahnte Korngrenzen. Solche Gesteine neigen wegen des gefügebedingt geringen mechanischen Zusammenhalts unter Verwitterungseinwirkung zur Vergrusung und außer bei starkem Geländerelief nicht zur Bildung freistehender Felsen.

Hinweise zur petrographischen Bestimmung

Trotz der Vielfalt gabbroider Gesteine ist eine Bestimmung der Hauptarten mit makroskopischen Methoden meist in ausreichender Näherung und in manchen Fällen sogar sicher möglich. Allerdings gibt es kein einfaches und sofort auffälliges gemeinsames Merkmal. Es kommt daher in jedem Einzelfall auf das möglichst sichere Erkennen des Mineralbestands an.

Die **Abgrenzung zu den dioritischen Plutoniten** ist in Abschn. 5.7.4 behandelt. Die Bestimmung gabbroider Plutonite erfordert wegen des variablen Mineralbestands und der resultierenden Gesteinsvielfalt die systematische Aufsuchung und Mengenabschätzung der vorkommenden Mafite, der Feldspäte, und falls diese vorkommen, von Quarz oder Foiden zur Einordnung in das QAPF-Klassifikationsschema der Abb. 5.35.

In **quarzführenden Gabbroiden** ist das Vorkommen von Quarz auf die Zwickel zwischen den Plagioklasen und Mafiten beschränkt. Dies hat zur Folge, dass der geringe Quarzanteil ähnlich wie alternativ mögliche Foidführung makroskopisch kaum erkennbar ist. Man wird mit der makroskopischen Gesteinsbestimmung zufrieden sein müssen, wenn man das Gestein als z. B. Gabbro oder Norit bestimmt hat.

Monzogabbroide Plutonite sind nur dann von anderen gabbroiden Gesteinen unterscheidbar, wenn die Alkalifeldspäte rötlich getönt sind, oder wenn diese einfache Verzwillingung zeigen. Letzteres kommt jedoch kaum vor.

Für die **Unterscheidung zwischen magmatischen Hornblendegabbros und metamorphen Amphiboliten** gelten dieselben Regeln wie für die Unterscheidung dioritischer Gesteine von Amphiboliten und Hornblendegneisen (Abschn. 5.7.4).

Die meisten **Gabbros** und **Gabbronorite** und deren Unterarten sind mittel- bis feinkörnige Plutonite. Je nach Plagioklasanteil ist ihre Färbung mittelgrau bis schwarz. Sie sind tendenziell dunkler gefärbt als typische dioritische Gesteine. Im Gegensatz zu manchen dioritischen Gesteinen fehlt eine durch Grobkörnigkeit heller Plagioklase und tiefschwarzer Mafite bewirkte, gut sichtbare sprenkelige Verteilung heller und dunkler Bereiche. Die meisten Gabbros und Gabbronorite wirken auch bei Betrachtung aus der Nähe monoton grau oder schwarz. Eine Ausnahme bilden manche **Hornblendegabbros**. Sie können im Gegensatz zu **pyroxendominierten Gabbroiden** auf angewitterten Oberflächen deutliche Kontraste zwischen glänzend schwarzem bis schwarzgrünem Amphibol und weißem Plagioklas zeigen. Reinen Pyroxengabbros fehlt

der oft auffällige Glanz der Amphibole oder Biotite. Der Versuch der Unterscheidung von Pyroxenen und Amphibol anhand der Winkel der Spaltbarkeiten führt in Plutoniten nicht immer zu einem richtigen Ergebnis (Abschn. 3.2: Pyroxene). Die recht seltenen **foidführenden gabbroiden Gesteine** sind makroskopisch kaum von foidfreien Entsprechungen unterscheidbar.

Ferrogabbros und **Ferrodiorite** fallen im Gelände durch betont **rostig-braune Verwitterungsfarben** und meist ausgeprägt schaliges Abplatzen der Verwitterungsrinde auf. Die unverwitterten Gesteine sind dunkel aussehend (Abb. 5.59) und selbst für gabbroide Gesteine ungewöhnlich zäh und schlagfest. Ferrodiorite und Ferrogabbros können so zäh sein, dass Teilungsversuche relativ kleiner Brocken auch mit großem Hammer scheitern können. Beim Anheben von Brocken ab ca. Faustgröße fällt eine gegenüber anderen gabbroiden und dioritischen Gesteinen höhere Dichte auf. Ferrogabbros und Ferrodiorite gehen fließend ineinander über. Mit makroskopischen Bestimmungsmethoden sind sie nicht unterscheidbar. Plagioklaszusammensetzungen mit An < 50 sind häufiger, sodass dioritische Ferrogesteine gegenüber Ferrogabbros überwiegen. Beide Gesteine sind selten. Ihr Vorkommen ist auf späte Differentiate vollständig differenzierter tholeiitischer gabbroider Plutonitserien beschränkt. In gabbroiden Serien mit Alkalitendenz treten sie nicht auf, ebenso nicht in Kalkalkaliassoziationen.

Gabbronorit (Abb. 5.60) kann bestimmbar sein, wenn sich z. B. durch intensiveren Schiller des Orthopyroxens, dessen besondere Neigung zu Idiomorphie und durch uneinheitliche Färbung Ortho- und Klinopyroxene voneinander abheben. Es erfordert eine intensive Musterung der Pyroxene mit der Lupe, um zu erkennen, ob es kräftiger schillernde Orthopyroxene neben weniger oder nicht schillernden Klinopyroxenen gibt. Klinopyroxene in gabbroiden Gesteinen sind eher als Orthopyroxene von partieller, randlicher Verdrängung durch schwarzen Amphibol betroffen. Besonders hierdurch erscheinen sie in manchen Gabbronoriten gegenüber den Orthopyroxenen insgesamt dunkler. Allerdings besteht für die schwarz wirkenden Klinopyroxen-Amphibol-Verwachsungen die Gefahr der Verwechslung mit eigenständiger Hornblende. In günstigen Fällen können Orthopyroxene, Klinopyroxene und Hornblende unter Be-

5

Abb. 5.59 Ferrogabbro (Fayalitgabbronorit) aus weißem Plagioklas, schwarzen Pyroxenen, die makroskopisch nicht näher bestimmbar sind (Augit, Ferrosilit und Pigeonit) und gelblichem Olivin (Fayalit). Radauberg südlich Bad Harzburg, Westharz. BB 4 cm.

achtung der in Abschn. 3.2 beschriebenen Merkmale unterschieden werden. Eigenständige Hornblende ist gewöhnlich an ihrer guten Spaltbarkeit zu erkennen. Pyroxen-Amphibol-Verwachsungen zeigen statt eindeutiger Spaltbarkeit eher rauen Bruch mit Andeutungen von Amphibol-Spaltbarkeit. Oft hilft nur die Mitnahme einer Probe und anschließende Mikroskopie.

Norite sind dann gut erkennbar, wenn ihre Orthopyroxene Mg-betont und entsprechend hell aussehen (Abb. 5.66). Dies gilt für die meisten Norite im engeren Sinne. Die Orthopyroxene solcher typischen Norite sind als dominierendes mafisches Mineral gelblich-olivfarben und mäßig transparent. Schiller kann entwickelt sein oder fehlen. Da auch der Plagioklas hell ist, kön

nen Norite nach erstem Farbeindruck, ohne Beachtung des völlig andersartigen Mineralbestands, im Aufschluss einen ähnlichen Eindruck wie hellgrauer Granit geben. Noritische Gesteine mit Fe-betonten, dann dunkel bis schwarz gefärbten Orthopyroxenen sind selten. Sie sind von den sehr viel häufigeren Gabbros makroskopisch kaum unterscheidbar.

Olivinnorite zeigen oft schon bei flüchtiger Betrachtung charakteristische Merkmale. Typisch ist das Nebeneinander von schwarzer Serpentinmasse, oft gelblich-bräunlichem bis olivfarbenem, hellem Orthopyroxen und weißem, grauem oder transparent klarem Plagioklas (Abb. 5.61). Die schwarzen, serpentinisierten Anteile sind durch Alteration aus magmatisch gebildetem Olivin

Abb. 5.60 Gabbronorit aus farblos-transparentem, z. T. auch bräunlich getöntem Plagioklas, schwarzem Klinopyroxen und Amphibol sowie idiomorphem Orhopyroxen, der in Abhängigkeit von seiner Orientierung zur Lichtquelle kupferbraun schillert (z. B. Bildmitte und unten links). Der schwarze Amphibol verdrängt und ummantelt vor allem Klinopyroxen (schwarz). Insel Smøla, Westküste Mittelnorwegens. BB 2,5 cm.

hervorgegangen. Vollständig unalterierter, transparent grüner forsteritischer Olivin kommt in olivinführenden Plutoniten kaum vor. Die recht bekannten „Harzburgite" des Harzburger Gabbromassivs (Harz) sind ganz überwiegend Mela-Olivinnorite, deren Olivin vollständig oder nahezu vollständig serpentinisiert ist (Abb. 5.81).

Troktolith ist eine weitgehend bis vollständig pyroxenfreie gabbroide Gesteinsart. Er führt als einzige wesentliche mafische Komponente forsteritischen Olivin. Dieser ist gewöhnlich serpentinisiert, sodass neben hellgrauem oder weißem Plagioklas schwarze Flecken von dunkel pigmentierter Serpentinmasse das Gestein zusammensetzen. Typischer Troktolith ist durch angenähert rundliche, meist wenige Millimeter große, schwarze Serpentinflecken gekennzeichnet, die von Plagioklas umgeben sind (Abb. 3.42). Als zusätzliches dunkles Mineral kann am ehesten Orthopyroxen auftreten, sodass es einen fließenden Übergang zu Olivinnorit gibt. In älterer Literatur wird Troktolith auch als Forellenstein bezeichnet.

Anorthosit (Plagioklasit) zählt nicht zu den Gabbroiden, kann aber in Gabbro, Norit oder auch Diorit übergehen. Als fast nur aus Plagioklas bestehender Sonderfall der ins Gabbro- und Dioritfeld des QAPF-Doppeldreiecks fallenden Plutonite enthält er nur einen geringen Anteil dunkler Minerale (Abb. 5.63, 5.64). Dies sind je nach Vorkommen Pyroxene, Amphibole, Biotit und Magnetit. Dunkle Minerale können nahezu fehlen. Der makroskopisch nicht ermittelbare An-Gehalt spielt für die Einstufung als Anortho-sit anders als für Gabbroide keine Rolle. Der Plagioklas mancher Anorthosite ist relativ Ab-reich wie der in Dioriten. Anorthosite können in Abhängigkeit von der Farbe des Plagioklas grau, violettgrau, bräunlich oder auch hell grauweiß gefärbt sein. Die meisten Anorthosite sind auffällig grobkörnig mit Korngrößen im Zentimeter-Bereich. In geologischen Beschreibungen kommt es immer wieder vor, dass als Anorthosit bezeichnete Gesteine geringfügig über 10 Vol.-% dunkle Minerale enthalten, sodass sie z. B. Gabbros oder Norite sind (Abb. 5.62).

Foidführende gabbroide Gesteine sind selten. Sie entziehen sich der zuverlässigen Bestimmung mit makroskopischen Methoden weitgehend. Die gemäß ihrer Position in den Feldern 10′ und 9′ des QAPF-Doppeldreiecks geringen Foidgehalte sind durchweg auf Zwickel zwischen den Feldspäten und dunklen Mineralen beschränkt und kaum erkennbar. Häufigste Foide sind Nephelin und Analcim, deren Bestimmung selbst mikroskopisch schwierig sein kann. Bei makroskopischer Bestimmung wird gewöhnlich nur die Einstufung als Gabbro erreichbar sein, wobei bezüglich der dunklen Minerale in günstigen Fällen weiter differenziert werden kann. Orthopyroxen kann nicht neben Feldspatvertretern vorkommen. Daher scheidet eine Einstufung als noritisch oder gabbronoritisch aus. Foidführende gabbroide Gesteine bilden kaum größere Plutone. Am ehesten bilden sie Gänge, Sills oder kleinere Stöcke in riftgebundenen Alkaliprovinzen.

Abb. 5.61 Olivinnorit aus weißem Plagioklas, schwarzer Serpentinmasse (aus Olivin hervorgegangen) und gelblich-bräunlichem Orthopyroxen. Südteil des Harzburger Gabbronoritmasssivs, südlich Bad Harzburg, Harz. BB 8 cm.

Abb. 5.62 Leukogabbro in der Nähe zur Klassifikationsgrenze zu Anorthosit. Angewitterte, gebleichte Felsoberfläche. Idiomorphe, weißgraue Plagioklase und zwickelfüllender, dunkler Klinopyroxen. Das Gestein ist ein Plagioklas-Orthokumulat mit Klinopyroxen als Interkumulusphase (Abschn. 5.7.5.1). Der Leukogabbro ist als untergeordneter Anteil neben dominierendem Rapakivigranit (Abb. 5.40) Teil eines bimodalen, anorogenen Intrusivkomplexes. Bönhamn, nordöstlich Härnösand, Västernorrland, Schweden. BB ca. 30 cm.

Abb. 5.63 Anorthositfelsen. Die gelbbraunen Flecken sind Flechtenbewuchs. Schäre Västersten, Südwestrand des Åland-Archipels, Südwestfinnland.

Abb. 5.64 Anorthosit *in situ*. Ein Plagioklaskristall in Reflexionsstellung, polysynthetische Verzwillingung zeigend. Schäre Västersten, Südwestrand des Åland-Archipels, Südwestfinnland. BB 20 cm.

Magmencharakter und geotektonische Stellung gabbroider und dioritischer Plutonit-Assoziationen

Gabbroid-basaltische und dioritisch-andesitische Magmen haben anders als granitoide oder syenitische Magmen die Fähigkeit zu ausgeprägter magmatischer Differentiation. Daher treten sie im Gelände oft mit spezifischen Begleitgesteinen auf. Eher als ein einzelnes Gestein reflektiert dann oft die Gesamtassoziation den geochemischen Charakter des Ausgangsmagmas. Der Magmencharakter wiederum ist an den geotektonischen Rahmen der Magmenentstehung gebunden. Charakteristische Gesteine und Zusatzmerkmale für wichtige Gesteinsserien mit erheblicher Beteiligung gabbroider und dioritischer Anteile sind in günstigen Fällen:

Tholeiitische Serien

- Überwiegen von **gabbronoritischen** und **noritischen** Gesteinen, kaum Gabbro
- Fehlen oder geringer Anteil intermediärer Begleitgesteine wie Diorit oder Granodiorit
- Pyroxene (Ortho- und Klinopyroxen) überwiegen als Mafite, **kaum Amphibol**
- Olivin bzw. serpentinisierter Olivin in frühen Differentiaten z. T. wesentliches Mineral
- Auftreten **nahezu ultramafischer Gesteine** aus Olivin und/oder Orthopyroxen und untergeordnet auch echter Ultramafitite
- **Ferrodiorite** oder **Ferrogabbros** als späte Differentiate
- Oft **anorogener Rahmen**, aber auch orogene Beispiele (Inselbögen)

Kalkalkalische Serien

- **Gabbros** und/oder **Gabbronorite** als pyroxengabbroide Gesteine, oft amphibol- und biotitreich
- Gabbros zu erheblichem Anteil als **Hornblendegabbros** ausgebildet
- Mit **Dioriten**, Granodioriten und Graniten verknüpft, fließende Übergänge zu diesen
- **Olivin meist fehlend**, sonst wenig bedeutend
- **Ultramafische Kumulate hornblenditisch** oder **klinopyroxenitisch**, kaum peridotitisch
- **Orogener Rahmen**, meist subduktionsbedingt

Gabbroid-Diorit-Serien mit Alkalitendenz

- **Gabbros im engeren Sinne** bis **Monzogabbros**, mit oder ohne Hornblende
- Mit **Syeniten** oder **foidführenden Gesteinen** verknüpft
- Olivin verbreitet vorkommend
- **Kein Orthopyroxen**, daher auch kein Norit und Gabbronorit
- Ultramafische **Kumulate wehrlitisch** bis **klinopyroxenitisch**, auch hornblenditisch
- Anorogener und orogener Rahmen

5.7.5.1 Gabbroide Kumulatgesteine

Unter den gabbroiden und ultramafischen Plutoniten (Abschn. 5.7.9) gibt es Gesteine, deren Gefüge trotz magmatischer Entstehung Übereinstimmungen zu Gefügen und Strukturen mancher Sedimentgesteine zeigen. Solche als **Kumulatgesteine** (nach lat. *cumulus* = Haufen) bezeichneten Magmatite können unter Einschränkungen als Produkte **magmatischer Sedimentation** gedeutet werden. Nach klassischer Theorie werden hierbei Kristalle aufgrund von Dichteunterschieden gegenüber der umgebenden Schmelze abgelagert. Die Schmelze nimmt anstelle des Wassers bei normaler Sedimentation die Rolle des Sedimentationsmediums ein. Allerdings gibt es für manche Kumulatgefüge alternative Erklärungen wie z. B. gleichzeitiges *in-situ*-Wachstum bei unterschiedlichen Keimbildungsraten der beteiligten Minerale.

Zumindest deskriptiv entsprechen die wichtigsten Arten von Kumulatgesteinen klastischen Sedimentgesteinen (Abschn. 6.2, 6.3), bei denen zwischen den mechanisch abgelagerten (detritischen) Körnern und dem als Porenraum bezeichneten Kornzwischenraum bzw. dessen Ausfüllung unterschieden wird. Den Sandkörnern eines Sandsteins entsprechen in einem Kumulatgestein die als erstes Kristallisat gedeuteten Kristalle, die eng und einander berührend (korngestützt) gelagert sein sollten. Sie heißen **Kumuluskristalle**, englisch auch *primocrysts* („Primärkristalle"). Dem Porenraum klastischer Sedimentite entspricht der Interkumulusraum magmatischer Kumulatgesteine, der als Entsprechung des Porenwassers Interkumulusschmelze enthielt, bevor das Gestein bei fortschreitender Abkühlung vollständig auskristallisiert war. **Inter-**

kumulusmaterial ist eine Sammelbezeichnung für alle Minerale, die im Kumulatgestein den ehemaligen Interkumulusraum ausfüllen. Es wird als Kristallisat aus der Interkumulusschmelze gedeutet.

Orthokumulate bestehen aus Kumuluskristallen in korngestützter Packung, deren Kornzwischenräume von Interkumulusmaterial aus Kristallen anderer Mineralarten ausgefüllt sind (Abb. 5.65, 5.62, Tafel 5.2). Die geometrische Beziehung entspricht der zwischen den detritischen Körnern und dem Bindemittel klastischer Sedimentgesteine (Abschn. 6.3). Hierbei umschließen poikilitisch ausgebildete Interkumuluskristalle mehrere Kumuluskristalle (Abb. 5.81, Tafel 5.2, S. 159). Forsteritischer **Olivin** kommt in Orthokumulaten nur in Form von Kumuluskristallen vor, wobei diese meistens unter Erhalt ihrer ursprünglichen Umrisse zumindest teilweise serpentinisiert sind (Abb. 5.65). **Pyroxene** und **Plagioklas** können sowohl als Kumuluskristalle wie auch als Interkumulusbildung auftreten. Sie sind die wichtigsten Interkumulusminerale. Daneben können Amphibol, Phlogopit und Biotit an der Zusammensetzung des Interkumulus-Mineralbestands beteiligt sein.

Adkumulate können im Gegensatz zu Orthokumulaten aus nur einer einzigen Mineralart bestehen, z. B. nur aus Olivin. Häufig sind zwei, seltener mehr Minerale maßgeblich beteiligt. Separates Interkumulusmaterial tritt in vollständig entwickelten Adkumulaten nicht in Erscheinung,

fehlt aber kaum völlig (Tafel 5.2, S. 159). Tatsächlich enthalten die meisten Adkumulate makroskopisch unauffällige, geringe Anteile von Interkumulusmaterial. Ganz überwiegend berühren sich die Kristalle der primär gebildeten Mineralarten unmittelbar, mit gewöhnlich einfach konfigurierten, kaum verzahnten Korngrenzen. Die einzelnen Kristalle können ebenflächig begrenzte, **polygonale Körner** bilden, die von angewitterten Oberflächen „absanden" können. Die kaum verzahnten Kornformen haben nichts mit Idiomorphie zu tun.

Als Entstehungsursache für Adkumulatgefüge gilt das Weiterwachstum der Kumuluskristalle aus der Interkumulusschmelze bis zur weitgehenden Raumerfüllung. Die Parallele unter den klastischen Sedimentgesteinen sind Sandsteine, deren detritische Quarzkörner unter vollständiger Ausfüllung des Porenraums weitergewachsen sind. Adkumulate können bezüglich ihrer Gefüge, kaum jedoch bezüglich der Mineralbestände, metamorphen Granofelsen ähneln (Abschn. 7.1.1, 7.1.3). Besonders Plagioklas, forseritischer Olivin und Orthopyroxen bauen Adkumulate auf. Übergänge zwischen voll entwickelten Orthokumulaten und Adkumulaten können mit eigenem Namen als **Mesokumulate** eingestuft werden.

Creskumulate (engl. *crescumulates*) sind Gesteine mit einer selteneren Art von Gefügen, die zu den Kumulatstrukturen gerechnet werden, jedoch keine Gefügeparallele zu klastischen Se-

Abb. 5.65 Orthokumulat (Melatroktolith) aus Kumuluskristallen von Olivin und Interkumulusmaterial aus Plagioklas. Der Plagioklas ist aufgrund von Anwitterung besonders weiß. Der Olivin ist serpentinisiert. Die einzelnen schwarzen Flecken aus Serpentinmasse entsprechen den ursprünglichen Olivinkristallen. Südteil des Harzburger Gabbronoritmasssivs, südlich Bad Harzburg, Harz. BB 4 cm.

5

Abb. 5.66 Adkumulat (Mikronorit) aus farblos-transparentem bzw. weißem Plagioklas und gelblich-bräunlichem Orthopyroxen, die beide Kumulusphasen sind. Die braunen Minerale rechts im Bild sind Phlogopit. Radaubruch, Südteil des Harzburger Gabbronoritmassivs, südlich Bad Harzburg, Harz. BB ca. 2,5 cm.

dimentgesteinen bilden. Creskumulate sind geschichtete Plutonite mit maßgeblichem Anteil säulen- bis nadelförmig elongierter, lagig konzentrierter Kristalle von z. B. Pyroxenen oder Amphibolen, deren Längsachsen rechtwinklig oder angenähert rechtwinklig zur Schichtung orientiert sind. Die Kristalle bilden in rasenartig dichter Drängung großflächig durchhaltende Schichten.

Kumulatgefüge gehen oft mit **magmatischer Schichtung** einher (Abschn. 5.3.2.2). Am auffälligsten und häufigsten ist hierbei modale Schichtung, bei der gewöhnlich helle, plagioklasreiche Lagen mit dunkleren, mafitreicheren Schichten wechsellagern. Unterschiedliches Verwitterungsverhalten kann die Schichtung im Aufschluss besonders hervortreten lassen (Abb. 5.67).

5.7.5.2 Mikrogabbro, Dolerit, Diabas

Zwischen den Korngrößen von Plutoniten und Vulkaniten gabbroider bzw. basaltischer Zusammensetzung gibt es wie auch für andere Magmatite fließende Übergänge, die Gesteine subvulkanischer Intrusivkörper, Füllungen von Gängen oder Lagergängen (Sills) und auch manche mächtigeren basaltischen Lavadecken kennzeichnen.

Anders als in typisch plutonischen Gabbroiden kommt hypidiomorph-körniges Gefüge in plagioklasreichen, d. h. tholeiitischen oder kalkalkalischen basaltischen Ganggesteinen kaum

Abb. 5.67 Magmatische Schichtung in Olivingabbro. Die steil einfallenden Schichten unterscheiden sich durch ihre modalen Mineralbestände (modale Schichtung), in diesem Beispiel durch wechselnde Mengenanteile von Plagioklas, Pyroxenen und Olivin. Die herausstehenden, braun angewitterten Schichten sind pyroxenreich. Ruten, Fongen-Hyllingen-Gabbromassiv, Mittelnorwegen

vor. Üblich sind intergranulare bis ophitische Gefüge im Korngrößenbereich zwischen typischen Vulkaniten und typischen Plutoniten. Hierbei ist allerdings die durch die IUGS-Klassifikation (Le Maitre et al. 2004) neu eingeführte Einengung zwischen > 3 mm für Plutonite und < 1 mm für Vulkanite praxisfern. Vor allem die Obergrenze von 3 mm wird von intergranular und ophitisch ausgebildeten, nichtplutonischen Gangggesteinen basaltischer Zusammensetzung häufig überschritten (Abb. 5.25). Solche relativ grobkörnigen basaltischen Gesteine mit überwiegend intergranularem bis ophitischem, selten körnigem Gefüge heißen **Dolerite** oder auch **Diabase**, die Gefüge doleritisch (Abschn. 5.4.2). Die Bezeichnung **Mikrogabbro** kann stattdessen verwendet werden, wenn die Korngrößen 3 mm nicht überschreiten. Alle drei Begriffe sind dann austauschbar. Angesichts der vorhandenen Auswahl von Bezeichnungen ist Mikrogabbro bei Vorliegen von eher hypidiomorph körnigem (gabbroartigem) Gefüge vorzuziehen, wie es bei gröberer Korngröße typisch plutonische Gabbros kennzeichnet. Der Name Diabas wird vor allem in nordamerikanischem Schrifttum verwendet. Ältere Definitionen von Diabas, die z. B. fortgeschrittene Alteration zum Inhalt hatten, werden in geologischen Beschreibungen und in der Steinindustrie weiterhin verwendet.

Die meisten Vorkommen von Dolerit bzw. Mikrogabbro sind frei von Einsprenglingen. Stattdessen können an Vorkommen mit ophitischem Gefüge auf angewitterten Oberflächen plagioklasreiche Nester als hellere Flecken hervortreten (Abb. 5.68).

Gänge mit Füllungen aus Dolerit bzw. Diabas oder Mikrogabbro haben meistens Breiten von mehreren Metern bis zu Zehnermetern. Sie sind überwiegend anorogene Bildungen. Besonders häufig sind sie in proterozoischen und archaischen Grundgebirgsregionen, manchmal in Form von regional entwickelten Gangschwärmen. Nur schmalere Gänge haben oft feinkörnige Füllungen, die Gefüge wie basaltische Vulkanite haben (Abb. 5.10). Dolerite mächtiger Lagergänge (Sills) können magmatische Schichtung zeigen, ohne dass Kumulatgefüge entwickelt sind.

Abb. 5.68 Dolerit (Lokalname: Kinne-Diabas) aus hell anwitterndem Plagioklas und Klinopyroxen als hauptsächlichem dunklem Mineral. Das fleckige Aussehen im angewitterten Zustand geht auf ophitisches Gefüge zurück. Angewitterte Oberfläche mit schalig abplatzender Verwitterungskruste. Mösseberg westlich Falköping, Västergötland, Schweden. BH ca. 50 cm.

5.7.6 Syenitische und monzonitische Plutonite

Syenitische und monzonitische Plutonite sind die im QAPF-Doppeldreieck durch eigene Felder definierten Gesteine **Syenit, Quarzsyenit, Alkalifeldspatsyenit, Quarz-Alkalifeldspatsyenit, foidführender Syenit, foidführender Alkalifeldspatsyenit, Monzonit, Quarzmonzonit** und **foidführender Monzonit**. Trotz dieser Vielfalt von Gesteinen mit eigenen Benennungen kommen alle syenitischen und monzonitischen Gesteine zusammen nicht annähernd in der Menge vor wie Granite im engeren Sinne. Mit Ausnahme von vielen Quarzmonzoniten und manchen Quarzsyeniten, die Bestandteil granitoider Gesteinsassoziationen sind und fließende Übergänge zu den assoziierten Graniten zeigen, treten syenitische und monzonitische Gesteine oft als Bestandteil von Alkalimagmatitserien auf.

Syenitische und monzonitische Plutonite werden hier zusammengefasst beschrieben. Selbst klassische Vorkommen wie der Plauensche Grund am südwestlichen Stadtrand Dresdens und die Larvikite Südnorwegens (unten) wurden abwechselnd als Syenite oder Monzonite eingestuft bzw. überdecken die Klassifikationsgrenze zwischen Syenit und Monzonit.

Geologisches Vorkommen

Syenitische und monzonitische Plutonite treten meist in kleineren Intrusivkörpern auf. Besonders gilt dies für alkalibetonte, kaum plagioklasführende und quarzfreie, u. U. foidführende Syenite. Für alkalibetonte Syenite gibt es wie auch für andere Alkaligesteine eine Abnahme der relativen Häufigkeit mit zunehmendem geologischem Alter.

Der geotektonische Rahmen kann orogen sein, dies gilt besonders für monzonitische Gesteine, aber auch für plagioklasführende Syenite, die zu monzonitischen Zusammensetzungen hin tendieren. Solche Gesteine können in Zusammenhang mit orogenen Graniten auftreten, wobei die Quarzgehalte der Monzonite (Quarzmonzonite) dann oft nur knapp unter der Klassifikationsgrenze zu den Granitoiden bei 20 Vol.-% Quarz liegen. Ein Beispiel für das Nebeneinandervorkommen von Graniten und Quarzmonzoniten ist Ostsmåland in Südschweden. Unter der Sammelbezeichnung „Småland-Granite" verbergen sich auch Quarzmonzonite, die nur durch genaue Beachtung der Quarzgehalte von ansonsten ähnlichen Graniten unterscheidbar sind.

Ein Beispiel für zeitlich mit orogener Aktivität (Deckenschub) zusammenfallendes Eindringen syenitischer, quarzsyenitischer und auch foidsyenitischer Magmen sind eine Schar von Alkaligesteinskörpern kaledonischen Alters im Nordwesten Schottlands (Brown 1991).

Die meisten syenitischen Gesteine und ebenso auch foidführende Monzonite sind an anorogene Bedingungen gebunden. Gleiches trifft auf Na-betonte Syenite und Monzonite zu, die Anorthoklas bzw. komplexe ternäre Feldspäte enthalten. Sie können der leukokrate Anteil von bimodalen Magmatitassoziationen sein, deren melanokrater Gegenpol basaltische Ganggesteine oder altersgleiche basaltische Vulkanite sind. Oft steht ihre Platznahme räumlich und zeitlich mit kontinentalem Rifting in Zusammenhang. Dies gilt besonders für größere Vorkommen, so im Oslo-Graben-Rift. Daneben gibt es Beispiele für die Bindung an tiefreichende, intrakratonische tektonische Störungszonen ohne deutliche Dehnungskomponente.

Allgemeines Aussehen und Eigenschaften

Bezüglich der auf den ersten Blick auffälligen Merkmale und Eigenschaften gibt es abgesehen vom fehlenden oder geringen Quarzgehalt keine grundsätzlichen Unterschiede zu den Granitoiden. Syenite sind besonders oft rot (Abb. 5.69), können aber auch grau sein. Monzonite können ähnlich wie Granite verschiedenfarbige Feldspäte enthalten (Abb. 5.70). Komagmatische, mafitreiche Xenolithe können auftreten, sind aber seltener als in Granitoiden.

Mineralbestand

Gewöhnliche, d. h. quarzfreie bzw. quarzarme Syenite und Monzonite sind leukokrate Gesteine mit ursprünglich alkalibetonten, ternären Feldspäten und/oder Kalifeldspäten als wichtigsten Mineralkomponenten. Die ternären Feldspäte sind gewöhnlich durch Entmischung stark verändert. Eigenständiger **Plagioklas** fehlt besonders in Syeniten oft, jedoch nicht immer. Stattdessen kommen Albit oder Ab-reicher Plagioklas als hauptsächliches Produkt der Entmischung von alkalibetonten, ternären Feldspäten vor. In monzonitischen Gesteinen ist eigenständiger Plagioklas oft makroskopisch erkennbar, bis hin zum Überwiegen über Alkalifeldspat. Die Alkalifeldspäte von Syeniten und Monzoniten sind entweder mehr oder weniger entmischter **Kalifeldspat**, **Albit** oder **Anorthoklas**. Die Bewertung von Anorthoklas bei der Bestimmung von Plutoniten wird im Kasten 5.4 erläutert.

In Kalifeldspäten ist häufig perthitische Entmischung mit der Lupe sichtbar. Unabhängig kristallisierte Plagioklase, Foide und der Quarz, soweit vorkommend, teilen sich gemeinsam mit

5

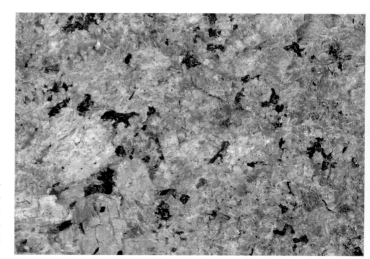

Abb. 5.69 Quarzführender Alkalifeldspatsyenit (Lokalname: Nordmarkit) aus rötlichem Kalifeldspat, dunklen Mineralen und untergeordnetem Quarz. Nördliche Umgebung von Oslo, Südnorwegen. BB 4,5 cm.

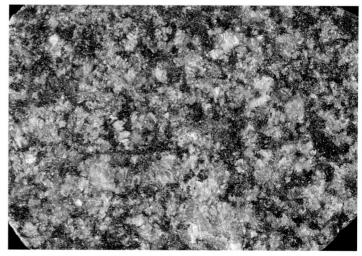

Abb. 5.70 Monzonit aus rötlichem Kalifeldspat, grünem, alteriertem Plagioklas und schwarzem Biotit, der zu erheblichem Anteil in Chlorit übergegangen ist. Durch die alterationsbedingte Grünfärbung hebt sich der Plagioklas besonders deutlich vom Kalifeldspat ab. Glazialgeschiebe, nördlich Kiel. Herkunft unbekannt. BB 7,5 cm.

den Mafiten den Zwischenraum zwischen den Alkalifeldspäten. **Quarz** ist wegen seiner geringen Menge und wegen des Auftretens als Füllmasse zwischen den Feldspäten auch mit der Lupe meist nicht erkennbar. Der übliche Feldspatvertreter in foidführenden Syeniten und Monzoniten ist **Nephelin**. Er wird in nur geringfügig, d. h. bis zu ca. 10 Vol.-% Nephelin führenden Plutoniten makroskopisch leicht übersehen. Nur bei Fehlen von Quarz muss man das Vorkommen von Nephelin in Betracht ziehen und gezielt nach ihm suchen.

Charakteristische mafische Minerale der syenitischen und monzonitischen Gesteine sind vor allem **Klinopyroxene**. Besonders in foidführenden und plagioklasfreien Syeniten handelt es sich hierbei um Alkalipyroxene, erkennbar an einer Tendenz zu gestreckt leistenförmigem Wuchs. Daneben oder stattdessen können Syenite **Amphibole** mit ebenfalls langgestrecktem Habitus führen. Orthopyroxen fehlt immer. Die Klinopyroxene und Amphibole sind schwarz bis grünschwarz gefärbt. Besonders an Kanten können sie dunkelgrün durchscheinend sein. In foidfreien monzonitischen und plagioklasführenden syenitischen Gesteinen ist Amphibol mit weniger langgestreckter Morphologie üblich. **Biotit** tritt in Syeniten auf, hat aber nicht annä-

Kasten 5.4 Einordnung von „plutonischem Anorthoklas" im QAPF-Diagramm

Anorthoklase sind ternäre **Hochtemperatur-Alkalifeldspäte**, in denen die Albitkomponente zusammen mit einem geringeren Anteil der Anorthitkomponente die Orthoklaskomponente überwiegt. In Plutoniten sind Anorthoklase unter Erhalt der ursprünglichen Gestalt durch mit der Lupe nicht auflösbare Feldspat-Phasenkombinationen ersetzt, die durch Inversion und antiperthitische bzw. mesoperthitische Entmischung geprägt sind.

Eine Einstufung als Alkalifeldspat berücksichtigt nicht den Gehalt an Anorthitkomponente, der sich in Plutoniten dadurch auswirken kann, dass Ab-reicher **Plagioklas** die Hauptphase des ehemaligen Anorthoklases ist. Makroskopisch lässt sich nicht ermitteln, inwieweit reiner Albit oder Plagioklas vorliegt.

Für die makroskopische Bestimmung bedeutet die Komplexität der Zusammensetzung, dass Anorthoklas und seine Folgeprodukte nur als Alkalifeldspäte gezählt werden können. Hierbei gilt, dass das Gestein in jedem Fall weiter rechts im QAPF-Diagramm liegen müsste, wenn man den aus der chemischen Analyse errechenbaren normativen Mineralbestand zugrunde legen würde. Ein z. B. makroskopisch als Syenit bestimmtes Gestein kann aufgrund der Anorthitkomponente (chemisch) ein Monzonit sein.

Gesteine, die Anorthoklas oder dessen Folgeprodukte enthalten, lassen sich in der Regel nur über chemische Analysen zuverlässig bestimmen. Im Gelände bedeutet dies, dass man eine geeignete Probe mitnehmen sollte.

---

hernd die Bedeutung wie in den Granitoiden. Mögliche weitere mafische Minerale der Syenite sind roter oder schwarzer **Granat** (Melanit) und auch fayalitbetonter **Olivin**, der jedoch in Anhäufungen anderer dunkler Minerale makroskopisch nicht in Erscheinung tritt. Die dunklen Minerale sind in syenitischen Gesteinen gelegentlich in Schlieren oder Lagen gemeinsam angereichert. Im Zusammenhang mit Syenitintrusionen können massivere Anreicherungen dunkler Minerale plutonische Ultramafitite bilden. In den meisten Fällen sind dies schwarze, pyroxenitische oder hornblenditische Gesteine.

Normale **Mafitgehalte** von syenitischen und monzonitischen Gesteinen sind ausgedrückt als **Farbzahl M′**:

- Syenit   10–35
- Quarzsyenit   5–30
- Quarz-Alkalifeldspatsyenit   0–25
- Monzonit   15–45
- Quarzmonzonit   10–35

Mafitärmere Entsprechungen können mit dem vorangestellten Namenszusatz Leuko- charakterisiert werden, mafitreichere mit dem Zusatz Mela-, z. B. als Melasyenit.

Gefüge

Das Gefüge syenitischer und monzonitischer Gesteine wird gewöhnlich durch die Alkalifeldspäte bestimmt, in Monzoniten auch durch Plagioklas. Bei insgesamt meist richtungslos-körnigem, manchmal auch porphyrischem Gefüge zeigen diese oft eine Tendenz zur Idiomorphie. Die Korngrößen variieren wie bei den Granitoiden vom Millimeter- bis Zentimeterbereich, mit Schwerpunkt bei eher gröberen Korngrößen. Die mafischen Minerale und der allenfalls geringe Quarz- oder Foidanteil füllen gewöhnlich gemeinsam mit weiterem Alkalifeldspat die Zwickel zwischen den großen Feldspäten. Vereinzelt kann magmatische Schichtung vorkommen. Häufiger ist eine Fließregelung, die sich in einer bevorzugten Orientierung der Feldspattafeln zeigt (Abb. 5.28).

Erscheinungsformen im Gelände

Wenn Syenite und Monzonite ausreichend große geschlossene Vorkommen bilden, können sie wie Granitoide, Diorite oder Gabbroide freistehende, z. T. wollsackartige Felsen mit rundlichen Konturen bilden. Das Kluftraster kann ähnlich weitständig wie in Granitoiden entwickelt sein. Zwischen den Geländeformen gibt es keine merklichen Unterschiede.

Hinweise zur petrographischen Bestimmung

Bei der Bestimmung syenitischer und monzonitischer Gesteine kommt es mehr noch als bei Granitoiden auf das bewusste Aufsuchen der möglichen Minerale und auf die Abschätzung ihrer Mengenanteile an. Besondere Sorgfalt erfordert hierbei die Einstufung der oft durch Entmischung veränderten Feldspäte, die vor der Entmischung in besonderem Ausmaß ternär zusammengesetzt gewesen sein können, sodass eigenständiger Plagioklas trotz deutlicher Anteile von Albit- und auch Anorthitkomponente fehlen kann. Das Ergebnis der Bestimmung hängt davon ab, ob man die entmischten, ehemals mehr oder weniger ternären Alkalifeldspäte insgesamt als Alkalifeldspat in das QAPF-Schema eingehen lässt oder ob man die Entmischungsprodukte Plagioklas und Kalifeldspat für sich bilanziert. Letzteres ist bei massiver Entmischung für eine korrekte Bestimmung erforderlich, makroskopisch jedoch schwer möglich (Kasten 5.3, S. 182f). Die oben angedeuteten fluktuierenden Einstufungen von Syeniten bzw. Monzoniten erklären sich z. T. hieraus. Bei Prüfung der Feldspäte mit der Lupe kann man zumindest in manchen Fällen Einschlüsse von Plagioklas in Kalifeldspat erkennen und diese entsprechend zählen.

Es gibt kein einfaches gemeinsames Erkennungsmerkmal für syenitische und monzonitische Gesteine. Verwechslungsgefahr besteht vor allem mit Granitoiden. Der Hauptgegensatz zu diesen ist das meist völlige Fehlen von makroskopisch erkennbarem Quarz. Es kommt daher bei der Bestimmung darauf an, ob Quarz vorkommt und in welcher Menge. Die meist geringen Anteile von Foiden sind gewöhnlich nicht oder nur schwer erkennbar. Diesbezüglich besteht Übereinstimmung mit gabbroiden und dioritischen Gesteinen. Diese sind allerdings tendenziell mafitreicher und daher auch zumeist dunkler aussehend als die eher leukokraten Monzonite und besonders Syenite. Auffällig dunkle Gesteinsfärbungen mancher Monzonite

und auch Syenite können durch dunkel getönten Alkalifeldspat bedingt sein.

Unter dem Lokalnamen **Larvikit** (nach der südnorwegischen Stadt Larvik) werden teils syenitische, teils monzonitische Plutonite zusammengefasst, die an die permokarbonische Riftstruktur des Oslograbens gebunden sind und dort in großem Umfang in Steinbrüchen abgebaut werden. Larvikit zählt zu den verbreitetsten Fassadengesteinen Europas. Seine Beliebtheit konzentriert sich auf Varietäten mit farbigem, meist blauem Schiller der Feldspäte bei Korngrößen um 1 cm bis maximal 4 cm. Die Feldspäte von Larvikiten neigen zur Idiomorphie mit entweder rechteckigen oder rhombenförmigen Querschnitten in den Gesteinsoberflächen. In manchen Varietäten von Larvikit sind die Feldspäte dunkel getönt, in anderen hell blaugrau. Die Gesteine zeigen dann insgesamt entsprechende Farben (Abb. 5.71). Der Feldspat der Larvikite ist entmischter, ehemaliger Anorthoklas (Kasten 5.4). In Feldern aus Ab-reichem Plagioklas ist Zwillingslamellierung vorhanden, die jedoch so fein ist, dass sie allenfalls mikroskopisch erkennbar ist. Eine besonders in großen Feldspäten mancher Larvikite schon ohne Lupe erkennbare parallele Streifung geht offenbar auf durch Kontraktion akzentuierte Spaltbarkeit zurück. Kalifeldspat kann an den Rändern der Feldspäte angereichert sein und sich besonders in angewittertem Zustand als heller Randsaum abheben. Mit makroskopisch erkennbarem Nephelingehalt geht Larvikit in eine als Lardalit bezeichnete Varietät über, die abgesehen von der Nephelinführung normalem Larvikit gleicht.

Die dunklen Minerale erreichen kaum 20 Vol.-%. Sie sind deutlich feinkörniger als die Feldspäte und weitgehend auf die Zwischenräume zwischen den Feldspäten beschränkt. Daneben können kleine, schwarze Pyroxene die größeren Feldspäte durchsetzen. Schwarzer Klinopyroxen ist insgesamt das wesentliche dunkle Mineral. Daneben kann braun durchscheinender Biotit auftreten und in manchen Varietäten makroskopisch erkennbarer, gelbgrüner, nicht serpentinisierter Olivin und Magnetit.

Quarzmonzonite nehmen eine Zwischenstellung zwischen Granitoiden und Monzoniten ein. Sie führen statt ternären Feldspats Plagioklas und Kalifeldspat unterscheidbar nebeneinander, ähn-

Abb. 5.71 Monzonit (Lokalname: Larvikit) aus grauem, z. T. labradorisierendem, ternärem Feldspat (ehemaliger Anorthoklas) und schwarzem Klinopyroxen. Tveidalen, Oslogebiet, Südnorwegen. BB 7 cm.

lich wie dies in gewöhnlichen Graniten der Fall ist. Die Bestimmung ist auf Grundlage des QAPF-Diagramms gewöhnlich unproblematisch.

Quarzsyenite können selbständig, als SiO_2-reichster Anteil von weitgehend quarzfreien Syenitplutonen oder als SiO_2-ärmere Anteile von vor allem A-Typ-Granitplutonen auftreten. Die Übergänge sind entsprechend fließend.

5.7.7 Foiddioritische, foidgabbroide, foidsyenitische, foidolithische Plutonite

Plutonite mit Foidgehalten über 10 Vol.-%, deren Felder daher deutlich unterhalb der waagerechten AP-Verbindungslinie im unteren Teildreieck des QAPF-Doppeldreiecks liegen, sind die für eigene Felder namengebenden Alkaligesteine **Foidsyenit, Foid-Monzosyenit, Foid-Monzodiorit, Foid-Monzogabbro** und **Foidolith**. Sie können unter der Sammelbezeichnung **Foidplutonite** zusammengefasst werden. In der Praxis ist es üblich, wann immer dies möglich ist, die Bezeichnungen durch Nennung des vorkommenden Feldspatvertreters zu präzisieren, z. B. als Nephelinsyenit oder Cancrinitsyenit anstelle von Foidsyenit.

Foidführende oder foidolithische Plutonite treten meist nur in kleinen Vorkommen auf, die überdies relativ selten sind. Daher sind von Lo-

kalitäten abgeleitete Benennungen sehr verbreitet. Beispiele hierfür sind Essexit, Lakarpit, Shonkinit, Borolanit, Lujavrit, Chibinit, Foyait.

Die Wahrscheinlichkeit, Beispiele bei der Geländearbeit anzutreffen, sind sehr viel geringer, als z. B. granitische oder dioritische Plutonite bestimmen zu müssen. In Sammlungen und Abhandlungen über Gesteine sind sie hingegen wegen ihres Charakters als Besonderheiten und wegen oft „exotischer" Mineralbestände überrepräsentiert.

Geologisches Vorkommen

Foidreiche Plutonite sind mit einzelnen Ausnahmen (z. B. Nordwestschottland) ganz überwiegend an anorogene Bedingungen gebunden. Helle Foidplutonite treten gewöhnlich als kleine Stöcke auf, seltener als Intrusivkörper von einigen Kilometern Durchmesser. Die größten Vorkommen stecken in präkambrischen Schildregionen. Allerdings ist das Intrusionsalter dann meist signifikant jünger als das der umgebenden Gesteine. Kleinere Vorkommen gibt es in durch Erosion angeschnittenen tieferen Niveaus von phonolithischen oder alkalibasaltischen Vulkangebieten. Dunkle, basischere Foidplutonite bilden häufig gang- oder sillartige Körper. Manche Vorkommen foidreicher Plutonite sind mit Karbonatiten assoziiert. In Mitteleuropa ist das Vorkommen von Foidplutoniten auf wenige, durch tertiären Vulkanismus geprägte Gebiete beschränkt. Hierzu zählen das Böhmische Mittelgebirge, der Kaiserstuhl und der Odenwald. Die Foidplutonite sind hier plutonisch entwickelte Begleitgesteine, die im Untergrund und Sockelbereich der Vulkankomplexe auskristallisiert sind. Für manche Foidplutonite gibt es durch Fenitisierung entstandene, verwechselbare Entsprechungen (Abschn. 7.8).

Allgemeines Aussehen und Eigenschaften

Die hier behandelten Foidplutonite umspannen einen weiten Bereich von Mineralbeständen, besonders auch der Mafitgehalte. So sind Foidolithe oder Foidsyenite oft ausgesprochen hell aussehende Gesteine (Abb. 5.72, 5.75), während foidgabbroide Gesteine vom Gesamtfarbeindruck ebenso dunkel oder sogar dunkler sind als manche Gabbros im engeren Sinne (Abb. 5.77). Die spezifischen Eigenschaften der durch eigene Felder im QAPF-Doppeldreieck repräsentierten Gruppen von Foidplutoniten und einiger spezifischer Beispielgesteine sind im Abschnitt „Hinweise zur petrographischen Bestimmung" an geeigneten Gesteinsbeispielen beschrieben.

Mineralbestand

Abgesehen von Foidolithen enthalten Foidplutonite in bedeutender Menge Feldspäte. Diese können **Kalifeldspat**, **Albit**, **Plagioklas** oder **Anorthoklas** mit ihren jeweiligen Merkmalen sein. Problematisch ist die Einstufung von Anorthoklas für die Gesteinsbestimmung (Abschn. 5.7.6). Wichtigster Feldspatvertreter in Foidplutoniten ist **Nephelin**. Er ist meistens quarzartig farblos, im Gestein entsprechend grau wirkend (Abb. 5.72). In manchen Gesteinen kann Nephelin hell rötlich oder bräunlich getönt sein. Die Farbverteilung im einzelnen Kristall kann zonar angeordnet sein (Abb. 5.74). **Cancrinit**, der neben Nephelin oder für sich auftritt, ist gewöhnlich farblos (Abb. 5.75). Er bildet bevorzugt längliche, tendenziell idiomorphe Kristalle. Der makroskopisch wesentlichste Unterschied gegenüber Nephelin ist das Vorkommen mehrerer sehr guter Spaltbarkeiten in Cancrinit. **Leucit** tritt kaum plutonisch und nur in K-reichen Gesteinen geringer Intrusionstiefe auf. Häufig ist er durch weiße Massen seines Alterationsprodukts **Pseudoleucit** repräsentiert (Abb. 3.21). **Analcim** bildet weiße, seltener auch blassrötlich getönte, tendenziell isometrische Körner ohne deutliche Spaltbarkeit, die xenomorph oder auch mit leucitartiger Kristallgestalt idiomorph sein können (Abb. 5.77).

Der mafische Mineralanteil besteht oft maßgeblich aus Pyroxen und/oder Amphibol. Diese können besonders in den foidgabbroiden Plutoniten gewöhnliche Augite und Hornblenden sein, wie sie in nicht foidführenden Magmatiten üblich sind. Besonders für foidsyenitische Gesteine sind schwarze oder grünschwarze **Alkalipyroxene** oder **Alkaliamphibole** kennzeichnend, beide typischerweise in säulig-leistenförmiger oder nadeliger Ausbildung (Abb. 5.75). In foidgabbroiden Gesteinen fehlen selten **Fe-Ti-Oxidminerale**. Mit einem Handmagneten ist oft **Magnetit** nachweisbar. Besonders hellere Foidplutonite können eine Vielfalt exotischer Minerale enthalten, die in sonstigen Plutoniten nicht vorkommen. Ein wichtiges Beispiel hierfür ist **Eudialyt**, der im unverwitterten Zustand wegen intensiv himbeerroter Färbung und oft zentimetergroßer, xenomorpher Kristalle unübersehbar ist (Abb. 5.73). Angewitterter Eudialyt ist hingegen unauffällig gelblich grau. Wenn Eudialyt vorkommt, macht er oft einen wesentlichen Anteil des Gesteins aus. Das von Deutschland aus nächste Vorkommen liegt oberhalb des Ostufers des Vätternsees in Südschweden genau auf der Grenze zwischen den Landschaften Småland und Östergötland. Weitere europäische Vorkommen gibt es auf der Halbinsel Kola. **Melanit** (schwarzer bis grauschwarzer Granat) tritt in vielen Foidplutoniten auf. Weitere vorkommende Minerale sind **Apatit**, **Karbonatminerale**, **Korund**. Anders als in Granitoiden üblich bilden akzessorische Minerale häufiger Lagen oder Schlieren.

Normale **Mafitgehalte** von foidplutonitischen Gesteinen sind ausgedrückt als **Farbzahl M′**:

Foidsyenit* (lt. QAPF-Feld 11)	**0–90**
* Foidsyenit i. e. S.	0–30
(i. e. S. = im engeren Sinne)	
* Malignit	30–60
* Shonkinit	60–90
Foid-Monzosyenit	**15–45**
Foid-Monzodiorit	**20–60**

5

Foid-Monzogabbro	**20–60**
Foiddiorit	**30–70**
Foidgabbro	**30–70**
Foidolithe**	**0–90**
** Urtit	0–30

(Nephelin überwiegender Feldspatvertreter)
** Italit   0–30
(Leucit überwiegender Feldspatvertreter)
** Ijolith   30–70
(Nephelin überwiegender Feldspatvertreter)
** Fergusit   30–70
(Leucit überwiegender Feldspatvertreter)
** Melteigit   70–90
(Nephelin überwiegender Feldspatvertreter)
** Missourit   0–90
(Leucit überwiegender Feldspatvertreter)

Mafitärmere Entsprechungen können mit dem vorangestellten Namenszusatz Leuko- charakterisiert werden, mafitreichere mit dem Zusatz Mela-, z. B. als Mela-Foiddiorit. Für die mit * oder ** gekennzeichneten Varietäten sind Leuko- bzw. Mela-Bezeichnungen gegenstandslos.

Gefüge

Helle Foidplutonite größerer Alkaligesteinskomplexe zeigen meist typisch plutonische, in manchen Fällen ausgesprochen grobkörnige Ausbildung. So können Nephelinsyenite z. B. Granit zum Verwechseln ähneln, besonders, weil Nephelin bei flüchtiger Betrachtung mit Quarz verwechselbar ist. Die Feldspäte sind meist zumindest teilweise idiomorph entwickelt, nur in manchen melanokraten foidgabbroiden und Foid-monzogabbroiden Gesteinen kann Plagioklas als Füllmasse zwischen Pyroxenen oder Amphibolen auftreten. Unter den hellen Foidplutoniten überwiegt ähnlich wie in Granitoiden hypidiomorph-körniges Gefüge. In größeren Intrusivkomplexen tritt verbreitet modale magmatische Schichtung auf.

Die Gefüge dunkler Foidplutonite können durch leistenförmige Pyroxene oder auch Plagioklase bestimmt sein, die jeweils unorientiert oder auch parallel eingeregelt sind. Foidsyenite und verwandte Gesteine sind in manchen Vorkommen auffällig schlierig inhomogen, sowohl bezüglich der Mineralverteilung als auch der Korngrößen. Foidplutonite in tieferen An-

schnittniveaus geologisch junger Vulkankomplexe haben oft Gefüge, die entweder durch insgesamt eher geringe Korngrößen oder durch porphyrische Gefüge mit recht feinkörniger Grundmasse zu den Vulkaniten überleiten. Die dunklen Foidplutonite sind oft recht feinkörnig mit der Tendenz zu Mikro-Gefügevarianten.

Erscheinungsformen im Gelände

Im Aufschluss können mafitarme Varietäten auffällig weiß sein. Größere Areale mit z. B. Nephelinsyeniten unterscheiden sich bezüglich der Felsvorkommen nicht von Gebieten anderer heller Plutonite. Dunkle Foidplutonite hingegen wirken wie Gabbros oder Diorite. Im Gelände bilden foidreiche Plutonite keine spezifischen Landschaftselemente. Wenn sie im tieferen Anschnittniveau junger Vulkangebiete auftreten, ist die Landschaft nicht durch die Plutonite, sondern durch kuppen- oder kegelförmige Erosionsreste der vulkanischen Oberbauten geprägt. Die Plutonite treten dann am ehesten morphologisch unauffällig an den Flanken tief eingeschnittener Täler auf. Selbst die größten und tiefer erodierten Vorkommen mit Durchmessern bis ca. 30 km wie die kreidezeitliche, konzentrische Alkaligesteinsstruktur von Poços de Caldas in Südbrasilien zeigen bezüglich der Geländemorphologie keine Unterschiede gegenüber z. B. Granitvorkommen.

Hinweise zur petrographischen Bestimmung

Die Bestimmung der Feldspäte foidreicher Plutonite ist dann unproblematisch, wenn einfach verzwillingte oder völlig unverzwillingte Kristalle einheitlicher Farbe bzw. Farblosigkeit allein vorkommen. Es wird sich dann um Kalifeldspat handeln. Plagioklas und Albit sind makroskopisch allein aufgrund ihres Aussehens nicht zuverlässig unterscheidbar. Bei Auftreten von dünnsäulig bis nadelförmig ausgebildeten Alkalipyroxenen oder Alkaliamphibolen ist davon auszugehen, dass polysynthetisch verzwillingter Feldspat Albit ist, und zwar nicht als Bestandteil der Plagioklas-Mischkristallreihe, sondern als Alkalifeldspat (Abschn. 3.2).

Es ist manchmal nicht möglich, den Feldspatanteil foidreicher Gesteine mit makroskopischer

5 Methodik weiter aufzuschlüsseln, als zu erkennen, dass z. B. Plagioklas und/oder Alkalifeldspat beteiligt sind. Eine Bilanzierung der Mengenverhältnisse kann durch komplex entmischte, ehemals homogene ternäre Feldspäte beeinträchtigt sein. Am ehesten erkennbar sind Foidsyenite des Feldes 11 des QAPF-Doppeldreiecks, wenn in ihnen einfach verzwillingter Kalifeldspat reichlich vorkommt.

Der Foidanteil ist meist leichter zu bestimmen, wenn er nicht zu stark alteriert ist. Am häufigsten sind Nephelin und mit Abstand danach Cancrinit und Analcim. Der in Plutoniten nur ausnahmsweise vorkommende Leucit tritt kaum in unveränderter Form auf, gewöhnlich handelt es sich um Pseudoleucit. Die leucitführenden Gesteine sind Bildungen seicht plutonischer, subvulkanischer Intrusionsniveaus.

Alkaliplutonite sind im Vergleich zu den Plutoniten des oberen QAPF-Teildreiecks um Größenordnungen seltener, aber von ihrer Mineralzusammensetzung her besonders variabel. Es gibt dementsprechend eine Vielfalt von verschiedenen Gesteinen und entsprechend viele Gesteinsnamen, die jedoch oft nur lokale Bedeutung haben. Hier z. T. nur als Namen zu nennende Beispiele sind Kaxtorpit, Lakarpit, Khibinit, Borolanit. Man wird solche Gesteine wegen ihrer großen Seltenheit kaum unerwartet im Gelände antreffen. Sehr viel eher sucht man sie aufgrund von Beschreibungen gezielt auf, sodass sich die Bestimmungsarbeit vor Ort dann vor-

rangig auf die Zuordnung der auftretenden Varietäten zu den in den Beschreibungen enthaltenen Beispielen beschränkt wird. In jedem Fall ist mit Mineralen zu rechnen, die eine mikroskopische Untersuchung erfordern.

Die Benennung Foidsyenit ist im Rahmen der IUGS-Klassifikation (Le Maitre et al. 2004) inkonsistent. Einerseits sind alle in das Feld 11 des QAPF-Doppeldreiecks projizierenden Plutonite Foidsyenite. Andererseits wird der Name auf entsprechende Gesteine mit maximaler Farbzahl M′ von 30 eingeschränkt. Hier wird der Name im weiteren Sinne für alle Gesteine des Feldes 11 gebraucht. Die meisten **Foidsyenite** im weiteren Sinne sind abgesehen von dunklen Schlieren oder auch dunklen Lagen in magmatisch geschichteten Vorkommen ganz überwiegend Gesteine mit hypidiomorph-körnigem Gefüge. Je nach Mineralbestand und Gefüge werden verschiedene Varietäten mit entsprechenden Namen unterschieden. In der Zusammenstellung unter Mineralbestand (oben) sind eine Reihe von ihnen bezüglich ihrer Farbzahlen M′ aufgelistet.

Nephelinsyenite sind die häufigsten Foidsyenite. **Foyait** ist Nephelinsyenit mit gut ausgebildeter paralleler Einregelung von plattigen, idiomorphen Alkalifeldspatkristallen. **Agpait** ist Nephelinsyenit, der u. a. durch komplexe Zr- und Ti-Minerale anstelle von Zirkon und Ilmenit gekennzeichnet ist (Abb. 5.73). **Lujavrit** ist melanokrater Agpait, der außer Eudialyt reichlich Arfvedsonit und Ägirin sowie perthitischen Alkali-

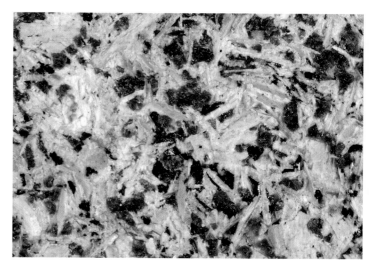

Abb. 5.72 Nephelinsyenit aus weißem Kalifeldspat, grau erscheinendem, transparentem Nephelin und schwarzem Klinopyroxen. Oslogebiet, Südnorwegen.

5

Abb. 5.73 Agpait (Nephelinsyenit) aus einem hellen Anteil aus Albit, Nephelin und Kalifeldspat und einem dunklen Anteil aus überwiegend feinkörnigem Ägirin. Die roten Flecken sind xenomorphe Kristalle von Eudialyt. Norra Kärr bei Kaxtorp, nördlich Gränna, Grenze Småland/Östergötland, Schweden. Breite des Bildausschnitts ca. 15 cm.

feldspat oder Kalifeldspat und Albit nebeneinander enthält. Typischer Lujavrit zeigt deutliche magmatische Lamination. **Shonkinit** ist melanokrater Nephelinsyenit, der Augit als wesentliches dunkles Mineral enthält (Abb. 5.74). **Borolanit** ist ein relativ dunkler Nephelinsyenit, der Alkalifeldspat, Nephelin und als dunkle Minerale reichlich Melanit und Biotit enthält. An der Typlokalität am Loch Borralan in Nordwestschottland ist der Nephelin weitgehend alteriert. Zusätzlich kann Pseudoleucit auftreten.

Nach Nephelin ist Cancrinit ein wichtiger Feldspatvertreter, der an der Zusammensetzung von Foidsyeniten beteiligt sein kann. Ein Ge-

steinsbeispiel ist **Särnait**, ein leukokrater, hellgrau bis weiß aussehender Cancrinitsyenit, der tafelförmige, manchmal fluidal eingeregelte Kalifeldspäte und leistenförmige Alkalipyroxene enthält (Abb. 5.75). An der Typlokalität bei Särna in Norddalarna (Mittelschweden) ist der Särnait ausgeprägt schlierig inhomogen.

Foid-Monzosyenit ist durch das Feld 12 des QAPF-Doppeldreiecks definiert. Reale Gesteine sind äußerst selten und ohne große geologische Bedeutung. Das bekannteste Beispiel ist **Miaskit**, ein leukokrater Nephelin-Monzosyenit, der Orthoklas und Na-reichen Plagioklas als Feldspäte enthält und Biotit als wesentlichen Mafit. Ein

Abb. 5.74 Shonkinit aus u. a. idiomorphem, bräunlichem und grauem Nephelin und schwarzem Klinopyroxen. Katzenbuckel, Odenwald. BB 5 cm.

5

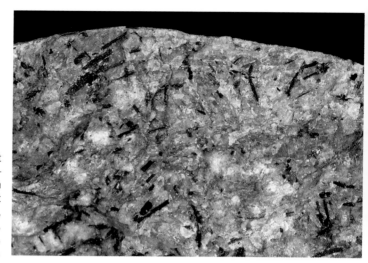

Abb. 5.75 Cancrinitsyenit (Lokalname: Särnait) aus transparentem, grau erscheinendem Cancrinit, weißem Kalifeldspat ± Albit und schwarzgrünem bis schwarzem, leistenförmigem Ägirin. Siksjöberget, westlich Heden, Norddalarna, Schweden. BB 4 cm.

weiteres Beispiel ist Allochetit, der Einsprenglinge aus Plagioklas, Orthoklas und Ti-reichem Augit in einer Grundmasse aus den gleichen Mineralen und zusätzlich Nephelin, Biotit und Hornblende enthält.

Foid-Monzodiorite bzw. **Foid-Monzogabbros** sind relativ seltene Plutonite. Das wichtigste Beispiel ist **Essexit**, der je nach Anorthitgehalt des Plagioklas sowohl monzodioritisch wie auch monzogabbroid mit jeweils deutlichem Gehalt an Nephelin ist. Subvulkanischer Mikroessexit (Abb. 5.76) bildet z. B. den plutonischen Kernbereich des Vulkangebiets des Böhmischen Mittelgebirges (Cajz 1996). Er ist im Durchbruchstal der Elbe ostnordöstlich Ústí nad Labem im Ort Roztoky (Rongstock) angeschnitten. Das mittelgraue Gestein ist für Plutonite relativ feinkörnig mit Korngrößen von je nach Mineral unter 1 mm bis meist 2 mm, vereinzelt 5 mm. Das Gefüge ist hypidiomorph-körnig mit überwiegend idiomorphen Plagioklasen, Hornblenden, Augiten, Biotit. Daneben tritt xenomorpher Magnetit auf. Der Nephelin füllt Zwischenräume zwischen den Plagioklasen und Mafiten.

Foidgabbroide Gesteine sind ähnlich wie foidfreie Gabbros dunkle Gesteine. Sie sind sehr viel seltener als foidfreie Gabbros. Oft sind sie an alkalibasaltische Vulkanprovinzen gebunden.

Abb. 5.76 Mikroessexit aus farblos-transparentem, z. T. weiß erscheinendem Plagioklas mit länglichen Querschnitten, makroskopisch kaum erkennbarem, transparentem Nephelin und dunklen Mineralen. Roztoky (Rongstock), östlich Ústí nad Labem (Aussig an der Elbe), Tschechien. BB 3,5 cm.

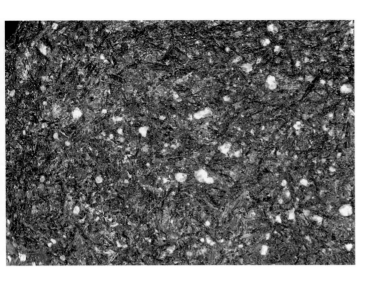

Abb. 5.77 Teschenit aus grünlich-grauem Plagioklas, schwarzem, leistenförmigem Klinopyroxen und isometrisch ausgebildetem, weißem Analcim. Kojetín (Kojetein), bei Nový Jičín (Neutitschein), Tschechien. BB 4,5 cm.

Statt größerer Plutone bilden sie eher gangartige Körper bzw. Sills, wenn auch z. T. mit Mächtigkeiten über 100 m. **Theralith** enthält neben Plagioklas Nephelin als helles Mineral, **Teschenit** stattdessen Analcim (Abb. 5.77). Außer den jeweiligen Feldspatvertretern enthalten Theralith und Teschenit die für Gabbros üblichen Minerale, d. h. schwarzen Klinopyroxen und Magnetit. Olivin, Biotit und Alkaliamphibole können zusätzlich vorkommen.

Foidolithe, deren helle Mineralbestände zu mindestens 60 Vol.-% aus Feldspatvertretern bestehen müssen, sind Raritäten, die kleine, oft subvulkanische Vorkommen in anorogener Umgebung bilden. Oft sind sie an Riftstrukturen gebunden. Begleitende Magmatite sind alkalireiche Vulkanite und/oder Foidplutonite der Felder 11–14 des QAPF-Doppeldreiecks sowie Karbonatite. Wegen mengenmäßiger Geringfügigkeit und einer Vielfalt von vorkommenden Mineralen haben Foidolithe im Rahmen der makroskopischen Gesteinsbestimmung den Rang von Sammlungskuriositäten, nicht den von wesentlichen Untersuchungsobjekten. Sie werden nach dem vorherrschenden Foidmineral und der Farbzahl M′ klassifiziert (S. 209). Je nach Menge und Art der dunklen Minerale können die Gesteine sehr hell bis dunkel aussehen.

Die für die Benennung wichtigsten mafischen Minerale sind Ägirin und Mischkristalle von Ägirin und Augit (Ägirinaugit). Je nach Vorkommen können verschiedene Minerale hinzukommen. Dies sind u. a. Oxidminerale, Alkaliamphibole, Melanit, Biotit, Olivin, Eudialyt, Melilith, Titanit und Karbonatminerale. Die Gefüge hängen von der Art der dominierenden Minerale ab. Bei Überwiegen von tendenziell isometrischen Mineralen, zu denen die Feldspatvertreter gehören, sind die Gefüge wie bei Quarz-Feldspat-Plutoniten oft hypidiomorph-körnig.

Foidolithe mit Karbonatgehalten unter 10 Vol.-% können zusätzlich zum Grundnamen als karbonatführend oder z. B. calcitführend benannt werden. Bei Karbonatgehalten zwischen 10 und 50 Vol.-% heißen die Gesteine karbonatitische Foidolithe oder z. B. Beispiel karbonatitischer Ijolith bzw. Calcitijolith oder entsprechend, wenn das jeweilige Karbonatmineral in die Bezeichnung eingehen soll.

5.7.8 Plutonische Karbonatite

Karbonatite sind fast immer plutonische, in bedeutungslos geringer Menge auch vulkanische Magmatite mit **über 50 Vol.-% Karbonatmineralen**. Plutonische Karbonatite sind durchweg hell und kristallin aussehende Gesteine, die vom äußeren Eindruck mit metamorphen Marmoren verwechselt werden können. Von diesen unterscheiden sie sich jedoch durch die regelmäßige Assoziation mit Alkaliplutoniten, -subvulkaniten oder -vulkaniten. In tief erodierten Vorkommen sind Karbonatite, die dann gangförmig oder als kleine Stöcke auftreten, entweder ebenfalls meist mit Alkalimagmatiten assoziiert oder sie stecken intrusiv in den jeweiligen regionalen Nebengesteinen, während metamorphe Marmore üblicherweise in konkordanter Lagebeziehung mit sonstigen Metamorphiten wie z. B. Gneisen oder Amphiboliten zusammen vorkommen. Allerdings sind auch Karbonatitvorkommen bekannt, die metamorph überprägt worden sind.

Bekannte Karbonatitvorkommen gibt es im Kaiserstuhl, in Südnorwegen (Telemark) und auf der Insel Alnö in Nordschweden.

Die Gesteine selbst sind gegenüber sedimentären und metamorphen Karbonatgesteinen durch charakteristische nichtkarbonatische Minerale gekennzeichnet. Der magmatische Charakter wird weniger eindeutig durch die karbonatischen Hauptminerale als durch die oxidischen und silikatischen Nebenminerale und Akzessorien angezeigt. Diese entsprechen nicht denen, die in Marmoren und Kalksilikatgesteinen vorkommen wie z. B. Diopsid oder forsteritischer Olivin bzw. Serpentin.

In Karbonatiten sind häufig Körner des braunschwarzen bis schwarzen Ca-Na-Nb-Oxidminerals **Pyrochlor** eingestreut (Abb. 5.78), ebenso Apatit, Alkaliamphibole, Magnetit, bräunlicher Phlogopit, Titanit und Fluorit. Pyrochlor ist ein für Karbonatite kennzeichnendes Mineral.

Karbonatiten fehlt die in silikatführenden Marmoren zumeist auffällig entwickelte metamorphe Bänderung. In aller Regel ist die karbo-

natitische Natur der wenigen Vorkommen längst bekannt und beschrieben, sodass sich das makroskopische Bestimmen meist auf das Wiederauffinden und Zuordnen anhand der jeweiligen Beschreibungen beschränken kann.

Karbonatite sind im QAPF-Doppeldreieck nicht darstellbar. Die Unterscheidung erfolgt nach den jeweils vorherrschenden Karbonatmineralen und z. T. zusätzlich durch die vorherrschende Korngröße:

Calcitkarbonatit enthält Calcit als Haupt-Karbonatmineral. Grobkörnige Calcit-Karbonatite können als **Sövit** bezeichnet werden, mittel- und feinkörnige als **Alvikit**.

Dolomitkarbonatit enthält Dolomit als Haupt-Karbonatmineral.

Ferrokarbonatit enthält Siderit oder Ankerit als Haupt-Karbonatminerale.

Natrokarbonatit tritt nur vulkanisch und weltweit nur an einer Lokalität auf: Vulkan Oldoinyo Lengai in Tansania.

Eine vorläufige makroskopische Einstufung gemäß der beschriebenen Klassifikation setzt die Unterscheidung der Karbonatminerale voraus. Der Ankerit oder Siderit der Ferrokarbonatite ist an rostig braunen Verwitterungsfarben an der Oberfläche erkennbar. Die Unterscheidung von Dolomit und Calcit, beide zeigen keine auffälligen braunen Verwitterungsfarben, erfolgt im Gelände z. B. durch Betupfen mit 10-%-iger Salzsäure. Zur zuverlässigen Bestimmung sollten von einem nicht ohnehin schon gut bekannten Kar-

Abb. 5.78 Calcitkarbonatit (Sövit) aus Calcit und dunklem Pyrochlor. Telemark, Südnorwegen. BB 5 cm.

bonatitvorkommen Proben zur mikroskopischen und chemischen Untersuchung genommen werden. Karbonatite können verschiedene Karbonatminerale nebeneinander enthalten, nach Woolley (1982) ist daher eine chemische Klassifikation am sinnvollsten.

5.7.9 Plutonische Ultramafitite

Ultramafitite sind nach IUGS-Definition (Le Maitre et al. 2004) Gesteine, die zu über 90 Vol.-% aus dunklen und verwandten Mineralen bestehen (M > 90). Gesteine des Oberen Erdmantels sind fast ausnahmslos ultramafisch.

Ultrabasite und Ultramafitite sind trotz häufiger Übereinstimmung nicht dasselbe. Ultrabasisch sind Gesteine, die chemische Zusammensetzungen mit unter 45 Gew.-% SiO_2 haben. Nach ihrem Mineralbestand ultramafische Gesteine müssen nicht ultrabasisch sein. Orthopyroxenite sind Ultramafitite, haben aber SiO_2-Gehalte von nicht unter 50 Gew.-%.

Ultramafitite müssen wegen des Fehlens oder der extremen Armut an Feldspäten bzw. Foiden unabhängig vom QAPF-Doppeldreieck dargestellt und klassifiziert werden. Der Anteil der hellen Minerale, hier kommt meist nur Plagioklas in Frage, muss kleiner als 10 Vol.-% sein (M > 90). Die Klassifikation der wichtigsten und häufigsten Ultramafitite, der Peridotite und Pyroxenite, erfolgt über die Mengenverhältnisse von Olivin, Orthopyroxen und Klinopyroxen. Zur übersichtlichen Darstellung der Klassifikationsgrenzen dient das Dreiecksdigramm von Abb 5.37.

Bei Überwiegen von Hornblende über Pyroxene und gleichzeitig einer Summe von mindestens 60 Vol.-% für Hornblende und Pyroxene zusammen, liegen Hornblendite vor. Der sich eigentlich anbietende Name Amphibolite ist für amphibolreiche metamorphe Gesteine reserviert (Abschn. 7.3.2.2). Die Klassifikation von hornblendeführenden Ultramafititen und hornblendeführenden Gabbroiden zeigt Abb. 5.79.

Abgesehen von seltenen Ultramafititen, denen man kaum im Gelände begegnen wird, wie z. B. fast ausschließlich aus Biotit bestehenden **Glimmeriten** oder von recht exotischen und für die makroskopische Bestimmung durchweg zu

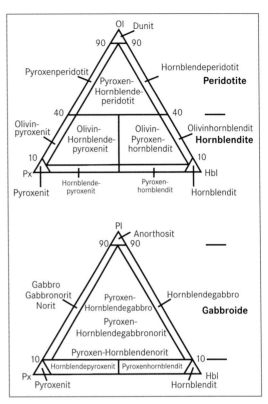

Abb. 5.79 Klassifikationsdreiecke für Ultramafitite und Gabbroide mit wesentlichem Anteil von Hornblende (umgezeichnet nach Le Maitre et al. 2004). Die Namen der Ultramafitite gelten für Plutonite und ebenso für Gesteine des Erdmantels. Ol = Olivin, Pl = Plagioklas, Px = Pyroxen (undifferenziert), Hbl = Hornblende. (Digitale Ausführung: Thomas Bisanz)

feinkörnigen melilitithischen Magmatiten, gibt es drei wesentliche Gruppen von Ultramafititen. Diese werden nach Maßgabe der Klassifikationsdiagramme Abb. 5.37 und Abb. 5.79 weiter unterteilt:

1. **Peridotite: Dunit, Harzburgit, Lherzolith, Wehrlit.**
2. **Pyroxenite: Orthopyroxenit, Klinopyroxenit, Websterit, Olivin-Orthopyroxenit, Olivinwebsterit, Olivin-Klinopyroxenit.**
3. **Hornblendite,** hornblendeführende Peridotite und Pyroxenite.

Die für ultramafische Plutonite festgelegten IUGS-Gesteinsbezeichnungen gelten gleichermaßen für entsprechend zusammengesetzte Gesteine des Erdmantels.

5 Plutonische Ultramafitite bilden zumeist Kumulatschichten aus mafischen Mineralen, die im Wechsel mit weniger mafitreichen, helleren Lagen auftreten (Abb. 5.80). Massivere plutonische Ultramafitite sind selten. Nahezu reines Olivinkumulat, meist mit geringem Anteil von Chromit, kann in größerer Mächtigkeit als frühestes Kristallisat gabbroider Plutone vorkommen.

Anders als die meisten Ultramafitite des Oberen Erdmantels sind plutonische Ultramafitite selten völlig plagioklasfrei. In etlichen Vorkommen plutonischer „Ultramafitite" sind die Plagioklasgehalte höher als nach den Klassifikationsregeln für Ultramafitite zulässig. So ist der in Abb. 5.81 gezeigte „Harzburgit" des einzigen noch frei zugänglichen „Harzburgit"-Aufschlusses des Harzburger Gabbronoritmassivs im Harz (Kolebornskehre) mit knapp über 10 Vol.-% Interkumulusplagioklas kein Ultramafitit. Er ist ein weitgehend serpentinisiertes Olivinkumulat mit Orthopyroxen und Plagioklas als Interkumulusmineralen, nach der IUGS-Klassifikation ein Mela-Olivinnorit. Gleiches gilt für den Harzburger „Harzburgit" der Abb. 3.39. Auch an anderen Vorkommen des Harzburger Gabbronoritmassivs werden außer in Bohrungen nur selten ultramafische Zusammensetzungen erreicht. Die weltweit mit großem Abstand häufigsten Harzburgite sind hingegen plagioklasfreie, unzweifelhaft ultramafische Erdmantelgesteine (Abb. 8.2).

Geologisches Vorkommen

Plutonische Ultramafitite sind durchweg frühe Kumulate von gabbroiden Magmen verschiedensten geochemischen Charakters und damit auch verschiedenster geotektonischer Affinität. In tiefen Anschnittniveaus können die normalerweise höher in der Intrusion vorkommenden Gabbroide vollständig fehlen. Oft treten Ultramafitite in schichtigem oder schlierigem Wechsel mit den begleitenden Gabbroiden auf.

Reine Olivinkumulate, d.h. **Dunite** mit meist zusätzlich eingestreutem Kumulus-Chromspinell können vor allem in olivintholeiitischen Magmen gebildet werden. Die Kombination von Olivin, Orthopyroxen und Klinopyroxen kommt kaum in Form von Kumulusphasen vor, wohl aber als Olivinkumulat mit mindestens einem der Pyroxene als Interkumulusbildung. Gewöhnlich kommt noch Interkumulusplagioklas hinzu, oft über 10 Vol.-%. Vor allem Lherzolith krustaler plutonischer Entstehung kommt im Gegensatz zu Erdmantel-Lherzolith praktisch nicht vor.

Plutonische **Harzburgite** sowie **Orthopyroxenite** mit und ohne Olivin sind gewöhnlich frühe Kumulate tholeiitischer gabbroider Plutone. **Klinopyroxenite** mit und ohne Olivin und **Wehrlite** können als frühes Differentiat gabbroider Gesteinsserien mit Alkalitendenz auftreten sowie in Zusammenhang mit deren syenitischen und foiditischen Derivaten, in Letzteren oft mit zusätzlichem Amphibol- und Glimmergehalt.

Abb. 5.80 Ultramafischer Plutonit, dunkle Schichten aus harzburgitischem Olivinkumulat bildend. Der Olivin ist weitgehend serpentinisiert. Die hellen Lagen sind plagioklasreicher Olivinnorit. Sie sind Produkt episodischer, zusätzlicher Kristallisation von Plagioklas. Radaubruch, südlich Bad Harzburg, Westharz. Breite des Blocks ca. 60 cm.

Hornblendite und amphibolreiche Pyroxenite mit und ohne Olivin treten vor allem als Lagen oder nesterartige Einlagerungen in Gabbros oder Dioriten von Kalkalkaliplutonen auf, daneben auch in den mafitreicheren Anteilen von Plutonen mit Alkalitendenz.

Weitgehend auf Plutone mit Alkali- bzw. Karbonatitcharakter und auf metasomatisch mit K angereicherte Bereiche sonstiger gabbroid-ultramafischer Gesteinskörper sind die allgemein seltenen **Glimmerite**, **Glimmerperidotite** und **Glimmerpyroxenite** beschränkt. Am ehesten treten sie als Auswürflinge von alkalibasaltischen Vulkanen auf.

Allgemeines Aussehen und Eigenschaften

Plutonische Peridotite sind in aller Regel ausgesprochen dunkel bis schwarz aussehend. Der im unalterierten Zustand blassgrüne Olivin ist gewöhnlich teilweise oder vollständig serpentinisiert und aufgrund des regelmäßig bei der Serpentinisierung entstehenden feinverteilten Magnetits durch schwarzes Material ersetzt. Anstelle der ursprünglichen Olivinkörner erscheint meist eine unebenflächig, aber glatt brechende, zusammenhängende Serpentinmasse mit mattem

Glanz. Oft ist der Magnetitanteil ausreichend, um mit einem Handmagneten bzw. einer Kompassnadel eine Anziehung wahrnehmen zu können (Abb. 5.81).

Kaum oder überhaupt nicht serpentinisierte plutonische Peridotite sind selten. Beispiele mit nur sehr geringfügiger Serpentinisierung sind im Gegensatz zu dem völlig unalterierten Olivin der meisten Peridotitxenolithe in Alkalibasalten (Abschn. 8.1) oft nicht hell-gelblichgrün sondern matt-graugrün. Üblich sind gangartige Einlagerungen aus stark serpentinisiertem dunklem Material.

Die meisten plutonischen Orthopyroxenite haben ein geringes Fe/Mg-Verhältnis und zeigen dementsprechend eine hell- bis mittelgraue Färbung. Die meist gedrungen leistenförmigen Orthopyroxenkristalle zeigen oft eine Tendenz zur Einregelung. Klinopyroxenite, Hornblendite und Glimmerite sind im Bruch glänzend schwarz. Die Biotite und meist auch Klinopyroxene und Hornblenden sind meist ausreichend groß, um leicht erkannt zu werden.

Mineralbestand

Anders als in den entsprechenden Gesteinen des Erdmantels fehlen in plutonischen Ultramafiti-

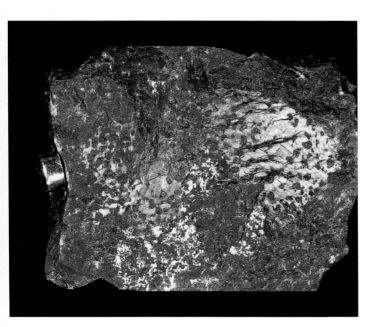

Abb. 5.81 Nahezu ultramafischer, serpentinisierter Mela-Olivinnorit („Harzburgit") aus schwarzer Serpentinmasse, bronzeartig schillerndem Enstatit und unauffälligem, grünlich-grauem Plagioklas, der kleine Zwickel innerhalb der Serpentinmasse bildet. Der Serpentin ist aus Kumulusolivin hervorgegangen. Die ursprünglichen Olivinkörner sind besonders innerhalb des poikilitisch ausgebildeten Enstatits einzeln erkennbar, allerdings mit größeren Abständen zueinander als außerhalb. Der links an dem Gestein haftende Magnet wird aufgrund des Magnetitgehalts der Serpentinmasse an der senkrechten Fläche gehalten. Das Gestein kommt in seiner Zusammensetzung einem Serpentinit sehr nahe. Koleborskehre, Radautal, südlich Bad Harzburg, Westharz. BB 8,5 cm.

5

ten selten Plagioklas oder dessen sekundäre Folgeprodukte. In geologischen Beschreibungen von Einzelvorkommen sind Einstufungen als Ultramafitit oft nicht korrekt, sondern auf Übertreibung des Anteils mafischer Minerale gegründet. Als ultramafisch eingestufte Plutonitvorkommen erweisen sich bei Überprüfung häufig als zu feldspatreich, sodass sie die Voraussetzung von mindestens 90 Vol.-% mafischer Minerale nicht erfüllen.

Harzburgite und Dunite führen fast immer feinkörnigen, gleichmäßig im Gestein verteilten Chromspinell, der jedoch neben oder innerhalb der meist den Olivin ersetzenden schwarzen Serpentinmasse nicht auffällt. Nur bei gezieltem Aufsuchen mit der Lupe sind die meist unter 1 mm großen, glänzend schwarzen Chromitkörner auffindbar. Sie heben sich durch glänzende, muschelige Bruchflächen von der mattschwarzen Serpentinmasse ab. Neben unalteriertem grünem Olivin sind die Chromite unübersehbar.

Gefüge

Plutonische Ultramafitite sind entweder gut ausgebildete Orthokumulate oder Adkumulate. Im Aufschlussmaßstab ist oft magmatische Schichtung erkennbar, meistens als Wechsellagerung mit gabbroiden Kumulatgesteinen, weniger oft von Gesteinen mit unterschiedlichen Mengenverhältnissen von Olivin und Pyroxenen.

In Peridotiten ist Olivin oder dessen serpentinisches Folgematerial immer Kumulusanteil, nie Interkumulus, ebenso der sehr feinkörnige Chromit, wenn er auftritt. Pyroxene und Plagioklas können mal Kumulus- und mal Interkumulusbildungen sein. Als Interkumuluskristalle neigen sie zur Bildung zentimetergroßer poikilitischer Kristalle, die dann vor allem Olivin bzw. daraus entstandenes Serpentinmaterial umschließen. In plutonischen Ultramafititen und Melagabbroiden zeigt sich eine Tendenz – keine feste Regel – zur Bildung von Kumuluskristallen in der Reihenfolge Olivin, Orthopyroxen, Klinopyroxen, Amphibol, Glimmer. Plagioklas fehlt in Hornblenditen und Glimmeriten meist vollständig. In Peridotiten und Pyroxeniten ist er Interkumulus. Sobald er als Kumulusphase eintritt, ist das Gestein nicht ultramafisch, sondern gabbroid.

Erscheinungsformen im Gelände

Plutonische Ultramafitite zeigen im Gelände gewöhnlich geringere Verwitterungsresistenz als die mit ihnen wechsellagernden Gabbroide oder Alkaligesteine, sodass die Ultramafitite kaum morphologisch hervortreten. In unbewachsenem Gelände fallen sie mit Ausnahme der meisten Orthopyroxenite an frischeren Bruchflächen durch extrem dunkle Färbung des aus Olivin hervorgegangenen Serpentinmaterials auf. Lange der Verwitterung ausgesetzte Oberflächen von Serpentingesteinen sind hingegen gelblich weiß ausgebleicht.

Hinweise zur petrographischen Bestimmung: Unterscheidung gegenüber Ultramafititen des Erdmantels

Plutonische Ultramafitite sind immer ausreichend grobkörnig, sodass der mafische Mineralbestand gut zu erkennen ist. Schwierigkeiten macht hingegen oft das Erkennen des meist vorhandenen Plagioklas und damit die Abgrenzung gegenüber melagabbroiden Gesteinen mit über 10 Vol.-% Plagioklas. Der Plagioklas hat meist Interkumuluscharakter, dies bedeutet, dass er schmale Zwickel zwischen den durchweg korngestützt angeordneten mafischen Mineralen ausfüllt. Oft ist der Plagioklas gemeinsam mit dem Olivin so stark alteriert, dass er weder seine Spaltbarkeit noch Verzwillingung zeigt. Anstelle des Plagioklas findet sich dann nur noch eine schmutzig-graue bis grüngraue, matt erscheinende Masse mit unebenflächig-glattem Bruch. Die beschriebenen Folgeprodukte des Plagioklas fallen kaum auf, sind jedoch stets heller getönt als der aus Olivin hervorgegangene Serpentin und dadurch bei gezielter Suche lokalisierbar.

In Orthopyroxeniten sieht der Plagioklas oft nur wenig heller aus als der Orthopyroxen. Da auch hier der Plagioklas gewöhnlich zwickelfüllendes Interkumulusmineral ist, kann er leicht übersehen werden.

Oft ergibt es sich schon im Gelände aus dem geologischen Zusammenhang, ob ein Ultramafitit plutonischer Entstehung ist oder ob es sich um ein Gestein des Erdmantels handelt. Herkunft aus dem Erdmantel ist am wahrscheinlichsten, wenn ein durchgehend ultramafischer Gesteinskörper vorliegt und dieser allseits einen tektonischen Kontakt zu den Nebengesteinen zeigt und womöglich gemeinsam mit benachbarten ähnlichen Vorkommen an eine wichtige tektonische Nahtlinie eines Orogens gebunden ist. Hingegen können Ultramafitite als Teil einer gabbroiden Intrusion nur plutonischer Entstehung sein.

Als petrographische Unterscheidungsmerkmale zwischen plutonischen und Erdmantel-Ultramafititen können herangezogen werden:

1. **Foliation des Gesteins**: Nichtmetamorphe plutonische Ultramafitite zeigen anders als die meisten Erdmantel-Ultramafitite keine Einregelung der Minerale bis hin zu auffälliger Foliation oder Bänderung. Erdmantel-Ultramafitite zeigen in der Regel mehr oder weniger deutliche metamorphe Deformationsgefüge.
2. **Grüner Klinopyroxen**: Intensiv smaragdgrüne Klinopyroxene kommen in plutonischen Ultramafititen nicht vor. Auffällig smaragd- oder grasgrüne Klinopyroxene (Chromdiopsid) sind für Peridotite und Pyroxenite des Erdmantels kennzeichnend.
3. **Chromitite**: Nesterartige, unregelmäßig konfigurierte, massive (podiforme) Chromitite treten in Peridotiten des Oberen Erdmantels regional häufig auf, in plutonischen Ultramafititen jedoch nicht. Sie sind durch linsige oder nesterartige Konfiguration und geringes laterales Durchhalten und fehlende Bindung an festliegende stratigraphische Niveaus gekennzeichnet. In ultramafischen Plutoniten kommen Chromitite äußerst selten vor und dann nur als Flöze in großen gabbroid-ultramafischen, geschichteten Komplexen (Bushveld in Südafrika).
4. **Granatführung**: Roter Granat in Peridotit ist ein eindeutiges Indiz für Erdmantelherkunft des Gesteinskörpers. In plutonischen Peridotiten fehlt Granat. Pyroxenite des Erdmantels können ebenfalls roten Granat enthalten, die Gesteine können dann jedoch Eklogiten gleichen (Abschn. 7.3.2.4). Plutonische Pyroxenite sind stets granatfrei.
5. **Poikilitische Pyroxene und Plagioklase**: Poikilitische Pyroxene mit eingelagerten Olivinkörnern, meist umgewandelt in schwarze Serpentinmasse, sind ein Indiz für plutonische Entstehung, ebenso poikilitische Plagioklase, die Olivin oder Pyroxene einschließen.

5.8 Vulkanite

Vulkanische Aktivität ist an besondere geotektonische Voraussetzungen gebunden und daher räumlich und zeitlich eng begrenzt, sodass die meisten Gebiete der Erde frei von gegenwärtig aktivem Vulkanismus sind. Vulkanische Gesteine und daraus hervorgegangene Metamorphite sind im Gegensatz dazu jedoch als Bestandteil von Gesteinsabfolgen im Gelände oder im tieferen Untergrund weit verbreitet. Ein Beispiel eines Vorkommens von offensichtlich vulkanischem Gestein zeigt Abb. 5.82.

Viele Vulkanite sind anders als die meisten Plutonite, Metamorphite oder Sedimentgesteine makroskopisch schwer oder nur unzureichend bestimmbar, da zumindest ein Teil des Mineralbestands zu feinkörnig ist, um mit der Lupe erkennbar zu sein. Die auffälligsten Gesteinsmerkmale wie die Färbung oder die Größe und Menge der Einsprenglinge sind kaum bestimmungsrelevant. Auch überlappen sich diese einfach beobachtbaren Merkmale vieler Vulkanite, so z.B. von Phonolithen und Trachyten ebenso wie die von Trachyten und Rhyolithen. Daher wird man für Vulkanite im Gelände oft nur zu näherungsweisen Einstufungen gelangen. Bei geeignetem Vorgehen sind unter günstigen Voraussetzungen jedoch auch korrekte Bestimmungen möglich.

Bezüglich der Variabilität ihrer Merkmale besteht ein systematischer Unterschied zwischen Vulkaniten, die aus nicht oder nur wenig differenzierten Magmen mit Herkunft aus dem Oberen Erdmantel hervorgehen und solchen, deren Magmen eine intensive Differentiation innerhalb der Erdkruste erfahren haben. Im ersten Fall entstehen abhängig von der Magmenzusammensetzung und dem Abkühlungsverlauf recht einheitlich ausgebildete Vulkanite. So haben tholeiitische Basalte, Alkali-Olivinbasalte und Basanite als Produkte weitgehend primärer, aus dem Oberen Erdmantel stammender Magmen

5

Abb. 5.82 Quellkuppe aus Augitnephelinit (Mathé 1992). Ein Dokument längst erloschener vulkanischer Aktivität. Die Basaltsäulen sind in Fächerstellung (= Meilerstellung) angeordnet. Hirtstein bei Satzung, Mittleres Erzgebirge.

(Abschn. 5.8.4) überall gleiche Merkmale. Tra-chyte, Phonolithe oder Latite (Abschn. 5.8.7) sind hingegen weit mehr durch „zufällige" lokale oder regionale Details geprägt, die durch die jeweiligen Bedingungen und Abläufe in individuellen Magmenreservoirs bestimmt sind. Hieraus erklärt sich das Nebeneinander von Gesteinen gleichen Namens mit vielen oder wenigen, mit großen oder kleinen oder überhaupt keinen Einsprenglingen von z. B. Feldspäten oder unterschiedlichen Mafiten. Gerade diese auffälligsten Merkmale sind diagnostisch oft zweitrangig. Auch Teilaufschmelzung aus dem heterogenen Gesteinsbestand der kontinentalen Kruste bewirkt eine größere Gesteinsvielfalt als Teilaufschmelzung aus dem sehr viel einheitlicheren Material des Oberen Erdmantels. Daher lässt sich für durch Differentiation geprägte Vulkanite oder für Vulkanite, deren Magmen der kontinentalen Kruste entstammen, kein einheitliches Erscheinungsbild erwarten. Die Möglichkeiten der Bestimmung werden hierdurch einge-

schränkt. Angaben zu solchen Merkmalen bei bestimmten Gesteinen sind daher nur als Tendenzen zu werten, mit Schwerpunktsetzung auf mitteleuropäische Beispiele.

5.8.1 Vulkanite und Magma

Die chemischen Zusammensetzungen von Vulkaniten entsprechen anders als die vieler Plutonite direkt denen der zugrundeliegenden Magmen. Nur der fluide Anteil fehlt, sieht man von den in manchen Mineralen enthaltenen OH-Gruppen ab. Allerdings kann entmischtes H_2O und u. a. auch CO_2 deutliche Spuren in Form von offenen oder nachträglich gefüllten Blasenhohlräumen hinterlassen haben. Die Menge der in der Grundmasse eingestreuten Einsprenglinge reflektiert das Ausmaß der bis zu dem Zeitpunkt erfolgten Auskristallisation, als bei Erreichen der Erdoberfläche schnelle Abkühlung einsetzte. Die Einsprenglinge entsprechen bis auf Anwachssäume oder auch oberflächliche Resorption dem schon auskristallisierten Anteil. Die Grundmasse repräsentiert die einbettende Schmelze.

Oft enthält die Grundmasse von Vulkaniten einen Anteil von Glas, seltener besteht sie überwiegend oder vollständig aus Glas. Wenn Glas in der Grundmasse des Gesteins enthalten ist, repräsentiert dieses die letzte, vor der endgültigen Erstarrung noch vorhandene Schmelze. Die chemische Zusammensetzung weicht besonders bei Gläsern in basischen und intermediären Vulkaniten deutlich von der des Gesamtgesteins ab. Sie entspricht einem vom Gesamtgestein nicht erreichten, späteren Stadium der Differentiationsentwicklung des Magmas. Für die Bestimmung von Vulkaniten kann dies wichtig sein, weil hierdurch die Richtung vorgegeben ist, in der die chemische Zusammensetzung des Gesamtgesteins von der makroskopisch erkennbaren, durch die Einsprenglinge repräsentierten Teilzusammensetzung abweicht. So kann in einem nur Plagioklas- und Pyroxeneinsprenglinge führenden Vulkanit der Glasanteil rhyolithisch zusammengesetzt sein, während die Einsprenglinge im Wesentlichen dem Mineralbestand von Basalt oder Andesit entsprechen. Das glasführende Gestein in seiner Gesamtheit kann dann zwischen Basalt bzw. Andesit und Rhyolith mittelnd ein Dacit sein. In basaltischen Alkaligesteinen (Alkalibasalten) ist der Glasanteil oft phonolithisch zusammengesetzt. Grundsätzlich kann in Vulkaniten jeglicher chemischen Zusammensetzung Glas als Komponente beteiligt sein, ebenso kann es aber auch fehlen.

5.8.2 Besonderheiten der makroskopischen Bestimmung von Vulkaniten

Vulkanite unterscheiden sich von Plutoniten vor allem durch ihre Grundmasse, die mit **Korngrößen von deutlich weniger als 1 mm** (Abschn. 5.3) so feinkörnig ist, dass ihre Kristalle mit bloßem Auge nicht erkennbar sind. Darüber hinaus gibt es oft einen Glasanteil. In jedem Fall erscheint die Grundmasse von Vulkaniten bei makroskopischer Betrachtung als homogene, dichte Masse. Direkt erkennbare Merkmale sind meist nur die Farbe und ein bestimmter Glanz bzw.

dessen Fehlen. Gasblasen unterschiedlicher Größe und Verteilungsdichte können hinzukommen. Reine Glasgesteine haben Sonderbezeichnungen, die sich nicht am (nicht vorhandenen) Mineralbestand orientieren können. Ausschlaggebend ist hier zumeist das Gefüge. Auch aphyrische Vulkanite (Abschn. 5.4.2), die ausschließlich aus aphanitischer Grundmasse (Abschn. 5.3) bestehen, entziehen sich einer systematischen Bestimmung durch die makroskopische Ermittlung des Mineralbestands. In einem Vulkanit mit porphyrischem Gefüge können zwar die Minerale des Einsprenglingsanteils ermittelt werden, doch wegen der Unbestimmbarkeit der Grundmassekomponenten reicht dieser nicht für eine Einstufung des Gesteins allein nach dem Mineralbestand aus. Das Fehlen von makroskopisch vollständig erkennbaren Mineralbeständen ist das Haupthindernis bei der makroskopischen Bestimmung von Vulkaniten.

Ausnahmen gibt es dann, wenn aufgrund eines besonderen Einsprenglingsbestands auf eine spezifische Zusammensetzung der Grundmasse geschlossen werden kann. Beispiele hierfür sind manche Rhyolithe (Abschn. 5.8.6).

Bei makroskopischer Untersuchung im Gelände fehlen naturgemäß mikroskopische Befunde, die dem Vorrang der Bestimmung nach dem modalen Mineralbestand gerecht werden könnten (Abschn. 5.6). Da chemische Analysedaten ebenso fehlen, kann im Gelände auch die TAS-Klassifikation (Abb 5.83) nicht angewendet werden. Die Benutzung der Feldklassifikation nach Le Maitre et al. (2004) bietet keine Lösung der grundsätzlichen Bestimmungsprobleme und schöpft möglicherweise vorhandene Ersatzmerkmale nicht aus (Abschn. 5.6.1).

Grundsätzlich ist es sinnvoll, im Gelände die Option für eine spätere eindeutige Bestimmung offen zu halten. Dies geschieht durch Mitnahme einer Probe für eine Analyse der chemischen Zusammensetzung. Die Auswertung nach der TAS-Klassifikation ist dann eine einfache Routine.

Zur TAS-Klassifikation gehört eine Ergänzungstabelle, die die chemisch definierten Vulkanite Trachybasalt, basaltischer Trachyandesit und Trachyandesit je nach Na- oder K-Vormacht weiter aufgliedert (Tab. 5.2). Sie wird hier zur Information dargestellt, obwohl entsprechende Einstufungen kaum makroskopisch, sondern nur über

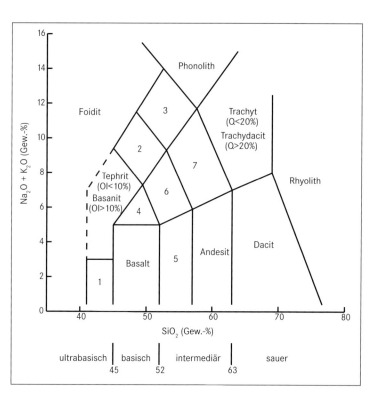

Abb. 5.83 TAS-Diagramm (Abschn. 5.6.2.2) zur Klassifikation von Vulkaniten nach dem Verhältnis Alkalien (*total a**lkali*) zu SiO₂ (**s**ilica). Notwendige Grundlage sind chemische Analysen. Zusätzlich Darstellung der Grenzen zwischen ultrabasischen, basischen, intermediären und sauren Zusammensetzungen. 1 = Pikrobasalt, 2 = Phonotephrit, 3 = Tephriphonolith, 4 = Trachybasalt, 5 = Basaltischer Andesit, 6 = Basaltischer Trachyandesit, 7 = Trachyandesit (umgezeichnet nach Le Maitre et al. 2004) (Digitale Ausführung: Thomas Bisanz)

chemische Analysen verlässlich möglich sind. Hierbei gelten Gesteinsbezeichnungen, die z. T. nicht denen entsprechen, die sich bei Bestimmungen auf Grundlage der QAPF- und QAPFM-Diagramme ergeben würden (Abb. 5.36, 5.38).

Die makroskopische Bestimmung von Vulkaniten erfolgt in der Praxis am sinnvollsten in Anpassung an das Einzelbeispiel. Hierbei kommt es auf die kombinierte Beobachtung möglichst vieler direkt erkennbarer Merkmale an. Zusätzlich kann die Beachtung einfacher petrographischer Regeln hilfreich sein. Wichtige Merkmale und Regeln sind nachfolgend aufgelistet. Nähere Erläuterungen finden sich bei den Beschreibungen der einzelnen Gesteinsgruppen.

Zur Bestimmung von Vulkaniten auswertbare Merkmale

1. Mineralbestand des Einsprenglingsanteils
2. Gefüge
3. Beschaffenheit der Grundmasse (glasig glänzend, matt)
4. Färbung der Grundmasse
5. Auftreten von Gasblasen oder Mandeln
6. Xenolithführung (Erdmantelxenolithe, komagmatische Xenolithe)
7. Alterationsneigung
8. Verwitterungsverhalten
9. Form des Gesteinskörpers (z. B. Lavadecke, Staukuppe)
10. Absonderungsform (säulig, plattig, massig)

Tabelle 5.2 Trachybasalte und Trachyandesite der TAS-Klassifikation

	Trachybasalt	Basaltischer Trachyandesit	Trachyandesit
Na₂O – 2,0 ≥ K₂O (Gew.-%)	Hawaiit	Mugearit	Benmoreit
Na₂O – 2,0 < K₂O (Gew.-%)	K-reicher Trachybasalt	Shoshonit	Latit

11. Verknüpfung mit pyroklastischem Material oder dessen Fehlen
12. Assoziierte andere Vulkanite

Zur Bestimmung von Vulkaniten einsetzbare petrographische Regeln

13. Kristallisationsreihenfolgen
14. Gesetzmäßige chemische Entwicklungsverläufe
15. Neigung mancher Minerale, mit bestimmten anderen Mineralen gemeinsam vorzukommen (Abschn. 3.1)
16. Nichtverträglichkeit bestimmter Minerale nebeneinander (Abschn. 3.1)
17. Fließverhalten der zugrunde liegenden Magmen
18. Bindung an spezifische geotektonische Voraussetzungen

zu 13: In basischen Magmen gibt es eine bevorzugte **Kristallisationsreihenfolge** der sich im Zuge abnehmender Temperatur bildenden Minerale. Bei vollständigem Entwicklungsgang kristallisiert Olivin zuerst aus. Chromspinell (Chromit) kann in untergeordneter Menge neben Olivin gebildet werden. Mit oft nur geringer oder keiner Überlappung folgen auf Olivin je nach Magmenzusammensetzung Orthopyroxen und anschließend Plagioklas oder Klinopyroxen. Im Zuge anhaltender Plagioklas- und Pyroxenkristallisation können schließlich Amphibol und Biotit hinzukommen oder die Pyroxene ablösen. In manchen Fällen folgen am Ende noch Kalifeldspat und Quarz. Parallel verändert sich die Zusammensetzung der Plagioklase von relativ anorthitreich zu relativ albitreich und in den mafischen Mineralen verschiebt sich das Mg/Fe-Verhältnis zugunsten des Fe.

zu 14: In Vulkaniten kann im Zuge der Abkühlung und Auskristallisation eine interne Fraktionierung erfolgen. Dabei verarmt im Zuge der Kristallisation die restliche Schmelze selektiv an den chemischen Elementen, die in Relation zur Ausgangszusammensetzung überproportional in die sich bildenden Kristalle eingebaut werden. Dies sind in basischen oder intermediären Magmen z. B. Ca gegenüber den Alkalien Na und K, und Mg gegenüber Fe. In SiO_2-gesättigtem Magma reichert sich SiO_2 an, sodass schließlich Quarz gebildet werden kann. Die interne Entwicklung zwischen dem frühesten Kristallisat und dem letzten Schmelzanteil im Gestein entspricht möglichen Differentiationsverläufen, die in Magmatitprovinzen im Großen durch die verschiedenen Gesteine abgebildet werden.

zu 17: Laven mit hoher Viskosität können sich vor der Erstarrung nicht ausreichend schnell großflächig ausbreiten. Sie neigen daher zur Bildung von Staukuppen, Quellkuppen und kurzen Lavaströmen mit steilen Flanken. Dies gilt allgemein für Laven leukokrater Gesteine: z. B. Rhyolithe, Trachyte oder Phonolithe. Laven mit geringer Viskosität, vor allem von Basalten, sind so fließfähig, dass sie großflächige Lavadecken (Abb. 5.4) und Lavaströme von mehreren Kilometern Länge bilden können. Geringe Viskosität zeigt sich auch dadurch, dass Basalte Gänge von manchmal nur wenigen Zentimetern oder Dezimetern Breite bilden (Abb. 5.10).

zu 18: Manche Vulkanite, vor allem Andesite, sind in besonderem Maße, wenn auch nicht ausschließlich, an aktive Kontinentalränder und Inselbögen gebunden. Alkalibasalte, Tephrite und Phonolithe treten vorzugsweise, jedoch nicht ausschließlich, im Zuge anorogener Dehnungstektonik in Intraplattenbereichen auf.

5.8.3 Paläovulkanitische Gesteinsbenennungen

Vor allem in älteren Gesteinsbeschreibungen wurde zwischen Bezeichnungen für tertiäre und quartäre Vulkanite einerseits und prätertiäre, vorrangig paläozoische Vulkanite andererseits systematisch unterschieden. Heute sind die ehemals für junge Vulkanite üblichen (neovulkanitischen) Namen vorrangig gültig.

Der Hauptgrund für die Verwendung zweier paralleler Klassifikationen waren Beobachtungen zum Erhaltungszustand. Verbreitete Alterationserscheinungen in den zumeist permokarbonischen Paläovulkaniten Mitteleuropas wie Chloritisierung der Mafite, Albitisierung der Feldspäte, Hämatitdurchstäubung der Grundmasse und Karbonatbildung wurden als alters-

5

bedingt angesehen. Die Bedeutung hydrothermaler Einwirkung unmittelbar nach der Erstarrung wurde unterschätzt und das Vorkommen gleichalter, kaum alterierter Gesteine wurde als Ausnahme gewertet. Tertiäre und quartäre Vulkanite Mitteleuropas zeigen sehr viel seltener Veränderungen des primären, magmatischen Mineralbestands. Die Problematik einer Grenzziehung innerhalb der kontinuierlichen geologischen Altersskala bestand nicht, weil in Mitteleuropa mesozoische Vulkanite keine Rolle spielen.

Nachfolgend sind die wichtigsten paläovulkanitischen Benennungen den in Le Maitre et al. (2004) empfohlenen, heute vorrangig gültigen Bezeichnungen gegenübergestellt. Für die Bedeutung der paläovulkanitischen Bezeichnungen gibt es keine verbindliche Regelung. Nach Le Maitre et al. (2004) dürfen sie benutzt werden, „wenn das Gefühl besteht, dass sie einem nützlichen Zweck dienen".

Vorrangig gültige Bezeichnung	Paläovulkanitische Bezeichnung
Rhyolith	Quarzporphyr
Trachyt	Orthophyr
Dacit	Quarzporphyrit
Andesit	Porphyrit
Basalt	Melaphyr

Unter den paläovulkanitischen Bezeichnungen ist z. B. Melaphyr für den Sonderfall Melaphyrmandelstein noch recht gebräuchlich. Hierbei handelt es sich um basaltische bis andesitische Gesteine, die zusammen mit der hydrothermalen Ausfüllung ehemaliger Blasenhohlräume eine intensive Alteration der Grundmasse und, falls vorhanden, auch der Einsprenglinge erfahren haben. Statt schwarz oder grau, wie für unalterierte Basalte und Andesite üblich, sind Melaphyrmandelsteine oft durch Hämatitpigment rötlich gefärbt.

5.8.4 Basaltische und basaltartige Vulkanite

Zu den basaltischen Gesteinen werden hier aus Gründen, die unten erläutert sind, neben Basalten, die in das Basalt-Andesit-Feld des QAPF-Doppeldreiecks fallen, auch bestimmte basaltähnliche Gesteine wie **Basanite** und **Olivinnephelinite** gerechnet. Sie haben in vieler Hinsicht Gemeinsamkeiten mit Basalt im engeren Sinne, besonders mit Alkalibasalten. Wenn im Text nicht spezifische Gesteine wie z. B. Basanit oder tholeiitischer Basalt genannt sind, ist die weiter gefasste Gesamtgruppe gemeint.

Basalte im engeren Sinne projizieren aufgrund ihres modalen Mineralbestands gemeinsam mit Andesiten in das Basalt-Andesit-Feld des QAPF-Doppeldreiecks für Vulkanite. Basalte sind mit relativ geringen SiO_2-Gehalten basische Gesteine, Andesite sind mit höheren SiO_2-Gehalten intermediäre Vulkanite.

Das Basalt-Andesit-Feld im QAPF-Doppeldreieck für Vulkanite ist ausgedehnter als das Gabbro-Diorit-Feld im QAPF-Doppeldreieck für Plutonite. Basalte können bis zu 10 Vol.-% Feldspatvertreter unter den hellen Mineralen enthalten, ohne dass dies im Gesteinsnamen zum Ausdruck kommen muss. In der Regel wird man allerdings keine Feldspatvertreter sehen, weil deren Anteil unkristallisiert in Glas getarnt ist oder nicht erkennbar in der Grundmasse steckt. Unter den Basalten im engeren Sinne gibt es sowohl Alkaligesteine wie auch Subalkaligesteine.

Die sichere **Abgrenzung von Basalten gegenüber Andesiten** erfordert die mit makroskopischen Methoden nicht durchführbare Bestimmung des durchschnittlichen An-Gehalts der Plagioklase oder eine chemische Analyse des Gesteins. Dennoch können Basalte und Andesite im Gelände in vielen Fällen einigermaßen zutreffend bestimmt werden. Hierbei kommt es dann auf die Beachtung von Zusatzmerkmalen an. Das Vorgehen ist am Ende des Abschnitts 5.8.5 unter „Hinweise zur **Unterscheidung Basalt/Andesit**" erläutert.

In vielen Vulkangebieten, besonders in Intraplattenbereichen, kommen zusammen mit Basalten im engeren Sinne basaltartige Gesteine vor, die in der gesteinsverarbeitenden Industrie und zumeist ebenso von Geologen im Gelände als Basalte bezeichnet werden, obwohl sie nicht in das Basaltfeld des QAPF-Doppeldreiecks gehören. Dies sind **Basanite** und **Olivinnephelinite**, die in größerer Menge Feldspatvertreter oder entsprechend zusammengesetztes Glas in der Grundmasse enthalten. Die hier im Zusammenhang mit der Gesteinsuntersuchung im Gelände vorgenommene Einbeziehung der genannten basaltartigen Gesteine in die weiter gefasste Gruppe der Basalte hat mit dem oft gemeinsamen Vorkommen im Gelände zu tun und damit, dass Feldspatvertreter als Bestandteil der Grundmasse makroskopisch nicht in Erscheinung treten. Der Übergang zwischen Basanit und Basalten im Sinne der QAPF-Einstufung ist daher mit makroskopischen Methoden nicht festlegbar. Aus diesen Gründen und wegen gemeinsamer Geländemerkmale werden diese basaltartigen Gesteine hier vergleichend mitbehandelt. Dabei wird besonderes Gewicht auf Merkmale gelegt, die nicht Bestandteil der QAPF- oder TAS-Klassifikationen sind, aber in vielen Fällen eine differenziertere Bestimmung ermöglichen.

Die Zusammensetzungen der genannten basaltischen und basaltartigen Gesteine entsprechen primären, d. h. im Oberen Erdmantel durch Teilaufschmelzung entstandenen Magmen, mit der möglichen Ausnahme von Anteilen mancher tholeiitischer Basalte und mancher Trachybasalte (s. u.). In Abhängigkeit von der Art des Primärmagmas können begleitende Differentiate vorkommen: Rhyolithe, Phonolithe, Tephrite. In vielen basaltischen Vulkangebieten fehlen jegliche Differentiate. Andererseits können aber auch Differentiate ohne an der Oberfläche auffindbare basaltische Gesteine vorkommen.

Die hier zusammengefasst behandelten basaltischen und basaltartigen Gesteine gehören zwei chemisch definierbaren Gruppen mit unterschiedlicher Zusammensetzung und voneinander abweichendem Differentiationsverhalten an.

Subalkalibasalte

Subalkalibasalte sind die vorherrschende Teilgruppe der Basalte im engeren Sinne. Sie haben im Gegensatz zu den Alkalibasalten, bezogen auf die Alkalien, SiO_2-gesättigte Zusammensetzungen, sodass modal und normativ keine Feldspatvertreter auftreten. Subalkalibasalte mit vollständig ermitteltem Mineralbestand projizieren daher im QAPF-Doppeldreieck oberhalb der waagerechten Mittellinie ins Basaltfeld. Zu den Subalkalibasalten gehören tholeiitische Basalte und kalkalkalische Basalte.

Es kann bei den gleichen Gesteinen in chemischer Hinsicht auch von **High-Alumina-Basalt** die Rede sein. Hierunter ist jeder Basalt zu verstehen, der ≥16 Gew.-% Al_2O_3 enthält. Dies ist naturgemäß makroskopisch nicht überprüfbar. Ein kleinerer Teil der High-Alumina-Basalte fällt in den Bereich der Alkalibasalte, die meisten sind subalkalisch. High-Alumina-Basalte tendieren zu hohen Plagioklasgehalten, die eine für basaltische Gesteine relativ helle, graue Gesteinstönung bewirken. Basalte mit Plagioklaseinsprenglingen gehören fast immer zu dieser Gruppe, ebenso nahezu alle kalkalkalischen Basalte und die allermeisten tholeiitischen Basalte, auch wenn Plagioklaseinsprenglinge fehlen.

Kalkalkalibasalte sind nach Le Maitre et al. (2004) nicht über den Mineralbestand definiert, sondern über ihre Geländeassoziation mit der im Idealfall kontinuierlichen Serie Basalt-Andesit-Dacit in Orogengürteln und Inselbögen. Der Mineralbestand entspricht dem von tholeiitischen Basalten. Die Gefüge sind intergranular oder ophitisch, bei Führung von Plagioklaseinsprenglingen auch porphyrisch. Peridotitische Xenolithe fehlen.

Tholeiitische Basalte sind von Kalkalkalibasalten petrographisch nicht unterscheidbar. Die o. g. Definition von Kalkalkalibasalten bedeutet in der Konsequenz, dass es komplementär hierzu auch für die Einstufung tholeiitischer Basalte auf die Art der Geländeassoziation ankommt. Demgemäß treten tholeiitische Basalte im typischen Fall entweder isoliert auf, oder sie sind basischer Pol von ausgeprägt bimodalen Magmatitassoziationen, wobei Rhyolith der Gegenpol ist. Plagioklaseinsprenglinge können auftreten. Hiervon abgesehen zeigen tholeiitische Basalte meist gut ausgebildete intergranulare Gefüge, oft allerdings bei Korngrößen, die mit der Lupe kaum noch erkennbar sind (Abb. 5.84). Viele doleritische Ganggesteine (Abschn. 5.7.5.2) haben die chemische Zusammensetzung und den foidfreien Mineralbestand von tholeiitischen Basalten. Eher als die feinerkörnigen Vulkanite gleicher Zusammensetzung haben solche Ganggesteine gut erkennbare ophitische oder intergranulare Gefüge.

5

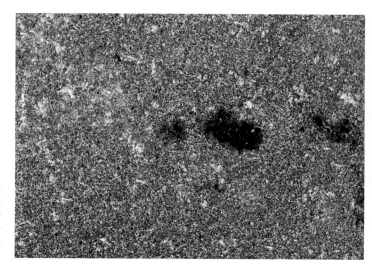

Abb. 5.84 Tholeiitischer Basalt aus hellem Plagioklas und Pyroxen samt Magnetit als dunkel färbende Komponenten. Die Hohlräume sind aufgrund von Gasentmischung entstanden. Westpazifik. BB 3,5 cm.

Alkalibasalte

Alkalibasalte projizieren im QAPF-Doppeldreieck in den Teil des Basaltfelds unterhalb der waagerechten A-P-Mittellinie, wenn man aus der chemischen Analyse den normativen Mineralbestand errechnet. Zu ihrem normativen Mineralbestand gehören Feldspatvertreter, gewöhnlich Nephelin. Modal treten Feldspatvertreter jedoch oft nicht einmal mikroskopisch deutlich in Erscheinung, da sie entweder zu feinkörnig sind oder weil der letzte Schmelzanteil als Glas erstarrte, bevor Nephelin auskristallisieren konnte.

Obwohl die Einstufung von Alkalibasalten auf chemischen Analysen gründet, sind viele Alkalibasalte makroskopisch an besonderen Merkmalen erkennbar, ohne dass Feldspatvertreter sichtbar werden. Zur Gruppe der Alkalibasalte gehören häufig vorkommende basaltische Vulkanite im engeren Sinne mit mäßiger Alkalitendenz, die als **Alkali-Olivinbasalte** bezeichnet werden. Zunächst unauffällige Alkali-Olivinbasalte und auch andere eher dunkle Alkalivulkanite können sich schon wenige Jahre nach Freilegung als **Sonnenbrenner** erweisen (Abb. 5.85). Nach anfänglicher Bildung hellgrauer Flecken kann das Gestein zerbröckeln. Als Auslöser gilt

Abb. 5.85 Alkali-Olivinbasalt mit mäßig fortgeschrittener Sonnenbrenner-Entwicklung. Helle, runde Flecken und beginnende Rissbildung sind Ausdruck der verwitterungsbedingt aktivierten Sonnenbrenner-Neigung aufgrund von Mineralumwandlungen unter Volumenzunahme. Ostrand des Basaltplateaus des Hohen Meißner, Nordhessen. BB 12 cm.

Volumenzunahme bei Umwandlung von Nephelin in Analcim.

Alkali-Olivinbasalte sind olivin- und plagioklasführende, eher Na- als K-betonte Gesteine, die chemisch weitgehend zu den Trachybasalten im Sinne der TAS-Klassifikation gehören. Eine alternative, wenn auch nicht völlig gleichbedeutende Bezeichnung ist **Olivinbasalt**. Olivinbasalte sind nach Le Maitre et al. (2004) Basalte, die Olivin als wesentlichen Bestandteil enthalten. In diesem umfassenden Sinne definierte Olivinbasalte bilden eine heterogene Gruppe in Bezug auf unterschiedliche, gut beobachtbare Geländemerkmale. So kommen peridotitische Xenolithe in Alkali-Olivinbasalten häufig vor, nicht jedoch in olivinführenden tholeiitischen Basalten. Alkali-Olivinbasalte werden oft von viel pyroklastischem Material begleitet, tholeiitische Basalte weniger.

Zusätzlich zu entsprechend zusammengesetzten Basalten im engeren Sinne werden im Gelände häufig auch die am Anfang dieses Abschnitts genannten, stärker alkalibetonten, relativ SiO$_2$-armen basaltartigen Gesteine als Alkalibasalte im erweiterten Sinne gewertet. Dies betrifft vor allem **Basanit** (Abb. 5.86). Vom Basanit gibt es einen fließenden Übergang zum stärker SiO$_2$-untersättigten **Olivinnephelinit**, im Extremfall darüber hinaus zum seltenen Olivin-Melilith-Nephelinit. Olivinnephelinit und Olivin-Melilith-Nephelinit gehören nach den Regeln der IUGS-Klassifikation eigentlich zu den Foiditen (Abschn. 5.8.10).

In Alkalibasalten tritt Plagioklas im Vergleich zu subalkalischen Basalten mengenmäßig zurück. Der Anteil von Olivin ist hingegen durchweg größer als in Subalkalibasalten. In Olivinnepheliniten fehlt Plagioklas, in Basanit ist er makroskopisch praktisch nicht erkennbar. Die Grundmassen enthalten besonders oft Glas. Das Auftreten von peridotitischen Xenolithen ist ein häufiger und entscheidender Hinweis auf Alkalibasalt im erweiterten Sinne, d. h. der gesamten Reihe aus Alkali-Olivinbasalt, Basanit und Olivinnephelinit. Die aus Erdmantelgesteinen bestehenden peridotitischen Xenolithe (Abschn. 8.1) belegen direkte Magmenherkunft aus dem Oberen Erdmantel und damit das Fehlen intrakrustaler Magmendifferentiation. Sämtliche Alkalibasalte sind oft von pyroklastischen Bildungen begleitet. Wenn auch die ehemaligen pyroklastischen Ablagerungen längst abgetragen sind, so finden sich unter günstigen Aufschlussbedingungen Tuffbrekzien an den Rändern der Förderschlote oder zusammen mit den Effusiva auch im Inneren (Abschn. 5.9).

Trachybasalte sind chemisch definierte, basaltische Vulkanite, die zu den Alkaligesteinen gehören. Wäre ihr Mineralbestand makroskopisch erkennbar, würden sie je nach Alkalireichtum teils unterhalb, teils oberhalb der A-P-Mittellinie des QAPF-Doppeldreiecks in das Basalt-Andesit-Feld fallen. Im QAPF-Doppeldreieck sind sie nicht gesondert ausgewiesen.

Abb. 5.86 Basanit mit peridotitischem Xenolith. Zlatý vrch (Goldberg), nördlich Česka Kamenice (Böhmisch Kamnitz). BB 7,5 cm.

5 Geologisches Vorkommen

Basaltische Vulkanite samt Basaniten und Olivinnepheliniten entstehen durch oberflächennahe Erstarrung basischer bzw. ultrabasischer Magmen, die entweder direkt aus dem Oberen Erdmantel aufsteigen oder die nach ihrer Entstehung im Oberen Erdmantel nur geringfügig differenziert sind. Die größte Verbreitung haben basaltische Gesteine als Hauptbestandteil der oberen Stockwerke ozeanischer Kruste. Hier dominieren tholeiitische Basalte, die häufig abgekürzt als MORB (**M**id-**O**cean **R**idge **B**asalte) bezeichnet werden, soweit sie an den mittelozeanischen Rücken entstehen. Die Benennung ist in diesem Fall nicht petrographisch, sondern geotektonisch begründet. Vergleichbare, die Petrographie ausklammernde Bezeichnungen gibt es für Basalte aller wichtigen geotektonischen Milieus.

Am Aufbau von Inselbögen und kontinentalen magmatischen Bögen über aktiven oder ehemaligen Subduktionszonen sind neben vor allem andesitischen, dacitischen und rhyolitischen Vulkaniten auch Kalkalkalibasalte bzw. tholeiitische Basalte beteiligt. In anorogenen kontinentalen Intraplattenbereichen können basaltische Magmen im Gefolge von tiefreichender Dehnungstektonik und Riftbildung aufsteigen. Hierbei kommen sowohl Alkalibasalte und basaltartige Alkaligesteine wie Basanit, mit oder ohne Differentiate wie z. B. Phonolith, als auch tholeiitische Basalte vor. Besonders große Volumen von Basalten und SiO_2-reicheren Begleitgesteinen treten in Form regional ausgedehnter kontinentaler Flutbasalte auf, die überwiegend tholeiitisch zusammengesetzt sind. Basaltische Gesteine können in praktisch allen geotektonischen Milieus auftreten.

Allgemeines Aussehen

Basaltische Gesteine sind gewöhnlich dunkelgrau bis schwarz gefärbte, überwiegend sehr feinkörnige und dichte Gesteine. Nahezu schwarz sind makroskopisch plagioklasfreie, glasreiche Basanite (Limburgite) oder Basalte bzw. Dolerite mit dunkel getöntem Plagioklas. Letztere haben regional beschränkte Vorkommen. Gewöhnlich bewirken zunehmender Plagioklasgehalt und gröbere Korngrößen eine Aufhellung des Gesteins, zunehmender Glasgehalt hingegen dunkleres Aussehen. Daher sind relative Hell- oder Dunkeltönung kein zuverlässiges Bestimmungsmerkmal. Durch hydrothermale Alteration kann es zu Braun- bis Violettrot- oder Grünfärbung kommen. Basaltische Schlacken können schwarz oder braunrot bis ziegelrot sein (Abb. 5.114) oder auch Anlauffarben zeigen (Abb. 5.87).

Im Inneren von mindestens einige Meter mächtigen Basaltkörpern zeigt sich unabhängig von der jeweiligen Art von Basalt häufig eine säulenförmig-polygonale Absonderung (Abschn. 5.3.1.2). Diese kann sehr perfekt und spektakulär

Abb. 5.87 Basaltische Schlacke mit Anlauffarben. Niederzissen, Osteifel. BB 5 cm.

Abb. 5.88 Basaltlavastrom, durch Steinbruchbetrieb angeschnitten. Unten massiger Basalt mit nur grober, kaum erkennbarer Säulengliederung, oben schlackige Kruste (Aa-Lava). Südhang des Ätna.

entwickelt sein (Abb. 4.3) oder – seltener – auch weitgehend zurücktreten (Abb. 5.88). Gegen Luft abgekühlte basaltische Lavaströme und -decken zeigen schlackige oder wulstige Oberflächenformen. Bei allen Arten von Basalt im weiteren Sinne gibt es neben dichten Ausbildungsformen Beispiele mit blasenförmigen Hohlräumen, die Durchmesser im Millimeter- bis Zentimeterbereich haben. Die Gesteine sind dann grob porös bis schlackig. Anstelle der noch offenen Blasenhohlräume können hydrothermal gefüllte Mandeln auftreten.

Kissenförmige Absonderung (Pillowabsonderung) mit oder ohne dazwischen eingebettete Hyaloklastite kennzeichnet unter Wasserbedeckung erstarrte Basaltlaven, vor allem an Ozeanböden (Abb. 5.14, Abschn. 5.3.1.2). In den meisten Fällen sind kissenförmig abgesonderte Basalte, wenn sie schließlich innerhalb von Orogenen an Land zu finden sind, alteriert bzw. spilitisiert (Abb. 7.3). Makroskopisch bedeutet dies, dass solche Basalte vergrünt sind. Die Glaskrusten sind dann durch Folgeprodukte ersetzt. Ihre ursprüngliche Konfiguration ist jedoch gewöhnlich noch gut erkennbar (Abb. 7.3).

Mineralbestand

Basalte und basaltartige Vulkanite haben recht monotone Mineralbestände. Die Minerale der **Grundmasse** sind wegen Feinkörnigkeit nicht bestimmbar. Neben stets vorkommendem Pyroxen, vor allem **Augit**, und **Fe-Ti-Oxiden** ist **Plagioklas** Hauptbestandteil, außer in den nicht zu den Basalten im engeren Sinne gehörenden Basaniten und Olivinnepheliniten. Kalifeldspat kommt in basaltischen Vulkaniten nicht vor. Tholeiitische Basalte bzw. Kalkalkalibasalte können als einzige Basalte neben Augit zusätzlich Orthopyroxen oder Pigeonit enthalten, die jedoch beide in Vulkaniten makroskopisch nicht von Augit unterscheidbar sind.

Olivin tritt außer in den meisten tholeiitischen und kalkalkalischen Basalten regelmäßig in Form transparent blassgrüner bis gelblicher, gewöhnlich unserpentinisierter Körner ohne auffällige Idiomorphie auf (Abb. 5.89). Er bildet Einsprenglinge von kaum mehr als 2–3 mm Größe, oft bleiben die Korngrößen nahe 1mm. Olivin ist zumeist kein wesentlicher Bestandteil basaltischer Grundmassen. Größere Olivinkörner sind oft polykristallin und daher keine Einsprenglinge, sondern xenolithische Gesteinsfragmente aus Erdmantel-Peridotit. Auch ein (nicht unterscheidbarer) Teil der monokristallinen Einsprenglinge kann aus desintegriertem Peridotit bezogen sein. Es handelt sich dann um Xenokristalle. Bei der makroskopischen Bestimmung wird man sie als Einsprenglinge ansehen müssen, ohne dass es dadurch zu Fehlbestimmungen kommt. Basalte, die peridotitische Xenolithe führen, enthalten ohnehin auch Olivineinsprenglinge.

Feldspatvertreter können nur in Alkalibasalten, besonders in Basaniten und Olivinnepheli-

Abb. 5.89 Olivinbasalt mit Einsprenglingen von schwarzem Klinopyroxen und gelblich-transparentem Olivin. Ätna. BB 4,5 cm

niten vorkommen. Gewöhnlich handelt es sich hierbei um **Nephelin**, der jedoch selbst in vulkanitischen Olivinnepheliniten makroskopisch nicht erkennbar ist. Er ist auf die Grundmasse beschränkt, oft sogar trotz geeigneter chemischer Voraussetzungen nicht kristallisiert, sodass er nur als normativer Anteil in Glas enthalten ist. **Glas** als häufiger Bestandteil der Grundmasse bewirkt außer einer besonders dunklen Tönung einen ansatzweise beobachtbaren Glasglanz auf den Gesteinsbruchflächen, die tendenziell weniger rau als die von glasfreien Basalten sind.

Gefüge

Für tholeiitische und verwandte Basalte bzw. für deren Grundmasse sind aufgrund des Plagioklasreichtums intergranulare und auch ophitische Gefüge kennzeichnend, Letztere allerdings oft in weniger vollkommener Ausbildung als in Doleriten (Abschn. 5.7.5.2). Dies gilt, weil zwischen den gefügeprägenden, größten Plagioklaskristallen des jeweiligen Gesteins neben Pyroxen meist noch reichlich weiterer Plagioklas mit nur mikroskopisch erfassbaren Korngrößen steckt. In solchen Beispielen ist die graue Färbung der Grundmasse besonders hell.

Porphyrische Gefüge sind in basaltischen Vulkaniten nicht die Regel, sie können jedoch auch auffällig gut ausgebildet sein. Oft gibt es überhaupt keine Einsprenglinge. Pyroxeneinsprenglinge sind am häufigsten, jedoch mit

Korngrößen von oft nur Millimetern unauffällig, zumal sie sich wegen stets schwarzer Färbung kaum von der Grundmasse abheben. Sie sind durchweg idiomorph ausgebildet. Plagioklaseinsprenglinge kommen in manchen kalkalkalischen und tholeiitischen Basalten vor und können bis zu zentimetergroß sein. In typischer Ausbildung handelt es sich um idiomorphe, flachtafelige Kristalle. Sie können auch zu glomerophyrischen Aggregaten (Abschn. 5.4.2) vereinigt vorkommen.

Manche Vorkommen basaltischer Gesteine enthalten zentimetergroße Megakristalle (Abschn. 5.3.1) von Pyroxen, Hornblende, Biotit/Phlogopit oder Plagioklas. Pyroxenmegakristalle können im Gegensatz zu schwarzen Pyroxeneinsprenglingen an Kanten und sich ablösenden Spänen dunkelgrün transparent sein. Darüber hinaus können makroskopisch unsichtbare Entmischungslamellen Ebenen zusätzlicher Teilbarkeit bilden, was „falsche" Winkel zwischen scheinbaren und echten Spaltbarkeiten zur Folge hat. Megakristalle können Reaktions- oder Anwachssäume am Kontakt zur Grundmasse zeigen, die sich deutlich vom Inneren abheben. Eine Unterscheidung zwischen Einsprenglingen und Megakristallen ist nicht eindeutig möglich. In der Regel sind mafische Kristalle mit Größen über 1 cm Megakristalle.

In plagioklasarmen und plagioklasfreien basaltischen Vulkaniten sind ophitische oder intergranulare Gefüge nicht möglich. Stattdessen domininieren aphyrische bis unauffällig porphyrische Gefüge mit gewöhnlich äußerst feinkörniger, oft glasführender, dichter Grundmasse und ebenfalls kleinen, schwarzen Pyroxeneinsprenglingen. Olivineinsprenglinge können hinzukommen.

Erscheinungsformen im Gelände

Alle basaltischen Vulkanite können wegen geringer Viskosität der Magmen ausgedehnte Lavadecken (Abb. 5.4) und Schildvulkane (Abb. 5.7) bilden. Dies gilt wegen z. T. riesiger Fördermengen vor allem für tholeiitische Basalte. Neben unmittelbar an der Erdoberfläche erstarrten basaltischen Vulkaniten sind basaltische Gänge und Sills besonders bei tholeiitischen und ähnlich zusammengesetzten Gesteinen regional häufig. Basanite und Olivinnephelinite bauen eher kleinere Vulkankegel auf oder bilden, häufig zusammen mit pyroklastischem Material, die Füllung von erosiv angeschnittenen Förderschloten mit rundem Querschnitt. Die gegenüber umgebenden Sedimentgesteinen fast immer erosionsresistenteren Basalte der Schlotfüllungen ragen bei fortgeschrittener, flächenhafter Abtragung häufig als Schlotstiele über die Umgebung hinaus (Abb. 5.8).

Hinweise zur petrographischen Bestimmung

Im Gelände können angesichts fehlender chemischer Daten nicht alle basaltischen Gesteine zuverlässig unterschieden werden. Eine Einordnung in die jeweiligen Gruppen kann jedoch versucht werden, wenn die beobachtbaren Merkmale ausgenutzt werden. In Tab 5.3 sind die sinnvoll zu unterscheidenden primären, nicht wesentlich durch Differentiation geprägten Basalttypen im weiteren Sinne ihren makroskopischen Merkmalskombinationen gegenübergestellt. Ein Pluszeichen bedeutet häufige Erfüllung des Merkmals, ein Minuszeichen Nichterfüllung. Verdoppelung des Pluszeichens zeigt besondere Häufigkeit an.

Es gibt einen systematischen Zusammenhang zwischen dem jeweiligen Basalttyp gemäß Tab. 5.3 und dem partiellen Aufschmelzungsgrad des Mantelperidotits und der Mobilisationstiefe. Tholeiitische Magmen repräsentieren einen relativ hohen Aufschmelzungsgrad in Tiefenbereichen der obersten Mantelstockwerke. Über Alkali-Olivinbasalt und Basanit bis hin zum Olivinnephelinit nehmen die Aufschmelzungsgrade ab und die Mobilisationstiefe zu.

Basanit muss mindestens 10 Gew.-% normativen Olivin enthalten. In der Regel ist der Olivin makroskopisch in Form von Einsprenglingen auffindbar. Ein dem Basanit entsprechendes Gestein mit weniger als 10 Gew.-% normativem Olivin ist als Tephrit einzustufen. In solchem Fall ist Olivin gewöhnlich makroskopisch nicht erkennbar. **Limburgit** ist glasreicher Basanit. Basanit bzw. Limburgit führen neben Olivin immer schwarzen Augit, wobei die meist kleinen Einsprenglinge wegen Farbähnlichkeit mit der Grundmasse kaum auffallen. In einzelnen Vorkommen können schwarze Hornblende und Biotit hinzukommen.

Tabelle 5.3 Geländemerkmale wichtiger basaltischer Vulkanite im weiteren Sinne

	Begleitende Pyroklastite	Peridotitische Xenolithe	Plagioklas	Olivin
Tholeiitischer Basalt und High-Al-Basalt	–	–	++	–
Olivintholeiitischer Basalt	–	–	++	+
Alkali-Olivinbasalt	+	+	+	+
Basanit und Olivinnephelinit	++	++	–	++

5

Neben der in Tab. 5.3 dargestellten Einteilung sind bei bestimmten basaltischen Gesteinen auch Bezeichnungen üblich, die sich auf andere Merkmale, wie **besondere Gefüge** sowie den **Alterationszustand** beziehen.

Dolerite sind basaltisch zusammengesetzte Magmatite mit meist grob-ophitischem oder grob-intergranularem Gefüge (Abb. 5.25). Dolerite bilden Füllungen mächtigerer Sills oder Gänge.

Trachybasalte sind entweder Alkali-Olivinbasalte (Abb. 5.85) oder die ähnlich zusammengesetzten Alkalibasalte Hawaiit bzw. K-reicher Trachybasalt gemäß Tab. 5.2. Beide enthalten im Gegensatz zu vielen Alkali-Olivinbasalten gewöhnlich keine peridotitischen Xenolithe. Anders als übliche Alkali-Olivinbasalte können sie Plagioklaseinsprenglinge führen.

Alterierte basaltische Vulkanite enthalten sekundär gebildete Minerale wie vor allem Chlorit, Serpentin, Epidot, Albit, Karbonat, Hämatit und Titanit anstelle der primären Pyroxene, Olivine und Fe-Ti-Oxide sowie des Plagioklas. Solche Mineralbestände entstehen sowohl bei Alteration aufgrund hydrothermaler Beeinflussung als auch durch niedriggradige Metamorphose basischer Gesteine. Daher ist im konkreten Fall am ehesten am geologischen Gesamtzusammenhang zu erkennen, ob das fragliche Gestein Bestandteil einer metamorphen Gesteinsserie ist oder unabhängig von einer Metamorphose alteriert ist.

Ein deutlicher Hinweis auf Alteration statt Metamorphose ist das Fehlen von Anzeichen metamorpher Einwirkung in reaktionsfähigen Begleitgesteinen, oder ein Wechsel zwischen alterierten und unalterierten Vulkaniten in einer geschlossenen Abfolge. Alteration betrifft z. T. nur die Außenbereiche von z. B. Sills oder Gängen, während die Kernbereiche unalteriert erhalten geblieben sein können.

Bei Basalten in orogenen Gesteinsassoziationen ist eher davon auszugehen, dass die Veränderung des Mineralbestands metamorph bedingt ist, entweder aufgrund von Ozeanboden-Metamorphose oder orogener grünschieferfazieller Metamorphose.

Grünsteine sind basische metamorphe Gesteine, die trotz veränderten Mineralbestands z. T. noch magmatische Absonderungsformen oder Gefügemerkmale zeigen (Abb. 7.37, 7.38, Abschn. 7.3.2.1).

5.8.5 Andesitische Vulkanite

Zur Gruppe der andesitischen Vulkanite gehören: **Andesite, basaltische Andesite, Trachyandesite** und **basaltische Trachyandesite**. Die beiden letztgenannten Gesteine sind alkalireichere Sonderformen, gewöhnlich Differentiate, die mengenmäßig untergeordnete Bedeutung haben. Reichliches Vorkommen von Andesiten im engeren Sinne ist ein kennzeichnendes Merkmal kalkalkalischer Vulkanitserien. Andesite stimmen bezüglich chemischer Zusammensetzung und Mineralbestand mit ihren plutonischen Entsprechungen, den Dioriten, überein. Subvulkanische Andesite oder solche, die in Form mächtiger Gänge oder Sills auftreten, zeigen fließende Übergänge zu dioritischen Korngrößen.

Geologisches Vorkommen

Wie andere kalkalkalische Magmatite auch entstehen Andesite im engeren Sinne überwiegend an destruktiven Plattenrändern, an denen Subduktion stattfindet, d. h. in Inselbögen und kontinentalen magmatischen Bögen (aktive Kontinentalränder). Gewöhnlich kommen sie dort in großen Volumen vor. Sie können aber auch ohne erkennbaren Zusammenhang mit Subduktion in intrakontinentalen Becken im zeitlichen Anschluss an Orogenesen auftreten. Ein Beispiel hierfür ist das rotliegendzeitliche Saar-Nahe-Becken, das im Gefolge der Variszischen Orogenese entstanden ist. Effusive und subvulkanische Andesite bilden neben mengenmäßig überwiegenden Rhyolithen und auch anderen Vulkaniten einen wesentlichen Teil der Förderprodukte. Trachyandesite sind je nach spezifischer Art vorzugsweise an subduktionsgebundene, destruktive Plattenränder gebunden (Shoshonite) oder sie treten vorzugsweise im Inneren von Platten sowohl in kontinentalen Riftgebieten auf oder sind am Aufbau ozeanischer Inseln beteiligt.

Allgemeines Aussehen

Manche Andesite gleichen tholeiitischen Basalten, zu denen in Form von basaltischen Andesiten fließende Übergänge bestehen. Die Färbung unalterierter Andesite ist mittelgrau, tendenziell heller als für tholeiitische Basalte üblich (Abb. 5.90), doch gibt es auch nahezu schwarze Andesite, deren Grundmasse reichlich Glas enthält. Aufgrund von Alteration können Andesite grünliche, bräunliche oder rötliche Färbung angenommen haben (Abb. 5.92).

Mineralbestand

Der Mineralbestand der Grundmasse ist makroskopisch nicht erkennbar, in manchen Andesiten ist ein Glasgehalt an glatten Bruchflächen und entsprechendem Glanz erkennbar. Grundmasseminerale sind Plagioklas, bisweilen Quarz in geringen Mengen und mafische Minerale. Die meisten Andesite führen Einsprenglinge. Diese sind gewöhnlich Plagioklas und/oder Pyroxene und/oder Amphibol, manchmal kommt Biotit hinzu. Quarz tritt nicht als Einsprengling auf. Anders als in vielen Basalten fehlt Olivin gewöhnlich.

Gefüge

Porphyrische Gefüge sind für Andesite besonders üblich (Abb. 5.90, 5.91). Plagioklasein-

sprenglinge können Größen von mehr als 1 cm erreichen. Die Grundmassen sind oft dicht, sie erscheinen makroskopisch als homogene Massen. Manche Andesite enthalten Blasenhohlräume oder Mandeln aus hydrothermal gebildetem Material. Vor allem basaltische und subvulkanische Andesite zeigen gelegentlich gut ausgebildete intergranulare Gefüge.

Erscheinungsformen im Gelände

Andesitische Laven haben eine höhere Viskosität als basaltische. Daher bilden Andesite keine großflächig ausgedehnten Lavadecken oder Schildvulkane. In jungen Vulkangebieten sind relativ steil geböschte, oft sehr große, kegelförmige Vulkanbauten kennzeichnend, wenn Andesit samt begleitenden pyroklastischen Ablagerungen maßgeblich am Aufbau beteiligt ist (Abb. 5.6). Andesitische Lavaströme setzen sich kaum in der Ebene fort. Individuelle Andesit-Lavaströme neigen zu relativ geringer Flächenausdehnung und Anpassung auch ihrer internen Struktur an die Unebenheiten der Unterlage (Abb. 5.92). Häufig sind sie mit anderen kalkalkalischen Vulkaniten wie Daciten und Rhyolithen samt assoziierten pyroklastischen Ablagerungen verzahnt.

Gebirgs- und Hügellandschaften aus Andesiten und deren Begleitgesteinen sind oft reich an schroffen Felsbildungen.

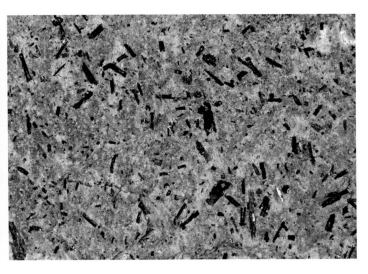

Abb. 5.90 Andesit mit schwarzen Hornblendeeinsprenglingen. Anatolien. BB 3,5 cm.

Abb. 5.91 Basaltischer Trachyandesit mit hohem Anteil von Plagioklaseinsprenglingen. Teneriffa, Kanarische Inseln. BB 9 cm.

Abb. 5.92 Andesitlavastrom, massig, den oberen Teil des Felsens im Hintergrund bildend. Der Lavastrom überdeckt geschichtete Lapillituffe. Der Lavastrom hat eine unebene Unterlage überflossen, erkennbar an dem Abtauchen des massigen Andesits über eine frühere Erosionskante mit erosiv gekappten Tuffschichten. Der Andesit und die Tuffe haben devonisches Alter (Old Red). St. Abb's Head, Nordseeküste, Südostschottland.

Hinweise zur petrographischen Bestimmung

Für die Bestimmung von Andesiten sind der geologische Rahmen und die mit Andesiten verbundenen Erscheinungsformen von besonderer Bedeutung. Ohne orogenen Rahmen, wozu Inselbögen und aktive Kontinentalränder gehören, treten Andesite im engeren Sinne nicht in bedeutender Menge auf. Für Trachyandesite gilt dies nicht. Einen wichtigen Hinweis auf die mögliche Anwesenheit von Andesiten können dacitische und rhyolithische Begleitgesteine geben, Letztere oft als Ignimbrite ausgebildet.

Die Bestimmung von Andesiten, speziell die Abgrenzung zu basaltischen Gesteinen allein anhand einer isolierten Gesteinsprobe ist oft problematisch. Wie bei Vulkaniten allgemein, entziehen sich die Grundmasseminerale der Bestimmung. Die Einsprenglingsminerale von Andesiten für sich, d. h. Plagioklase und Mafite entsprechen der Gesamtgesteins-Zusammensetzung von subalkalischen Basalten. Eine einigermaßen zuverlässige Einstufung als Andesit lässt sich unter Berücksichtigung der allgemein üblichen Kristallisationsabfolge subalkalischer Magmen erreichen. Hierbei ist davon auszugehen, dass die Einsprenglinge das früheste Kristallisat des Magmas repräsentieren, die Grundmasse späteres. Die Grundmasse besteht dann gewöhnlich aus weiterem Plagioklas und auch Quarz samt möglicherweise Kalifeldspat. Wenn die Grundmasse einen Glasanteil enthält, ist dessen Zusammensetzung rhyolithnah oder rhyolitisch. Insgesamt tendiert die Grundmasse zu saureren Zusammensetzungen als die Einsprenglingsfraktion. Eine ungefähre Abschätzung der wahrscheinlichen Gesamtzusammensetzung weist dann in den Bereich andesitischer Zusammensetzungen.

Chemisch definierte, im weiteren Sinne andesitische Gesteine, die in die trachyandesitischen Felder des TAS-Diagramms fallen, sind Mugearit, Shoshonit, Benmoreit und Latit gemäß Tab. 5.2. Die meisten dieser Gesteine sind weder häufige, noch makroskopisch einigermaßen sicher bestimmbare, alkalireichere Gesteine. Sie kommen nur in entsprechend entwickelten Vulkangebieten, oft in anorogenem Rahmen vor. Nur Shoshonit ist normaler Bestandteil subduktionsgebundener Inselbögen und aktiver Kontinentalränder. **Latit** ist der einzige Trachyandesit der TAS-Klassifikation, der auch im QAPF-Doppeldreieck vorgesehen ist. Latit wird in Abschn. 5.8.7 beschrieben, soweit er makroskopisch fassbar ist. **Mugearite** sind feldspatreiche, basaltähnliche Vulkanite, die in typischer Ausbildung Plagioklas- und Augiteinsprenglinge führen. Anorthoklas und Olivin können vorkommen. **Shoshonite** sind ebenfalls feldspatreiche basaltische bis andesitische Vulkanite, die Kalifeldspat oder K-reiche ternäre Feldspäte, Augit und z. T. Olivin führen. **Benmoreite** sind relativ helle, oft anorthoklas- und plagioklasreiche Vulkanite. Zur Bestimmung der in diesem Absatz genannten Gesteine ist die nähere Untersuchung von mitgenommenen Proben unerlässlich, außer wenn ein regional oder lokal spezifisch ausgebildetes Gestein an individuellen Merkmalen durch Vergleich mit Referenzproben oder -beschreibungen erkennbar ist. Ein Beispiel hierfür sind als sog. Rhombenporphyre ausgebildete Latite Südnorwegens.

Hinweise zur Unterscheidung Basalt/Andesit

Basalt im engeren Sinne und Andesit belegen das gleiche Feld im QAPF-Doppeldreieck. Beide sind im unalterierten Zustand durchweg schwarzgraue oder graue Gesteine mit hellerer oder dunklerer Tönung. Besonders tholeiitische Basalte und manche Andesite können einander sehr ähneln. In der Tendenz sind Andesite jedoch reicher an Plagioklaseinsprenglingen.

Die für die entsprechenden Plutonite Gabbro bzw. Diorit gültige Unterscheidungsregel nach dem Anorthitgehalt des Plagioklas gilt gleichermaßen für Andesite (An < 50) und Basalte (An > 50). Sie ist aber in der makroskopischen Bestimmungspraxis nicht anwendbar. Dies liegt neben der Unmöglichkeit der Bestimmung des Anorthitgehalts mit makroskopischen Methoden auch daran, dass Plagioklaseinsprenglinge und -grundmassekristalle im gleichen Gestein meist unterschiedliche Anorthitgehalte haben und dass die Einsprenglinge obendrein zonar gebaut sind, d. h. vom Kern nach außen abnehmende Anorthitgehalte aufweisen. Es gibt daher keinen einfach festlegbaren Anorthitgehalt. Eine alternativ mögliche, jedoch nur unter Vorbehalt gültige Unterscheidung nach der Farbzahl scheitert ebenso an der fehlenden Möglichkeit der quantitativen Festlegung mit makroskopischen Methoden. Nach IUGS-Empfehlung gilt eine Farbzahl M′, d. h. ein prozentualer Volumenanteil tatsächlich dunkler Minerale von 35 als Abgrenzung zwischen Basalt (M′ > 35) und Andesit (M′ < 35). Die Bestimmung ist nur mikroskopisch möglich.

Im Gelände ist es am sinnvollsten, auf möglichst viele sonstige Unterscheidungsmerkmale zu achten, wie sie nachfolgend zusammengestellt sind. Hierbei reicht ein Merkmal für sich nicht zur Unterscheidung aus. Es sind jedoch auch nicht alle Merkmale am gleichen Vorkommen ausgebildet. Einzelne Merkmale können sich gegenseitig ausschließen.

Hinweise auf das Vorliegen von Andesit statt Basalt:

- Steil geböschte, kegelförmige Vulkangebäude (Abb. 5.6)
- Kurze, oft stark geneigte Lavaströme
- Säulengliederung fehlend oder unvollkommen mit Säulendurchmessern im Meter-Maßstab
- Verknüpfung mit Daciten in oft bedeutender Menge

- Verknüpfung mit ausgedehnten pyroklastischen Ablagerungen (Abb. 5.92)
- Plagioklasreichtum, besonders in Form von Einsprenglingen (Abb. 5.91)
- Hornblendeeinsprenglinge neben oder statt Pyroxen (Abb. 5.90)
- Kaum Olivin
- Oft (nicht immer) mittel- bis hellgraue Tönung, tendenziell heller als Basalt (Abb. 5.90)

Hinweise auf das Vorliegen von Basalt statt Andesit:

- Ausgedehnte Lavadecken oder flach geböschte Schildvulkane (Abb. 5.4, 5.7)
- Pillowabsonderung (Abb. 5.14)
- Auftreten in Form schmaler Gänge (Abb. 5.10)
- Vorkommen als einziger Vulkanit oder in Assoziation mit Rhyolith
- Säulengliederung mit Säulendurchmessern im Maßstab weniger Dezimeter (Abb. 4.3, 5.12, 5.82)
- Fehlende oder geringfügige pyroklastische Ablagerungen
- Olivin als wesentlicher Bestandteil, außer in manchen tholeiitischen Basalten (Abb. 5.89)
- Meist mittel- bis dunkelgraue Tönung, tendenziell dunkler als Andesit (Abb. 5.84, 5.85, 5.89)

5.8.6 Rhyolithische und dacitische Vulkanite

Zu den rhyolithischen und dacitischen Vulkaniten gehören **Rhyolithe, Alkalifeldspatrhyolithe, Dacite** und die nur chemisch definierten **Trachydacite**. Die rhyolithischen und dacitischen Vulkanite entsprechen mit ihren chemischen Zusammensetzungen und Mineralbeständen den granitoiden Plutoniten Granit, Granodiorit und Tonalit. **Rhyodacit** als zwischen Rhyolith und Dacit vermittelndes Gestein findet sich in manchen Beschreibungen, ist aber in der gültigen IUGS-Klassifikation nicht vorgesehen. Er entspricht Monzogranit (Abschn. 5.7.3) unter den Plutoniten.

Rhyolithe repräsentieren die bei niedrigstmöglichen Temperaturen auskristallisierende, SiO_2-gesättigte, silikatische Magmenzusammensetzung, die einer Kombination von Quarz und Kalifeldspat entspricht. Diese Tatsache ermöglicht die Bestimmung aller Rhyolithe mit erkennbaren Einsprenglingen von Quarz und Kalifeldspat neben möglicherweise etwas Biotit allein anhand dieser Einsprenglinge. Die makroskopisch nicht bestimmbare, feinkörnige Grundmasse kann dann aus nichts anderem mehr als fast ausschließlich Quarz und Kalifeldspat bestehen. Dacite vermitteln bezüglich Zusammensetzung und Erscheinungsbild zwischen Rhyolithen und Andesiten.

Geologisches Vorkommen

Rhyolithe und Dacite sind wie ihre plutonischen Entsprechungen überwiegend Produkte von Magmen, die durch Teilaufschmelzung von Material kontinentaler Kruste und innerhalb entwickelter Inselbögen entstehen. Rhyolithe können anders als Dacite auch als vulkanisches Äquivalent von anorogenen Graniten (A-Typ-Granite) im Zuge von bimodalem, riftbedingtem Intraplattenmagmatismus entstehen. Der Gegenpol sind dann basaltische Gesteine. Große Mengen rhyolithischer Vulkanite und Subvulkanite sind in Mitteleuropa während des Perm, im Anschluss an die variszische Orogenese gefördert worden, je nach Region mit oder ohne begleitende andere Vulkanite. Kleine Mengen von Rhyolith in Intraplattenbereichen können Differentiate basaltischer Ausgangsmagmen sein. Dacite sind typischerweise gemeinsam mit Andesiten und möglichen weiteren Begleitgesteinen wie Basalten und Rhyolithen Bestandteil von Magmatitassoziationen kalkalkalischer Vulkanprovinzen.

Rhyolithe und Dacite sind weniger verbreitet als ihre plutonischen Entsprechungen oder als basaltische Vulkanite. Die Hauptmenge rhyolithischen und dacitischen Magmas, das die Oberfläche erreicht, wird in Form von pyroklastischen Ablagerungen großflächig ausgebreitet. Effusive Rhyolithe und Dacite bilden am ehesten kurze Lavaströme oder auf den Förderort beschränkte Lavadome. Das Gestein ist dann oft glasreich oder bis auf mögliche Einsprenglinge glasig erstarrt.

Bei Rhyolithen und auch Daciten muss man immer in Betracht ziehen, dass sie nicht effusiv

5

Abb. 5.93 Dacit mit hohem Anteil von Feldspateinsprenglingen. Plagioklas und Kalifeldspat sind auf dem Foto nicht unterscheidbar. Poieni (Fundortangabe ungar. Kissebes) bei Huedin, Siebenbürgen, Rumänien. BB 6 cm.

sondern ignimbritisch sind (Abschn. 5.9). Wenn spezifische ignimbritische Gefüge fehlen, kann die Form des Vorkommens Aufschluss geben. Eine über mehrere Quadratkilometer ausgebreitete Rhyolithdecke wird mit größter Wahrscheinlichkeit nicht effusiv, sondern ignimbritisch sein. Vorkommen von voll auskristallisiertem Rhyolith oder Dacit mit Mächtigkeiten im Hundertmeter-Bereich sind am ehesten subvulkanischer Entstehung. Im Gelände kann dies direkt beobachtbar sein, z. B. wenn überlagerndes Nebengestein Kontakteinwirkung zeigt oder bei der Platznahme des Magmas am Außenkontakt emporgeschleppt ist.

Allgemeines Aussehen

Dacite und besonders Rhyolithe sind bei glasfreier Zusammensetzung hell aussehende, massig auftretende Vulkanite. Dacite sind oft besonders einsprenglingsreich (Abb. 5.93). Säulengliederung tritt nur gelegentlich auf und ist dann weniger vollkommen und gröber entwickelt als normalerweise bei Basalten. Häufiger ist bankige, plattige oder unregelmäßige Absonderung. Die Farben variieren zwischen dunkelgrau bei manchen Daciten über hellgrau, sowohl bei Daciten als auch Rhyolithen (Abb. 5.94), zu blassrötlich bis tiefrot. Rotfärbung tritt besonders bei Rhyoli-

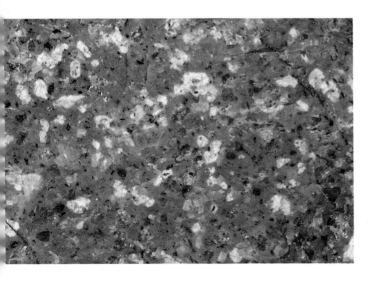

Abb. 5.94 Rhyolith mit Feldspat- und Quarzeinsprenglingen. Porphyrisch-aphanitisches Gefüge. Ohne Fundortangabe. BB 7,5 cm.

Abb. 5.95 Rhyolith, aphyrisch (felsitisch). Gipfelplateau des Donnersbergmassivs bei Kirchheimbolanden, Pfalz. BB 3,5 cm.

then häufig auf (Abb. 5.1, 5.2). Sie ist gewöhnlich ein Hinweis auf Alterationseinwirkung. Diese ist in Rhyolithen eher die Regel als die Ausnahme. Häufig ist die Farbintensität schlierig oder fleckig verteilt (Abb. 5.34, 5.96). Rhyolithe wie auch Dacite enthalten häufig dunklere Xenolithe aus basischerem Material (Abb. 5.1). Die Rhyolithe einzelner Vorkommen sind aphyrisch (einsprenglingslos) ausgebildet (Abb. 5.95). Rhyolithische und auch dacitische Glasgesteine können als Obsidiane, Pechsteine, Perlite oder pyroklastische Ablagerungen entwickelt sein (Abschn. 5.8.12).

Mineralbestand

Rhyolithe und Dacite haben abgesehen von unterschiedlichen Mengenverhältnissen von Plagioklas zu Kalifeldspat ähnliche, relativ monotone Mineralbestände. Makroskopisch erkennbar, d.h. als Einsprenglinge, können **Quarz**, **Kalifeldspat**, **Plagioklas** und Mafite auftreten. Der Kalifeldspat ist Sanidin oder besonders in Subvulkaniten auch Orthoklas. Häufigstes mafisches Mineral ist **Biotit**, der matt statt glänzend erscheinen kann. Ursache hierfür ist der Abfall des Wasserdampfdrucks im Magma im Zuge der Eruption, was die Destabilisierung der Biotit-Kristallstruktur (Verlust der OH-Gruppen) zur Folge hat. Weitere Mafite sind am ehesten **Hornblende**, seltener Pyroxene, die beide in Daciten häufiger als in Rhyolithen vorkommen. Die makroskopisch nicht

unterscheidbaren Pyroxene können Augit, Pigeonit oder Orthopyroxen sein. In einzelnen Vorkommen treten roter Granat oder makroskopisch nicht erkennbarer Fayalit auf. Letzterer vor allem in stark alkalibetonten Rhyolithen. Diese können langgestreckt ausgebildete Alkalipyroxene oder -amphibole führen.

Die vorläufige **Unterscheidung zwischen Rhyolith und Dacit** hängt an der Abschätzung des Mengenverhältnisses von Plagioklas zu Kalifeldspat. Dies kann jedoch allein auf Grundlage der Bestimmung der Einsprenglinge nicht auf das Gestein insgesamt übertragen werden. Es ist damit zu rechnen, dass in der Grundmasse mehr Kalifeldspat und weniger Plagioklas enthalten ist als unter den Einsprenglingen. Dies bedeutet für Dacit, dass unter den Feldspateinsprenglingen Plagioklas zu mehr als 60 % überwiegen sollte. Bei der Bestimmung kommt es darauf an, die Spaltflächen der eher kleinen Feldspateinsprenglinge intensiv nach polysynthetischer Verzwillingung abzusuchen oder auf mögliche Alteration zu achten, vor allem auf Grüntönung.

Gefüge

Die allermeisten Rhyolithe und Dacite haben porphyrisches Gefüge. Rhyolithe, Dacite und Trachyte können als die Porphyre schlechthin angesehen werden. Allerdings sind Einsprenglingsgrößen von über 1 cm die Ausnahme und auf einen geringen Teil der Vorkommen be-

Abb. 5.96 Steilwand aus subvulkanischem Rhyolith. Die Farbunterschiede zwischen rot und gelblich-grau bilden einen internen Schlierenbau der Intrusion ab. Natürliche Felswand über einem Prallhang der Nahe. Rothenfels bei Bad Münster am Stein, Nahebergland.

schränkt. In vielen Vorkommen sind die Einsprenglinge unauffällig, entweder weil sie nur wenige Millimeter Größe erreichen und/oder weil sie sich farblich nicht von der einbettenden Grundmasse abheben. Dies gilt für die in Rhyolithen oft als Einsprenglinge dominierenden Kalifeldspäte. Quarzeinsprenglinge fehlen im Gegensatz zu Feldspateinsprenglingen häufig in Daciten wie auch z. T. in Rhyolithen.

Während die Feldspäte und Biotit oft deutlich zur Idiomorphie tendieren, sind idiomorphe Quarze nicht die Regel. Häufiger sind die Quarze rundlich, mit oder ohne Einbuchtungen der Oberfläche.

Erscheinungsformen im Gelände

Rhyolithe und Dacite in nichtpyroklastischer Ausbildung sind besonders erosionsresistent. Daher bilden größere Vorkommen an Talflanken und Berghängen gewöhnlich massive, schroffe Felsen mit steilen Wänden. Die größte außeralpine Steilwand Deutschlands, der 200 m hohe und 1,2 km lange Rothenfels (Abb. 5.96) an der Nahe bei Bad Münster am Stein besteht aus subvulkanischem Rhyolith (Kreuznacher Porphyr).

Hinweise zur petrographischen Bestimmung

Rhyolithe sind sicher bestimmbar, wenn Quarz und Kalifeldspäte wesentlichste Einsprenglinge sind. Grundlage der Bestimmung ist in diesem, nur für solche Rhyolithe gültigen Fall, dass deren Einsprenglings-Mineralkombination den niedrigsten Bereich der Kristallisationstemperaturen in silikatischen Magmen repräsentiert. Wenn schon die Einsprenglinge niedrigste Kristallisationstemperaturen dokumentieren, kann die anschließend kristallisierte oder erstarrte Grundmasse nicht wesentlich anders zusammengesetzt sein, weil die Temperatur bei der Kristallisation oder Erstarrung an der Erdoberfläche niemals ansteigt. Ein Vulkanit mit Einsprenglingen aus nur den Mineralen, die Rhyolith insgesamt zusammensetzen, ist trotz der nicht bestimmbaren Grundmasse tatsächlich Rhyolith. Für Dacit gilt Ähnliches, wenn Quarz und Plagioklas neben oder ohne Kalifeldspat die wesentlichen Einsprenglinge sind. Allerdings ist in der Grundmasse ein höherer Anteil von Kalifeldspat zu erwarten als die Einsprenglinge anzeigen. Das Gestein könnte auch ein Rhyolith sein. In Dacit sollte im Unterschied zu Rhyolith Plagioklas unter den Feldspateinsprenglingen deutlich dominieren. Die Abgrenzung zwischen Dacit und Rhyolith ist makroskopisch nicht präzise fassbar.

Rhyolithe oder Dacite ohne Quarzeinsprenglinge kommen häufig vor. Sie sind makroskopisch nicht sicher bestimmbar. Verwechslungen vor allem mit trachytischen oder latitischen Gesteinen lassen sich nur mit mikroskopischen oder chemischen Untersuchungen zuverlässig vermeiden.

5

5.8.7 Trachytische und latitische Vulkanite

Die Gruppe der trachytischen und latitischen Vulkanite besteht gemäß der Felderteilung des QAPF-Doppeldreiecks aus **Trachyt, Alkalifeldspattrachyt** und **Latit** mit den jeweiligen quarzführenden und foidführenden Varietäten. Sie entsprechen von der Zusammensetzung her syenitischen und monzonitischen Plutoniten. Zu beachten ist, dass die Gesteinsbenennungen der chemischen Klassifikation nach dem TAS-Diagramm nur teilweise mit denen im QAPF-Diagramm übereinstimmen. Latit kommt im TAS-Diagramm nicht vor. Die ungefähre Entsprechung in der TAS-Klassifikation ist Trachyandesit.

Geologisches Vorkommen

Trachytische und latitische Vulkanite und Subvulkanite sind seltener als Rhyolithe oder gar Basalte. Beispiele gibt es dennoch mit Ausnahme von mittelozeanischen Rücken in nahezu allen wesentlichen geotektonischen Milieus, in denen Vulkanismus möglich ist. Dies können subduktionsbedingte Vulkanprovinzen an aktiven Kontinentalrändern sein, ozeanische Inseln oder riftgebundene Vorkommen in kontinentalen Intraplattenregionen.

Allgemeines Aussehen

Bezüglich der Farben und Absonderungsformen gibt es keine spezifischen Merkmale, sondern eine weite Variabilität. Trachyte sind überwiegend helle, weißlich bis gelblich grau getönte Gesteine. Daneben gibt es viele Beispiele von meist subvulkanischen, durch Alteration bräunlich oder rötlich bis tiefrot gefärbten Trachyten (Abb. 5.97). Latite sind meist grau oder auch bräunlich gefärbt. Glasführende Varietäten zeigen entsprechenden Glanz. Trachyte können weitgehend bis vollkommen glasig ausgebildet sein.

Mineralbestand

Im Unterschied zu vielen Rhyolithen und Daciten führen trachytische und latitische Vulkanite **keine Quarzeinsprenglinge**. Feldspateinsprenglinge sind hingegen häufig, nicht selten in auffälliger Größe bis hin zu einigen Zentimetern. Andererseits gibt es viele Beispiele mit sehr kleinen Einsprenglingen. **Trachyte** sind besonders feldspatreiche Gesteine. Alkalifeldspat jeglicher Art dominiert. In geologisch jungen, bzw. von keiner Metamorphose berührten Vorkommen ist dies oft farbloser **Sanidin**, der häufig glasklar-transparent und idiomorph ausgebildet ist (Abb. 5.98). Trachytische Subvulkanite und geologisch ältere Trachyte führen stattdessen Orthoklas, der sich von Sanidin durch weiße oder rötliche Färbung und fehlende Transparenz unterscheidet. Statt Kalifeldspat kann Anorthoklas auftreten.

Abb. 5.97 Trachyt, aufgrund von Alteration rot. Plattige Absonderung in der Nähe des Außenkontakts. Eildon Hills bei Melrose, Südschottland.

5

Abb. 5.98 Trachyt mit Sanidineinsprenglingen. Agios Paraskevi, Samothraki, Griechenland. BB 12 cm.

In **Latiten** kann sowohl Plagioklas als auch Alkalifeldspat wichtigster Einsprenglingsfeldspat sein, oder Anorthoklas kann allein die Feldspateinsprenglinge bilden. Ein bekanntes Beispiel hierfür sind die **Rhombenporphyre** Südnorwegens (Abb. 5.99). Die im typischen Fall im Schnitt rhombenförmigen Einsprenglinge sind deutlich zonar gebaut, wobei die äußeren Randsäume dann aus Kalifeldspat bestehen. Mafische Minerale bilden zumeist nur kleine Einsprenglinge von höchstens einigen Millimetern Größe. In Trachyten können Augit, Hornblende, Biotit oder länglich ausgebildete Alkalipyroxene bzw. Alkaliamphibole auftreten. Die mafischen Minerale in Latiten sind vorzugsweise gedrungenere, schwarze Pyroxene, Hornblende oder Biotit, in manchen Beispielen auch Olivin. Trachyte wie auch Latite führen oft Glas in der Grundmasse.

Gefüge

Viele Trachyte und Latite haben ausgeprägt porphyrische Gefüge, andere sind frei von auffälligen Einsprenglingen. Die Feldspateinsprenglinge bilden bei tafeliger Ausbildung oft laminares Fließen des hochviskosen Magmas bzw. der Lava in Form von paralleler Einregelung ab. Diese Einregelung der Einsprenglinge geht bei Feldspatreichtum der Grundmasse mit makroskopisch kaum erkennbarem trachytischem Gefüge in der Grundmasse einher.

Abb. 5.99 Rhombenporphyr mit z. T. rhombenförmigen Querschnitten von Anorthoklas. Porphyrisch-aphanitisches Gefüge. Glazialgeschiebe, Landesteil Schleswig. Herkunft: Oslogebiet, Südnorwegen. BB 10 cm.

5 Erscheinungsformen im Gelände

Trachyte bilden wegen hoher Viskosität des Magmas lokalisierte vulkanische oder subvulkanische Körper. Dies können kurze, oft als Obsidian ausgebildete Lavaströme sein, aber auch Dome, Quellkuppen oder subvulkanische Intrusionen. Latite können ausgedehntere Lavadecken bilden. Besonders für Trachytvorkommen sind steile, felsige Flanken der gewöhnlich morphologisch hervortretenden Vorkommen üblich.

Hinweise zur petrographischen Bestimmung

Trachyte und Latite zeigen eine ebenso große Variabilität der Merkmale innerhalb ihrer jeweiligen Gesteinsgruppe wie gegenüber den im QAPF-Diagramm benachbarten Vulkaniten wie z. B. Rhyolithen, Daciten oder Phonolithen. Bei der Bestimmung kommt es vor allem auf die Beachtung der Mengenverhältnisse der Einsprenglinge an. Die zuverlässige Abgrenzung zu Rhyolithen, Daciten, Andesiten oder Phonolithen kann die nähere Untersuchung mitgenommener Proben erfordern.

5.8.8 Phonolithische Vulkanite

Der Name Phonolith bedeutet **Klingstein**. Der Grund für diese Bezeichnung ist die Eigenschaft vieler, wenn auch nicht aller Phonolithe, in Form dünner, großflächiger Platten beim Anschlagen einen glockenartigen Klang abzugeben. Die Tonhöhe hängt von den Resonanzbedingungen und damit von der Plattengröße ab. Für die Gesteinsbestimmung ist diese Eigenschaft kaum einsetzbar, weil Phonolithstücke in den üblichen Größen von Gesteinsproben diese Eigenschaft nicht erkennen lassen. Auch gibt es andere Gesteine, die die gleiche Eigenschaft haben.

Zur den phonolithischen Vulkaniten gehören gemäß QAPF-Diagramm **Phonolith** und **tephritischer Phonolith**. In der chemischen TAS-Klassifikation ist außer ebenfalls Phonolith **Tephriphonolith** definiert, der nicht präzise tephritischem Phonolith der QAPF-Einteilung entsprechen muss. So kann konkreter Tephriphonolith nach modalem Mineralbestand auch Trachyt oder Phonolith sein. **Tinguait** ist ein phonolithisches bzw. foidsyenitisches Gestein von subvulkanitischem Charakter, das entweder gangförmig oder auch als Randfazies am Außenkontakt von größeren Intrusionen auftritt.

Geologisches Vorkommen

Phonolithische Vulkanite sind wie ihre plutonischen Entsprechungen, die Foidsyenite und Foid-Monzosyenite, überwiegend an anorogene Intraplattenregimes gebunden. Mehrheitlich treten Phonolithe innerhalb von Kontinenten auf, aber sie können auch am Aufbau ozeanischer Inseln beteiligt sein. Eine Region in der in orogenem Umfeld K-betonte Phonolithe neben anderen Alkaligesteinen vorkommen, ist das mittelitalienische Vulkangebiet um Rom. In jungen Vulkangebieten gehören phonolithische Gesteine zu den begleitenden Differentiaten von Alkalibasalten. In kratonischer Umgebung können Phonolithe als Bestandteil anorogener Alkaligesteins-Ringkomplexe vorkommen. Begleitgesteine sind dann nicht Alkalibasalte, sondern foidsyenitische Plutonite.

Allgemeines Aussehen

Typische Phonolithe sind hellgraue, oft grünlich getönte, dichte Gesteine. Braun oder rot gefärbte Beispiele sind regional gebundene Ausnahmen. Phonolithe zeigen oft eine für Vulkanite ungewöhnliche Neigung zu dünnplattiger Absonderung, die auf angewitterten Oberflächen besonders deutlich wird. Manche Phonolithe ähneln diesbezüglich Schiefern, ohne dass Glimmer oder andere Schichtsilikate zum Mineralbestand gehören. Beim Anschlagen mit einem Hammer in Richtung der Teilbarkeitsflächen lassen sich oft große Platten mit Dicken von nur wenigen Zentimetern gewinnen. Solche Platten können durch vorsichtiges Anschlagen zum Klingen gebracht werden.

Mineralbestand

Viele Phonolithe lassen nur sehr kleine oder kaum Einsprenglinge erkennen. Ebenso gibt es aber auch Beispiele mit bis zu zentimetergroßen Einsprenglingen von vor allem **Sanidin**. Feldspatvertreter, die meist nur unscheinbarere Einsprenglinge bilden, sind vor allem **Nephelin**, daneben **Leucit** und Minerale der **Sodalith-gruppe**. Letztere können wegen ihrer blauen oder blaugrauen Färbung trotz geringer Korngrößen auffällig sein. Leucit zeigt angenähert kreisrunde Querschnitte.

Zur präzisen Kennzeichnung von Phonolith ist es üblich, den dominierenden Feldspatvertreter in den Namen einzubeziehen. Beispiele hierfür sind Leucitphonolith oder Hauynphonolith. Phonolith ohne zusätzliche Nennung eines Feldspatvertreters bezeichnet Phonolith mit Nephelin als dominierendem Feldspatvertreter.

Die häufigsten, meist sehr kleinen mafischen Einsprenglinge sind idiomorphe, leistenförmige, **schwarzgrüne Alkalipyroxene**. Diese sind auch als wesentlicher mafischer Bestandteil der Grundmasse für die oft grünliche Tönung der Gesteinsfarbe verantwortlich (Abb. 5.100). Neben Alkalipyroxenen können, makroskopisch kaum von ihnen unterscheidbar, Alkaliamphibole vorkommen. In manchen Vorkommen kann augitischer Klinopyroxen idiomorphe, schwarze Einsprenglinge bilden (Abb. 5.101).

Gefüge

Viele Phonolithe zeigen die oben beschriebene dünnplattige Teilbarkeit. Neben sehr einsprenglingsarmen, fast schieferartig wirkenden Phonolithen gibt es Vorkommen mit ausgeprägt porphyrischen Gefügen. Wenn leistenförmig ausgebildete mafische Minerale erkennbar sind,

zeigen diese oft eine deutliche Einregelung in der Ebene der bevorzugten Teilbarkeit.

Erscheinungsformen im Gelände

Die hohe Viskosität phonolithischer Magmen bedingt ein vorzugsweises Auftreten von Phonolith in Form von über dem Förderort lokalisierten, oft steilen, felsigen Bergkuppen, die entweder freigelegte Schlotfüllungen oder Quell- bzw. Staukuppen sind (Abb. 5.102).

Hinweise zur petrographischen Bestimmung

Phonolithe sind recht sicher erkennbar, wenn sie eine schieferungsähnlich wirkende, plattige Gliederung und Teilbarkeit zeigen. Bei zusätzlich grünlich-grauer Färbung und dem Vorkommen grünlich-schwarzer, leistenförmiger Mafitkristalle ist die Bestimmung als Phonolith recht sicher, auch wenn kein Feldspatvertreter zu erkennen ist. Deren Vorkommen ist oft auf die Grundmasse beschränkt. Für die Unterscheidung zwischen Phonolith im engeren Sinne und tephritischem Phonolith bzw. Tephriphonolith ist man auf Mikroskopie bzw. chemische Analysen angewiesen. Als Gesteine, die zwischen Phonolith und Tephrit vermitteln, sehen tephritische Phonolithe tendenziell dunkler aus als gewöhnliche Phonolithe.

Außer Phonolithen mit hellgrauer bis grünlich-grauer Färbung kommen Beispiele mit stark abweichender Färbung und auch besonderen

Abb. 5.100 Phonolith mit Tendenz zu plattiger, unvollkommen schieferungsähnlicher Teilbarkeit. Die Blickrichtung ist senkrecht zur Teilbarkeitsebene eingestellt. Berg Hněvín, am nördlichen Stadtrand von Most (Brüx), České středohoří (Böhmisches Mittelgebirge), Tschechien. BB 7,5 cm.

5

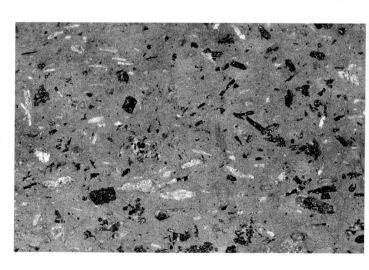

Abb. 5.101 Tephriphonolith aus grauer Grundmasse und schwarzen Einsprenglingen von Klinopyroxen. Porphyrisch-aphanitisches Gefüge. Die weißen Flecken sind Analcim, der als hydrothermale Bildung nicht zum magmatischen Mineralbestand gehört. Ústí nad Labem (Aussig an der Elbe), Tschechien. BB 4 cm.

Abb. 5.102 Phonolithkuppen. Blick vom Berg Hněvín am nördlichen Stadtrand von Most (Brüx), Tschechien nach Osten auf den Südteil des Böhmischen Mittelgebirges (České středohoří). Die beiden nächstgelegenen Kuppen bestehen aus Phonolith. Vorn: Špičák (399 m), hinten und nach rechts versetzt: Zlatník (521 m).

Mineralbeständen vor. Ein Beispiel hierfür ist der in Abb. 5.103 gezeigte subvulkanische Phonolith vom Schellkopf in der Osteifel. Seine Merkmale, hellbraune Grundmasse und graublaue Noseaneinsprenglinge, sind vorkommensspezifisch.

5.8.9 Tephritische Vulkanite

Zu den tephritischen Vulkaniten gehören nach der QAPF-Klassifikation auf Grundlage des modalen Mineralbestands **Tephrit** und **phonolithischer Tephrit**. In der chemischen TAS-Klassifikation sind Tephrit und anstelle phonolithischen Tephrits **Phonotephrit** vorgesehen.

Geologisches Vorkommen

Tephrite sind überwiegend an anorogene Alkalimagmatitprovinzen im Inneren von Platten gebunden. Ein Beispiel für eine orogene, geotektonisch komplexe Region, in der spezifische, K-reiche Tephrite auftreten, ist die mittelitalienische Vulkanprovinz. Übliche Begleitgesteine von Tephriten sind Alkalibasalte und andere daraus abzuleitende Differentiate wie z. B. Phonolithe und Foidite.

Allgemeines Aussehen

Tephritische Vulkanite haben allgemein ein basaltähnliches Aussehen. Sie sind als Produkte

5

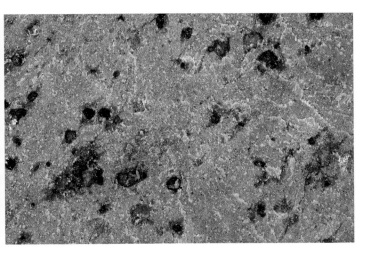

Abb. 5.103 Noseanphonolith (Lokalname: Selbergit) mit grau-blauen Einsprenglingen von Nosean und einzelnen farblos-transparenten Sanidineinsprenglingen. Subvulkanit vom Schellkopf bei Brenk, Osteifel. BB 3,5 cm.

magmatischer Differentiation in Bezug auf Detailmerkmale, wie sie vor allem durch unterschiedliche Einsprenglingsführung und Einsprenglingsgrößen bedingt sind, vielgestaltig. Jedoch ist die Färbung durchweg basaltähnlich dunkelgrau (Abb. 3.23).

Mineralbestand

Wenn Einsprenglinge vorkommen, dominieren gewöhnlich schwarze, idiomorphe Augite. Olivin kommt nur in geringer Menge vor, meist fehlt er. Mit zunehmendem Olivingehalt geht Tephrit, der definitionsgemäß weniger als 10 Gew.-% normativen Olivin enthalten muss, in Basanit über. Amphibole und Biotit sind selten. Helle Minerale, die gelegentlich als Einsprenglinge auftreten können, sind Nephelin, Leucit, Analcim und Feldspatvertreter der Sodalithgruppe (Abb. 3.23).

Gefüge

Tephrite sind meist einsprenglingsarm oder auch frei von Einsprenglingen. Die Grundmassen sind nicht selten von Poren durchsetzt, die durch Zeolithminerale ausgekleidet sein können.

Erscheinungsformen im Gelände

Tephrite sind im Gelände mit basaltischen Gesteinen im weiteren Sinne verwechselbar. Sie können massig, mit weitständiger Kluftgliederung oder auch mit säuliger Absonderung auftreten. Wie Basalte können sie bei ausreichendem Volumen kilometerlange Lavaströme bilden. Ebenso kommen Schlacken und pyroklastische Ablagerungen tephritischer Zusammensetzung vor.

Hinweise zur petrographischen Bestimmung

Tephrit ist in Betracht zu ziehen, wenn basaltartiges, dunkelgraues vulkanisches Gestein sowohl arm an Olivin als auch an Plagioklas ist. Als Folge fehlen selbst Ansätze von ophitischem oder intergranularem Gefüge. Peridotitische Xenolithe kommen in Tephrit nicht vor. Wenn zusätzlich Feldspatvertreter vorkommen, liegt eine Einstufung als Tephrit zumindest nahe. Phonolithischer Tephrit ist tendenziell heller.

5.8.10 Foiditische Vulkanite

Foiditische Vulkanite sind vergleichsweise seltene, nichtultramafische Gesteine, deren Anteil heller Minerale zu mindestens 60 Vol.-% aus Feldspatvertretern jeglicher Art besteht. Zu der Gruppe gehören gemäß der Felderteilung des QAPF-Doppeldreiecks für Vulkanite **Foidite im engeren Sinne** mit mindestens 90 Vol.-% Foiden unter den hellen Mineralen sowie **tephritischer Foidit** und **phonolithischer Foidit**, die 10–40 Vol.-% Feldspäte unter den hellen Mineralen enthalten. Ab einem Anteil heller Minerale unter

10 Vol.-% gehen Foidite in Pikrit oder Meimechit über (Abschn. 5.8.11).

Statt den allgemeinen Begriff Foidit zu benutzen, soll nach Möglichkeit der Name des jeweils dominierenden Feldspatvertreters in den Gesteinsnamen eingehen: z. B. Leucitit oder Nephelinit. Olivinnephelinit ist in Abschn. 5.8.4 zusammen mit den basaltischen Vulkaniten beschrieben worden, weil bezüglich der Geländemerkmale und der Regeln des Vorkommens größere Gemeinsamkeiten mit Basalten als mit anderen Foiditen bestehen. Nach der Art des Vorkommens bilden olivinreiche Nephelinite einschließlich Olivin-Melilith-Nepheliniten eine eng mit basaltischen Gesteinen assoziierte Gruppe, deren Gesteine abgesehen vom weitgehend fehlenden Plagioklas auch basaltartig aussehen. Olivinnephelinite sind in basaltischen Vulkangebieten im Inneren von geotektonischen Platten häufig am Gesteinsspektrum beteiligt.

Relativ olivinarme und/oder leucitführende, teilweise leukokrate Foidite mit oder ohne Sanidin sind hingegen an extreme Alkaligesteins-Provinzen gebunden, zu deren Gesteinsspektrum plutonische Karbonatite und Foidsyenite gehören können. Außer Olivinnepheliniten sind foiditische Vulkanite sehr selten, sodass sie kein vorrangiges Objekt der makroskopischen Gesteinsbestimmung sein können. Sie kommen überwiegend unter anorogenem Regime im Inneren von Platten vor. Ein nicht anorogenes Beispiel ist das mittelitalienische Vulkangebiet, in dem ein weites Spektrum K-betonter, leucit-führender Alkalivulkanite bis hin zu foiditischen Leucititen vorkommt (Abb. 5.104).

Foidite sind vielgestaltige Gesteine, die sowohl sehr hell als auch dunkel bis zum Übergang zu Ultramafititen sein können. Während echte Vulkanite häufig porphyrisches Gefüge zeigen, tendieren foiditische Subvulkanite zu gleichkörnigen, plutonitartigen Gefügen.

Der Mineralbestand von Foiditen ist äußerst variabel. Ausschlaggebend für die Einstufung als Foidit ist das Auftreten von Leucit, Nephelin oder anderen Feldspatvertretern neben wenig oder keinem Feldspat. Hierbei ist man auf die Bestimmung der ausreichend grobkörnig kristallisierten Minerale angewiesen. In der Grundmasse ist mit erheblicher zusätzlicher Beteiligung von Feldspatvertretern zu rechnen. Häufigster Feldspat ist Sanidin, es kann aber auch Plagioklas vorkommen. Eine Vielzahl mafischer Minerale kann in höchst variablen Mengenanteilen auftreten. Hierzu gehören Klinopyroxene, Olivin, Phlogopit bzw. Biotit, Melilith, Magnetit und Apatit. Glas kann als Anteil der Grundmasse hinzukommen.

Die Dominanz weitgehend isometrisch kristallisierender Minerale bewirkt richtungslos körnige Gefüge der Grundmassen, die makroskopisch dicht oder auch erkennbar feinkörnig sein können. Vor allem die Feldspatvertreter, Sanidin und Pyroxene können Einsprenglinge bilden.

Foidite außer Olivinnepheliniten bilden gewöhnlich kleinere Vorkommen, z. B. in Form von kurzen Lavaströmen.

Abb. 5.104 Leucitit mit weißen, idiomorphen Leuciteinsprenglingen. Einige der aufgebrochenen Leucite zeigen girlandenförmig angeordnete Einschlüsse von Grundmassematerial („Schlackenkränzchen"). Lago di Vico, Latium, Italien. BB 6 cm.

5.8.11 Ultramafische Vulkanite

Während **ultrabasische Vulkanite** schon in Form von Basaniten und Olivinnepheliniten einigermaßen häufig vorkommen, sind **ultramafische Vulkanite** im Gegensatz zu entsprechenden Plutoniten sehr selten. Als Abkömmlinge basaltischer Vulkanite im weitesten Sinne kommen Modifikationen vor, die zusätzlich zu einer mafitreichen Grundmasse ungewöhnlich hohe Anteile mafischer Einsprenglinge enthalten. Solche Gesteine erreichen jedoch selten ultramafische Zusammensetzungen. Im QAPFM-Diagramm (Abb. 5.38) werden solche Gesteine in Anpassung an makroskopische Bestimmungsmöglichkeiten provisorisch als „**Melabasalte**" bezeichnet.

Pikrit, Meimechit und Komatiit sind im Rahmen der TAS-Klassifikation über ergänzende Bedingungen (s. u.) chemisch definierte ultrabasische bzw. basische Vulkanite (Le Maitre et al. 2004). Zunächst fallen sowohl Pikrit als auch Meimechit im TAS-Diagramm auf Grundlage ihrer SiO_2- und Alkaligehalte alternativ in eines der Felder für entweder Foidite (ultrabasisch), Pikrobasalte (ultrabasisch) oder Basalte (basisch). Im Einzelnen gilt:

Pikrit: 12–18 Gew.-% MgO,
       < 3 Gew.-% $Na_2O + K_2O$
Meimechit: > 18 Gew.-% MgO,
       < 2 Gew.-% $Na_2O + K_2O$,
       > 1 Gew.-% TiO_2
Komatiit: > 18 Gew.-% MgO,
       < 2 Gew.-% $Na_2O + K_2O$,
       < 1 Gew.-% TiO_2

Die hier zur Information wiedergegebenen Klassifikationsregeln sind für die makroskopische Bestimmung gegenstandslos, weil die sichere Einstufung nur über chemische Analysen möglich ist. Für näherungsweise makroskopische Bestimmungen kann man sich außer für Komatiit am besten an den ursprünglich gültig gewesenen Unterscheidungsmerkmalen orientieren. **Pikrit** stand für extrem olivin- und pyroxenreiche Basalte, **Meimechit** für ultramafische Vulkanite, die hauptsächlich aus Olivineinsprenglingen in einer Grundmasse aus Olivin, Klinopyroxen, Magnetit und Glas bestehen. **Ankaramit** heißen entsprechend z. B. Basanite mit hohem Anteil von Olivin- und Pyroxeneinsprenglingen. Abb. 5.105 zeigt ein basanitähnlich zusammengesetztes, ankaramitisches Gestein aus einem lamprophyrischen Gangvorkommen (Abschn. 5.10.3).

Komatiit nimmt als an archaische Grünsteingürtel gebundenes, ultrabasisches bis basisches Gestein eine Sonderstellung ein. Viele Komatiite sind tatsächlich modal ultramafisch zusammengesetzte, basaltartige echte Vulkanite, die auch makroskopisch eindeutig bestimmbar sein können. Hierzu kann in günstigen Fällen eine auf Komatiite beschränkte Gefügeart, das Spinifexgefüge, ausgenutzt werden. Allerdings zeigen nicht alle Komatiite dieses Merkmal. **Spinifexgefüge** ist durch eisblumenartig verzweigte, filigrane Ausbildung ehemaliger Olivin-Skelettkristalle gekennzeichnet. Für Komatiite ist eine metamorphe Überprägung charakteristisch, sodass die Olivine weitgehend durch Amphibole, Ser-

Abb. 5.105 Ankaramitischer Ultrabasit mit Einsprenglingen von grünen Klinopyroxenen und gering angewitterten bräunlichen Olivinen. Glazialgeschiebe, Nordschleswig, Dänemark. Herkunft: Subvulkanisches, ± lamprophyrisches Ganggestein aus Zentralschonen, Südschweden. BB 6 cm.

5

Abb. 5.106 Komatiit mit Spinifexgefüge. Kuhmo, ca. 200 km
südöstlich Oulu, Nordfinnland.
BB ca. 7 cm.

pentin, Talk, Chlorit und andere mafische Folgeminerale ersetzt sind. Die Spinifexgefüge sind
trotz Veränderung des Mineralbestands in vielen
Fällen erhalten geblieben (Abb. 5.106).

5.8.12 Vulkanische Glasgesteine

Vulkanische Gläser sind als Bestandteil von
Grundmassen in verschiedenen Vulkaniten weit
verbreitet. Sie entstehen, wenn die Abkühlung zumindest zeitweise so schnell erfolgt, dass die Bildung von Kristallen vollständig oder teilweise ver-
hindert wird. Außer der Abkühlungsgeschwindigkeit spielt die Zusammensetzung der Schmelzen
eine entscheidende Rolle. Saure, d. h. SiO_2-reiche
Schmelzen neigen viel mehr zur glasigen Erstarrung als basischere, z. B. basaltische Schmelzen
(Abschn. 3.2). Massive Glasgesteine sind daher
überwiegend rhyolithisch, trachytisch, dacitisch
oder phonolithisch zusammengesetzt. Vulkanische Glasgesteine oder Vulkanite mit Glasanteil
kommen unter den gleichen geotektonischen Bedingungen vor wie die ihnen von der chemischen
Zusammensetzung her jeweils entsprechenden,
vollständig auskristallisierten Gesteine.

Gesteine, die weitgehend aus Glas bestehen,
haben naturgemäß keinen wesentlichen oder
überhaupt keinen Mineralbestand. Da einem
Glas nicht anzusehen ist, ob es bei langsamer
Abkühlung z. B. ein Trachyt oder ein Rhyolith
geworden wäre, bleibt für die makroskopische

Gesteinsbestimmung die einzige Möglichkeit der
Differenzierung das jeweilige Gefüge und mög-
licherweise die Färbung. Nur eine chemische
Analyse ermöglicht eine sichere Einstufung auf
Grundlage der TAS-Klassifikation als z. B. rhyo-
lithisches oder trachytisches Glas.

Nach dem Anteil von Glas an der Gesteinszusammensetzung werden nach Le Maitre et al.
(2004) unterschieden:

> 80 Vol.-% Glas	**„Glasgesteine"** mit eigenen Namen, z. B. Obsidian, Pechstein, Bims
50–80 Vol.-% Glas	**glasige Gesteine**, z. B. glasiger Rhyolith
20–50 Vol.-% Glas	**glasreiche Gesteine**, z. B. glasreicher Dacit
< 20 Vol.-% Glas	**glasführende Gesteine**, z. B. glasführender Andesit

Zusätzlich gibt es beschreibende Begriffe, die
ohne quantitative Festlegung Gefüge bezeichnen,
die durch Glasführung bedingt sind. Hierzu gehört **vitrophyrisches Gefüge** (Tafel 5.1) als Bezeichnung einer besonderen Art porphyrischen
Gefüges, bei dem die Einsprenglinge in einer
Grundmasse aus Glas eingebettet sind. **Hyalines
Gefüge** kann Ähnliches bedeuten wie vitrophyrisches Gefüge. Hyalin bedeutet jedoch nicht zwingend, dass Einsprenglinge vorhanden sind. Entscheidend ist, dass das Gefüge durch strukturloses, dichtes Glas geprägt ist. Dieses kann z. B.
dadurch betont sein, dass eine schlierige Textur
die Fließbewegung der ehemaligen Lava abbildet.

Hyalin ohne Bezug auf Gesteinsgefüge kann allerdings auch bedeuten, dass irgendein Material glasähnlich transparent ist. Der Begriff ist daher nur im Textzusammenhang aussagekräftig.

Da Glas metastabil ist, kann es leicht alterieren oder begünstigt durch lange Zeiträume und erhöhte Temperaturen im festen Zustand partiell oder vollständig auskristallisieren. Das Resultat ist **Entglasung** (Abb. 5.107, Abschn. 3.2).

Glasführende vulkanische Gesteine bis hin zu vulkanischen Glasgesteinen kommen nur in Form von Effusivgesteinen und als Anteil von pyroklastischen Ablagerungen vor. Subvulkanite enthalten ebenso wie Plutonite kein Glas.

Obsidian heißt massives vulkanisches Glasgestein, das wie künstliches Glas glänzt und glatt-muschelig bricht (Abb. 3.10). Meistens ist Obsidian schwarz, er kann aber auch grau, dunkelbraun oder grün gefärbt sein. Obsidian bildet Lavaströme relativ geringer Länge oder Quell- bzw. Staukuppen (Abb. 5.5, 5.9). Die Oberflächen von Obsidian-Lavaströmen sind von miteinander verkeilten, scharfgratigen Obsidianblöcken bedeckt. Die Zusammensetzung ist rhyolithisch, seltener dacitisch oder trachytisch. Obsidiane können Fließschlieren zeigen, die sich durch unterschiedliche Farbtönung oder auch ein unterschiedliches Ausmaß von Entglasung voneinander abheben (Abb. 5.107). Manche Obsidiane enthalten in untergeordneter Menge eingestreute Feldspateinsprenglinge. Auch Quarz kann vorkommen. Mafische Einsprenglinge sind nicht üblich.

Pechstein geht durch Wasseraufnahme aus Obsidian hervor. Typischer Pechstein zeigt im Gegensatz zum glasglänzenden Obsidian einen wachs- oder harzartigen bzw. wässrigen Glanz (Abb. 5.108). Er kann Feldspat- und Quarzeinsprenglinge enthalten und von perlitischen Sprüngen durchsetzt sein (s.u.).

Perlite sind vulkanische Glasgesteine, die in enger Scharung von konzentrisch-umlaufenden Sprüngen mit Radien im Millimeter- bis Zentimeter-Maßstab durchsetzt sind. Aufgrund interner Reflexion sieht das Gestein hell aus (Abb. 5.109). Schon bei geringer mechanischer Beanspruchung zerfällt Perlit in rundliche Bröckchen und loses Feinmaterial. Im Kern der konzentrisch gestaffelten, umlaufenden Sprünge kann intakt gebliebenes, dunkles Glas (Obsidian) in Form rundlicher, schwarz glänzender Brocken eingebettet sein, die aus der brüchigen perlitischen Umhüllung hervortreten. Das durch konzentrische Sprünge der beschriebenen Art geprägte Gefüge wird als **perlitisch** bezeichnet, auch wenn die Sprünge weniger intensiv entwickelt sind, sodass das Gestein noch festen Zusammenhalt hat. Die konzentrisch gestaffelten Schalen entstehen durch Volumenzunahme bei der Aufnahme von Wasser. Perlite enthalten reichlich Wasser, das bei Glühen des Gesteins zu bimsartig-schaumigem Aufblähen führt.

Bims entsteht durch Gasentmischung aus der Schmelze kurz vor deren Erstarrung. Bims ist aufgeschäumtes Glas mit schlackig-porigem Gefüge und weißer oder hellgrauer bis gelblicher Färbung. Bimse haben vor allem rhyolithische,

Abb. 5.107 Obsidian (vulkanisches Glas) mit weißen, sphärolithischen Entglasungsbereichen, deren parallele Anordnung Fließbewegung der Schmelze vor der endgültigen Erstarrung abbildet (Fluidaltextur). Lipari, Äolische Inseln, nördlich Sizilien. BB 9 cm.

5

Abb. 5.108 Pechstein (wasserhaltiges vulkanisches Glas), durch perlitische Sprünge aufgehellt, mit wässrigem Glanz. Die dunklen, runden Bereiche sind Kerne innerhalb konzentrisch umlaufender Sprünge. Ehemaliger Pechsteinbruch Fichtenmühle am Götterfelsen, südlich Meißen, Sachsen. BB 4 cm.

trachytische oder phonolithische Zusammensetzung. Bims bildet ganz überwiegend pyroklastische Ablagerungen, die aus zentimetergroßen Brocken mit oder ohne Feinmaterial bestehen (Abb. 5.111). Die gasgefüllten Hohlräume in Bims sind von Glaswänden umschlossen, sodass typischer Bims in Wasser aufschwimmt.

Sideromelan ist nach Le Maitre et al. (2004) „das extrem gewöhnliche, transparente Glas von Basalten, das während jeglicher Wechselwirkung zwischen Magma und Wasser bei submariner Eruption entsteht". Ein solches Glas, das makroskopisch schwarz und nur in sehr dünner Schicht (Gesteinsdünnschliff) einigermaßen transparent ist, baut keine größeren Gesteinskörper auf. Vielmehr bildet es zentimeterdünne Krusten an den

Oberflächen subaquatisch ausgeflossener Basaltlava und geht unterhalb der Oberfläche rasch in Basalt mit abnehmendem Glasanteil über (Abb. 5.110). Für solches, im Kontakt zu Wasser entstehendes basaltisches Glas ist auch der Begriff Tachylyt zu finden (s. u.).

Unalterierte basaltische Pillows am Tiefseeboden sind von solchen tiefschwarzen, hochglänzenden Glaskrusten überzogen. Die Glaskrusten von Pillows sind gewöhnlich von Rissen durchzogen. Beim Abschrecken gegen das Wasser und beim anfänglichen Anschwellen der Pillows kommt es zum Abplatzen von Fragmenten aus Sideromelan, die als hyaloklastisches Material angehäuft werden können (Abschn. 5.9). Pillowbasalte, die innerhalb von Orogenen an Land auftreten, las-

Abb. 5.109 Perlit mit Reliktkernen von Obsidian. Zwischen Çankiri und Orta, ca. 60 km östlich Kizilcahamam, nördlich Ankara, Türkei. BB ca. 12 cm.

Abb. 5.110 Sideromelan (schwarz glänzendes Basaltglas). Am Meerwasserkontakt durch Abschreckung gebildete, dünne Glaskruste auf Tiefseebasalt. Westpazifik. BB 9 cm.

sen die ursprünglichen Glaskrusten nur noch als vom Pillowkern abweichend gefärbte und oft dichtere Ränder erkennen. Die Gläser selbst sind immer besonders intensiv durch metamorphes Material oder Alterationsprodukte ersetzt, weil sie im Vergleich zu kristallisiertem Gestein gleicher Zusammensetzung besonders reaktionsfähig sind.

Tachylyt ist nach Le Maitre et al. (2004) „staubdurchsetztes, basaltisches Glas, das gewöhnlich Magnetit-Mikrolithe enthält und allgemein als Salband von Gängen und Sills auftritt". Die hier wiedergegebenen Definitionen von Tachylyt und Sideromelan bezeichnen weitgehend das gleiche Material. Entscheidend zur Einstufung ist die Art des Vorkommens. In der bestehenden petrographischen Literatur hat Tachylyt oft die Bedeutung von Sideromelan im von Le Maitre et al. (2004) angegebenen Sinne. Beim Auswerten von Beschreibungen kommt es daher auf den Textzusammenhang an. Sideromelan wurde noch 1989 von Le Maitre et al. als basaltisches Glas unabhängig von der Art des Vorkommens definiert.

Abb. 5.111 Bimslapilli (weiß). Tephraablagerung des Laacher-See-Vulkans. Bimsgrube zwischen Nickenich und Eich, Osteifel. Detailaufnahme aus dem gleichen Aufschluss wie Abb. 5.19. BH ca. 30 cm.

5.9 Pyroklastische Ablagerungen und Hyaloklastite

Pyroklastische Ablagerungen nehmen eine Zwischenstellung zwischen Vulkaniten und klastischen Sedimentgesteinen ein. Sie bestehen aus **Pyroklasten**, die das Produkt von Fragmentierung durch explosive vulkanische Eruptionen sind. Während die Bereitstellung des Materials demgemäß an Vulkanismus mit speziellen Erscheinungsformen gebunden ist, sind die Ab-

5 lagerung und die Umlagerung des pyroklastischen Materials ihrem Wesen nach Sedimentationsprozesse. Entsprechend bilden Pyroklastite oft großflächig ausgebreitete Decken (Abb. 5.112). Pyroklastische Ablagerungen zeigen ähnlich wie viele Sedimentgesteine oft Schichtung (Abb. 5.3, 5.19, 5.92, 5.118). Wie unter den klastischen Sedimentgesteinen (Abschn. 6.3) kommen sowohl überwiegend unverfestigte Bildungen = **Tephra** und weitgehend verfestigtes Material = **Pyroklastite, pyroklastische Gesteine** vor. **Tuff** ist nach der IUGS-Klassifikation (Le Maitre et al. 2004) weitgehend verfestigtes, pyroklastisches Gestein mit maßgeblichem Feinkornanteil (Ascheanteil). Tuff im engeren Sinne ist Aschentuff, der zu mindestens 75 % aus Asche mit Korngrößen < 2 mm besteht. Beispiele für Gemenge von Asche mit höherem Anteil von gröberem Korn sind Tuffbrekzie bzw. Lapillituff (Abb. 5.117).

Pyroklasten werden vor allem nach ihren mittleren Durchmessern, daneben nach ihrer Form und Entstehungsweise unterschieden:

Bomben: > 64 mm
Mit Formen, die auf vollständig oder teilweise geschmolzenen Zustand während ihrer Bildung und während des Transports hinweisen

Blöcke: > 64 mm
Mit eckigen oder nahezu eckigen (subangularen) Formen, die auf festen Zustand während der Fragmentation und während des Transports hinweisen

Lapilli: 2–64 mm
Alle Pyroklasten dieses Korngrößenbereichs

Aschenkörner: < 2 mm
Alle Pyroklasten dieses Korngrößenbereichs

Pyroklasten können aus Gesteinen oder Gesteinsbestandteilen jeglicher Art bestehen. Diese können mit Ausnahme von Bomben auch nicht-vulkanisch sein. An den feinerkörnigen Fraktionen können isolierte Kristalle beteiligt sein.

Charakteristische Beispiele für vulkanische Bomben sind einerseits weitgehend aus dichtem Glas bestehende sog. Brotkrustenbomben (Abb. 5.113), die eine Rinde mit klaffenden Rissen haben und andererseits mehr oder weniger schlackenartige Bomben (Abb. 5.114), die in manchen Fällen während des Flugs durch aerodynamische Anpassung und Fliehkraftwirkung fladenförmige oder bauchig-spindelförmige Gestalt angenommen haben können. Bomben bestehen als magmatische Förderprodukte aus dem für den jeweiligen Vulkan kennzeichnenden vulkanitischen Material. Wenn sie bei ihrer Ablagerung noch keine feste Kruste hatten, können sie sinterartig miteinander verbacken sein.

Blöcke sind Gesteinsfragmente, die als feste Brocken durch explosive vulkanische Tätigkeit aus ihrem festen Gesteinsverband gesprengt worden sind. Die Außenflächen sind Bruchflächen. Anders als Bomben können sie aus allen Gesteinen bestehen, die am Förderort einschließlich dessen Untergrunds vorkommen.

Für Lapilli werden keine Unterschiede bezüglich der Form und Entstehungsweise gemacht. Lapilli können aerodynamisch geformt oder je

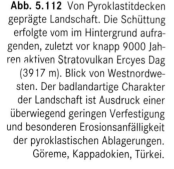

Abb. 5.112 Von Pyroklastitdecken geprägte Landschaft. Die Schüttung erfolgte vom im Hintergrund aufragenden, zuletzt vor knapp 9000 Jahren aktiven Stratovulkan Erciyes Dag (3917 m). Blick von Westnordwesten. Der badlandartige Charakter der Landschaft ist Ausdruck einer überwiegend geringen Verfestigung und besonderen Erosionsanfälligkeit der pyroklastischen Ablagerungen. Göreme, Kappadokien, Türkei.

Abb. 5.113 Brotkrustenbombe *in situ*. Die nach Art aufgehenden Brotes gesprungene Glaskruste weist auf beim Flug noch entgasende Schmelzanteile im Inneren hin. Vulcano, Liparische Inseln, nördlich Sizilien. Durchmesser der Münze 2,3 cm.

Abb. 5.114 Lapillituff mit eingestreuten, kleinen Bomben und Blöcken. Die Rotfärbung der schlackigen Bombe unten geht auf Lufttransport und Oxidation im noch glühenden Zustand zurück. Die ockerfarben ausgekleidete Höhlung in der dunkelgrauen Bombe oben links ist durch Herauswittern eines peridotitischen Xenoliths entstanden (Abschn. 8.1). Immelburg am Nordhang des Dörnbergmassivs, Landkreis Kassel. BH ca. 1 m.

nach Gesteinsart kantig oder plattig sein, wenn nicht gegenseitige Abrasion der Klasten zur Rundung geführt hat. Auch isolierte Kristalle kommen als Lapilli vor. Abb. 5.115 zeigt Lapillistein quartären Alters (vgl. Abb. 5.117).

Ohne definierten Bezug zur Korngrößenverteilung, allein aufgrund der Art des Vorkommens, wird die Bezeichnung **Schlottuff** verwendet. Schlottuffe sind weitgehend verfestigte, wenn auch meist relativ mürbe, ungeschichtete Lapillituffe bzw. Tuffbrekzien gemäß Abb. 5.117, die im Inneren der Förderschlote von Vulkanen mit explosiver Tätigkeit stecken (Abb. 5.116). Als Pyroklasten können Vulkanite einschließlich aufgearbeiteter Vorläuferpyroklastite, Nebengestein und isolierte Kristalle vorkommen, die auch im effusiven Vulkanit desselben Vulkanschlots als Einsprenglinge oder Megakristalle zu finden sind. Schlottuffe sind wegen ihrer Position innerhalb von Förderschloten gewöhnlich mehr als andere Pyroklastite agressiven Gasen und Fluiden ausgesetzt, die einen großen Teil des ursprünglichen Mineralbestands und alle Glaspartikel in Folgeprodukte umwandeln. Die Braunfärbung im Tuff der Abb. 5.116 geht auf Verwitterung zurück.

Auch andere pyroklastische Ablagerungen bestehen kaum nur aus Pyroklasten einer einzigen Korngrößenfraktion. Die Klassifikation von verfestigten Pyroklastiten, die Mischungen verschiedener Korngrößen sind, ist in Abb. 5.117 in Übersicht und detaillierter in den Ta-

5

Abb. 5.115 Lapillistein aus alkalibasaltischen Schlackenbröckchen. Ettringen, Osteifel. Durchmesser der Münze 1,6 cm.

bellen 5.4 und 5.5 dargestellt. In den Tabellen sind auch nichtvulkanogene Komponenten berücksichtigt.

Pyroklasten können bei der endgültigen Ablagerung mit **Epiklasten** vermengt worden sein. Dies sind alle Klasten, die nicht das Produkt von Fragmentierung durch explosive vulkanische Eruptionen oder Prozesse sind, oder deren pyroklastische Entstehung ungewiss ist. Epiklasten entsprechen dem Detritus in Sedimenten und Sedimentgesteinen und können aus allen Arten von Gesteinen bestehen.

Pyroklastische Ablagerungen werden in Abhängigkeit von den Korngrößen und dem Ver-

festigungsgrad gemäß Tab. 5.4 klassifiziert. Für Mischgesteine aus entsprechenden Pyroklasten und Epiklasten gilt die Klassifikation der Tab. 5.5. Pyroklastische Ablagerungen, die zu über 75 Vol.-% aus Bomben bestehen, werden nach Le Maitre et al. (2004) als **Agglomerate** bezeichnet. Dies gilt unabhängig vom Grad der Verfestigung. Bei Überwiegen von definitionsgemäß weitgehend eckigen Blöcken der gleichen Größen in verfestigten Pyroklastiten spricht man von **pyroklastischen Brekzien**. Vorkommen von Pyroklastiten, in denen statt Bomben oder weitgehend eckigen Blöcken abrasiv gerundete, vulkanogene Klasten dominieren, werden in Be-

Abb. 5.116 Schlottuff. Basanitischer bis olivinnephelinitischer Lapillituff in einem Förderschlot. Rechts im Bild ein Xenolith aus schwarzem Hornblendit, links ein Block aus älterem Tuff, der sich durch Grautönung diffus abhebt. Lapilli aus Tuff sind z. T. ebenfalls durch Grautönung erkennbar. Die schlierig angeordneten braunen Streifen sind verwitterungsbedingte Ausfällungen von FeOOH-Mineralen. Rosenberg, südwestlich Hofgeismar, Nordhessen. BB ca. 50 cm.

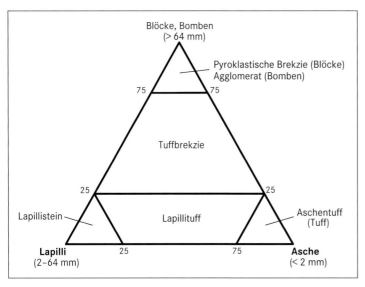

Abb. 5.117 Klassifikation von Pyroklastiten auf Grundlage der Klastengrößen und Mischungsverhältnisse nach Le Maitre et al. (2004). (Digitale Ausführung: Thomas Bisanz)

schreibungen gewöhnlich ebenfalls als Agglomerate bezeichnet. Ursache der Rundung ist Abrieb von Klasten im Förderkanal.

Die Abgrenzung zu tuffitischem Schlammstein bzw. tuffitischem Schieferton und auch zu Schlammstein und Schieferton bei 0,004 mm (Tab. 5.5) entspricht nicht der Abgrenzung zu Ton bzw. Tonstein bei 0,002 mm nach DIN EN ISO 14688-1 (Tab. 6.2), wie sie für Sedimentgesteine gebräuchlich ist. Für makroskopische Untersuchungen ist diese Abweichung irrelevant.

Die auf Grundlage ihrer Korngrößen und Mischungsverhältnisse gemäß Abb. 5.117 und Tab. 5.4 und Tab. 5.5 klassifizierbaren Pyroklastite und Tephra sind mit makroskopischen Methoden gut bestimmbar, weil die ausschlaggebenden Merkmale direkt verständlich und ohne weiteres erkennbar sind. Die individuellen Merkmale wie Färbung, Schichtung und Art des pyroklastischen Materials sind hingegen vielfältig. Neben Pyroklastiten, die ausschließlich aus erstarrten Brocken und Partikeln bestehen, die auf bei der

Tabelle 5.4 Klassifikation und Nomenklatur von Pyroklasten und pyroklastischen Ablagerungen auf Grundlage der Klastengrößen (geringfügig geändert nach Le Maitre et al. [2004])

| mm | Pyroklast | Pyroklastische Ablagerungen | |
		überwiegend nicht verfestigt	überwiegend verfestigt
64	Bombe, Block	Agglomerat, Bombenlage	Agglomerat
		Blocklage, Blocktephra	Pyroklastische Brekzie
2,0	Lapillus	Lapillilage Lapillischicht Lapillitephra	Lapillistein
0,063	Grobaschenkorn	Grobasche	Grob(aschen)tuff
	Feinaschenkorn	Feinasche (Staub)	Fein(aschen)tuff
	Staubkorn		(Staubtuff)

Tabelle 5.5 Bezeichnungen für gemischte pyroklastisch-epiklastische Gesteine auf Grundlage durchschnittlicher Klastengrößen (geringfügig geändert nach Le Maitre et al. [2004])

mm	Pyroklastisch	Tuffite (Mischung pyroklastisch-epiklastisch)	Epiklastisch (vulkanisch und/oder nichtvulkanisch)
64	Agglomerat, Pyroklastische Brekzie	Tuffitisches Konglomerat	Konglomerat
		Tuffitische Brekzie	Brekzie
2,0	Lapillistein		
0,063	Grob(aschen)tuff	Tuffitischer Sandstein	Sandstein
0,004	Fein(aschen)tuff	Tuffitischer Siltstein	Siltstein
		Tuffitischer Schlammstein, Tuffitischer Schieferton	Schlammstein, Schieferton
Anteil pyroklastischen Materials	75–100 Vol.-%	25–75 Vol.-%	0–25 Vol.-%

Eruption emporgeschleuderte Magmafetzen zurückgehen, gibt es Beispiele, die praktisch nur aus im festen Zustand fragmentiertem Nebengestein des Förderkanals, d. h. aus Epiklasten bestehen. Die vulkanogenen Pyroklasten können aus massivem, dichtem vulkanischem Gestein bestehen oder aus schlackig-porösem Material bis hin zu Bimsbrocken.

Der ursprüngliche, häufig recht hohe Anteil von Glas ist in pyroklastischen Ablagerungen oft nicht erhalten, sondern durch Gemische von Folgemineralen ersetzt, die gewöhnlich wegen Feinkörnigkeit makroskopisch nicht bestimmbar sind. Beispiele hierfür sind Tonminerale, Zeolithe, Karbonat- und SiO_2-Minerale. Die Folge der Mineralneubildungen ist gewöhnlich eine Verkittung der ursprünglich losen Pyroklasten, sodass aus loser Tephra ein verfestigter Pyroklastit, z. B. ein Lapillituff wird. Typische Pyroklastite sind stand- und druckfeste, jedoch meist relativ mürbe, poröse Gesteine mit erdig matten Oberflächen, wenn sie einen erheblichen Anteil von Aschenfraktion enthalten. Wenn eingestreute, vulkanogene Kristalle fehlen oder nicht beachtet werden, kann bei feinkörnigen Tuffen Verwechslungsgefahr mit Sedimentgesteinen bestehen (Abb. 5.118). Hydrothermal eingekieselte oder metamorph beeinflusste Pyroklastite können hingegen äußerst

harte, verwitterungsresistente, scharfkantig brechende Gesteine sein, die mit effusiven Vulkaniten verwechselt werden können.

Tuffite bestehen aus umgelagerten Pyroklasten verschiedener Kornfraktionen mit Beitrag von Sedimentmaterial.

Unabhängig von der Klassifikation pyroklastischer Bildungen auf Grundlage der Klastengrößen und Mischungsverhältnisse können Pyroklastite nach ihrer Zusammensetzung eingestuft werden. So kann es sinnvoll sein, einen Tuff als rhyolithisch oder phonolithisch zu bezeichnen, wenn eine entsprechende chemische Zusammensetzung bekannt ist und keine magmenfremden Komponenten beigemischt sind. Eine andere Möglichkeit der Einstufung eines Pyroklastits nach der Zusammensetzung besteht dann, wenn er einem bestimmten Vulkan mit bekanntem Magmencharakter eindeutig zugeordnet werden kann. Es ist naheliegend, von z. B. basanitischem Lapillituff zu sprechen, wenn die Effusiva des zugehörigen Vulkans basanitisch sind.

Weder auf die Klastengrößen noch auf die chemische Zusammensetzung sind Bezeichnungen wie **Glastuff**, **Kristalltuff** und **lithischer Tuff** gegründet. Namengebend sind hier die jeweils dominierenden Arten von Pyroklasten:

Abb. 5.118 Weißer, bankweise stark verfestigter Aschentuff. Südlich Çamlidere, nordnordwestlich Ankara, Türkei.

Glasfragmente einschließlich Bims, isolierte Kristalle und Kristall- oder Gesteinsfragmente.

Ignimbrite sind das wichtigste Beispiel von Pyroklastiten, die vorzugsweise aufgrund ihrer Entstehungsweise eingestuft werden. Eine Übersicht zu Eigenschaften und Entstehung gibt Schmincke (2000). Ignimbrite sind **Ablagerungen pyroklastischer Ströme**, die sich als einheitliches mechanisches System aus Gas und Pyroklasten, zu denen noch nicht erstarrte Lavafetzen gehören können, lawinenartig in Talsenken oder über große Flächen ausbreiten können. Hierbei kann es bei ausreichenden Temperaturen unter entsprechender Beteiligung von noch nicht erstarrten Partikeln zur Verschweißung des abgesetzten Materials kommen.

Verschweißter Ignimbrit ist schon am Handstück sicher erkennbar, wenn er Fiamme (ital. für Flammen) enthält. **Fiamme** sind in Richtung der Ablagerungsebene ausgerichtete Glasfladen bzw. deren Entglasungsprodukte, die sich im Querbruch als angenähert parallele, versetzt zueinander ein- und aussetzende Streifen von meist einigen Zentimetern Länge aus der Umgebung abheben. Sie entstehen durch Kompaktion von Bimslapilli im Zuge der Ablagerung. Die Fiamme sind meistens dunkler als die umgebende Matrix. Sie sind oft leicht wellig und laufen zu den Enden hin aus. Wenn Fiamme vorkommen, sind sie zu einer charakteristischen Paralleltextur angeordnet, die als **eutaxitisch** bezeichnet wird (Abb. 5.119). Eutaxitisches Gefüge zeigt nur ein

Abb. 5.119 Ignimbrit mit eutaxitischem Gefüge. Dunkelgraue Fiamme und Feldspateinsprenglinge in bräunlicher Grundmasse. Angewitterte Oberfläche. Langdale, Lake District, Cumbria, Nordengland. BB 15 cm.

5

Teil der Ignimbrite, auch ist es in Ignimbritablagerungen kaum durchgehend entwickelt. Wenn es aber in einem Gestein zu erkennen ist, handelt es sich um einen Ignimbrit. Eutaxitisches Gefüge schließt die Anwesenheit von Einsprenglingen nicht aus, sodass ein Ignimbrit eutaxitisch und porphyrisch zugleich sein kann.

Verschweißte Ignimbrite in jungen Vulkangebieten können bei Fehlen von eutaxitischem Gefüge effusiven Vulkaniten sehr ähneln, haben jedoch geringere Dichte, sind leichter zu bearbeiten und daher besonders als Bausteine geeignet. Nicht oder nur wenig verschweißte Ignimbrite können den Charakter von Tephra mit einer großen Streubreite der Klastengrößen haben. Ignimbrite mit rhyolithischen Zusammensetzungen sind besonders häufig. Aber auch trachytische, dacitische und phonolithische Ignimbrite kommen in bedeutender Menge vor. Entglaste und umkristallisierte, möglicherweise hydrothermal oder schwach metamorph beeinflusste, geologisch ältere Ignimbrite innerhalb von Gesteinsabfolgen sind oft noch mehr als geologisch junge mit effusiven Vulkaniten der jeweiligen Zusammensetzung verwechselbar, wenn eutaxitisches Gefüge fehlt. Die Färbungen von Ignimbriten können u. a. rot, braun, braunschwarz, grau, hellgrau, gelblich oder grünlich sein, bei hohem Bimsanteil auch weiß.

Ausgedehnte Decken aus Rhyolith sind gewöhnlich ignimbritisch, da effusiver Rhyolith kaum ausreichend fließfähig ist, um sich als

Decke von typischerweise einigen Zehnermetern Mächtigkeit über z. T. Hunderte von Quadratkilometern auszubreiten. Im Gelände bilden geologisch junge Ignimbrite mit ihren intensiver verschweißten Anteilen oft großflächige Plateaus mit ausgeprägten Abbruchkanten (Abb. 5.120).

Lavastrombrekzien, die durch das Zerbrechen erstarrter Krusten an der Oberfläche fließender Lavaströme entstehen, werden durch nichtexplosive vulkanische Prozesse gebildet und gehören nicht zu den pyroklastischen Bildungen. **Hyaloklastite** entstehen durch Abplatzen scherbenartig eckiger Glasfragmente am Kontakt heißer, basaltischer Lava gegen Wasser. Die resultierenden, brekzienartigen Anhäufungen sind oft mit Basaltpillows in sehr unterschiedlichen Mengenverhältnissen verknüpft (Abb. 5.20). Auch Hyaloklastite sind keine Produkte von explosivem Vulkanismus. Sie zählen daher nicht zu den Pyroklastiten, gleichen aber in Aussehen und Zusammensetzung Lapillituffen. Das ursprüngliche Glas (Sideromelan) von Hyaloklastiten ist wegen geringer Stabilität von Gläsern durchweg entglast und unter Wasseraufnahme bei Erhalt des Gesamtgefüges palagonitisiert, d. h. durch Mineralgemische ersetzt, die niedrigen Temperaturen angepasst sind. Das ursprüngliche Glas wird durch **Palagonit** ersetzt, ein glasähnlich dichtes Material mit gegenüber Glas vermindertem Glanz. Seine makroskopisch nicht erkennbaren Komponenten sind u. a. Zeolithe, Phyllo-

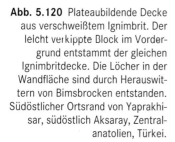

Abb. 5.120 Plateaubildende Decke aus verschweißtem Ignimbrit. Der leicht verkippte Block im Vordergrund entstammt der gleichen Ignimbritdecke. Die Löcher in der Wandfläche sind durch Herauswittern von Bimsbrocken entstanden. Südöstlicher Ortsrand von Yaprakhisar, südöstlich Aksaray, Zentralanatolien, Türkei.

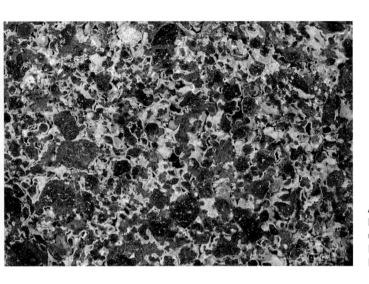

Abb. 5.121 Palagonitbrekzie.
Hyaloklastit mit heller Zeolithmasse
und Restporosität zwischen den
Klasten. Kempenich, westlich des
Laacher Sees, Osteifel. BB 5 cm.

silikate und Fe-Oxidhydrate in komplexer Mischung, die teilweise amorphe, gelartige Massen bilden. Die schwarze Färbung von intaktem Sideromelan ist oft nach Braun oder Grün verändert. Zwischen den Hyaloklasten aus Palagonit können offene Hohlräume erhalten geblieben sein, die aber auch mit feinkörnigen Mineralneubildungen wie Karbonatmineralen oder Zeolithen ausgefüllt sein können (Abb. 5.121).

Hyaloklastite sind wegen der geringen Partikelgrößen und des instabilen, glasigen oder weitgehend amorphen Zustands bei metamorpher Beeinflussung besonders reaktionsfähig.

5.10 Spezifische Ganggesteine

Gänge sind intrusive Gesteinskörper mit plattenartiger Geometrie (Abschn. 5.3). Grundsätzlich können alle magmatischen Gesteine gangförmig vorkommen, sei es als Gänge im engeren Sinne oder als schichtparallele Lagergänge (Abb. 5.11). Hierbei gibt es jedoch die ausgeprägte Tendenz, dass Magmatite in normal-plutonischer Ausbildung sehr viel seltener Gänge bilden als vulkanische bzw. subvulkanische Gesteine. Besonders häufig sind basaltisch zusammengesetzte Gänge. Deren Gesteine sind je nach Abkühlungsverlauf wie gewöhnliche effusive basaltische Vulkanite

feinkörnig ausgebildet oder mikrogabbroid bzw. doleritisch entwickelt (Abschn. 5.7.5.2).

Spezifische Ganggesteine sind Magmatite, die bezüglich ihrer Zusammensetzung und/oder ihrer besonderen Gefügeausbildung eine Sonderstellung einnehmen und typischerweise in Form von Gängen vorkommen. Lediglich Pegmatite (Abschn. 5.10.2) bilden daneben häufiger kleine Stöcke (Abschn. 5.3.2.1). Plutonite werden oft von solchen spezifischen Ganggesteinen begleitet, die als Produkte später magmatischer Aktivität entweder in den Plutonitkörpern selbst oder in deren Nebengesteinen eingelagert sind. Zu diesem **Ganggefolge von Plutoniten** gehören Aplite (Abschn. 5.10.1), Pegmatite, Lamprophyre (Abschn. 5.10.3), und Granitporphyre (Abschn. 5.7.3).

5.10.1 Aplite

Aplite sind gangförmig vorkommende, **feinkörnige, durchweg hololeukokrate Gesteine**, die sich mit scharfer Grenze vom einbettenden, deutlich gröberkörnigen Plutonit abheben (Abb. 5.122). Die Breite typischer Aplitgänge überschreitet kaum 30–50 cm. Es gibt auch Gänge mit Breiten von nur wenigen Zentimetern. Die Ränder von Aplitgängen verlaufen gewöhnlich auffällig parallel zueinander. Das Vorkommen von Apliten ist auf granitische und eng verwandte Plutonite einschließlich einzelner Sub-

5

Abb. 5.122 Aplitgang, eine basischere Einlagerung in Rapakivigranit durchschlagend. Sandö nördlich Vårdö, Åland-Archipel, Südwestfinnland. Breite des Gangs ca. 7 cm.

vulkanite beschränkt. In manchen Plutonen treten sie gemeinsam mit Pegmatiten auf, in anderen als einzige Ganggesteine. Gelegentlich erfüllen Aplite und Pegmatite gemeinsam die gleichen Gänge. Eines der beiden Ganggesteine füllt dann das Zentrum, das andere die Randbereiche des Gangkörpers. Beide Gesteine repräsentieren letzte Magmenschübe, nachdem das Hauptvolumen des zugehörigen Plutons schon auskristallisiert war.

Aplite sind in den meisten Fällen weiß oder leicht gelblich bis hellgrau getönt. Nur Aplite von rot gefärbten Graniten sind gewöhnlich ihrerseits rot. Ohne Lupe erscheinen sie als weitgehend dichte, nur bei genauerem Hinsehen erkennbar körnige Masse.

Der Mineralbestand ist wegen der Feinkörnigkeit makroskopisch nicht bestimmbar. Wie jedoch die helle Färbung nahelegt, bestehen Aplite nahezu ausschließlich aus Feldspäten und Quarz in unterschiedlichen Mengenverhältnissen. Mafische Minerale fehlen weitgehend.

Die wesentliche Gefügeeigenschaft von Apliten ist ihre Feinkörnigkeit mit Korngrößen an der Grenze oder unterhalb des mit bloßem Auge erkennbaren Bereichs. Mit der Lupe zeigt sich allenfalls eine richtungslos körnige Struktur oder in manchen Fällen eine graphische Verwachsung von Quarz und Feldspat (granophyrische Struktur).

Die Bestimmung von Apliten hängt von der Beobachtung der Gangnatur ab. Ohne Kenntnis des Geländezusammenhangs oder mindestens einer ausreichend großen Probe, die den Gang und das normal-plutonische Nebengestein enthält, ist eine makroskopische Bestimmung allenfalls bei Erkennbarkeit von granophyrischer Struktur möglich.

5.10.2 Pegmatite

Pegmatite kommen ebenso wie Aplite vor allem als gangförmige Gesteinskörper vor. Jedoch sind sie bezüglich ihrer Gefüge als **extrem grobkörnige Gesteine** das Gegenteil von Apliten. Ebenso wie Aplite sind sie ausgeprägt leukokrate Gesteine. Pegmatitgänge sind gewöhnlich mindestens einige Dezimeter, häufig einen oder mehrere Meter breit. Die Ränder der Gänge sind oft weniger streng parallel als dies für Aplitgänge gilt. Auch bilden Pegmatite häufig statt Gangfüllungen schlierig-unregelmäßig geformte Körper, die auch außerhalb der zugehörigen Plutone im Nebengestein auftreten, z. B. in Gneisen. In solchen Fällen kann ein assoziierter Plutonitkörper an der Oberfläche fehlen. Pegmatite können Stöcke mit Durchmessern im Hundertmeter-Bereich bilden, oft mit zonarer Gliederung in Form eines äußeren Bereichs aus Feldspat und einem Kern aus Quarz.

Pegmatitisch grobkörnige Ganggesteine oder anders geformte pegmatitische Körper kommen

5

Abb. 5.123 Pegmatitgang mit Quarzkern (weiß) und Randbereichen (Salbändern) aus rotem Kalifeldspat, in Granit. Insel Åva, Ostgrenze des Åland-Archipels, Südwestfinnland. Breite des Gangs ca. 50 cm.

auch in Verbindung mit nichtgranitischen Plutoniten vor, z. B. mit Gabbros und Dioriten, die allermeisten Pegmatite sind jedoch **Granitpegmatite**. Das reichliche Vorkommen ebenso wie das Fehlen von Pegmatiten kann ganze Granitregionen kennzeichnen. So kommen im altproterozoischen, batholitischen Granit-Porphyr-Gürtel Südschwedens über viele Tausend Quadratkilometer fast überhaupt keine Pegmatite vor, wohingegen die variszischen Granite der Oberpfalz oder des Bayerischen Waldes ausgesprochen pegmatitreich sind.

Prägendes Kennzeichen von Pegmatiten ist ihre Grobkörnigkeit. Nirgends gibt es größere Kristalle als in manchen Pegmatiten, so sind Feldspäte von mehreren Metern Größe möglich. Zumeist bleiben die Korngrößen jedoch im Bereich von Zentimetern bis einigen Dezimetern. Die Grobkörnigkeit bewirkt im Gegensatz zu den einfarbigen Apliten oft intensive Farbkontraste. Milchiger oder klarer Quarz, der entsprechend weiß oder im Gesteinsverband grau erscheint, kann sich dann auffällig von rotem Kalifeldspat abheben (Abb. 5.123, 5.124). Andere Pegmatite sind abgesehen vom transparenten Quarz rein weiß. In manchen Vorkommen auftretende Begleitminerale können zusätzliche Farben bewirken. So können Pegmatite oft in

Abb. 5.124 Pegmatit aus rotem Kalifeldspat und weißem Milchquarz. Die gegen den Quarz grenzenden, roten Anteile sind weitgehend idiomorphe Kalifeldspatkristalle. Im Hintergrund oben Granit. Götemar-Massiv, nördlich Oskarshamn, Nordostsmåland, Schweden. BB ca. 1,8 m.

regionaler Häufung schwarzen Turmalin enthalten.

Der Mineralbestand von Pegmatiten wird von Kalifeldspat und Quarz dominiert. Der Kalifeldspat ist gewöhnlich Mikroklin, der häufig perthitische Entmischung zeigt. Plagioklas kommt nur in Ausnahmefällen reichlich vor. Pegmatite können reich an seltenen Mineralen sein, die in normalen Graniten nur als feinkörnige akzessorische Minerale oder überhaupt nicht vorkommen.

Die Gefüge von Pegmatiten können, von der extremen Grobkörnigkeit abgesehen, dem von hypidiomorph körnigen Graniten gleichen. Nicht selten sind Pegmatite auch als **Schriftgranite** ausgebildet. Hierbei sind große Kristalle von Quarz und Mikroklin mit ebenflächigen, in relativ einheitlichen Abständen immer wieder winklig abknickenden Grenzflächen einander durchdringend verwachsen. In Abhängigkeit von der Betrachtungsrichtung ergibt sich entweder ein Bild, das an Keilschrift oder Runen erinnert (Abb. 5.30), oder es zeigen sich parallele, geradlinige Streifen von Quarz und Mikroklin im Wechsel.

5.10.3 Lamprophyre

Lamprophyre sind von anderen magmatischen Gesteinen, z. B. Alkalibasalten oder Basaniten makroskopisch schwer oder überhaupt nicht unterscheidbar. Dies gilt besonders, wenn das gangförmige Auftreten nicht beobachtbar oder nicht dokumentiert ist. Feinkörnig-dichte Lamprophyre können leicht mit basaltischen Gangfüllungen verwechselt werden. Auch Lamprophyre, die Einsprenglinge führen, können Vulkaniten gleichen. Dies gilt besonders, wenn Pyroxene statt der für Lamprophyre eher kennzeichnenden Amphibole oder dunklen Glimmer die Einsprenglinge bilden (Abb. 5.125). Eine sichere Bestimmung kann chemische Analysen erfordern. Chemische Einstufungskriterien finden sich in Rock et al. (1991). Zu basaltischen und besonders basanitischen Zusammensetzungen gibt es Übergänge (vgl. Abb. 5.105). Dies betrifft vor allem Camptonite (s. unten).

Die nachfolgend auf Grundlage von Le Maitre et al. (2004) bzw. Rock et al. (1991) aufgelisteten Merkmale können für die Bestimmung von Lamprophyren herangezogen werden. Für einige der Merkmale gibt es Ausnahmen. So können z. B. besonders in Camptoniten (s. unten) OH-haltige Minerale auf die Grundmasse beschränkt sein. Eine Bestimmung sollte auf mehrere erfüllte Merkmale gründen.

- Vorkommen als Gänge oder in kleinen Schloten
- Dunkle Gesteinsfarbe (Farbzahlen M´ meist zwischen 35 und 90)
- Porphyrisches oder aphyrisches Gefüge
- Nur dunkle Minerale als Einsprenglinge
- Einsprenglinge (bzw. Megakristalle) oft auffällig groß

Abb. 5.125 Camptonit, chemisch tephritähnlicher Lamprophyr mit Einsprenglingen von schwarzen Klinopyroxenen und Nestern von weißem Zeolith. Die Braunfärbung links unten ist durch Verwitterung bedingt. Divoká rokle, östlich Ústí nad Labem (Aussig an der Elbe), Tschechien. BB 5 cm.

Abb. 5.126 Lamprophyrgänge (Camptonite), dunkelgrau, steil einfallend. Das helle Nebengestein ist Orthogneis. Steinbruch Torpa Klint, Zentralschonen, Schweden.

Lamprophyre treten häufig in Zusammenhang mit Plutoniten als Gangfüllung auf. Sie können jedoch ebensogut auch selbständig vorkommen. Typische Gangbreiten von Lamprophyren sind einige Dezimeter bis wenige Meter. Die Gänge können schwarmweise auftreten (Abb. 5.126).

Die Grundmassen enthalten in wechselnden Anteilen Feldspäte und/oder Feldspatvertreter. Viele Lamprophyre enthalten Einsprenglinge von Mafiten (Abb. 5.105; vgl. auch Abb. 5.125). Auf Grundlage der Mineralbestände sind von Le Maitre et al. (2004) verschiedene Lamprophyre wie in der nachfolgenden Auflistung definiert. Die Minerale sind hierbei in Form von international üblichen Abkürzungen[*] angegeben, wie sie von der SCMR der IUGS empfohlen werden (Fettes & Desmons 2007). Fettdruck hebt die dominierenden Minerale hervor. Seltener vorkommende Minerale stehen in Klammern. Der angegebene Olivin ist gewöhnlich alteriert.

- **Minette**   Kfs > Pl, **Bt** > Hbl ± Cpx ± Ol
- **Kersantit**   Kfs < **Pl, Bt** > Hbl ± Cpx ± Ol
- **Vogesit**   **Kfs** > Pl, **Hbl**, Cpx ± Ol
- **Spessartit** Kfs < **Pl, Hbl**, Cpx ± Ol
- **Sannait**   **Kfs** > Pl, Feldsp > Foid, Amph, Cpx, Ol, Bt
- **Camptonit**   Kfs < **Pl**, Feldsp > Foid, Amph, Cpx, Ol, (Bt)
- **Monchiquit** **Glas** oder Foid, Cpx, Amph, Ol, (Bt)

- Dunkle Minerale überwiegend OH-haltig (Biotit, Phlogopit, Amphibol)
- Alteration der primären Mineralbestände

---

[*] Bt = Biotit, Cpx = Klinopyroxen, Hbl = Hornblende, Kfs = Kalifeldspat, Ol = Olivin, Pl = Plagioklas;
Gruppenbezeichnungen, die nicht von der IUGS festgelegt sind: Amph = Amphibol, Feldsp = Feldspat

6 Sedimentgesteine

Sedimentgesteine (**Sedimentite**) entstehen aus Sedimenten, die an der Oberfläche der kontinentalen oder ozeanischen Erdkruste, an Land, in Meeren, in Seen und in Flüssen durch Ablagerung (Sedimentation) von losem oder in Lösung herbeigeführtem Material gebildet werden. Einige Arten von Sedimentgesteinen gehen auf die Akkumulation von organischem Material zurück (Kohlen), andere verdanken ihre Bildung trotz anorganischer Zusammensetzung der Tätigkeit von Organismen (z. B. viele Arten von Kalksteinen). Sedimentgesteine können Fossilien enthalten oder dadurch geprägt sein, dass Lebewesen während oder nach der Ablagerung das noch lockere Sediment bewohnen oder durchwühlen. Detaillierte Beschreibungen zu Sedimentgesteinen finden sich in Stow (2008).

Anders als bei den Magmatiten und Metamorphiten gibt es Sedimentgesteine, die weniger fest sind, als man dies mit dem Begriff Gestein verbindet. Es kommen alle Übergänge zwischen völlig losem Material und Gesteinen vor, die die Festigkeit und Verwitterungsresistenz von Graniten übertreffen. Die **Abgrenzung zwischen Sedimenten und Sedimentiten** wird uneinheitlich gehandhabt. Ein verbreitetes Vorgehen ist es, alle durch Ablagerungsprozesse entstandenen, unverfestigten Bildungen als Sediment, alle verfestigten als Sedimentit zu bezeichnen. Andererseits werden häufig selbst felsartig verfestigte, sedimentäre Gesteine zusammen mit unverfestigtem Material als Sedimente eingestuft. Eine dritte Alternative ist es, auch unverfestigte sedimentäre Bildungen z. T. als Sedimentgesteine bzw. Sedimentite zu bezeichnen. Für unverfestigtes Sedimentgestein ist hierbei der präzisierende Begriff **Lockergestein** üblich.

Das jeweils günstigste Vorgehen hängt von der Betrachtungsrichtung ab, die petrographisch, sedimentologisch oder auch paläontologisch begründet sein kann, sodass es unrealistisch ist, eine allgemein gültige Regelung zu erwarten. Für die Gesteinsbestimmung im Gelände erscheint es sinnvoll, im Sinne der dritten Alternative alles sedimentär entstandene Material, das geologische Einheiten wie z. B. Schichten innerhalb einer Schichtfolge aufbaut, als Sedimentgestein bzw. Sedimentit einzustufen. Dies gilt unter Einschluss von Lockergesteinen, zumal es zwischen unverfestigt und verfestigt fließende Übergänge gibt. Nur das zuletzt bzw. aktuell sedimentierte, unverfestigte Material im Bereich der Oberfläche ist in diesem Sinne zweifelsfrei ein **Sediment** und kein Sedimentgestein.

Sedimentäre Lockergesteine müssen nicht ohne jeden Kornzusammenhalt **lose** (= schüttfähig) sein. Sie können ebenso auch **bindig** (kohäsiv) sein, d. h. im bergfrischen und auch trockenen Zustand zusammenhaltend. Erst beim Aufrühren in Wasser oder unter stärkerer mechanischer Beanspruchung zerfallen sie. Bindige Lockersedimentite enthalten immer einen hohen Anteil sehr feinkörniger Komponenten, z. B. Ton. Die Verfestigung ursprünglich lockeren Sedimentmaterials kann durch Ausfällung von Bindemittel (Zement) im **Porenraum**, d. h. dem Raum zwischen den detritischen (sedimentierten) Körnern, durch teilweise Umkristallisation der ursprünglichen Sedimentpartikel bzw. deren Verdrängung oder in geringerem Maße auch durch Kompaktion und Entwässerung erfolgen. Diese und weitere Prozesse können in Kombination wirksam werden. Sie gehören in den Bereich der **Diagenese** (Abschn. 2.1). Diagenese kann bis in einigen Kilometern Tiefe stattfinden.

Sedimentbildende Vorgänge lassen sich in vielen Fällen einfach beobachten. Hierdurch wird die Deutung geologisch älterer Sedimentgesteine erleichtert. Zur Entstehung eines Sedimentgesteins ist eine Abfolge von **Verwitterung**, **Transport** und **Ablagerung** (**Sedimentation**)

6

erforderlich. Bei jedem dieser drei Prozesse kann es zu stofflicher und/oder korngrößenbedingter **Sortierung** kommen. Andererseits ist bei Transport und Ablagerung entgegengesetzt auch die **Vermischung** von Komponenten unterschiedlicher Herkunft üblich.

Die Verwitterung verändert und zerstört vorhandenes Gestein (Abb. 6.1). Sie setzt an Gesteinsoberflächen und Klüften an. Verwitterung ist ein von außen verursachter (exogener) Vorgang, der vom lokalen Klima, der Exposition des Gesteins und anderen Faktoren abhängig ist. Hierdurch unterscheidet sich Verwitterung grundsätzlich von Alteration (Abschn. 5.5), die endogenen Ursprungs ist und von aus der Tiefe stammenden, heißen Fluiden bewirkt wird. Je nach Klima und Gesteinseigenschaften können bei der Verwitterung physikalische oder chemische Prozesse überwiegen. Trockenes und auch kaltes Klima hemmt die chemische Verwitterung. Unter zusätzlicher Einwirkung starker Temperaturschwankungen und des Kristallisationsdrucks von Salzen, wie auch von bei der Verwitterung entstehenden Mineralen in Rissen und Spaltflächen, gewinnt die **physikalische Verwitterung** in Form mechanischer Zerkleinerung die Oberhand. Hierbei kann die Fragmentierung bis zur Zerlegung in die einzelnen Mineralkörner gehen, oft bleiben aber auch Brocken von Gesteinen im Zusammenhang erhalten (Abb. 6.10). Physikalische Verwitterung heißt auch **mechanische Verwitterung**.

Feuchtwarmes Klima begünstigt die **chemische Verwitterung**. Vorhandene Minerale werden hierbei je nach ihrer Verwitterungsresistenz unter Einwirkung von Wasser unterschiedlich schnell chemisch abgebaut. Besonders Feldspäte, Glimmer, Olivin und Feldspatvertreter verwittern relativ schnell. Das Al der Feldspäte und Glimmer gelangt überwiegend in Tonminerale, die *in situ* als **Verwitterungsneubildungen** entstehen können (Abb. 3.62, 9.2). Na, K und Ca hingegen werden weitgehend als Ionen in Lösung abgeführt. Fe aus mafischen Mineralen färbt oft als rostig braunes $FeOOH$ das verwitternde Gestein. Die immer äußerst feinkörnigen Tonminerale können als wesentlicher Bestandteil von Verwitterungsdecken an Ort und Stelle verbleiben oder fortgeschwemmt werden. Unter gemäßigten Klimabedingungen ist Quarz wegen ausgeprägter chemischer und mechanischer Verwitterungsresistenz und auch wegen seiner Häufigkeit oft der wichtigste **Verwitterungsrückstand**.

Bei Verwitterung unter tropisch feuchten Klimabedingungen wird Quarz vollständig aufgelöst. Stattdessen reichern sich dort vor allem das Al der Feldspäte und Glimmer sowie das Fe der mafischen Minerale an. Hierdurch entstehen im höchsten Teil von Verwitterungsprofilen SiO_2-arme oder SiO_2-freie **Residualbildungen** (Abschn. 4.2, Kap. 9). Intakte Restkörper des Ausgangsgesteins halten sich bei chemischer Verwitterung am längsten fern von Fugen, weil über diese das Wasser als Verwitterungsmedium

Abb. 6.1 Durch chemische Verwitterung grusig zerfallener Granit *in situ*. Weiße, z. T. kaolinisierte Feldspäte und transparente, grau erscheinende Quarzkörner des Granits haften noch teilweise aneinander. Stiefmutterplatz, Käste, oberhalb des Okertals, Westharz. BB ca. 10 cm.

von der Oberfläche aus in den Gesteinsverband eindringt. Im Zuge fortschreitender Verwitterung bleibt so in den Zentren der vom ursprünglichen Kluftnetz zugeschnittenen Segmente zunächst unverwittertes Gestein in Form von **Corestones (Kernsteinen)** erhalten, die meist scharf gegen das umgebende Verwitterungsprodukt abgegrenzt sind (Abb. 6.2, 9.2). Bei anhaltender Verwitterung verschwinden sie schließlich, nachdem sie zuvor immer kleiner geworden sind. Die Kernsteine oder Kernblöcke von weitgehend richtungslos körnigen Gesteinen, wie z. B. Graniten, Dioriten, Gabbros und Syeniten haben gerundete Kanten oder vollständig gerundete Formen. Wenn die Verwitterung nicht bis zur Bildung isolierter, im Verwitterungsgrus „schwebend" eingebetteter Kernsteine fortgeschritten ist, kann es zur Bildung von Wollsackfelsen kommen (Abschn. 5.7.3, Abb. 5.48).

Die bei der Verwitterung freigesetzten oder neugebildeten Partikel können am Ort ihres Ursprungsgesteins als Bodenbestandteil verbleiben oder fortgeschwemmt werden.

Der **Transport** von Sedimentpartikeln wird ganz überwiegend durch **fließendes Wasser** bewirkt. Weitere bedeutende Transportmedien sind **Wind** und fließendes **Gletscher-** oder **Inlandeis** einschließlich treibender, schuttführender Eisberge. Jedes der Transportmedien wirkt sich auf den Sedimentcharakter aus. Die maximale Größe der in fließendem Wasser in Bewegung gehaltenen Partikel ist bei gegebener Dichte und Kornform von der Strömungsgeschwindigkeit abhängig. Gleiches gilt – bei deutlich geringeren Maximalkorngrößen – für den Transport durch Wind (**äolischer Transport**). Bei gleichmäßiger Strömung kommt es in beiden Transportmedien zu Sortierungseffekten nach der Korngröße. In Lösung vorliegende Ionen und Kolloide werden auch bei geringster Strömungsgeschwindigkeit durch Wasser verfrachtet. Gletscher- oder Inlandeis oder auch treibende Eisberge können Sedimentpartikel jeder Größe bis hin zu tonnenschweren Blöcken unterschiedslos über große Strecken bewegen.

Die Art der **Ablagerung** hängt vor allem vom Transportmechanismus ab. Aus strömendem Wasser werden abhängig von der Strömungsgeschwindigkeit Sedimentpartikel jeweils spezifischer Größen mechanisch abgesetzt. Die beim verwitterungsbedingten Zerfall von Gestein anfallenden und danach transportierten festen Partikel werden unabhängig von der Korngröße als **Detritus** oder detritische Körner abgelagert. Als **Klasten** bezeichnet man detritische Körner ab 0,002 mm Größe (Abschn. 6.2). Aus gelösten Ionen entstehen beim Eindampfen des Wassers Salze als Ausfällungsprodukte oder es kommt mit oder ohne Beitrag von Organismen zur Ausfällung von karbonatischem Material. Solch chemisch oder biogen aus Lösung ausgefälltes Material ist kein Detritus.

Besonders für die Beschreibung von konkreten Sedimentgesteinen kann es auf eine möglichst eindeutige, reproduzierbare **Charakterisierung der Farben** ankommen. Dies geschieht am sinnvollsten durch Bezug auf „geeichte" Vergleichsfarben mit jeweils festliegenden Bezeichnungen. Hierzu sind sog. **Munsell-Farbtafeln** international üblich. Sie beruhen auf einem von der Munsell Color Company, Baltimore, entwi-

Abb. 6.2 Chemische Verwitterung von Mikrosyenit unter feucht-tropischen Klimabedingungen. Reliktische Kerne (Corestones) in Bauxit. Poços de Caldas, Minas Gerais, Südbrasilien.

6 ckelten Klassifizierungssystem. Dessen Prinzip besteht aus einer Abfolge von Farben, die in Abstufungen zunehmender Farbsättigung und mit variablen Grautönen überlagert dargestellt sind.

Es gibt keine immer vorhandenen und daher allgemein gültigen, gemeinsamen **Merkmale von Sedimentgesteinen**. Wenn es nicht von vornherein offensichtlich ist, dass ein Gestein ein Sedimentit ist, kommt es auf die Prüfung mehrerer alternativ möglicher Merkmale oder Merkmalskombinationen an. Ein mürber Tonstein voller Muschelreste kann nichts anderes als ein Sedimentgestein sein, ebenso wie ein von Korallen oder anderen Resten riffbildender Organismen durchsetzter Kalkstein. Lockergesteine sind ganz überwiegend sedimentärer Entstehung. Nur manche pyroklastischen Bildungen (Abschn. 5.9) können ebenfalls als Lockergesteine auftreten. Die sichere Einstufung eines Gesteins als Sedimentit gelingt gewöhnlich nur im Zuge der Bestimmung des spezifischen Gesteins. So wird man einen nicht zu feinkörnigen Sandstein zunächst als Sandstein erkennen und sich erst in zweiter Hinsicht bewusst machen, dass dieser ein Sedimentgestein ist.

Sedimentgesteine sind oft erkennbar **geschichtet** (Abb. 6.3, 6.48), viele aber auch schichtungslos massig oder so großmaßstäblich geschichtet, dass im Aufschluss nur ein einziger, monotoner Gesteinskörper zu sehen ist. Schichtung kommt obendrein auch bei Plutoniten (Abschn. 5.3.2.2) und pyroklastischen Ablagerungen vor (Abschn. 5.9). Auch metamorphe Bänderung (Abschn. 7.1.2) kann bei flüchtiger Betrachtung mit Schichtung verwechselt werden.

Je nach Sedimentationsmechanismus und Material können unterschiedliche Arten von Schichtung auftreten:

Parallele Schichtung ist gemeint, wenn ohne weitere Charakterisierung von Schichtung gesprochen wird. Sie ist durch den Wechsel der Sedimentzusammensetzung oder anderer Merkmale bedingt. Die einzelnen Schichten bilden planare Körper, die parallel übereinander gestapelt sind.

Lamination (sedimentäre) ist eine besonders feinmaßstäblich ausgebildete, gewöhnlich streng parallele Schichtung (Abb. 6.45). Die Mächtigkeit der Einzelschichten liegt im Bereich einzelner Millimeter oder darunter und ist daher an

Abb. 6.3 Parallele, ungestörte Schichtung als Wechsellagerung von Tonsteinen und Sandsteinen des Unteren Karbon. Bergflanke des Mam Tor, Derbyshire, Nordengland.

entsprechend feinkörnige Sedimentite gebunden. Lamination wird in vielen Fällen als Folge jahreszeitlich wechselnder Sedimentation gedeutet. Im Sediment wühlende Organismen zerstören jede Lamination.

Schrägschichtung ist an unterschiedlich geneigten Materialgrenzen, die sich gegenseitig kappen (Abb. 6.4), erkennbar. In Sandsteinen ist sie relativ häufig und oft auffällig entwickelt. Besonders große Schrägschichtungskörper entstehen im Zusammenhang mit der Bildung von Dünen.

Flaserschichtung ist eine besondere Form von kleinmaßstäblicher Wechsellagerung von gröberem, sandigem Material mit feineren, tonigen oder tonig-schluffigen Schichten. Hierbei müssen die Schichtgrenzen wellig-uneben sein und einer der beiden Anteile in kurzen Abständen auskeilen und wieder einsetzen. Flaserschichten entstehen in Wattgebieten unter Gezeiteneinfluss. Flaserschichtung geht in **wellige Wechsellagerung** über (Abb. 6.5), wenn die ein-

Abb. 6.4 Schrägschichtung in Sandstein des Unteren Perm. Sontra, Nordhessen.

zelnen Schichtkörper zwar wellig-uneben sind, aber über größere Strecken durchhalten (Schäfer 2005).

Gradierte Schichtung (Abb. 6.49) ist in Abschn. 6.3.6 beschrieben.

Wie alle geologischen Strukturen (Abschn. 6.1) kann Schichtung durch tektonische Bewegungen gestört, gefaltet und überkippt werden. Jedoch ist nicht jedes Beispiel von Faltung oder Überkippung tektonisch bedingt. Im Zusammenhang mit sedimentären Gesteinen sind synsedimentär entstandene Faltenstrukturen von Bedeutung. Sie belegen entweder Instabilität eines noch nicht verfestigten Sedimentstapels auf geneigter Unterlage oder auch seismisch-tektonische Unruhe. Das Resultat sind völlig unregel-

mäßige Faltenbilder in einem begrenzten Segment der Schichtfolge (Abb. 6.6).

Anders als in manchen Vulkaniten mit jeweils durch Gesteinsmaterial umschlossenen Gasblasen zeigen viele Sedimentgesteine eine **Porosität**, die an die Existenz eines durchgehend kapillar verknüpften Porenraums gebunden ist, wie er in vielen pyroklastischen Bildungen auch vorkommt (Abschn. 5.9). Die Porosität wird in Vol.-% angegeben. Ausnahmen ohne makroskopisch wahrnehmbare Porosität sind viele (nicht alle) Kalksteine und einige seltenere Sedimentite. Die meisten Sedimentgesteine mit deutlicher Porosität sind anders als Magmatite oder Metamorphite für Gase und Flüssigkeiten wirksam durchlässig. Diese Durchlässigkeit bezeichnet man als **Perme-**

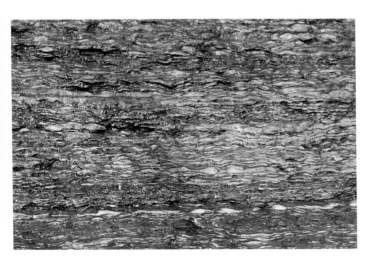

Abb. 6.5 Übergang zwischen Flaserschichtung und welliger Wechsellagerung in Ton-, Silt- und Sandstein des Unteren Jura. Küste des Öresunds bei Kulla Gunnarstorp, nördlich Helsingborg, Schonen, Südschweden. BB ca. 1 m.

Abb. 6.6 Synsedimentäre Faltung, durch Abgleiten unverfestigten Sediments verursacht. Altquartärer Mergel (Lisan-Formation), Südostnegev, Israel.

abilität. An den Oberflächen von Gesteinen mit fein strukturierter Porosität werden Wassertropfen rasch aufgesogen, sofern das Gestein nicht schon mit Flüssigkeit gesättigt ist. Die Porosität ist in Kombination mit der Permeabilität die entscheidende Eigenschaft, die die Eignung eines Gesteinskörpers als Speicher bzw. Lagerstätte für Wasser, Erdgas oder Öl bestimmt.

Viele Sedimentgesteine haben durch Verwitterung und Transport bedingt chemisch wie auch mineralogisch **spezifische Zusammensetzungen**, für die eine magmatische Entstehung unrealistisch ist. So können ausschließlich oder ganz überwiegend aus Quarz bestehende Gesteine, wie normale Sandsteine es sind, magmatisch nicht gebildet werden. Entsprechendes gilt u. a. für die Zusammensetzungen von Salzgesteinen, Tonen, Kohlen und Mergeln. Karbonatgesteine gehören zu den häufigen Sedimentgesteinen. Magmatisch entstandene Karbonatgesteine (Karbonatite) sind jedoch ausgesprochen selten (Abschn. 5.7.8).

Im Zuge von Verwitterung, Transport und Sedimentation kommt es in vielen Fällen zu einer **stofflichen Trennung**, die oft drastischer ist, als magmatische Differentiation es bewirken könnte (Abschn. 2.1). Es ist jedoch nicht üblich, von sedimentärer Differentiation zu sprechen, obwohl am Ende so unterschiedliche Dinge wie Ton, Kalkstein, fast nur aus Quarz bestehender Sand und Salzgesteine stehen. Die Ereignisabfolge von der Verwitterung bis zur Sedimentation ist zusammen mit der Möglichkeit nachfolgender Metamorphose und auch Teilaufschmelzung eine wesentliche Ursache für die Gesteinsvielfalt der Erde.

Welches Material sedimentiert wird, hängt von den Bedingungen bei der Verwitterung, beim Transport und bei der Sedimentation ab. Hierzu gehören:

- Klima (Temperatur, Feuchtigkeit, Jahreszeiten, Sturmereignisse, Vereisung)
- Transportmedium (Wasser, Eis, Wind, Schwerkraft)
- Transportweite
- Gesteinsbestand des Sedimentliefergebiets
- Art des Ablagerungsraums (im Meer, auf Land, an einer Küste, in einem Fluss, in einem See)
- Geotektonischer Rahmen (kontinentales Becken, passiver Kontinentalrand, Inselbogen)

Eine zusätzliche Rolle kann die **Stellung in der geologischen Zeitfolge** spielen. So sind z. B. manche sehr alte Sedimentite durch Ablagerung in sauerstoffarmer Atmosphäre des Archaikums oder Altproterozoikums geprägt. Jüngere Sedimentgesteine können ihre Entstehung und den Gesteinscharakter dem zeitlich begrenzten Massenauftreten bestimmter Organismen verdanken.

Bei Sedimentation unter Wasserbedeckung, die weit überwiegt, kommen spezifische Faktoren hinzu:
- Wassertiefe
- Salzgehalt
- Belüftungsverhältnisse am Gewässerboden
- Strömungsverhältnisse

- periodisches oder episodisches Trockenfallen
- Organismen (Biomineralisation, organische Komponenten, Bioturbation)

Unter Biomineralisation ist die Bildung anorganisch (mineralisch) zusammengesetzter, z. B. calcitischer, phosphatischer oder kieseliger Skelette, Schalen und Gehäuse durch Organismen zu verstehen.

Die meisten der genannten Faktoren werden durch die Art des jeweiligen Sedimentgesteins und durch dessen Detailmerkmale abgebildet. Das Gestein oder auch eine Gesteinsabfolge liegt in einer entsprechenden **Fazies** vor.

Ohne Kenntnis des Zusammenhangs ist der Begriff Fazies mehrdeutig. In der Petrographie metamorpher Gesteine dient er der Benennung bestimmter Druck-Temperatur-Bereiche der Metamorphose.

Eine sedimentäre Fazies ist durch Merkmale des Gesteins gekennzeichnet, die auf die jeweils wirksam gewesenen Sedimentationsbedingungen zurückgehen. Die Fazies kann über die Gesteinsart (lithologisch), über die Sedimentationsprozesse (sedimentologisch-genetisch) oder über durch Fossilien dokumentierte Faunenmerkmale (faunistisch) definiert sein. Beispiele für verschiedene Fazies sind die turbiditische Fazies (Abschn. 6.3.6) und euxinische Fazies (Abschn. 6.3.5).

Eine sedimentäre Fazies ist durch die zur Zeit und am Ort der Sedimentation wirksamen Umweltverhältnisse bedingt. Diese machen in ihrer Kombination das jeweilige **Sedimentationsmilieu** aus. Der Begriff Fazies bezieht sich jedoch auf das konkrete Gestein. Die Bezeichnungen für Faziesarten und Sedimentationsmilieus stimmen wegen der gegenseitigen Verknüpfung häufig überein. Eine bestimmte Fazies muss nicht an ein einziges Sedimentationsmilieu gebunden sein. So kann Sand (sandige = psammitische Fazies) u. a. in einem Fluss (fluviatil) sedimentiert worden sein, im strandnahen Bereich vor einer Meeresküste (marin-litoral) abgelagert sein oder zu einem Flugsandgebiet in einer Wüstenregion (äolisch bzw. arid) gehören. Sedimente aus Klasten mit Korngrößen < 0,06 mm, d. h. aus Schluff- und Tonpartikeln, können als **Pelite** (pelitische Fazies) bezeichnet werden (Tab. 6.2).

Besonders in marinen Sedimentiten können zur Zeit der Sedimentation lebende Organismen als **Fossilien** überliefert sein. Hierzu gehören erhaltene Hartteile wie Gehäuse oder Innenskelette ebenso wie Sedimentausgüsse von Hohlformen (Steinkerne, Abb. 1) und Abdrücke auf Schichtflächen (Abb. 6.7). Wenn Fossilien vorkommen, sind diese ein sicheres Indiz für den sedimentären Charakter des einbettenden Gesteins. Fossilien meeresbewohnender Organismen weisen auf marine Sedimentation hin. Unter günstigen Bedingungen können Fossilien auch nach mäßiger Metamorphose noch erkennbar sein. Sie sind nur schichtweise häufig. Oft beschränkt sich der Fossilinhalt auf Mikrofossilien mit Größen unter 1 mm. Präkambrische Sedimentgesteine sind mit Ausnahme seltener jungproterozoischer Ausnahmen fossilfrei. Aus

Abb. 6.7 Tonschiefer mit Abdrücken von Muschelschalen, deren karbonatische Substanz vollständig aufgelöst ist. Das Gestein steht an der Grenze Diagenese/ Metamorphose. Abgesehen von tektonisch bedingter Deformation, die durch Zerrung der Muschelschalen angezeigt wird, fehlt eine merkliche metamorphe Prägung. Posidonienschiefer des Unteren Karbon. Zwischen Seesen und Lautenthal (Westharz). BB 8,5 cm.

6

Abb. 6.8 Bioturbater Sandstein des Unterkambrium mit sich plastisch abhebenden Grabgängen (Lokalname: Hardeberga-Sandstein). Ostseeküste bei Vik, Schonen, Südschweden. BB ca. 25 cm.

dem Vorkommen bestimmter Fossilien lassen sich Rückschlüsse auf das Alter der einbettenden Schicht und das Sedimentationsmileu anstellen, im Einzelnen z. B. zum Klima, zur Wassertiefe und zum Salzgehalt. Es ist daher sinnvoll, über die Kenntnis der Gesteine hinaus auch mit wichtigen Fossilgruppen vertraut zu sein. Fossilien verdienen bei der Untersuchung von Sedimentgesteinen besondere Beachtung. Oft lassen sich nur durch sie schon im Gelände Hinweise auf das Sedimentationsalter erlangen.

Anhäufungen von Fossilien können sedimentprägend sein oder sogar weitgehend einziger Gesteinsbestandteil. Wenn Fossilien fehlen, dokumentieren in manchen Fällen **Spurenfossilien** die Anwesenheit von Lebewesen zur Zeit der Sedimentation. Spurenfossilien sind z. B. Fährten, Grabgänge und Wohnröhren. Wenn ein Sediment oder Sedimentit von Spuren wühlender oder grabender Organismen durchsetzt ist, spricht man von **Bioturbation**. Eine möglicherweise ursprünglich vorhanden gewesene Schichtung kann ausgelöscht worden sein. Bioturbate Sedimentgesteine enthalten Inhomogenitäten, die schlierig oder röhrenförmig statt schichtig angeordnet sind (Abb. 6.8).

Eine Beispielauswahl wichtiger Sedimentationsmilieus wird in Tab. 6.1 gezeigt. Die meisten der Bezeichnungen sind gleichermaßen für Faziesbenennungen anwendbar. Die Erfassung von Sedimentationsmilieus ist für die Bestimmung von Sedimentgesteinen von großer Bedeutung, wenn diese über die bloße Erteilung eines Gesteinsna-

mens hinausgehen soll. Nur so sind Rekonstruktionen der geographischen, morphologischen, klimatischen und geologischen Verhältnisse zur Zeit der Sedimentation möglich. Die in Tab. 6.1 angegebenen Sedimentitbeispiele sind vorzugsweise die noch nicht diagenetisch verfestigten Modifikationen. Verfestigte Gesteine sind nur genannt, wenn die unverfestigten Entsprechungen an Land fehlen oder nur geringe Bedeutung haben.

6.1 Gefüge, Struktur und Textur von Sedimentgesteinen

Die Begriffe Gefüge, Struktur und Textur werden zur Beschreibung magmatischer, metamorpher und sedimentärer Gesteine verwendet. Während jedoch für Magmatite und Metamorphite grundsätzliche Übereinstimmung des Sprachgebrauchs besteht, gibt es hiervon abweichende Bedeutungen der drei Begriffe in Beschreibungen von Sedimentiten. Die Erläuterungen zu den jeweiligen Arten von sedimentären Gefügen, Strukturen und Texturen gründen vorrangig auf Beiträge in Füchtbauer (1988), zusätzlich auch auf Tucker (1985) und Tucker & Wright (1990).

Anders als mit der Bezeichnung Gefüge für magmatische und metamorphe Gesteine, gibt es keinen zusammenfassenden Begriff für die Gesamtheit der Form-, Größen- und Verteilungs-

Tabelle 6.1 Sedimentationsmilieus, deren Indikatoren und zugehörige Sedimentite

6

Sedimentationsmilieu		Sedimentationsraum bzw. Sed.-Medium	Sedimentitbeispiele mögliche Indikatoren (*kursiv*)
marin		Meer	Kalkstein, Ton, Grünsand *Glaukonit, marine Fossilien*
	abyssisch	Tiefsee bzw. große Wassertiefe	Radiolarit, Ton *kein Karbonatgehalt, Radiolarien*
	epikontinental	Meer auf kontinentalem Sockel	Kalkstein, Kreide, Sand, Ton *Fossilreichtum, oft gute Schichtung*
	euhalin	Meer mit normalem Salzgehalt	Die meisten Riffkalke *marine Fossilien, Artenreichtum*
	euxinisch	Meeresboden mit O_2-armem Wasser	Schwarzschiefer, Ölschiefer *Feinschichtung ohne Bioturbation, Bitumengeruch, Sulfidführung*
	intertidal	Gezeitenbereich	Sand, Ton *Flaserschichtung, prielartige Rinnen*
	turbiditisch	Untermeerische Abhänge	Grauwacke, Flyschsandstein *Wechsellagerung mit Peliten, große Mächtigkeit, Korngrößengradierung*
terrestrisch		Festland einschließlich festländischer Gewässer	Arkose, Rotsandstein, Löss *Bodenbildungen, Trockenrisse, Fossilien von Landpflanzen*
	äolisch	Wind	Sand, Löss *Windschliff, gute Sortierung, mächtige Schrägschüttungskörper*
	limnisch	Seen	Ton, Schluff, Schwarzschiefer *eingeschwemmte Landpflanzen, Fossilien von Süßwasserorganismen*
	fluviatil	Flussläufe	Sand, Kies, Ton *rinnenfüllende Sedimentkörper, Einregelung von Klasten, Fossilien von Süßwasserorganismen*
	glazial	Gletscher, Inlandeis	Till *extrem geringe Maturität, Gletscherstriemung, Stauchung der Unterlage*
	palustrin	Sümpfe	Torf, Kohlen *Reste von Sumpfpflanzen*

merkmale der Komponenten in Sedimentgesteinen. Die Bezeichnung Gefüge hat auf Sedimentgesteine angewendet eine enger gefasste Bedeutung als für Magmatite und Metamorphite. Zusätzlich gilt für die einzelnen Arten von sedimentären Gefügen und Strukturen, dass es darauf ankommt, ob es sich um karbonatische, sandige, tonige oder andere Sedimentite handelt. Von Texturen ist gewöhnlich nur im Zusammenhang mit kompaktierten tonigen Gesteinen die Rede.

Als **Gefüge** von Sedimentgesteinen gelten vor allem Eigenschaften, die direkt von den Ablagerungsprozessen und von der Art des abgelagerten Materials bestimmt sind, in manchen Fällen auch von diagenetischen Prozessen. Gefügemerkmale können sehr kleinmaßstäblich ausgebildet sein. Daher sind sie nicht immer makroskopisch erkennbar. Oft beziehen sie sich auf die einzelnen Körner oder die Lagerungsverhältnisse zwischen benachbarten Körnern. Beispiele für sedimentäre Gefüge sind Korngrößen, Kornformen, Art der Kornkontakte und Packungsmuster der Komponenten. Ferner gibt es Relikt- und Neubildungsgefüge in Verwitterungsprofilen.

Strukturen von Sedimentgesteinen sind überwiegend großmaßstäbliche, makroskopisch gut erkennbare Bildungen, die ein Gestein in einem bestimmten Vorkommen aufgrund spezifischer Bedingungen zusätzlich zu den für die Gesteinsart üblichen Merkmalen prägen. Solche **Sedimentstrukturen** können bei der Sedimentation angelegt werden, ebenso aber auch durch postsedimentäre Ereignisse, durch im Sediment aktive Organismen, durch Erosion oder durch Umlagerung. Sedimentstrukturen sind z. B. Schichtungsmuster oder durch Belastung, Strömung oder Trocknung entstandene Marken auf Schichtflächen. In Sedimentiten eingelagerte Fossilien können als Sedimentstrukturen angesehen werden, ebenso aber auch als Objekte von eigenem Rang.

Die wesentliche in Sedimentgesteinen vorkommende Art von **Textur** ist die parallele Einregelung der makroskopisch nicht erkennbaren Tonmineralblättchen in kompaktierten tonigen Gesteinen. Makroskopisch ist die Texturierung an einer Tendenz zu schieferungsähnlicher, schichtparalleler Teilbarkeit erkennbar.

6.2 Klassifikation der Sedimentgesteine

Die Einteilung und damit auch Benennung von Sedimentgesteinen ist in vielen Details uneinheitlich. Es fehlen anders als für Magmatite und Metamorphite durchgängig verbindliche Klassifikationsvereinbarungen. Hieraus ergibt sich in Einzelfällen die Notwendigkeit von Abwägungen zwischen verschiedenen Klassifikations- und Benennungsansätzen. Für bestimmte Gesteinsgruppen geltende Benennungsprinzipien sind oft nicht auf andere Sedimentite übertragbar.

Sedimentgesteine können nach unterschiedlichen Gesichtspunkten grundklassifiziert werden.

Basis solcher alternativen Klassifikationen ist die mineralogische oder chemische Zusammensetzung bzw. die Art der Entstehung (Genese). Bei einer reinen Einteilung nach der Genese werden üblicherweise drei Gruppen von Sedimentgesteinen unterschieden: Klastische, chemische und biogene Sedimentite. In der Praxis sind gewöhnlich die Genese und die Zusammensetzung in Kombination die Klassifikationsgrundlage.

Klassifikation nach der Genese

Klastische Sedimentgesteine verdanken ihre Entstehung der mechanischen Ablagerung von detritischen Körnern, die durch verwitterungsbedingten Zerfall und/oder Erosion aus älteren Gesteinen freigesetzt worden sind (z. B. die Quarzkörner von Sandsteinen), oder die durch Mineralneubildung im Zuge chemischer Verwitterung vor dem endgültigen Transport in das Sedimentationsgebiet entstanden sind (Tonminerale). Wenn Sedimentmaterial erst im Sedimentationsgebiet als Fällungsprodukt aus wässriger Lösung mit oder ohne Beitrag von Organismen gebildet wird, liegt kein klastisches Sediment vor. Die Korngrößen der detritischen Körner klastischer Sedimentite variieren im gesamten transportierbaren Bereich, von Zehnermetern bei Eistransport bis in den Bereich weniger Mikrometer, z. B. als Schwebfracht in gering bewegtem Wasser oder als vom Wind verdrifteter Staub. Die bei überwiegend mechanischer Verwitterung anfallenden Gesteinsfragmente und Körner einzelner Minerale werden als **Klasten** bezeichnet, wenn sie Korngrößen zumindest oberhalb der Maximalgröße der Tonfraktion haben (> 0,002 mm). Es besteht jedoch die Tendenz, vor allem ins Auge fallende, größere Gesteinsfragmente als Klasten zu bezeichnen, feinere detritische Anteile wie Sandkörner und noch kleinere hingegen nicht. Typische klastische Sedimentite sind Sand, Sandstein, Konglomerat und Ton. Sande, Sandsteine und Konglomerate sind überwiegend **siliziklastische Sedimentgesteine**, Tone immer. Siliziklastisch bedeutet, dass die sie aufbauenden detritischen Körner einschließlich Gesteinsklasten **maßgeblich aus silikatischen Mineralen und/oder Quarz** bestehen.

Klastische Sedimentgesteine aus überwiegend **nichtsilikatischem Detritus** spielen gegenüber siliziklastischen Sedimentiten eine geringere Rolle. Bei der Klassifikation von Gesteinen werden nichtsiliziklastische Sedimentite überdies oft nach ihrer Zusammensetzung eingestuft und benannt. So werden aus Kalksteinfragmenten zusammengesetzte, von ihrer Genese und Struktur her eigentlich klastische Gesteine oft vorrangig als Karbonatgesteine betrachtet.

Chemische Sedimentgesteine entstehen durch Ausfällung aus wässriger Lösung ohne maßgebliche Beteiligung von Organismen. Die sedimentierte Substanz entsteht zeitlich und räumlich mit der Sedimentation verknüpft durch Übersättigung ionarer oder kolloidaler Lösung. Salzgesteine sind eindeutige Beispiele für chemische Sedimentite.

Biogene Sedimentgesteine können direkt aus umgewandelter organischer Substanz bestehen oder, was sehr viel häufiger ist, aus anorganischem, mineralischem Material, das durch die Wirkung von Organismen gebildet wurde. Kohlen und Torf sind biogene Sedimentite, die aus Überresten organischen Materials bestehen. Kalksteine bestehen weitgehend bis ausschließlich aus dem Mineral Calcit. Die Ausfällung des Calciumkarbonats wird überwiegend durch Organismen bewirkt oder wenigstens beeinflusst. Entsprechend sind die meisten Kalksteine biogener Entstehung.

Die Klassifikation nach der Genese hat den Nachteil, dass sie nicht direkt auf tatsächlichen Eigenschaften, sondern auf Interpretationen gründet. Ginge es nicht um Sedimentite, sondern um Magmatite, wäre dies nach den dort verbindlichen Klassifikationsregeln unzulässig (Abschn. 5.6). Konkret tritt das Problem auf, dass es unter den Sedimentiten Beispiele gibt, deren Deutung als biogen oder nichtbiogen unsicher ist oder die nur anteilig biogen sind. Schließlich können Interpretationen umstritten und zeitlichem Wandel unterworfen sein. Diese Probleme lassen sich durch eine Klassifikation vermeiden, die vorrangig auf die Zusammensetzungen der fraglichen Gesteinsgruppen gründet. Eine wesentliche Ausnahme und Inkonsistenz liegt jedoch darin, dass es nicht sinnvoll ist, Sedimentite aus fast ausschließlich Quarz bzw. SiO_2 in einer Gruppe zusammenzufassen. In diesem Fall lässt sich die Genese, die durch signifikant unterschiedliches Gefüge angezeigt wird, nicht

ignorieren. Ein weitgehend aus Quarz bestehender Sandstein wird in jedem Fall als siliziklastisches Sedimentgestein eingestuft werden, ein Radiolarit, der ein diagenetisches Produkt von biogen gefälltem SiO_2 ist (Abschn. 6.7.1), dagegen nicht.

Klassifikation vorrangig nach der Zusammensetzung

Grundlage der Gesteinscharakterisierungen der Abschnitte. 6.3–6.10 ist eine Klassifikation, die sich vorrangig an der mineralogischen bzw. chemischen Zusammensetzung orientiert. Allerdings berücksichtigt sie in Form der Gruppe der klastischen Sedimentgesteine und der Evaporite (Abschn. 6.5) von vornherein deren Genese und ist hierdurch eine kombinierte Klassifikation. Wichtige sedimentäre Gesteinsgruppen außer den klastischen Sedimentgesteinen sind Karbonatgesteine, Salzgesteine, sedimentäre Phosphatgesteine, nichtklastische SiO_2-Gesteine, sedimentäre Fe-Gesteine sowie Kohlen und verwandte Bildungen. Hinzu kommen diagenetische Produkte wie Konkretionen und verwitterungsbedingte Bildungen. Letztere sind keine Sedimentgesteine, werden aber am sinnvollsten mit diesen zusammen betrachtet.

Stratigraphische Benennungen

Sedimentgesteine sind immer Bestandteil von durch Ablagerung entstandenen, stratigraphischen Abfolgen. Dies bedeutet, dass ein konkretes Gestein eine bestimmte Position innerhalb einer Schichtfolge und damit auch eine zeitliche Stellung hat. Dies kann zu einem Durcheinander zwischen petrographischen und stratigraphischen Bezeichnungen und damit zu Missverständnissen führen (Abschn. 4.2). Für petrographische Charakterisierungen sollten stratigraphische Benennungen wie Buntsandstein (Untere Trias), oder Glimmerton (Neogen) vermieden werden. Petrographisch korrekte Bezeichnungen für entsprechende Gesteinsbeispiele können stattdessen Rotsandstein und glimmerführender Ton sein. Zum Buntsandstein gehören außer typischem Rotsandstein u. a. auch Tonstein, Anhydrit und Kalkstein, zum Glimmerton auch feinsandige Lagen.

6

6.3 Klastische Sedimentgesteine

Die meisten klastischen Sedimentgesteine bestehen überwiegend aus mechanisch sedimentiertem Detritus silikatischer Zusammensetzung einschließlich Quarz. Wenn ohne weitere Angabe nur von klastischen Sedimentiten die Rede ist, sind gewöhnlich siliziklastische Sedimentgesteine gemeint. Klastische Sedimentgesteine bestehen immer maßgeblich aus **detritischen Körnern** bzw. Klasten. Häufig kommen eine Matrix und/oder Bindemittel hinzu. Die Klasten können miteinander so in Berührung sein, dass sie ohne zwischengelagertes, feineres Material eine stabile, in diesem Fall **korngestützte** Packung bilden. Voneinander völlig oder teilweise isolierte detritische Körner benötigen zur Stabilisierung ihres Kornverbands eine zwischengelagerte Matrix. Sie sind dann **matrixgestützt** (Abb. 6.9).

Die Matrix in klastischen Sedimentiten ist ein sich im Hinblick auf das Gesteinsgefüge von den dominierenden Klasten durch relative Feinkörnigkeit abhebender Anteil. In einem Konglomerat aus zentimetergroßen Geröllen kann die Matrix in diesem Sinne sandig, schluffig oder tonig sein, in einem Sandstein muss sie tonig und/oder schluffig sein. Die **Unterscheidung zwischen der Sand-, Schluff- und Tonfraktion** gründet auf Korngrößenabstufungen (Tab. 6.2), in der genannten Reihenfolge nehmen die Korngrößen ab. Bei der Klassifikation von Sandsteinen und deren Abgrenzung

gegenüber sandsteinartigen Sedimentiten wie Grauwacken spielt der **Matrixanteil** eine Rolle. Hierbei werden nicht ganz einheitlich nur Anteile mit Korngrößen unter 20 µm oder unter 30 µm zur Matrix gerechnet. Dies entspricht der Tonfraktion einschließlich der Schlufffraktion ohne deren gröbsten Anteil. Die tonig-schluffige Matrix klastischer Sedimentite kann als feinkörniger detritischer Anteil mit den gröberen Körnern zusammen sedimentiert oder nachträglich in den Porenraum eingeschwemmt worden sein. Ferner kann sie Lösungsrückstand, Produkt chemischer Umsetzungen oder Resultat mechanischer Zerkleinerung sein. Eine Matrix kann aber auch fehlen.

Bindemittel (Zement) ist unter diagenetischen Bedingungen im ursprünglichen Porenraum ausgefälltes mineralisches Material, das die detritischen Körner unter Minderung der Porosität miteinander verkittet. Die wichtigsten Bindemittel in siliziklastischen Sedimentiten sind Quarz und Calcit. Grundsätzlich kommen alle unter den niedrigen Temperaturen der Diagenese aus wässriger Lösung kristallisierenden Minerale in Frage. Hierzu gehören außer Quarz und Calcit Siderit, Dolomit, Anhydrit, Baryt, Fluorit, Steinsalz und Fe-Oxidationsminerale. Die Ausfällung von Bindemittel ist die entscheidende Ursache der diagenetischen Verfestigung siliziklastischer Sedimentite. Die Art des Bindemittels und das Ausmaß der Zementation, d. h. der Verbackung der detritischen Körner durch Mineralisation im Porenraum bestimmen die mechanische Festigkeit und Verwitterungsresistenz des Gesteins. Lo-

Abb. 6.9 Matrixgestütztes Konglomerat aus hauptsächlich Peridotit und Kalksteingeröllen. Vurinosgebirge, Nordgriechenland. Breite des Bildausschnitts ca. 1 m.

ckersedimentite enthalten keine oder nur unbedeutende Anteile von Bindemittel.

Die übliche **Grundklassifikation klastischer Sedimentite** basiert auf **Korngrößenabstufungen** der detritischen Komponenten innerhalb einer logarithmischen Skala (Tab. 6.2). Unterschiede zwischen vergleichbaren petrographischen Einteilungen verschiedener Autoren sind nicht grundlegend. Die hier zugrunde gelegte Basisklassifikation ist als DIN-EN-ISO-Norm 14688-1 (vormals DIN 4022) für Lockersedimentite in der Praxis üblich. Sie ist für petrographische *in-situ*-Bestimmungen ebenso geeignet wie z. B. für Belange des Bauwesens. Die Benennungen in Tab. 6.2 gelten umfassend **nur für siliziklastische Sedimentite**. Für **nichtsilikatische klastische Sedimentgesteine** können jedoch mit Ausnahme der Tonfraktion die gleichen Grundbezeichnungen verwendet werden. Allerdings sind speziell **für karbonatische Gesteine** aus Klasten oder äußerlich klastähnlichen Partikeln **Sonderbezeichnungen** üblich. Das bezüglich der Korngrößen einem Sandstein entsprechende calcitische Karbonatgestein heißt **Kalkarenit**. Die Korngrößenentsprechung von Konglomerat bzw. Brekzie wird als **Kalkrudit** bezeichnet, die von Schluff- und Tongestein als **Kalklutit** oder **Kalksiltit**. Die in der Spalte „undifferenziert" der Tab. 6.2 angegebenen Bezeichnungen sind sowohl für unverfestigte als auch für diagenetisch verfestigte Sedimentite geltende Sammelnamen, die darüber hinaus auch

für metamorphe Gesteine aus entsprechenden Edukten anwendbar sind. Für metamorph überprägte Gesteine muss jedoch bei Verwendung des Eduktnamens der Zusatz meta- vorangestellt werden. Ein ehemaliger Ton oder Schluff ist nach metamorpher Umwandlung ein Metapelit, ein ehemaliger Sandstein ein Metapsammit.

Silt ist eine aus dem Englischen stammende Bezeichnung für Schluff. Hierbei kann die Abgrenzung zu Ton unwesentlich von der in Tab. 6.2 gezeigten abweichen. Die Unterscheidung zwischen Konglomerat und Brekzie erfolgt auf Grundlage der Kornform. Ein **Kies** oder **Konglomerat** ist durch **runde Klasten (Gerölle)** geprägt. Die Bezeichnung **Schotter** ist prinzipiell mit Kies gleichbedeutend, in der Tendenz werden jedoch vor allem an der Oberfläche und in Flussbetten liegende Sedimente aus runden Klasten ab der Grobkiesfraktion als Schotter bezeichnet. Das für den Straßen- und Gleisbau verwendete, gleichfalls als Schotter bezeichnete, kantig gebrochene Steinbruchprodukt darf nicht hiermit verwechselt werden. Eine **Brekzie** ist ein überwiegend aus **eckigen Klasten** bestehendes, verfestigtes Gestein. Die unverfestigte Entsprechung von Brekzie wird als **Schutt** bezeichnet. Das Auftreten von Brekzien ist nicht auf den sedimentären Bereich beschränkt (Abschn. 7.4, 7.5). Die Bezeichnungen Steine und Blöcke bezeichnen die einzelnen Klasten. Für überwiegend aus Steinen oder Blöcken bestehendes, un-

Tabelle 6.2 Grundklassifikation klastischer Sedimentite nach der Korngröße
Lockergesteine vereinfacht nach DIN EN ISO 14688-1, verfestigte Gesteine und undifferenzierte Sammelbezeichnungen gemäß Füchtbauer (1988)

mm	unverfestigt		diagenetisch verfestigt		undifferenziert	
63	**Steine, Blöcke**					
20	Grobkies	KIES		KONGLOMERAT		PSEPHITE
6,3	Mittelkies			BREKZIE		
2,0	Feinkies					
0,63	Grobsand	SAND	Grobsandstein	SANDSTEIN		PSAMMITE
0,2	Mittelsand		Mittelsandstein			
0,063	Feinsand		Feinsandstein			
0,002	**Schluff** (Silt)		**Schluffstein** (Siltstein)			PELITE
	Ton		**Tonstein** oder **Schieferton**			

verfestigtes Material im Ganzen wird lediglich der Plural verwendet oder es werden zusammengesetzte Wortbildungen mit spezifischer Bedeutung benutzt wie z. B. Blockschutt. Ohne festlegbare Grenze gilt die Tendenz, dass man bei Klastgrößen wenig oberhalb derer der Grobkiesfraktion eher von Steinen spricht, während die Bezeichnung **Blöcke** vorzugsweise bei Korngrößen im Dezimeter-Bereich und darüber üblich ist. Steine und Blöcke können eckig oder gerundet sein. Hierin besteht ein Unterschied zum Sprachgebrauch im Zusammenhang mit pyroklastischen Ablagerungen (Abschn. 5.9), wo nur Gesteinsfragmente mit durchweg eckigen Formen als Blöcke bezeichnet werden. Verwitterungs- und z. T. erosionsbedingte Blockanhäufungen, die je nach Geländesituation als Blockmeere, Blockfelder oder Blockgipfel bezeichnet werden, bestehen zwar oft, jedoch nicht immer aus eckigen Blöcken (Abb. 6.10). Blockpackungen, wie sie als Ablagerungen schnell strömenden Schmelzwassers an Eisrändern gebildet werden, sind hingegen durch gerundete Blöcke gekennzeichnet (Abb. 6.14).

Die Korngrößenabstufungen gehen **für siliziklastische Sedimentite** mit einer **Tendenz der Verschiebung der Zusammensetzungen** einher, sowohl mineralogisch als auch chemisch, obwohl dies nicht Klassifikationsgrundlage ist. Steine und Blöcke bestehen immer aus Gesteinen mit deren jeweils eigenen Mineralbeständen. Auch in den gröberen Anteilen der Kiesfraktion dominieren noch Klasten aus Gesteinen.

Bis hinunter zu Feinkies-Korngrößen kommen in abnehmender Menge weiterhin Gesteinsbrocken oder wenigstens Körner vor, die aus mehreren, noch aneinander haftenden Kristallen verschiedener Minerale bestehen. In der Sandfraktion hingegen ist vor allem Quarz angereichert. Hierbei sind die meisten Sandkörner jeweils einzelne Quarzkristalle, auch wenn dies wegen gewöhnlich gerundeter Form äußerlich nicht erkennbar ist. Im Bereich der geringsten Korngrößen sind Tonminerale angereichert, wenn auch tonige Sedimentgesteine immer noch Quarzabrieb in entsprechend feinkörniger Form enthalten können. Chemisch ist die Zusammensetzung der Kiesfraktion besonders in deren gröberen Anteilen weitgehend von der Art der jeweiligen sedimentliefernden Ausgangsgesteine abhängig und entsprechend variabel. In der Sandfraktion ist hingegen SiO_2 angereichert und schließlich in der Tonfraktion Al_2O_3. Die Al-Anreicherung in tonigen Gesteinen ist Voraussetzung der Bildung metamorpher Gesteine mit Al-reichen Mineralen wie z. B. Andalusit, Sillimanit oder Cordierit.

Klastische Sedimentgesteine sind überwiegend **Gemische verschiedener Korngrößen** der detritischen Anteile. Hierdurch ergibt sich bei der Gesteinsbestimmung die Notwendigkeit von Regeln zur Abgrenzung von klastischen Sedimentiten mit uneinheitlicher Korngröße (Abschn. 6.3.1). Die Selektivität oder Breite des vorkommenden Korngrößenspektrums wird mit dem Begriff **Sortierung** gekennzeichnet (Abb. 6.11). Man spricht von guter Sortierung, wenn

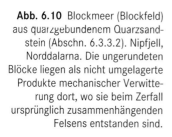

Abb. 6.10 Blockmeer (Blockfeld) aus quarzgebundenem Quarzsandstein (Abschn. 6.3.3.2). Nipfjell, Norddalarna. Die ungerundeten Blöcke liegen als nicht umgelagerte Produkte mechanischer Verwitterung dort, wo sie beim Zerfall ursprünglich zusammenhängenden Felsens entstanden sind.

der vorkommende Korngrößenbereich eng begrenzt ist und von schlechter oder geringer Sortierung, wenn sehr verschiedene Korngrößen miteinander vermengt sind. Der Grad der Sortierung liefert wesentliche Hinweise zur Art des Transport- und Sedimentationsmechanismus. Gute Sortierung wird durch kontinuierlich fließendes Wasser, langen Transportweg oder gleichmäßig wehenden Wind bewirkt. Schlechte Sortierung ist Ausdruck kurzzeitiger, turbulenter bis chaotischer Ablagerungsmechanismen oder auch der Ablagerung durch Gletscher- bzw. Inlandeis. Es gibt alle Übergänge zwischen guter und schlechter Sortierung.

In Abhängigkeit von der Transportweite und der Häufigkeit wiederholter Umlagerung können detritische Körner bzw. Klasten der gröberen Kornfraktionen bis hinunter zum Feinsand unterschiedlich stark durch mechanischen Abrieb ihre ursprünglichen Kanten verloren haben und gerundet sein. Die **Rundung** der Klasten kann von Gestein zu Gestein signifikant unterschiedlich sein. Guter Rundung von Sanden und Kiesen (Abb. 6.12), die z. B. anhaltend der Brandung in einem Strandbereich ausgesetzt sind, steht als gegenteiliges Extrem schlecht gerundetes detritisches Material gegenüber, das nach der Freisetzung aus dem ursprünglichen Gesteinsverband

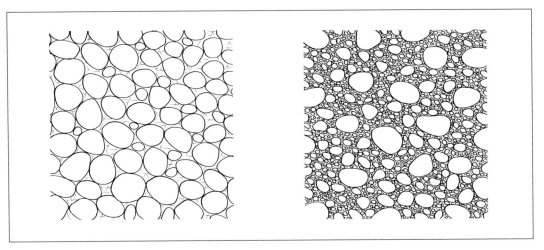

Abb. 6.11 Schematische Skizze guter Sortierung von klastischen Sedimenten bzw. Sedimentiten (links) und schlechter Sortierung (rechts). Die Korngrößenbeziehungen gelten unabhängig vom absoluten Maß der Korngrößen.

Abb. 6.12 Grobkies (Strandgrölle) aus gut gerundeten Klasten großer petrographischer Vielfalt, im rechten Bildteil unter Wasserbedeckung. Ufersaum der Südküste Bornholms (Dänemark). BB ca. 1 m.

6

Abb. 6.13 Konglomerat mit hoher kompositioneller Reife. Die Klasten bestehen durchweg aus Quarz. Glazialgeschiebe, Landesteil Schleswig. Herkunft unbekannt. BB 10 cm.

kaum durch transportbedingten Abrieb gerundet wurde. Ähnlich wie die Sortierung liefert auch das Ausmaß der Rundung Hinweise auf die Transport- und Sedimentationsbedingungen.

Gute Sortierung und weitgehende Rundung detritischer Körner sind gleichermaßen Ausdruck länger anhaltender, oft vielfach wiederholter Transportereignisse. Beide Merkmale gehen häufig miteinander einher. Wenn Rundung und Sortierung gut entwickelt sind, spricht man von großer oder hoher **struktureller Reife** des klastischen Sedimentits. Geringe strukturelle Reife haben entsprechende Gesteine mit schlechter Rundung und Sortierung der Klasten. Parallel zur strukturellen Reife kommt einem individuellen siliziklastischen Gestein eine bestimmte **kompositionelle Reife** zu. Diese ist hoch, wenn nur noch Klasten aus verwitterungsresistenten Mineralen als Detritus vorkommen (Abb. 6.13). Hierzu gehört vor allem Quarz und daneben oft untergeordnet andere chemisch und mechanisch besonders resistente Minerale wie Zirkon, Granat, Turmalin und Magnetit. Das Vorkommen von Gesteinsbröckchen, karbonatischem Detritus und/oder leicht verwitternden detritischen Mineralen wie vor allem reichlich Feldspat, Glimmer und besonders Olivin ist Ausdruck geringer kompositioneller Reife. Strukturelle und kompositionelle Reife eines klastischen Sedimentits werden unter der Bezeichnung **Maturität** zusammengefasst. Die Maturität ist umso größer, je höher die strukturelle und kompositionelle Reife sind.

6.3.1 Benennung klastischer Mischsedimentite

Die in diesem und den nachfolgenden Abschnitten über klastische Gesteine erläuterten Benennungs- und Bestimmungsregeln entsprechen weitgehend denen von Füchtbauer (1988), z. T. unter sinngemäßer Einbeziehung von Lockersedimentiten. Es geht hierbei um die Bestimmung und Benennung von klastischen und z. T. auch anderen Sedimentgesteinen, die **Gemische unterschiedlicher Korngrößen und/oder Mineralbestände** sind. Hierbei werden durchgängig **Abstufungsgrenzen bei 10, 25 und 50 Vol.-%** gesetzt, in Sonderfällen (Quarzsandstein) zusätzlich bei 90 Vol.-%. Unter Geländebedingungen kann nur eine angenäherte Abschätzung vorgenommen werden. Dies wird umso weniger gelingen, je kleiner die beteiligten Korngrößen sind.

Die zur Klassifikation herangezogenen Korngrößenabstufungen der Tab. 6.2 beziehen sich auf die detritischen Körner. Ein klastischer Sedimentit als Gestein ist hierdurch nur dann ausreichend charakterisiert, wenn die Korngrößen in das gleiche Intervall der Klassifikation fallen. Die Voraussetzung hierfür ist eine gute Sortierung. Für die Benennung klastischer Sedimentite mit schlechter Sortierung ist zunächst die **dominierende Komponente namengebend**, die in der Regel über 50 Vol.-% ausmacht. In Sandstein oder Sand muss entsprechend die Sandfraktion alle anderen Korngrößenfraktionen überwiegen.

Die nicht dominierenden **Kornfraktionen** werden zur näheren Spezifizierung je nach ihrem Anteil substantivischer oder adjektivischer Namensbestandteil:

25–50 Vol.-% → Zusammengesetztes Substantiv
Beispiel: Schluffsandstein (Sandstein mit 25–50 Vol.-% Schlufffraktion)

10–25 Vol.-% → Vorangestellte adjektivische Ergänzung
Beispiel: konglomeratischer Sandstein (Sandstein mit 10–25 Vol.-% Kiesfraktion).

< 10 Vol.-% → Keine Ergänzung
alternativ: vorangestellte adjektivische Ergänzung mit Zusatz „schwach"
Beispiel: schwach konglomeratischer Sandstein (Sandstein mit Kiesfraktion < 10 Vol.-%)

Für Konglomerate ist ein abweichender Sprachgebrauch üblich. Man wird ein entsprechend grobklastisches, verfestigtes Sedimentgestein gewöhnlich ohne Namensergänzung als Konglomerat bezeichnen, auch wenn Sandfraktion maßgeblich beteiligt ist. Die sich z. B. anbietende Bezeichnung „Sandsteinkonglomerat" würde so verstanden werden, als ob die Klasten hauptsächlich aus Sandstein bestünden.

Für klastische Sedimentite, die aus Gemischen unterschiedlicher **detritischer Mineralkomponenten** bestehen, gelten weitgehend die gleichen quantitativen Abgrenzungen wie für Gemische verschiedener Korngrößen. Die resultierenden Benennungen folgen jedoch einer leicht abgewandelten Systematik. Diese ist besonders für Sandsteine relevant (Abschn. 6.3.3.2).

6.3.2 Konglomerat, Brekzie, Kies, Steine, Blöcke (Psephite)

Nach den in Abschn. 6.3.1 erläuterten Benennungsregeln muss z. B. ein Konglomerat oder eine sedimentäre Brekzie mindestens 50 Vol.-% Klasten mit über 2 mm Durchmesser enthalten. Hierbei ist zu beachten, dass für pyroklastische, d. h. vulkanogene Brekzien völlig abweichende Regeln

bestehen. So muss eine Tuffbrekzie mindestens 25 Vol.-% Blöcke oder Bomben mit Durchmessern von über 64 mm enthalten (Abschn. 5.9).

Die Klasten von Kies, Konglomeraten und Brekzien bestehen mit zunehmender Korngröße immer überwiegender aus Gesteinen mit ihren ursprünglichen Mineralbeständen und Gefügen. In der Grobkiesfraktion können isolierte Kristalle nur als herausgetrennte Bestandteile besonders grobkörniger Gesteine vorkommen wie z. B. Feldspäte aus Pegmatiten (Abschn. 5.10.2). **Steine** und **Blöcke** in klastischen Sedimentiten sind immer vollständige Gesteine. Sie können sowohl **gerundet als auch kantig** sein. Oft haben sie eine besondere geologische Bedeutung. So ermöglichen Gesteinsfragmente bis hinunter in die Grobkiesfraktion systematische **Provenienzermittlungen** im Hinblick auf die Art der Herkunftsgebiete. Vulkanitgerölle in einem Konglomerat können der einzige Hinweis auf einen ehemaligen Inselbogen in einem längst verschwundenen Ozean sein. Grundsätzlich belegen die Klasten in einem Konglomerat geologische Ereignisse, die vor deren Sedimentation stattgefunden haben. Oft sind die Klasten in Konglomeraten das regional älteste erreichbare Gesteinsmaterial. Aus den genannten Gründen reicht es daher bei der Bestimmung z. B. eines Konglomerats kaum, nur das Konglomerat als solches zu erkennen. Das in Form der Klasten überlieferte Gesteinsspektrum sollte in jedem Fall beachtet werden. Sporadisch eingestreute, **„exotische Klasten"** in einem ansonsten feinkörnigen Sedimentgestein weisen auf ungewöhnliche Transportmechanismen hin. Solche Steine können z. B. in Treibeis, im Wurzelwerk von treibenden Bäumen oder auch im Magen großer Meerestiere gesteckt haben.

Benennung, Bestimmungsregeln

Psephite sind wegen ihrer Grobkörnigkeit unproblematisch erkennbar und weitgehend unverwechselbar. Zur näheren Unterscheidung kommt es auf die Beachtung der Anteile der in Abschnitt 6.3 erläuterten Klastformen (eckig oder gerundet) und der Korngrößen an. Hinzu kommt die ebenfalls einfache Beurteilung, ob das Gestein verfestigt oder unverfestigt ist. Hieraus ergeben sich direkt die Grundbezeichnungen wie z. B. Brekzie, Kies oder Schutt. Allerdings sind Gesteine mit Anteilen verschiedener Korngrößen und Komponenten die Regel (Abb. 6.14). Für diese Fälle sind die in Abschn. 6.3.1 erläuterten Benennungsregeln anwendbar. So ist ein **Kies** mit über 25 Vol.-% Sandanteil ein **Sandkies** und mit 10–25 Vol.-% Sandanteil ein **sandiger Kies**. Für diese Benennungen ist es nicht entscheidend, ob die Gesteinsfragmente in Kies, Schutt, Konglomeraten und Brekzien ausschließlich oder überwiegend aus silikatischen bzw. quarzführenden Gesteinen bestehen. Es können auch karbonatische oder, was seltener vorkommt, sonstige Gesteine maßgeblich beteiligt sein.

Bei dominierendem, gewöhnlich über 50 Vol.-% liegendem Kalksteinanteil unter den Klasten der maßgeblichen Korngrößen kann man von einem **Kalkkonglomerat** oder einer **Kalkbrekzie** sprechen (vgl. S. 315), bei dominierenden gerundeten Porphyrklasten von einem **Porphyrkonglo-**

merat. Zusätzlich gibt es für spezifische Bildungen Sondernamen mit oft nur regional und stratigraphisch begrenzter Anwendbarkeit. Ein wichtiges Beispiel hierfür ist **Nagelfluh**, ein grobkörniges, z. T. löcheriges Konglomerat des nördlichen und nordwestlichen Alpenrands, dessen Klasten Abtragungsmaterial der sich zur Zeit der Sedimentation gerade heraushebenden Alpen sind.

Klastische Ablagerungen, die eine große petrographische Vielfalt der enthaltenen Gesteinsklasten aufweisen, bezeichnet man als **polymikt** (Abb. 6.15). Ablagerungen aus weitgehend gleichartigen Gesteinsklasten sind **monomikt**. Obwohl diese Unterscheidung grundsätzlich für alle klastischen Sedimente und Sedimentgesteine gilt, ist sie vor allem für Psephite relevant, weil nur diese wegen ihrer Korngrößen regelmäßig vollständige Gesteine als Klasten enthalten. Für ausgesprochen polymikte Konglomerate, Brekzien oder Kiese ist eine Benennung nach den zahlreichen beteiligten Gesteinen nicht sinnvoll. In solchen Fällen werden Konglomerate und Kiese zur Vermeidung längerer Gesteinsaufzählungen in geologischen Beschreibungen gewöhnlich mit stratigraphischen Bezeichnungen oder mit Lokalnamen benannt.

Konglomerate können sehr verschiedene Gesteine mit stark unterschiedlicher Entstehung und entsprechend jeweils eigenen Merkmalen sein. Es lassen sich je nach Gefüge und Genese mehrere Arten von Konglomeraten unterscheiden, die im Gelände signifikant unterschiedliche Erscheinungsbilder zeigen:
Orthokonglomerate entstehen durch Sedimentation von gerundeten Gesteinsklasten bei starker Wasserströmung oder auch im Brandungsbereich. Die typischen und häufigsten Konglomerate gehören in diese Gruppe. Der sandige oder seltener auch tonige Matrixanteil kann gering sein. Orthokonglomerate mit maximalen Klastengrößen im Fein- bis Mittelkiesbereich sind oft von hoher kompositioneller Reife.

Abb. 6.14 Unverfestigte Schichtfolge aus Sand, Kies und z. T. Schluff in wechselnden Mengenverhältnissen. Im unteren Bildteil eine Blockpackung. Ablagerungen am Rand des Inlandeisschilds der ausgehenden Warthe-Vereisung der Saale-Kaltzeit. Vastorf, südöstlich Lüneburg, Nordniedersachsen.

Diamiktite werden von Füchtbauer (1988) als **Parakonglomerate** eingestuft. Diamiktite sind besonders schlecht sortierte, intern kaum geschichtete und gewöhnlich auch kompositionell unreife, oft polymikte, geröllführende siliziklastische Sedimentgesteine mit hohem tonigem Matrixanteil. Statt der Gerölle können auch eckige Klasten auf-

6

Abb. 6.15 Polymiktes Konglomerat des Devon, Insel Smøla, Mittelnorwegen. BB ca. 30 cm.

treten. Die wichtigsten Beispiele von Diamiktiten sind von Gletscher- oder Inlandeis abgelagerte **Tills** und **Tillite**. Allerdings ist eine Einstufung der diamiktitischen Tills des baltoskandischen Vereisungsgebiets Norddeutschlands als Parakonglomerate oder auch Brekzien wegen eines zumeist unter 20 Vol.-% bleibenden Anteils der Kies- und Steinfraktion nicht sachgerecht. Auch sind nur Tillite, nicht aber Tills diagenetisch verfestigt, wie dies für Konglomerate zu gelten hat. Tills und Tillite sind keine Konglomerate, sondern wegen ihrer besonderen genetischen Stellung und Zusammensetzung eine eigene Gruppe von Sedimentiten (Abschn. 6.3.6). Ein alternativer, von Gletschereis unabhängiger Entstehungsmechanismus von Diamiktiten ist das Abgleiten unverfestigter, anteilig grobkörniger Sedimentmassen unter Einwirkung der Schwerkraft, zumeist unter Wasserbedeckung.

Intraklast-Konglomerate oder **-brekzien** sind durch monomikte Klastenführung gekennzeichnet. Die Intraklasten bestehen aus gleichem oder sehr ähnlichem Material wie die einbettende Matrix. Sie entstammen dem gleichen Sedimentationsgebiet wie das einbettende Material, nur sind sie ursprünglich geringfügig früher sedimentiert, anschließend aufgearbeitet und ohne wesentlichen Transport umgelagert worden. Alternativ können Intraklastgesteine auch als intraformationelle Konglomerate bzw. Brekzien bezeichnet werden. Typische Beispiele sind Kalksteine voller Klasten aus ähnlichem Kalksteinmaterial (Abb. 6.16). Die Klasten können bei der Ablagerung schon diagene-

Abb. 6.16 Intraklast-Brekzie (Intraklast-Wackestone) in jurazeitlichem Kalkstein. Capo Palinuro, Campanien, Süditalien.

tisch verfestigt oder auch noch plastisch verformbar gewesen sein. Vorzugsweise in Sandsteinen aus terrestrischem Sedimentationsmilieu, vor allem in Rotsandsteinen (Abschn. 6.3.3.2) können Bröckchen aus umgelagertem Tonmaterial auftreten.

6

Solche Tongerölle waren zur Zeit der Ablagerung gewöhnlich unverfestigt (**Weichkonglomerate**).

Brekzien sind anders als Konglomerate häufig nichtsedimentärer Entstehung (Abschn. 7.4, 7.5). Ähnlich wie Konglomerate können auch sedimentäre Brekzien auf unterschiedliche Weise gebildet werden und jeweils spezifische Merkmale zeigen. Sedimentäre Brekzien können vor allem durch Ablagerung, auflösungsbedingtes Zerbrechen des Gesteinszusammenhangs oder Schrumpfung toniger Anteile entstehen. Es lassen sich **mehrere Arten von sedimentären Brekzien** mit spezifischen Merkmalen unterscheiden: **Ablagerungsbrekzien** sind echte klastische Sedimentite, die durch Ablagerung von eckigen Klasten und oft hohen Anteilen feinerkörniger Matrix entstehen. Wichtige Beispiele sind Fanglomerate, Mass Flow-Brekzien, d. h. Diamiktite mit überwiegend eckigen Klasten, Hangschutt- und Bergsturzbrekzien sowie Fore-Reef-Brekzien, die durch Akkulumation von Riff-Abtragungsschutt am Außenrand von Riffkomplexen entstehen.

In ariden Gebieten entstehen durch episodisch strömende Sturzfluten an der Einmündung von Wadis in ebenes Gelände Ablagerungsfächer (Abb. 6.17). **Fanglomerate** (nach engl. *fan* für Fächer) sind die in solchen Ablagerungsfächern gebildeten, schlecht sortierten, kaum geschichteten Sedimentgesteine, die aus meist eckigen bzw. wenig gerundeten Gesteinsfragmenten bis hinauf in die Blockfraktion bestehen (Abb. 6.18). Die Klasten der Fanglomerate bestehen in typischen Fällen aus den nur über kurze Strecken transportierten Produkten vorzugsweise physikalischer Verwitterung.

Hangschutt- und Bergsturzbrekzien bestehen aus unter Schwerkraftwirkung über kurze Strecke transportiertem Material instabil gewordener Bergflanken, verbunden mit dem Zerbrechen des Gesteinsmaterials.

Versturzbrekzien (Abb. 6.19) entstehen durch Zerbrechen von Gestein über kollabierenden Hohlräumen, vor allem aufgrund von Subrosion (Auslaugung wasserlöslicher Gesteine im Untergrund).

Lösungsbrekzien entstehen z. B. als Folge selektiver Auflösung in Sulfat-Karbonat-Wechselfol-

gen durch Kollabieren des Schichtzusammenhangs. In manchen Fällen sind sie von eckig konturierten Hohlräumen durchsetzt. Ein Teil der Rauhwacken (Abb. 6.73) ist auf diese Weise entstanden (Abschn. 6.4.1).

Schrumpfungsbrekzien sind an die Existenz quell- und schrumpffähigen tonigen Materials unter ariden, episodisch feuchten Klimabedingungen gebunden. Charakteristisch ist das Auftreten innerhalb von klastischen Rotsedimentitabfolgen. Die Klasten gehen dann auf weitgehend *in situ* an der Oberfläche ausgetrocknete, gerissene und oft verbogene Tonkrusten zurück. Durch rasche Umlagerung der Tonfladen und -brocken können Schrumpfungsbrekzien in Weichkonglomerate übergehen.

Schlecht sortierte Sedimentgesteine mit einem hohen Anteil sandig-pelitischer Matrix und nur verstreut darin eingebetteten eckigen Gesteinsfragmenten werden als **brekziöse Gesteine** oft nicht konsequent von den Brekzien im engeren Sinne unterschieden. Je nach den Volumenverhältnissen zwischen Klasten und Matrix sollte man solche Gesteine in Anlehnung an die in Abschn. 6.3.1 erläuterten Regeln z. B. als brekziösen Sandschluff bezeichnen oder bei entsprechend gröberer Matrix als brekziösen Sandstein.

Geologisches Vorkommen

Kies sowie Anhäufungen loser **Steine** und **Blöcke** sind Bestandteile meist geologisch junger, diagenetisch unverfestigter Ablagerungen von stark strömenden, großen Wassermassen oder Bildungen im Brandungsbereich entlang von Steilküsten. Abb. 6.20 zeigt ein Klappersteinfeld aus sehr gut gerundeten, lose aneinander liegenden Blöcken an einem aufgrund von Landhebung nicht mehr von der Brandung erreichten, ehemaligen Meeresufer. Ursache ist in diesem Beispiel die Entlastung nach Abschmelzen von ca. 3000 m Inlandeis. Steine und Blöcke als Bestandteil von schlecht sortierten Sedimentgesteinen, sowohl im unverfestigten wie verfestigten Zustand, können entscheidender Hinweis auf das mögliche Vorliegen einer Glazialablagerung sein. **Findlinge** sind erratische („verirrte") Blöcke aus ortsfremdem, festem Gestein, die durch Gletscher- oder Inlandeis von

Abb. 6.17 Schuttfächer (engl. *fan*) am Austritt eines Wadis in ebenes Gelände als Ort der gegenwärtigen Bildung von Fanglomeratablagerungen. Timna, Südnegev, Israel.

Abb. 6.18 Fanglomerat permischen Alters aus kaum gerundeten Klasten. Das Material ist monomikt, es besteht aus Rhyolith der in Abb. 5.95 gezeigten Art. Falkensteiner Tal am Donnersbergmassiv, westlich Kirchheimbolanden, Pfälzer Bergland.

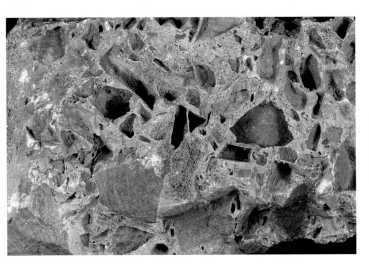

Abb. 6.19 Versturzbrekzie als Produkt der Auflösung von unterlagernden Salzen, ähnlich Rauhwacke (Abb. 6.73). Auch ein wesentlicher Teil der Klasten ist weggelöst. Die erhaltenen Klasten bestehen aus karbonatischem Material. Entstehung im Dachbereich eines Salzstocks. Liether Kalkgrube südlich Elmshorn, Südholstein. BB 11 cm.

6

ihren weit entfernten Ursprungsvorkommen verschleppt worden sind (Abb. 6.21). Es gibt keine Festlegung einer Mindestgröße. Im allgemeinen Sprachgebrauch wird ein Mindestdurchmesser von knapp 1m vorausgesetzt. Die größten Beispiele nordischer Findlinge in Europa sind Felsblöcke von mehreren Hundert Kubikmetern Volumen. Findlinge können gerundet oder kantig sein, wobei eine rundliche Gestalt überwiegt.

Die Klasten der Kies- und gröberen Korngrößenfraktionen sind immer Produkt besonders dynamischer Transport- und Sedimentationsprozesse. Dies gilt für Lockermaterial ebenso wie für **Konglomerate** als verfestigte Entsprechungen. Eine Konglomeratlage an der Basis einer sonst feinerkörnigen klastischen Sedimentitabfolge kann als Transgressionskonglomerat den Beginn einer

Überflutung durch ein Meer dokumentieren oder der Sedimentation in einem kontinentalen Becken. Dies gilt mit hoher Wahrscheinlichkeit dann, wenn das Konglomerat die eingeebnete Rumpffläche eines tief abgetragenen, ehemaligen Gebirges großflächig überdeckt. Polymikte Ablagerungen weisen auf ausgedehnte Einzugsgebiete hin. Die wichtigsten Ursachen für monomikte Zusammensetzung sind entweder begrenzte und nahe gelegene Ursprungsvorkommen oder intensive Verwitterung der meisten Gesteinsarten vor der endgültigen Sedimentation. Im letztgenannten Fall würde der monomikte Charakter mit hoher kompositioneller Reife verbunden sein, bis hin zum exklusiven Vorkommen von Klasten aus reinen Quarzgesteinen.

Sedimentäre **Brekzien** bestehen aus fragmentiertem Material, das nicht weit transportiert

Abb. 6.20 Klappersteinfeld aus ehemaligen Strandgeröllen, die aufgrund nacheiszeitlicher Landhebung über das Uferniveau herausgehoben sind. Rotsidan, Küste der Bottensee, nordöstlich Härnösand, Västernorrland, Schweden.

Abb. 6.21 Großfindling „Alter Schwede" am Strand der Elbe in Hamburg-Övelgönne. Der Granitfindling von 217 t Masse wurde 1999 aus dem Fahrwasser der Elbe geborgen. Der Stein ist ein Glazialgeschiebe aus Granit mit Herkunft aus Ostsmåland in Südschweden.

worden ist. Bei ihrer Beurteilung kommt es in jedem Fall entscheidend auf die Beachtung des geologischen Rahmens an. Wenn die Brekzie an eine tektonische Störungsfläche gebunden ist oder als Bestandteil vulkanischer Bildungen auftritt, wird man es wahrscheinlich nicht mit einem Sedimentgestein zu tun haben. Ein an die Kontur eines steilen Hangs gebundener Sedimentkörper aus brekziiertem Gestein gleicher Art, wie es weiter oberhalb den Berg aufbaut, kann als Hangrutschmasse gedeutet werden.

Allgemeines Aussehen und Eigenschaften

Grobklastische Sedimentgesteine zählen zu den auffälligsten Gesteinen überhaupt. Bei ihrer Bestimmung wird allerdings leicht übersehen, dass die groben Klasten oft nur ein untergeordneter Bestandteil der jeweiligen Ablagerung sind. Die korrekte Bestimmung ist von einer kritischen Beurteilung der Mengenverhältnisse der Korngrößenklassen abhängig. Die **Färbung** von Kiesen, Konglomeraten, Brekzien und Anhäufungen von Steinen kann in Abhängigkeit von der Zusammensetzung der Matrix und der Klasten monoton einfarbig oder auch intensiv bunt sein. Bei Einfarbigkeit überwiegen graue, gelbliche oder rote bis rotbraune Farbtöne. In Konglomeraten und Brekzien sind die Matrix und die Klasten oft unterschiedlich verwitterungsresistent, sodass angewitterte Oberflächen auffällig skulpturiert sein können (Abb. 6.9). Hierbei gibt es große **regionale Unterschiede**. So überwiegen in nordalpinen Flussschottern mit wesentlichem Anteil kristalliner Gesteine hellgraue, dunkelgraue, grünlichgraue und nahezu weiße Farben. Rottönungen sind selten, wenn nicht Radiolarite (Abschn. 6.7.1) deutlich beteiligt sind. Hingegen sind Anhäufungen von Steinen baltoskandischer Herkunft an Geröllstränden der Ostsee petrographisch vielfältig und entsprechend vielfarbig. Sie wurden vom eiszeitlichen Inlandeis transportiert und entstammen einem Einzugsgebiet von subkontinentalen Ausmaßen mit einem hohen Anteil roter Granite, Porphyre und Sandsteine. Hinzu kommt eine Vielfalt von Gesteinen fast aller möglichen Farben. Farbliche Monotonie wiederum, im Wechsel von grau, grüngrau, schwarz und weiß kennzeichnet Gerölle des Westharzes oder des Rheinischen Schiefergebirges.

Konglomerate werden gelegentlich **mit Beton verwechselt**, der groben Kieszuschlag enthält und manchen Konglomeraten auch farblich ähneln kann, zumal Beton nicht immer grau sein muss. Besonders tückisch ist es, dass Beton gewöhnlich Kies aus der jeweiligen Region enthält. Zur Unterscheidung von Beton gegenüber Konglomeraten kommt es auf gezielte Beobachtung kritischer Merkmale an, wie es das Vorkommen von Moniereisen in einem anderen Brocken gleicher Art sein kann, der Abdruck von Schalbrettern oder das Zusammenvorkommen mit sonstigem Bauschutt auf womöglich gestörtem Gelände.

Zusammensetzung

In den grobklastischen Kornfraktionen überwiegen Gesteine als Klasten. Jedes nicht sehr leicht wasserlösliche und einigermaßen mechanisch feste Gestein kann als Klast in Anhäufungen von Steinen und Blöcken sowie in Konglomeraten und Brekzien vorkommen. Hieraus ergibt sich eine große petrographische Variabilität, die direkt von dem Gesteinsbestand der Liefergebiete und von der Art und Intensität der vor der Sedimentation wirksamen Verwitterung abhängt. Anhäufungen von Steinen sowie Kiese, Konglomerate und Brekzien können ebenso aus siliziklastischen Komponenten wie auch aus karbonatischem und sonstigem Material in beliebigen Mischungsverhältnissen bestehen.

Gefüge, Strukturen

In Abhängigkeit von den Korngrößen der Klasten sind abgesehen von der Fein- und z. T. Mittelkiesfraktion die auffälligen Korngrößen das hervorstechende **Gefügemerkmal**, einschließlich oft lagigem Wechsel der Korngrößen. Unmittelbar durch die Grobkörnigkeit bedingt sind solche grob „gerasterten" Gesteine nicht geeignet, kleinmaßstäbliche Strukturen abzubilden. Am ehesten sind in entsprechendem Maßstab Schichtung einschließlich Schrägschichtung zu erkennen oder die Querschnitte entsprechend großmaßstäblich ausgebildeter Rinnenfüllungen.

Manche besonders an Schichtflächen oder einzelne Lagen gebundene **Sedimentstrukturen**, die vor allem in Sandsteinen und verwandten Gesteinen vorkommen, treten auch in feinerkörnigen

Kiesen oder Konglomeraten auf. Hierzu gehören Rippelmarken und Spurenfossilien (Abschn. 6.3.3.2). Konglomerate und Kies wechsellagern oft mit Sandstein oder Sand. Konglomerate und Kies enthalten gewöhnlich einen erheblichen Anteil sandiger Matrix, mit der Folge, dass die groben Klasten sich oft nicht berühren, sondern weitgehend in umgebende Matrix eingebettet sind. Sie bilden demgemäß keine korngestützten, sondern matrixgestützte Gefüge. Für Sandkies oder konglomeratischen Sandstein gilt dies zwangsläufig.

Körperlich erhaltene Fossilien sind in Konglomeraten die Ausnahme.

Erscheinungsformen im Gelände

Unverfestigter Kies ist nur bei fehlender Boden- und Vegetationsdecke direkt erkennbar. Sonst kann eine besonders gute Drainage mit entsprechender Trockenvegetation einen Hinweis geben. Dies gilt verstärkt für Blockschutt und Anhäufungen von grobem Geröll. Im Extremfall kann die Vegetation schütter sein oder abgesehen von Flechten und Algen weitgehend fehlen. Findlinge und ausreichend große sonstige Blöcke und Steine sind naturgemäß an der Erdoberfläche unübersehbar und auch bei Erdbaumaßnamen oft als Hindernisse auffällig. Konglomerate bilden oft Härtlingsrippen oder Steilkanten. Dies gilt weniger für die selteneren sedimentären Brekzien. Im offenen Felsaufschluss sind Konglomerate und Brekzien auf den ersten Blick erkennbar (Abb. 6.22). Konglomerate können auch

unter dürftigen Aufschlussverhältnissen durch lose Steine (Lesesteine) am Boden auffallen, die entlang ihres Ausstrichs herauswittern. Hierdurch bilden Konglomerate bei der geologischen Kartierung im Gelände oft besonders gut verfolgbare Leithorizonte. Weniger gut verfestigte Konglomerate können sich immer noch durch isoliert herausgewitterte Klasten verraten.

6.3.3 Sand, Sandstein, sandsteinartige Sedimentite (Psammite)

Sand und Sandstein bestehen aus detritischen Körnern mit Korngrößen zwischen 0,063 und 2,0 mm. Die feinsten Sandkörner am Übergang zur Schlufffraktion sind gerade noch mit einer Lupe für sich auch im festen Gesteinsverband erkennbar. Bei sorgfältiger Musterung mit einer Lupe ist eine Grundbestimmung als Sand oder Sandstein unproblematisch.

In der Sandfraktion überwiegen Körner, die jeweils aus Einzelkristallen bestehen, wenn auch die verbreitete Rundung dies nicht offensichtlich macht. Zum Übergang gegen die Kiesfraktion nimmt der Anteil von aus Gesteinen bestehenden detritischen Körnern zu. Hierbei kommen wegen der immer noch relativ geringen Korngröße nur feinkörnige, und dadurch wenig auffallende Gesteinsarten in Frage. Typische Sande und Sandsteine bestehen vor allem aus Quarz, oft zusam-

Abb. 6.22 In kontinentalem Milieu abgelagertes Konglomerat des höheren Oberkarbon. Die Rotfärbung zeigt arides Klima zur Zeit der Sedimentation an. Schlechte Sortierung bei guter Rundung der Klasten. Saaletal bei Rothenburg/Saale, nordwestlich Halle.

6

Abb. 6.23 Überwiegend aus Quarz bestehende Wanderdüne an der Haffseite der Kurischen Nehrung bei Nida (Nidden), Litauen.

men mit Feldspäten. Durch Sortierungseffekte beim Transport und bei der Sedimentation kann es zu großen, sehr reinen Anhäufungen von quarzdominiertem Sand kommen (Abb. 6.23).

6.3.3.1 Sand

Sand bildet wie Kies im unverfestigten Zustand ein nicht bindiges Lockergestein. Die Bestimmung und Abgrenzung von Sand gegenüber Kies einerseits und Schluff andererseits ist besonders einfach, weil die einzelnen detritischen Körner unverkittet frei vorliegen. Sie können aus den gleichen Mineralen bzw. Komponenten bestehen wie Sandsteine. Für Gemische unterschiedlicher Korngrößen gelten die in Abschn. 6.3.1 erläuterten Regeln. Das Vorgehen bei Beteiligung unterschiedlicher Mineral- bzw. Gesteinskomponenten ist im Abschnitt über Sandsteine (6.3.2) erläutert.

Das Vorkommen von Sand als Lockergestein ist auf **oberflächennahe Ablagerungen** aus der jüngeren geologischen Vergangenheit beschränkt. Sedimentation und Umlagerung von Sand kann gegenwärtig in großem Umfang an Meeresküsten, in Flüssen und auch an Land beobachtet werden. Besonders verbreitet und vielfach in Gruben erschlossen sind Sande des Pleistozän und des Tertiär. Unverfestigter mesozoischer Sand kommt vor, ist aber gegenüber schon verfestigtem Sandstein entsprechenden Alters die Ausnahme.

Die meisten Sande in kontinentalen Bereichen zeigen **gelbliche oder hellgraue Färbung**. Eher

grauen Farbtönungen im Bereich ständigen Grundwassers können schlierig oder fleckig bis streifig verteilte Bereiche mit **rostig braunen Verwitterungsfarben** im Niveau oberhalb des ständigen Grundwassers entgegenstehen (Abb. 6.24).

Abb. 6.24 Kaum verfestigter Sand des Jura mit braunen Streifen, die durch Fällung von Brauneisen bedingt sind (Galgelokke, Südküste Bornholms).

Abb. 6.25 Sandstrand
mit Anreicherungen schwarzer
Minerale, überwiegend Magnetit.
Südwesten der Insel Viti Levu, Fiji.

Die Braunfärbung muss nicht an die ursprüngliche Schichtung gebunden sein. Sie entsteht durch Ausfällung von FeOOH im Oxidationsbereich. Überwiegend basische Gesteine können im Zuge ihrer Verwitterung zu Sanden führen, die dunkelgrau bis nahezu schwarz sind. Dies gilt für Strände vieler ozeanischer Inseln. **Dunkle Sande** solcher Strände oder Strandabschnitte (Abb. 6.25) bestehen dann zu erheblichen Anteilen aus Pyroxenkörnern, Magnetit, Ilmenit und z. T. auch Amphibol. Hierzu kontrastiert **schneeweißer Sand** tropischer Inselstrände und Flachwassergebiete, z. B. im Bereich von Kalkriffen. Gewöhnlich besteht dieser Sand aus kalkigen Partikeln ohne wesentliche siliziklastische Beteiligung. Solche (noch) unverfestigten Partikelkalke mit Korngrößen der

Sandfraktion werden als **Kalksand** (Abb. 6.27) bezeichnet. Auch Strände an Festlandsküsten, deren Hinterland ausschließlich aus Kalkstein besteht, können aus Kalksand bestehen. Abb. 6.26 zeigt dunklen Schwermineralsand einer ozeanischen Insel in Nahaufnahme. Fehlende Rundung der detritischen Körner weist auf kurzen Transport und eine nicht lange Verweilzeit im Brandungsbereich hin. Das Fehlen von Quarz reflektiert zusätzlich den nichtkontinentalen Einzugsbereich der Sedimentlieferung.

Kalksande an Stränden sind sehr hell bis schneeweiß. Sie bestehen je nach geologischer Situation durchweg aus biogenem Material wie Riffschutt in Korngrößen der Sandfraktion und/oder entsprechend kleinen Skelett- oder Gehäu-

Abb. 6.26 Dunkler Schwermineralsand von der Lokalität der Abb. 6.25. Die schwarzen Körner sind überwiegend Magnetit. Die helltransparenten Körner sind überwiegend Plagioklas, vereinzelt Apatit. Südwesten der Insel Viti Levu, Fiji. BB ca. 5 mm.

6

Abb. 6.27 Heller Kalksand, unverfestigt. Überwiegend aus Schalentrümmern und kalkigen Skelettresten bestehend. Tropischer Strandsand. Dominikanische Republik. BB ca. 5 mm.

seteilen kalkabscheidender Organismen (Abb. 6.27). Solche Sande bilden, außer wenn sie vorwiegend aus Ooiden bestehen, die große biologische Produktivität der ufernahen, tropischen Flachwasserbereiche ab.

Anders als unter den besonderen Bedingungen an manchen tropischen Küsten oder auf ozeanischen Inseln aus meist mafitreichen magmatischen Gesteinen sind die mengenmäßig sehr viel bedeutenderen Sande in kontinentalem Umfeld ganz überwiegend quarzreich. Das massenhafte Vorkommen von quarzdominiertem Sand ist Ausdruck der relativ großen chemischen Verwitterungs- und Abriebresistenz von Quarz. Quarzsand hat eine extreme Zusammensetzung, die nur über eine Kette von Prozessen erreichbar ist. Hierzu gehören u. a. Teilaufschmelzung, magmatische Differentiation, selektive Verwitterung, Abtragung und Transport samt Sortierung nach der Korngröße, wodurch das Feldspat-Verwitterungsprodukt Ton entfernt wird. Wenn solch ein Quarzsand durch fließendes Wasser oder in der Brandung von eventuell anhaftenden tonigen, humosen oder Fe-oxidischen Belegen befreit worden ist, kann er ähnlich weiß sein wie tropischer Kalksand (Abb. 6.23).

Die einzelnen Komponenten von Sanden lassen sich durch einfache Maßnahmen wie z. B. Ausschwemmen mit Wasser trennen. Anteile tonigen und schluffigen Feinmaterials lassen sich durch Ausspülen abschätzen, weil sie im Gegensatz zu Körnern der Sandfraktion länger in Schwebe bleiben und dadurch separiert werden können. Umgekehrt ist auch eine Abtrennung gröberer Klasten durch Auswaschen feinerer Anteile in stärkerer Wasserströmung möglich. Auf diese Weise kann man auch die in siliziklastischen Sanden fast immer vorhandenen **Schwerminerale** anreichern, um sie dann anschließend schon im Gelände mit Lupe und Magnet zu untersuchen (Abb. 3.84, 6.29).

Durch ablaufendes Wasser im Brandungsbereich von Stränden oder durch Ausblasen der leichteren Quarz- und Feldspatkörner können Schwerminerale als **Seifen** angereichert werden. Sie können als sich oft dunkel abhebende, gewöhnlich dünne Lagen oder Linsen in Sanden eingelagert oder an Stränden streifig oder fleckig an der Oberfläche erkennbar sein (Abb. 6.28). Solche Seifen sind an Stränden der südlichen Ostsee verbreitet. Auffälligste und reichlich vorhandene Schwerminerale sind hier Granat, Magnetit und Ilmenit.

Nichtkarbonatischer Sand enthält zumeist untergeordnet verwitterungsresistentere Schwerminerale. Für äolisch abgelagerten Sand gilt dies weniger. Welche Schwerminerale im konkreten Fall vorkommen, hängt von der Geologie der Einzugsgebiete und von der Transportgeschichte ab. Die Mengenverhältnisse der Schwerminerale untereinander können Rückschlüsse auf die Sedimentliefergebiete und damit die Herkunft von Anteilen des Sands ermöglichen.

In der Regel fallen die Schwerminerale wegen ihrer geringen Menge kaum auf. Mit der Lupe kann man sie jedoch leicht in Sandproben finden. An Stränden können durch Windausblasung oder durch ablaufende Brandung Schwermine-

Abb. 6.28 Schwermineralseife (dunkel mit rötlicher Tönung) am Sandstrand unterhalb eines Kliffs aus weichselkaltzeitlichem Till. Die Schwerminerale sind wie die gesamte Sandfraktion des Strands von der Brandung aus dem Till herausgewaschen. Abb. 6.29 zeigt die Schwerminerale im Detail. Ostseeufer bei Brook, Nordwestmecklenburg.

rale massiv angereichert werden (Abb. 6.28). Was auf den ersten Blick wie eine Verschmutzung aussieht, erweist sich bei genauerer Betrachtung als Gemenge schwarzer und verschieden farbiger Mineralkörner (Abb. 6.29). Im abgebildeten Fall repräsentiert der hohe Anteil von Granat (kräftig rot, blass rot) zwei große Herkunftsregionen im Gebiet des Baltischen Schilds mit granatreichen, metamorphen Ausgangsgesteinen. Die Beziehung zum Baltischen Schild beruht auf Eistransport. Der Till in Abb. 6.28, aus dem die Sandfraktion stammt, ist ein glazialer Sedimentit.

Gefügeeigenschaften von Sanden, die im Gelände direkt abgeschätzt werden können, sind die Korngrößenverteilung und die Rundung der detritischen Körner. Sedimentstrukturen lassen

sich nur im ungestörten Profilschnitt oder auf Schichtflächen *in situ* beobachten. Hierzu gehören Schichtung einschließlich Schrägschichtung ebenso wie Wechsellagerung mit kiesigen oder auch schluffigen Schichten. In marin sedimentierten Sanden lassen sich z. B. Grabgänge und andere Arten von Bioturbation durch Farbabweichungen, Korngrößenunterschiede oder abweichende Standfestigkeit erkennen.

Speziell die Sand-Korngrößenfraktion ist schon durch geringe mechanische Einwirkung umzulagern, formbar und besonders im feinerkörnigen Bereich **im feuchten Zustand schwach kohäsiv** sowie bei Trockenheit **rieselfähig**. Genau diese Eigenschaften machen den Reiz von Sandkisten für Kinder aus und zählen daher zu den allgemeinen

Abb. 6.29 Schwermineralseife der Abb. 6.28 in Nahaufnahme. Die farblos-transparenten, meist gut gerundeten Körner sind überwiegend Quarz. Unter den Schwermineralen dominieren Granate mit unterschiedlicher Rotfärbung und schwarzer Magnetit neben ebenfalls schwarzem Ilmenit. Ostseeufer bei Brook, Nordwestmecklenburg. BB ca. 5 mm.

Grunderfahrungen. Zu den natürlichen Prozessen, die Sandoberflächen gestalten, gehören kontinuierliche und oszillierende Strömungsvorgänge als Ursache der Bildung verschiedener Formen von Rippelmarken (Abb. 6.35) bis hin zu Dünenbildung durch Wind (Abb. 6.4, 6.23). Regentropfen, erosiv fließendes Wasser, Schleifen oder Rollen von bewegten Objekten und sedimentbewohnende Organismen (Abb. 6.8) können ihre Spuren hinterlassen. Kurzzeitig auftretende, turbulente Strömung hoher Geschwindigkeit hinterlässt elongierte Strömungs- bzw. Auskolkungsmarken (Abb. 6.50) auf Sedimentoberflächen, wenn diese noch nicht verfestigt sind.

Unverfestigte Sande sind kaum in Erosionsgebieten verbreitet. Stattdessen sind sie wesentliche **Füllung von jungen Sedimentationsbecken.** Zusätzlich sind Sande nicht geeignet, Steilwände zu bilden. Wenn sie doch einmal freiliegen, werden sie außer in Trockengebieten bald von Bewuchs überzogen. Dies hat zur Folge, dass Sand trotz riesiger Verbreitung an der Oberfläche z. B. im Norddeutschen Tiefland nur in künstlichen Aufschlüssen, an Meeresküsten und in geringem Maße auch an Flussufern freiliegt. Im Gelände weisen ausgedehnte Nadelwälder in der Ebene und von Bodenverwehungen betroffene Ackerflächen, bis hin zu Binnendünen, auf großflächige Sandverbreitung hin.

Nicht verfestigte Sande können lokal oder stratigraphisch gebunden besondere Eigenschaften aufweisen: **Grünsand** ist durch meist rundliche Aggregate (Pillen, engl. *pellets*) aus feinkörnigdichter Glaukonitmasse (Abb. 3.26) gleichmäßig oder auch schichtgebunden unterschiedlich intensiv grün gefärbt. Die grünen Glaukonitaggregate enthalten neben Glaukonit regelmäßig komplexe Gemenge verschiedener Phyllosilikate, die an sedimentäre Temperaturen angepasst sind. Bei Beobachtung aus der Nähe, am besten mit einer Lupe, zeigt sich, dass die farbgebend aus Glaukonit bestehenden Körnchen ähnliche Größen haben wie die umgebenden, meist farblosen detritischen Körner. Unter Verwitterungseinwirkung wird die Glaukonitmasse und damit auch der Sand insgesamt ockergelb bis rostig braun. Glaukonitführung ist ein Indiz für marine Sedimentation bei mäßigen Wassertiefen. Die Bildung von Glaukonit wird durch die Anwesenheit organischen Materials, tropische Wassertemperaturen, Tiefen bis 200 m und

geringe Sedimentationsraten begünstigt (Heling 1988). Glaukonit kann als umgelagerter Detritus außerhalb des Entstehungsgebiets vorkommen. Als **Glassand** werden Sande bezeichnet, die fast ausschließlich aus Quarz bestehen und daher als ausreichend reiner SiO_2-Rohstoff zur Glasherstellung verwendet werden können. Glassande sind immer auffällig leuchtend weiß.

6.3.3.2 Sandsteine

Sandsteine sind diagenetisch verfestigte ehemalige Sande. Um die Verfestigung zu erreichen, muss ein Bindemittel oder Zement die detritischen Körner miteinander verkitten. Die Bildung des Bindemittels geschieht durch Fällung von gelösten Substanzen aus Porenwasser, das unterhalb des Einwirkungsbereichs von Oberflächenwasser verbreitet den Porenraum ausfüllt. Kompaktion ist für den Übergang von Sand zu Sandstein nicht erforderlich und bleibt oft weitgehend aus, kann aber in geringerem Maße durch partielle Verzahnung von detritischen Körnern an Berührungsflächen erfolgen. Die wesentlichen Gefügemerkmale und Strukturen der ursprünglichen Sande bleiben bei der Zementation weitgehend erhalten und werden aufgrund der Verfestigung des Kornverbands konserviert.

Benennung, Bestimmungsregeln

Die in Abschn. 6.3.1 erläuterten allgemeinen Regeln für Mischsedimentite bezüglich der Korngrößen gelten für diagenetisch verfestigte Sandsteine und verwandte klastische Sedimentite genauso wie für unverfestigte Sande. Neben den Korngrößenverteilungen sind die Mengenverhältnisse der detritischen Komponenten eine weitere Grundlage der Benennung von Sandsteinen. Hierzu hat Füchtbauer (1988) eine Klassifikation aufgestellt, die auf den Anteilen von Quarz, Feldspäten und Gesteinsklasten beruht:

1. > 90 Vol.-% Quarz → Quarzsandstein
2. 50–90 Vol.-% Quarz → Sandstein (ohne Zusatz, bzw. mit den unter 5–10 genannten)
3. > 50 Vol.-% Feldspäte → Feldspatsandstein
4. > 50 Vol.-% Gesteinsklasten → Gesteinsbruchstück-Sandstein (Litharenit z. T.)
5. 25–50 Vol.-% Feldspäte → feldspatreicher Sandstein (Arkose z. T.)

6. 25–50 Vol.-% Gesteinsklasten → Sandstein mit vielen Gesteinsbruchstücken (Litharenit z. T.)
7. 10–25 Vol.-% Feldspäte → feldspatführender Sandstein
8. 10–25 Vol.-% Gesteinsklasten → Sandstein mit Gesteinsbruchstücken
9. < 10 Vol.-% Feldspäte → schwach feldspatführender Sandstein
10. < 10 Vol.-% Gesteinsklasten → Sandstein mit wenigen Gesteinsbruchstücken

Die Inkonsistenz zwischen den Benennungen Sandstein ohne Namenszusatz (bei über 50 Vol.-% Quarz) und Feldspatsandstein (bei über 50 Vol.-% Feldspat) ist darin begründet, dass Quarz in typischen Sandsteinen die deutlich überwiegende Detrituskomponente ist und den Rest des detritischen Anteils weit übertrifft. Aus diesem Grund wird die Benennung **Quarzsandstein** nicht ab 50, sondern erst **ab 90 Vol.-% Quarzanteil** des Detritus verwendet. Einige Autoren sprechen sogar erst ab 95 Vol.-% Quarz von Quarzsandstein.

Litharenit ist ein alternativer Name für Sandstein, der reich an Gesteinsbruchstücken beliebiger Art ist. Die gelegentlich zu findende Bezeichnung **Kalksandstein** ist mehrdeutig und daher nicht sinnvoll verwendbar. Je nach Autor und Zusammenhang kann künstlich hergestelltes Baumaterial, siliziklastischer Sandstein mit Calcitbindemittel oder die diagenitisch verfestigte Entsprechung von Kalksand gemeint sein. Der korrekte Name für diagenetisch verfestigten Kalksand ist **Kalkarenit**.

Wenn über den Korngrößenbereich und die Art der detritischen Komponenten hinaus auch das **Bindemittel** in die Benennung klastischer Sedimentite eingehen soll, besteht die Möglichkeit, dies adjektivisch hinzuzufügen. Ein Sandstein aus siliziklastischem Detritus mit überwiegend kalkigem Bindemittel (Abb. 6.33) ist am eindeutigsten charakterisiert, wenn man ihn als **calcitgebundenen Sandstein** beschreibt. Im konkreten Fall kann je nach Detritusarten z. B. von calcitgebundenem Litharenit oder calcitgebundenem Feldspatsandstein die Rede sein. Quarz als häufigstes und daher als nahezu selbstverständlich empfundenes Bindemittel kann am ehesten ungenannt bleiben.

Die Namen Arkose und Grauwacke sind Sonderbezeichnungen für sandsteinartige klastische Sedimentite, die mit der beschriebenen Systematik nicht erfasst werden (Abschn. 6.3.6).

Für einige Sandsteine mit spezifischen Eigenschaften sind parallele, meist vorrangig benutzte **Sonderbezeichnungen** üblich, die außerhalb der auf quantitativer Zusammensetzung begründeten Systematik liegen. **Grünsandsteine** (Abb. 6.30) sind die verfestigten Entsprechungen von Grünsanden. Bei unterschiedlichen Zusammensetzungen von Detritus und Bindemittel und z. T. auch der Matrix enthalten sie in jedem Fall so viel Glaukonit, dass sie auffällig grün gefärbt sind. Es gibt keine Grünsandsteine ohne Glaukonit. Rote, braunrote, orangerote und violettrote Sandsteine können unabhängig von Mineralbestand und Gefüge als **Rotsandsteine** (Abb. 6.31, 6.34, 6.35, 6.36) bezeichnet werden. Die Rotfärbung ist an dünne Hämatitüberzüge auf den ursprünglichen Oberflächen der detritischen Körner gebunden. Auch rote, tonige Matrix kann zu insgesamt roter Gesteinsfärbung führen.

Geologisches Vorkommen

Sandsteine sind häufige und oft große Flächen einnehmende Gesteine sowohl in terrestrischen wie in marinen Sedimentitabfolgen. Sandsteine gehen mehrheitlich auf Ablagerung durch mäßig schnell strömendes Wasser zurück, ein geringerer Anteil ist äolisch, d. h. durch Wind sedimentiert. Sandsteine sind ebenso wie unverfestigte Sande an Sedimentationsbecken oder Küstenbereiche gebunden. Großflächig verbreitete Sandstein-Schichtkörper lassen oft eine Tendenz der Korngrößenabnahme zum Beckeninneren hin erkennen. Markante Sandsteinkörper können als an ehemalige Uferlinien gebundene Konturite strangartig schmale, langgestreckte Konfiguration zeigen. Ehemalige Flussmündungsdeltas sind oft durch mächtige, räumlich jedoch begrenzte Schüttungskörper aus Sandstein mit eingelagerten pelitischen Schichten gekennzeichnet.

Grünsandsteine sind ebenso wie Grünsande marine Sedimentite. Rotsandsteine sind dagegen terrestrische Bildungen. Die Rotfärbung setzt oxidierendes Milieu bei der Sedimentation oder frühen Diagenese voraus. Dies bedeutet, dass zur Zeit der Bildung ausreichend Sauerstoff in der Atmosphäre vorhanden gewesen sein muss. Da diese Voraussetzung während des Archaikums und Alt-

6

Abb. 6.30 Grünsandstein mit ungleichmäßig verteilten, grünen Glaukonitpellets, die die Grünfärbung des gesamten Gesteins bewirken. Glazialgeschiebe. Herkunft: Kalmarsundgebiet, zwischen der Küste Smålands und der Insel Öland, Südschweden. BB 2 cm

proterozoikums nicht erfüllt war, treten Rotsandsteine nicht vor dem mittleren Proterozoikum auf. In jüngeren Zeiten ist die Bildung von Rotsandsteinen an aride Klimabedingungen gebunden. Rotsandsteine treten oft im schichtigen Wechsel mit ebenfalls überwiegend roten Peliten oder auch Konglomeraten auf. Graue und grünlich graue Lagen oder Flecken sind in vielen Rotsandsteinen als Folge von Ausbleichung verbreitet.

Allgemeines Aussehen und Eigenschaften

Sandsteine sind recht leicht bestimmbare Gesteine. Meist sind die durch Bindemittel teilweise oder vollständig verbackenen, rundlichen detritischen Körner schon ohne Lupe erkennbar. Je nach Art des Bindemittels und Restporosität können Sandsteine zähe, mechanisch widerstandsfähige, harte und verwitterungsresistente Gesteine sein oder gegenteilige Eigenschaften haben. Von gering verkitteten Sandsteinen oder von manchen mit deutlicher Beteiligung von tonig-schluffiger Matrix kann schon bei leichter Berührung Sand abrieseln, während quarzgebundene Sandsteine ohne wesentliche Porosität äußerst hart und widerstandsfähig sind.

Sandsteine haben je nach Zusammensetzung, Sedimentationsmilieu, Diagenesebedingungen und oft auch Verwitterungseinfluss **spezifische Färbungen**, in manchen Vorkommen in lagigem Wechsel oder auch in fleckiger Verteilung. Besonders häufig

Abb. 6.31 Rotsandstein. Rotfärbung der detritischen Körner aus ganz überwiegend Quarz durch Hämatitüberzüge und durch Hämatit im Bindemittel. Die helleren Bereiche sind partiell ausgebleicht. Mångsbodarna, Norddalarna, Mittelschweden. BB 3 cm.

Abb. 6.32 Mariner, quarzgebundener Quarzsandstein des Unterkambrium (Lokalname: Hardeberga-Sandstein). Durch senkrecht orientierte Grabgänge an der Oberfläche und ca. in der Mitte des Wandprofils sind Unterbrechungen der marinen Sedimentation dokumentiert, die zur Besiedlung ausreichten. Der Sandstein ist kompositionell reif (fast nur Quarzdetritus). Ostseeküste bei Vik, Schonen, Südschweden.

sind **hellgraue, gelbliche** und **rote** Färbungen. Seltenere reine, quarzgebundene marine Quarzsandsteine von entsprechender kompositioneller Reife sind gewöhnlich **weiß bis grau** (Abb. 6.32).

Besonders Grünsandsteine und Sandsteine mit Fe-karbonatischem Bindemittel können in Oberflächennähe zentimeterdicke ockerfarbene Verwitterungszonen entlang von Schichtfugen und Klüften zeigen. Verwitterungsbedingte **zonare Mehrfarbigkeit** aus grauen Kernbereichen und bräunlichen Rinden ist eine verbreitete Erscheinung. Solche randlich „verbraunten" Sandsteine leiten zu intensiv **rostig braunen**, oft matrixführenden Sandsteinen mit Goethitbindemittel über. Die verwitterungsbedingte Braunfärbung kann streifig oder schlierig verteilt und ohne klare Beziehung zur sedimentären Schichtung sein (Abb. 6.22). In manchen Fällen treten komplementär zu bröckelig-losen, weitgehend ihres Bindemittels beraubten sandigen Kernbereichen massive, harte Goethitkrusten auf. Als isolierte Brocken finden diese Beachtung, wenn nach Herausrieseln des Sands näpfchenartige Hohlkörper übrig bleiben. Diese sind volkstümlich als „Hexenschüsselchen" bekannt (Abb. 3.92).

Zusammensetzung

Detritus
Die allermeisten Sandsteine sind **terrigen**, d. h. die Sedimentlieferung erfolgte vom Land und damit naturgemäß ganz überwiegend aus kontinentalen Abtragungsgebieten. Entsprechend wird bei der Sedimentation der verwitterungsresistenteste Anteil der Mineralbestände der wesentlichen kontinentalen Ausgangsgesteine angereichert. Der Detritus von terrigenen Sandsteinen besteht daher vor allem aus **Quarz**, der in **kompositionell reifen Sandsteinen** weitgehend die einzige Detrituskomponente ist. Klasten aus feinkörnigen und verwitterungsbeständigen Gesteinen, die ihrerseits meist vor allem aus Quarz bestehen, und **Schwerminerale** wie Zirkon, Granat, Magnetit, Rutil, Turmalin u. a. können in unbedeutender Menge hinzukommen. **Kompositionell unreife Sandsteine** enthalten neben Quarz vor allem **Feldspäte** und daneben auch **Glimmer** und **Gesteinsklasten** mit leichter verwitterbaren eigenen Mineralbeständen. Dies können z. B. feldspatführende Vulkanite sein. Eine Sonderstellung nehmen Glaukonitpellets in Grünsandsteinen ein. Sie sind als meist kugelförmige Aggregate mit ähnlicher Korngröße wie die detritischen Körner gemeinsam mit diesen sedimentiert worden. Anders als der Quarz und sonstige Detritus sind sie Neubildungen, die zur Zeit und am Ort der Sedimentation bzw. in dessen Nahbereich durch Ausfällung entstanden sind.

Besonders in manchen Rotsandsteinen, die oft kompositionell unreif sind, können die Feldspäte teilweise durch **in-situ-Kaolinisierung** in weißes, erdig-mürbes Material übergegangen sein. Glimmer sind vorzugsweise mit ihren Blättchenebenen schichtparallel eingelagert. Besonders auf Schichtfugen können sie als stets helle, reflektie-

Abb. 6.33 Mikroskopisches Foto eines Gesteinsdünnschliffs (Ausschnitt). Die Farben sind keine Eigenfarben, sondern durch besondere Einstellung des Polarisationsmikroskops bewirkte Interferenzfarben. Die detritischen Körner sind als gerundete Körner unterschiedlicher Grautönung zwischen weiß und völlig dunkel zu erkennen. Das Bindemittel ist in diesem Gestein Calcit. An der einheitlich blassrötlichen Interferenzfarbe des Bindemittel-Calcits ist erkennbar, dass er ein zusammenhängender Kristall ist, der mehrere detritische Körner umhüllt. BB 4 mm.

rende Schüppchen auffallen. Das Auftreten von Glimmer ist ein leicht erkennbares Indiz für kompositionelle Unreife.

Sandsteine, deren detritischer Anteil weitgehend der Verwitterung und Abtragung basischer Magmatite entstammt, sind selten. Sie haben ihren Detritus aus kontinentalen Vulkanprovinzen erhalten oder sind an (ehemalige) Inselbögen gebunden. Wichtigste Minerale des Detritus sind dann Plagioklas, schwarze Pyroxene, Magnetit, Ilmenit und bei extremer kompositioneller Unreife auch Olivin.

Matrix

Viele Sandsteine sind frei von Matrix. Wenn sie existiert, besteht sie vor allem aus Ton- und/oder Schluffmaterial. Ein deutlicher Matrixanteil ist ein Indiz für kompositionelle Unreife. Naturgemäß ist der Mineralbestand der Matrix makroskopisch nicht bestimmbar. Neben Tonmineralen können Phyllosilikate wie Chlorit, aber auch FeOOH-Minerale und Hämatit von Bedeutung sein. Hämatitgehalte bewirken eine Rotfärbung, FeOOH-Gehalt ist an rostig-brauner Farbe zu erkennen. Höhere Matrixgehalte gehen mit einer Tendenz zu verringerter Festigkeit des Gesteins einher.

Bindemittel (Zement):

Die häufigsten Bindemittel sind Quarz und Calcit. Sandsteine, die vollständig durch Quarzzement verfestigt sind, weisen eine besonders große Zähigkeit auf. Höhere Restporosität mindert die Festigkeit. Vollständige Quarzbindung ist außer an der Härte an einem kornübergreifenden Glasglanz ohne Auftreten von ebenen Spaltflächen im Kornzwischenraum erkennbar. Bruchflächen verlaufen bei vollständig quarzgebundenen Sandsteinen unterschiedslos durch das Bindemittel und die detritischen Körner hindurch. In grobkörnigen Sandsteinen kann Quarzbindemittel mit der Lupe an dessen muscheligem Bruch erkannt werden. Beim Anschlagen mit dem Hammer entsteht ein heller, scharfer Klang.

Calcit oder andere Karbonate als Bindemittel können bei ausreichender Korngröße mit der Lupe durch klare Abgrenzung der meist aus Quarz bestehenden detritischen Körner gegen das Bindemittel erkannt werden. Zerbrochene detritische Körner auf Gesteinsbruchflächen sind seltener als in quarzgebundenen Sandsteinen, stattdessen kann ein Teil der Körner unversehrt, mit gerundeten Kornformen plastisch hervorstehen. In manchen Fällen bilden die karbonatischen Minerale größere Einkristalle, die viele detritische Körner nicht nur verkitten, sondern umschließen (Abb. 6.33). Makroskopisch kann dies an einheitlichem Aufglänzen zusammenhängender Bereiche des Bindemittels in Reflexionsstellung erkennbar sein. Sandsteine mit karbonatischem Bindemittel neigen zur Bildung von Verwitterungskrusten. Fe-Gehalte des Bindemittels bewirken dann eine bräunliche oder gelbliche Färbung. Bindemittelcalcit lässt sich durch Aufschäumen mit Salzsäure nachweisen.

Untergeordnet vorkommende Bindemittel sind z. B. Feldspat (vor allem Albit), Anhydrit, Baryt, Fluorit, Steinsalz und Brauneisen (FeOOH). Tonminerale können makroskopisch nicht unterscheidbar außer als Matrix auch als Bindemittel vorkommen. Die Bestimmung der hier genannten Bindemittel kann im Einzelfall irrelevant sein, weil z. B. haltgebundene Sandsteine an der Oberfläche kein Steinsalz mehr enthalten oder weil das jeweilige Bindemittel nur untergeordnet an der Zementation beteiligt ist. Barytgebundener Sandstein fällt durch ungewöhnlich hohe Dichte (hohes Gewicht) auf, Fluoritzement kann im Einzelfall durch violette Färbung erkennbar sein. Brauneisenzement verrät sich durch rostige Färbung und Bindung an verwitterte Bereiche. Es ist nicht unüblich, dass ausreichend große Gesteinsstücke nur im äußeren Bereich intensiver Verwitterung durch Brauneisen verkittet sind, im Inneren dagegen durch Fe-haltige Karbonatminerale. Besonders auffällig ist dann ein abrupter Farbwechsel von innen grau nach außen braun. Tonig gebundener Sandstein hat bei Fehlen anderen Bindemittels extrem geringe Festigkeit.

Gefüge, Strukturen

Quarzgebundene Sandsteine können bei Nichtbeachtung der Konfiguration der Korngrenzen im Gelände leicht mit metamorphen Quarziten verwechselt werden. Die Unterscheidungsmerkmale sind in Abschn. 7.3.5 erläutert. Typische, einigermaßen gut sortierte Sandsteine bilden im Gegensatz zu den meisten Konglomeraten korngestützte Gefüge. **Strukturell reife Sandsteine** sind an ihrer guten Sortierung und guten Rundung der detritischen Körner erkennbar. Die strukturelle Reife geht meist mit kompositioneller Reife einher. Viele Sandsteine sind durch Porosität gekennzeichnet, die sowohl mit der Lupe im Kornzwischenraum beobachtbar ist, als auch durch kapillare Saugfähigkeit für Wasser angezeigt wird.

Sandsteine können besonders viele Arten von Sedimentstrukturen enthalten. Diese sind entweder durch Ablagerungs- und auch Erosionsprozesse entstanden wie z. B. Schichtung einschließlich Schrägschichtung und Rippelmarken oder wurden von Lebewesen verursacht wie z. B. Grabgänge, Fährten und jegliche Art von Bioturbation.

Schichtung ist in Sandsteinen häufig (Abb. 2.1, 6.34, 6.36). Sie kann aber auch über größere Profilstrecken fehlen. Oft sind Sandsteinabfolgen durch tonige Zwischenschichten gegliedert, an denen sich unter Verwitterungseinwirkung je nach Mächtigkeit der reinen Sandsteinbänke Platten oder Quader aus dem festeren Sandstein ablösen und so die Schichtung betonen. Sandsteinmerkmale, die oft in besonders auffälliger Weise schichtgebunden variieren, sind Farbe, Zusammensetzung, Korngrößen und Grad der Verfestigung. Die Mächtigkeiten der Einzelschichten in einer Abfolge können periodisch einheitlich oder völlig unregelmäßig sein. Häufig treten Schichtdicken im Zentimeter- bis Meter-Maßstab auf. Schichtung mit parallelen Schichtflächen ist am häufigsten. Sowohl in marinen wie in terrestrischen Sandsteinen kann Schräg-

Abb. 6.34 Rotsandstein des Buntsandstein (Trias), intensiv schräggeschichtet. Dahn, Pfälzerwald.

schichtung ausgebildet sein, sie ist in Sandsteinen häufiger und deutlicher entwickelt als in anderen Sedimentgesteinen.

Rippelmarken sind weitgehend an Sandsteine gebunden. Grobe Kiese oder andererseits Tone sind zur Ausbildung typischer Rippelmarken nicht geeignet. Rippelmarken entstehen überwiegend unter Wasserbedeckung entweder durch einheitlich gerichtetes Fließen über unverfestigtem, losem sandigem Sediment oder durch Wellenbewegung, die bis auf den Gewässergrund wirksam ist. Die Formen der Rippeln reflektieren die Entstehungsursache. Wellenschlag auf ebenem Gewässergrund erzeugt symmetrisch geformte, länglich gestreckte Wellenrippeln (Oszillationsrippeln), die aus gratförmigen Rippelkämmen und parallel dazu verlaufenden, flach U-förmigen Mulden bestehen (Abb. 6.35). Ungleichmäßige Wellenbewegung, z. B. als Folge von Interferenz, führt zu unterbrochenen und sich gabelnden Rippeln mit zunehmender Tendenz zu asymmetrischem Bau (Schäfer 2005). Gerichtete Strömung von Wasser und Wind bewirkt vorzugsweise zungen- oder sichelförmige, asymmetrische Strömungsrippeln mit kurzen Kämmen, luvseitig sanft ansteigender Böschung und deutlich steilerem Abfallen an der Leeseite. Rippelmarken lassen die ursprüngliche Orientierung von oben und unten erkennen.

Besonders in manchen Rotsandsteinabfolgen treten wegen deren häufiger Bindung an arides Klima neben Rippelmarken oft auch netzartig konfigurierte Trockenrisse auf. Ihre Entstehung ist in reinen Sanden nicht möglich. Sie sind ein Hinweis auf erhebliche Beteiligung toniger oder schluffiger Komponente aus quell- und schrumpffähigen Tonmineralen. Netzleisten sind Negativausgüsse von Trockenrissen durch nach der Rissbildung sedimentiertes überlagerndes Material.

Vor allem marine Sandsteine können Fossilien enthalten, aus denen sich Rückschlüsse auf die Entstehungszeit des Sediments und das Sedimentationsmilieu ziehen lassen. Schalenerhaltung wird durch einen Karbonatanteil entweder im Bindemittel oder im detritischen Anteil begünstigt. Besonders in karbonatfreien Sandsteinen, sei es primär oder durch Verwitterung, sind oft nur Abdrücke oder Steinkerne erhalten. Steinkerne sind Sedimentausgüsse des ehemaligen Schaleninneren, z. B. von Muscheln. Häu-

figste Spurenfossilien in Sandsteinen sind Grab- oder Wohngänge (Abb. 6.8).

Erscheinungsformen im Gelände

Großflächig ausgedehnte Sandsteinvorkommen bewirken spezifische Landschaftsformen. Sandsteine sind in sedimentären Schichtfolgen neben Kalksteinen gewöhnlich die verwitterungsresistentesten Gesteine. Tonige, mergelige oder schluffige Gesteine werden sehr viel leichter erodiert. Dies bewirkt, dass Sandsteine bei steilerem Einfallen langgestreckte Bergzüge und bei mäßig einfallender Lagerung markante Schichtstufen bilden. Die Höhenlage, die steilen Hänge und eine mäßige Bodenqualität bewirken, dass Sandsteingebiete besonders oft siedlungsarm und mit ausgedehnten Forsten bedeckt sind. Durch tiefe Zertalung bei flacher Lagerung geprägte Sandsteinlandschaften sind z. B. das Elbsandsteingebirge und der Pfälzer Wald.

Beide Landschaften sind durch in der Fläche verteilte, aufragende Sandsteinfelsen und steile

Abb. 6.35 Wellenrippeln (Oszillationsrippeln) in Rotsandstein des Unteren Buntsandstein. Südlich Salzgitter-Lichtenberg. Die Schichtung ist tektonisch steilgestellt.

Abb. 6.36 Felsklippe Hochstein aus Rotsandstein des Unteren Buntsandstein. Südöstlich Dahn, Pfälzer Wald.

Täler geprägt. Spektakuläre Landschaftselemente sind senkrechte oder auch überhängende, schroffe Felswände mit z. T. vorspringenden Deckplatten (Abb. 6.36). Solche Sandsteinfelsen werden dadurch geformt, dass in söhlig (± waagerecht) gelagerten Schichtfolgen relativ leicht erodierbare Schichten unter widerstandsfähigeren Bänken gegen von oben her angreifende Erosion geschützt werden. Zu den Seiten hin besteht kein entsprechender Schutz. Die abgebildete Felsgruppe ist ein durch das Einschneiden eines Talnetzes isoliertes Erosionsrelikt aus **terrestrischen Rotsandsteinen** des Unteren Buntsandsteins im Pfälzer Wald. Der Pfälzer Wald gehört zur während des Tertiärs herausgehobenen westlichen Grabenschulter des Oberrheintalgrabens. Die Täler wurden im Gegenzug zur Hebung erosiv eingeschnitten.

Während Rotsandsteine wie die der Abbildungen 6.34, 6.35, 6.36 und 6.38 durchweg terrestrische Sedimentite sind, verdanken graue und weiße Sandsteine ihre Entstehung überwiegend mariner Sedimentation. Abb. 6.37 zeigt einen hellgrauen bis weißen, kreidezeitlichen, **marinen Sandstein**. Das Gestein unterliegt verwitterungsbedingter Gefügelockerung, die unter abschnittsweiser Ausbildung von Wabenverwitterung (Abb. 6.38) zum Absanden unter dem überhängenden Felsvorsprung führt. Eine bei exponierten Sandsteinen, auch an Gebäuden, vorkommende Erscheinung ist der in Abb. 6.37 auffallende, schwarze Überzug, der die von ihm bedeckten Bereiche des Sandsteins erkennbar fixiert. Solche Überzüge bestehen zumeist aus abgestorbenem mikrobiellem Geflecht mit ortsabhängig unterschiedlichem Anteil darin verfangener Schmutzpartikel.

Ein auf senkrechten oder überhängenden, unbedeckten Sandsteinoberflächen vorkommendes Phänomen ist **Wabenverwitterung** (Abb. 6.38). Kennzeichnend ist ein regelmäßiges Netzmuster in einer Rasterung im Maßstab von meist einigen Zentimetern. In einigen Vorkommen liegt die Periodizität bei mehr als einem Dezimeter. Das Netzmuster besteht immer aus vorspringenden Stegen und von ihnen eingerahmten, muldenförmigen Vertiefungen.

Das Auftreten von Wabenverwitterung ist nicht von einer möglichen internen Vorprägung der Sandsteine abhängig. Es sind vor allem Oberflächen von weitgehend homogenen Sandsteineinheiten betroffen. Die regelmäßigen Muster deuten auf sich selbst steuernde Wechselwirkungsprozesse hin. Hierzu gehören Lösung und Wiederausfällung von Bindemittel im Wechsel zwischen Eindringen von Feuchtigkeit und differentiellem Abtrocknen an der im Laufe der Zeit zunehmend skulpturierten Oberfläche.

Junge Sand- und/oder Kiesablagerungen können kleinräumig zu betonartig wirkenden, calcitgebundenen Sandsteinen verfestigt sein (**„Naturbeton"**). Das Ca-karbonatische Bindemittel entstammt dem verwitterungsbedingten Lösungsumsatz aus überlagernden, kalkhaltigen Sedimenten oder Sedimentiten wie z. B. Till oder marinem Ton. Abb. 6.39 zeigt aus quartärem, geröllführendem Sand gebildeten „Naturbeton", der durch Brandungserosion freigelegt ist.

6

Abb. 6.37 Angewitterte Felsklippe aus marinem Sandstein der Oberen Kreide mit schwarzem, lücken-haftem, überwiegend biogenem Überzug. Unter dem überhängenden Felsvorsprung ist stellenweise Wabenverwitterung entwickelt (vgl. Abb. 6.38). Teufelsmauer östlich Blankenburg, nördliches Harzvorland.

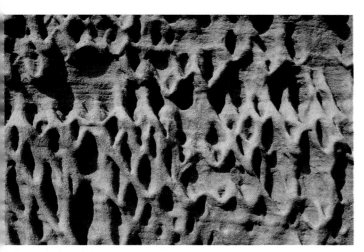

Abb. 6.38 Rotsandstein des Unteren Buntsandstein mit Waben-verwitterung. Felssockel unter der Burgruine Drachenfels südlich Busenberg, Dahner Felsenland, Pfälzer Wald. BB ca. 50 cm.

Abb. 6.39 „Naturbeton", karbona-tisch gebundener Sandstein mit ein-gelagerten Geröllen. Subrezente Verfestigung durch Calcitlösung aus Till und Wiederausfällung in quar-tärem Sand. Ostseestrand bei Beckerwitz, Nordwestmecklenburg.

6

6.3.4 Schluff, Schluffstein (Pelite)

Schluff oder **Silt** ist siliziklastisches, unverfestigtes Sedimentgestein mit Durchmessern der detritischen Körner, die zwischen denen von Sand und Ton liegen. Die Einstufung als Schluff erfolgt allein aufgrund der Korngröße (Tab. 6.2). Die einzelnen detritischen Körner sind bei Größen von weniger als ca. 1/16 mm mit der Lupe kaum bzw. nicht erkennbar. Diagenetisch verfestigter Schluff wird als **Schluffstein** oder **Siltstein** bezeichnet. Die Abgrenzung zwischen Schluff und Schluffstein ist fließender und undeutlicher als die zwischen Sand und Sandstein, weil schon unverfestigter Schluff als bindiges Lockergestein sowohl im bergfrischen wie im trockenen Zustand beträchtlichen Zusammenhalt zeigt. Unter Geländebedingungen lässt sich am ehesten zwischen Schluff und Schluffstein unterscheiden, wenn man eine Probe in Wasser unter Umrühren aufzuschlämmen versucht. Ein Schluff verliert hierbei zusehends seinen Zusammenhalt, während Schluffstein abgesehen von möglichen oberflächlichen Verlusten intakt bleibt.

Lehm ist ein Sondername für unverfestigte Gemische aus Sand, Schluff und Ton. Die Bezeichnung wird am ehesten für die Beschreibung von Böden verwendet. Geschiebelehm ist ein glaziales Sedimentgestein, das Klasten der Kiesfraktion und Steine enthält (Abschn. 6.3.6).

Schluff wird von Wasser mit geringer Fließgeschwindigkeit lokal in flachen Senken oder großräumig im Inneren von intrakontinentalen Becken sedimentiert. Schluffmaterial kann ebenso auch von Wind über große Strecken als Flugstaub verfrachtet werden (Löss). Im marinen Bereich wird Schluff vor allem küstennah abgelagert.

Schluff und Schluffstein (Abb. 6.40) sind dicht erscheinende Gesteine, die so feinkörnig sind, dass man nur evtl. beigemengte gröbere Körner mit der Lupe erkennen kann. Schluffe und auch Schluffsteine haben oft merkliche Porosität. Der Korngrößenbereich, der auch die Dimensionen der Kornzwischenräume bestimmt, begünstigt kapillare Saugfähigkeit für Wasser. Schluffgesteine sind wasserdurchlässiger als Tone. Eine **Unterscheidung gegenüber Tongesteinen** ist kaum durch visuelles Abschätzen der Korngrößen möglich. Unter Geländebedingungen gelingt die Unterscheidung am einfachsten durch Zerreiben einer geringen Substanzmenge zwischen zwei Fingern. Ton fühlt sich sowohl im feuchten wie im trockenen Zustand glatt und geschmeidig an, Schluff hingegen rau und schmirgelnd. Schluffe sind im Gegensatz zu vielen Tonen weniger quell- und schrumpffähig. Schluffsteine zeigen eher eine geringe Kompaktion. Sie sind gewöhnlich wenig verwitterungsresistent. Anders als Sandsteine spielen sie daher keine Rolle als Bausteine. Häufige Farben von Schluffen sind gelblich, rot, bräunlich und grau.

Die Rauigkeit von Schluffen ist nicht nur durch die Korngrößen bedingt, sondern auch durch fehlende oder nur geringe Rundung vor allem von

Abb. 6.40 Unverfestigter Schluff aus silikatischem und untergeordnet karbonatischem Detritus. Die plastische Strukturierung der Wandfläche des Materials, das in für Schluffe typischer Weise kohäsiv und standfest ist, wurde mit einer Pflanzschaufel erzeugt. Eine feine Musterung der Oberfläche geht auf den Aufprall und die Spülwirkung von Regentropfen zurück. Liether Kalkgrube, Südholstein.

Quarzkörnern. Außer Quarz sind mit abnehmender Korngröße zunehmend Tonminerale beteiligt, die gewöhnlich auch Korngrößen der Tonfraktion besitzen. Kompositionell unreife Schluffsteine intrakontinentaler Becken können auf Schichtflächen feine Glimmerschüppchen zeigen.

Anders als bei Sandsteinen entziehen sich die Gefüge von Schluffgesteinen der makroskopischen Beobachtung. Gelegentlich vorkommende Sedimentstrukturen in marin sedimentierten Beispielen sind Bioturbation, Grabgänge und Fährten.

Schluffe und Schluffsteine bilden wegen ihrer geringen Verwitterungsbeständigkeit im Gelände allenfalls in Wechsellagerung mit Sandsteinen Berge oder Steilhänge. Auch werden sie nicht in Steinbrüchen abgebaut, sodass sie dort höchstens als Abraum oder Nebengestein in Erscheinung treten.

6.3.5 Ton, Tonstein, Schieferton (Pelite, Mud, Mudstone)

Unter den Bezeichnungen Ton oder Tonstein sind entsprechend der in den Abschnitten 6.3 und 6.3.1 genannten Abgrenzungen und Regeln Sedimente bzw. Sedimentite gemeint, die zu mindestens 50 Vol.-% aus überwiegend siliziklastischen Partikeln der Tonfraktion, d. h. mit Korngrößen unter 2 μm bestehen, nach alternativ verwendeten Abgrenzungen auch aus Partikeln unter 4 μm bzw. unter 20 μm (Potter et al. 2005). Diese gerade im pelitischen Kongrößenbereich uneinheitlichen Abgrenzungen sind Folge des Fehlens einer IUGS-Klassifikation, wie es sie für Magmatite (Abschn. 5.6) und für Metamorphite gibt (Abschn. 7.1.3).

In der Praxis sind ohne Einsatz von Labormethoden im genannten Korngrößenbereich keine quantitativen Abgrenzungen möglich. Auch liegen manche Sediment- und Gesteinsbezeichnungen in ihrer Bedeutung nicht fest. Daher können im Gelände oft nur vorläufig bewertbare Merkmale herangezogen werden. Die betreffenden Sediment- und Gesteinsbezeichnungen können z. T. mehrere oder auch teilweise überlappende Bedeutungen haben.

Pelitische Sedimente und Sedimentite bestehen unabhängig von der jeweils zugrunde gelegten Korngrößengrenze oft anteilig aus Ton- und aus Schluffkomponente. Zusätzlich sind die Bezeichnungen Ton und Tonstein in ihrer Bedeutung unscharf. Die für siliziklastische Sedimente und Sedimentite geltende DIN-EN-ISO-Norm 14688-1 (Abschn. 6.3) hebt allein auf die Korngrößen ab. Bei einer Einstufung als Ton oder Tonstein kann aber auch die Zusammensetzung überwiegend aus Tonmineralen im Vordergrund stehen.

Die genannten Klassifikationsprobleme lassen sich in Gelände durch Verwendung der aus dem Englischen stammenden Bezeichnungen **Mud** (**Schlamm**) bzw. Mudstone (Schlammstein) ohne wesentlichen Informationsverlust vorläufig lösen. Potter et al. (2005) definieren Mud als Feldbezeichnung für unverfestigte, feinkörnige Ablagerungen jeglicher Zusammensetzung, soweit sie im nassen Zustand plastisch verformbar sind. Überwiegende Komponenten von Mud können Tonminerale, Karbonate, vulkanische Aschen und Diatomeen (Kieselalgenskelette) sein. Oft ist ein Anteil von Schlufffraktion enthalten. Geologen und Bauingenieure würden auch solche schluffhaltigen Ablagerungen im Gelände bei im nassen Zustand plastischem Verhalten meist als Ton ansprechen. Mud ist die umfassendere, und daher im Zweifelsfall zunächst sicherer anwendbare Bezeichnung. **Mudstone** (Schlammstein) ist die diagenetisch verfestigte Entsprechung von Mud.

Mud und Mudstone sind die weltweit verbreitetsten Sedimentgesteine. Sie bilden sich in der Tiefsee, in Schelf- und Binnenmeeren und in intrakontinentalen Gewässern. Das massenhafte Vorkommen von Mudstone, verbunden mit einer großen Reaktionsfähigkeit durch die verschiedenen metamorphen Faziesbereiche hindurch, bedingt eine besondere petrographische Vielfalt von Metamudstone (Metapelit) in allen Orogenen. Tonschiefer, Glimmerschiefer und viele Gneise sowie Migmatite gehören hierzu.

Die im nachfolgenden Text für Ton und Tonstein beschriebenen Eigenschaften gelten in gleicher Weise auch für Mud und Mudstone nichtkarbonatischer Zusammensetzung.

Ton und Tonstein bestehen aus siliziklastischem Material der feinsten Korngrößenfraktion (Tab. 6.2). Je nach diagenetischer Reife lassen sich verschiedene Entwicklungsstadien unterscheiden. **Tonschlamm** ist frisch abgelagertes, toniges Sediment. Er besteht maßgeblich aus submikroskopisch kleinen, kartenhausartig locker und un-

Abb. 6.41 Schlick im durch Gezeiten bedingten Wechsel von Sedimentation und Erosion. Die diagonal durch den Bildausschnitt verlaufende Erosionsrinne und punktförmige Mündungen von Wurmgängen belegen eine breiig-weiche Konsistenz des jungen Sediments. Priel im Deichvorland der Nordseeküste von Westerhever bei Tiedeniedrigwasser, Halbinsel Eiderstedt.

orientiert verschachtelten Tonmineralplättchen mit 70–90% Wasser in den Zwischenräumen. Staubfeiner Quarzdetritus, chloritartige Minerale und organisches Material sind oft beteiligt. **Schlick** (Abb. 6.41) ist unter Gezeiteneinfluss sedimentierter Schlamm aus Ton- und Schluffpartikeln mit einem erheblichen Anteil von oft nur unvollkommen zersetztem organischem Material und entsprechendem Modergeruch beim Aufrühren. Tonschlamm und Schlick lassen sich durch Schütteln oder leichtes Umrühren in Wasser zu einer Suspension aufschwemmen. Durch engere Packung und Abgabe von Wasser wird Tonschlamm zum Sedimentit Ton. **Klei** ist eine im niederdeutschen Sprachgebiet übliche, mit dem englischen Wort *clay* (Ton) verwandte Bezeichnung für entkalkten Marschenboden, der durch Kompaktion und Teilentwässerung aus Schlick hervorgegangen ist. **Ton** ist ein bindiges Lockergestein, das so kohäsiv sein kann, dass Gerölle aus unverfestigtem Ton (Tongerölle) gebildet und umgelagert werden können (Abb. 6.42). Bei Zutritt von Feuchtigkeit erweicht Ton (Abb. 4.2). Er ist dann mit geringem Kraftaufwand knetbar. Aus Ton geht ohne scharfe Grenze unter Kompaktion, Entwässerung und Ausfällung von Bindemittel fester **Tonstein** hervor. Tonstein kann massig oder feinmaßstäblich geschichtet sein. Tonstein ist im Gegensatz zu gewöhnlichem Ton nicht knetbar. **Massiger Tonstein** ist kaum texturiert und entsprechend nicht in einer Richtung bevorzugt teilbar. **Schichtiger Tonstein** (Füchtbauer 1988) ist häufiger als massiger

Tonstein. Zusätzlich zur Schichtung, die meist als planare Feinschichtung (sedimentäre Lamination) ausgebildet ist, sind schichtige Tonsteine gewöhnlich zu Schieferton kompaktiert.

Schieferton ist schichtiger Tonstein. Er ist kompaktiert und immer deutlich planar texturiert. Makroskopischer Ausdruck der Texturierung ist eine schichtparallele Teilbarkeit, die auf den ersten Blick den Eindruck von metamorpher Schieferung machen kann (Abb. 6.45, 6.47). Anders als im Fall metamorpher Schieferung (Abschn. 7.1.2) ist die plattige Teilbarkeit jedoch in der Regel nicht durch gerichteten tektonischen Druck, sondern durch Auflast bedingt und daher schichtparallel orientiert.

Die Bezeichnung Tonstein kann zweideutig sein, da in älterer Literatur auch saure Aschentuffe gemeint sein können. Sedimentärer Tonstein ist deutlich fester und verwitterungsresistenter als Ton. Besonders Schieferton zerfällt jedoch oft leicht unter Einwirkung von Frost und Wiederauftauen. Hierin besteht in vielen Fällen ein Gegensatz zum niedriggradig metamorphen Tonschiefer (Abschn. 7.3.1.1).

In Mittel- und Westeuropa sind wenig verfestigte Tone wesentlicher Bestandteil quartärer und tertiärer Schichtfolgen, z. T. kommen sie auch in Abfolgen des jüngeren Mesozoikums vor. Tonsteine und Schiefertone treten im außeralpinen Mitteleuropa vor allem im Mesozoikum und Jungpaläozoikum auf. Sie sind als Bestandteil der postvariszischen Deckschichten keiner Metamorphose unterworfen gewesen, können aber

Abb. 6.42 Tongerölle und Erosionskante aus holozänem Marschenton, nach zwischenzeitlicher Übersedimentation durch Sand wieder freigespült. Rochelsand vor St. Peter-Ording bei Tiedeniedrigwasser, Nordseeküste der Halbinsel Eiderstedt.

Abb. 6.43 Graptolithenschiefer des Silur als fortgeschritten diagenetisch verfestigter, schichtiger Tonstein, der bezüglich seiner Festigkeit manchen metamorphen Tonschiefern nahekommt. Die dünnplattige Teilbarkeit entspricht der Schichtung. Der Name bezieht sich auf die abschnittweise Führung von Graptolithen, fossilen Resten paläozoischer Hochseeorganismen. Bachanschnitt Rövarekulan, 2 km nördlich Löberöd, Zentralschonen, Schweden.

unter mächtiger Überlagerung und bei entsprechend hohen Temperaturen stark diagenetisch verfestigt sein. Dies gilt in Europa besonders für altpaläozoische, pelitische Plattformsedimentite des Baltischen Schilds, die als z. B. Graptolithenschiefer manchen Tonschiefern bezüglich ihrer Festigkeit nahe kommen (Abb. 6.43, Abschn. 7.1.3). Reine Tongesteine dokumentieren Sedimentationsbedingungen, unter denen gröbere detritische Körner nicht angeliefert wurden.

Tongesteine sind so feinkörnig, dass sie als dichte Masse erscheinen. Die Mineralbestände sind makroskopisch nicht beobachtbar. Allerdings weist die oft vorhandene Quellfähigkeit auf Tonminerale hin. Diese sind als leicht gegeneinander verschiebbare, submikroskopisch feine Schüppchen die Ursache dafür, dass sich Tone beim Reiben zwischen zwei Fingern glatt und geschmeidig anfühlen. Marine Tone und Tonsteine sind meist grau, oft dunkelgrau gefärbt. Ursache hierfür ist ein Anteil von organischen Komponenten und feinverteiltem Pyrit. Tone und Tonsteine, die unter Sauerstoffabschluss sedimentiert worden sind, können nahezu schwarz sein. In diesen Gesteinen kann Pyrit feinverteilt oder auch konkretionär (Abschn. 6.9) sichtbar sein. Nichtmarine Tongesteine zeigen häufiger andere Farben, z. B. rot, bräunlich, hellgrau, gelblich oder nahezu weiß. Bei der Bestimmung toniger wie auch anderer feinkörniger Gesteine kann leicht eine karbonatische Komponente unbemerkt bleiben. Ein möglicherweise mergeliges

Abb. 6.44 Schichtfläche von schichtigem Tonstein (Schieferton) des Unteren Jura mit Fossilien (Ammoniten), die bei der Kompaktion flachgedrückt worden sind. Port Mulgrave nördlich Whitby, Nordyorkshire, England. BB 16 cm.

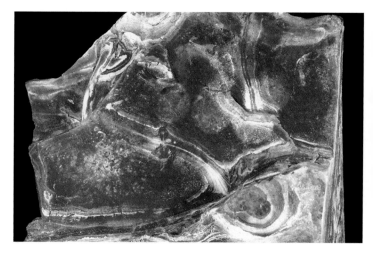

Abb. 6.45 Schichtflächen von Schwarzschiefer mit verwitterungsbedingten, hellen Ausblühungen von Sulfatmineralen. Dünnplattig geschichteter (laminierter) Alaunschiefer des Oberen Kambrium. Kalkbruch Uddegård östlich Falköping, Västergötland, Südschweden. BB 14 cm.

Gestein ist durch Auftropfen von Salzsäure bestimmbar (Abschn. 6.4.3).

Fossilien sind in Tonen und mehr noch in Schiefertonen in der Schichtungsebene flachgedrückt (Abb. 6.44). In frühdiagenetisch durch Bindemittel stabilisierten Tonsteinen können Fossilien plastisch-körperlich erhalten sein.

Schwarzschiefer sind schichtige Tonsteine bzw. Schiefertone mit oder ohne karbonatischem Anteil, die reich an organischen Komponenten und oft auch Pyrit sind. Andere Sulfidminerale können beteiligt sein. Die organischen und sulfidischen Bestandteile färben in feinkörniger Verteilung das Gestein dunkel. Angewitterter Schwarzschiefer kann durch Belege aus feinkörnigen Oxidationsbildungen auf den Schichtflä-

chen gelblich, weiß oder bräunlich verfärbt sein (Abb. 6.45) oder kleine Gipskristalle enthalten. Bis ca. 1890 sind bitumen- und pyrithaltige Schwarzschiefer durch Verschwelen und Auslaugung in industriellem Maßstab zur Alaunherstellung verwendet worden (**Alaunschiefer**). Im Gelände ist solche ehemalige Alaungewinnung an Halden aus ziegelrot gebrannten Schieferplatten zu erkennen. **Ölschiefer** sind Schwarzschiefer mit mindestens 5 Gew.-% bituminösem Anteil. Durch Erhitzen auf ca. 350 °C sollte soviel Öl freigesetzt werden können, dass dessen Energiegehalt die Menge der zum Erhitzen eingesetzten Energie übertrifft (Boggs 2014). Durch Verschwelen kann diese Energie aus dem Ölschiefer selbst bezogen werden. Die Gehalte von Ge-

6

Abb. 6.46 Mäßig bituminöser Tonstein (Schwarzschiefer) des Unteren Jura (Posidonienschiefer). Die im unverwitterten Anschnitt erkennbaren ebenflächigen Schichtplatten zerfallen unter mechanischer Beanspruchung bzw. Verwitterung in dünne Scherben. Die senkrechten Wände sind freigelegte Kluftflächen. Ohmden, westlich Göppingen.

steinsbitumen können erheblich über 10 Gew.-% liegen. Ölschiefer an der Erdoberfläche enthalten anders als in der Tiefe nur noch geringe Anteile flüchtiger Kohlenwasserstoffverbindungen. Schwarzschiefer und Ölschiefer sind ebenflächig und dünnplattig teilbare, laminierte Gesteine mit Bitumengeruch beim Anschlagen oder Reiben. Isolierte, trockene Ölschieferspäne oder -platten mit wenigen Millimetern Dicke brennen kurzzeitig, wenn man sie anzündet. Beim Erlöschen der Flamme entwickeln sie einen weißen, intensiv bituminös riechenden Rauch.

Bituminöse Sedimentite verdanken ihre Entstehung immer einem anaeroben (euxinischen) Sedimentationsmilieu, das durch anhaltenden Sauerstoffmangel im bodennahen Wasser bedingt ist. Dies hat außer dem Bitumengehalt und Fehlen von Bioturbation auch die Folge, dass Fossilien von auf den Boden abgesunkenen Organismen zwar flachgedrückt aber ansonsten oft perfekt erhalten sind. Beispiele für Schwarzschiefer sind der **Posidonienschiefer** des Unteren Jura von Nord- und Süddeutschland und der **Kupferschiefer** des Unteren Zechstein (Abb. 9.9), der für eine artenarme, aber individuenreiche Fischfauna bekannt ist. Der Posidonienschiefer des Unteren Jura (Abb. 6.46) ist überwiegend ein mäßige Anteile von Bitumina enthaltender Ölschiefer.

Im Gelände kann Tonstein abhängig vom Ausmaß der diagenetischen Verfestigung und von der Exposition sehr unterschiedlich in Erscheinung treten. Tonstein ist innerhalb von mesozoischen Schichtfolgen weniger erosions- und

Abb. 6.47 Schieferton (schichtiger Tonstein) des Unteren Jura. Die Steilwand ist Folge von fortschreitender Brandungserosion am Kliffsockel. Die Standfestigkeit und das zurückbleibende Einschneiden des Wasserfalls dokumentieren eine felsartige Festigkeit des ausschließlich diagenetisch verfestigten Tonsteins. Nordseeküste südlich Robin Hood's Bay, Nordyorkshire, England.

6

verwitterungsresistent als Sandstein und Kalkstein. Zumeist bilden Vorkommen von Tonstein Talsenken oder Ebenen ohne natürliche Aufschlüsse. Andererseits können diagenetisch fortgeschritten verfestigte Tonsteine hohe, senkrechte Steilufer bilden, solange der ständige Nachfall durch Erosion entfernt wird (Abb. 6.47). In quartären und tertiären Sediment- und Sedimentitabfolgen können selbst kaum verfestigte Tone wegen ihres bindigen Charakters gegenüber unverfestigten Sanden exponiert auftreten. An Hängen neigen Ton und Tonstein besonders bei Einfallen mit der Hangneigung zur Bildung von Hangrutschungen, die für Bauten bedrohlich sind.

Im Binnenland sind natürliche Aufschlüsse von Tonsteinen an Erosionsrinnen und Hanglagen gebunden, an denen die Vegetation mit der flächenhaften Erosion nicht Schritt halten kann, möglicherweise nachdem eine ursprüngliche Vegetationsdecke durch menschliche Einwirkung oder Überweidung zerstört wurde. Temporäre Aufschlüsse können auch an Abrisskanten von Hangrutschungen entstehen. In den meisten Fällen ist man für das Studium von Tonen und Tonsteinen in nichtariden Klimagebieten auf künstliche Geländeaufschlüsse angewiesen.

6.3.6 Siliziklastische Sedimentite besonderer Entstehung

Grauwacke, Flyschsandstein

Grauwacken sind Psammite mit spezifischen Eigenschaften, die auf besondere Entstehungsbedingungen zurückgehen. In diesem Sinne ist Grauwacke ein genetisch begründeter Name, wie er möglichst vermieden werden soll. Zusätzlich ist mit dem Begriff verbunden, dass das Alter mindestens paläozotisch ist. Auch dies ist kein petrographisches Kriterium. Zumindest als Geländebenennung ist der Name Grauwacke jedoch unverzichtbar. Dies gilt, obwohl es nicht an Hinweisen fehlt (z. B. Boggs 2014), dass der Gesteinsname Grauwacke eigentlich aufgegeben werden müsste. Er bezeichnet weiterhin graue bis grünlich- oder (angewittert) bräunlich-graue, sandsteinartige Gesteine (Abb. 6.48, 6.49, 7.4) von

meist großer Festigkeit, die durch Quarz, seltener durch Calcit zementiert sind. Typische Grauwacken sind gewöhnlich niedrigstgradig regionalmetamorph beeinflusst, jedoch sind alle makroskopisch erkennbaren Gefüge, Strukturen und Mineralbestände sedimentären Ursprungs, sodass eine Behandlung im Rahmen der klastischen Sedimentite am sinnvollsten ist. Zu den kennzeichnenden Merkmalen von Grauwackeabfolgen gehört das Auftreten von korngrößengradierter Schichtung (Abb. 6.49).

Weitere Merkmale von typischen Grauwacken sind ein hoher Anteil von feinkörniger Matrix und das Vorkommen von oft wenig gerundeten Gesteinsklasten und **detritischen Feldspäten** in wechselnder Menge. Glimmer sind nicht selten. Grauwacken sind kompositionell wie auch strukturell unreif. Die im Rahmen sedimentpetrographischer Benennungssystematik korrektere Bezeichnung für Grauwacken ist **Litharenit**, als allgemeiner Name für ein klastisches Sedimentgestein mit überwiegenden Korngrößen im Bereich der Sandfraktion und einem hohen Anteil von silikatischen Gesteinsklasten. Im Gelände treten **Grauwackebänke** in Wechsellagerung mit Tonschiefern im Dezimeter- bis Meter-Maßstab auf (Abb. 6.48). Die Sortierung ist schlecht. Gradierte Schichtung und Sedimentationsmarken wie Flute Casts (Abb. 6.50) weisen auf episodische, schnelle und turbulente Strömung hin. Grauwackebänke sind Ablagerungen subaquatischer „Lawinenabgänge" von Suspensionen aus losem Detritus und Wasser, die sich bis in große Meerestiefen ausgebreitet haben (Turbidity Currents). Grauwackebänke bilden im Wechsel mit tonigen Zwischenlagen oft mächtige Abfolgen in **turbiditischer Fazies**.

Turbidity Currents entstehen, wenn nicht verfestigtes Sedimentmaterial in labiler Position angehäuft wird und episodisch über geneigten Flächen subaquatisch abgleitet, z. B. an Kontinentalhängen.

Gradierte Schichtung (Abb. 6.49) gilt als besonders kennzeichnendes Merkmal für Grauwacken. Mit Gradierung ist ein gradueller Wechsel der Korngrößen gemeint, in dem Sinne, dass in einer individuellen Grauwackebank grobes Korn nur an der Basis neben überall vorhandenem feine-

6

Abb. 6.48 Wechsellagerung Grauwacke/Tonschiefer in einer Turbiditabfolge des höheren Unterkarbon. Altenau-Silberhütte, Westharz.

rem Material beteiligt ist. Die Korngröße des jeweils gröbsten Anteils nimmt mit zunehmendem Abstand von der Basis kontinuierlich ab, bis im oberen Abschnitt kein auffällig gröberes Korn mehr vorkommt. Die Ursache der gradierten Schichtung ist korngrößenabhängig unterschiedlich schnelles Niedersinken der beteiligten Klasten. Makroskopisch erkennbare gradierte Schichtung fehlt, wenn schon im Ursprungsgebiet des Turbidity Currents gröbere Anteile fehlten.

Flute Casts sind Strömungsmarken in der Sedimentoberfläche bzw. deren Ausfüllungen an der Basis der nächstüberlagernden Grauwackebank. Flute casts entstehen, wenn ein Turbidity Current erodierend über unverfestigtes Sediment hinwegschießt. Bei Nachlassen der Strömung kommt es dann zum Niedersinken und zur Sedimentation des mitgeführten Detritus. Hierbei kann die Auflast des frischen Sediments zusätzlich formend wirken. Flute Casts haben typischerweise länglich bis langgezogen muldenförmige oder wulstartige Formen (Abb. 6.50). Sie sind in der Bewegungsrichtung des Turbidity Currents lang gestreckt.

Die **Gesteinsbezeichnung Grauwacke** wird nicht für Gesteine verwendet, die jünger als paläozoisch sind. Vergleichbare Litharenite bzw. Sandsteine geologisch jüngerer Turbiditabfolgen, z. B. der Alpen und des Appenin, heißen **Flyschsandstein** oder Flysch-Litharenit. Die Bezeichnung **Flysch** ist für sich kein petrographischer Gesteinsname, sondern eine Faziesbezeichnung (**Flyschfa-**

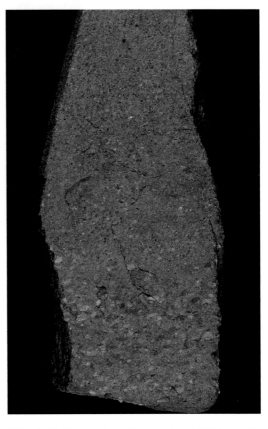

Abb. 6.49 Grauwacke mit gradierter Schichtung. Die maximale Korngröße nimmt von unten nach oben ab. Feinkorn ist durchgehend beteiligt. Die Grauwacke hat unterkarbonisches Alter. Gleiche Lokalität und gleiche Grauwackebank wie Abb. 6.50: Tal der Innerste am Einersberg, westlich Clausthal-Zellerfeld, Westharz. BH 12 cm.

6

Abb. 6.50 Flute Casts auf der ursprünglichen Unterseite einer tektonisch steilgestellten Grauwackebank. Tal der Innerste am Einersberg, westlich Clausthal-Zellerfeld, Westharz.

Abb. 6.51 Turbiditabfolge (Ligurischer Flysch), bestehend aus Sandsteinbänken und Tonstein in unregelmäßigem Wechsel. Solignano, südwestlich Parma, Emilia Romagna, Norditalien.

zies), die zusätzlich mit einer zeitlichen Bedeutung verbunden ist. Die Bezeichnung Turbiditische Fazies ist altersneutral und allgemein gültig.

Das Wort Flysch kann Bestandteil von geologischen Formationsnamen sein. wie z. B. Rhenodanubischer Flysch für Turbidite der Nordalpen oder Ligurischer Flysch für spezifische Turbiditabfolgen des nordwestlichen Appenin (Abb. 6.51 Solignano).

Flyschsandsteine bzw. Flysch-Litharenite sind ebenso wie Grauwacken schlecht sortiert, kompositionell unreif, mit tonigen Schichten wechsellagernd und oft korngrößengradiert. Anders als typische, gewöhnlich siliziklastische Grauwacken können Flyschsandsteine je nach Detritusherkunft zu größerem Anteil karbonatischen Detritus enthalten.

Arkose

Arkosen sind **feldspatreiche Sandsteine**, die brekziös sein können und meist mäßig bis schlecht sortiert sind (Abb. 6.52). Oft enthalten sie eine kaolinitische Matrix. Die Verkittung mit Bindemittel, gewöhnlich Quarz, variiert zwischen vollkommen und mäßig, sodass Arkosen sehr unterschiedliche Festigkeit haben können. Unter den detritischen Feldspäten überwiegt Kalifeldspat gegenüber Plagioklas. Fehlende bis mäßige Kornrundung ist die Regel. Arkosen sind oft rötlich, seltener hellgrau. Manche Arkosen können makroskopisch mit Granitporphyren (Abschn. 5.7.3) verwechselt werden. Arkosen sind Bildungen intrakontinentaler Sedimentationsbecken. Die durch den Feldspatgehalt an-

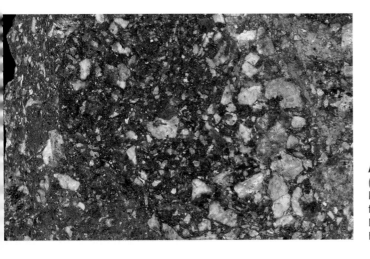

Abb. 6.52 Brekziöse Arkose (Lokalname: Pingartener Arkose). Die hellen Klasten sind Feldspatfragmente. Pingarten, südwestlich Neunburg vorm Wald, Oberpfalz. BB 6,5 cm.

Abb. 6.53 Lössdecke (oben), die in einem ehemaligen Steinbruch über verwittertem Granitoid angeschnitten ist. Elbtalhang nordwestlich Meißen.

gezeigte geringe kompositionelle Reife ist Ausdruck geringer chemischer Verwitterung, u. a. als Folge ariden Klimas, wie es in Mitteleuropa vor allem während des Perm und der älteren Zeitabschnitte der Trias herrschte. Dies hat zur Folge, dass Arkosen in Mitteleuropa vor allem an terrestrische Ablagerungen aus diesen Zeiten gebunden sind (Rotliegendes, Buntsandstein).

Löss

Löss besteht überwiegend aus Detritus mit Korngrößen im gröberen Bereich der Schlufffraktion. Er ist ein bindiges Sediment bzw. Lockergestein von hell ockergelblicher Farbe, das als lückenhafter Schleier weite Teile der nicht vom Inlandeis

überfahrenen Gebiete Mitteleuropas mit Mächtigkeiten von meist einigen Metern überdeckt. Löss ist ein äolisches Sediment. Er bildet im senkrechten Anschnitt standfeste Wände (Abb. 6.53, 6.102). Bei uns ist Löss ein Zeuge kaltzeitlichen Klimas der jüngsten geologischen Vergangenheit. Er ist durch Ablagerung von Flugstaub entstanden, der den Sanderflächen im Vorland des Eises oder anderen vegetationslosen Gebieten entstammt.

Geringe Rundung und entsprechend sperrige Packung der mit der Lupe z. T. gerade noch auszumachenden detritischen Körner bewirken eine hohe Porosität, die sich durch löschblattartige Saugfähigkeit zu erkennen gibt. Unverwitterter Löss ist karbonathaltig. Das Karbonat kann in Form von wulstigen, im Löss eingelagerten harten Knollen (Lösskindel) konzentriert sein (Abb. 6.102).

6 Till/Tillit (glazigene Diamiktite)

Es herrscht überwiegend Konsens, dass ein durch Eis abgelagertes (glaziales) Sediment nach diagenetischer Verfestigung als **Tillit** bezeichnet werden darf. Die dem Englischen entnommene Bezeichnung **Till** für die unverfestigte Entsprechung ist hingegen umstritten, doch wird sie im bedeutendsten Verbreitungsgebiet glazigener Sedimentite des deutschen Sprachraums, im Norddeutschen Tiefland verwendet. Die Benennungsalternativen haben nur in spezifischen Zusammenhängen Vorteile (unten).

Die Bezeichnung Till wird hier als Geländebezeichnung favorisiert: als „zusammenfassender Begriff für die Gruppe von Sedimenten, die ohne Mitwirkung von Wasser durch die direkte Tätigkeit von glazialem Eis abgelagert werden" (Allaby & Allaby 1990). Till ist zwar eine genetisch begründete Bezeichnung, wie sie grundsätzlich vermieden werden sollte, doch ist sie parallel zum Namen Tillit besonders geeignet, wenn Ablagerung durch Eis in der einen oder anderen Form unzweifelhaft ist. Sonst sollte man sicherheitshalber von einem **Diamiktit** sprechen. Diamiktit ist ein genetisch neutraler, aber umfassenderer Begriff, der die meisten Tills und Tillite einbezieht (Abschn. 6.3.2). **Diamikton** hat die gleiche Bedeutung. Als **Moräne** werden sowohl glazial geprägte Landschaftsformen bezeichnet als auch Ablagerungen des Eises. Der Begriff Moräne ist daher zweideutig, auch enthält er ebenso wie Till eine genetische Aussage. Letzteres gilt auch für **Moränenmaterial** (Ehlers 1994). **Geschiebemergel** ist eine ebenfalls genetisch begründete Bezeichnung, die außerdem petrographisch zweifelhaft ist. Geschiebemergel sind meist keine Mergel (Abschn. 6.4.3), sondern in stark variablem Verhältnis aus Ton, Schluff, Sand und Kies zusammengesetztes, karbonathaltiges Material mit zusätzlich eingelagerten Steinen und Blöcken. **Geschiebelehm** entsteht gewöhnlich durch verwitterungsbedingten Karbonatverlust aus Geschiebemergel. **Blocklehm** entspricht Geschiebelehm, der Begriff ist in Norddeutschland unüblich.

Tills und Tillite sind ausnahmslos an ehemals vereiste Gebiete gebunden. Wenn sie im Tiefland oder in ehemaligen Tiefländern auftreten, sind sie eindeutige Klimazeugen und dokumentieren Kaltzeiten.

Die meisten Tills sind aufgrund hoher Ton- und Schluffanteile **bindige Lockergesteine** mit in manchen Fällen beträchtlichem Zusammenhalt. Schon bei flüchtiger Betrachtung fallen in ausreichend großen Aufschlüssen **eingestreute Steine** auf (Abb. 6.54). Diese können Findlingsgröße erreichen. Daneben sind immer detritische Körner der Sand- und Kiesfraktion erkennbar. Durch oberflächliches Auswaschen der Ton- und Schlufffraktion mit Wasser und weicher Bürste treten diese gröberen Körner besonders deutlich hervor. Überwiegende Farben der Tillmatrix sind grau und gelb bis hellbraun. Rotbraune Tills sind die Ausnahme.

Besonders bedeutende Tillablagerungen gibt es in Europa u. a. in Norddeutschland, Dänemark, Polen und den Niederlanden.

Tills sind gemeinsam mit Sanden und manchmal Tonen Bestandteile von kaltzeitlichen Wech-

Abb. 6.54 Till (Geschiebemergel) des Drenthe-Stadiums der Saale-Kaltzeit. Erosionsplattform im ufernahen Bereich der Elbe bei extremem Tideniedrigwasser. Die im Till steckenden größeren Klasten sind u. a. weiße Kreidebrocken und schwarzweißer Flint (rechts vorne). Schulauer Ufer, westlicher Stadtrand Hamburgs am Nordufer der Elbe.

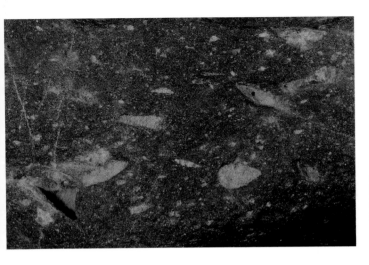

Abb. 6.55 Tillit des Jungproterozoikum. Glazialgeschiebe lokaler Herkunft, Grundtagsätern, nordöstlich Foskros, nördlichstes Norddalarna, Mittelschweden. BB 12 cm.

selfolgen. Sie sind Ablagerungen der einzelnen Eisvorstöße, während die begleitenden Sande und Tone vor allem durch Schmelzwasser sedimentiert wurden. Gesteinsklasten verschiedenster Art repräsentieren oft weite Einzugsgebiete. Tills sind meist extrem **polymikt**. Ebenso sind sie extrem **schlecht sortierte** Sedimentite, die alle Korngrößenfraktionen in jeweils erheblichen Anteilen enthalten. Die größten Klasten können Massen von mehreren hundert Tonnen haben. Die makroskopisch erkennbaren Klasten sind je nach Vorgeschichte und Gesteinsart gut gerundet, kantig oder plattig. Vor allem Klasten aus vergleichsweise weichem Kalkstein können gekritzt sein, d. h. **Eisstriemung** (Gletscherschrammen) zeigen. Dies sind geradlinige Riefen, die parallel oder in sich kreuzenden Richtungen Teile der Oberfläche überziehen. Die meisten Tills sind intern ungeschichtet.

Mit Tills verwandt sind Dropstone-führende, meist Tonmatrix-reiche Sedimentgesteine. Dropstones sind Klasten, die beim Schmelzen von im Wasser treibendem Gletscher- oder Inlandeis auf den Gewässerboden fallen.

Tillit (Abb. 6.55) gleicht bis auf seine diagenetische Zementierung in jeder Hinsicht unverfestigtem Till. Tillit ist nicht leicht von Dropstone-führenden, ebenfalls verfestigten Sedimentiten unterscheidbar. Da beide Gesteine in gleicher Weise Dokumente für Glazialklima sind, ist eine Verwechslung nicht schwerwiegend. Dropstone-führende Sedimentite können im Gegensatz zu Tillit partiell geschichtet sein.

6.4 Karbonatische Sedimentgesteine

Karbonatgesteine sind mit Ausnahme der sehr seltenen magmatischen Karbonatite und hydrothermaler Bildungen immer sedimentärer Entstehung. Für Marmore gilt dies im Hinblick auf die Edukte.

Aus Calcit bestehende Karbonatgesteine werden als Kalksteine oder als Kalke bezeichnet. Aus dem Mineral Dolomit bestehende Sedimentite heißen genau wie dieses ebenfalls Dolomit (nicht Dolomitit). Die Bezeichnung Dolomitstein ist nur im Natursteinhandel üblich. Dolomit ist fast immer diagenetisch aus Ca-Karbonat unter teilweiser Verdrängung des Ca durch Mg entstanden. Der Vorgang wird als Dolomitisierung bezeichnet.

Karbonatsedimente entstehen ganz überwiegend im Meer, daneben auch als Fällungsprodukt aus terrestrischen Wässern. Nach Flügel (2004) sind Karbonatgesteine zu ca. 90 % biogener Entstehung bzw. wird die Karbonatfällung aus dem Wasser biogen ausgelöst.

Karbonatgesteine, die in einiger Mächtigkeit und Flächenausdehnung vorkommen, bewirken Landschaftsformen, wie sie über Silikatgesteinen nicht entstehen können. Im Hochgebirge sind schroffe, helle Felswände Ausdruck mächtiger Kalkstein- oder Dolomitvorkommen (Abb. 6.56). Besonders Kalkstein unterliegt im Gegensatz zu Silikatgesteinen merklicher Auflösung durch Wasser. Die sichtbare Folge ist Verkarstung.

Abb. 6.56 Steilwand aus massigem Kalkstein der alpinen Trias (Lokalname: Wettersteinkalk). Wettersteingebirge. Westlich Leutasch, Tirol.

6.4.1 Kalkstein

Kalksteine werden durch die besonderen Eigenschaften von Calcit bzw. Mg-reichem Calcit geprägt. Dies sind fast immer eine betonte Neigung zu diagenetischer Umkristallisation unter Bildung eines festen Kornverbands, stets mäßige Härte, ausgeprägte Spaltbarkeit, geringe chemische Resistenz und Löslichkeit in CO_2-haltigem Wasser.

Kalksteine können anders als die meisten Sandsteine oder tonigen Sedimentite wegen ihrer hauptsächlich biogenen Bildung eine Vielfalt von Strukturen und auch Gefügen zeigen, die von der Art und Wirkungsweise der beteiligten Organismen abhängig sind. Die überwiegend biogene Entstehung bringt eine sehr viel größere Abhängigkeit der Sedimentbildung von den Klimabedingungen und auch von der Wassertiefe mit sich, als dies für klastische Sedimente der Fall ist.

Benennung, Bestimmungsregeln

Ein gutes **Erkennungsmerkmal für die Gesamtheit aller Kalksteine** ist die für Calcit kennzeichnende Reaktion mit Salzsäure. Jeder Kalkstein reagiert beim **Betupfen mit zehnprozentiger Salzsäure** durch **heftiges Aufschäumen**. Allerdings muss man berücksichtigen, dass auch metamorpher Calcitmarmor und calcitisch-mergelige Sedimentite in gleicher Weise reagieren. Marmor ist jedoch im Unterschied zu Kalkstein an ausgeprägt grobkristallinem Gefüge erkennbar. Auf mergeligen Gesteinen bleibt nach Eintrocknen des Salzsäuretropfens ein Film aus tonigem Rückstand übrig. Auf Dolomit schäumt zehnprozentige Salzsäure nur schwach.

Bei der Untersuchung und Bestimmung von Kalksteinen im Gelände stehen z. T. Merkmale im Vordergrund, die **außerhalb der Klassifikationssystematik** liegen. Näheres hierzu findet sich im Abschnitt „Gefüge, Strukturen: spezifische Kalksteine". Regelmäßige, ebenflächige Schichtung mit durch Verwitterung betonten Trennfugen kann das **hervorstechende Geländemerkmal** eines Kalksteins sein. Es liegt dann nahe, das Gestein unabhängig von den petrographischen Details zur Abgrenzung gegen ungeschichtetmassigen Kalkstein z. B. als gebankten Kalkstein oder Plattenkalk zu bezeichnen. Ein im Gelände wegen massenhaft enthaltener Reste von Riffbildnern pauschal als Riffkalk eingestufter Kalkstein ist allein auf Grundlage der **Genese** klassifiziert. Im Detail kann das Gestein sehr spezifische Gefüge haben und durch ganz bestimmte riffbildende Organismen geprägt sein.

Für die **systematische Klassifizierung** von Kalksteinen sind verschiedene Systeme in verschiedenen Varianten üblich. Bei feinkörnigen Gesteinen können sie für Geländeuntersuchungen ungünstig sein. Die jeweils entscheidenden Eigenschaften sind die bei der Sedimentation angelegten Merkmale **Korngröße**, **Gefüge** und **Strukturen** sowie die beteiligten **Komponenten** (s. u.). Für makroskopische Untersuchungen sind am ehesten Klassifikationen auf Grundlage der Korngrößen oder der Gefüge und der Strukturen geeignet. In manchen Fällen können **diagenetisch entstandene Merkmale** wie Umkristallisationsgefüge und auf interne Auflösung zurückgehende Strukturen relevant sein.

Klassifikation nach Korngrößen

Eine Klassifikation allein nach Korngrößen bietet sich dann an, wenn karbonatische Gesteinskomponenten bzw. Partikel einer bestimmten Korngrößenklasse erkennbar sind, die nicht *in situ* gebildet, sondern als kalkiger Detritus sedimentiert worden sind. Es kann sich hierbei um Fragmente mechanisch aufgearbeiteter älterer Karbonatgesteine handeln oder um umgelagerte biogene kalkige Schalen- oder Skelettbruchstücke wie auch abiogene Fällungsprodukte. Die für siliziklastischen Sedimentite üblichen Bezeichnungen werden bei karbonatischer Zusammensetzung nicht angewandt.

Entsprechend den Korngrößenabstufungen der siliziklastischen Sedimentite können verfestigte Gesteine aus kalkigem Detritus klassifiziert werden als:

Kalkrudit: Korngrößen > 2,0 mm (entsprechend Kiesfraktion und Steinen)

Kalkarenit: Korngrößen 0,063–2 mm (entsprechend Sandfraktion)

Kalksiltit: Korngrößen < 0,063 mm (entsprechend Schlufffraktion)

Die das Gefüge prägenden Komponenten sind in feinkörnigem, kalkigem Material eingebettet, liegen unmittelbar nebeneinander oder sie grenzen z. T. an den Porenraum an. Das feinkörnige Material ist eine aus ehemaligem Kalkschlamm hervorgegangene **Matrix** oder ein diagenetisch stark umkristallisiertes Calcitbindemittel (**Calcitzement**). Die Matrix besteht aus selbst mikroskopisch kaum auflösbarem, mikrokristallinem Calcit (**Mikrit**), der Zement aus mikroskopisch deutlich kristallinem Calcit (**Sparit**). Mit makroskopischen Methoden sind Mikrit und Sparit nicht voneinander abgrenzbar, weil schon ab einer Korngröße von 4 µm der Korngrößenbereich von feinkristallinem Sparit beginnt (Füchtbauer & Richter 1988). Nur relativ grober Sparit glitzert kristallin, Mikrit und feiner Sparit bilden makroskopisch gleichermaßen dicht erscheinende Massen.

Kalksteine ohne sich herausheben de Gesteinskomponenten können so feinkristallin sein, dass sie makroskopisch als homogene, dichte, meist matt wirkende Masse erscheinen. Das Gestein kann dann als **Kalklutit**, als **karbonatischer Mudstone** (Schlammstein) oder auch als **dichter Kalkstein** bezeichnet werden. Die Korngrößen von Lutit können außer derer der Tonfraktion (< 0,002 mm) in Überlappung mit Kalksiltit auch die der Schlufffraktion umfassen. Manche Kalksteine ohne makroskopisch für sich erkennbare Komponenten sind aufgrund diagenetischer Neukristallisation sparitisch, sodass frische Bruchflächen deutlich glitzern. Sie können als **Sparstone** klassifiziert werden. Bei Fehlen mikroskopischer Untersuchungen ist auch die nur den optischen Eindruck reflektierende Bezeichnung **kristalliner Kalkstein** anwendbar.

Rudite können anders als Arenite oder Lutite im Gelände auffällig sein, vor allem wenn sie relativ grobkörnig ausgebildet sind. Voraussetzung zu ihrer Entstehung ist mechanische Verwitterung oder Zertrümmerung von Karbonatmaterial und dessen Umlagerung, sei es an Land oder marin. Geologisch junge Rudite aus fragmentiertem Kalkstein oder Dolomit sind im Gegensatz zu den meisten marinen Bildungen oft nur unvollständig karbonatisch verkittet bzw. es fehlt ihnen die Matrix. Die Ablagerungen sind dann grobporig-löcherig. Ihrem Wesen nach sind solche Bildungen Konglomerate bis Brekzien aus karbonatischen Klasten (Abb. 6.57).

Klassifikation nach Gefüge und Struktur

Klassifikationen von Karbonatgesteinen nach Gefüge und Struktur beruhen auf den geometrischen Beziehungen zwischen für sich erkennbaren, karbonatischen Gefügeeinheiten, die als (primäre) **Komponenten** bezeichnet werden und der Matrix bzw. dem sparitischen Zement.

Die am häufigsten eingesetzte Klassifikation von Kalksteinen auf Grundlage von Sedimentationsstrukturen und Gefügen stammt von Dunham (1962). Sie gilt für Karbonatgesteine mit im Wesentlichen *in situ* entstandenen (autochthonen) biogenen Strukturelementen, die als Komponenten bezeichnet werden. Verschiedene Autoren haben die Klassifikation erweitert. Die bei ausreichend grob strukturierter Ausbildung auch **im Gelände einsetzbaren Klassifikationskriterien** sind: Art der Bindung der Komponenten, Art der Matrix, Mengenverhältnis Matrix/

Abb. 6.57 Kalkrudit: Konglomeratische Abfolge aus umgelagerten Kalksteinklasten. Das Material bildet einen Ablagerungsfächer von pleistozänem Alter an der Mündung eines Tals, das in ein Gebiet aus mesozoischem Kalkstein eingeschnitten ist. Der abgebildete Aufschluss ist ein Küstenkliff. Nördlich Marina di Camerota, Campanien, Süditalien.

Komponenten (Tab. 6.3, Abb. 6.58). Bei feinkörnig ausgebildeten Gesteinen können sie für Geländeuntersuchungen ungeeignet sein.

Die in Tab. 6.3 dargestellte Klassifikation von Kalksteinen ist vereinfacht aus Flügel (2004) entnommen. Die Grundlagen stammen von Dunham (1962), ergänzt nach Embry & Klovan (1971) und Wright (1992).

Sämtliche **Boundstones** sind durch biogen gebildete, makroskopisch gut erkennbare, zusammenhängende Strukturen gekennzeichnet. **Framestones** sind weitgehend nur aus Gerüststrukturen

von Riffbildnern *in situ* aufgebaute Kalksteine. Das Gestein besteht aus dem Material der Riffbzw. Strukturbildner. **Bindstones** bestehen aus zusammenhängenden, biogenen Strukturen zusammen mit ursprünglich durch Organismen (z. B. Algenmatten) lagig-krustig fixiertem, feinerem Sedimentmaterial. Hierzu gehören viele planar laminierte Kalksteine und Stromatolithe (s. d.), soweit sie angeschwemmtes Sedimentmaterial bei der Ausfällung der sie kennzeichnenden Feinschichten (Laminae) eingeschlossen haben. **Bafflestones** bestehen aus offenen, biogenen

Tabelle 6.3 Klassifikation von Kalksteinen nach der Art und Anordnung der autochthonen Komponenten (vereinfacht nach Flügel 2004)

1. **Komponenten bilden zusammenhängende, biogene Strukturen**, z. B. Äste eines Korallenstocks
    → Boundstone
    Weitere Differenzierung:
    Framestone = Boundstone aus massivem biogenem Gerüst
    Bindstone   = Boundstone mit biogen verbundenen Komponenten (Abb. 6.58A, 6.63)
    Bafflestone = Boundstone mit biogenem Gerüst als Sedimentfänger (Abb. 6.58B, 6.64)

2. **Komponenten sind voneinander abgesetzt, korngestütztes Gefüge**
    ohne Matrix, meist Sparit-Zement (makroskopisch kaum unterscheidbar)
    → Grainstone   (Abb. 6.58C, 6.61)
 	
    mit Matrix ± Sparit-Zement
    → Packstone   (Abb. 6.58D, 6.65)

3. **Komponenten sind voneinander abgesetzt, matrixgestütztes Gefüge**
    Komponenten > 10 %
    → Wackestone (Abb. 6.16, 6.58E, 6.52)
 	
    Komponenten < 10 %
    → Mudstone (Abb. 6.58F, 6.60, 6.71, 6.101: Schreibkreideanteil)

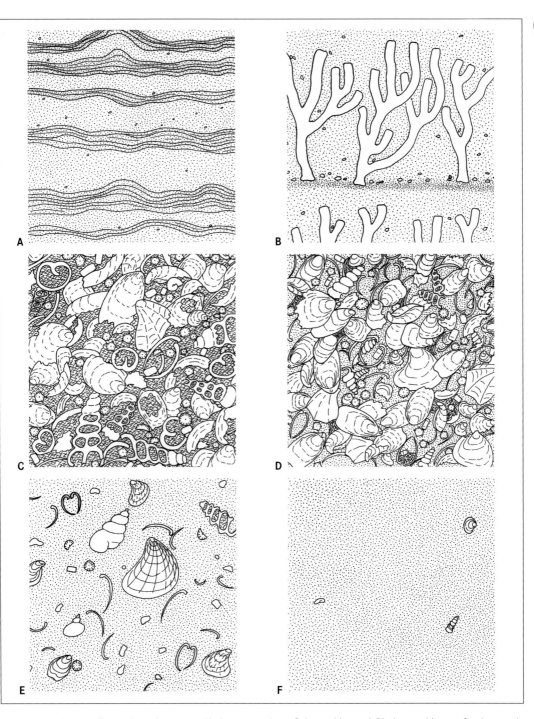

Abb. 6.58 Beispielgefüge und -strukturen von Karbonatgesteinen: Schemaskizzen. **A** Bindstone: biogene Strukturen als Fixierer von Sediment. **B** Bafflestone: Organismen als Sedimentfänger. **C** Grainstone: Komponenten (hier Fossilien) bilden ein korngestütztes Aggregat, die Zwischenmasse ist diagenetischer Sparit-Zement (kristallin). **D** Packstone: Komponenten (hier Fossilien) bilden ein korngestütztes Aggregat, die Zwischenmasse ist mikritische Matrix. **E** Wackestone: Komponenten (hier Fossilien) sind matrixgestützt, Komponentenanteil > 10 %. **F** Mudstone: Komponenten (wenn vorhanden, hier vereinzelte Fossilien) sind matrixgestützt, Komponentenanteil <10 %.

6

Abb. 6.59 Schichtfläche mit Wackestone-Charakter, unterer Muschelkalk (Trias). Crinoidenstielglieder (weiß) als wesentliche Komponenten in mikritischer Matrix (grau, z. T. braungelber Belag). Links oben und rechts unten im Foto heben sich zwei graue Intraklasten von der Umgebung ab. Zwergen, westlich Hofgeismar, Nordhessen.

Gerüststrukturen, in deren Zwischenräumen sich verfrachtetes Sedimentmaterial gefangen hat.

Mit den in Tab. 6.3 dargestellten Klassifikationsprinzipien lassen sich die meisten Kalksteine charakterisieren, wenn man bei Bedarf zusätzliche Merkmale in die Benennungen einbezieht. So kann der Name Packstone dadurch ergänzt werden, dass man den Namen von gesteinsprägend auftretenden Organismenresten voranstellt. Ein Crinoiden-Packstone ist in diesem Sinne ein aus korngestützt angeordneten Crinoidenfragmenten (Seelilienresten) bestehender Kalkstein mit Matrixanteil. Im Gelände würde man allerdings eher vereinfacht von einem Crinoidenkalk sprechen. Ein Gastropoden-führender **Mudstone** wäre ein feinkörniger, dicht aussehender Kalkstein mit < 10 % eingelagerten Schneckengehäusen. Bei einem Anteil von > 10 % Schneckengehäusen oder anderen Komponenten wäre der Kalkstein ein Wackestone (Abb 6.59).

Klassifikationen auf Grundlage der beteiligten Komponenten sind für makroskopische Untersuchungen nur bedingt geeignet. Für Geländecharakterisierungen ist es oft sinnvoller, wichtige makroskopisch erkennbare Arten von Gefügen und Strukturen und spezifische Arten von Kalkstein erkennen zu können (unten).

Geologisches Vorkommen

Die meisten Kalksteinvorkommen sind aus marinen Sedimenten hervorgegangen. In jedem Fall gilt dies für großflächige oder mächtige Vorkommen. Nichtmarine Kalksteinvorkommen sind eher lokale Bildungen mit gewöhnlich spezifischen Gefügen und Strukturen (Travertin, Kalktuff). Die meisten, wenn auch nicht alle marinen Kalksteine sind aus Ablagerungen geringer und mäßiger Wassertiefe entstanden. Tropisches und subtropisches Klima begünstigt die zur Sedimentation erforderliche biogene oder auch abiogene Karbonatfällung. Aus den geologisch alten Zeiten des Archaikums und des Proterozoikums sind vergleichsweise geringe Mengen ehemaliger, jetzt metamorpher Kalksteine überliefert. Vor allem in den Nord- und Südalpen und in den Gebirgen der Mittelmeerländer baut meist mesozoischer Kalkstein ganze Gebirgszüge auf (Abb. 6.56).

Allgemeines Aussehen und Eigenschaften

Unabhängig von der jeweiligen Fazies sind Kalksteine zumeist helle Gesteine. Nahezu weiße und hellgelbliche Cremefarben überwiegen neben hellem Grau. Im Gelände wirken exponierte Kalksteine oft auffällig fahl oder licht. Intensiv rote oder schwarze Färbung ist die Ausnahme und an besondere Bedingungen der Sedimentation oder Diagenese gebunden. Bei tektonischer Beanspruchung reagieren Kalksteine anders als pelitische Sedimentite nicht durch Ausgleichs- und Scherbewegungen innerhalb des gesamten Gesteinsvolumens und bis in den Bereich der Einzelkörner, sondern durch Bruch und Anlage von oft mit weißem Calcit

Abb. 6.60 Plattenkalk (Mudstone) des Oberen Jura. Fränkische Alb, südöstlich Forchheim, Bayern.

gefüllten Dehnungsfugen, die das Gestein netzartig durchadern können.

Die ganz überwiegend biogene Entstehung geht häufig mit einem Reichtum an erkennbaren Organismenresten und Fossilien einher. Viele Kalksteine, vor allem grau gefärbte, enthalten organische Anteile, die beim Anschlagen kurzzeitig bituminösen Geruch an den Bruchflächen verursachen.

Im Gelände sind Kalksteinvorkommen oft an einer Verkarstung der Oberfläche erkennbar (Abb. 6.74, 6.75).

Zusammensetzung

Die mineralogische Zusammensetzung von Kalkstein ist gewöhnlich fast ausschließlich calcitisch. Die wesentliche Variabilität besteht in der Vielfältigkeit der Konfiguration biogener Strukturen und Gefüge. Als nichtkarbonatische Minerale treten abgesehen von fein beigemengtem Tonmaterial in manchen Kalksteinen untergeordnet Pyrit, Glaukonit und/oder Quarz auf.

Gefüge, Strukturen: spezifische Kalksteine

Neben den Grundtypen von komponentenbedingten Gefügen und biogenen Strukturen, die Basis der Klassifikation nach Dunham (1962) sind, gibt es andere spezifische sedimentäre und auch diagenetische Gefüge und Strukturen. Deren Bezeichnungen können die nach systematischen Klassifikationsprinzipien gewonnenen Namen ergänzen, oder auch unabhängig für sich Grundlage der Benennung sein. Gerade im Gelände werden Kalksteine oft nach einem spezifischen, auffälligen Gefüge oder nach Strukturmerkmalen benannt, ohne zuerst das Hauptaugenmerk auf die Anordnung von Komponenten, Matrix und Zement zu richten, wie dies Grundlage einer systematischen Einstufung wäre. Die namengebenden Merkmale sind meistens **sedimentationsbedingt**. Daneben kann Kalkstein zusätzlich oder vorrangig durch **partielle Auflösung** innerhalb des Gesteinsverbands geprägt sein.

Kalksteine mit sedimentären Gefügen und Strukturen

Massiger Kalk ist im Aufschlussmaßstab frei von erkennbarer Schichtung (Abb. 6.56, 6.74). Ein bestimmtes Gefüge oder ein zusätzliches Strukturmerkmal ist nicht mit dem Namen verbunden. Die Einstufung erfordert jedoch einen entsprechenden Geländebefund. Einer Sammlungsprobe wird man nicht ansehen, ob das zwangsläufig kleine Gesteinsstück einem Gesteinskörper von massigem Kalk entstammt. In diesem Fall ergibt sich dann eher die Einstufung z. B. als Mudstone oder Boundstone im Sinne von Dunham (1962) oder als dichter Kalkstein.

Plattenkalk ist das Gegenteil von massigem Kalk (Abb. 6.60). Er ist im Aufschlussmaßstab auffällig geschichtet, wobei die einzelnen Schichtbänke durch dünne mergelige oder tonige Zwischenlagen voneinander abgesetzt sind. Für die

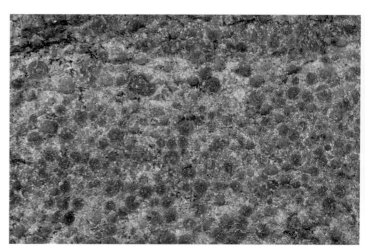

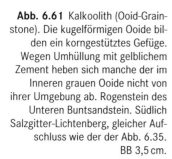

Abb. 6.61 Kalkoolith (Ooid-Grainstone). Die kugelförmigen Ooide bilden ein korngestütztes Gefüge. Wegen Umhüllung mit gelblichem Zement heben sich manche der im Inneren grauen Ooide nicht von ihrer Umgebung ab. Rogenstein des Unteren Buntsandstein. Südlich Salzgitter-Lichtenberg, gleicher Aufschluss wie der der Abb. 6.35. BB 3,5 cm.

Bestimmung an Sammlungsproben gilt die gleiche Einschränkung wie für massigen Kalk.

Kalkoolith oder **oolithischer Kalkstein** besteht maßgeblich aus **Ooiden** (Abb. 6.61). Dies sind konzentrisch-lagig oder radialstrahlig aufgebaute, kugelförmige kalkige Partikel, die in bewegtem Wasser am Gewässerboden durch allseitig gleich starke Karbonatanlagerung um einen Kern entstehen. Ooide im engeren Sinne haben Korngrößen < 2 mm. Größere Partikel gleicher Art heißen allein aufgrund ihrer Größe **Pisoide** (sprachlich inkonsequent auch als Pisolithe bezeichnet). Die Ooide bzw. Pisoide können Grainstones oder Packstones mit korngestütztem Gefüge aufbauen oder auch in einer kalkigen Matrix eingestreut auftreten (z. B. oolithischer/ pisolithischer Wackestone). Ooide und Pisoide können wie silikatische detritische Körner umgelagert und strömumgsabhängig sedimentiert werden. Hierdurch bedingt kann Schichtung einschließlich Schrägschichtung ausgebildet sein. Oolithe zeigen eine gewöhnlich **sehr gute Sortierung** nach der Korngröße bei oft nahezu perfekter **Kugelgestalt**. Ein solch hoher Rundungsgrad wird bei klastischen Sedimenten bzw. Sedimenten kaum erreicht. Kalkoolithe sind ganz überwiegend mariner Entstehung. Daneben gibt es Vorkommen im Zusammenhang mit terrestrischen Gewässern (Salzseen). Der Name **Rogenstein** bezeichnet ausschließlich Kalkoolith des Unteren Buntsandsteins Norddeutschlands. Er hat damit eine stratigraphische Bedeutung. Ro-

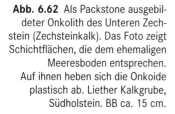

Abb. 6.62 Als Packstone ausgebildeter Onkolith des Unteren Zechstein (Zechsteinkalk). Das Foto zeigt Schichtflächen, die dem ehemaligen Meeresboden entsprechen. Auf ihnen heben sich die Onkoide plastisch ab. Liether Kalkgrube, Südholstein. BB ca. 15 cm.

6

Abb. 6.63 Stromatolithischer Bindstone. Marina di Camerota, Cilentoküste, Campanien, Süditalien.

genstein-Kalkoolithe sind oft besonders grobkörnig und daher auffällig, z. T. sind sie pisolithisch.

Onkolithe sind durchweg graue Kalksteine, die als wesentliche Komponente **Onkoide** enthalten (Abb. 6.62). Onkoide sind lagig aufgebaute, rundliche kalkige Knollen von unregelmäßiger Gestalt mit Größen von weniger als 1 mm bis hin zu mehreren Dezimetern. Die einzelnen Lagen oder Laminae halten im Gegensatz zu denen in Ooiden oft nicht rundum durch, sondern überlappen sich abwechselnd. Anders als für Ooide üblich, können Onkoide im gleichen Gestein in sehr unterschiedlicher Größe vorkommen. Onkoide heben sich auf Schichtflächen durch ihre wulstig-knollige Form und auf Gesteinsbruchflächen durch lagigen Wechsel hellerer und dunklerer Zonen ab. Onkoide sind Produkte biogener Karbonatfällung und -fixierung durch z. B. Algen. Onkolithe geben unmittelbar beim Anschlagen gewöhnlich einen bituminösen Geruch ab.

Stromatolithe sind für sich keine Gesteine, sondern laminierte, d. h. feinschichtig gegliederte kalkige (oder auch dolomitische) Gebilde, die in Karbonatgesteinen eingelagert auftreten. In Kalksteinen sind sie am deutlichsten ausgebildet. Die Formen sind entweder **kuppel- bis pollerförmig** oder auch flächig mit **faltig-wulstiger Konfiguration** der internen Lamination (Abb. 6.63). Die Laminae zeichnen die äußere Gestalt parallel zur Oberfläche im Inneren des einzelnen Stromatolithkörpers nach. Stromatolithische Strukturen treten schichtweise gehäuft auf. Kalkstein, der Stromatolithe enthält, kann als stromatolithischer

Kalk bzw. Boundstone oder Bindstone bezeichnet werden. Stromatolithe gehen wie Onkoide auf karbonatfixierende Organismen, z. B. Algenmatten zurück. Stromatolithische Kalke sind gewöhnlich grau. Beim Anschlagen ist bituminöser Geruch üblich.

Riffkalk ist ein unscharfer Begriff, mit dem Kalksteine bezeichnet werden, die mit Resten riffbildender Organismen durchsetzt sind (Abb. 6.64). Es gibt dolomitische Entsprechungen mit gewöhnlich minder guter Erhaltung der biogenen Internstruktur. Eine pauschale Einstufung eines Kalksteinvorkommens als Riffkalk ist dann nützlich, wenn es im Gelände auf die Erfassung der geologischen Grundsituation ankommt, z. B. im Rahmen einer geologischen Kartierung. In einem fossilen Riff kommen unterschiedliche Fazies nebeneinander vor. Framestones oder Bafflestones mit hohem Anteil von Riffbildnern können das zur Zeit der Sedimentbildung aktive Riff repräsentieren oder auch Schutt vom zur offenen See hin exponierten Riffsockel sein. An der Leeseite des aktiven Riffs können in größerer Menge Karbonatsande (Kalkarenite) abgelagert werden, im Lagunenbereich schließlich Kalkschlamm, dessen diagenetisches Folgeprodukt verfestigte Mudstones sind. Von Korallen oder anderen Riffbildnern durchsetzte Kalke gehören zu den Fossilkalken.

Fossilkalke sind gewöhnlich Grainstones, Packstones, komponentenreiche Wackestones oder auch Boundstones, deren gehäuft auftretende Komponenten calcitische, seltener phosphatische Organismenreste sind (Abb. 6.64, **6.65**, 6.66, 6.67).

Abb. 6.64 Riffkalk (Bafflestone) des Dan (Alttertiär). Die schlauchförmigen Gebilde sind Korallenäste. Kalkbruch Fakse, Sjælland (Seeland), Dänemark. BB ca. 35 cm.

Fossilkalke sind entscheidend durch die Art der an der Zusammensetzung beteiligten Organismen geprägt. Der Anteil von Fossilfragmenten und auch gelegentlich vollständigen Fossilien soll mindestens 50 % ausmachen. Oft sind diese zusammengeschwemmt und dann nach Größe und strömungsdynamisch unterschiedlichen Formen sortiert. So gibt es Kalke, die außer Muschelschalen bzw. deren Fragmenten relativ wenig Zement oder Matrix enthalten. Solche in den allermeisten Fällen aus zusammengeschwemmten Gehäuseresten (Schill) von Zweiklappern, d. h. Muscheln und Brachiopoden sowie seltener auch Schnecken bestehenden Fossilkalke heißen **Schillkalk** oder **Lumachelle**. Der naheliegende Name Muschelkalk ist als petrographische Bezeichnung nicht

verwendbar, weil hierunter ein stratigraphischer Abschnitt der Trias mit spezifischer Fazies verstanden wird. Schillkalke zu bestimmen ist unproblematisch, weil ihre Zusammensetzung offensichtlich ist.

Crinoidenkalk ist eine charakteristische, unverwechselbare und geologisch wichtige Art von Fossilkalk. Typische Crinoidenkalke sind Packstones, deren Komponenten ausschließlich Skelettsegmente von Crinoiden (Seelilien) sind. Crinoiden gehören zusammen mit Seesternen und Seeigeln zu den Stachelhäutern (Echinodermen). Für alle Echinodermen ist kennzeichnend, dass die zunächst submikroskopisch porösen Skelettelemente bei der Diagenese jeweils zu massiven Calcit-Einkristallen auswachsen.

Abb. 6.65 Schillkalk (Packstone). Beyrichienkalk des Obersilur mit gehäuft auftretenden, gerippten Brachiopodenschalen. Glazialgeschiebe, Nordwestmecklenburg. Herkunft: Grund der zentralen Ostsee. BB 6 cm.

6

Abb. 6.66 Crinoidenkalk (Grainstone) des Oberen Muschelkalks (Trochiten-kalk), aus dicht gepackten Crinoiden-fragmenten bestehend, erkennbar an rundlichen, grauen Spaltflächen. Ohne Fundortangabe. BB 5 cm.

Dies geschieht unter Erhalt der äußeren Form. Beim Zerbrechen des Gesteins bilden die Skelettsegmente perfekte, je nach Orientierung zur Lichtquelle abwechselnd reflektierende Spaltflächen (Abb. 6.66). Die Größen liegen meist im Bereich mehrerer Millimeter. Crinoidenkalke sehen im Bruch auffälliger kristallin aus als z. B. Granite. Die äußere Form der Segmente ist meistens zylindrisch rund, sie kann aber auch fünfeckig oder fünfzählig sternförmig sein. Crinoidenkalke kommen vor allem vom Oberen Ordovizium bis zum Unteren Karbon vor. Jüngere Beispiele sind selten. Hierzu gehören Crinoidenkalke des Oberen Muschelkalks Deutschlands. Mit deren Sondernamen **Trochitenkalk** ist vor allem eine stratigraphische und auch re-gionale Festlegung verbunden. Crinoidenkalke anderer Gebiete und Alter dürfen nicht als Trochitenkalk bezeichnet werden.

Mit abnehmender geologischer Bedeutung gibt es eine größere Anzahl weiterer Fossilkalke. Hierzu gehören **Bryozoenkalke** und **Nummulitenkalke**. Die in gesteinsbildender Menge auftretenden Organismen sind Moostierchen (Bryozoen), die moosartig verzweigte Kolonien bilden bzw. Großforaminiferen (Nummuliten), deren linsenförmige, gekammerte Gehäuse gesteinsbildend angehäuft sein können. Typische Bryozoenkalke sind Bafflestones mit oft hoher Porosität. Nummulitenkalke können z. B. Packstones oder partikelreiche Wackestones sein. Wegen großer Artenvariabilität sind **Korallenkalke** besonders

Abb. 6.67 Orthocerenkalk des Ordovizium. Die gekammerten, länglichen Gebilde sind mit Calcit ausgefüllte Gehäuse nautilusartiger Cephalopoden. Östlich Wolayer See, Karnische Alpen, Kärnten. BB ca. 30 cm.

6

vielgestaltig. **Orthocerenkalke** sind graue oder rote Kalksteine des Ordoviziums, die oft gehäuft stabförmige Gehäuse von frühen nautilusartigen Kopffüßern (Cephalopoden) enthalten (Abb. 6.67). Die Orthoceren prägen mit Längen von oft einigen Dezimetern das Gestein. Petrographisch sind Orthocerenkalke Wackestones oder auch Mudstones mit vielen, jedoch überwiegend sehr kleinen Schalenfragmenten zusätzlich zu den Orthocerengehäusen. Besonders verbreitet sind Orthocerenkalke als Plattformsedimentite der altpaläozoischen Überdeckung der Einebnungsfläche des Baltischen Schilds einschließlich des Grunds der nördlichen Ostsee. Im Aufschluss erweisen sie sich als Plattenkalke mit einem hohen Maß an stylolithischer Auflösung (s. u., Abb. 6.71).

Wellenkalk heißt eine spezifische Ausbildungsform von kalkig-mergeligen Sedimentiten, die für den Unteren Muschelkalk der außeralpinen Trias Mitteleuropas, vor allem Deutschlands charakteristisch sind. In diesem Sinne hat die Bezeichnung Wellenkalk vor allem eine stratigraphische Bedeutung. Typischer Wellenkalk bildet gelblich- bis grünlich-graue Wechselfolgen aus zentimeterdicken, wellig-unebenflächigen, harten Kalksteinbänkchen und mürben, mergeligen Zwischenlagen (Abb. 6.68). Die härteren Lagen sind z. T. selbst mergelig. Einzelne massivere Bänke harten, kristallinen Kalksteins mit eingestreuten Fossilien, die oft nur als Hohlräume konserviert sind, gliedern die Abfolge. Der Fossilinhalt beschränkt sich weitgehend auf wenige Muschelarten und Lebensspuren von sedimentbewohnenden Organismen.

Stinkkalk ist durch hohen Bitumengehalt dunkelgrau bis braunschwarz oder schwarz gefärbter, unreiner Kalkstein unterschiedlichen Gefüges. Der Name bezieht sich auf intensiven, bituminösen Geruch, der beim Anschlagen entsteht. Typischer Stinkkalk tritt lagenweise oder auch in Form oft großer linsenförmiger Konkretionen (Abschn. 6.9) in Verbindung mit stark bituminösen Schiefertonen z. B. des skandinavischen Kambriums auf. Ähnliches Material gibt es auch im Unteren Jura Deutschlands. Stinkkalk mancher Vorkommen enthält grobspätigen, durch bituminöse Substanzen dunkelbraun bis schwarz gefärbten Calcit (**Anthrakonit**).

Schreibkreide ist in typischer Ausbildung im Gegensatz zu anderen Kalksteinen nur in gerin-

Abb. 6.68 Wellenkalk des Unteren Muschelkalks (Mittlere Trias). Wechsellagerung aus mergeligen und kalkigen Schichten. Die hervortretenden Kalklagen im mittleren Bildteil sind wellig bis flaserig geschichteter Wellenkalk im engeren Sinne. Im höheren Abschnitt des Aufschlusses nimmt der Wellenkalk den Charakter von Plattenkalk an. Die nicht heraussteheneden, bröckeligen Abschnitte unten und oberhalb der Mitte des Profils sind reich an Mergellagen. Großschwabhausen westlich Jena.

gem Maße diagenetisch verfestigt (Abb. 6.69, 6.101). Weicher Kreidekalk gehört stratigraphisch in die jüngere Oberkreide. Die Hauptursache für die geringe Neigung zu diagenetischer Verfestigung ist eine primär stabile mineralogische Zusammensetzung des biogenen Kalkmaterials aus Mg-freiem Calcit. Die Sedimentation der Schreibkreide fiel mit einem erdgeschichtlichen Minimum des Mg/Ca-Verhältnisses in den Ozeanen während der jüngeren Abschnitte der Kreidezeit zusammen (Ries 2004). Eine diagenetische Zementation ist trotz Überdeckung und entsprechender Versenkung um mehr als 1000 m großräumig geringfügig geblieben. Typische Schreibkreide des Norddeutschen Tieflands und Dänemarks lässt sich mit einem Messer schnei-

6

Abb. 6.69 Schreibkreide. Die weiche Konsistenz ermöglicht den Abbau mit Baggern, ohne dass Sprengungen oder andere vorbereitende Maßnahmen erforderlich sind. Kreidegrube bei Lägerdorf, Südholstein. Schreibkreide aus der Nähe zeigt Abb. 6.101.

den und auch bei mehreren Zentimetern Dicke leicht mit der Hand zerbrechen. Der Name Schreibkreide leitet sich erkennbar von der Eigenschaft ab, leicht abreibbar und abfärbend zu sein. Eine Porosität von bis über 40 % bei feinkapillaren, mit der Lupe nicht erkennbaren Porendimensionen bewirkt eine makroskopisch auffällige Saugfähigkeit trockener Schreibkreide für z. B. Wasser.

Schreibkreide ist leuchtend weiß. Nur bei genauem Hinsehen zeigen sich leicht grau getönte Schlieren und Lagen. Für Schreibkreide kennzeichnend sind lagenweise angereicherte Knollen, Kugeln oder Platten aus dunkelgrauem Flint (Feuerstein) mit weißen Rinden (Abschn. 6.9). Das weltweite Vorkommen von Schreibkreide in mehr oder weniger typischer Ausbildung ist auf Nordwesteuropa, den Nahen Osten und den Mittleren Westen der USA beschränkt. In Europa ist weiche Schreibkreide am besten in Steilufern der Ostseeküste (Rügen, Møn, Sjælland) und in Grubenbetrieben in Norddeutschland und Dänemark aufgeschlossen. An den Kreideküsten Nordfrankreichs und Englands dominieren Kreidekalke, die tendenziell härter sind.

Terrestrische Kalksteine, Süßwasserkalke

Aus Süßwasser ausgefällte kalkige Karbonatgesteine können lutitisch oder mudstoneartig sein (Seekreide), zumeist bestehen sie jedoch aus flächigen oder Objekte umhüllenden, kalkigen Krusten. Sie fallen daher genetisch und durch ihre sedimentären Strukturen aus dem Rahmen der üblichen, marinen Kalksteine.

Seekreide ist lockeres, feinkörnig-pulveriges Material, das nach Eintrocknen weiß und erdig aussieht. Seekreide entsteht in Seen mit Wasserzufuhr aus kalkreicher Umgebung.

Sinterkalk entsteht durch Ausfällung von Calcit aus Quell- und Bachwasser, das aus Einzugsgebieten mit hohem Anteil von Kalkstein zufließt. Aus dem Lösungsinhalt des Wassers werden lebende und abgestorbene Pflanzen und Pflanzenteile umkrustet. Nach Zersetzung der Pflanzenreste resultiert ein hochporöses, löcheriges Gestein (Abb. 6.70) mit Hohlformen, die z. B. ehemalige Schilfstängel, Pflanzenwurzeln, Blätter, Zweige oder Moose abbilden. Gehäuse von Schnecken oder andere Fossilien können vorkommen. In vielen Fällen ist die aktuelle Bildung im Bereich von Quellaustritten beobachtbar. Die übliche Färbung ist hellgrau bis gelblich. Eine weitere Möglichkeit der Entstehung von Sinterkalk ist die Ausfällung von Calcit aus Kluftwasser an Felswänden aus Kalkstein. Unter schützenden Felsüberhängen und in Höhlen können sich so flächige Sinterkrusten oder auch säulenförmige Tropfsteine bilden (Abb. 6.76). **Kalktuff** ist besonders lockerer Sinterkalk, der aus nur wenig miteinander verkitteten Partikeln von überwiegend Millimeter-Größe besteht.

Travertin ist aus Thermalwasser ausgefälltes calcitisches bzw. aragonitisches Material, das so-

6

Abb. 6.70 Sinterkalk im Bereich eines Quellaustritts. Pisciotta, Cilento, Campanien, Süditalien.

wohl massige wie auch lagig strukturierte, teilweise poröse, lokale Ablagerungen bildet. Zusätzlich zum lagigen Aufbau können ooidartige, schalig-kugelige Karbonataggregate auftreten. Das karbonatische Material ist gewöhnlich gelblich weiß. Abgesehen von oft zentimetergroßen

Poren ist Travertin ein fester Kalkstein, der für Bauzwecke Verwendung findet.

Kalksteine mit Auflösungsstrukturen

In verschiedenen Arten von Kalkstein sind oft in großer Menge Strukturen entwickelt, die Folgen diagenetischer Auflösung im Inneren des Gesteinskörpers sind. Hierzu gehören vor allem **Stylolithen**. Die Ursache für ihre Entstehung ist Auflösung in großem Umfang, ohne Bildung von bleibenden Hohlräumen. Wegen gerichteten Drucks aufgrund von Auflast oder tektonischer Beanspruchung wird der Gesteinskörper synchron mit der Auflösung so zusammengepresst, dass neben schmalen Einlagerungen unlöslichen Rückstands nur ineinandergreifende, verzahnte Säulen und Zapfen auf das Lösungsgeschehen hinweisen (Abb. 6.71). Mit solchen Stylolithen besetzte Flächen sind in der Draufsicht rau bis schartig. Andere Formen von stylolithischen Strukturen sind ineinandergreifende, flaserig strukturierte Netzwerke von mit Lösungsrückstand belegten Fugen. Solche Gesteine werden als **Flaserkalk** bezeichnet (Abb. 6.72). Das Ausmaß stylolithischer Auflösung wird besonders deutlich, wenn Fossilien, deren Form bekannt ist, an Lösungsfugen gekappt sind.

Rauhwacke (Rauchwacke) kann anteilig kalkig oder dolomitisch sein. Sie hat ein brekzienartiges Gefüge. Anders als in gewöhnlichen Brekzien wird jedoch der Platz der Klasten von überwiegend eckigen Hohlräumen eingenommen (Abb. 6.73), die im Inneren des Gesteins lockeres

Abb. 6.71 Kalkstein (Mudstone) mit Stylolithen. Im mittleren Bildteil durchzieht eine gezackte, durch bräunlichen Lösungsrückstand markierte stylolithische Fuge den Bildausschnitt von links nach rechts. Osthang des Cellon, Plöckenpass, Karnische Alpen, Kärnten. BB ca. 35 cm.

Abb. 6.72 Flaserkalk des Devon (Lokalname: Findenig-Kalk). Die Flaserung ist durch wellige Lagen aus Lösungs-rückstand bedingt. Östlich Wolayer See, Karnische Alpen, Kärnten.

Material enthält, das an der Gesteinsoberfläche herausfällt oder herausgewaschen wird. Die löcherige Struktur ist durch selektiven Zerfall bzw. Auflösung von Klasten in schichtgebunden auftretender Lösungsbrekzie entstanden.

Erscheinungsformen im Gelände 6

Mächtigere Kalksteinvorkommen bilden je nach regionalem geologischem Bau häufig Bergrücken, Hochplateaus, Schichtstufen und Steilwände. In den Alpen und anderen Gebirgen sind es oft Kalksteine, die neben Dolomit besonders schroffe Bergformen bewirken. Die Löslichkeit von Calcit und damit auch Kalkstein bewirkt bei ausreichend langer Einwirkungsdauer **Verkarstung**, die häufig ein landschaftsprägendes Ausmaß annimmt. In Gebieten mit ausgeglichener Morphologie und Bodenüberdeckung verursacht sie als **bedeckter Karst** durch Einsenkung über Hohlräumen rundum geschlossene, morphologische Hohlformen (**Dolinen**, Erdfälle), **Trockentäler** und versickernde Bäche. Der Untergrund ist von Höhlen durchsetzt, die an Steilkanten sichtbar werden können. In Kalksteinlandschaften mit lückenhafter oder fehlender Bodendecke wie vor allem im Hochgebirge, an Steilküsten und in bergigen Teilen der Mittelmeerländer ist **nackter Karst** in oft spektakulärer Weise landschaftsprägend. Für massigen Kalkstein sind hier spalten- oder schachtartige Vertiefungen (**Schlotten**) zwischen scharfkantigen Felsgraten kennzeichnend (Abb. 6.75). Freiliegende Oberflächen von massigem, homogenem Kalkstein sind mit Lösungsrinnen (**Karren**) überzogen, die bei dichter Besetzung mit scharfgratigen Zwischenstegen (**Schratten**) aneinander grenzen (Abb. 6.74).

Zur Kalklösung korrespondierend kann es in Bereichen mit austretendem, karbonatgesättig-

Abb. 6.73 Rauhwacke der Trias. Isartal östlich Scharnitz, Tirol. BB ca. 25 cm.

6

Abb. 6.74 Massiger Kalkstein, der mit Karren (Lösungsrinnen als Karstbildung) bedeckt ist. Die Karren sind in Abflussrichtung des Regenwassers ausgerichtet. Capo Palinuro, Campanien, Süditalien.

Abb. 6.75 Nackter Karst an einem Berghang auf massigem, triassischem Kalkstein. Die Oberfläche ist dicht an dicht von Schlotten durchsetzt, zwischen denen turmartige Kalksteinstege stehen geblieben sind. Das tonige Lösungsresiduum ist bis auf geringe Reste in den Schlotten fortgespült. Marina di Camerota, Campanien, Süditalien.

Abb. 6.76 Kalksinterkrusten- und Tropfsteinbildung an überhängender, vor Regen geschützter Steilwand aus Kalkstein. Marina di Camerota, Campanien, Süditalien.

tem Wasser zur Ausfällung von Karbonatmaterial kommen. Beispiele hiervon sind die Bildung von Kalktuff, Sinterüberzügen und Tropfsteinen (Abb. 6.76).

6.4.2 Dolomit

Dolomit unterscheidet sich von Kalkstein dadurch, dass das Kalzium zur Hälfte durch Magnesium ersetzt ist. Im Gelände werden solche aus dem Mineral Dolomit bestehenden Gesteine gewöhnlich ebenso als Dolomite bezeichnet. Eine detaillierte eigene Klassifikation wie bei den Kalksteinen, die dort hauptsächlich auf sedimentären Gefügen und Strukturen beruht, fehlt für Dolomite. Die für Kalksteine anwendbaren, die Korngrößen kennzeichnenden Begriffe wie z. B. Rudit, Arenit und Sparit können als Dolorudit, Doloarenit und Dolosparit auf Dolomite entsprechender Korngrößen übertragen werden. Bei erhaltenen Strukturen oder Gefügen kann z. B. von dolomitischem Boundstone oder dolomitischem Wackestone gesprochen werden.

Dolomitgestein kann schichtgebunden im Wechsel mit Kalkstein oder anderen Sedimentiten auftreten, in nicht schichtgebundener, unregelmäßiger Konfiguration als dolomitisierter Bereich in Kalkstein eingelagert sein oder für sich massive Vorkommen bilden. Die unterschiedlichen Arten des Vorkommens entsprechen in der Regel zwei verschiedenen Formen der diagenetischen Dolomitisierung ehemaligen

Ca-karbonatischen Materials. Primäre Sedimentation von Dolomit spielt keine Rolle.

Frühdiagenetische Dolomitisierung erfolgt sukzessive mit dem Fortgang der Sedimentation im noch unverfestigten karbonatischen Sediment, und zwar im Bereich der jeweiligen Sedimentoberfläche. Dies bedeutet, dass nach weiterer Überlagerung von Sedimenten das dolomitische Material eine Schicht in einer Abfolge von begleitenden Kalksteinen oder sonstigen Sedimentgesteinen bildet. **Spätdiagenetische Dolomitisierung** findet gewöhnlich mit langer Verzögerung nach der Sedimentation innerhalb der diagenetisch verfestigten Gesteinsfolge statt. Hierbei werden nur die Bereiche dolomitisiert, in denen Bedingungen herrschen, unter denen Dolomit anstelle von Calcit stabilisiert wird. Dies geschieht vor allem durch Einwirkung von Mg-reichem Porenwasser. Spätdiagenetisch dolomitisierte Bereiche durchschneiden anders als frühdiagenetische Dolomitlagen die vorhandene Schichtung und sonstige primäre Sedimentstrukturen. Spätdiagenetischer Dolomit (Abb. 6.77, 6.78) ist verbreiteter als frühdiagenetischer Dolomit. Massive, landschaftsprägende Dolomitvorkommen sind durchweg spätdiagenetisch entstanden (Abb. 6.77).

Die Verdrängung von Calcit durch Dolomit ist mit einer Volumenverminderung um > 10 % verbunden. Dieser Volumenschwund kann bei frühdiagenetischer Dolomitisierung zumindest teilweise durch nachfolgende Sedimentation feiner Partikel ausgeglichen werden. Bei spätdiagenetischer Dolomitisierung im festen Gesteins-

Abb. 6.77 Felsen aus spätdiagenetischem Dolomit des Zechstein. Südliches Harzvorland, Thüringen.

Abb. 6.78 Spätdiagenetischer Dolomit der alpinen Trias. Westlich Leutasch, Südhang des Wetterstein-gebirges, Tirol. BB ca. 30 cm.

verband kommt es stattdessen zu sekundärer Porosität (Interkristallinporen).

Dolomit bildet mächtige Gesteinskörper in den Nord- und Südalpen. Die Gebirgsregion Dolomiten in Südtirol ist nach dem Gestein benannt. Wichtige landschaftsprägende außeralpine Dolomitvorkommen in Mitteleuropa gibt es im Jura der Fränkischen Alb und im Perm Thüringens und Südostniedersachsens.

Wie bei Kalksteinen gibt es mit zunehmendem Anteil toniger Komponente alle Übergänge zu mergeligen Gesteinen (Tab. 6.4). Makroskopisch erkennbare andere Minerale spielen in Dolomiten kaum eine Rolle.

Für die Gesteinsbestimmung sind die unterschiedlichen Eigenschaften von früh- und spätdiagenetischen Dolomiten von Bedeutung. Beiden gemeinsam ist die gegenüber Kalkstein **stark verminderte Intensität der Reaktion mit Salzsäure**. Während aufgetropfte kalte, zehnprozentige Salzsäure auf Kalkstein für kurze Zeit heftig aufschäumt, sieht man auf Dolomit nur mit der Lupe kleine Gasbläschen im Säuretropfen aufsteigen.

Spätdiagenetischer Dolomit ist bei flüchtigem Hinsehen mit Kalkstein verwechselbar. Im Zweifelsfall lässt sich Kalkstein durch die stark verminderte Reaktion mit Salzsäure ausschließen. Jedoch ist Dolomit nicht das einzige Gestein, das mit Salzsäure nur sehr verhalten Gasblasen entwickelt. Auch ein fester Tonstein mit geringem Calcitgehalt kann eine schwache Reaktion mit Salzsäure zeigen. Es ist daher wichtig, auf spezifische Merkmale zu achten. Hierzu gehören zuckerkör-

niger Glanz, oft auch eine gelblich graue Färbung und Fossilerhaltung in Form von Hohlräumen.

Zuckerkörniger Glanz (Abb. 6.79) entsteht im Zuge der Volumenverminderung bei der Dolomitisierung. Die Volumenverminderung wirkt sich vor allem in der Anlage von offenen Poren zwischen den neugebildeten Dolomitkristallen (Interkristallinporen) aus, gegen die die mit der Lupe erkennbaren Dolomitkristalle mit gut entwickelten Kristallflächen grenzen. Das Glitzern der Außenflächen der Kristalle ähnelt dem von Zuckerstücken.

Frühdiagenetischer Dolomit (Abb. 6.80) sieht in typischer Ausbildung makroskopisch dicht aus. Fossilien oder Bioturbation fehlen gewöhnlich. Eine feinkapillare Porosität ist oft selbst mit der Lupe kaum erkennbar. Sie zeigt sich jedoch unter geeigneten Bedingungen im Gelände an gegenüber Kalkstein verzögertem Abtrocknen offener Anschnittflächen. Frühdiagenetischer Dolomit ist oft deutlich gelblich grau bis gelbbraun gefärbt, besonders deutlich unter Verwitterungseinfluss. Sehr kräftiges Gelb kann auf dedolomitisierten, frühdiagenetischen, Fe-haltigen Dolomit hinweisen, der wieder in Kalkstein übergegangen ist. Dedolomitisierung ist die Umkehrung der Dolomitisierung.

Über die Interkristallinporen hinaus kann es bei der Volumenverminderung zur Anlage von **drusenartigen Hohlräumen** von einigen Millimetern Größe kommen. Spätdiagenetischer Dolomit ist in der Regel weniger kräftig gefärbt als frühdiagenetischer Dolomit. Anders als Kalksteine, die in vielen Färbungen vorkommen können, besteht

Abb. 6.79 Spätdiagenetischer Dolomit mit zuckerkörnigem Glanz. Westlich Leutasch, Südhang des Wettersteingebirges, Tirol. BB 3 cm.

Abb. 6.80 Frühdiagenetischer Dolomit. Glazialgeschiebe, Vastorf, südöstlich Lüneburg, Nordniedersachsen. Herkunft: Baltikum. BB 12 cm.

bei spätdiagenetischem Dolomit eine Tendenz zu einheitlicherer Färbung. Im Einflussbereich der Verwitterung dominieren **blassgelblich-graue** Tönungen. Bei der Dolomitisierung, die mit vollständiger Neukristallisation, oft unter Kornvergröberung verbunden ist, werden ursprüngliche Gefüge und Strukturen des ehemaligen Kalksteins teilweise verwischt. Eine ehemals vorhandene Schichtung kann undeutlicher werden. Feinstrukturen, z. B. von Fossilien, sind ausgelöscht. Wegen Auflösung von Calcit bzw. Aragonit sind die Reste von **Fossilien oft nur als Hohlräume** erkennbar. In tektonisch nicht beanspruchter Umgebung kann Dolomit klüftungsarme, monolithische Felsen mit oft schroffen, senkrechten Wänden aufbauen. Dolomit neigt weniger zur Karstbildung als Kalkstein.

6.4.3 Mergel, karbonatisch-tonige Mischgesteine

Mergel sind karbonatisch-klastische Mischgesteine, deren klastischer Anteil sich auf die Tonfraktion beschränkt. Von der Entstehung her handelt es sich bei Mergeln um Produkte karbonatischer Sedimentation bei gleichzeitiger Zufuhr von Tonpartikeln. Mergel können je nach Art der beteiligten Karbonatkomponente calcitisch oder dolomitisch sein. Die wichtigste karbonatische Komponente ist Calcit. Dolomitische Mergelgesteine kommen nur untergeordnet vor. Geschiebemergel (Abschn. 6.3.6) ist kein Mergel.

Für unterschiedliche Mischungsverhältnisse von Karbonat und Ton gibt es eine differenzierte

6 Abfolge von Bezeichnungen vorrangig für calcitische, daneben auch für dolomitische Mergelgesteine (Tab. 6.4). Die Namen der detaillierten Klassifikation können für die makroskopische Bestimmung im Gelände wegen fehlender quantitativer Bestimmungsmöglichkeiten des Mischungsverhältnisses nur als zusätzliche Information verstanden werden. Für Untersuchungen im Gelände kann man alle Tongesteine mit Karbonatgehalten zwischen 25 und 75 Gew.-% als Mergel zusammenfassen, wie es die Klassifikation in Tab. 6.4 zeigt.

Zunehmender Tongehalt geht mit einer Tendenz zu abnehmender Festigkeit des Gesteins einher (Abb. 6.81). Parallel hierzu wird der Glanz der Gesteinsoberflächen sowie Schicht- und Bruchflächen matter. Mergel oder Mergelstein ist ein oft erdig-tonig aussehendes Material. In Wechselfolgen aus Kalkstein bzw. mergeligem Kalkstein und Mergeln, wie es z. B. für den Unteren Muschelkalk Deutschlands (Wellenkalk) charakteristisch ist, sind die Mergellagen auffällig mürber als der Kalkstein (Abb. 6.68). Eine grobe Unterscheidung zwischen Mergel und Kalkstein ist mit Salzsäure möglich. Auf Mergel wird die aufschäumende Salzsäure sofort trübe, zumindest auf hellem Kalkstein nicht. Auf Mergel verbleibt nach dem Auftupfen ein unlöslicher toniger Rückstand, auf reinem Kalkstein nicht. Der tonige Belag auf Mergel ist mit der Lupe deutlich von einer nur angeätzten, aufgerauten Oberfläche unterscheidbar. Die Heftigkeit der Salzsäurereaktion gibt keinen verlässlichen Befund. Salzsäure kann auf unverfestigtem Mergel mit einiger Poro-

Abb. 6.81 Dünnplattig geschichteter, bröckelig zerfallender Mergelkalk des höchsten Unteren Muschelkalks (*Orbicularis*-Schichten). Die senkrechten, z. T. rostig braun getönten, niedrigen Wände sind freigelegte Kluftflächen. Niederlistingen, Landkreis Kassel.

Tabelle 6.4 Benennung von Karbonat-Ton-Mischgesteinen
abgewandelt nach Zusammenstellungen von Särchinger (1958), Matthes (1996), Rothe (2002)

Gew.-% Karbonat	Gestein detaillierte Klassifikation		Gestein Geländeklassifikation
> 95		**Kalkstein**	(Dolomit)	
85–95		Mergeliger **Kalkstein**	(M. Dolomit)	**Kalkstein, Dolomit**
75–85		Mergel**kalk**	(M.-**dolomit**)	
65–75	(Dolomit-)	Kalk**mergel** (-stein)		
35–65	(dolomitischer)	**Mergel** (-stein)		**Mergel, Mergelstein** (dolomitischer)
25–35	(dolomitischer)	Ton**mergel** (-stein)		
15–25	(dolomitischer)	Mergel**ton** (-stein)		
5–15	(dolomitisch-)	Mergeliger **Ton** (-stein)		**Ton, Tonstein**
< 5		**Ton** (-stein)		

Abb. 6.82 Tutenmergel. Die Probe entstammt einer karbonatischen Bank in Ton bis Schieferton des höheren Unteren Jura. Gretenberg bei Sehnde, südöstlich Hannover. BH 12 cm.

sität ebenso stark aufschäumen wie auf der Oberfläche eines dichten Kalksteins ohne Porosität.

Mergel und Mergelsteine sind feinkörnige Gesteine mit Korngrößen im Bereich der Tonfraktion. Der gesteinsbildende Mineralbestand ist daher makroskopisch nicht beobachtbar. Erkennbare Minerale sind diagenetische Neubildungen. Dies kann Calcit sein oder Quarz wie auch Gips oder Pyrit. In manchen Vorkommen enthalten Mergel gut erhaltene, leicht gewinnbare kalkige Fossilien.

Je nach Sedimentationsmilieu sind Mergel oder Mergelsteine mancher Vorkommen intensiv bioturbat oder zumindest von Grabgängen durchsetzt. Vor allem bituminöse Mergel, Mergelsteine und Kalkmergelsteine zeigen oft vollkommen ungestörte Feinschichtung (Lamination).

Mergel und Mergelsteine treten im Gelände nicht morphologisch hervor. Als Bestandteil von einiger Mächtigkeit in Wechsellagerungen mit Kalkstein bilden sie vorzugsweise Senken oder Abhänge unterhalb von Kanten oder Hochflächen.

Ein Sonderfall von besonders auffälligen, diagenetisch geprägten mergelig-kalkigen Gesteinen sind **Tutenmergel** (Tütenmergel). Sie zeichnen sich durch einen Aufbau aus miteinander verzahnten, zapfenförmigen (konischen) Gliederungselementen aus (Abb. 6.82). Der Name Tutenmergel leitet sich von diesem Texturbild ab (**Cone-in-Cone-Textur**). Tutenmergel bilden in den meisten Fällen schichtparallele Einlagerungen von Zentimeter- bis Dezimetermächtigkeit in tonigen Gesteinen. Die Achsen der Zapfen stehen senkrecht zur Schichtung. In ungestörter Lagerung ist eine Hälfte der Zapfen von oben nach unten gerichtet, die andere Hälfte umgekehrt. Tutenmergel bilden gelegentlich Belege auf Konkretionen (Abschn. 6.9).

Von ihrer Zusammensetzung her sind Tutenmergel in den meisten Fällen keine Mergel im engeren Sinne, sondern Mergelkalke. Reinerer Kalkstein mit diagenetisch entstandener Cone-in-Cone-Textur heißt **Nagelkalk**. Der Karbonatanteil von Tutenmergel ist überwiegend calcitisch. Neben Calcit kann Ankerit beteiligt sein. Die Cone-in-Cone-Textur wird im Zuge der Diagenese durch faserig-büschelförmigen Wuchs von einander entgegen gerichteten Calcitaggregaten bewirkt.

6.5 Evaporite

Evaporite entstehen, wenn in abflusslosen Gewässern durch anhaltendes Verdunsten (Evaporation) des Wassers Sättigungskonzentrationen von in bedeutender Menge gelösten Substanzen überschritten werden. Evaporite sind **chemische Sedimentite**, deren Entstehung an trockenes und warmes Klima gebunden ist. Die Verdunstung muss die Zufuhr von Regen- und Flusswasser übertreffen. Die größten Evaporitvorkommen entstanden in Randmeeren, die gerade so weit vom Wasseraustausch mit den Ozeanen abgeschnürt waren, dass Wasser zwar hinein, nicht aber in gleichem Maße hinaus fließen konnte. Auch in kontinentalen Salzseen kann es zur Ausfällung bedeutender Salzmengen kommen (Abb. 6.83).

Geologisch bedeutsame evaporitische Gesteine sind **Steinsalz** und **Anhydrit** bzw. **Gips**. Mineral- und Gesteinsnamen sind in den genannten Fällen gleich. Salzablagerungen können zu erheblichem Anteil in Form von evaporitisch-klastischen Mischgesteinen vorkommen, so im Oberen Rotliegenden des Norddeutschen Tieflands. Unter mitteleuropäischen Klimabedingungen ist Gips das einzige Evaporitgestein, das von Natur aus an der Erdoberfläche vorkommt. Steinsalz wird bis in einige Tiefe vom Grundwasser aufgelöst. Steinsalz im natürlichen Gesteinsverband begegnet man bei uns nur unter Tage, in Trockengebieten auch an der Erdoberfläche (Abb. 6.84).

Das Vorhandensein von Evaporitvorkommen kann wegen der gegenüber Steinsalz geringeren Löslichkeit von Gips durch Gipsfelsen an der Oberfläche angezeigt werden. Die geringe Dichte von Steinsalz (2,1–2,2 g/cm³) führt in Verbindung mit der Fähigkeit zu plastischem Fließen bei mächtigen Vorkommen zum Aufstieg von leichtem Salzgestein des Untergrunds unter komplementärem Absinken von Deckschichten aus Gestein höherer (normaler) Dichte in der Nachbarschaft. Das Resultat sind **Salzstöcke**, die sich an der Oberfläche durch emporgeschleppte Nebengesteine, lösungsbedingte Absenkung oder durch Gipsfelsen zu erkennen geben können. Gipsfelsen über oberflächennah ausgelaugten Salzstöcken werden als **Gipshüte** bezeichnet. Einen Einblick in die Struktur eines Salzstocks, der die Oberfläche erreicht hat, ermöglicht die Liether Kalkgrube

Abb. 6.83 Aus kontinentalem Salzsee ausgefälltes Salz (ganz überwiegend NaCl). Ostufer des Tuz Gölü, Zentralanatolien, Türkei.

Abb. 6.84 Steilstehende Evaporitschichten aus u. a. Steinsalz an der Flanke eines Salzstocks in einem Gebiet mit Wüstenklima. Nahe Sedom am Südende des Toten Meers, Israel.

Abb. 6.85 Verkarsteter Gipsfelsen. Durch Wasseraufnahme in Gips umgewandelter Anhydrit der Werra-Formation (Zechstein). Die Oberfläche ist durch schachtartig eingetiefte Karstschlotten geformt. Liether Kalkgrube, Südholstein.

südlich Elmshorn in Südholstein. Sie erschließt das Zentrum des Doppelsalinars von Elmshorn. Doppelsalinar bedeutet hier, dass zwei verschiedene Salzfolgen die Salzstockbildung bewirkt haben. Es sind sowohl Salzgesteine des Zechstein wie auch des im Unterelberaum ebenfalls salzführenden Rotliegenden aufgestiegen.

Reine Evaporitgesteine sind zumeist deutlich kristallin aussehende Gesteine, die entweder farblos-klar, weiß oder blassgrau, gelblich, bläulich oder rötlich gefärbt sind. Steinsalz als Gestein kann zentimetergroße Kristalle enthalten. Biogene Sedimentstrukturen wie Bioturbation oder Lebensspuren fehlen. Alle oberflächennah vorkommenden Evaporitgesteine verursachen bei ausreichender Mächtigkeit besonders intensive Verkarstung. Dies gilt besonders für Gipsgestein, das im Gegensatz zu Steinsalz bei uns direkt an der Erdoberfläche vorkommen kann. Die sichtbaren Karstmerkmale im Gelände sind hierbei Schlotten (Abb. 6.85), zwischen denen kleine Gipsfelsen scharfgratig aufragen, oder schachtartig steile bis sanft muldenförmige Erdfälle, Höhlen in freiliegenden Felswänden und großflächige Auslaugungssenken (Subrosionssenken). Besonders gut ausgeprägte Gipskarstlandschaften gibt es entlang des Harzsüdrandes.

Steinsalz

Deutlichster Ausdruck des oberflächennahen Vorkommens von Steinsalz sind außer vereinzel-

Abb. 6.86 Weiße Salzausblühungen an Quellaustritten von Salzwasser (Salzquellen) aufgrund von Salzauslaugung im Untergrund. Sülldorf, ca. 10 km südwestlich Magdeburg.

Abb. 6.87 Steinsalz als Gestein. Durch unterschiedliche Reflexion des Lichts ist der grobkristalline Aufbau erkennbar. Oben rechts ein ca. 2 cm großer Einkristall. Ehemaliges Kalibergwerk Hülsen, südöstlich Verden/Aller, Niedersachsen. BB 7,5 cm.

ten Erdfällen Quellaustritte von salzigem Wasser (Abb. 6.86). Steinsalz als Gestein ist gewöhnlich marmorartig kristallin und entweder völlig farblos (Abb. 6.87) oder durch Verunreinigungen gefärbt bzw. getrübt. Häufigste Färbungen sind rot und grau. Steinsalz als Gestein kann mit Anhydrit wechsellagern (Abb. 6.90). Salzgestein hat einen nur mäßigen Zusammenhalt. Mit dem Hammer lässt es sich mit geringem Aufwand und ohne lautes Schlaggeräusch zerlegen. In ausreichender Menge von Wasser löst sich Steinsalz schnell auf.

Salzton

Salzton im petrographischen Sinne ist ein von Steinsalz und Anhydrit durchsetzter und zementierter Tonstein. Er tritt in bedeutender Mächtigkeit im Oberen Rotliegenden des Norddeutschen Tieflands auf. In der alpinen Trias werden ähnliche Bildungen als „Haselgebirge" bezeichnet. Besonders der Steinsalzanteil von Salzton unterliegt in Oberflächennähe der Auflösung durch Wasser. Nach der Salzauslaugung bleibt dann ein ungeschichtetes, oder aus Fragmenten kollabierter Schichten bestehendes, im feuchten Zustand sehr weiches Tonmaterial zurück. Ein ursprünglicher Anhydritanteil kann sich nach Übergang in Gips in Form von zentimetergroßen, klaren Gipskristallen (Marienglas), büscheligen Gipsaggregaten (Abb. 6.88) oder unregelmäßigen Knollen und Nestern von mit Gips zementiertem Ton wiederfinden. Salzton im stratigraphi-

schen Sinne, wie er am Übergang zwischen Salzabscheidungsfolgen des Zechstein vorkommt, ist nicht salzhaltig.

Abb. 6.88 Mit faserig ausgebildetem Gips durchsetzter, ausgelaugter Salzton des Oberen Rotliegenden (Unteres Perm). Stadtgebiet Elmshorn, Südholstein. BH ca. 40 cm.

Gips, Anhydrit

Bei der zunehmenden Eindampfung von Meerwasser folgt die Ausfällung von Ca-Sulfat einer frühen Phase von Karbonatabscheidung. Ob das Ca-Sulfat als H_2O-haltiger Gips oder als H_2O-freier Anhydrit ausgefällt wird, ist nach Füchtbauer (1988) von der Wassertemperatur und dem Salzgehalt abhängig. In der Regel ist Gips das primäre Sedimentmaterial. Dem steht entgegen, dass in der Tiefe, außerhalb des Einwirkungsbereichs der Verwitterung, ausschließlich Anhydrit als Ca-Sulfat vorkommt. Dies liegt daran, dass Gips sich im Zuge von Thermo-Diagenese, die nach Füchtbauer bei Temperaturen zwischen knapp 40 bis knapp 60 °C erfolgt, zu Anhydrit umwandelt. Erst unter Wasserzutritt nahe der Erdoberfläche und entlang von Klüften entsteht aus Anhydrit unter Wasseraufnahme wieder Gips. Unmittelbar an der Oberfläche kommt nur Gips vor. Der Übergang zwischen Anhydrit und Gips erfolgt im massiven Gestein mit scharfer Grenze im Zentimeter-Bereich. Üblicherweise sind die oberen Zehnermeter vergipst. Die Konfiguration der Anhydrit-Gips-Grenzfläche ist in Abhängigkeit von der Kluftdichte oft durch ein Auf und Ab um viele Meter geprägt. Im Zentrum größerer, kluftfreier Blöcke kann rundum von Gips umhüllter Anhydrit erhalten geblieben sein.

Sowohl Gips wie auch Anhydrit sind gewöhnlich helle Gesteine. Gipsgestein und Anhydrit können sowohl kristallin glänzend mit Korngrößen im Millimeter- bis Zentimeter-Bereich wie auch als feinkörnig-dichte Masse vorkommen. Noch ausgeprägter als spätdiagenetischer Dolomit (Abschn. 6.4.2) kann Gips ähnlich wie Stückenzucker glitzern. Ursache ist dann ein Aufbau aus ebenflächig aneinander grenzenden, nahezu isometrischen Gipskristallen im Maßstab um 1 mm. Solches Gipsgestein hat nur geringen Zusammenhalt. Es kann an der Oberfläche „absanden".

Kaum millimeterdicke Lagen von schichtig oder unregelmäßig eingelagertem Karbonat können dem Gips wie auch Anhydrit eine schlierige oder feinschichtige Struktur geben. Vor allem an die Karbonatlagen kann ein geringer Anteil organischer Komponenten gebunden sein.

Schlangengips ist feinschichtiger Gips, der innerhalb gewöhnlich kaum dezimeterdicker Lagen in unregelmäßige, enge Kleinfalten gelegt ist. Die wahrscheinlichste Ursache ist synsedimentäres Abgleiten unverfestigten Sulfatschlamms. Die Falten haben weder eine einheitliche Vergenz (Neigungsrichtung) noch eine einheitliche Ausrichtung der Faltenachsen. Unmittelbar über- und unterlagernde Schichten sind völlig ungestört.

Gips und Anhydrit bilden im Aufschlussprofil gewöhnlich massige oder großmaßstäblich gebankte Gesteinskörper, außer wenn sie als geringmächtige, schichtige Einlagerung in anderen Sedimentiten auftreten. Wenn Gips ohne überlagernde Schichten direkt an den Verwitterungsboden grenzt, bildet er gewöhnlich eine auflösungsbedingt in Vertiefungen und aufragende Segmente gegliederte, „angefressen" aussehende Oberfläche. Auf freiliegenden Oberflächen zeigt

Abb. 6.89 Lösungsrinnen und Grate auf seit ca. 30 Jahren exponiertem, grobkristallinem Gipsgestein. Die hierdurch dokumentierte starke Wasserlöslichkeit von Gips ist ein sicheres Erkennungsmerkmal. Das Gestein gehört dem Zechstein an. Der weiße, beschädigte Bereich rechts im Vordergrund ist wahrscheinlich Folge eines Hammerschlags auf das empfindliche Gestein. Liether Kalkgrube, Südholstein. BB ca. 40 cm.

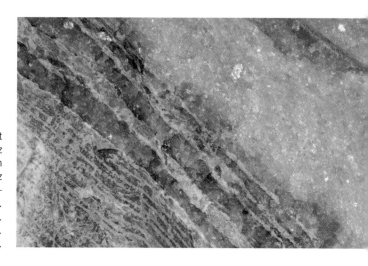

Abb. 6.90 Gebänderter Anhydrit (graublau, links unten) und Steinsalz (rötlich, rechts oben) *in situ* im Untertageaufschluss. Das Steinsalz hat ein marmorartiges, grobkristallines Gefüge. Oberer Zechstein. Erkundungsbergwerk Gorleben. Nordostniedersachsen. BB ca. 25 cm.

Abb. 6.91 Gipsgestein (rechts) und Anhydritgestein (links). Beide Proben stammen aus der gleichen Schicht. Die Gipsprobe ist durch Vergipsung aus Anhydrit der abgebildeten Art hervorgegangen. Südwestlich Osterode am Harz. BB 7 cm.

sich die Wasserlöslichkeit oft in Form von schmalen Ablaufrillen und Graten (Abb. 6.89).

Anders als in Verbindung mit Kalkstein entstehen im Zusammenhang mit Gips oder Anhydrit keine Sinterbildungen. Stattdessen können im unmittelbaren Nahbereich von Gipsvorkommen lose, zentimetergroße, klare Gipskristalle (Marienglas) als Neubildungen auftreten (Abb. 3.79).

Die **Unterscheidung zwischen Gips und Anhydrit** wird durch einen deutlichen Unterschied der Mineralhärten ermöglicht. Sie beträgt 2 für Gips gegenüber 3–3^1/$_2$ für Anhydrit. Beide Gesteine tendieren zu eher etwas größeren Härten als die reinen Minerale für sich. Anhydritkristalle zeigen einen intensiveren Glasglanz als Gipskristalle und oft eine blassbläuliche Tönung auch in Anhydritgestein (Abb. 90) gegenüber weißen und hellgrauen Farben von Gipsgestein (Abb. 6.91). Bei gleicher Färbung ist die Grenze zwischen Gips und Anhydrit in größeren Blöcken oder im anstehenden Gesteinsverband recht einfach durch den Klang beim Anschlagen mit dem Hammer lokalisierbar. Anhydrit bewirkt ein helles Aufschlaggeräusch, ähnlich wie fester, dichter Kalkstein. Der Anschlag von Gips klingt hingegen bei gleicher Heftigkeit des Hämmerns dumpf und leiser als der von Anhydrit.

Gips ist das einzige Evaporitgestein, das in unseren Breiten von Natur aus an der Oberfläche vorkommt. Gipsgestein kann bei oberflächlicher Betrachtung aus der Ferne mit Kalkstein oder Dolomit verwechselt werden. Entsprechend gibt es mehrere Felsen oder Berge aus Gips mit dem Namen „Kalkberg".

6

Abb. 6.92 Phosphorit (schwarz) an der Oberseite einer Kalksteinbank des Kambrium. Nabben südlich Simrishamn, Ostseeküste Schonens, Südschweden.

6.6 Sedimentäre Phosphatgesteine

Sedimentäre Phosphatgesteine gehören zu den selteneren Sedimentgesteinen. Phosphatreiche Gesteine können durch mechanische Anhäufung von phosphatischem biogenem Material entstehen. Hierzu gehören Guano als diagenetisch veränderter Vogelkot und bioklastische Bildungen entweder in Form von **Bonebeds** aus zusammengeschwemmten Wirbeltierknochen, Schuppen und Zähnen oder als Schillmassen z. B. von phosphatschaligen Brachiopoden und/oder Arthropodenresten. Alle diese Phosphatanreicherungen sind mit Ausnahme von Guanolagerstätten ozeanischer Inseln mengenmäßig unbedeutend. Ihre Bestimmung ist über die Erkennbarkeit der jeweiligen Organismenreste leicht möglich. Zu Guanolagerstätten können phosphatische Verdrängungsprodukte von Kalken der Unterlage gehören.

Daneben gibt es marine sedimentäre Phosphatgesteine, die als **Phosphorite** bezeichnet werden. Sie treten schichtgebunden in Verbindung mit anderen marinen Sedimentiten auf, vor allem mit Kalken. Phosphorite mit größerer geologischer Bedeutung sind knollige, plattige oder schichtige Einlagerungen oder auch deren klastische Aufarbeitungsprodukte. Selbst plattige und schichtige Phosphoritkörper können als Folge diagenetischer Fällung des Phosphats in Gelform wulstig-knollig gegliederte Oberfächen zeigen (Abb. 6.92). Phosphorite bilden schwarze, seltener dunkelbraune, im Bruch mattglänzende, dichte Massen ohne makroskopisch erkennbare Kristallinität. Ein Mineralbestand ist nicht erkennbar. Phosphorit besteht aus selbst mikroskopisch nicht identifizierbaren Apatitmassen und beigemengten organischen Komponenten. Phosphorite enthalten oft erkennbare Organismenreste. Beim Anschlagen kann ein fauliger Geruch wahrnehmbar sein.

Nicht umgelagerte Phosphorite sind vor allem mit kalkigen Begleitgesteinen oder auch mit Grünsanden oder Grünsandstein verbunden. Phosphorit kommt häufig zusammen mit Glaukonit vor. Typisch ist eine Bindung an Horizonte mit stark verringerter Sedimentation. Phosphorit in Form von isoliert auftretenden, knollenförmigen Konkretionen (Abschn. 6.9) ist in marinen Tonen verbreitet.

Umgelagerte Phosphorite können konglomeratartige Anreicherungen bilden.

6.7 Nichtklastische SiO$_2$-Sedimentite

Quarzsandsteine und daraus hervorgegangene metamorphe Quarzite bilden die bedeutendsten Anreicherungen von weitgehend reinem SiO$_2$. Ihnen stehen völlig andersartige Gesteine aus biogen bzw. anteilig möglicherweise auch chemisch angereichertem SiO$_2$ entgegen. Hauptträger der biogenen SiO$_2$-Anreicherung sind entweder Radiolarien oder Diatomeen. Beide bilden filigrane

Abb. 6.93 Gefalteter Radiolarit des Unteren Karbon. Die roten, verwaschenen Farbreste im oberen Bildteil, die eine Radiolaritlage nachzeichnen, sind nicht natürlich. Nördlich Sternplatz zwischen Lautenthal und Seesen, Westharz.

kieselige Skelette, die nach dem Absterben der Organismen zu feinem Schlamm angehäuft werden können. Radiolarien sind ausschließlich marin, Diatomeen kommen sowohl marin wie auch in terrestrischen Gewässern vor.

6.7.1 Radiolarit (Kieselschiefer, Lydit)

Radiolarite, Kieselschiefer und Lydite sind abgesehen von unsystematischen Farbunterschieden das gleiche, fast nur aus dichter Quarzmasse bestehende Gestein. Der für die jeweiligen Namen ausschlaggebende Unterschied liegt in verschiedenen Altern. Eine am Alter orientierte Gesteinsklassifikation ist jedoch nicht sinnvoll. Alle als Kieselschiefer und Lydit benannten Gesteine sind Radiolarite und lassen sich mit traditionellen Radiolariten einheitlich unter diesem Namen zusammenfassen.

Besonders in regionalen Beschreibungen werden die Namen **Kieselschiefer** oder Lydit für paläozoische Radiolarite benutzt. **Lydit** steht für tiefschwarze, paläozoische Radiolarite. Mesozoische, an die alpidischen Orogene gebundene Radiolarite hingegen werden schon immer als Radiolarite bezeichnet. **Radiolarit** ist der allgemein gültige Name. Die Bezeichnung Kieselschiefer ist ohnehin irreführend, weil das Gestein keinerlei Schieferung zeigt (Abschn. 7.1.2).

Radiolarite kommen nur in Orogenen, als sedimentärer Anteil von Ophiolithabfolgen (Abschn.

8.3) oder ohne Beziehung zu Ophiolithen vor. Radiolarite sind stark diagenetisch geprägte Gesteine, die aus marinen Sedimenten großer Wassertiefe hervorgegangen sind. Der klastische Eintrag ist hierbei auf geringe Anteile tonigen Materials beschränkt geblieben. Besonders alpidische Radiolarite können im Zuge ursprünglich abnehmender Wassertiefe lateral mit Kalken verzahnt sein. Typische Radiolarite sind jedoch völlig karbonatfrei. Alle Radiolarite einschließlich der als Kieselschiefer oder Lydit bezeichneten Gesteine sind auffällig rhythmisch geschichtet. Für Radiolaritvorkommen ist eine Wechsellagerung aus harten Radiolaritlagen und zwischengelagertem Tonstein oder Tonschiefer kennzeichnend. Die Mächtigkeiten der Radiolaritbänkchen überschreiten kaum einmal 20 cm, oft bleiben sie unter 10 cm. Die tonigen Zwischenlagen erreichen kaum 1 cm. Die kleinmaßstäbliche Bankung der Radiolarite kommt in der englischen Bezeichnung **ribbon chert** oder *banded chert* zum Ausdruck. Chert ist ein Name für mikro- bis kryptokristalline, dichte, reine Quarzgesteine großer Zähigkeit.

Die Radiolarite der festen Bänkchen sind extrem dichte, harte Gesteine, die praktisch keine Porosität haben. Ihr Bruch ist muschelig bis splittrig. Die Färbung der Radiolarite variiert von tiefschwarz über alle Grautönungen und grünliche Tönungen bis zu kräftigem Rot. Rote Färbungen kommen vor allem unter den Radiolariten des Mesozoikums in den Alpen vor, schwarze und graue Farben dominieren in paläozoischen Vorkommen.

Abb. 6.94 Radiolarit des Unteren Karbon. Das Gestein ist extrem dicht und von weißen Milchquarzgängchen durchzogen. Schotter der Innerste, westlich Salzgitter-Bad. Herkunft Harz. BB ca. 5 cm.

In der extrem feinkristallin-dichten Quarzmasse der Radiolarite sind kaum sedimentäre Gefüge oder Strukturen erkennbar. Makrofossilien fehlen. Die Reste der namengebenden Radiolarien sind so klein, dass sie gerade noch mit der Lupe wahrgenommen werden können. Am ehesten sind sie auf matt angewitterten Gesteinsoberflächen mesozoischer Radiolarite als Kügelchen von unter 1 mm Durchmesser erkennbar. Auf frischen Bruchflächen sucht man gewöhnlich vergeblich. In paläozoischen Radiolariten sind Radiolarienreste oft erst nach aufwändiger Präparation auffindbar.

Radiolarite sind häufig in kleinmaßstäbliche Falten gelegt. Schon im Aufschluss sind dann Falten von oft nur einigen Metern Wellenlänge (Abb. 6.93) mit winklig geknickten Sätteln und Mulden zu sehen (Knickfalten). Die harten Radiolaritbänkchen sind in Segmente von Zentimeter- bis Dezimeter-Größe zerbrochen und oft durch ein Netz von schmalen, mit weißer Quarzmasse gefüllten Gängen durchzogen. Sich ablösender Schutt ist scharfkantig quaderförmig.

In Bachbetten und Kiesablagerungen aus Liefergebieten mit Radiolaritvorkommen fallen Radiolaritbrocken durch polygonal-quaderförmige Gestalt und mäßige Kantenrundung auf, wenn andere Gerölle längst gut gerundet sind. Hinzu kommt die Durchäderung mit weißen Quarzgängchen (Abb. 6.94). In kompositionell reifen Kiesen und Konglomeraten können Radiolarite neben Milchquarzgeröllen angereichert sein.

6.7.2 Kieselgur

Kieselgur entsteht durch weitgehend ausschließliche Sedimentation der kieseligen Skelette von Diatomeen (Kieselalgen) in Binnenseen. Nach mäßiger Kompaktion resultiert Kieselgur als kohäsiver, im trockenen Zustand schwammartig leichter Sedimentit mit hoher, fein strukturierter Porosität. Der Zusammenhalt beruht auf der gegenseitigen klettenartigen Verhakung der filigranen Diatomeenskelette. Kieselgur hat im trockenen Zustand eine schwammartige Saugfähigkeit für Flüssigkeiten.

Im Aufschluss ist Kieselgur parallel zur Schichtung plattig ablösbar. Die Schichtflächen sind oft mit humosen Resten von Blättern und anderen Pflanzenresten bestreut. Wichtige Kieselgurvorkommen sind während der pleistozänen Warmzeiten gebildet worden.

6.8 Sedimentäre Fe-Gesteine

Ein zumindest geringer Fe-Gehalt ist in vielen Sedimentgesteinen enthalten. Als Fe-Gesteine sollen hier Sedimentite gelten, die deutlich an Eisen angereichert sind, sodass sie zumindest in der Vergangenheit als Eisenerze in Betracht gezogen oder auch genutzt worden sind. Nach Tucker (1985) können Sedimentite ab ca. 15 Gew.-% Fe

Abb. 6.95 Oolithischer Eisenstein des Unteren Jura. Von links oben ragt ein Ammonit in den Bildausschnitt. Hierdurch wird die Entstehung als marines Sediment dokumentiert. Groß Döhren, südlich Salzgitter-Bad. BB 3,5 cm.

als Erze gelten. Eine wirtschaftliche Gewinnung erfordert jedoch sehr viel höhere Fe-Gehalte.

Die Fe-Anreicherung erfolgt im Zuge der Sedimentation oder der Diagenese unter mehr oder weniger maßgeblicher Beteiligung von Mikroorganismen. Raseneisenerz ist ein Produkt des Fe-Umsatzes im Verwitterungsbereich. Für den Umsatz von Fe ist kritisch, dass nur Fe^{2+} leicht in Lösung geht, während Fe^{3+} in Wasser weitgehend unlöslich ist. In normalem, O_2-reichem Meerwasser und Flusswasser ohne wesentlichen Gehalt an organischer Substanz kann kaum Eisen transportiert werden. Zur Bildung von sedimentären Fe-Anreicherungen müssen daher besondere Bedingungen herrschen oder geherrscht haben. Wesentliche Faktoren können u. a. sein: Fe-Zufuhr aus Porenwasser, Sauerstoffmangel im Ozean (Archaikum, Altproterozoikum), Kolloidbildung in Flusswasser und Ausflockung im Kontakt mit Meerwasser, klastische Umlagerung und Anreicherung, Transport in (humus-)saurem Wasser und Ausfällung im Kontakt mit O_2-gesättigtem See- oder Sickerwasser.

Gebänderte Fe-Erze von **B**anded **I**ron **F**ormations (**BIF**) oder **Itabirite** sind ursprünglich chemische, möglicherweise anteilig biogene Sedimentite gewesen, die aus Wechsellagerungen von Fe-Oxidmassen mit Quarz im Millimeter- bis Zentimeter-Maßstab bestanden (Abschn. 7.3.7, Abb. 7.58). Alle Vorkommen sind metamorph, die Edukte sind ganz überwiegend zwischen 2,2 und 1,8 Milliarden Jahren sedimentiert worden. Itabirit der südbrasilianischen Typregion in Mi-

nas Gerais ist im Gelände ein tief rotbraunes, von dünnen, weißen Quarzlagen durchsetztes Material aus überwiegend Hämatit. Gebänderte Fe-Erze können neben Hämatit Magnetit, Fe-Karbonat (Siderit) und auch Fe-Sulfid enthalten.

Oolithischer Eisenstein ist vor allem im Jura Mitteleuropas, aber auch im Ordovizium als mariner Sedimentit verbreitet und in der Vergangenheit intensiv abgebaut worden. Besonders reichlich kommen Fe-Oolithe im Jura Mitteleuropas außerhalb der Alpen vor. Das Gefüge von Fe-Oolithen wird durch korn- oder matrixgestützt angeordnete Ooide aus braunen bis rotbraunen Fe-Mineralmassen gekennzeichnet (Abb. 6.95). Die Matrix kann ebenfalls aus braunen Fe-Verbindungen bestehen oder teilweise karbonatisch sein. Wichtigste Fe-Minerale sind Hämatit, Brauneisen und Fe-Chlorite. Die normale Ooidgröße liegt um ca. 1 mm. Oolithische Eisensteine sind marine Sedimentite.

Konglomeratisches Eisenerz (Trümmererz) spielte vor allem in den Erzrevieren von Salzgitter und Peine eine bedeutende Rolle. Wesentliche Klasten und Erzträger des Gesteins sind zusammengeschwemmte, angewitterte sideritische Toneisensteinkonkretionen (Abschn. 6.9), deren ursprünglich karbonatisch gebundenes Fe sich weitgehend in Form von Brauneisenkrusten und -krustenscherben findet. Im Salzgitter-Revier stammen die Konkretionen des während der Unteren Kreide sedimentierten Konglomerats aus tonigen Gesteinen des Jura. Neben Toneisensteinkonkretionen und deren Verwit-

Abb. 6.96 Raseneisenerz. Ohne nähere Fundortangabe, Mecklenburg. BB 8 cm.

terungskrusten kommen kalkige Anteile und Phosphorit vor. Typisches konglomeratisches Eisenerz besitzt Klasten, deren Korngrößen zwischen der Feinkies- und der Grobkiesfraktion variieren. Die Färbung des Materials ist rostig braun. Die Brauneisenklasten sind gewöhnlich politurartig glänzend und deutlich gerundet.

Sumpferz (Raseneisenerz) ist ein grobporig-schlackig aussehendes, sehr festes, rostig braunes Material (Abb. 6.96) von auffälliger Dichte. Es entsteht krustenartig unmittelbar unter der Erdoberfläche an Stellen, an denen Fe^{2+}-haltige Lösungen unter oxidierenden Bedingungen zur Bildung von Goethit (Brauneisen) führen. Raseneisenerzvorkommen sind gewöhnlich einige Dezimeter mächtig.

Toneisenstein ist durch Fe-Karbonat (Siderit) verfestigter Ton- bis Schluffstein. Er bildet knollenförmige Konkretionen (Abschn. 6.9) und flözartige Einlagerungen in marinen Tonen und Tonsteinen, daneben auch in Verbindung mit Kohleflözen und in deren tonig-schluffigen Begleitgesteinen. Toneisensteinflöze können einige Meter Mächtigkeit erreichen, so im Unteren Jura Nordostenglands.

Bergfrischer, unverwitterter Toneisenstein ist makroskopisch dichtes Material, das abgesehen von mineralisierten Fugenfüllungen ohne erkennbare Kristallinität ist (Abb. 6.97). Die Färbung ist durchweg hellgrau. Unter Verwitterungseinwirkung bildet sich schon in Jahresfrist eine dünne, **rostig braune Verwitterungsrinde**, die mit zunehmender Einwirkungszeit schnell einige Zenti-

meter und tiefer nach Innen voranschreitet (Abb. 6.89). Dies lässt sich besonders deutlich in alten Ziegelei-Tongruben beobachten, in denen dezimeter- bis metergroße Toneisensteinkonkretionen als unverwertbarer Abfall der Tongewinnung angehäuft sein können. Toneisenstein kann in Abhängigkeit von der stratigraphischen Stellung Fossilien wie z. B. Ammoniten, Wirbeltierknochen oder Muscheln undeformiert enthalten.

6.9 Konkretionäre Bildungen

Konkretionen sind Knollen, manchmal auch Platten aus verfestigtem Material, die in Sedimentgesteine eingebettet sind. Konkretionen sind immer diagenetischer Entstehung. Frühdiagenetische Bildung überwiegt. Sie ist an schichtgebundenem Vorkommen und an fehlender Kompaktion erkennbar. Konkretionen entstehen durch örtlich begrenzte Ausfällung von ursprünglich gelösten Substanzen innerhalb des Sediments oder Sedimentits. Oft ist das ursprünglich vorhandene Sedimentmaterial an der Zusammensetzung der Konkretionen beteiligt. Dies gilt für Toneisensteine in Ton und Tonstein. Andere Arten von Konkretionen entstehen durch chemische oder mechanische Verdrängung des ursprünglich sedimentierten Materials. Ein Beispiel hierfür ist Pyrit, der in Form von Knollen in Tongestein stecken kann. Die For-

Abb. 6.97 Toneisenstein, Teil einer fossilführenden Konkretion (Ammonit: *Amaltheus* sp.). Der Toneisenstein entstammt Ton des höheren Unteren Jura. Er ist im Gegensatz zu dem der Abb. 6.98 unverwittert und daher grau statt braun. Lühnde, südlich Sehnde, südöstlich Hannover. BB 10 cm.

men von Konkretionen sind ganz überwiegend rundlich, am häufigsten ellipsoidisch, linsenförmig, kugelig, plattig oder von unregelmäßiger Form. Sehr viel seltener ist die äußere Form durch größere, idiomorphe Kristalle oder von Kristallaggregaten bestimmt. Manche Konkretionen enthalten Fossilien (Abb. 6.97), die innerhalb der Konkretionen meist besser erhalten sind als im möglicherweise stark kompaktierten Einbettungsgestein. Wenn das konkretionäre Material gerade die Gehäuse von Organismen ausfüllt, ohne darüber hinauszuwachsen, entstehen statt typischer Konkretionen frei eingebettete, unzerdrückte Fossilien.

Konkretionen sind sehr oft parallel zur Schichtung des einbettenden Gesteins lagenweise konzentriert. Je nach Anschnitt sind dann Konkretionen gleicher Art und oft auch ähnlicher Form und Größe in Aufschlusswänden in dichter oder lockerer Anordnung aufgereiht oder auf Schichtflächen pflasterartig ausgebreitet. Konkretionen sind in tonigen und mergeligen Sedimentiten und in der Schreibkreide besonders häufig. In Konglomeraten und Brekzien spielen sie keine Rolle, in gröberen Schluffgesteinen, Sanden und Sandsteinen sind sie selten. Konkretionen können aus allen diagenetisch ausfällbaren Materialien bestehen. Hierbei gibt es eine Abhängigkeit von der Art des einbettenden Gesteins.

Konkretionen in Tongesteinen

In Tongesteinen einschließlich Mergeln und feinerkörnigen Schluffsteinen treten oft mehrere Arten von Konkretionen gemeinsam auf. Meist streng schichtgebunden und oft massenhaft sind dies Konkretionen aus Toneisenstein, Kalk und Mergelstein. Weitere Arten von Konkretionen in Tongesteinen sind Knollen aus Phosphorit und Pyrit. Diese sind sehr viel seltener, sodass sie in vielen Fällen keine Bindung an die Schichtung erkennen lassen.

Toneisenstein ist in Abschn. 6.8 beschrieben. Konkretionen aus Toneisenstein wie auch aus Kalk oder Mergelstein werden in tonigen Sedimentiten oft von der ringsum stark kompaktierten Schichtung „umflossen". Die Lagen von umgebendem schichtigem Tonstein bzw. Schieferton sind dann unter den Konkretionen eingedellt und über den Konkretionen aufgewölbt. Bei gezielter Beobachtung lässt sich oft auch erkennen, dass die Schichtung des Nebengesteins mit sehr viel größeren Schichtabständen durch die Konkretionen hindurchzieht. Hierdurch wird eine vor der Kompaktion des einbettenden Sediments stattgefundene Ausfällung des Karbonat-Bindemittels dokumentiert. Aus gleichem Grund sind leicht zerdrückbare Fossilgehäuse in den Konkretionen plastisch statt flachgedrückt erhalten.

Kalkkonkretionen und **Mergelsteinkonkretionen** einiger Größe lassen sich von entsprechend großen Konkretionen aus **Toneisenstein** durch eine beim Anheben fühlbar geringere Dichte unterscheiden. Hinzu kommt die für Toneisenstein übliche, bei calcitischem Bindemittel fehlende Neigung zur Bildung rostbrauner Verwitterungsrinden (Abb. 6.98). Der Dichteunter-

Abb. 6.98 Angewitterte (verbraunte) Toneisensteinkonkretionen in schichtigem Tonstein des Unteren Jura. Felsenwatt der Nordsee bei Port Mulgrave, nördlich Whitby, Nordyorkshire, England.

schied wird durch die unterschiedlichen Bindemittel Siderit mit einer Dichte um 3,8 g/cm³ und Calcit mit einer Dichte von ca. 2,8 g/cm³ bewirkt. Besonders kalkig-mergelige Konkretionen aus dunklen Tongesteinen enthalten oft bituminöse Anteile, die beim Anschlagen riechbar sind. Solche im unverwitterten Zustand grauen Konkretionen bleichen unter Verwitterungseinwirkung fahl hellgrau aus. Konkretionen aus Toneisenstein und aus kalkig-mergeligem Material erreichen Größen bis in den Meter-Bereich, am häufigsten sind Größen von Zentimetern bis wenigen Dezimetern. Beide Materialien können statt isolierter Konkretionen auch alle Übergänge bis hin zu zusammenhängenden Schichten bilden.

Toneisensteinkonkretionen und Mergelsteinkonkretionen können von einem Netz von Schwundrissen durchzogen sein, die sich oft zum Zentrum hin verbreitern. Gewöhnlich sind diese Risse vollständig oder von den Wänden ausgehend teilweise durch Mineralneubildungen ausgefüllt. Die Wände der Hohlräume sind dann mit idiomorphen Kristallen, manchmal auch mit sinterartigen Krusten ausgekleidet. Solche durch mineralisierte Risse segmentierten Konkretionen heißen **Septarien**. Häufige Mineralneubildungen sind Calcit, Siderit, Schwerspat, Bleiglanz und Zinkblende.

Phosphoritkonkretionen

Phosphoritkonkretionen in Tonen erreichen selten Dezimeter-Größen. Typisch sind ellipsoidförmige Knollen von einigen Zentimetern Durchmesser. Sie bestehen aus einer im unverwitterten Zustand dichten, schwarzen, matt glasartig glänzenden Masse. Einzig erkennbare Strukturen sind häufig kleine Fossilfragmente oder Hohlräume mit entsprechenden Formen. Bei Anwittern geht der schwarze Phosphorit in eine matt hellbraune Masse über.

Pyritkonkretionen

Pyrit ist als messingfarben metallisch glänzendes Mineral in Form von Konkretionen besonders auffällig. Konkretionen aus Pyrit können grobkristallin aufgebaut sein und an der Oberfläche freie Kristallenden zeigen. Von Zusammensetzung (Fe-Sulfid), Farbe und Glanz mit Pyrit verwechselbarer **Markasit** neigt zur Bildung radialfaserig aufgebauter Knollen oder auch spießförmiger, in das Nebengestein ragender Aggregate. Markasit ist sehr viel verwitterungsanfälliger als Pyrit, sodass er schon in Aufschlüssen Zerfall zeigen kann. Schon schwach angewitterter Markasit riecht nach Schwefeldioxid. Besonders gilt dies für die Hände, wenn man Markasit angefasst hat. Einmal angewitterter Markasit zerfällt unaufhaltsam weiter. In verwitterten Gesteinen finden sich anstelle von Fe-Sulfiden Gebilde aus Goethit, der dann nicht primäres Konkretionsmaterial ist.

Ein recht häufiger Sonderfall von konkretionärem Pyrit ist die Ausfüllung von Fossilhohlräumen. Spektakuläre Beispiele hierfür sind pyritisierte Ammoniten in manchen Tonsteinen des Jura oder der Unteren Kreide.

Abb. 6.99 Pyrit- und Phosphorit-konkretionen in Kalkstein des Kambrium. Der Phosphorit ist schwarz, der Pyrit im Inneren messingfarben, außen unter Verwitterungseinfluss rostig angelaufen. Gleicher Aufschluss wie Lokalität der Abb. 6.92, Nabben südlich Simrishamn, Ostseeküste Schonens, Südschweden. BB ca. 60 cm.

Konkretionen in Kalkstein

Kalksteine und mehr noch Dolomit sind im Gegensatz zu Tonen und Tonsteinen vergleichsweise arm an Konkretionen. Am ehesten kommen Hornsteine, Phosphorit und Pyrit vor (Abb. 6.99). Der in Abschn. 6.6 beschriebene, als Einlagerung in Kalksteinen auftretende **Phosphorit** kann zumindest teilweise als frühdiagenetisch konkretionär gebildetes Material verstanden werden.

Eine für Kalksteine besonders charakteristische und in manchen Vorkommen häufige Art von Konkretionen sind Knollen oder Platten aus **Hornstein**. Er besteht aus makroskopisch dich-

ter, mikro- bis kryptokristalliner Quarzmasse. Im Bruch, der in homogenem Material muschelig ist, wirkt Hornstein glatt und matt glänzend. Die übliche Färbung ist hellgrau. In manchen Kalksteinabfolgen kann Hornstein bis wenige Dezimeter dicke Schichten bilden. In oberflächlich der Verwitterung und Verkarstung unterliegenden Kalksteinen heben sich Hornsteineinlagerungen wegen ihrer Unlöslichkeit plastisch aus den Kalksteinoberflächen ab (Abb. 6.100). Ein Anschlagen von Hornstein sollte aus Sicherheitsgründen ebenso vermieden werden wie das Zerlegen von Flint (Feuerstein) der Schreibkreide (unten). Flint ist ein Hornstein mit spezifischen Merkmalen.

Abb. 6.100 Bankige Hornsteinkonkretion in grauem Kalkstein des Jura. Unteres Mingadotal, Campanien, Süditalien.

Konkretionen in der Schreibkreide

Schreibkreide ist nicht nur bezüglich ihrer Porosität und geringen Verfestigung ein besonderes Karbonatgestein (Abschn. 6.4.1). Auch das Vorkommen von Flintkonkretionen ist einzigartig. **Flint** oder **Feuerstein** in der Schreibkreide Nordwesteuropas ist dichte und matt bis glasartig glänzende, kryptokristallin aufgebaute Quarzmasse, mit oder ohne Beteiligung von Opal-CT. Der Bruch ist muschelig. Ein Anschlagen muss jedoch vermieden werden, weil klingenartige, **scharfgratige Abschläge** entstehen, die sowohl beim Schlagen selbst als auch in Form herumliegender Scherben kritische Verletzungen verursachen können. Flintkonkretionen sind besonders vielgestaltig. Neben plattigen, kugeligen und besonders oft irregulär bis verzweigt geformten, immer rundlich konfigurierten Knollen, kommen die sonst für Konkretionen oft kennzeichnenden ellipsoidischen oder linsenförmigen Formen nur untergeordnet vor.

Flinte sind in der Schreibkreide gewöhnlich schichtparallel in Lagen angereichert. Die Flintlagen sind der auffälligste Ausdruck der innerhalb der Schreibkreide selbst oft kaum wahrnehmbaren Schichtung. Innerhalb der einzelnen Flintlagen sind die Größen und Formen der Flintkonkretionen oft relativ einheitlich, während sich die Flinte verschiedener Lagen sehr deutlich unterscheiden können. Die Größen variieren von wenigen Zentimetern bis zu metergroßen Exemplaren. Besonders häufig sind Größen im Dezimeter-Bereich. Flinte der Schreibkreide sind im Inneren dunkelgrau bis nahezu schwarz (Abb. 6.101). Diese dunkle Färbung kontrastiert zur blendend weißen einbettenden Schreibkreide wie auch zu schneeweißen, porösen Krusten, die mit Dicken im Millimeter-Bereich den dunklen Flint umhüllen. Die weißen Außenkrusten fehlen nur, wenn der Flint umgelagert und abgeschliffen ist. Die weißen Krusten lassen sich im Gegensatz zu anhaftender Schreibkreide nicht durch Abwaschen entfernen. Sie bestehen aus kryptokristalliner, schwammig poröser SiO_2-Masse, die als Produkt unvollständiger Einkieselung den Übergang zur umgebenden, nicht eingekieselten Schreibkreide bildet.

Lose Flintknollen und -scherben sind im Norddeutschen Tiefland eine wesentliche Komponente der Steinbestreuung auf Feldern und auf Geröllstränden. Sie wurden vom eiszeitlichen Inlandeis und dessen Schmelzwässern bei der Aufarbeitung von Schreibkreide freigesetzt und verstreut.

Sehr viel seltener als Flinte enthält die Schreibkreide Knollen und strahlige Aggregate aus **Pyrit** und z. T. Markasit von kaum einmal mehr als 20 cm Größe. Sie unterliegen dem Zerfall. Dies gilt besonders bei Freiliegen und an Klüften. In Aufschlusswänden rufen sie so unter Verwitterungseinwirkung rostig braune Ablaufstreifen hervor, die auf der weißen Kreide besonders auffällig sind.

Abb. 6.101 Flintkonkretionen in Schreibkreide der Oberen Kreide. Die Flintknollen ragen als wulstigplattige konkretionäre Einlagerungen aus der weichen, leicht abbröckelnden Kreide, die den Charakter von kaum verfestigtem Mudstone hat. Stevns Klint, Sjælland (Seeland), Dänemark.

6 Konkretionen in sandigen und schluffigen Sedimentiten

Sande und Sandsteine wie auch gröberkörnige Schluffe und Schluffsteine enthalten relativ selten Konkretionen. Grundsätzlich können alle in Sandsteinen als Bindemittel vorkommenden Minerale bei nur unvollständiger, lokaler Ausfällung Konkretionen bilden. In losen Sanden heben sie sich dann als verhärtete Einlagerungen ab.

„Tertiärquarzite" oder „Braunkohlenquarzite" sind trotz der Namen unmetamorphe, jedoch oft vollständig eingekieselte Sande ohne nennenswerte Restporosität. Sie treten als knollenförmige Konkretionen oder auch schichtige Einlagerungen in tertiären Sanden, u. a. unter Braunkohleflözen auf. Ihre Zähigkeit und Verwitterungsresistenz übertrifft oft die von gewöhnlichen quarzgebundenen Sandsteinen und auch metamorphen Quarziten. Besonders im nord- und mittelhessischen Bergland können sie als Relikte längst abgetragener Sandüberdeckung als lose Blöcke in der Landschaft weit unterhalb ihrer ehemaligen Position verstreut liegen. Typische Tertiärquarzite haben rundliche Formen, gelblich-bräunliche oder graue Färbung und eine dichte, glas- bzw. quarzartig glänzende Oberfläche.

Das Vorkommen von **Phosphoritkonkretionen** in Sanden und Sandsteinen ist an Grünsande und Grünsandsteine gebunden. Der Phosphorit gleicht dann bezüglich schwarzer Färbung und sonstiger Eigenschaften dem in Kalksteinen.

Seltene, jedoch besonders auffällige **Barytkonkretionen** treten in tertiärem Sand des Naheberglandes, in der Nähe des Hunsrücksüdrandes auf. Lokal und auch in der geologischen Literatur werden sie trotz Größen von einigen Zentimetern bis in den Dezimeter-Bereich nach dem Ort ihres Vorkommens als Steinhardter Erbsen bezeichnet. Sie fallen vor allem durch ungewöhnlich große Dichte auf. Die äußere Färbung ist gelblich wie der einbettende Sand, im Inneren sind die ganz überwiegend kugelförmigen Konkretionen hellgrau.

Gips kann als Bindemittel konkretionär verkitteten Sands im Oberflächenbereich arider Gebiete vorkommen. Statt knollenförmiger Gebilde können hierbei Strukturen aus verbackenem Sand entstehen, deren äußere Gestalt durch idiomorphes Kristallwachstum des Gipses bestimmt ist. Es resultieren verfestigte Sandgebilde mit trauben- oder rosettenförmiger Konfiguration, die als **Wüstenrosen** gehandelt werden.

Ein Sonderfall von konkretionären Bildungen sind kalkige Gebilde in Löss (**Lösskindel**), die typischerweise als zentimetergroße, wulstig-rundliche, harte Körper mit gelblich-grauer, lössähnlicher Färbung in Löss eingelagert vorkommen. Sie entstehen unter verwitterungsbedingtem Umsatz und lokaler Konzentration von ursprünglich gleichmäßig verteiltem Karbonat. Hierbei wird das Ca-Karbonat aus höheren Bereichen des Lössprofils im Sickerwasserstrom in tiefere Bereiche des Lössprofils umgelagert. Lösskindel entstehen gewöhnlich von mehreren be-

Abb. 6.102 Lösskindel, kalkige Konkretionen *in situ* in Löss. Nordwestlich Meißen, Sachsen. BB ca. 25 cm.

nachbarten Zentren ausgehend, sodass sie Gebilde aus meist mehreren miteinander verbackenen, knollenförmigen Körpern sind (Abb. 6.102).

6.10 Kohlen und verwandte Bildungen

Kohlen sind diagenetisch veränderte Anhäufungen von pflanzlicher Substanz. Sie sind biogene, brennbare Sedimentite, die aus diagenetisch verändertem organischem Material bestehen. Noch an der Erdoberfläche entsteht unter weitgehendem Luftabschluss und damit unterdrückter Zersetzung Torf. Kohlen unterscheiden sich von Torf und mit zunehmender diagenetischer Prägung auch untereinander durch verringerten Wassergehalt, Verlust organischer Strukturen, Abnahme von Wasserstoff und Zunahme von Kohlenstoff. Die genannten Veränderungen werden unter dem Begriff **Inkohlung** zusammengefasst.

Torf entsteht in schlecht drainierten, niederschlagsreichen Gebieten auch gegenwärtig. Torf ist durch die Art der am Aufbau beteiligten Pflanzenreste geprägt. Hochmoortorf (Abb. 6.103), wie er am verbreitetsten und in großen Abbaubetrieben vor allem im Norddeutschen Tiefland erschlossen ist, besteht vor allem aus Resten von Torfmoosen und anderen Hochmoorpflanzen. Die Mächtigkeiten erreichen mehrere Meter. Die obersten Abschnitte bestehen aus lockerem **Weiß-torf**, der nicht weiß ist, sondern eine hellbraune Färbung hat und aus noch weitgehend erkennbaren Pflanzenteilen besteht. Unter natürlichen Umständen ist er wie ein Schwamm mit einem Vielfachen seines Trockengewichts mit Wasser vollgesogen. Im getrockneten Zustand bildet er eine leichte, luftig poröse, auf mäßigen Druck elastisch reagierende Masse. Der tiefere Teil von Hochmoorbildungen besteht aus dunkelbraunem **Schwarztorf**. Er ist stärker komprimiert, Pflanzenreste sind mehr zersetzt als im Weißtorf.

Torf geht mit fließender Grenze in **Weichbraunkohle** über. Braunkohle ist im Gegensatz zu holozänem Hochmoortorf aus Hölzern und Laub von Sumpfwäldern entstanden. Entsprechend finden sich gewöhnlich noch erkennbare Reste von Holz, Blättern und holzigen Früchten in weitgehend zersetzter, dunkelbrauner, mechanisch zusammenhaltender Masse eingebettet (Abb. 6.104). Blätter und Planzenreste lassen sich wegen gewöhnlich schichtparalleler Teilbarkeit gut freilegen. Die Unterscheidung zwischen Torf und Weichbraunkohle lässt sich nach dem durch Trocknen und Wiegen bestimmbaren Wassergehalt vornehmen. Bei über 75 % Wassergehalt liegt nach Übereinkunft ein Torf vor, bei unter 75 % Wasser eine Braunkohle. Im Gelände kann man davon ausgehen, dass abgesehen von humosen Ablagerungen aus Interglazialzeiten alle im Schichtverband zwischen sandigen, tonigen oder sonstigen Lockersedimentiten eingelagerten, aus brennbarem, organogenem Material bestehenden Bildungen Braunkohlen sind.

Abb. 6.103 Holozäner Hochmoortorf, Weißtorf (hellbraun) über Schwarztorf (dunkelbraun). Der von gut erhaltenen Pflanzenfasern und Wurzeln durchsetzte, besonders lockere Weißtorf ist oberflächlich trocken. Der stärker zersetzte Schwarztorf ist durchnässt und teilweise von Algen (grün) bewachsen. Huvenhoopsmoor, Augustendorf, Landkreis Rotenburg, Nordniedersachsen. BB ca. 80 cm.

Abb. 6.104 Weichbraunkohle
mit eingelagerten häckselartigen
Pflanzenresten. Helmstedt,
Ostniedersachsen. BB 5,5 cm.

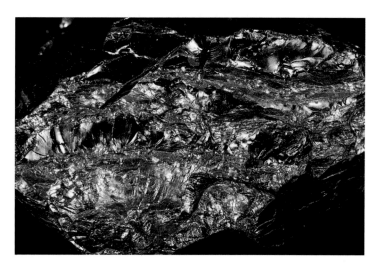

Abb. 6.105 Steinkohle.
Ohne Fundortangabe. BB 7 cm.

Weichbraunkohle geht mit zunehmender Inkohlung in **Mattbraunkohle** über. Diese bildet eine dunkelbraune, dicht erscheinende, weitgehend strukturlose Masse. Auf der Strichtafel färbt sie braun ab.

Der Übergang zwischen Braunkohlen und Steinkohlen erfolgt über steinkohlenartig glänzende Glanzbraunkohlen, die makroskopisch nicht von Steinkohlen unterscheidbar sind. **Steinkohlen** sind bei beträchtlicher Variabilität der Eigenschaften schwarzglänzend (Abb. 6.105), steinartig fest und in diagenetisch verfestigte Gesteine wie Sandsteine und Tonsteine eingelagert. Die Klüftung des Nebengesteins setzt in gleicher Orientierung durch die Kohle hindurch, oft jedoch in engerem Abstand. Auf der Strichtafel färbt Steinkohle schwarz ab.

Bernstein (Abb. 6.106) ist als brennbares, ehemaliges Baumharz mit Kohlen verwandt. Bernstein findet sich an Stränden der Nordsee und Ostsee, vorzugsweise dort, wo Seegras, Seetang und Holzreste angespült sind. An den deutschen Küsten beschränken sich die Fundmöglichkeiten weitgehend auf Bröckchen unter 1 cm Durchmesser. Größere Brocken kommen auf Spülfeldern mit Baggergut aus der Elbe bei Hamburg und in manchen Sandgruben vor. In glazialen Sanden ist Bernstein in auffälligen Lagen aus zusam-

Abb. 6.106 Baltischer Bernstein, das natürliche Farbspektrum zeigend. Strandfunde von Scharbeutz, Ostholstein. BB 5 cm.

mengeschwemmten Braunkohlebröckchen konzentriert. Im Sand selbst kommt er kaum vor. Bernstein ist abgesehen von rauen Verwitterungskrusten transparent oder milchig. Alle Nuancen von Brauntönen kommen vor, daneben ein weißliches Gelb. Die Unterscheidung gegenüber Steinen gleicher Farbe und Form ist über den Geruch bei kräftigem Reiben auf Textilstoffen möglich oder über die Dichte. Bei flüchtigem Hinsehen besteht eine besondere Verwechslungsgefahr mit braunen Flinten, wie sie als Glazialgeschiebe im Norddeutschen Tiefland vorkommen, so auch an der Ostseeküste. Bernstein riecht im Gegensatz zu Flint unmittelbar nach dem Reiben harzig. Die Dichte von Bernstein liegt zwischen der von nichtsalzigem Wasser und gesättigter Salzlösung. In Leitungswasser und auch Meerwasser sinkt Bernstein ab, in konzentrierter Salzlösung schwimmt er im Gegensatz zu Steinen auf. Besonders deutlich zeigt sich dies bei geringem Wellenschlag der Ost- und Nordsee im Wasser unmittelbar am Ufersaum. Im Gegensatz zu Steinen treibt Bernstein im leicht bewegten Wasser hin und her. Bernstein an Stränden zeigt wegen fehlender Verwitterungskrusten gewöhnlich klare, leuchtende Farben. In Sanden hingegen kann er matt und rissig sein.

Gagat ist eine bituminöse, stark glänzende, tiefschwarze Kohle, die nicht in Form regulärer Kohleflöze vorkommt. Das bekannteste Vorkommen sind bituminöse Tonsteine des Unteren Jura in Yorkshire in Nordostengland. Gagat (engl. *jet*) findet sich dort in Form bituminös infiltrierter Holzreste, die verstreut in den Tonstein eingelagert sind.

7 Metamorphe Gesteine der kontinentalen und ozeanischen Erdkruste

Bei der **Metamorphose** werden schon existierende Gesteine unter veränderten, meist erhöhten Temperaturen und/oder Drucken zu metamorphen Gesteinen umgewandelt, die sich bezüglich ihrer Mineralbestände und/oder Gefüge von den Ausgangsgesteinen unterscheiden. Der Druck kann je nach geologischer Situation allseitig gleich (hydrostatisch) sein oder gerichtet wirken. Die *kursiv* gedruckte Präzisierung gibt den Inhalt der Definition der Metamorphose der SCMR der IUGS wieder (Fettes & Desmons 2007).

„Metamorphose ist ein Prozess, der Veränderungen des Mineralbestands/der Zusammensetzung und/oder des Mikrogefüges eines Gesteins umfasst, vorzugsweise im festen Zustand. Dieser Prozess ist seinem Wesen nach vor allem eine Anpassung des Gesteins an physikalische Bedingungen, die sich von denen unterscheiden, unter denen das Gestein ursprünglich entstanden ist und die auch von den physikalischen Bedingungen abweichen, die gewöhnlich an der Erdoberfläche oder bei der Diagenese vorkommen. Der Prozess kann mit partieller Aufschmelzung koexistieren und Veränderungen der chemischen Pauschalzusammensetzung des Gesteins beinhalten.“

Die angesprochenen chemischen Veränderungen sind jedoch nur für Metasomatite (Abschn. 7.8) signifikant.

Bucher & Grapes (2011) heben in einer Charakterisierung des Wesens der Gesteinsmetamorphose hervor, dass Metamorphose typischerweise mit erhöhter Temperatur und erhöhtem Druck verbunden ist. Auch betonen sie, dass die Metamorphose Gesteine der Erdkruste und des Erdmantels betrifft. Erdmantelgesteine werden in Kap. 8 als eigene Gesteinsgruppe behandelt. In diesem Kapitel geht es daher nur um Metamorphite der kontinentalen und ozeanischen Kruste.

Durch Metamorphose entstehen unter überwiegendem Erhalt der chemischen Zusammensetzung neue Gesteine mit veränderten Eigenschaften. Beim Studium metamorpher Gesteine hat man es daher nicht nur mit diesen selbst zu tun, sondern indirekt immer auch mit deren Vorläufergesteinen, den Edukten. Metamorphite dokumentieren neben den Metamorphosebedingungen immer auch prämetamorphe geologische Verhältnisse. Ein Vorkommen von z. B. Grünschiefer (Abb. 7.40) oder von Eklogit (Abb. 3.40, 7.46) kann in diesem Sinne ehemaligen Basalt vom Boden eines längst vergangenen Ozeans verkörpern, und womöglich sogar einziges Dokument dieses Ozeans sein.

Die Zunahme von Temperaturen und meist auch Drucken als Ursache von metamorphen Umwandlungen kann Folge recht unterschiedlicher geologischer Ereignisse sein. Hiervon abhängig werden verschiedene **Arten der Gesteinsmetamorphose** unterschieden, die im konkreten Beispiel sowohl anhand der geologischen Gesamtsituation als auch der entstandenen Gesteine erkennbar sein können. Bei weitem die meisten Metamorphite entstehen im Zuge von geologischen Prozessen, die große Volumen der Erdkruste betreffen. Man bezeichnet den Vorgang als **Regionalmetamorphose**, die zugehörigen Gesteine als **Regionalmetamorphite**. In diesen Namen kommt ein Gegensatz zur kleinräumig erfolgenden Kontaktmetamorphose mit entsprechend begrenzt auftretenden Kontaktmetamorphiten zum Ausdruck. Regionalmetamorphite bilden gewöhnlich zusammen mit granitischen und anderen Plutoniten die alten, tief abgetragenen Kerne der Kontinente, wesentliche Teile aufgestiegener Grundgebirgsschollen und die Zentralbereiche von Faltengebirgen (Orogenen). Da alle diese Arten des Vorkommens auf Orogenesen zurückgehen, wenn auch sehr unterschiedlichen Alters, kann alternativ von **orogenen Metamorphiten** bzw. **orogener Metamorphose** die Rede sein. Orogene Metamorphite dokumentieren großräumige und lang anhaltende Erwärmung innerhalb der kontinentalen Kruste im Zuge von Gebirgsbildungen. Auch wenn ein Orogen längst eingeebnet ist, bleibt eine Rumpffläche aus orogenen Metamorphiten und meist plutonischen Magmatiten übrig. **Versenkungsmetamorphose** ist an tief abgesenkte Becken mit sedimentär-vulkanischer Füllung gebunden. Entsprechende Gesteinsvorkommen an der Erdoberfläche sind relativ selten. Die metamorphe Prägung ist durch mäßige Drucke und fehlende Deformation gekennzeichnet. Vulkanische Gefüge und Sedimentstrukturen sind gewöhnlich erhalten. Assoziierte Plutonite fehlen.

Mit der Erwärmung im Zuge einer Orogenese geht meistens eine durch gerichteten Druck verursachte mechanische Durchbewegung einher. Diese wirkt sich nicht wie in kühlen Gesteinen nahe der Erdoberfläche vorrangig als Bruchtektonik entlang lokalisierter Trennflächen zwischen intakt bleibenden Blöcken aus, sondern weitgehend als eine das Gestein bis in den Ein-

zelkornbereich prägende, duktile **Deformation**, die mit synchroner Zerstörung und Neuwachstum der Minerale einhergeht. Das Gefüge des resultierenden Metamorphits ist dann nicht **statisch**, sondern **dynamisch** geprägt (Abb. 7.1). Prämetamorphe Gefüge sind meistens völlig ausgelöscht. Sie können aber auch trotz Deformation noch erkennbar sein (Abb. 7.6) oder in selteneren Fällen weitgehend erhalten geblieben sein (Abb. 7.7). Statt von orogener Metamorphose bzw. Regionalmetamorphose ist gelegentlich auch von Thermo-Dynamo-Metamorphose die Rede, wenn die Metamorphose nicht ausschließlich statisch erfolgt ist. Die Bezeichnung Thermo-Dynamo-Metamorphose wird von der SCMR nicht unterstützt und sollte daher vermieden werden.

Mäßiggradige Metamorphose von meist regionalen Ausmaßen, jedoch unter weitgehend statischen Bedingungen findet am Ozeanboden unter Einwirkung hydrothermaler Konvektionssysteme an vulkanisch aktiven Riftzonen statt, an Mittelozeanischen Rücken und in Back-Arc-

Abb. 7.1 Deformation, die im Zuge von orogener Metamorphose stattfand: Liegende Falten in Migmatit (Abschn. 7.7). Sanddammen westlich Bua, nördlich Varberg, Halland, Südwestschweden. BB ca. 1 m.

Becken. Betroffen sind dann naturgemäß basaltische Vulkanite und Subvulkanite. Eine Besonderheit liegt hierbei darin, dass zu gegebener Zeit jeweils nur in Streifen von typischerweise einigen Kilometern Breite aktiv Metamorphose stattfindet. Auch können dieser Metamorphose, die ihrem Wesen nach eine **hydrothermale Alteration mit metasomatischer Komponente** ist, eng benachbarte Segmente des Ozeanbodens entgehen. Die Produkte der hydrothermal-metasomatischen Alteration am Ozeanboden bei Temperaturen bis knapp 400 °C, entsprechend subgrünschiefer- bis niedriggradig grünschieferfaziellen Temperaturen, können als **Spilite** bezeichnet werden (Abb. 7.3), die Alterationsprozesse als **Spilitisierung**. Unter Einwirkung des erhitzten Meerwassers werden vor allem Na und H_2O zugeführt. Letztlich entstehen bei anhaltendem Sea-Floor-Spreading, verbunden mit hydrothermaler Aktivität, in einer Art Fließbandprinzip große Volumen von niedriggradigen Metamorphiten in regionaler Dimension. Die Produkte solcher prinzipiell anorogenen **Ozeanboden-Metamorphose** bzw. Spilitisierung können am Ozeanboden am Ort ihrer Entstehung z. T. neben nicht spilitisierten Entsprechungen bei Tiefsee-Beprobungen angetroffen werden. Ozeanboden in spilitisierter oder nicht spilitisierter Form wird ganz überwiegend irgendwann subduziert. Nur geringe Anteile treten an Land auf, und dort nur innerhalb von Orogenen. Im Gelände ist bei niedrigen Metamorphosegraden oft kaum zu entscheiden, ob die auftretenden metabasaltischen Gesteine ihre Metamorphose schon am Ozeanboden erlangt haben oder erst im Zuge der Orogenese oder sowohl als auch. Von manchen Autoren werden auch nichtozeanische Vulkanite, die durch Versenkungsmetamorphose niedriggradig metamorph geprägt sind, als Spilite bezeichnet. Die SCMR lässt dies zu, sofern magmatische Gefüge erhalten sind.

Abb. 7.2 Mineralneubildung, in diesem Fall als Folge von statischer Metamorphose (Västervik-Fleckengranofels): Die Flecken sind jeweils einzelne, xenomorphe Cordieritkristalle, die durch eingelagerten, feinkörnigen Biotit dunkel gefärbt sind. Das Ausgangsmaterial war ein Sand-Ton-Gemisch. Insel Skälö, südlich Västervik, Nordostsmåland, Südschweden. BB im Vordergrund ca. 50 cm.

Abb. 7.3 Submarin erstarrter Basalt, kissenförmig abgesondert und spilitisiert (Detailaufnahme aus dem gleichen Aufschluss wie Abb. 5.14). Die Spilitisierung kommt in der fahlgrünen Färbung des Basalts zum Ausdruck. Die größeren weißen Flecken sind Napfschnecken mit ca. 2 cm Durchmesser, die kleineren sind Seepocken. Downan Point, Ballantrae, Ayrshire, Südwestschottland.

Ähnlich wie bei der Ozeanbodenmetamorphose können auch anderenorts in Gebieten mit heißen, intensiv zirkulierenden Lösungen Gesteine massiv verändert werden. In vulkanisch aktiven Gebieten kommt es so lokalisiert zu **hydrothermaler Metamorphose**. Blitzschlag bewirkt kleinräumige Metamorphose (*lightning metamorphism*). Übliche Produkte sind auf Fels flächenhafte, in Sand verzweigte, als **Fulgurite** bezeichnete Gebilde aus Gesteinsglas.

Kontaktmetamorphose ist die bedeutendste Art von **lokaler Metamorphose** (im Gegensatz zu Regionalmetamorphose). Sie findet im aufgeheizten Nahbereich von intrusiven Magmenkörpern statt (Abb. 7.15). Die Metamorphosebedingungen sind meist statisch. Eine seltener vorkommende, verwandte Art lokaler Metamorphose ist **Verbrennungsmetamorphose** (engl. *combustion metamorphism*), z. B. als Folge von natürlichen Kohleflöz-Bränden (Abb. 7.18). Der Bereich des Auftretens von **Kontaktmetamorphiten** wird als **Kontaktaureole** bezeichnet. Die deutlich ausgeprägte Kontaktwirkung reicht oft nicht weiter als einige hundert Meter lotrecht von der Kontaktfläche.

Die im Nebengestein erreichten Temperaturen liegen gewöhnlich deutlich unterhalb der jeweiligen Magmentemperatur. Besonders gut entwickelte Kontaktaureolen mit typischen Kontaktmetamorphiten finden sich um magmatische Intrusionen, die in präkontaktmetamorph nicht oder kaum beeinflusstes, reaktionsfähiges Nebengestein eingedrungen sind. Von Kontaktmetamorphose wurde bis vor einigen Jahren nur dann gesprochen, wenn Drucke von 0,2, allenfalls 0,3 GPa bei der Metamorphose nicht überschritten wurden. Nach den Regeln der SCMR ist Kontaktmetamorphose eine Metamorphose von lokaler Auswirkung, die reaktionsfähige Nebengesteine von Magmenkörpern überall betreffen kann, nahe der Erdoberfläche ebenso wie in Tiefen des Oberen Erdmantels. Mit zunehmender Tiefenlage der Kontaktwirkung verwischen die Unterschiede zu regionalmetamorphen Gesteinen. Kontaktmetamorphose ist meist statisch, kann aber abhängig von der Intrusionsdynamik auch mit deutlicher Deformation verbunden sein.

Pyrometamorphose ist eine an subvulkanische oder vulkanische Bedingungen gebundene Art von Kontaktmetamorphose, bei der sehr hohe Temperatur mit geringem Druck einhergeht. Hierbei kann es zu partieller Aufschmelzung und/oder Austauschreaktionen zwischen Magma und Nebengesteinen kommen. Pyrometamorphose wird durch besonders heiße (z. B. gabbroide) Magmen begünstigt wie auch durch vollständige Einbettung kleiner Nebengesteinsfragmente im Magma.

Abb. 7.4 Metamorphit und mögliche Art des Edukts: Rechts migmatitischer Paragneis, der aus Grauwacke ähnlich der links gezeigten Gesteinsprobe hervorgegangen sein kann, unter mehr oder weniger Beteiligung begleitender Pelite. Die Grauwacke stammt aus dem Harz, sie ist unterkarbonischen Alters. Die dunklen Lagen im Gneis bestehen hauptsächlich aus Biotit und Cordierit, die hellen Lagen aus Feldspäten und Quarz. Die unregelmäßg begrenzten blassroten Körner sind xenomorpher, zerlappter Granat. Der Gneis stammt aus Södermanland, Schweden. Er ist altproterozoischen Alters. BB 13 cm.

Ein Sonderfall von Gesteinsbildung, der als Metamorphose eingeordnet wird, ist an den Aufprall (Impakt) großer Meteorite gebunden. Anders als auf dem Mond, Merkur oder auch Mars spielt diese als **Impaktmetamorphose** bezeichnete Gesteinsumwandlung auf der Erde eine Nebenrolle. Solche grundsätzlich im Bereich der Oberfläche entstehenden **Impaktite** (Abb. 7.59) unterliegen auf der geologisch aktiven Erde im Laufe der Zeit der Zerstörung durch Erosion, der Überdeckung durch Sedimentation und auch der Auslöschung durch Regionalmetamorphose in der Tiefe. Der entscheidende Wirkungsfaktor bei der Impaktmetamorphose ist die schlagartige Ausbreitung einer mechanisch wie thermisch wirksamen Stoßwelle, die im Umkreis des Einschlagortes abrupt zu Veränderungen der benachbarten Gesteine führt (Abschn. 7.4).

Das jeglicher Metamorphose und dem dabei entstandenen **Metamorphit** vorausgegangene Ausgangsgestein wird als (das) **Edukt** (Abb. 7.4, 7.19) oder entsprechend dem im Englischen üblicheren Begriff als (der) **Protolith** bezeichnet. Oft ist es sinnvoll, bei geologischen Felduntersuchungen nicht ein Einzelgestein isoliert zu betrachten, sondern die jeweils zusammengehörige Gesteinsassoziation. Man kann dann bezüglich der Ausgangsgesteine von einer Edukt- oder Protolithassoziation sprechen. Beispiele hierfür sind zu Gneis und Quarzit gewordene Wechselfolgen aus tonigen und sandigen Schichten oder zu Eklogit gewordener Ozeanboden.

Bezüglich des Eduktcharakters kann bei Metamorphiten zwischen Ortho- und Paragesteinen unterschieden werden. **Orthometamorphite** gehen auf magmatische Edukte zurück, so Orthogneis z. B. auf Granit, Tonalit oder Rhyolith. **Parametamorphite** gehen auf sedimentäre Edukte zurück, Paragneis so z. B. auf Grauwacke oder Tonstein.

Die **Ermittlung der Edukte** bzw. Eduktassoziationen ist immer ein zentrales Anliegen bei der Untersuchung metamorpher Gesteine. Eine ungefähre Klärung ist oft schon unter Geländebedingungen möglich. Das **Prinzip der Eduktermittlung** besteht dann darin, zunächst die Minerale eines Metamorphits möglichst vollständig zu bestimmen und deren Mengenanteile abzuschätzen. Wenn man anschließend die in Abschnitt 3.2 aufgeführten chemischen Zusammensetzungen der beteiligten Minerale in die Überlegung einbringt, lässt sich die chemische Zusammensetzung des Metamorphits bilanzierend abschätzen und damit näherungsweise auch die des Edukts. Dies gilt unter der meist gegebenen Voraussetzung, dass Stoffzufuhr oder

-abtransport kein maßgeblicher Prozess bei der Metamorphose war. Am ehesten muss man für die chemischen Elemente K, Na und Ca eine bedeutendere Mobilität bei der Betrachtung zulassen. Für die meisten Metamorphite kommen jeweils nur ein Edukt oder wenige Optionen ähnlicher Edukte in Frage. Einfache Beispiele sind Marmore, die auf karbonatische Sedimentgesteine zurückgehen oder Quarzite, die aus Quarzsandstein entstanden sind. Eine Übersicht über geologisch wichtige Edukte und daraus ableitbare Metamorphite zeigt Abb. 7.19.

Der Mineralbestand des endgültigen **Metamorphits** ist durch die vom Ausgangsmaterial ererbte Zusammensetzung geprägt, und durch die Intensität der Metamorphose, d. h. die wirksam gewordene Temperatur-Druck-Kombination (Abb. 7.5). Mit mikroskopischen Untersuchungsmethoden lässt sich in etlichen Fällen auch die zeitliche Abfolge verschiedener Stadien der Metamorphose ermitteln, die dann einem **Druck-Temperatur-Zeit-Pfad** entspricht. Ausnahmsweise kann dies in Ansätzen auch mit makroskopischer Methodik möglich sein.

Die Idealvorstellung der Metamorphose geht davon aus, dass es bei metamorphen Reaktionen zur vollständigen Einstellung von **physikalisch-chemischen Gleichgewichten** kommt. Nicht selten sind jedoch Reaktionen vor Vollendung zum Stillstand gekommen, sodass **Ungleichgewichte** des Mineralbestands erhalten geblieben sein können. Die verschiedenen Minerale eines metamorphen Gesteins dokumentieren dann unterschiedliche Stadien des Druck-Temperatur-Verlaufs. Neubildungen können neben Reliktmineralen vorkommen. Gleichgewichte und Ungleichgewichte können nicht nur in der geschilderten Weise **kompositionell** ausgebildet sein, ausgedrückt durch den Mineralbestand, sondern auch **texturell** (gefügebezogen) oder in beiderlei Hinsicht. Einfach konfigurierte Korngrenzen und oft auch relative Grobkörnigkeit sind Ausdruck von texturellem Gleichgewicht. Eine eher geringe Zahl verschiedener Minerale und das Fehlen von Reaktionssäumen an Korngrenzen deuten auf kompositionelles Gleichgewicht. Letztlich ist es jedoch im konkreten Fall oft nicht möglich, verlässlich makroskopisch zu ermitteln, ob eine Mineralassoziation in einem Gestein sich jemals in chemischem Gleichgewicht befunden hat.

Den **Temperaturbereich der Metamorphose** lässt man ohne von der Natur vorgegebene Grenze zur Diagenese allgemein bei **150 ± 50 °C** bzw. bei über 150–200 °C beginnen. Nur **kataklastische Metamorphose** kann als Sonderfall bei Temperaturen deutlich unter 150 °C stattfinden. Die höchste in krustalen Metamorphiten nachweisbar wirksam gewordene Temperatur liegt bei ca. 1150 °C. Das thermische Ende der Metamorphose und der Übergang zu magmatischen Prozessen wird für granitische Zusammensetzung z. B. bei 0,5 GPa Druck und Anwesenheit von H_2O bei Temperaturen um 660 °C erreicht (alle Temperaturangaben nach Bucher & Grapes 2011). Dann setzt partielle Aufschmelzung ein, die allerdings zunächst nicht zwangsläufig zur Bildung signifikanter Magmenvolumen führt. Die wirksamen Drucke errechnen sich aus der Tiefe, in der die Metamorphose stattfindet, multipliziert mit der Durchschnittsdichte der Auflast, die für Gesteine der kontinentalen Kruste etwa bei 3 g/cm^3 angesetzt werden kann. Hierbei gelten im höheren Teil der kontinentalen Kruste eher geringere Werte.

Eine Sonderstellung im Überlappungsbereich kontaktmetamorpher und verbrennungsmetamorpher Gesteine nehmen **gefrittete Gesteine** ein. Unter Frittung versteht man die Einwirkung meist sehr lokalisiert auftretender hoher Temperaturen in vulkanischem bis subvulkanischem Rahmen oder in Zusammenhang mit Verbrennungsmetamorphose auf Gesteine beliebiger Zusammensetzung. Von Frittung spricht man, solange ein möglicherweise vorhandener Glasanteil des kompakten, schlackigen oder blasenführenden, oft intensiv verfärbten Gesteins 20 Vol.-% nicht überschreitet. Bei über 20 Vol.-% Glas heißt das Gestein **Buchit**.

Aussagen zu den bei der Metamorphose wirksam gewordenen ungefähren Drucken und Temperaturen sind auf Grundlage der metamorph entstandenen Mineralkombinationen möglich. Im Gelände gilt dies, soweit der Mineralbestand ohne Mikroskop beobachtbar ist. Dass dies überhaupt funktionieren kann, liegt vor allem daran, dass Mineralbestände oft überwiegend die höchsten erreichten Temperaturen und die damit verbundenen Drucke reflektieren. Ursache hierfür ist eine Begünstigung metamorpher Reaktionen bei ansteigenden Temperaturen, bei **prograder**

7

Metamorphose. Nur bei ansteigender Temperatur wird durch sukzessiven thermischen Zusammenbruch von Mineralen, die OH-Gruppen im Kristallgitter eingebaut enthalten, wasserreiche fluide Phase freigesetzt. Diese wirkt als Transportmedium für den zur Mineralbildung nötigen Stoffumsatz. Bei sehr hoch ansteigenden metamorphen Temperaturen schließlich entstehen zunehmend nur noch „trockene" Minerale ohne OH-Gruppen. Auch CO_2 und andere weniger bedeutende Fluide werden mit zunehmender Temperatur irgendwann im Zuge von Mineralreaktionen freigesetzt.

Bei eigentlich möglich werdender **retrograder Metamorphose**, d. h. bei wieder sinkender Temperatur, ist das zuvor abgegebene Wasser meist aus dem Gesteinsverband entwichen. Reste werden zur Bildung von geringen Mengen nun wieder zunehmend thermisch begünstigter OH-haltiger Minerale verbraucht. Zu deren Neubildung in großem Umfang fehlt gewöhnlich das Wasser. Auch ist nun der zu Mineralneubildung und Kristallwachstum notwendige Stoffumsatz auf Diffusionsmechanismen angewiesen, die gegenüber dem Transport durch fluide Phase um Größenordnungen träger sind. Die retrograde Metamorphose erlangt daher in der Regel nicht annähernd die Intensität prograder Metamorphose. **Metamorphite konservieren meist vor allem die Mineralbestände der jeweils höchsten erreichten Temperaturen**, ähnlich wie Maximumthermometer.

Unter besonderen Bedingungen kann jedoch die Mineralkombination des metamorphen Temperatur- oder Druckhöchststandes durch retrograde Metamorphose so weitgehend nachträglich ausgelöscht sein, dass ein wiederum verändertes Gestein, ein **retrogradierter Metamorphit**, vorliegt. So sind z. B. Eklogite häufig durch Druckentlastung (Dekompression) bei noch hohen Temperaturen zu Gestein mit dann z. B. granulitfaziellem Mineralbestand umgewandelt. Wirksame retrograde Metamorphose aufgrund verringerter Temperaturen setzt gewöhnlich die Zufuhr von wasserreicher fluider Phase aus der Umgebung voraus. Nur hierdurch kann z. B. mafischer Granulit oder sogar Eklogit zu Amphibolit werden.

Für die **metamorphe Umwandlung von Magmatiten oder Erdmantelgesteinen** gilt

anders als für ehemalige Sedimentgesteine, dass die Metamorphose zumindest zunächst bei Temperaturen unterhalb der ursprünglichen Bildungstemperaturen stattfindet, jedoch immer im metamorphen Temperaturbereich. Ein Beispiel wäre ein aus Dunit des Erdmantels hervorgegangener Serpentinit. Dieser kann seinerseits wiederum bei ansteigender Temperatur verändert werden.

Die Vielfalt der vorkommenden Metamorphite erfordert ein sowohl im Gelände als auch bei der Mikroskopie anwendbares Ordnungsprinzip. Hierfür hat sich eine Einteilung in **metamorphe Faziesbereiche** bewährt, die von Eskola (1915) und in nachfolgenden Veröffentlichungen eingeführt und ausgebaut wurde.

Alternativ gibt es eine Einteilung der regionalmetamorphen Gesteine in Richtung ansteigenden Metamorphosegrads bzw. ansteigender Temperatur als epizonal, mesozonal und katazonal. Sie soll hier nicht zur Klassifizierungsgrundlage gemacht werden. Eine metamorphe Fazies darf nicht mit der Fazies eines Sedimentgesteins verwechselt werden. Während es bei einer sedimentären Fazies um den Sedimentationsmechanismus und die Art des sedimentierten Materials geht, also direkt um den Gesteinscharakter, ist eine metamorphe Fazies zunächst lediglich ein abgegrenzter **Bereich von Temperatur-Druck-Kombinationen.** Die verschiedenen Fazies sind als Teilfelder im Temperatur-Druck-Diagramm (Abb. 7.5) darstellbar. Die Zugehörigkeit eines Gesteins zu einer bestimmten Fazies bringt auch dessen **Metamorphosegrad** zum Ausdruck.

Eine metamorphe Fazies bezeichnet nicht ein bestimmtes Gestein, auch wenn gesteinsbezogene Bezeichnungen wie Grünschieferfazies oder Amphibolitfazies dies suggerieren mögen. Das Benennungsprinzip besteht darin, dass Namen wichtiger Gesteine mit Beispielcharakter aus den entsprechenden Druck-Temperatur-Bereichen herangezogen werden. Hierbei entsprechen die **Faziesnamen** überwiegend denen der zugehörigen **Metamorphite aus Edukten basischer Zusammensetzung**, wie sie in den jeweiligen Temperatur-Druck-Bereichen entstehen. Ein solches Beispiel ist Amphibolit, namengebend für die Amphibolitfazies. Aus Edukten anderer chemischer Zusammensetzung würden

7

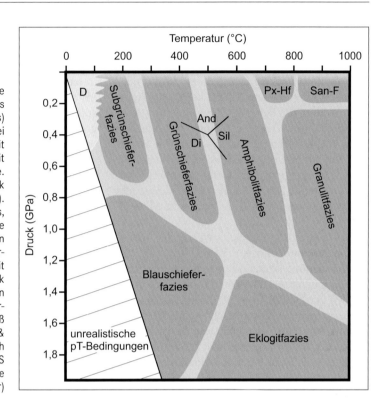

Abb. 7.5 Metamorphe Faziesbereiche mit Lage des Berührungspunktes (Tripelpunktes) der Stabilitätsfelder der drei Al$_2$SiO$_5$-Polymorphen Andalusit (And), Disthen (Di) und Sillimanit (Sil). D = Bereich der Diagenese. Die Abkürzung pT steht für Druck (p) und Temperatur (T). Px-Hf = Pyroxen-Hornfelsfazies, San-F = Sanidinitfazies. Beide Faziesbereiche betreffen allein hochtemperierte Kontaktmetamorphose. Die Art der Darstellung mit nach unten zunehmendem Druck soll den Zusammenhang zwischen dem Druck und der Tiefenlage verdeutlichen. Umgezeichnet gemäß Bucher & Frey (2002) und Bucher & Grapes (2011), Niedrigdruckbereich entsprechend SCMR der IUGS (Fettes & Desmons 2007). (Digitale Ausführung: Fiona Reiser)

bei gleichen Temperaturen und Drucken dann andere Gesteine wie u. a. Gneis, Marmor oder Quarzit entstehen.

Eine Ausnahme von der Übereinstimmung der Faziesbenennungen mit den Namen metabasaltischer Gesteine bilden bei manchen Autoren die niedrigstgradigen metamorphen Faziesbereiche, wenn sie als Zeolith- und Prehnit-Pumpellyit-Fazies bezeichnet werden. Sie sind erst spät definiert und nach Mineralen benannt worden, die makroskopisch praktisch nicht in Erscheinung treten (Coombs 1954, Coombs et al. 1959). Gemäß Bucher & Frey (2002) werden sie hier als Subgrünschieferfazies zusammengefasst. Mit makroskopischen Methoden gibt es ohnehin keine Unterscheidungsmöglichkeit. In geländepetrographischen Zusammenhängen kann für niedrigstgradige Metamorphose an der Grenze zur Diagenese auch von **Anchimetamorphose** oder anchimetamorph die Rede sein.

Weitere Ausnahmen bezüglich der Benennungen sind die Granulitfazies und die Pyroxen-Hornfels- sowie Sanidinitfazies. Granulitfazielle Gesteine basischer Zusammensetzung sind gegenüber sauren und intermediären Granuliten eher Ausnahmen, sie werden präzisierend als mafische Granulite bezeichnet. Die **Pyroxen-Hornfelsfazies** ist an engen Magmenkontakt gebunden, die **Sanidinitfazies** an Pyrometamorphose. Ihre Gesteine sind nur mikroskopisch sicher zuzuordnen, vorläufig auch anhand des Geländebefunds. Beide Fazies sind für Tab. 7.1 gegenstandslos.

Bei makroskopischer Bestimmung wird man allgemein zur Ermittlung der Fazieszugehörigkeit auf faziestypische Gesteine und deren charakteristische Mineralbestände achten. Die wichtigsten Beispiele für beides sind in Tab. 7.1 aufgelistet. Einige der Minerale, vor allem der Subgrünschieferfazies, sind gewöhnlich nur mikroskopisch erkennbar. Die genannten Gesteine werden in den Unterabschnitten von Abschnitt 7.3 beschrieben.

Von der Amphibolitfazies im weiteren Sinne wird z. T. deren niedriggradiger Anteil als **Epidot-Amphibolit-Fazies** abgetrennt. Der Übergang zwischen der Epidot-Amphibolit-Fazies zum höhergradigen Anteil der Amphibolitfazies

Tabelle 7.1 Wichtige Minerale und Gesteine der vorrangig regionalmetamorphen Faziesbereiche

7

faziestypische* bzw. häufig vorkommende Minerale und *Gefüge*	faziestypische* bzw. häufig vorkommende Gesteine (wichtige Beispiele)
Subgrünschieferfazies kaum makroskopisch erkennbare Mineralneubildungen: Chlorit, Zeolithe*, Prehnit, Pumpellyit *Metapelite schiefrig, oft erhaltene Eduktgefüge*	**Subgrünschieferfazies** Tonschiefer, Phyllit, Grünstein, Chloritschiefer; Gesteine oft kaum als Metamorphite erkennbar, fließender Übergang zur Grünschieferfazies
Grünschieferfazies Chlorit, Epidot, Aktinolith bzw. Tremolit, Serizit, Serpentin (Antigorit), Talk, Albit, Stilpnomelan *schiefrig, seltener massig*	**Grünschieferfazies** Grünschiefer, Phyllit, Serpentinit, Grünstein, Talkschiefer bzw. Speckstein (Steatit), Marmor, Quarzit
Epidot-Amphibolitfazies Hornblende, Albit bzw. Plagioklas (Na-betont), Epidot, Granat, Muskovit, Chloritoid, Chlorit, Biotit, **kein** K-Feldspat *schiefrig, granoblastisch (massig)*	**Epidot-Amphibolitfazies** Epidot-Amphibolit*, heller und feinkörniger (z. T. phyllitischer) Glimmerschiefer, Marmor, Kalksilikatgestein, Quarzit
Amphibolitfazies Hornblende, Plagioklas, K-Feldspat, Muskovit, Biotit, Klinopyroxen, Cordierit, Staurolith*, Andalusit*, Disthen, Sillimanit, Granat, **kaum** Chlorit *schiefrig, gebändert, granoblastisch (massig)*	**Amphibolitfazies** die meisten Gneise, Amphibolit*, grobkörniger und oft biotithaltiger Glimmerschiefer, Marmor, Kalksilikatgestein, Hornblendeschiefer, Quarzit
Granulitfazies Orthopyroxen*, Klinopyroxen, Sillimanit, Disthen, Cordierit, Granat, K-Feldspat, Plagioklas, **kaum** Amphibol, **kaum** Biotit *oft auffällig feinkörnig, granoblastisch (massig), mäßig foliiert*	**Granulitfazies** Granulite*: heller (saurer) Granulit, mafischer Granulit, Charnockit*
Glaukophanschieferfazies (Blauschieferfazies) Glaukophan*, Lawsonit, Jadeit, Granat, Stilpnomelan, **kein** Biotit *schiefrig*	**Glaukophanschieferfazies (Blauschieferfazies)** Glaukophanschiefer* (Blauschiefer)
Eklogitfazies grüner (omphacitischer*) Pyroxen, Granat, Disthen, Jadeit, **kein** Feldspat *granoblastisch (massig), z. T. feinmaßstäblich foliiert*	**Eklogitfazies** Eklogit*

ist in hohem Maße fließend. In Tab. 7.1 wird eine entsprechende Differenzierung vorgenommen. Im Text und in Abb. 7.5 sind beide Bereiche zur Vereinfachung zusammengefasst.

Zur Bildung jedes der in Tab. 7.1 angegebenen Minerale ist eine geeignete, vom Edukt her bestimmte chemische Zusammensetzung erforderlich. Oft sind die Minerale, Gesteine und vor allem Gefüge nicht auf eine Fazies beschränkt, daher gibt es in vielen Fällen Mehrfachnennungen. Einfache Nennung bedeutet Auftreten vor allem in der zugehörigen Fazies. Eindeutige Fazieszuordnungen von Gesteinen sind oft nur über Merkmalskombinationen möglich. Weitgehend auf eine Fazies begrenztes Vorkommen von Mineralen oder Gesteinen ist durch einen beigefügten Stern (*) gekennzeichnet. Besonders Cordierit, Andalusit und auch Orthopyroxen können im Einzelfall Hinweise auf mögliche kontaktmetamorphe Einwirkung sein. Einige der Minerale sind makroskopisch kaum erkennbar. Der in der Tabelle nicht angegebene Quarz kann in allen Faziesbereichen auftreten. Magmatische oder sedimentäre Reliktgefüge können in allen metamorphen Faziesbereichen vorkommen.

7.1 Gefüge, Struktur und Textur von metamorphen Gesteinen

Mit ähnlicher Bedeutung wie bei den magmatischen Gesteinen (Abschn. 5.4.1) wird für Metamorphite unter dem **Oberbegriff Gefüge** zwischen **Struktur** und **Textur** unterschieden. Ebenso wie für Magmatite kann zusammenfassend vom Gefüge gesprochen werden. Strukturbezeichnungen beziehen sich auf die Ausbildung der Einzelkörner (Abschn. 7.1.1), Texturbezeichnungen kennzeichnen Verteilung und Orientierung der Komponenten des Gesteins (Abschn. 7.1.2). In Metamorphiten sind sie oft Ausdruck von Deformationsprozessen. Besonders in solchen Fällen wird oft präzisierend der Begriff Textur verwendet, statt allgemein vom Gefüge zu sprechen. Wichtige Gefügebeispiele von Metamorphiten sind in Tafel 7.1 zusammengestellt.

Die Gefüge metamorpher Gesteine sind durch eine Reihe konkurrierender Faktoren geprägt. So kann ein Metamorphit durch vollständige Gleichgewichtseinstellung geprägt sein, aber auch durch nicht abgeschlossene metamorphe Mineralreaktionen oder durch ein Vorkommen von Reliktmineralen früher Metamorphosestadien. In manchen Fällen sind **Gefügemerkmale des Edukts** oder sedimentäre Strukturen noch erkennbar oder auch weitgehend erhalten geblieben. Selbst bei hohen Metamorphosetemperaturen, in der Amphibolit- oder Granulitfazies können z.B. Schichtungsphänomene, Konglomeratlagen (Abb. 7.6), Rippelmarken (Abb. 7.7), Pillowabsonderung von Ozeanbodenbasalten (Abb. 7.37) oder richtungslos-körnige wie auch porphyrische Primärgefüge noch erkennbar sein. Dies gilt verstärkt für Gesteine, die allein oder weitgehend durch **statische Metamorphose** geprägt sind.

Unabhängig davon, ob eine Metamorphose dynamisch oder statisch erfolgt ist, sind es oft und vor allem **spezifisch metamorphe Gefüge**, die Gesteine als metamorph erkennen lassen. Dies gilt vor allem für die in Abschn. 7.1.2 beschriebenen Texturen. Hinzu kommen manche in ihrem Vorkommen auf metamorphe Gesteine beschränkte Minerale.

Im Zuge von Gebirgsbildungen (Orogenesen) kann die gesteinsprägende Metamorphose in der Tiefe unter entsprechenden Temperaturen in unterschiedlicher zeitlicher Beziehung zum tektonischen Geschehen stattfinden. Die Beachtung der zeitlichen Dimension ist ein Hauptanliegen der geschichtlich orientierten Naturwissenschaft Geologie. So gibt es Bezeichnungen für Metamorphose vor, zeitgleich und nach der Durchbewegung: **präkinematisch**, **synkinematisch** und **postkinematisch**, manchmal auch alternativ als prätektonisch, syntektonisch oder posttektonisch bezeichnet. **Synorogen** nennt man eine zeitlich und dann auch kausal an eine Orogenese gebundene Metamorphose. Der Begriff ist bezüglich der Zeitfestlegung unschärfer als synkinematisch.

Abb. 7.6 Metakonglomerat mit deformierten Geröllen. Sedimentationsalter > 1,8 Milliarden Jahre. Holsbybrunn östlich Vetlanda, Ostsmåland, Südschweden. Das dunkle Objekt rechts im Bild ist ein Kiefernzapfen von 5–6 cm Länge.

Abb. 7.7 Rippelmarkenabdrücke in amphibolitfaziell metamorphem Quarzit als erhalten gebliebene Sedimentstrukturen des Edukts (Schichtunterseiten in überhängender Felswand). Sedimentationsalter 1,8–1,9 Milliarden Jahre (Sultan et al. 2005). Südlich Gamleby, nordwestlich Västervik, Nordostsmåland, Südschweden.

Bei prä- oder synkinematischer thermisch-dynamischer Metamorphose kommt es unter der Einwirkung gerichteten Drucks während der metamorphen Kristallisation zu durchgreifender Deformation. Bei postkinematischer Metamorphose hingegen ist das Gesteinsgefüge von statischem metamorphem Mineralwachstum bestimmt, synchrone oder anschließende Deformation fehlt. Synkinematisch entstandene Gefüge (Texturen) sind gewöhnlich durch Einregelung nichtisometrischer Minerale oder sich von der Umgebung abhebender Inhomogenitäten gekennzeichnet.

Eine Sondergruppe bilden **Dislokationsmetamorphite** gemäß Fettes & Desmons (2007) mit extremem Ausmaß an Deformation, bzw. *high strain rocks* nach Bucher & Grapes (2011). Sie entsprechen z. T. **Metamorphiten mit Verformungsgefügen** gemäß Heitzmann (1985). Hier-

mit sind Gesteine gemeint, die in extremem Ausmaß durch bis in den Einzelkornbereich durchgreifende Zerkleinerung mit oder ohne Rekristallisation geprägt sind. Mylonitische Gesteine (Abb. 7.61, 7.63) und Kataklasite gehören in diese Gruppe (Abschn. 7.5).

Es gibt keine einfache Regel etwa der Art, dass **Regionalmetamorphite** im Gegensatz zu den fast immer statisch metamorphosierten **Kontaktmetamorphiten** metamorphe Foliation (Abschn. 7.1.2) zeigen müssten, hingegen Kontaktmetamorphite keine. Es kommt in jedem Fall auf die Zeitabfolge von Neukristallisation der Mineralbestände und tektonischer Durchbewegung an.

Obwohl Kontaktmetamorphose unter zumeist rein statischer thermischer Beeinflussung erfolgt, sind vor allem metapelitische Kontaktmetamorphite (aus Tonschiefern hervorgegangen) oft noch von tektonischer Durchbewegung geprägt, d. h. deutlich geschiefert. Selbst metamorph neugebildete Minerale können dann tendenziell in die bestehende Schieferungsebene eingeregelt sein. Schieferung in Kontaktmetamorphiten ist, wenn sie vorkommt, anders als in Regionalmetamorphiten meist älter als das metamorphe Kristallwachstum. Dies zeigt sich vor allem daran, dass die Schieferung außerhalb der Kontaktaureole am deutlichsten ist und mit Annäherung an den Magmatitkörper verschwindet. In größerer Tiefe kommt es vor, dass im Zuge der intrusiven Platznahme von Magma in dessen Kontaktbereich gleichzeitig mit der thermischen Einwirkung auch gefügeprägende Deformation stattfindet.

7.1.1 Kornbezogene Gefüge (Struktur)

Bei der Metamorphose kommt es durch die Kristallisation von neuen Mineralen zu neuen Kornkonfigurationen. Diese können uneingeschränkt für metamorphe Entstehung spezifisch sein oder auch bestimmten Gefügen in Magmatiten sehr ähneln. Gefüge, die unter dem Begriff **Struktur** zusammengefasst werden können, sind vor allem durch die **Wuchsform und Größe der Kristalle** bestimmt. Der vom griechischen Wort für knospen abgeleitete Wortteil blastisch bringt dies zum Ausdruck. Für sich erkennbare metamorph neugebildete Kristalle kann man entsprechend als Blasten bezeichnen.

Für metamorph entstandene Strukturen stehen jeweils eigene Bezeichnungen zur Verfügung. Die für entsprechende Gefüge in magmatischen Gesteinen üblichen Benennungen dürfen in der Regel nicht verwendet werden. Ausnahmen, in denen die für Magmatite gültigen Bezeichnungen auch für Metamorphite regelmäßig verwendet werden, sind idiomorph statt idioblastisch und xenomorph statt xenoblastisch. Dies ist vor allem dann kein Nachteil, wenn nicht klar ist, ob z. B. ein völlig unregelmäßiger Granatkristall in dieser Form gewachsen ist, oder ob das Korn Relikt eines ursprünglich größeren und morphologisch intakten Kristalls ist. Von der griechischen Wortbedeutung her („fremdwüchsig") wäre xenoblastisch im Gegensatz zu xenomorph für den zweitgenannten Fall sogar irreführend. Die Bezeichnungen für metamorphe Strukturen werden meist adjektivisch gebraucht. Die nicht in allen Fällen üblichen substantivischen Formen würden jeweils einzelne Kristalle betreffen oder in sich geschlossene Mineralaggregate, nicht jedoch Merkmale des gesamten Gesteins bezeichnen wie die in Abschnitt 7.1.2 beschriebenen Texturmerkmale.

Idioblastisch sind metamorph gebildete Kristalle, wenn sie eine erkennbare äußere Kristallgestalt entwickelt haben (Abb. 3.43, 3.46). Der Begriff entspricht der Bezeichnung idiomorph für magmatisch gebildete Kristalle.

Xenoblastisch bezeichnet das Gegenteil von idioblastisch, entsprechend xenomorph bei magmatischen Gesteinen (Abb. 7.2).

Porphyroblastisch (Porphyroblasten) sind Kristalle, die wie Einsprenglinge in magmatischen Gesteinen deutlich größer sind als die Kristalle der einbettenden Umgebung. Diese benennt man in metamorphen Gesteinen nicht als Grundmasse, sondern beschreibend z. B. als Matrix. Der bezüglich seiner Morphologie idioblastische Granat in Abb. 3.43 ist gleichzeitig bezüglich des Größenverhältnisses zu den Kristallen der Matrix porphyroblastisch. Im Einzelfall ist zwischen Porphyroblasten und **Porphyroklasten** (Abb. 7.12) zu unterscheiden. Unter Letzteren versteht man Relikte von aus dem Vorläufergestein ererbten Einsprenglingen oder anderen groben Inhomogenitäten wie den Resten der Gerölle eines konglomeratischen Edukts. Porphyroklasten können aus Porphyroblasten hervorgegangen sein.

Metablastisch beschreibt ein Gefüge, bei dem eine Mineralart durchweg größere Kristalle bildet als die anderen im Gestein vorkommenden Minerale.

Granoblastisch heißen Gefüge aus weitgehend isometrisch, jedenfalls nicht stängelig oder blättchenförmig gewachsenen Mineralen, die entsprechend keine signifikante Einregelung erkennen lassen (Abb. **7.8**, 7.52). Hierzu gehören unter den häufigsten Mineralen Feldspäte und Quarz, ferner Karbonatminerale, ein Teil der

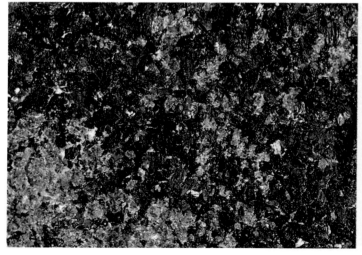

Abb. 7.8 Granoblastisches Gefüge in Granatamphibolit, besonders im aus Hornblende bestehenden schwarzen Anteil. Zusätzlich ist coronitisches Gefüge (unten) in Form von hellen Plagioklassäumen um rote Granatkristalle entwickelt. Diamantklipporna, Kullen-Halbinsel, Westschonen, Südschweden. Die Lokalität ist die gleiche wie die der Abb. 7.41. BB ca. 15 cm.

metamorph gebildeten Pyroxene und ebenso manche Amphibole. Im konkreten Fall kann die Unterscheidung zwischen einem magmatischen Hornblendegabbro mit richtungslos-körnigem Gefüge und einem metamorphen Amphibolit mit granoblastischem Gefüge allein durch makroskopische Untersuchung problematisch sein. Die Korngrenzen in granoblastischen Metamorphiten können ebenflächig sein und einfach polygonale Kristalle umschließen, buchtig konfiguriert oder, weniger wahrscheinlich, mäßig verzahnt sein. **Granofelse** sind durch granoblastische Gefüge gekennzeichnet.

Lepidoblastisch steht für blättchenförmig bzw. schuppig wachsende Kristalle (Abb. 3.59). Hierfür kommen vor allem die Schichtsilikate Glimmer und Chlorit in Frage, z. T. auch Talk. Andere Schichtsilikate wie vor allem die Serpentinminerale sind durchweg so feinkörnig ausgebildet, dass aus ihnen gebildete Gesteine makroskopisch strukturlos (dicht) erscheinen (Serpentinit). Lepidoblastisches Gefüge ist oft durch ausgeprägte Paralleltextur (Schieferung) in gesteinsprägender Weise überlagert.

Fibroblastisch sind ausgeprägt feinfaserig wachsende Minerale. Diese sind wegen entsprechender Feinheit makroskopisch nicht auffällig. Vor allem Sillimanit kann in Form faseriger Büschel auftreten, deren Aufbau gewöhnlich erst mit einer Lupe erkannt werden kann. Sillimanit ist ein Mineral, das häufig fibroblastisch ausgebildet ist. Makroskopisch erkennt man fibroblastische Sillimanit-Aggregate oft nur als weiße Flecken.

Nematoblastisch ist die Bezeichnung für langgestreckt nadelige Wuchsform (Abb. 7.9). Wichtige Mineralbeispiele hierfür sind manche Amphibole, besonders Aktinolith, auch Sillimanit (wenn nicht fibroblastisch) und Wollastonit.

Poikiloblastisch bezieht sich auf Kristalle, die andere Minerale einschließen, d. h. sie im Zuge der Metamorphose umwachsen haben (Tafel 7.1D). Aussehen und Bedeutung sind mit poikilitischen Kristallen in Magmatiten vergleichbar. Wichtigstes Beispiel für ein häufig poikiloblastisch entwickeltes Mineral ist Cordierit (Abb. 7.2). Er kann eine Vielzahl anderer Minerale umschließen.

Diablastisch kennzeichnet einander gegenseitig durchdringende Kristalle zweier Mineralarten.

Coronitisch (Coronen) heißen Reaktionssäume aus einer oder mehreren Mineralarten, die bestimmte Mineralkörner einhüllen und gegen Minerale der Umgebung abgrenzen. Sie sind Produkt der nicht abgeschlossenen metamorphen Reaktion zwischen ursprünglich benachbarten Mineralen und damit Ausdruck chemischer Ungleichgewichte (Abschn. 7.3.2.3). Aktivität von Fluiden kann zur Coronabildung maßgeblich beitragen. Coronen treten in granulitfaziellen basischen Gesteinen auf, retrograd um Granat in Granatserpentiniten bzw. Granatperidotiten und besonders häufig um Olivin in

Abb. 7.9 Nematoblastischer Sillimanit in rosettenförmiger Anordnung. Ohne sichere Fundortangabe, wahrscheinlich Bayerischer Wald. BB 6 cm.

noch weitgehend magmatisch geprägten, orogenen Gabbroiden, die erhöhten Drucken unterworfen waren. Makroskopisch besonders deutlich können (seltene) Plagioklascoronen um Granat in Granatamphiboliten sein (Abb. 7.8), oder Granatcoronen um Pyroxene in mafischen Hochdruckgranuliten (Abb. 7.44).

Symplektitisch (Symplektite) sind feinkörnige, gegen die Umgebung scharf abgegrenzte Gebilde aus meist zwei einander in mikroskopisch feiner Verwachsung durchdringenden Mineralarten. Sie sind Produkt von Mineralreaktionen, die nicht bis zur texturellen Gleichgewichtseinstellung fortgesetzt wurden. So sind mattgrüne, ohne Lupe dicht erscheinende Plagioklas-Pyroxen-Symplektite kennzeichnend für Eklogite, die durch Druckentlastung retrogradiert wurden (Abschn. 7.3.2.4, Abb. 7.47, 10.7). Tafel 7.1 gibt einen vergleichenden Überblick zu wichtigen metamorphen Strukturen.

7.1.2 Gesteinsbezogene Gefüge (Textur)

Die meisten regionalmetamorphen Gesteine zeigen Gefüge bzw. Texturen, die auf Deformation zurückgehen, die bis in den Einzelkornbereich durchgreifend war. Beispiele hierfür sind Einregelung nichtisometrischer Kristalle, planare oder auch lineare Anordnung unterschiedlich zusammengesetzter Teilbereiche oder auch parallele Orientierung von Flächen plattiger Teilbarkeit. Solche Texturen prägen den Gesteinscharakter der meisten orogenen Metamorphite und lassen diese oft auf den ersten Blick als solche erkennen. Tafel 7.2 zeigt Beispiele in vergleichenden Übersichtsskizzen. Bei rein statischer Metamorphose, wie sie vor allem Kontaktmetamorphite kennzeichnet, dominiert hingegen das eine oder andere der in Abschnitt 7.1.1 genannten Strukturmerkmale. **Hohlräume als Gesteinselement kommen in Metamorphiten nicht vor**, anders als in manchen Magmatiten und auch in einigen Sedimentgesteinen. Die Namen von Texturmerkmalen können im Textzusammenhang substantivisch wie adjektivisch eingesetzt werden, z. B. Schieferung oder geschiefert.

Metamorphite mit überwiegend granoblastisch ausgebildetem Mineralbestand sind durch isotrope, **richtungslos-massige Textur** geprägt, vergleichbar mit dem richtungslos-körnigen Gefüge vieler Magmatite. Eine Gesteinsprobe sieht dann von allen Seiten betrachtet gleich aus.

Die meisten metamorphen Gesteine zeigen jedoch anders als die Mehrzahl der magmatischen Gesteine **anisotrope Gefüge**. Diese sind daran erkennbar, dass eine Probe des jeweiligen Gesteins von verschiedenen Seiten betrachtet unterschiedlich texturierte Oberflächen zeigt. Die nachfolgend charakterisierten Texturarten gehören hierzu. In beschreibender Weise kann mit uneinheitlicher Bedeutung von Einregelung die Rede sein. Diese kann durch magmatische oder metamorphe Prozesse bedingt sein.

Metamorphe Einregelung (Paralleltextur) ist in vielen orogenen Metamorphiten entwickelt. Voraussetzung sind Mineralkomponenten wie Glimmer oder leistenförmige Amphibole, die nicht isometrisch, sondern länglich oder plattig kristallisieren, sodass sie eine bevorzugte Orientierung einnehmen können. Bei sehr hohen Metamorphosegraden (Granulitfazies) können bei faziestypischem Fehlen von Phyllosilikaten Quarze plattig ausgewalzt werden, sodass sie eine Einregelung bewirken können (Plattenquarz). Diese ist dann oft extrem ausgeprägt, jedoch meist feinkörnig angelegt. Paralleltextur in Metamorphiten ist ein durch Deformationsvorgänge geprägtes Gefüge. Es muss von magmatischen Fließgefügen unterschieden werden, die durch Fließbewegung im Magma entstehen. Wenn die Einregelung an idiomorphe Feldspäte gebunden ist, wird mit großer Wahrscheinlichkeit eine magmatisch entstandene Einregelung vorliegen. In magmatischen Einregelungsgefügen stehen zudem oft einzelne Kristalle quer zur Einregelungsrichtung.

Metamorphe **Foliation** ist eine im unschärferen Begriff metamorphe Einregelung enthaltene Sammelbezeichnung für alle Arten (s. u.) von metamorph entstandenen Gesteinsgefügen, soweit sie durchgängig vorhanden sind und sich wiederholende planare und dann gewöhnlich immer auch angenähert parallel orientierte Gefügeelemente enthalten. Diese sind durch Einregelung von Glimmern und/oder anderen nicht isometrisch ausgebildeten Kristallen und/oder Kristallgruppen bedingt oder akzentuiert. Foliation ist – wenn vorhanden – meist der **auffälligste Hinweis auf den metamorphen Charakter** eines Gesteins. Sie ist Abbild von Durchbewegung und orientierter Kristallisation unter gerichtetem Druck. Foliation kommt besonders bei niedriggradigen Metamorphiten mit hohem Anteil von Phyllosilikaten als Schieferung zum Ausdruck. Die sichtbare Folge ist dann eine dünnplattig angelegte Teilbarkeit.

Mit Foliation verknüpft können **Druckschatten** ein Gestein zusätzlich prägen. Dies sind an Porphyroklasten angelagerte, symmetrisch zu zwei Seiten keilförmig in die Foliationsebene ragende Bereiche aus feinkörnigem Granulat der Porphyroklasten und Matrixminerale (Abb. 7.12, 7.33). Sie sind nur auf Schnittflächen quer zur Foliation gut erkennbar. Druckschatten bestehen aus Material, das sich im Zuge der Scherbewegungen um das Hindernis in dessen Bewegungsschatten angesammelt hat. Druckschatten sind ein eindeutiger Hinweis auf eine dynamische

Abb. 7.10 Tonschiefer mit steil einfallender Schieferung. Das Sedimentationsalter des tonigen Edukts ist jungproterozoisch. Ballachulish, südlich Fort William, Westschottland.

Komponente während der Metamorphose. In Kontaktmetamorphiten und anderen statisch geprägten Gesteinen fehlen Druckschatten.

Schieferung ist eine Art von Foliation, bei der durch parallele Einregelung von plättchenförmig oder auch langgestreckt gewachsenen Kristallen eine dünnplattige Teilbarkeit des Gesteins entwickelt ist (Abb. 7.10). Die Schieferung ist meistens an Phyllosilikate als wesentlicher Bestandteil des Gesteins gebunden. Seltener ist Schieferung durch langgestreckt gewachsene Kristalle bedingt, gewöhnlich sind dies dann Amphibole. Schieferung tritt in Regionalmetamorphiten geringen bis mittleren Metamorphosegrads auf. Geschieferte Gesteine lassen sich mit einem nicht zu großen Hammer in ebene oder wellige Platten von meist unter 1 cm Dicke aufspalten. Ursache der Schieferung ist gerichteter tektonischer Druck mit daraus resultierenden Ausgleichsbewegungen und orientiertem Kristallwachstum.

Metamorphe **Flaserung** ist eine Form von Foliation mit anschwellenden und nach kurzer Strecke wieder auskeilenden, übereinander geschuppten Kleinbereichen aus abwechselnd hellen und dunklen Anteilen (Abb. 7.11). Durchgehende Lagen oder lineare Gefügeelemente fehlen. Geometrisch ähnliche Flasergefüge gibt es auch bei manchen Sedimentgesteinen (Abb. 6.5). **Augentextur** von Augengneisen (Abschn. 7.3.1.4) ist eine Art von Flaserung mit von der Foliation umflossenen, bauchig-linsigen Feldspat-Porphyroblasten bzw. -Porphyroklasten (Abb. 7.12). Die Feldspäte können intern intakt oder auch granuliert sein.

Bänderung ist eine Foliation, bei der es im Zuge der dynamischen Metamorphose außer zur Einregelung und Neubildung von Kristallen zur Gliederung in Lagen unterschiedlicher Zusammensetzung oder zur planaren Einregelung von Inhomogenitäten des Gesteinsverbands gekommen ist, üblicherweise im Zentimeter-Maßstab (Abb. **7.13**, 7.27, 7.32). Die Abgrenzung der Lagen kann scharf oder unscharf sein. Dieser Lagenbau ist anders als sedimentäre Schichtung nicht auf Sedimentationsprozesse zurückführbar. In silikatisch zusammengesetzten, gebänderten Metamorphiten gibt es oft eine Folge aus Lagen, die überwiegend aus hellen Mineralen, d. h. Feldspäten und Quarz bestehen, im Wechsel mit Lagen aus meist gut

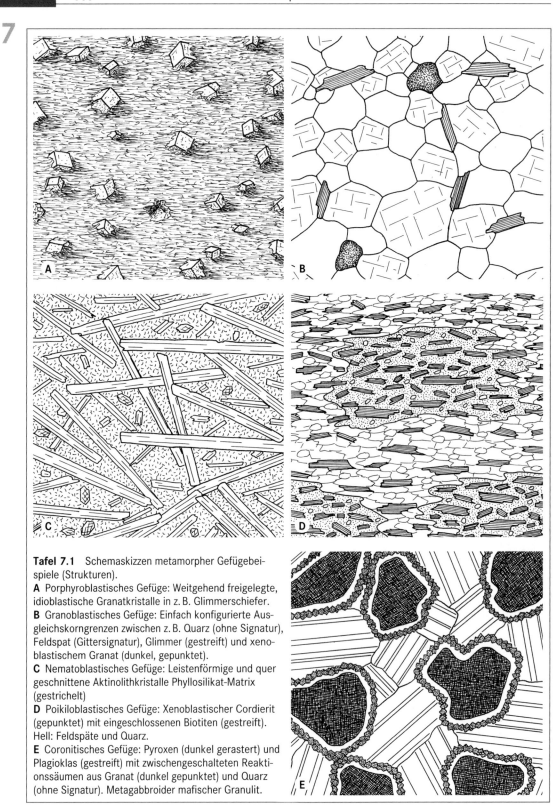

Tafel 7.1 Schemaskizzen metamorpher Gefügebeispiele (Strukturen).

A Porphyroblastisches Gefüge: Weitgehend freigelegte, idioblastische Granatkristalle in z. B. Glimmerschiefer.

B Granoblastisches Gefüge: Einfach konfigurierte Ausgleichskorngrenzen zwischen z. B. Quarz (ohne Signatur), Feldspat (Gittersignatur), Glimmer (gestreift) und xenoblastischem Granat (dunkel, gepunktet).

C Nematoblastisches Gefüge: Leistenförmige und quer geschnittene Aktinolithkristalle Phyllosilikat-Matrix (gestrichelt)

D Poikiloblastisches Gefüge: Xenoblastischer Cordierit (gepunktet) mit eingeschlossenen Biotiten (gestreift). Hell: Feldspäte und Quarz.

E Coronitisches Gefüge: Pyroxen (dunkel gerastert) und Plagioklas (gestreift) mit zwischengeschalteten Reaktionssäumen aus Granat (dunkel gepunktet) und Quarz (ohne Signatur). Metagabbroider mafischer Granulit.

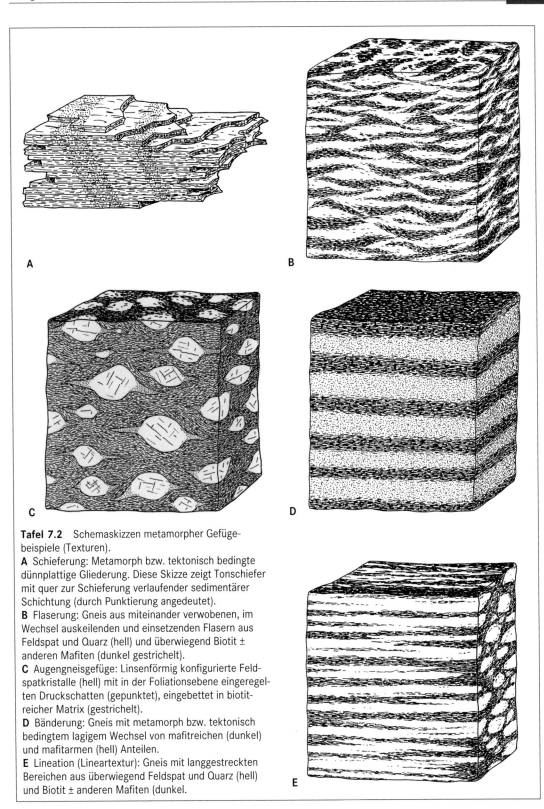

Tafel 7.2 Schemaskizzen metamorpher Gefüge-
beispiele (Texturen).
A Schieferung: Metamorph bzw. tektonisch bedingte
dünnplattige Gliederung. Diese Skizze zeigt Tonschiefer
mit quer zur Schieferung verlaufender sedimentärer
Schichtung (durch Punktierung angedeutet).
B Flaserung: Gneis aus miteinander verwobenen, im
Wechsel auskeilenden und einsetzenden Flasern aus
Feldspat und Quarz (hell) und überwiegend Biotit ±
anderen Mafiten (dunkel gestrichelt).
C Augengneisgefüge: Linsenförmig konfigurierte Feld-
spatkristalle (hell) mit in der Foliationsebene eingeregelten Druckschatten (gepunktet), eingebettet in biotit-
reicher Matrix (gestrichelt).
D Bänderung: Gneis mit metamorph bzw. tektonisch
bedingtem lagigem Wechsel von mafitreichen (dunkel)
und mafitarmen (hell) Anteilen.
E Lineation (Lineartextur): Gneis mit langgestreckten
Bereichen aus überwiegend Feldspat und Quarz (hell)
und Biotit ± anderen Mafiten (dunkel.

Abb. 7.11 Gneis mit Flasertextur. Östlich Hävla bruk, südwestlich Katrineholm, Södermanland, Südostschweden.

Abb. 7.12 Augengneis, aus porphyrischem Granit hervorgegangen. Die hellen Anteile sind Feldspäte und Quarz, die dunklen Anteile bestehen aus Biotit. Die „Augen" sind Porphyroklasten aus z. T. granulierten Kalifeldspäten, von denen in Richtung der Foliation Druckschatten aus Feldspatgranulat und einhüllendem Biotit ausgehen. Südwestlich Filipstad, Värmland, Südschweden. BB 10,5 cm.

Abb. 7.13 Als besonders prägnanter Lagenbau entwickelte metamorphe Bänderung aus intern nur schwach foliierten helleren und dunkleren Anteilen in feinkörnigem Granofels bis Gneis. Kullen-Halbinsel, Westschonen, Südschweden.

Abb. 7.14 Fältelung auf einer Schieferungsfläche von Muskovitschiefer. Crianlarich, westliche Grampian Mountains, Schottland. BB 11 cm.

eingeregelten Biotiten und/oder anderen dunklen Mineralen. Vor allem Gneise sind häufig in dieser Weise unscharf gebändert. Bänderung bewirkt gewöhnlich eine plattige Teilbarkeit des Gesteins im Zentimeter- bis Dezimeter-Maßstab. Obwohl man metamorphe Bänderung im Englischen als *layering* bezeichnen darf, sollte man dies im deutschen Sprachgebrauch zur Vermeidung von Missverständnissen nicht mit Schichtung übersetzen, allenfalls mit Lagenbau oder Lagigkeit.

Lineation (lineare Textur, Lineartextur) ist durch Ausrichtung der dominierenden Textur in nur einer Richtung statt in Flächen gekennzeichnet. Solche Texturen können durch parallele Anordnung von leistenförmigen Kristallen oder Mineralaggregaten veranlasst sein, durch Schnittlinien einander schneidender Foliationsflächen, durch Streckung von bestehenden Inhomogenitäten oder auch durch eine parallele Ausrichtung der Achsen bzw. Scheitellinien von Kleinfalten. In den drei letztgenannten Fällen sind die zugrunde liegenden Gesteinsgefüge oft bis zur Unkenntlichkeit verwischt, sodass nur noch eine lineare Streifigkeit zu erkennen ist.

Gneisgefüge (engl. *gneissose structure*) ist Foliation bzw. Lineation, die durch Deformation und Rekristallisation bis in den Einzelkornbereich erzeugt wird. Bänderung, Augentextur, Flaserung und Lineation sind die dominierenden Arten von Gneisgefügen. Fettes & Desmons

(2007) heben hervor, dass mit dem Gneisgefüge eine Teilbarkeit im Maßstab von über 1 cm verbunden ist.

Fältelung (engl. *crenulation*) bezeichnet das gehäufte Auftreten von im jeweiligen Gestein meist einheitlich dimensionierten Kleinfalten mit Wellenlängen im Größenordnungsbereich von höchstens 1 cm. Die Falten modulieren jeweils eine ältere Schieferung, die dann auf den Schieferungsflächen wellig bis „zerknittert" erscheint (Abb. 7.14). Fältelung in einem metamorphen Gesteinskörper gehört im Gegensatz zu Falten von Metergröße und mehr zu den das Gestein bis in den Handstückmaßstab prägenden Texturen. Sie tritt vorzugsweise in niedriggradigen Metamorphiten auf. Sowohl die Achsen der Kleinfalten als auch deren Scheitelebenen zeigen dann bevorzugte Orientierungen. Die oft spitzwinkligen Scheitellinien der Falten erzeugen dadurch eine Lineation auf den Haupt-Schieferungsflächen.

7.1.3 Benennung metamorpher Gesteine

Bei der Namengebung von metamorphen Gesteinen steht naturgemäß zunächst der im Zuge der Metamorphose angenommene Gesteinscharakter im Vordergrund. Entsprechend werden dann spezifische, für Metamorphite geltende Gesteinsnamen verwendet wie z. B. Amphibolit oder Glimmerschiefer. Bei geologischen Untersuchungen kann aber auch die Art des Edukts von vorrangigem Interesse sein, im Falle des Glimmerschiefers z. B. ein toniges (pelitisches) Sedimentgestein. Der Eduktcharakter und die Tatsache der metamorphen Überprägung können dann durch **Voranstellen des Wortteils Meta vor den Eduktnamen** gemeinsam zum Ausdruck kommen. Ein Glimmerschiefer mit einer Vorgeschichte als toniges (pelitisches) Sedimentgestein wäre dann ein Metapelit und gleichzeitig ein Beispiel für ein aus einem sedimentären Edukt hervorgegangenes **Metasediment**.

Zur Benennung metamorpher Gesteine bestehen wie schon länger für Magmatite (Abschn. 5.6) seit Ende 2007 verbindliche Empfehlungen der SCMR der IUGS (Fettes & Desmons 2007). Für viele Metamorphite stehen traditionelle **Eigennamen** zur Verfügung, wie z. B. Gneis, Marmor, Phyllit, Serpentinit, Eklogit oder Hornfels. Für andere, auch häufige Metamorphite fehlen jedoch solche einfachen Eigennamen. Dann müssen **dem jeweiligen Gesteinscharakter angepasste Bezeichnungen** gefunden werden. Hierbei wird für die Stamm- oder Grundbezeichnung von einigen wenigen traditionellen Eigennamen bzw. vom Gesteinsgefüge ausgegangen, in Form nachgestellter Wortteile wie **-schiefer, -fels, -granofels, -gneis**. Beim Beispiel -schiefer handelt es sich um geschieferte Gesteine, in den weiteren Fällen um massige Gesteine mit einem den Gesteinscharakter prägenden Anteil von Mineralen, die nicht blättchenförmig oder stängelig ausgebildet sind oder keine Einregelung zeigen.

Zur näheren Bezeichnung werden in der Regel jeweils nicht schon mit dem Grundnamen ohnehin verbundene **Minerale als Namenszusatz** vorangestellt, wenn ihr Mengenanteil im Gestein **5 Vol.-% überschreitet** (Bucher & Grapes 2011). Bei Bedarf kann dies in Form einer Aufzählung geschehen. Die Gesteinsnamen können praktisch nach einer Art von Baukastenprinzip zusammengestellt werden. Ein in dieser Weise gebildeter Name kann z. B. Disthen-Staurolith-Glimmerschiefer sein. Bei solchen Aneinanderreihungen mehrerer Minerale vor dem Gesteins-Grundnamen wird in Richtung zunehmender Anteile gereiht. Das Mineral mit dem größten Mengen-

anteil steht unmittelbar vor dem Grundnamen. Wenn ein **untergeordnetes Mineral mit weniger als 5 Vol.-%** Anteil auch in die Benennung eingehen soll, z. B. Granat in geringer Menge in einem Gneis, dann würde man von einem granatführenden Gneis sprechen, hingegen bei über 5 Vol.-% Anteil von einem Granatgneis. Auch möglich sind z. B. Kombinationen wie sillimanitführender Cordieritgneis. Mit dem Wortstamm Schiefer gebildete, entsprechend konstruierte Namen sind häufig und üblich, während es für die meisten Felse oder Granofelse traditionelle Eigennamen ohne ausdrückliche Nennung des Gefügemerkmals gibt. Ein Beispiel dieser Art ist Eklogit, der seinem Wesen nach Granat-Omphacit-Granofels ist. Besondere Bedeutung haben Fels-Namen im Bereich der Kontaktmetamorphose (Hornfelse), wobei der Wortteil Horn- sich hier erkennbar nicht auf ein bestimmtes Mineral bezieht, sondern auf ein meist feinkörniges, hornartig dichtes Gefüge des Gesteins.

Wichtige metamorphe Gesteine werden in den nachfolgenden Abschnitten 7.2 bis 7.8 beschrieben. Viele Benennungen enthalten die gleichen Stammbezeichnungen, ergänzt durch Nennung von Mineralen, die das Einzelbeispiel besonders kennzeichnen, oder durch spezifische Gefügebegriffe. Schon die wichtigsten Stammnamen selbst reflektieren gewöhnlich elementare Gefügeeigenschaften. Besonders übliche Beispiele hierfür sind Gneis, Schiefer, Phyllit und Granofels.

Gneise sind vielgestaltige metamorphe Gesteine, die immer eine Form von Gneisgefüge, also Bänderung, Augentextur, Flaserung, Paralleltextur oder Lineation zeigen. Sie sollten in der Regel in maßgeblicher Menge Feldspat enthalten, meist, wenn auch nicht immer, begleitet von Quarz. Statt oder neben Feldspat können auch Cordierit oder Feldspatvertreter, dann durchweg Nephelin, ein metamorphes Gestein als Gneis qualifizieren. Die SCMR definiert Gneis mineralunabhängig auf Grundlage des Gefüges.

Als **Schiefer** werden im Deutschen sehr unterschiedliche Gesteine bezeichnet. Der Begriff Schiefer für sich ist daher mehrdeutig. Im Englischen gibt es drei verschiedene Wörter, die alle mit Schiefer übersetzt werden können:

schist, *slate* und *shale*. **Slate** entspricht ungefähr unserem Dachschiefer, d. h. sehr niedriggradig metamorphem, dünnplattig teilbarem, extrem feinkörnigem Gestein. Hierbei handelt es sich meistens um aus tonigen Sedimentiten hervorgegangenen **Tonschiefer**. **Schist** ist gewöhnlich durch Glimmer, Chlorit, andere Phyllosilikate oder auch nadelig-leistenförmige Kristalle (Amphibole) geprägtes, schiefriges metamorphes Gestein. Beispiele sind Glimmerschiefer oder Chloritschiefer (Grünschiefer). **Shale** ist ein durch feinmaßstäbliche Schichtung (sedimentäre Lamination) und Kompaktion des Schichtstapels geprägtes Sedimentgestein, also **kein Metamorphit**. Ein Beispiel ist Schwarzschiefer (Abschn. 6.3.5).

Wegen der Mehrdeutigkeit des Begriffs Schiefer im Deutschen kommt es in jedem Fall entscheidend auf die Namenszusätze an. Glimmerschiefer und Tonschiefer sind zwei verschiedene Gesteine, die nur durch ihre vollständigen Namen ausreichend charakterisiert sind.

Phyllit nimmt von Korngröße und erkennbar metamorpher Prägung eine Zwischenstellung zwischen Tonschiefer und Glimmerschiefer ein. Phyllite zeigen eine perfekte, durchgreifende Schieferung, die auf paralleler Anordnung von feinkörnigen Phyllosilikaten beruht.

Granofelse sind metamorphe Gesteine, denen Schieferung, Gneistextur oder eine deutliche Mineraleinregelung fehlen.

7.2 Spezifische kontaktmetamorphe und verbrennungsmetamorphe Gesteine

Das Vorkommen von Kontaktmetamorphiten ist an die Existenz einer lokalisierten ehemaligen Wärmequelle gebunden, z. B. an einen Granitpluton. Die 2007 von der SCMR eingeführte Erweiterung der Kontaktmetamorphose zu hohen Drucken – und damit erhöhten Umgebungstemperaturen – führt dazu, dass die Abgrenzung zu den Regionalmetamorphiten unscharf ist. In diesem Abschnitt geht es nur um traditionelle Kontaktmetamorphite. Für bei höheren Drucken gebildete Kontaktmetamorphite gelten die gleichen Namen wie für entsprechende Regionalmetamorphite.

Erkennbare kontaktmetamorphe Prägung ist an das Vorkommen **reaktionsfähiger Edukte** gebunden. Sandsteine werden z. B. selbst kontaktnah kaum eine metamorphe Beeinflussung erkennen lassen, schon gar nicht mit makroskopischen Methoden. Besonders deutliche kontaktmetamorphe Veränderungen und Mineralneubildungen finden in tonigen Ausgangsgesteinen statt. So ist es kein Zufall, dass vor allem aus tonigen Ausgangsgesteinen wie Tonschiefern oder Tonsteinen besonders gut ausgebildete Kontaktmetamorphite entstehen. Geologisch seltenere, aber ähnlich reaktionsfähige Edukte sind mergelige Sedimentgesteine, basische vulkanische Tuffe oder Hyaloklastite. Auch Grauwacken können deutliche Veränderungen zeigen, zumindest bei hoch temperierter Einwirkung. Nichtpyroklastische, massive Vulkanite und Plutonite mit ihrem an hohe Temperaturen angepassten Mineralbestand zeigen in der Regel nur dann eine durchgreifende kontaktmetamorphe Prägung, wenn sie durch vorangegangene Regionalmetamorphose mäßigen Grades oder durch hydrothermale Alteration überprägt sind. Zur Beurteilung der Situation sind in solchen Fällen neben direkter Beobachtung der Kontaktsituation im Gelände in der Regel mikroskopische Untersuchungen erforderlich, um den oft komplexen Mineralbestand den verschiedenen Ereignissen zuordnen zu können. Die makroskopisch erkennbaren magmatischen Gefüge sind gewöhnlich noch erkennbar.

Die günstigsten Bedingungen zur Entwicklung gut ausgebildeter Kontaktaureolen bestehen bei postorogenem Eindringen eines großen, plutonischen Magmenkörpers in ein oberflächennahes Krustenstockwerk mit noch kaum metamorph beeinflussten Sedimentgesteinen reaktionsfähiger Zusammensetzung. Typische synorogene Plutone stecken gewöhnlich in stärker metamorph vorgeprägten Gesteinen.

Kontaktmetamorphose setzt **magmatischen Kontakt** voraus, das Magma selbst muss an das Nebengestein gegrenzt haben oder es muss ihm zumindest sehr nahe gekommen sein (Abb. 7.15). Als Sonderfall kann eine Kontaktwirkung

Abb. 7.15 Magmatischer Kontakt zwischen Granit und Hornfels als kontaktmetamorphem Gestein. Der Granit nimmt den Bildteil unten links ein, er ist hellgrau, hat stumpfe Kanten und eine raue Oberfläche. Der Hornfels nimmt die obere Bildhälfte und den rechten Bildteil ein. Er ist auf Ablöseflächen braungrau, hat scharfe Kanten, glatte Bruchflächen und ist enger geklüftet als der Granit. Ehemaliger Steinbruch Königskopf nordwestlich Braunlage, Westharz.

magmenunabhängig von tektonisch aus großer Tiefe aufgestiegenen heißen Schollen festen Gesteins ausgehen. Solche als *hot slab metamorphism* bezeichnete Metamorphose ist mit intensiver Deformation der betroffenen Gesteine verbunden. Die Metamorphite entsprechen oder ähneln dann edukt- und temperaturabhängig z. B. Gneisen oder Glimmerschiefern.

Kontaktmetamorphite sind oft **resistenter gegen Verwitterungseinwirkung** als ihre Edukte, z. T. auch als die verursachenden Plutonite selbst. Daher können sie im Gelände morphologisch hervortreten. Da typische Kontaktmetamorphose in den meisten Fällen unter statischen Bedingungen erfolgt, bleiben Eduktgefüge oft erhalten. Dies gilt z. B. für die Schieferung von Tonschiefern, die erst bei den Temperaturen unmittelbar am Kontakt ausgelöscht wird. Deutliche Schichtung des Edukts ist auch nach Kontaktmetamorphose noch erkennbar.

Gesteine am Außenkontakt eines Plutons erreichen nicht die Temperaturen des Magmas selbst. So sind selbst an relativ heißen Gabbrokontakten Metamorphosetemperaturen über ca. 800 °C nicht die Regel. Besonders im plutonischen Tiefenniveau kommt es eher zur wärmeverbrauchenden Bildung von Partialschmelzen am Kontakt oder auch zu Reaktionen zwischen Magmenbestandteilen und Nebengestein, z. T. unter Bildung von kleinen Volumen von Restiten. Bei Kontakt zu tonigem Nebengestein können diese

aus Korund, Spinellen, Magnetit und anderen Mineralen bestehen. Diese Restite sind dann gewöhnlich tiefschwarze, feinkörnig-dichte, magnetische Gesteine mit auffällig großem spezifischem Gewicht, für die makroskopische Bestimmungsmethoden nicht ausreichen. Sie können als Smirgel (engl. *emery*) bezeichnet werden. Wegen ihres Charakters als Reaktionsprodukte sind sie keine Metamorphite im eigentlichen Sinne. Nur aus extremen Edukten können sie regionalmetamorph entstehen. Als **Pyrometamorphose** bezeichnet man höchsttemperierte Kontaktmetamorphose entsprechend der Sanidinitfazies, d. h. ab ca. 800 °C. Magmatische bzw. pyrometamorphe Temperaturen werden vor allem erreicht, wenn Nebengestein in Form kleinerer Brocken oder Schollen in ausreichend heißes Magma gerät und von diesem umschlossen wird, sodass das Nebengestein die Temperatur des umgebenden Magmas annimmt. Pyrometamorphose ist sehr oft mit Austauschreaktionen zwischen Metamorphit und Magma oder mit metasomatischem Stoffumsatz verbunden. Pyrometamorphe Gesteine bilden kleine bis sehr kleine Gesteinskörper. Typisch ist außer dem Vorkommen als Einschluss (Xenolith) in magmatischen Gesteinen das Auftreten unmittelbar am Kontakt zu basischen Magmatiten oder als vulkanische Auswürflinge an der Erdoberfläche, in letzterem Fall oft aus lockeren pyroklastischen Ablagerungen herausgewittert.

7.2.1 Kontaktmetamorphite aus pelitischen und psammitisch-pelitischen Edukten

Tonige Sedimentgesteine (Pelite) oder deren niedriggradige metamorphe Abkömmlinge, vor allem Tonschiefer, kommen in großflächiger Verbreitung vor, in Mitteleuropa vor allem im variszischen Grundgebirge, dort nicht selten an granitische oder andere Plutone grenzend. Die Kontaktaureolen in pelitischen Nebengesteinen solcher Plutone sind bei vollständiger Ausbildung entsprechend den Temperaturgradienten bei der Metamorphose gegliedert. Die metamorph neugebildeten Minerale und z. T. auch Gefüge dokumentieren dann zunehmend höhere Metamorphosetemperaturen vom Außenrand bis hin zum unmittelbaren Intrusivkontakt. Mäßige sandige Beimengungen ändern nicht viel an der Art metamorpher Mineralneubildungen. Bei Kontaktmetamorphose entsteht in pelitischen Gesteinen, die immer reichlich Al enthalten, bei gleichzeitig ausreichender Verfügbarkeit von Mg ± Fe als auffällige Neubildung Cordierit, bei Fehlen von Mg ± Fe Andalusit. Beide Minerale können auch zusammen vorkommen. Meist feinkörnig und daher makroskopisch unauffällig können viele andere Minerale entstehen, so feinschuppiger Muskovit, Biotit, Feldspäte, Sillimanit, Korund, Spinelle. Quarz ist gewöhnlich von Anfang an vorhanden, kristallisiert aber bei der Metamorphose um.

Kontaktferner Bereich

Der Außenrand einer Kontaktaureole in Tonschiefern oder Schiefertonen ist selbst bei guten Aufschlussverhältnissen nur bei sehr gezielter Beobachtung mit der Lupe wahrnehmbar. Indiz für metamorphe Einwirkung ist dann das erste Auftreten winziger, **punktförmiger Inhomogenitäten**, die sich plastisch aus den Schieferungsflächen herausheben können oder farblich von der Umgebung abweichen, meist durch zunächst geringfügig dunklere Tönung. Die neugebildeten Minerale, die sich als Porphyroblasten in den Flecken verbergen, sind makroskopisch zunächst nicht bestimmbar. Es ist daher üblich, solche Neubildungen ausweichend als **Knoten** zu

bezeichnen, die Gesteine als **Knotenschiefer.** Dies gilt auch dann, wenn die Neubildungen mehrere Millimeter Größe erreicht haben und als spezifische Minerale bestimmbar sind. Mit zunehmender Annäherung an den Plutonkontakt werden die metamorphen Neubildungen bzw. Umwandlungen deutlicher.

Mittlerer Kontaktbereich

Im mittleren Bereich einer Kontaktaureole in pelitischen Gesteinen werden die Porphyroblasten oder Knoten der Neubildungen mehrere Millimeter groß und es zeigt sich dann eine jeweils typische Ausbildungsform von vor allem **Cordierit** oder **Andalusit**. Auch diese gröber ausgebildeten Gesteine können als **Knotenschiefer** bezeichnet werden, oder der Mineralname der jeweiligen Porphyroblasten wird in den Gesteinsnamen einbezogen (s. u.). Bei eher länglicher Form der Neubildungen ist vor allem in älteren Beschreibungen auch von Fruchtschiefer die Rede. Bei der Prägung des Namens Fruchtschiefer wurde an die Form von Getreidekörnern gedacht. Der Name ist weniger gebräuchlich als Knotenschiefer und kann als antiquiert gelten.

Kontaktmetamorpher **Cordierit** ist nicht wie oft in Regionalmetamorphiten bläulich bis graugrünlich und transparent, sondern gewöhnlich **matt schwarz.** Dies fällt besonders deswegen auf, weil kontaktmetamorph überprägter Tonschiefer oft insgesamt aufhellt und seidigen Glanz annimmt. Dies gilt in Knotenschiefern für die Matrix zwischen den Blasten. Ursache ist die bei relativ niedrigen Temperaturen stattfindende Neubildung feiner, heller Glimmer. Die Schwarzfärbung der Cordieritblasten liegt daran, dass der Cordierit zu poikiloblastischem Wachstum neigt. Er umschließt Fremdkörper, statt sie zu verdrängen. Dies betrifft auch mikroskopisch kleine, kohlige Partikel, wie sie Tonschiefer gewöhnlich enthalten (Phytoklasten). Der Cordierit schirmt die bei der Metamorphose in Graphit umgewandelten Phytoklasten gegen Oxidationseinwirkung ab. Für den Cordierit bedeutet dies dann, dass er anders als seine Umgebung schwarz pigmentiert ist. Bei eindeutigem Erkennen von Cordierit ist die Benennung des Gesteins als **Cordierit-Knotenschiefer** (Abb. 7.16) am

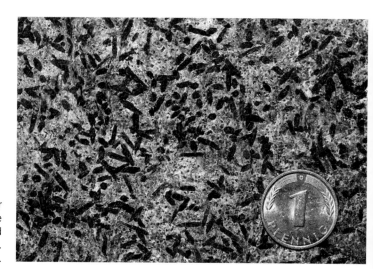

Abb. 7.16 Kontaktmetamorpher Cordierit-Knotenschiefer. Die schwarzen Leisten und Körner sind dunkel pigmentierte Cordierite. Theuma, Sächsisches Vogtland.

klarsten, ohne dass der Name Knotenschiefer unzutreffend wäre. Die Schieferung ist noch aus dem Stadium des nicht kontaktmetamorphen Tonschiefers ererbt. Die Mineralneubildungen verwischen diese jedoch mit zunehmender Intensität der Metamorphose.

Aus einem **sandig-tonigen Edukt**, das von vornherein nicht geschiefert, sondern massig ausgebildet ist, kann auch bei Kontaktmetamorphose nur ein ungeschiefertes, massiges Gestein entstehen. Nur bei ausreichendem Anteil von toniger Komponente im Edukt entsteht überhaupt ein makroskopisch erkennbar kontaktmetamorphes Gestein. Dieses zeigt dann z. B. die gleichen Cordieritblasten wie entsprechender Knotenschiefer und auch die Matrix hellt gewöhnlich auf. Aus feinkörnigen Grauwacken (Abschn. 6.3.6) können entsprechend massige Gesteine mit ebenfalls schwarzen Cordieritknoten entstehen, wenn Menge und Zusammensetzung der Matrix als Träger der Mineralneubildung günstig sind. Wegen des Fehlens von Schieferung wird man das kontaktmetamorphe Gestein im Gelände am ehesten als **Grauwackehornfels** bezeichnen. Ein dem englischen *spotted greywacke* entsprechender deutscher Name fehlt. **Hornfels** ist gemäß Fettes & Desmons (2007) ein aus silikatischen und/oder oxidischen Mineralen bestehendes, kontaktmetamorph geprägtes Gestein jeglicher Korngröße mit hornartigem Aspekt. Hornfelse treten vor allem im inneren Bereich von Kontaktaureolen auf. Da die nichtpelitische, gröbere Kornfraktion von Grauwacken weitgehend erhalten bleibt, sind bei einiger bewusster Suche in Grauwackenhornfels oft noch sedimentäre Gefüge erkennbar wie z. B. gradierte Schichtung in ehemaliger Grauwacke mit grobsandigem oder kiesigem Anteil.

Andalusit in pelitischen Kontaktmetamorphiten bildet langgestreckt prismatische Porphyroblasten mit je nach Schnittorientierung rechteckigem oder quadratischem Querschnitt. Immer enthalten die Andalusitleisten einen auffälligen, dunklen Kern im außen hellen, weitgehend farblosen Kristall. In Längsschnitten ist dieser in Form eines dunklen, zentralen Streifens deutlich erkennbar. Bei genauem Hinsehen lassen sich in Schnitten quer zur Längserstreckung oft X-förmige, die Kristallecken verbindende Spuren dunkler, feiner Einlagerungen erkennen. Diese für kontaktmetamorph entstandenen Andalusit kennzeichnende und unter gesteinsbildenden Mineralen unverwechselbar einmalige Ausbildungsform heißt **Chiastolith**. Obwohl es für ein und dasselbe Mineral nach Richtlinie der IMA nicht verschiedene Namen geben soll, ist der abgeleitete Gesteinsname **Chiastolithschiefer** (Abb. 7.17) für andalusitführende, kontaktmetamorph überprägte Tonschiefer üblich und zulässig. Wie in Cordierit-Knotenschiefern ist auch hier die ursprüngliche Schieferung des Edukt-Tonschiefers noch erkennbar.

Knotenschiefer oder Chiastolithschiefer **treten im Gelände morphologisch kaum hervor**.

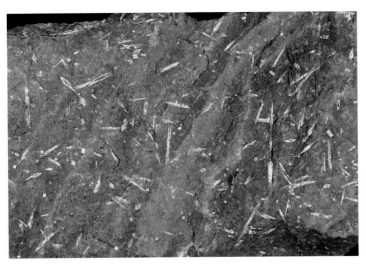

Abb. 7.17 Kontaktmetamorpher Andalusit-Knotenschiefer (Chiasto-lithschiefer). Die hellen Leisten sind metamorph gebildete Andalusit-kristalle (Chiastolith). Nördlich Penrith, Cumbria, Nordengland. BB ca. 15 cm.

Ähnlich wie ihre Tonschieferedukte bilden sie in Mittelgebirgslandschaften meist sanft gerundete Bergflanken oder Kuppen. In nur schwach geneigtem oder ebenen Gelände sind sie gewöhnlich unter tonig-lehmigen Verwitterungsdecken verhüllt, die dann allenfalls von angewitterten Lesesteinen durchsetzt sein können. Um an unverwittertes Gestein zu kommen, ist man meist auf künstliche Aufschlüsse oder steil eingeschnittene Erosionstäler angewiesen.

Kontaktnaher Bereich

Im inneren Bereich von Kontaktaureolen in pelitischen Gesteinen ist durch massives Auftreten von unorientiert gewachsenen Neubildungen die ursprüngliche Schieferung ausgelöscht. Andalusit- und/oder Cordierit-Porphyroblasten können erkennbar sein. Feinkörnig und daher zumeist unbestimmbar bleibende, jedoch wichtige Neubildungen sind dann vor allem Feldspäte, Glimmer ± Cordierit in der Matrix. Hinzu kommt meist reichlich Quarz, der nur umkristallisiert ist. Das resultierende Gestein ist im typischen Fall mit Ausnahme möglicher Porphyroblasten meist feinkörnig-dichter **Hornfels**, ohne sonstige makroskopisch erkennbare Textur (Abb. 7.15). Typische Farben sind alle Abstufungen zwischen mittelgrau bis schwarz. Der Name Hornfels gilt auch, wenn das Gestein ausnahmsweise gröberkörnig ausgebildet ist, sodass man schon makroskopisch ein überwiegend granoblastisches Gefü-

ge und einen Teil der Minerale erkennen kann, wie Feldspäte, Quarz und Biotit. Dichte Hornfelse ohne Porphyroblasten sind als isolierte Gesteinsproben ohne Beobachtung der geologischen Situation makroskopisch schwer bestimmbar, weil es andere ähnlich dichte und meist dunkle Gesteine gibt, z. B. manche basaltischen Vulkanite. Wenn jedoch im Gelände in unmittelbarer Nähe ein Plutonit vorkommt oder sogar der Kontakt direkt zu sehen ist, ist die Wahrscheinlichkeit naturgemäß sehr groß, es mit Hornfels zu tun zu haben. Hornfelse sind meist äußerst zäh und verwitterungsresistent. Sie **neigen zur Bildung von steileren Bergkuppen oder Felsklippen**. Hornfelse sind oft von einem im Dezimeterbereich gestaffelten Kluftnetz durchzogen, ohne dass es entlang der Klüfte und auch um Schnittkanten erkennbaren Verwitterungseinfluss gibt. Abgelöste Steine haben oft ausgeprägt scharfkantige, polygonale Formen. Sie neigen zu muscheligem Bruch.

Auch aus sandig-tonigen Edukten oder Grauwacken entstehen im kontaktnahen Bereich massige Hornfelse, mit oder ohne erkennbare Porphyroblasten. Rückschlüsse auf das Edukt sind über sedimentäre Reliktgefüge möglich, wenn diese auftreten. Für den Fall einer kontaktmetamorph überprägten Grauwacke können dies gröbere detritische Quarzkörner sein, gradierte Schichtung oder andere Sedimentstrukturen wie Flute Casts (Abschn. 6.3.6). In günstigen Fällen kann man hierdurch und durch Beachtung der

Abb. 7.18 Durch Verbrennungsmetamorphose aufgrund von Flözbrand aus Ton entstandene gebrannte Gesteine mit unterschiedlicher Farbe und von unterschiedlichem Sinterungsgrad. Die Farbstreifen bilden die ursprüngliche sedimentäre Schichtung ab. Die dunkelsten Lagen haben aufgrund unmittelbaren Kontakts zur vollständig verbrannten Kohle die höchsten Temperaturen erfahren. Dobrčice (Dobschitz), České středohoří (Böhmisches Mittelgebirge) östlich Most (Brüx), Tschechien.

geologischen Zusammenhänge im Gelände zwischen **Tonschieferhornfels** und **Grauwacke-hornfels** unterscheiden. Da zwischen Grauwacken und Grauwackehornfels keine drastischen Gefüge-, Festigkeits- und Farbunterschiede bestehen, ist die kontaktmetamorphe Prägung bei Fehlen von Porphyroblasten nicht offensichtlich. Man wird vor allem darauf achten, ob es detritische Quarz- oder Feldspatkörner in feinkörniger Matrix gibt wie in Grauwacken, oder ob das Gefüge eher völlig dicht oder feinkörnig granoblastisch ist. Auch aus anderen als sandig-tonigen Edukten können Hornfelse entstehen, z. B. aus vulkanischen Tuffen.

Mit makroskopischen Methoden ist es angesichts der Feinkörnigkeit der meisten Hornfelse kaum möglich, Hornfelse näher in eine bestimmte metamorphe Fazies einzustufen. Namen wie z. B. Hornblende-Hornfelsfazies oder Albit-Epidot-Hornfelsfazies sind obendrein nicht mehr gültig. Hinzu kommt, dass einige der ehemaligen Hornfelsfazies den Temperaturbereich der Bildung von Knotenschiefern überdecken oder noch niedriger temperiert sind. Nähere Aussagen erfordern die Gewinnung von Proben und deren zumindest mikroskopische Untersuchung. Im Gelände muss es oft reichen, wenn man Hornfels überhaupt erkennt.

Im westböhmischen Braunkohlengebiet sind leuchtend bunte, ziegelsteinartige **Flözbrand-Gesteine** als **verbrennungsmetamorphe Bildungen** verbreitet (Abb. 7.18). Lagenweise kön

nen sie auch im Gegensatz zu normalen Kontaktmetamorphiten gesintert und porig aufgeschäumt sein, dann oft mit dunkelbrauner bis schwarzer Färbung. Es handelt sich um ehemalige Tone, die als Nebengestein von selbst entzündeten Kohleflözen bei sehr geringen Drucken bis zu höchsten metamorphen Temperaturen aufgeheizt worden sind. Diese so entstandenen, meist extrem feinkörnigen, dichten und z. T. glänzenden Metapelite wurden als Porzellanit bzw. Porzellanjaspis bezeichnet (Fediuk et al. 2003). Die Bezeichnung Porzellanit ist mehrdeutig und von der SCMR nicht unterstützt. Die SCMR empfiehlt für durch Verbrennungsmetamorphose aus Sedimenten hervorgegangene Bildungen die allgemeine Bezeichnung **gebranntes Gestein** (engl. *burned rock*).

7.2.2 Kontaktmetamorphite aus karbonatischen und karbonatisch-silikatischen Edukten

Aus reinen Kalksteinen entstehen bei Kontaktmetamorphose Marmore, die sich von der Mineralzusammensetzung her kaum vom Edukt unterscheiden, eher schon durch ihre Gefüge. Vor allem in **Calcitmarmoren** kann es gegenüber dem Edukt zur Kornvergröberung gekommen sein, allerdings oft selbst im Handstückbereich in sehr unterschiedlichem Ausmaß.

Mikritische Bereiche kommen nicht vor. Die Korngrößen sind im Gesteinskörper oft nicht so einheitlich, wie regionalmetamorphe Marmore dies zeigen (Abschn. 7.3.4.1). In kontaktmetamorphen Calcitmarmoren sind die Korngrenzen oft unregelmäßig ausgebildet mit einer Tendenz zur Verzahnung der Körner. Das schon in sedimentärem bzw. spätdiagenetischem Dolomit (Abschn. 6.4.2) oft entwickelte granoblastische Gefüge aus einfach polygonalen Einzelkörnern mit glatten Korngrenzen wird in kontaktmetamorphem **Dolomitmarmor** unter oft unwesentlicher Kornvergröberung beibehalten. Allerdings zeigen Dolomitmarmore nicht die für spätdiagenetischen Dolomit kennzeichnende Porosität. Kontaktmetamorphe Marmore sind weiß bis grauweiß oder blaßgelblich, je nach Reinheit. Mit zunehmendem Anteil silikatischer Beimengungen treten Minerale hinzu, wie sie in unreinen Marmoren oder Ca-Mg-Silikatgesteinen üblich sind.

Karbonatminerale reagieren bei metamorphen Temperaturen, besonders unter geringem CO_2-Partialdruck, wie er bei der Kontaktmetamorphose üblich ist, intensiv mit SiO_2-reichem Material. Dies geschieht vor allem bei der Aufheizung von sedimentären Mischedukten wie Mergeln oder karbonatgebundenen Sandsteinen. Am Kontakt entstehen je nachdem, ob das Edukt calcitische oder dolomitische Karbonatminerale enthielt, Ca- oder Ca- und Mg-haltige Silikatminerale. Das Ergebnis sind je nach Karbonat/Silikat-Bilanz z. B. **Kalksilikatgestein**, dem Karbonate fehlen können, oder **unreiner Marmor** mit über 50 Vol.-% Karbonatmineralen (Abschn. 7.3.4.2). Zur Unterscheidung kommt es darauf an, ob Karbonatminerale vorhanden sind oder nicht. Man wird gezielt nach deren Spaltflächen suchen, eine Härteprüfung vornehmen und evtl. die Reaktion mit Salzsäure beobachten. Die Gesteine können im Kleinbereich miteinander verwachsen sein. Für geologische Schlussfolgerungen ist es zumeist wenig erheblich, welches der verwandten Gesteine man vor sich hat. Verwechselbar ähnliche Gesteine treten auch als Skarnbildungen auf (Abschn. 7.8).

Die neu gebildeten Silikatminerale sind häufig forsteritischer Olivin bzw. Serpentin, diopsidischer Pyroxen, Epidot, Ca-Granate und Spinell. Die genannten Minerale treten in der Regel schon wegen unterschiedlicher Temperaturanforderungen nicht in Vollständigkeit gemeinsam auf. Farben, die sie in das Gestein einbringen, sind neben Weiß bzw. Farblosigkeit vor allem grünliche und gelbliche Tönungen. Eine Vielzahl sonstiger Minerale sind möglich, hierzu gehören Wollastonit, Skapolithe, Tremolit, Talk, Vesuvian, An-reicher Plagioklas. Granoblastisches Gefüge dominiert zumeist, Granat tritt gewöhnlich in Form von oft idiomorphen Porphyroblasten auf und Wollastonit und Tremolit bilden nadelige Kristalle, Wollastonit gewöhnlich in Form faseriger Aggregate.

Im Gelände ist es vorrangig, die Situation zu erkennen und ein Sortiment von Proben zur näheren Untersuchung aus dem meist heterogenen und oft mineralogisch komplexen Gesteinskörper zu gewinnen.

Während das Erscheinungsbild von Kontaktmetamorphiten aus tonig-sandigen Edukten in Form von Knotenschiefern und Hornfelsen geradezu „standardisiert" ist, liefern karbonatisch-pelitische Mischedukte je nach individueller Zusammensetzung, Homogenität/Inhomogenität und Intensität der kontaktmetamorphen Einwirkung hornfelsartig feinkörnige oder auch grobkristalline Gesteine mit oft zonar oder lagig angeordneten Reaktionsprodukten. Kontaktmetamorphe Kalksilikatgesteine sind daher oft mehrfarbig streifig, lagig oder fleckig. Grüne und grüngraue Tönungen dominieren neben weiß und Farblosigkeit.

Im Gelände bilden Marmore und Kalksilikatgesteine meist geringmächtige Einlagerungen in Metapeliten oder anderen Metaklastiten. Besonders reinere Karbonatmarmore können im Rahmen kontaktmetamorpher Dimensionen auch größere Flächen einnehmen. Diese können Karstmorphologie zeigen.

7.2.3 Kontaktmetamorphite aus basischen Eduktgesteinen

Massive basische Magmatite wie **Basalte** oder **Gabbros** zeigen nach mäßiger kontaktmetamorpher Einwirkung gewöhnlich keine signifikanten Veränderungen oder Mineralneubildungen, die nicht auch schon während der Abkühlungsphase direkt im Anschluss an die magmatische Auskristallisation oder Erstarrung entstehen können. Die primäre Kristallisation dieser Magmatite findet bei höheren Temperaturen statt, als sie bei einer Kontaktmetamorphose überhaupt erreicht werden können.

Basische Tuffe und **Hyaloklastite** kommen besonders in Assoziation mit Tiefwassersedimentiten als schichtige Gesteinskörper vor. Schon primär sind sie häufig lagig heterogen und auch ohne kontaktmetamorphe Überprägung oft niedriggradig metamorph, zusammen mit den umgebenden Gesteinen wie vor allem Tonschiefern und auch Grauwacken. Einer zumindest schwachen Regionalmetamorphose können sie kaum entkommen, weil das Auftreten von ehemaligen ozeanischen Gesteinen an Land eine Orogenese voraussetzt. An Land gebildete basische Pyroklastite spielen als Edukte von Kontaktmetamorphiten keine nennenswerte Rolle.

Kontaktmetamorphe basische Meta-Pyroklastite sind durchweg so feinkörnig, dass der metamorphe Mineralbestand makroskopisch nicht deutlich in Erscheinung tritt. Die Gesteine haben im kontaktnahen Bereich Hornfelscharakter, während sie zum Außenrand der Kontaktaureole hin zunehmend mürber sind und im Einwirkungsbereich der Verwitterung plattig oder bröckelig zerfallen. Die Kontaktmetamorphose bewirkt bei ausreichender Intensität unter Temperaturen entsprechend der Amphibolitfazies, d. h. im mittleren oder höheren Bereich der Kontaktmetamorphose, vor allem eine Ablösung des regionalmetamorphen, subgrünschiefer- bis grünschieferfaziellen Mineralbestands durch schwarze Hornblende, Plagioklas ± Pyroxen ± Biotit.

7.3 Regionalmetamorphe Gesteine

Regionalmetamorphe Gesteine bilden die komplexeste Gesteinsgruppe. Dies liegt daran, dass die gesamte Vielfalt von Gesteinen der sedimentären und magmatischen Bildungsbereiche bis hin zu Gesteinen des Oberen Erdmantels irgendwo und irgendwann metamorpher Beeinflussung unterliegt. Die metamorphe Beeinflussung wird außerdem durch zwei in weiten Grenzen unabhängige Variable bestimmt: von der Temperatur und dem Druck. Auch der zeitliche Verlauf der Druck-Temperaturänderungen beeinflusst den Charakter eines Metamorphits. Schließlich kommt meistens eine bis in den Einzelkornbereich durchgreifende Deformation hinzu. Bei hohen Temperaturen kann es in Abhängigkeit von der jeweiligen Zusammensetzung schließlich zur Bildung von Teilschmelzen kommen, deren Kristallisate als Lagen, Schlieren oder Flecken im Gesteinskörper verbleiben (Migmatite, Abschn. 7.7).

So ist es kein Wunder, dass es nicht so etwas wie ein einziges, immer vorhandenes Gruppenmerkmal regionalmetamorpher Gesteine gibt. Es kann z. B. nicht davon ausgegangen werden, dass regionalmetamorphe Gesteine immer am Vorhandensein deformationsbedingter Gefüge erkannt werden können. Besonders Regionalmetamorphite hohen Metamorphosegrads können rein statisch geprägt sein. Foliation ist ein nahezu sicherer Hinweis auf regionalmetamorphe, dynamische Prägung. Nur in seltenen Ausnahmefällen kann Foliation auch verbunden mit Kontaktmetamorphose in einiger Tiefe im Nahbereich eines aufgrund seiner relativ geringen Dichte gravitativ aufsteigenden Plutons entstehen. Dieser Sonderfall ergibt sich aus der Ausweitung der Kontaktmetamorphose auf höhere Drucke durch die SCMR. Schließlich kann im Rahmen lokaler Metamorphose Foliation entwickelt worden sein. Dies gilt für Mylonite. Merkmale, die für oder gegen eine Einstufung als Regionalmetamorphit herangezogen werden können, sind nachfolgend aufgelistet.

Merkmale zur Einstufung von Gesteinen als Regionalmetamorphite:

- **Foliation:** u. a. Bänderung, Schieferung, Flaserung
- **Metamorphe Einregelung**
- **Lineation**
- **Druckschatten**
- **Fältelung**
- **Spezifisch ausgebildete metamorphe Minerale:** u. a. Disthen, Andalusit, Sillimanit, Cordierit, Chloritoid
- **Reaktionsgefüge** an Kornkontakten, z. B. Coronen

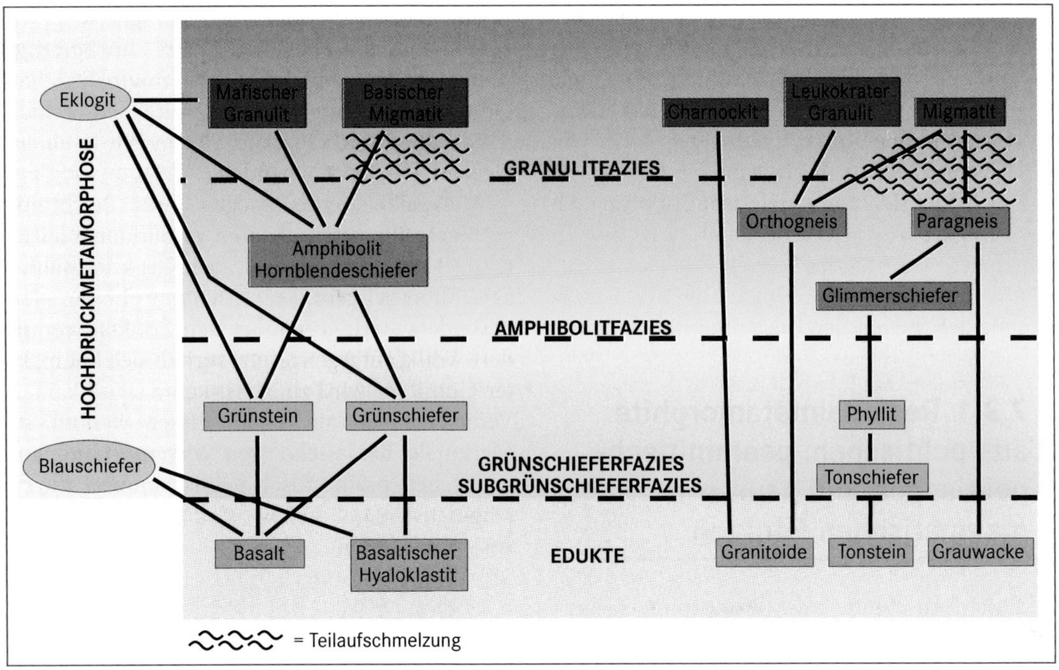

Abb. 7.19 Besonders wichtige und reaktionsfähige Edukte und von ihnen pauschal temperaturabhängig abzuleitende Regionalmetamorphite (schematisch). Die Faziesabfolge und der Farbverlauf von grün über gelb nach orange symbolisieren nach oben ansteigende Temperaturen. Vor allem unter Einwirkung wässriger fluider Phase können bei eigentlich granulitfaziellen Temperaturen unter Teilaufschmelzung migmatitische Gesteine entstehen. Drucke und damit Versenkungstiefen gehen in die Abbildung nur insofern ein, als ausgesprochene Hochdruckmetamorphite als eigene Gruppe abgetrennt sind. Die Verbindungslinien geben häufig verwirklichte Ursprungsbeziehungen und metamorphe Entwicklungen an. Es sind nicht alle vorkommenden Möglichkeiten berücksichtigt. Basaltische Hyaloklastite wie auch andere basaltische Glasgesteine sind reaktionsfähiger und bei mäßigen Temperaturen leichter deformierbar als massive Basalte (getrennte Darstellung). Im Übrigen ist die alternative Entstehung von Grünschiefer oder Grünstein stark vom Ausmaß der durchgreifenden tektonischen Beanspruchung abhängig. (Digitale Ausführung: Thomas Bisanz)

- **Segregationsquarz** im Gesteinsverband (Abschn. 7.3.1.2: Phyllit)

In Regionalmetamorphiten nicht vorkommende Gesteinsmerkmale:
- **Hohlräume**
- **Glas** als Gesteinsbestandteil
- **bestimmte Minerale:** Leucit, Sanidin, Anorthoklas

In den nachfolgenden Beschreibungen der wichtigen regionalmetamorphen Gesteine werden diese zu eduktbezogenen Gruppen zusammengefasst. Innerhalb der einzelnen Gruppen sind sie mit ansteigendem Metamorphosegrad, d. h. temperaturbedingt in Abfolge der metamorphen Fazies angeordnet. Die aus besonders häufigen

und reaktionsfähigen Edukten entstehenden Edukt-Metamorphit-Serien sind in Abb. 7.19 in Form eines Flussdiagramms schematisch dargestellt. Manche gleichfalls häufigen Edukte wie Sandsteine und reine Kalksteine bieten keine chemischen Voraussetzungen zu signifikanten metamorphen Mineralneubildungen. Es kommt lediglich zu Veränderungen der Gefüge. Die jeweils entstehenden Metamorphite, in den genannten Beispielen Quarzite und Marmore, treten makroskopisch und oft auch mikroskopisch ununterscheidbar in weiten Bereichen der Faziesabfolge auf. Sie sind in Abb. 7.19 nicht berücksichtigt.

Eine Einschränkung der einfachen Aneinanderreihung mit steigendem Metamorphosegrad liegt darin, dass bei geringeren Metamorphosegraden nicht alle Edukte in ähnlicher Intensität auf metamorphe Einwirkung reagieren. Dies kann z. B. durch einen sehr unterschiedlichen Gehalt an Phyllosilikaten beeinflusst sein. Viele Phyllosilikate geben schon bei geringen metamorphen Temperaturen unter Freisetzen von OH-Gruppen reichlich H_2O ins Gestein ab. So unterscheidet sich Tonschiefer sowohl bezüglich der Fähigkeit zur H_2O-Abgabe als auch bezüglich seiner Deformierbarkeit signifikant von z. B. Granit oder Grauwacke. Hinzu kommen Unterschiede der chemischen Zusammensetzungen.

7.3.1 Regionalmetamorphite aus pelitischen, psammitisch-pelitischen und sauren magmatischen Edukten

In diesem Abschnitt sind Metamorphite zusammengefasst, die aus chemisch zumindest weitläufig verwandten Edukten hervorgehen, in dem Sinne, dass sie gewöhnlich Ca-arm und SiO_2-reich sind, bei allerdings beträchtlich unterschiedlichen Al_2O_3-Gehalten. Bei höheren Metamorphosegraden konvergieren die Gesteine aus diesen Eduktzusammensetzungen zu Gneisen unterschiedlicher Charakteristik bzw. zu gneisähnlichen Migmatiten (Abschn. 7.7).

Regionalmetamorphite aus pelitischen, psammitisch-pelitischen und sauren magmatischen Edukten sind entsprechend der Häufigkeit ihrer Ausgangsgesteine besonders verbreitet. Sie bilden Serien von Gesteinen, die regional miteinander verknüpft sein können, jedoch in Abhängigkeit vom Eduktcharakter und vom jeweils wirksam gewordenen Metamorphosegrad spezifische Merkmale haben. Bei geringeren Metamorphosegraden entstehen äußerst unterschiedliche Gesteine. Die hier zusammengefassten Eduktgruppen sind von vorrangiger geologischer Bedeutung. So gehören mit den **Peliten** die volumenmäßig häufigsten Sedimentgesteine hierher. Weitere bedeutende sedimentäre Protolithe mit pelitischem Anteil sind **Grauwacken** und **Sandsteine mit Tonanteil**. Im weitesten Sinne **granitische Plutonite** sowie entsprechende **saure Vulkanite und Pyroklastite** mit dominierendem Anteil von Quarz und Alkalifeldspäten führen bei hochgradiger Metamorphose zu Orthogneisen,

grauwackenartige Edukte zu Paragneisen. Mit zunehmendem Pelitanteil führt hochgradige Metamorphose zunehmend zu migmatitischen Gesteinen. Metamorphite aus weitgehend reinen Sandsteinen sind Quarzite. Sie werden in einem eigenen Abschnitt behandelt (7.3.5).

Metapelite werden wegen ihres Reichtums an Phyllosilikaten und damit verbundener leichter Deformierbarkeit wie auch Reaktionsfähigkeit schon bei geringeren Metamorphosegraden besonders stark gegenüber den Edukten verändert. Völlig entgegengesetzt verhält sich kompakter Granit, er wird zunächst keine signifikanten Veränderungen aufweisen. Einige wesentliche Merkmale der wichtigsten Metamorphite aus pelitischen, psammitisch-pelitischen und sauren magmatischen Edukten sind in Tabelle 7.2 zusammengestellt.

7.3.1.1 Subgrünschieferfazies

Unter Bedingungen der Subgrünschieferfazies zeigen die meisten geologisch bedeutsamen Gesteine der hier behandelten Eduktgruppen kaum makroskopisch sichtbare Veränderungen. Dies gilt für entsprechende Magmatite und z. B. Grauwacken oder andere tonig-sandige Mischgesteine. Signifikantere Veränderungen zeigen hingegen pelitische Sedimentgesteine, die wegen ihres schon vom Edukt ererbten Bestands von Tonmineralen zu **Tonschiefern** werden.

Tonige Sandsteine und **Grauwacken** zeigen im Gelände trotz erfolgten Durchlaufens subgrünschieferfazieller Temperaturen unverändert **die Merkmale der sedimentären Edukte**. So sind die detritischen Quarz- und Feldspatkörner, eingebettet in Bindemittel und Matrix, in ihrer ursprünglichen Konfiguration erhalten. Gewöhnlich wird die geringgradige Metamorphose überhaupt nicht wahrgenommen. Schwach metamorphe Grauwacken werden vorrangig als Sedimentgesteine aufgefasst, nicht als Metamorphite. Allerdings kann die für viele Grauwacken kennzeichnende grünliche Tönung durch Metamorphose beeinflusst sein. Sie geht vor allem auf Chlorit in der feinkörnigen Matrix zurück. Spezifische Minerale der Subgrünschieferfazies lassen sich nur mit mikroskopischen Methoden in manchen Grauwacken nachweisen.

7

Plutonite und Vulkanite mit saurer Zusammensetzung zeigen nach subgrünschieferfazieller Einwirkung keine makroskopisch deutlich werdende metamorphe Veränderung.

Tonschiefer

Geologisches Vorkommen

Tonschiefer sind als ehemalige Sedimente größerer Wassertiefen oft mit Grauwacken und basischen Vulkaniten assoziiert. Solche Tonschiefer im Sinne von engl. *slate* sind **an Orogene gebunden**. Sie können im Gelände über Hunderte von Quadratkilometern dominierendes Gestein sein. In Mitteleuropa sind sie für Teile des Variszischen Orogens die wichtigsten Charaktergesteine.

Allgemeines Aussehen und Eigenschaften

Typisch für Tonschiefer ist eine **dünnplattige Teilbarkeit**, die das Gestein bei regelmäßiger Ausbildung als Dachschiefer geeignet machen kann. Diese Schieferung ist das hervorstechende Gefügemerkmal von Tonschiefern. Im Hundertmeter- bis Kilometer-Maßstab sind Schichtpakete aus Tonschiefern gewöhnlich gefaltet. Weil die meisten Aufschlüsse um Größenordnungen kleiner sind, ist der Faltenbau oft nicht unmittelbar erkennbar. Die meisten Tonschiefer sind schwarz oder grau. Andere Farben, wie rote oder grüne Tönungen kommen vor, sind jedoch seltener. Die schwarze oder dunkelgraue Färbung der meisten Tonschiefer geht hauptsächlich auf fein verteilte, mikroskopisch kleine kohlige Partikel (Phytoklasten) zurück, die aus organischen Anteilen des tonigen Edukts hervorgegangen sind. Fein verteiltes oder gröber auskristallisiertes Sulfid kann hinzukommen (Abb. 7.20). Wenn Schieferungs- und Schichtflächen zusammenfallen, können Fossilien erkennbar sein. Diese **Fossilien sind fast immer deformiert** und dokumentieren so die Scherbewegungen im Zuge der Anlage der Schieferung (Abb. 6.7).

Mineralbestand

Tonschiefer sind extrem feinkörnig, sodass der **Mineralbestand auch mit einer Lupe nicht zu erkennen** ist. Er wird maßgeblich, jedoch unsichtbar von Illit und Quarz bestimmt. Wenn man Minerale sehen kann, sind diese gewöhnlich an konkretionäre Bildungen gebunden oder an mineralisierte Klüfte. Besonders Pyrit kann Konkretionen bilden, in manchen Vorkommen auch idiomorphe Kristalle. Pyrit beider Arten ist gewöhnlich schon diagenetisch entstanden. Dies gilt auch für mögliche Konkretionen aus Toneisenstein oder kalkigem Material. In Oberflächennähe ist der Pyrit meist durch dessen rostig aussehende Verwitterungsprodukte aus Brauneisen ersetzt. Als Mineralisation von teilweise gangartig geweiteten Klüften dominiert weißer

Abb. 7.20 Schieferungsfläche von Tonschiefer, pyritführend. Die Probe stammt aus dem in Abb. 7.10 gezeigten Aufschluss. Ballachulish, südlich Fort William, Westschottland. BB 7 cm.

Milchquarz. Metamorph gebildete Porphyroblasten sind nicht üblich.

Gefüge

In **Tonschiefer** ist bei genauem Hinsehen häufig eine sedimentäre Schichtung zu erkennen, z. B. markiert durch hellere Lagen. Je nach Position des Beobachtungsorts innerhalb der Faltengeometrie kann die Ebene der Schieferung die Schichtung unter allen denkbaren Winkeln schneiden. Bei näherer Betrachtung zeigt sich außer beim Zusammenfallen von Schieferung und Schichtung regelmäßig ein geringer tektonischer Versatz der sedimentären Schichtung an den Schieferungsflächen. Diese sind ihrem Wesen nach eng gestaffelte tektonische Scherflächen mit jeweils geringem Versatz im Millimeter-Bereich.

Erscheinungsform von Tonschiefern im Gelände

Im Gelände sind Tonschiefer oft nur in künstlichen Aufschlüssen oder an steileren Berghängen zugänglich. In Gebieten mit moderatem Relief sind sie eher unter einer **lehmig-tonigen Verwitterungsdecke** verborgen, die mit dünnplattigen Schieferbruchstücken durchsetzt sein kann. Tonschiefer neigt nur an Steilhängen zur Bildung von freistehenden Felsklippen.

7.3.1.2 Grünschieferfazies

Aus pelitischen Edukten entstehen unter grünschieferfaziellen Bedingungen **Phyllite**. Edukte psammitisch-pelitischer und saurer, magmatischer Zusammensetzung wie **Grauwacken** oder **granitisch-rhyolithische Magmatite** zeigen keine makroskopisch signifikanten Veränderungen, wenn nicht eine intensive mechanische Durchbewegung hinzukommt. Mineralneubildungen bleiben unscheinbar und an das vom Edukt ererbte Gefüge gebunden. Die Biotite des Granits können lediglich an Ort und Stelle in Chlorit übergehen und die primären Feldspäte möglicherweise in Albit. Beides kann jedoch auch ohne Regionalmetamorphose, allein durch hydrothermale Einwirkung während der Abküh-

lung eines Plutons geschehen, oder bei fehlender H_2O-Zufuhr ausbleiben. Ein Granit in grünschieferfaziellem Umfeld, der Temperaturen der Grünschieferfazies unterworfen war, würde im Gelände immer noch als Granit bestimmt werden. Dies gilt auch dann, wenn schon eine geringe Deformation des Gefüges erkennbar ist.

Phyllit

Geologisches Vorkommen

Unter Bedingungen der Grünschieferfazies gehen **Tonschiefer** ohne klare Abgrenzung gegen die Subgrünschieferfazies in **Phyllit** über. Phyllit ist wie Tonschiefer **an Orogene gebunden**. Er das unmittelbare Folgeprodukt von Tonschiefer zu höheren Temperaturen hin.

Allgemeines Aussehen und Eigenschaften

Phyllite (übersetzt etwa „Blätterstein") sind oft noch ausgeprägter **dünnplattig teilbar** als Tonschiefer. An angewitterten Oberflächen zerfällt Phyllit in Plättchen, die manchmal kaum dicker sind als pflanzliche Blätter (Abb. 7.22). Phyllite sind gewöhnlich deutlich **heller als die meisten Tonschiefer**. Eine Ausnahme hiervon bilden **Schwarzphyllite**, die wegen eines hohen Anteils kohliger Komponente schwarz gefärbt sind (Abb. 7.23). Kennzeichnend für Phyllite einschließlich Schwarzphylliten ist auf feinschuppigen, hellen Glimmer zurückzuführender **seidiger Schimmer** auf den Schieferungsflächen (Abb. 7.21, 7.22). Helle Phyllite können von ihrem Erscheinungsbild zu hellen Glimmerschiefern der Amphibolitfazies fließend überleiten. Häufig kommt in Phylliten eine grünliche Tönung hinzu, die vor allem an fein verteilte Chlorite gebunden ist. Phyllite zeigen oft eine **Fältelung der Hauptschieferung** ähnlich wie in Abb. 7.14 gezeigt. Hinzu kommen verbreitet Kleinfalten mit Wellenlängen und Amplituden im Größenordnungsbereich von einigen Zentimetern, oft überlagert durch Faltung im Meter- oder Zehnermeter-Maßstab. Im Zusammenhang mit den verschiedenen Formen von Faltung ist vor allem in Faltenscheiteln milchig weißer

7

Abb. 7.21 Schieferungsfläche von Phyllit. Der helle, seidige Schimmer beruht auf feinschuppigem, hellem Glimmer auf den Schieferungsflächen. Zillertal, Tirol. BB 7,5 cm.

Abb. 7.22 Phyllit. Die dünnplattige Teilbarkeit und der besonders intensive, silbrig-helle Schimmer werden von einem hohen Anteil feinschuppigen, hellen Glimmers auf den Schieferungsflächen bewirkt. Östlich Tilliacher Joch, Karnische Alpen, Kärnten.

Segregationsquarz in Form von rasch auskeilenden, plattigen oder linsenförmigen Körpern eingelagert (Abb. 7.23). Die Dicken der Quarzkörper überschreiten selten den Bereich von einigen Zentimetern. Die Quarzeinlagerungen orientieren sich an der Hauptschieferung und folgen der Geometrie des Faltenbaus. Segregationsquarz sollte nicht mit Gängen aus hydrothermal gebildetem Milchquarz oder auch klarem Quarz verwechselt werden, die den Gesteinsverband unabhängig vom Faltenbau durchschlagen können.

Mineralbestand

Für Phyllite gilt, ähnlich wie für Tonschiefer, dass die einzelnen **Minerale außer in Segregationsnestern auch mit der Lupe kaum erkennbar** sind. Allenfalls kann der Eindruck entstehen, dass auf einer Schieferungsfläche Chlorit oder heller Glimmer individuell lokalisierbar sind. Die meisten Phyllite enthalten keine Porphyroblasten, nur Chloritoid ist in manchen Vorkommen in Form von idiomorphen Plättchen enthalten (Abb. 3.55). Das Vorkommen von Glimmern

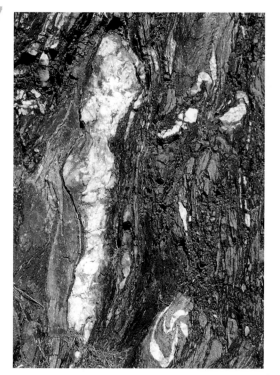

Abb. 7.23 Schwarzphyllit, gefaltet, mit Segregationsquarz (Milchquarz). Sankt Jodok am Brenner, Tirol.

ist auf hellen Glimmer in feinkörniger Form (Serizit) beschränkt.

Gefüge

In Phylliten sind ursprüngliche Sedimentärgefüge, wie vor allem Schichtung, durch intensive Deformation zerstört und durch Schieferung ersetzt. Auch Fossilien treten gewöhnlich nicht in erkennbarer Form auf.

Erscheinungsform im Gelände

Phyllit ist von Natur aus nur bei erheblichem Relief unter einschneidender Erosion gut aufgeschlossen. Selbst in alpinem Gelände bilden Phyllite eher sanfte Bergflanken als schroffe Felsklippen. Bei ruhigerem Relief sind Phyllite ebenso wie Tonschiefer von **tonig-lehmigem Verwitterungsmaterial** bedeckt.

7.3.1.3 Sonderfälle saurer Metavulkanite: Hälleflinta und Leptit

Ohne dass eine klare Zuordnung zu einer definitiven metamorphen Fazies möglich wäre, treten als Hälleflinta bzw. Leptit bezeichnete Metavulkanite oder -pyroklastite saurer, meist rhyolithischer, z. T. auch trachytischer Zusammensetzung auf, deren Mineralbestände nicht geeignet sind, faziesspezifische metamorphe Beeinflussung zu dokumentieren. Durch dichtes Gefüge (Hälleflinta) oder sehr feinkörnig granoblastische Struktur (Leptit) wird **nur mäßige metamorphe Prägung** angezeigt. Mineralneubildungen beschränken sich weitgehend auf feinschuppige Phyllosilikate. Schwerpunktmäßig lässt sich Hälleflinta am ehesten der Grünschieferfazies zuordnen, Leptite auch der Epidot-Amphibolit-Fazies. Sie werden hier trotz Überdeckens von Faziesgrenzen zusammen abgehandelt. Schon in den seit Frühjahr 2005 auf der Internetseite der IUGS vorliegenden vorläufigen Empfehlungen der IUGS-Subcommission on the Systematics of Metamorphic Rocks wurden Hälleflinta und Leptit nicht zu den empfohlenen Gesteinsbezeichnungen gerechnet. Dennoch scheint die Verwendung dieser Gesteinsnamen weniger Gefahr von Missverständnissen zu bergen als die 2005 vorgeschlagene Einstufung von Hälleflinta als Hornfels, der traditionell als kontaktmetamorph verstanden wird. 2007 ist diese Gleichsetzung entfallen.

Hälleflinta

Hälleflinta ist ein schwedischer Name mit der Bedeutung „Felsenflint". Durch diesen Namen wird ein **flintartig dichtes Gesteinsgefüge** (Abb. 7.24) zusammen mit dem Vorkommen in Form von massiven oder gebankten Felsen zum Ausdruck gebracht. Hierzu kontrastieren bezüglich der Art des Vorkommens die konkretionären, in Form von Knollen in der Schreibkreide auftretenden Flinte (Abschn. 6.9). Wie bei Letzteren können Abschläge auch von Hälleflinta als Splitter und scharfkantige, messerscharfe Scherben abspringen. Eine Probengewinnung sollte nur unter größter Vorsicht erfolgen. Hälleflinta sind

Abb. 7.24 Hälleflinta, aus Aschentuff hervorgegangen. Anschnitt im Gelände der Eisenerzgrube Dannemora, Uppland, nördlich Uppsala, Schweden. BB ca. 30 cm.

graue oder rötliche Metavulkanite und Metapyroklastite saurer, gewöhnlich rhyolithischer Zusammensetzung ± zugeführtem oder im Gesteinsverband umgesetztem SiO_2 und K bzw. Na. Hälleflinta lassen ihre Vulkanit- oder auch Pyroklastitnatur oft so deutlich erkennen, dass besonders in eduktbezogenen Untersuchungen der Vulkanitcharakter im Vordergrund stehen kann. Der Name hat weitgehend auf Skandinavien begrenzte, regionale Bedeutung. Die SCMR erklärt den Namen als überflüssig, ohne Ersatz zu benennen.

Wesentliche Mineralkomponenten sind mikrokristalliner Quarz und Feldspäte, seltener auch feinschuppiger heller Glimmer. Dieser kann auf Teilbarkeitsflächen einen seidig-hellen Glanz verursachen. Feldspateinsprenglinge des ehemaligen Vulkanits können mit Korngrößen im Millimeterbereich erkennbar sein, ebenso gelegentlich Fiamme (Abschn. 5.9), die dann auf Ignimbritnatur hinweisen. Manche Hälleflinta zeigen eine Foliation, die sich makroskopisch durch Streifigkeit der Farbverteilung, Einregelung von Einsprenglingen und auch eine Hauptrichtung der Teilbarkeit zeigen kann. Auch primäre Schichtung von pyroklastischen Edukten kann erhalten sein.

Leptit

Typischer Leptit ist entweder heller Feldspat-Quarz-Granofels ohne deutliche Foliation oder auch intensiv foliiertes Gestein mit einer gegenüber Gneisen betonten Feinkörnigkeit. Jedoch sind Leptite gröberkörnig kristallisiert als typische Hälleflinta. Leptit ist merkmalsarm und ohne Kenntnis des metamorphen Geländezusammenhangs oft nicht sicher bestimmbar. Bei fehlender Foliation ist er leicht mit manchen feinkörnigen Magmatiten verwechselbar. Die Edukte sind meist saure Vulkanite. Der Mineralbestand lässt sich nur mikroskopisch ermitteln. Makroskopisch sind Leptite helle, grau, gelblichgrau oder rötlich getönte Gesteine. Der Name stammt ebenso wie die Bezeichnung Hälleflinta aus Schweden. Dort sind Leptite im Bereich des altproterozoischen Svekofennischen Orogens (Abschn. 10.3) regional verbreitet, eingebettet in oft metasedimentäre Nebengesteine.

7.3.1.4 Amphibolitfazies

Innerhalb der Amphibolitfazies gibt es unter den Metamorphiten aus pelitischen, psammitisch-pelitischen und sauren magmatischen Edukten Schiefer als auch Gneise. Der Übergang kann im Gelände fließend auftreten. Während **Glimmerschiefer** durchweg von sedimentären Edukten mit hohem Anteil pelitischer Komponente abzuleiten sind und nicht von massiven Magmatiten wie Graniten oder Rhyolithen, können **Gneise** im Zusammenhang mit höheren Metamorphosetemperaturen und Deformationsbeanspruchung unter Neu- bzw. Umkristallisation von Feldspäten aus geeignet zusammengesetzten Magmatiten entstehen. Feldspäte können auch Relikte der magmatischen Edukte sein. Als sedimentäre Edukte für Paragneise kommen Pelite, sandig-tonige Mischgesteine, Grauwacken und Arkosen bis hin zu manchen Konglomeraten in Betracht. Magmatische Gneis-Edukte sind vor allem Granit, Granodiorite, Tonalite, Monzonite und Syenite mit allen Unterarten sowie deren vulkanische und pyroklastische Entsprechungen.

Glimmerschiefer

Geologisches Vorkommen

Glimmerschiefer gehen mit fließendem Übergang aus Phylliten hervor. Sie unterscheiden sich von Phylliten durch größere, zu erheblichem Anteil einzeln erkennbare Glimmerkristalle. Glimmerschiefer entstehen im eher kühleren Bereich der Amphibolitfazies. Sie bilden meist ausgedehnte Gesteinskörper, entsprechend der oft großen Mächtigkeit und großflächigen Verbreitung ihrer Edukte. Diese sind ganz überwiegend marin sedimentierte Pelite. Das Auftreten von Glimmerschiefern ist immer **an Orogene gebunden**. Es gibt eine Tendenz, dass Glimmerschiefer mit zunehmendem Tiefenniveau der Abtragung von Orogenen gegenüber Gneisen und auch Plutoniten zurücktreten. Dieses unterschiedliche Abtragungsniveau wird z. B. bei einem Vergleich der jungen, erst mäßig abgetragenen Zentralalpen mit dem tief abgetragenen und eingeebneten, 1,8–1,9 Milliarden Jahre alten Svekofennischen Orogen des Baltischen Schilds deutlich. Schon ein einfacher Vergleich zwischen Flussschottern z. B. des Inns mit den aus Baltoskandien stammenden Strandgeröllen entlang der südlichen Ostseeküste reflektiert diesen Kontrast.

Allgemeines Aussehen und Eigenschaften

Glimmerschiefer sind glimmerreiche, geschieferte Metamorphite. Beim Anschlagen mit einem Hammer kommt es parallel zur gewöhnlich strengen planaren Einregelung der Glimmer zum plattigen Auseinanderbrechen des Gesteins. Für Glimmerschiefer ist es hierbei typisch, dass überwiegend **Scheiben mit Dicken** von **unter 1 cm** abspalten. Verstärkt gilt dies im Einflussbereich der Verwitte-

rung. Die **Schieferungsflächen sind oft vollständig mit Glimmern besetzt**, deren blättchenförmige Kristalle ebenflächig oder auch wellig sein können. Je nach Art der vorhandenen Glimmerminerale sind Glimmerschiefer **hell silbrig schillernd bis hin zu tiefschwarz** mit allen Übergängen. Es kommt hierbei auf das Mengenverhältnis von Muskovit bzw. Paragonit zu Biotit an.

Mineralbestand

Im Querbruch dominieren oft andere Minerale anstelle der auf den Schieferungsflächen überwiegenden Glimmer. Vor allem **Quarz** tritt auf, manchmal von geringen Mengen Feldspat begleitet. **Segregationsquarz** tritt ebenso wie in Phylliten auch in Glimmerschiefern auf. Quarz, der sehr häufig eine wesentliche Komponente in Glimmerschiefern ist, bildet eher flachlinsige, plattige Körper innerhalb der Foliation, als dass er gleichmäßig verteilt wäre. Hieraus resultiert, dass viele Glimmerschiefer buckelige Unebenheiten der Schieferungsflächen zeigen. Eine weitere Störung einfacher planarer Teilbarkeit kann am Auftreten von Porphyroblasten liegen. Der Mineralbestand von Glimmerschiefern ist wegen ausreichender Korngrößen oft einfach bestimmbar. Die hellen Glimmer sind, ohne dass sie makroskopisch voneinander unterscheidbar sind, Muskovit oder Paragonit. Der dunkle Glimmer ist immer Biotit. Chlorit kann in Glimmerschiefern niedrigeren Metamorphosegrads oder zu Lasten von Biotit als retrograde Bildung auftreten.

Ein großer Teil vorzugsweise der hellen Glimmerschiefer enthält **Porphyroblasten**, die **überwiegend idiomorph** ausgebildet sind. Diese Porphyroblasten sind gewöhnlich mehrere Millimeter groß, manchmal einige Zentimeter. Besonders häufig ist roter **Granat**, überwiegend in Form gut ausgebildeter Rhombendodekaeder. Weitere mögliche idiomorphe Porphyroblasten sind dunkelbrauner bis braunroter **Staurolith** und blauer **Disthen**, die langgestreckt prismatische bzw. flach längliche Kristalle bilden. Die porphyroblastisch auftretenden Minerale sind es vor allem, die in die Benennung von Glimmerschiefern eingehen. Der Quarz wird als in Glimmerschiefern weitgehend selbstverständliches Mineral bei der Namensfindung ignoriert. Ein Glimmerschiefer z. B. mit Granat-Porphyroblasten, die über 5 Vol.-% des

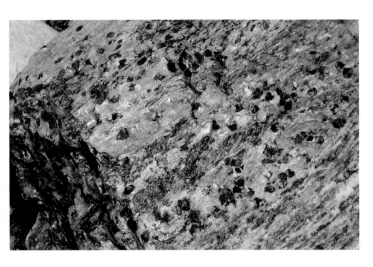

Abb. 7.25 Granat-Glimmerschiefer, Inneres Öztal, Tirol. BB ca. 30 cm.

Gesteins ausmachen, ist nach den in Abschn. 7.1.3 erläuterten Benennungsregeln ein **Granat-Glimmerschiefer** (Abb. 7.25). Wenn der Anteil des Granats unter 5 Vol.-% liegt, ist er ein **granatführender Glimmerschiefer**. Entsprechendes gilt für alle anderen Minerale, die über den selbstverständlichen Mineralbestand von Glimmerschiefer hinausgehen. Hierbei sind auch Aufzählungen mehrerer Minerale üblich: z. B. **Staurolith-Disthen-Glimmerschiefer** (Abb. 3.46).

Mit Glimmerschiefern verwandt sind **Hornblende-Garbenschiefer**. Dies sind glimmerschieferartige Gesteine, die aus Mischedukten von sauren und basischen Anteilen entstehen. Gekennzeichnet sind sie durch in der Schieferungsebene divergentstrahlig gewachsene, lang-prismatisch-idiomorphe Kristalle von schwarzer Hornblende (Abb. 7.26).

Gefüge

Glimmerschiefer zeigen **keine von den Edukten ererbten Reliktgefüge**. Völlig dominierendes Gefügemerkmal ist die Schieferung. Modifikationen können durch eingelagerte Porphyroblasten und Quarzlinsen bedingt sein. Hierdurch kommt es oft zu einer Unebenheit der Schieferungsflächen. Die Glimmer legen sich um die als Fremdkörper in der Schieferung liegenden Einlagerungen. Fältelung kommt ebenso wie in Phylliten vor, ist hier aber tendenziell großmaßstäblicher entwickelt.

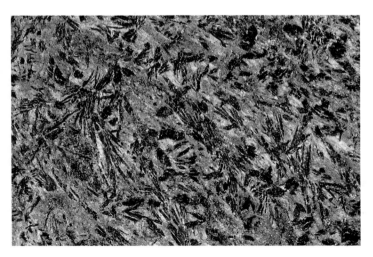

Abb. 7.26 Hornblende-Garbenschiefer. Leistenförmige Hornblendekristalle in glimmerschieferartiger Matrix. Inneres Öztal, Tirol. BB ca. 25 cm.

Erscheinungsform im Gelände

Glimmerschiefer sind z. B. in den Zentralalpen weit verbreitet. Sie bilden dort unregelmäßige, schartig oder rau ausgebildete Felsformen im Gelände. In Mittelgebirgslandschaften der mitteleuropäischen Varisziden sind sie weniger verbreitet. Sie bilden dort eher sanfte Landschaftsformen. Glimmerschiefer sind in ebenerem Gelände an der Oberfläche oft nicht auszumachen. Sie sind in der Regel von tonig-lehmigem Verwitterungsmaterial verhüllt.

Gneis

Geologisches Vorkommen

Gneise bilden eine vielfältige Gruppe relativ hochgradig metamorpher Gesteine. Besonders zwischen Paragneisen und Glimmerschiefern gibt es fließende Übergänge, abhängig vom Mengenverhältnis Feldspat zu Glimmer im Gestein. Zurücktreten von Glimmer bei gleichzeitig hohem Anteil von Feldspat entzieht dem Gestein die Voraussetzung für das schiefrige Gefüge. Primär aus z. B. Grauwacke hervorgegangenes Gestein wird im Druck-Temperatur-Bereich der Amphibolitfazies zu **Paragneis**. Ebenso kann Gneis aus sauren und intermediären Magmatiten hervorgehen. In diesen Fällen entstehen **Orthogneise**. Gneis wird in mittleren und darunter liegenden Tiefenbereichen kontinentaler Kruste im Zuge von Orogenesen gebildet. Das Vorkommen von anstehendem Gneis bedeutet immer, dass ein **tieferes Stockwerk eines Orogens** durch Heraushebung und Abtragung freigelegt ist. Abgesehen von selteneren Sonderfällen sind Gneise **Gesteine mit gesteinsprägendem Anteil von Feldspat** bei im Vergleich zu Glimmerschiefern zurücktretendem Glimmeranteil. Im Druck-Temperaturbereich der Gneise kommt es unter Durchbewegung zur Verwischung zuvor signifikanter, eduktbestimmter Unterschiede, wie sie zwischen Metamorphiten geringerer Metamorphosegrade bestehen. In Form des Metamorphits Gneis konvergieren metamorphe Abfolgen, die von verschiedenen Edukten wie z. B. Granit, Grauwacke, sandig-tonigen Sedimentgesteinen, Tonsteinen oder rhyolithischen Vulkaniten ausgehen. Einem Gneis sieht man jedoch bei näherer und gezielter Beobachtung in vielen Fällen an, woraus er hervorgegangen sein könnte (unten). Näherungsweise ist dies oft schon im Gelände möglich. Ein besonders eindeutiger Fall ist das Vorkommen von deformierten Geröllen. Segregationsquarz kann vor allem in Paragneisen vorkommen, ist dort aber seltener als in Glimmerschiefern oder Phylliten.

Allgemeines Aussehen und Eigenschaften

Jeder Gneis muss **eine der möglichen Arten von Gneisgefüge** zeigen, meist ist dies eine unscharf ausgebildete Bänderung (Abb. **7.27**, **7.32**) oder auch Lineation. Hierdurch unterscheiden sich Gneise von Plutoniten trotz der Möglichkeit identischer Mineralbestände und trotz oft ähn-

Abb. 7.27 Gneis, gebändert, migmatitisch. Sanddammen westlich Bua, nördlich Varberg, Halland, Südwestschweden.

lich massigen Erscheinungsbildes. Zu Problemen der Zuordnung kann es kommen, wenn z. B. ein Granit eine mäßige Foliation zeigt, aber sonst noch alle Merkmale eines Plutonits. In solchen Grenzfällen, die bei Geländearbeiten nach Ermessen entschieden werden müssen, kann von **Gneisgranit** gesprochen werden. Die Praxis von in entsprechendem Gelände arbeitenden Geologen ist oft selektiv vorgeprägt. Wenn es von der Fragestellung her um die – nur leicht deformierten – magmatischen Phänomene geht, wird kaum Neigung bestehen, die nur als störend empfundene Foliation zur Benennungsgrundlage zu machen. Dann ist oft ohne jeglichen Hinweis auf die Foliation einfach von z. B. Granit die Rede. Solche eher subjektiven Gesichtspunkte sind bei der Bewertung von Beschreibungen oder anderen Mitteilungen zu berücksichtigen.

Beim Anschlagen von Gneis entstehen durchweg **Platten von mindestens 1 cm Dicke**. Im Aufschluss kann das Gestein plattig oder bankig gegliedert sein (Abb. 7.28). Manche Gneise zerbrechen fast unabhängig von der Orientierung der Foliation zu angenähert isometrischen Blöcken. Dies bringt es mit sich, dass Gneise vielerorts in Steinbrüchen zur Gewinnung von Schotter, Splitt oder Uferbausteinen gewonnen werden. Glimmerschiefer sind für diese Zwecke nicht geeignet. Gneise können als Gestein graue, fast schwarze, weiße oder rötliche bis kräftig rote Anteile enthalten. Oft sind Gneise in Abhängigkeit des vorhandenen Mineralbestands mehrfarbig, meist in streifiger Anordnung.

Mineralbestand

Die den Gneischarakter bewirkenden Minerale sind fast immer **Feldspäte** und **Quarz**, daneben **Glimmer** in gegenüber Glimmerschiefern geringerer Menge. Als Feldspäte sind **Plagioklas** und **Kalifeldspat** gleichermaßen wichtig. Traditionell wurde als Voraussetzung für die Berechtigung zur Anwendung des Gesteinsnamens Gneis von einem Mindestfeldspatanteil von 20 Vol.-% ausgegangen. Diese strikte Regel wird von Bucher & Grapes (2011) und in den gültigen Empfehlungen der SCMR (Fettes & Desmons 2007) nicht aufrechterhalten. Eine entsprechende Definition von Gneis ist in Abschn. 7.1.3 gegeben. Bei Bucher & Frey ist noch von einer zumeist **maßgeblichen Menge von Feldspat** die Rede. Diese Regelung kommt der Gesteinsbestimmung mit makroskopischen Methoden entgegen. Weitere wichtige, häufiger auftretende makroskopisch durchweg erkennbare Minerale sind **Granat**, **Hornblende**, **Cordierit**, **Sillimanit** und **Klinopyroxen**. In Gneisen können in geringerer Häufigkeit viele andere Minerale vorkommen, Beispiele hierfür sind Korund, Magnetit und Graphit. Auch ein **metamorphes Gestein mit Gneisgefüge ohne maßgebliche Menge von Feldspat kann Gneis sein**. Es kann dann z. B. **Cordierit** in entsprechend signifikanter Menge enthalten sein oder **Nephelin** als Foidmineral. Im letzteren Fall ist Quarz ausgeschlossen. Mit dem Namen Gneis ohne Namensergänzung wird signalisiert, dass Feldspat und gewöhnlich auch Quarz und Biotit wesentliche Bestandteile sind. Zusätzliche oder besondere Minerale sollen nach den in Abschnitt 7.1.3 gegebenen Regeln mit ihren Namen voran-

Abb. 7.28 Gneis, gebankt, die Orientierung der Bankung fällt mit einer internen Paralleltextur zusammen. Markersreuth, Münchberger Gneismasse, Frankenwald, nordöstlich Münchberg.

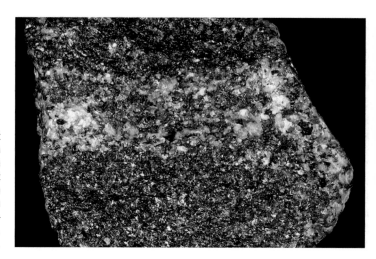

Abb. 7.29 Granatgneis mit feldspatreichen und biotitreichen Lagen im Wechsel. Der Biotit ist zum größten Teil verwitterungsbedingt ausgebleicht (Katzengold). Die roten Kristalle sind Granat mit Tendenz zu idiomorpher Ausbildung. Glazialgeschiebe, Hamburg-Stellingen. Herkunft unbekannt. BB 8 cm.

gestellt werden z. B. **Granatgneis, sillimanitführender Gneis, Cordieritgneis.**

In Form von Porphyroblasten auftretender **Granat** ist in Gneisen am ehesten bei Korngrößen bis zu einigen Millimetern tendenziell idiomorph (Abb. 7.29). Größere Granatporphyroblasten in Gneisen sind im Gegensatz zu denen in Glimmerschiefern durchweg xenomorph. Er bildet dann unregelmäßig begrenzte, oft von Sprüngen durchzogene oder zerlappte, rote Körner oder Kornhaufen (Abb. 7.4). **Cordierit** ist selten intakt und transparent blau aussehend. Sehr viel öfter ist er teilweise oder vollständig alteriert (pinitisiert) und dadurch grünlich oder bläulich grau gefärbt bis untransparent dunkelgrau. Der Cordierit in Gneisen bildet meistens xenomorphe Kristalle.

Gefüge

Gneise müssen, da sie vorrangig texturell definiert sind, immer eine Form von **Gneisgefüge** zeigen (Abschn. 7.1.2, Tafel 7.2), entweder eine der verschiedenen Arten von **Foliation** oder aber **Lineation**. Wenn diese fehlen, könnte man es stattdessen mit einem Granofels zu tun haben. In den meisten Fällen ist die Foliation als **Bänderung** entwickelt.

Einige Gneistypen werden nach spezifischen Gefügen benannt. Wichtigstes Beispiel für solch einen deskriptiven Namen ist Augengneis. Er ist durch in die Foliation eingeregelte, linsenförmig ausgewalzte oder randlich erodierte Por-

phyroklasten aus Feldspat geprägt. Dieser ist durchweg Kalifeldspat. Vom Gesteinsnamen abgeleitet spricht man von **Augengneisgefüge** (Abb. 7.12). Weitere mögliche deskriptive, sich selbst erklärende Bezeichnungen dieser Art sind **Flasergneis, Stängelgneis, Plattengneis.** Anders als in Glimmerschiefern können in Gneisen sedimentäre oder magmatische Reliktgefüge erhalten sein. Besonders offensichtliche Beispiele in Paragneisen können deformierte Gerölle eines ehemaligen Konglomerats sein oder noch erkennbare Schichtungsphänomene. Die porphyroklastischen „Feldspataugen" in Augengneisen bilden oft, aber keinesfalls immer, ehemalige Einsprenglinge porphyrischer Granite ab. In Paragneisen sind sie aus Porphyroblasten hervorgegangen. Ehemalige Pegmatite können als Gesteinsbereiche aus grobkörnigen, ausgewalzten, intern oft granulierten Feldspäten und Quarzen in Erscheinung treten.

Bei der **Unterscheidung zwischen Gneisen und Migmatiten** ist das Gefüge im Dezimeter-Maßstab ausschlaggebend. Ohne klare Grenze geht aus metamorpher Bänderung eine meist größermaßstäbliche Trennung zwischen hellen, ± granitisch zusammengesetzten Quarz-Feldspat-Lagen und dunklen, mafitbetonten Lagen hervor. Auch wenn diese kontrastierenden Gesteinsanteile aus der einfachen planaren Geometrie der Bänderung „ausbrechen" oder wenn es zu unregelmäßigen Verdickungen der hellen Lagen kommt, handelt es sich bei dem Gestein in den meisten Fällen um Migmatit (Abb. 7.66, 7.67, Abschn. 7.7).

Abb. 7.30 Gneis mit steil einfallender, durch Verwitterung und Brandungserosion akzentuierter Foliation. Links Bay, Portsoy, westlich Banff, Aberdeenshire, Schottland.

Erscheinungsform im Gelände

Im Gelände können Gneise je nach Zusammensetzung und Geländerelief **ähnlich massige Felsformen bilden wie Plutonite**, z. B. massive Klippen oder schroffe Wände aus Gestein von großer Festigkeit. In anderen Fällen wird die Bänderung unter erosiver und Verwitterungseinwirkung akzentuiert. Die Folge sind dann **plattig gegliederte Felsbildungen** (Abb. 7.30). Glimmerreiche Gneise können im Gelände ähnlich schartige Felsformen zeigen wie Glimmerschiefer. Die Verwitterungsresistenz von Gneisen wird stark durch den Glimmergehalt beeinflusst. Hoher Glimmergehalt begünstigt einen Zerfall in Grus mit darin eingelagerten plattigen Gesteinsfragmenten.

Hinweise zur petrographischen Bestimmung: Unterscheidung Orthogneis/Paragneis

Zur Ermittlung prämetamorpher geologischer Zusammenhänge ist es von Bedeutung, Ortho- und Parametamorphite zu unterscheiden. Es kommt auf die gezielte Aufsuchung und Beurteilung geeigneter Merkmale an. Hierbei ist schon die Beachtung des großmaßstäblichen Erscheinungsbildes im Aufschluss von Nutzen, ebenso wie die Auswertung von Mineralbestand und Gefüge. Wichtige Erkennungsmerkmale sind nachfolgend zusammengestellt. Hierbei ist zu beachten, dass ein Merkmal allein oft nicht ausreicht, um zu einer ausreichend zuverlässigen Ent-

scheidung zu kommen. In manchen Fällen wird im Gelände nur eine Ermessensabwägung im Sinne größter Wahrscheinlichkeit möglich sein.

Paragneis
Paragneis ist durch **sedimentäre Reliktgefüge**, wenn sie vorhanden sind, eindeutig erkennbar. Dies ist jedoch nur selten der Fall. Ähnlich signifikant kann eine **enge Assoziation mit gesichert metasedimentären Gesteinen** gleichen Metamorphosegrads sein, wie z. B. Marmor oder Quarzit. Zuverlässige Indizien sind ebenso Minerale, deren Bildung spezifisch sedimentäre Eduktzusammensetzungen erfordert. **Graphit** in einem Metamorphit ist ein Hinweis auf ehemalige organische Anteile. Unter den häufigeren metamorph sich bildenden Mineralen gibt es mehrere, die einen hohen Gehalt an Al benötigen. Deren reichliches Vorkommen ist dann ein Hinweis auf Al-reichere Eduktzusammensetzungen, als dies in Magmatiten üblich ist. Speziell Paragneise aus Edukten mit Anteilen toniger Komponente offenbaren sich gewöhnlich durch Führen von reichlich **Granat**, **Cordierit** (Abb. 3.47, 3,48, 7.29), einem der Al_2SiO_5-Trimorphen **Andalusit**, **Sillimanit** (Abb. 3.45) oder **Disthen**, **Staurolith** oder auch **Korund**. Paragneise enthalten in der Regel farblose bzw. weiße Feldspäte. Daher fehlt auch den Gesteinen insgesamt Rotfärbung, sie sind ganz überwiegend **grau**. Dies bedeutet jedoch nicht, dass grauer Gneis kein Orthogneis sein kann. In manchen Paragneisen kommt **Segregationsquarz** vor. Paragneise sind oft mig-

7

Abb. 7.31 Paragneis. Böhmischbruck, südlich Vohenstrauss, Oberpfalz. BB 8,5 cm.

matitisch, erkennbar an hellen Schlieren und Bändern aus Quarz und Feldspat, die sich von Abschnitten aus überwiegend dunklen Mineralen absetzen (Abb. 7.4).

Orthogneis

Großräumige Monotonie bei einer für plutonische Magmatite passenden Zusammensetzung ist ein möglicher, jedoch keinesfalls notwendiger Hinweis auf Orthocharakter. In den seltenen Fällen, in denen Nephelin in Gneis vorkommt, handelt es sich immer um Orthogneis. Hingegen enthalten Orthogneise die für viele Paragneise kennzeichnenden Al-betonten Minerale meist nicht, am ehesten noch etwas Granat. Vorkommen von **Hornblende** ist ein Hinweis auf wahrscheinliche Orthonatur. In den Orthogneisen vieler Vorkommen sind die **Kalifeldspäte rot** oder rötlich mit der Folge roter Färbung des Gesteins insgesamt (Abb. 7.32). Andere Orthogneise zeigen jedoch Schwarz und Weiß nebeneinander oder durchgehendes Grau. Der in Abb. 7.11 gezeigte graue Gneis ist ein Orthogneis. Während Paragneise in manchen Fällen mit eindeutigen Metasedimenten verknüpft vorkommen, werden manche Orthogneise von **basischen Einlagerungen** in einiger Menge durchsetzt. Dies sind dann gewöhnlich amphibolitische Lagen, Bänder oder auch rundum vom Gneis umschlossene, meist deutlich deformierte Körper, die in der Foliationsebene ausgewalzt sind. Segregationsquarz ist in Orthogneisen nicht üblich.

7.3.1.5 Granulitfazies

Unter Bedingungen der Granulitfazies werden Minerale, die OH-Gruppen enthalten, weitgehend durch „trockene" Minerale oder Mineralkombinationen ersetzt. Statt Glimmern oder Amphibol werden Pyroxene, Kalifeldspat und Granat begünstigt. **Diagnostisches Mineral** für granulitfazielle Prägung in Regionalmetamorphiten, wie auch für entsprechend temperierte Kontaktmetamorphite, ist **Orthopyroxen**. Dieser fehlt jedoch in eindeutig granulitfaziellen Gesteinen immer dann, wenn diese nicht geeignet zusammengesetzt sind. Dies ist in pelitischen, psammitisch-pelitischen und sauren magmatischen Edukten regelmäßig der Fall. Selbst wenn Orthopyroxen in granulitfaziellen Metamorphiten existiert, ist dieser makroskopisch nicht auffindbar. Das mit Annäherung an granulitfazielle Temperaturen aus den OH-Gruppen sich bildende H_2O verschwindet überwiegend aus dem Gesteinsverband, sodass im Fortgang der Metamorphose bei der Kristallisation Wasser fehlt. Granulitfazielle Gesteine müssen jedoch nicht völlig frei von Mineralen sein, die OH-Gruppen enthalten. Eine Folge von anhaltender Deformation bei durch H_2O-Mangel erschwerter Kristallisation ist verbreitete Feinkörnigkeit der entstehenden Gesteine, wenn nicht ein vom Edukt her grobkörniges Gestein nur statisch überprägt wird. Am bekanntesten sind feinkörnige, helle bis sehr helle, **saure (leu-**

Abb. 7.32 Orthogneis, gebändert, aus rötlichem Kalifeldspat, gelblich grauem Plagioklas, grau erscheinendem Quarz und wenig Biotit (schwarz). Halmstad, Halland, Südwestschweden. BB ca. 10 cm.

kokrate) **Granulite** mit oft ausgeprägter, fein texturierter Foliation (Abb. 7.33). Andererseits gibt es granulitfazielle Gesteine mit erhaltenen magmatischen Eduktgefügen. Hierzu gehören viele **Charnockite** (Abb. 7,35, 7.36) und manche **mafischen Granulite** (Abb. 7.44, 7.45, Abschn. 7.3.2.3). Charnockite im weiteren Sinne sind saure bis intermediäre Gesteine. Obwohl sie oft gut erhaltene magmatische Gefüge zeigen, gehören sie zum Bestand granulitfazieller Gesteinsassoziationen und Areale. **Granulitfazielle Metasedimente** sind selten.

Obwohl die Granulitfazies nur über die Temperatur von der benachbarten Amphibolitfazies abgegrenzt wird, sind typische, durch orogene Metamorphose entstandene Granulite oft auch durch hohe Drucke geprägt. Solche Granulite sind charakteristische **Gesteine der tiefen kontinentalen Kruste**. Dies kann im Gelände dadurch dokumentiert werden, dass Peridotite bzw. Metaperidotite des Oberen Erdmantels und/oder Eklogite mit Granuliten eng assoziiert sind. Saure Granulite enthalten oft keine Mineralbestände, die genauere Druck-Temperatur-Aussagen erlauben. Um hierzu Information zu bekommen, ist es aussichtsreicher, auf begleitende basische Gesteine zu achten.

Bei geringeren oder mittleren Drucken von z. B. 0,3 bis 0,6 GPa granulitfaziell geprägte Gesteine können an die Nachbarschaft oder zumindest ehemalige Nähe zu großen magmatischen, vorzugsweise gabbroiden Intrusionen gebunden sein. Sie können dann trotz höheren Drucks als 0,2 GPa als im weiteren Sinne kontaktmetamorphe Gesteine angesehen werden.

Saurer und intermediärer Granulit

Geologisches Vorkommen

Saure und untergeordnet intermediäre Granulite sind an hochgradig metamorphe, orogene Regionen gebunden. Oft liegen diese im Kernbereich von Orogenen. Typisch ist ihr Auftreten **in tektonisch herausgehobenen Segmenten tieferer kontinentaler Kruste**. Bedeutendstes Vorkommen in Mitteleuropa ist das Sächsische Granulitgebirge nördlich und nordöstlich von Chemnitz. In den Alpen kommen granulitische Gesteine in der Ivrea-Zone der westlichen Südalpen vor. Ein riesiges Areal mit granulitfaziellen Gesteinen erstreckt sich über die Landschaften Halland, Westsmåland und kleine Teile Schonens in Südwestschweden. Edukte sind hier vor allem ehemalige Granite, basische Magmatite und vereinzelt SiO_2- und Al_2O_3-reiche Sedimentgesteine.

Konfusion kann dadurch entstehen, dass in Großbritannien glimmerarme Gneise der Amphibolitfazies als „*granulites*" bezeichnet werden, z. B. „*Highland Granulites*" der schottischen Kaledoniden.

Allgemeines Aussehen und Eigenschaften

Saure und intermediäre Granulite in typischer Ausbildung ähneln Gneisen, allerdings sind sie meistens **ausgeprägt feinkörnig**. Eine Foliation ist gewöhnlich vorhanden, jedoch nicht so auffällig wie in den meisten Gneisen. Die Gesteinsfarbe variiert zwischen mittelgrau bis nahezu weiß. Besonders im Sächsischen Granulitgebirge ist z. T. sehr heller Granulit mit der Lokalbezeichnung **Weißstein** neben grauem Granulit verbreitet. Abb. 7.33 zeigt eine mäßig helle Varietät von Weißstein. In anderen Vorkommen kann saurer Granulit rote Kalifeldspäte enthalten. Ein grobkörniges Beispiel für sauren Granulit, in diesem Fall von Quarz-Granat-Plagioklas-Granofels, kommt unter dem Lokalnamen Stronalith in der Ivrea-Zone (Westalpen) vor (Abb. 7.34). Stronalith in typischer Ausbildung ist ein helles, makroskopisch nicht erkennbar deformiertes Gestein aus im Wesentlichen Quarz, Plagioklas und rotem Granat mit Korngrößen von oft mehreren Millimetern.

Mineralbestand

Der Anteil dunkler Minerale soll in nichtmafischen, d. h. sauren bzw. leukokraten Granuliten 30 Vol.-% nicht überschreiten. Wegen Feinkörnigkeit ist der Mineralbestand oft makroskopisch kaum umfassend bestimmbar. Der dominierende helle Anteil besteht gewöhnlich aus Feldspäten und Quarz. Hierbei ist es oft selbst mit der Lupe schwer, Einzelkörner zu bestimmen. Für Granu-

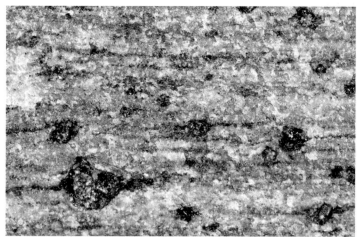

Abb. 7.33 Leukokrater (saurer) Granulit. Rote Granatkristalle sind von retrograd gebildetem Biotit eingehüllt. Neben einigen der Granate sind foliationsparallel eingeregelte Druckschatten erkennbar. Der helle Anteil besteht aus Quarz und Feldspäten in feinkörniger Ausbildung. Waldheim, Sächsisches Granulitgebirge, südwestlich Döbeln, Sachsen. BB 3 cm.

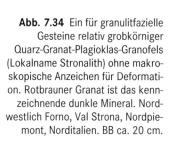

Abb. 7.34 Ein für granulitfazielle Gesteine relativ grobkörniger Quarz-Granat-Plagioklas-Granofels (Lokalname Stronalith) ohne makroskopische Anzeichen für Deformation. Rotbrauner Granat ist das kennzeichnende dunkle Mineral. Nordwestlich Forno, Val Strona, Nordpiemont, Norditalien. BB ca. 20 cm.

lite ist vor allem kennzeichnend, dass es kaum Glimmer gibt. Wenn welcher vorkommt, dann nur Biotit und nur in geringer Menge. Dominierendes dunkles Mineral ist gewöhnlich roter **Granat** in Form von unregelmäßig geformten, höchstens wenige Millimeter großen Körnern. Biotit fehlt oder tritt nur in sehr geringer Menge auf. In intermediären Granuliten kann Pyroxen in geringer Menge hinzutreten, einschließlich Orthopyroxen. Pyroxen ist wegen meist ausgeprägter Feinkörnigkeit jedoch makroskopisch nicht bestimmbar. Je nach dem Druck, der während der Metamorphose geherrscht hat, können **Disthen** oder **Sillimanit** vorkommen. Manche sauren Granulite bestehen ausschließlich aus Quarz und Feldspäten. Die granulitfazielle Prägung ist dann allein durch Beobachtung basischer Begleitgesteine und wegen des Vorkommens von Plattenquarz erkennbar.

Gefüge

Saure und intermediäre Granulite in typischer Ausbildung sind im Vergleich zu Gneisen oft **feinkörnig** und zeigen meist eine Foliation, die sich durch planare Einregelung der geringen Menge dunkler Minerale andeuten kann. Ein besonders charakteristisches Merkmal ist das Vorkommen von plattig ausgewalzten Quarzen. Solche **Plattenquarze** entstehen speziell unter granulitfaziellen Metamorphosebedingungen. Anders als in den meisten Gneisen fehlen glimmerreiche Lagen zur Aufnahme der Scherbewegungen und auf Grund der „trockenen" Metamorphosebedingungen sind Kristallwachstum und Rekristallisation erschwert. Plattenquarze fehlen in amphibolitfaziellen Gneisen. Ähnliche Konfigurationen von Quarz können jedoch in mylonitischen Gesteinen vorkommen (Abschn. 7.5). Eine Bänderung, wie sie in den meisten Gneisen auftritt, ist in Granuliten zumeist wenig ausgeprägt. Porphyroblasten oder Porphyroklasten können von **Druckschatten** begleitet sein, am häufigsten treten diese an durchweg **xenomorph entwickelten Granaten** auf (Abb. 7.33). Um Druckschatten und Plattenquarz beobachten zu können, kommt es auf die Orientierung der Gesteinsbruchfläche an, die quer zur Foliation ausgerichtet sein muss. Saure und intermediäre Granulite können **gebietsweise statisch geprägt** sein. In diesen Fällen ist allen-

falls eine ältere Foliation erkennbar. Besonders in solchen Fällen sind einfache, nicht verzahnte Korngrenzen die Regel. Das Gestein ist dann ausgeprägt granoblastisch. Dies bewirkt unter Verwitterungseinwirkung einen erleichterten Zerfall des Gesteinsverbands und eine Tendenz zum „**Absanden**" der Oberflächen.

Erscheinungsform im Gelände

Abhängig von Art und Tiefgang der Erosion kann saurer bis intermediärer Granulit schroffe Felswände bilden oder den tiefgründig verwitterten Untergrund von Hochflächen. Freistehende Felsklippen sind außerhalb der Flanken von Bergen und steil eingetieften Tälern nicht üblich. Klüfte treten in Granuliten meist in Abständen im Dezimeterbereich auf. Im sächsischen Granulitgebirge wird saurer bis intermediärer Granulit in mehreren, z. T. neu eingerichteten Großsteinbrüchen zur Schottergewinnung abgebaut.

Charnockite

Als Charnockite im weiteren Sinne werden eine Reihe von Orthopyroxen-führenden Gesteinen mit plutonischem Gefüge bezeichnet. Dies geschieht ohne Festlegung darauf, ob es sich um **magmatische oder metamorphe Gesteine** handelt. Zumindest die europäischen Beispiele charnockitischer Gesteine sind granulitfaziell geprägte, „charnockitisierte" Plutonite. Je nach normalplutonischer Entsprechung gelten Einzelnamen wie z. B. **Charnockit im engeren Sinne** (granitisch), **Enderbit** (tonalitisch), **Opdalit** (granodioritisch), **Mangerit** (monzonitisch). In der Literatur werden charnockitische Gesteine z. T. als magmatische Gesteine betrachtet, z. T. als metamorphe Gesteine. In Le Maitre et al. (2004) sind sie als magmatische Gesteine aufgenommen. Dort heißt es sinngemäß: „Die charnockitische Gesteinsserie ist durch die **Anwesenheit von Orthopyroxen** oder Fayalit plus Quarz gekennzeichnet und in vielen der Gesteine durch Perthit, Mesoperthit oder Antiperthit. Sie sind oft mit Noriten und Anorthositen verknüpft und eng an präkambrische Terrane gebunden." Typische Charnockite zeichnen eine Reihe spezifischer Eigenschaften aus, von denen gerade die Orthopyroxenführung mit makroskopischen Methoden nicht überprüfbar ist. Die Orthopyroxene sind meist sehr klein und bilden nur einen geringen Anteil der mafischen Minerale des Gesteins.

Geologisches Vorkommen

Einer generellen oder vorrangigen Einstufung von Charnockiten als normale Plutonite steht entgegen, dass es in sich geschlossene Gesteinskörper gibt, die zu Teilen in charnockitischer Ausbildung vorliegen, zu Teilen aber aus normalen Graniten o. ä. bestehen. Charnockite sind **an granulitfazielle Gebiete gebunden**. Die mafischen Minerale der „charnockitisierten" Anteile, vor allem Orthopyroxen bei Fehlen oder Armut an Hornblende und Biotit, zeigen granulitfazielle Prägung an. Es gibt fließende Übergänge zwischen Charnockiten und mafischen Granuliten (Abschn. 7.3.2.3). Die bei Le Maitre et al. (2004) angeführte Verknüpfung mit Noriten und Anorthositen gilt nicht immer. In Europa kommen Charnockite in Südwestschweden und in Südnorwegen vor, jeweils in enger Assoziation mit mafischen Granuliten.

Allgemeines Aussehen und Eigenschaften

Charnockite gleichen bezüglich Gefüge und Gesamteindruck granitoiden Plutoniten, jedoch gibt es makroskopisch auffällige Unterschiede. So kann eine schwache Foliation auftreten. Besonders kennzeichnend ist eine für sonstige Plutonite völlig unübliche **grünliche Tönung aller Feldspäte** im frischen Bruch, ohne dass hierbei eine Bindung etwa an alterierten Plagioklas zu erkennen wäre. Die Grüntönung der Feldspäte wirkt sich als Färbung des gesamten Gesteins aus (Abb. 7.35). Sie ist nicht mit einer Minderung der Transparenz der Feldspäte verbunden, wie dies bei Vergrünung von Plagioklas durch hydrothermale Alteration oder niedriggradige Metamorphose der Fall ist. Angewitterte Oberflächen von Charnockiten einschließlich derer der Feldspäte zeigen gelbe bis rostig braune Färbung. Dies ist bei durch Alteration vergrünten Plagioklasen gerade nicht der Fall. Die Grünfärbung von Charnockiten ist nur auf frisch exponierten Flächen deutlich erkennbar. Angewitterte Oberflächen sind gelb oder bräunlich gefärbt (Abb. 7.36).

Mineralbestand

Charnockite enthalten wie ihre plutonischen Äquivalente vor allem Feldspäte und Quarz sowie in meist untergeordneter Menge dunkle Minerale. Quarz kann auch weitgehend fehlen. Die Feldspäte sind makroskopisch teilweise als Plagioklas oder Kalifeldspat identifizierbar. Die **Feldspäte sind intensiv entmischt**, wobei zwischen Perthit und Antiperthit nicht zu unterscheiden ist. Vor allem in Charnockiten mit porphyrischem Gefüge können zentimetergroße Einsprenglinge des plutonischen Edukts erhalten sein. Diese können einfache Verzwillingung zeigen. Die dunklen

Abb. 7.35 Charnockit, Blickrichtung auf die Foliationsebene. Das Gestein besteht überwiegend aus grünlichen, transparenten Feldspäten, die in Abhängigkeit von der Existenz oder vom Fehlen von Ablösungsflächen unter der Oberfläche heller oder dunkler erscheinen. Varberg, Halland, Südwestschweden. BB 10 cm.

Minerale können in Form kleiner Anhäufungen in die Foliation eingeregelt sein. Unter den dunklen Mineralen ist **Orthopyroxen** ausschlaggebend für die Einstufung als Charnockit. Nur ist Orthopyroxen in Charnockiten makroskopisch nicht bestimmbar und gewöhnlich ohnehin nur untergeordnetes dunkles Mineral. Als mengenmäßig bedeutendere mafische Minerale kommen vor allem **schwarzer Klinopyroxen** und gelegentlich etwas schwarzer Amphibol neben Oxidmineralen wie Magnetit vor. Biotit sollte nicht in nennenswerter Menge vorkommen. Manche Charnockite enthalten in engem Zusammenhang mit den anderen dunklen Mineralen einzelne Körner von Granat.

Gefüge

Charnockite zeigen überwiegend magmatische Gefüge in ähnlicher Variationsbreite wie normale Plutonite dies tun. Sie können z. B. richtungslos gleichkörnig, feinkörnig, grobkörnig oder porphyrisch ausgebildet sein. Selbst die einfache Verzwillingung von Kalifeldspateinsprenglingen kann vollkommen erhalten sein (Abb. 3.17). Die mafischen Minerale können in Schlieren konzentriert sein. Eine metamorphe Foliation kann das plutonische Gefüge überlagern (Abb. 7.35).

Erscheinungsform im Gelände

Im Gelände treten Charnockite in gleicher Weise wie granitische Plutonite auf. Sie können massive Felsen bilden. In ihrem europäischen Hauptvorkommensgebiet in Südwestschweden sind Charnockite vor allem direkt an der Kattegatküste aufgeschlossen. Die Kluftabstände können mehrere Meter erreichen, sodass Charnockite ähnlich wie manche Granite monolithische Körper entsprechender Größe bilden können. Der Übergang von Charnockit in normalen Granit kann unter Wechsel der Gesteinsfarbe im Dezimeter-Bereich innerhalb desselben Plutonitkörpers erfolgen.

Granulitfazielle Metasedimente

In granulitfaziellen Regionen sind Metasedimente sehr viel seltener als saure oder auch basische Metamagmatite. So spielen granulitfazielle Metakarbonatgesteine geologisch keine irgendwie nennenswerte Rolle. Nach Bucher & Frey (2002) ist in Dolomitmarmor mit silikatischem Anteil bei mäßigen Drucken und granulitfaziellen Temperaturen (ab ca. 750 °C) mit Forsterit zu rechnen, unter Ausbleiben von Diopsid und schon vorher instabil gewordenem Ca-Mg-Amphibol (Tremolit). Bei höheren Drucken bleibt Diopsid bei granulitfaziellen Temperaturen statt oder neben Forsterit stabil.

Etwas realistischer als Metakarbonatgesteine sind in granulitfaziellen Regionen psammitisch-pelitische Metasedimente. Mögliche Merkmale sind Armut an Glimmern, fehlende oder nur mäßig entwickelte Foliation, granoblastisches

Abb. 7.36 Charnockit mit einer deutlichen metamorphen Foliation, die durch Züge von dunklen Mineralen (Pyroxenen und Amphibol) markiert wird. Kalifeldspateinsprenglinge des plutonischen Edukts sind z. T. rotiert. Die bräunliche Farbe ist durch Anwitterung bedingt. Sie ist für Charnockitoberflächen im Gelände kennzeichnend. Varberg-Kurort, Halland, Südwestschweden. BB ca. 30 cm.

Gefüge mit einfachen Korngrenzen bei oft geringen Korngrößen. Hauptminerale sind Feldspäte, vor allem Kalifeldspat, und Quarz. Daneben können in bedeutenden Mengen vorkommen: Granat, Sillimanit, Disthen und Cordierit. Übliche Gesteinsfarben sind vor allem grau, weiß und braun.

7.3.1.6 Eklogitfazies und Blauschieferfazies

Metamorphite aus sauren Edukten mit eklogitfazieller oder blauschieferfazieller Prägung sind anders als basische eklogit- und blauschieferfazielle Gesteine extreme Raritäten. Die für eklogitfazielle und blauschieferfazielle Prägung erforderlichen Versenkungstiefen werden wegen geringer Dichten selten erreicht und die gegenüber basischen Gesteinen bei sehr viel geringeren Temperaturen einsetzende Teilschmelzbildung bildet bei hohen Temperaturen in der Eklogitfazies ein entscheidendes Hindernis für den Erhalt solcher Gesteine.

Zusammenfassende Übersicht

Eine Übersicht der wichtigsten Merkmale von Regionalmetamorphiten aus pelitischen, psammitisch-pelitischen und sauren magmatischen Edukten gibt Tab. 7.2.

7.3.2 Regionalmetamorphite aus basischen Edukten

Regionalmetamorphite aus basischen Edukten haben wie ihre ganz überwiegend magmatischen Edukte gegenüber sauren Gesteinen erhöhte

Tabelle 7.2 Merkmale von Regionalmetamorphiten aus pelitischen, psammitisch-pelitischen und sauren, magmatischen Edukten

	Porphyroblasten	Foliation	Phyllosilikate	Feldspat
Tonschiefer	selten, idiomorph: Pyrit	dünnplattige Schieferung	nicht erkennbar: Illit Serizit	keiner
Phyllit	selten, idiomorph: Chloritoid	dünnplattige bis blättrige Schieferung	feinkörnig: Serizit Chlorit	keiner
Glimmerschiefer	idiomorph: Granat Staurolith Disthen	Schieferung	grobkörnig: Muskovit Paragonit Biotit	keiner bzw. wenig
Orthogneis	kaum Porphyrobl. Porphyro**klasten** aus Kalifeldspat (in Augengneis)	Bänderung, Augentextur Lineation	Biotit	Kalifeldspat (oft rot) Plagioklas (farblos) z. T. Feldspatvertreter statt Feldspat
Paragneis	meist xenomorph: Granat, Cordierit idiomorph: Sillimanit	Bänderung Lineation selten: Augentextur	Biotit Muskovit	Kalifeldspat (farblos) Plagioklas (farblos) z. T. Cordierit statt Feldspat
saurer Granulit	xenomorph: Granat, Disthen idiomorph: Disthen	Einregelung: gebunden an plattigen Quarz (Plattenquarz)	keine oder fast keine (Biotit)	Kalifeldspat Plagioklas
Charnockit	keine, jedoch Einsprenglinge des Edukts möglich	fehlend oder nur mäßige Einregelung	keine	grünliche Feldspäte, ternär bzw. perthit. entmischt

Gehalte an Mg, Fe und Ca. Bezüglich des makroskopischen Aussehens drückt sich dies in erhöhten Anteilen dunkler Minerale aus, und wenn Feldspäte auftreten, durch Überwiegen von Plagioklas gegenüber Kalifeldspat. In Metamorphiten geringeren Metamorphosegrads wird Plagioklas durch andere Ca-Al-Silikatminerale wie Epidot vertreten. Kennzeichnende dunkle Minerale sind vor allem Chlorite, Epidot und aktinolithischer Amphibol bei geringeren Metamorphosetemperaturen, schwarze Amphibole bei mittleren bis höheren und schließlich Pyroxene bei höheren und höchsten Temperaturen. In dieser Mineralabfolge liegt ein Wechsel von zunächst überwiegend grün getönten Gesteinsfarben hin zu solchen mit erheblicher Beteiligung schwarzer Komponenten. In der Eklogitfazies und Blauschieferfazies schließlich dominieren entweder Rot und Grün von Eklogiten bzw. Blau bis Blaugrau von Blauschiefern.

Regionalmetamorphite aus basischen Edukten gehören zu den besonders häufigen Gesteinen in Orogenen. Vor allem ehemalige Ozeanbodensegmente liegen abgesehen von ihren sedimentären Anteilen je nach Metamorphosegrad in der einen oder anderen Art von basischen Regionalmetamorphiten vor. Sonstige Edukte können Basalte aller Vorkommensarten, basaltisch-doleritische Ganggesteine, Andesite und gabbroide oder dioritische Plutonite sein. Sedimentäre Edukte spielen eine äußerst untergeordnete Rolle, hier kommen Mg-reiche pelitische Sedimentite in Frage.

Basische Zusammensetzungen sind besonders reaktionsfähig. Die entstehenden Mineralkombinationen der Gesteine sind weitgehend spezifisch für bestimmte Druck-Temperatur-Bereiche, sodass man Ermittlungen der Metamorphosebedingungen in gemischt zusammengesetzten Gesteinskomplexen oft auf die basischen Anteile gründet. Orthogneise, die makroskopisch oft nur Quarz, Feldspäte und wenig Biotit erkennen lassen, kann man gewöhnlich nicht ansehen, ob sie eine granulitfazielle Metamorphose durchlaufen haben oder ausschließlich eine amphibolitfazielle. Assoziierte basische Gesteine hingegen können in eindeutigen Fällen sehr deutlich z.B. eine granulitfazielle Prägung erkennen lassen, die dann den gesamten Gesteinskomplex einschließlich assoziierter Gneise betroffen haben kann.

Ähnlich wie dies für Metamorphite aus sauren Edukten gilt, ist die Entstehung metamorpher Gefüge besonders bei geringeren Metamorphosegraden in starkem Maße von dem Verhalten des Edukts gegenüber Deformationsbeanspruchung abhängig. Ursprünglich pyroklastisches oder hyaloklastisches Material wird eher rein metamorphe Gefüge annehmen als z.B. ein massiver Gabbro. Reliktgefüge mancher Edukte können bis in die Amphibolitfazies und auch Granulitfazies überdauern. Beispiele hierfür sind mafische Granulite mit erhaltener magmatischer Schichtung oder auch mit intergranularem Gefüge- oder amphibolitfazielle, ozeanische Metabasalte mit noch deutlich erkennbarer kissenförmiger Absonderung (Abb. 7.37).

Abb. 7.37 Grünstein altproterozoischen Alters mit geochemischem Ozeanbodencharakter, der niedriggradig-amphibolitfaziell metamorph geprägt ist (Sundblad et al. 1997). Mit einem Ursprung am Ozeanboden steht die noch erkennbare, kissenförmige Absonderung in Zusammenhang. Die dunklen Bereiche zwischen den ehemaligen Basaltkissen sind aus ehemaligen Glaskrusten und Hyaloklastitmaterial hervorgegangen. Westlich Årset, südlich Landsbro, Ostsmåland, Südschweden.

7.3.2.1 Subgrünschieferfazies und Grünschieferfazies

Subgrünschieferfazielle und grünschieferfazielle Metamorphite sind makroskopisch nur bedingt unterscheidbar. Die beiden Fazies werden daher hier zusammengefasst. Sowohl unter Bedingungen der Grünschieferfazies wie der Subgrünschieferfazies entstehen **Grünsteine** und grüne Schiefer. Eine durchweg grüne Färbung der Gesteine wird durch das oft gemeinsame, z. T. auch alleinige Vorkommen von vor allem Chlorit neben Epidot und Aktinolith bewirkt, die alle eine grüne Farbe haben. Die sonstigen häufig vorkommenden Minerale Albit und Quarz sind farblos.

Die Gesteinsbezeichnung **Grünschiefer** ist nach Bucher & Grapes (2011) für grüne Schiefer der **Grünschieferfazies** reserviert. Anders gesagt: Nicht jeder metamorphe grüne Schiefer ist ein Grünschiefer. Subgrünschieferfazieller grüner Schiefer ist als **grüner Schiefer** zu bezeichnen. Diese Abgrenzung bedeutet für die makroskopische Gesteinsbestimmung eine Erschwernis, weil die nur über die Mineralbestände mögliche Unterscheidung wegen Feinkörnigkeit selten möglich ist. Im Gelände ist es daher kaum vermeidbar und gemäß SCMR auch zulässig, dass grüne Schiefer der Subgrünschieferfazies als Grünschiefer bezeichnet werden. Zur diagnostischen Absicherung empfiehlt sich die Mitnahme von Proben für mikroskopische Untersuchungen. Während **Chlorit und Epidot in beiden Fazies** vorkommen und jeweils die grüne Gesteinsfarbe wesentlich bestimmen, ist das Auftreten von **Aktinolith auf die Grünschieferfazies beschränkt**. Er kann in Form feiner grüner Nadeln mit oder auch ohne Lupe erkennbar sein (Abb. 3.53). **Für die Subgrünschieferfazies** ist **Pumpellyit diagnostisch**. Pumpellyit ist ähnlich wie Chlorit grün (Abb. 3.54). Makroskopisch ist er im Gesteinsverband von Grünsteinen oder grünen Schiefern nicht identifizierbar, selbst mikroskopisch erfordert er oft besonders gründliches Suchen.

Grünstein

Die Gesteinsbezeichnung Grünstein ist in ihrer Anwendbarkeit auf erkennbar **grün gefärbtes**, nicht geschieftes, metamorphes Gestein beschränkt, dessen Grünfärbung auf niedriggradig metamorph entstehende Minerale wie Chlorit, Epidot, Aktinolith und/oder auch Pumpellyit zurückzuführen ist. In aller Regel ist Grünstein **metabasaltisch** oder **metadoleritisch**. Die metamorphe Prägung kann grünschieferfaziell sein oder auch subgrünschieferfaziell, in manchen Fällen sogar niedriggradig amphibolitfaziell. Eine verlässliche Zuordnung wird kaum ohne Mikroskopie gelingen. Andere grün gefärbte Gesteine wie z. B. Grünsandstein dürfen nicht als Grünstein benannt werden. Ob und in welchem Umfang die „Vergrünung" hauptsächlich im Zuge orogener Regionalmetamorphose zustande gekommen ist, oder schon als Folge von Spilitisierung am Ozeanboden, ist mit makroskopischen Methoden kaum erkennnbar.

Geologisches Vorkommen

Grünstein ist die in niedriggradig metamorphen Gebieten ohne intensive tektonische Durchbewegung übliche Ausbildungsform ehemals basaltischer und ähnlich zusammengesetzter Gesteine. Grünstein ist **an orogene Gebiete gebunden**. In größerer Flächenausbreitung auftretender Grünstein ist in den meisten Fällen ehemaliger **Ozeanbodenbasalt**. Auch subaerisch, d. h. an Land ausgeflossene Basalte oder basaltische Ganggesteine können nach entsprechender metamorpher Überprägung zu Grünstein geworden sein. Eine Ermittlung des Protolithcharakters ist dann von der Bewertung möglicher Begleitgesteine abhängig und von der Beachtung möglicherweise erhaltener Absonderungsgefüge. Das Auftreten von noch erkennbarer kissenförmiger Gliederung weist auf ozeanischen Ursprung hin, zumindest auf Erstarrung unter Wasserbedeckung (Abb. 7.37).

Eine zweite Art des Auftretens von Grünstein sind **schwach metamorph überprägte, basaltische oder doleritische Gänge bzw. Lagergänge (Sills)**. Dies trifft für den in Abb. 7.38 gezeigten Grünstein zu.

Außer Grünstein mit noch teilweise erkennbaren Gefügen der magmatischen Edukte kommt häufig Grünstein vor, der metamorph vollständig umkristallisiert ist und als Granofels vorliegt, z. B. maßgeblich aus Chlorit und Epidot beste-

Abb. 7.38 Grünstein mit erhalten gebliebenem ophitischem Gefüge, der aus doleritischem Ganggestein hervorgegangen ist. Die metamorphe Prägung ist subgrünschieferfaziell. Die hellgrünen Anteile sind ehemalige Plagioklase, die vor allem durch Prehnit ersetzt sind. Die dunklen Bereiche bestehen aus weitgehend erhalten gebliebenem Klinopyroxen. Weitere, nur mikroskopisch erkennbare Komponenten sind Chlorite und Pumpellyit. Antequera, nördlich Malaga, Andalusien. BB 4 cm.

hend. Hierbei können die beteiligten Minerale im Gesteinsverband inhomogen verteilt sein und besonders Epidot kann gröberkörnige Aggregate oder Porphyroblasten bilden.

Allgemeines Aussehen und Eigenschaften

Grünstein ist seinem Namen entsprechend **immer grün gefärbt** oder zumindest deutlich grün getönt bei möglichem Vorkommen auch schwärzlicher Anteile. Im Gegensatz zu grünen Schiefern ist Grünstein **massig**. Häufig ist er **von hellen Gängen durchzogen**, die dann vor allem Karbonate, Quarz und Prehnit enthalten können. Allenfalls in solchen Gängen oder anderen ehemaligen Hohlräumen wird man in seltenen Fällen Pumpellyit bei gezielter Suche finden können.

Mineralbestand

Grünstein kann vollständig aus metamorph neugebildeten Mineralen bestehen oder auch noch Anteile des Edukt-Mineralbestands enthalten. Vom Edukt erbt kann schwarzer Pyroxen reliktisch erhalten sein und auch Plagioklas, der jedoch gewöhnlich albitisiert ist. Geprägt wird Grünstein durch grün gefärbte metamorphe Neubildungen. Diese sind vor allem **Chlorit** sowie **Epidot**, **Aktinolith** und makroskopisch nicht erkennbar **Pumpellyit**. Die grüne Farbe ist oft das Einzige, was man von diesen Mineralen wahrnimmt. In Grünstein treten wie in den

Edukten häufig **Sulfide** auf, meistens goldglänzender Pyrit.

Gefüge

Grünstein kann **vom basaltischen Edukt ererbt** feinkörnig bis dicht sein oder z. B. gut erhaltenes **ophitisches Gefüge** oder **intergranulares Gefüge** zeigen (Abb. 7.38). Eher häufiger kommt granoblastisches Gefüge vor, dies gilt für den Grünstein der Abb. 7.37. Auch **porphyrisches Gefüge** des Edukts ist in Grünstein möglich. Meist bildet albitisierter und auch grün verfärbter Plagioklas die Einsprenglinge. In manchen Grünsteinvorkommen ist die **kissenförmige Absonderung** submarin ausgeflossenen Basalts überliefert (Abb. 7.37). Eine **geringe Foliation ist in Grünstein möglich**, ohne dass eine deutliche Schieferung auftritt. Die Foliation kann sich z. B. durch eine Deformation der ehemaligen Lavakissen bemerkbar machen. Die Grenze zu Grünschiefer oder grünem Schiefer ist fließend.

Erscheinungsform im Gelände

Grünstein kann im Gelände dann auffällige Felsen bilden, wenn er als mächtiger Gang in einer Umgebung aus weniger verwitterungsresistentem Material auftritt. In Mitteleuropa sind solche Vorkommen bei ausreichender Zugänglichkeit z. T. steinbruchmäßig abgebaut worden. Grünstein, der aus ehemaligem Ozeanboden hervorgegangen ist, bildet gewöhnlich engstän-

Abb. 7.39 Grünschiefer und Blauschiefer im Farbvergleich. Rechts Grünschiefer mit Chlorit als Hauptbestandteil. Tilliacher Joch, westliche Karnische Alpen. Links Blauschiefer mit Glaukophan als Hauptbestandteil. Vurinosgebirge, Nordgriechenland. BB 6,5 cm.

dig geklüftete Felsverbände. Das Gestein tritt dann außeralpin vor allem an steilen Talhängen in Form von dunkel aussehenden, unregelmäßig gegliederten Felsen auf.

Grünschiefer

Als Grünschiefer im engeren Sinne dürfen nach Bucher & Grapes (2011) nur **geschieferte, gewöhnlich chloritreiche Metamorphite** bezeichnet werden, die unter Bedingungen der Grünschieferfazies geprägt sind. Der Reichtum an Chlorit bedingt eine grüne Färbung (Abb. 7.39). Man kann davon ausgehen, dass Gesteine der beschriebenen Charakteristik aus basischen oder auch intermediären magmatischen Edukten entstanden sind. Grünschiefer und grüner Schiefer der Subgrünschieferfazies sind im Gelände verwechselbar.

Geologisches Vorkommen

Grünschiefer treten in niedriggradig metamorphen Gebieten von Orogenen großflächig oder auch in schmalen tektonischen Segmenten auf. Sie sind durchweg aus ehemaligem Ozeanboden hervorgegangen und müssen für ihre Platznahme tektonisch herausgehoben sein, z. B. als Bestandteil von tektonischen Decken. Sie können tektonische Nahtlinien (Suturen) innerhalb von Orogenen markieren. Im Gelände sind sie häufig mit Metapeliten assoziiert bzw. in diese eingelagert.

Allgemeines Aussehen und Eigenschaften

Grünschiefer sind zunächst auffällig graugrün bis dunkelgrün. Die Schieferung ist oft sehr gut ausgebildet, sodass Grünschiefer fast wie Tonschiefer von Dachschieferqualität leicht in dünne, ebenflächige Platten teilbar sein kann. Andere Grünschiefer können bei immer noch deutlicher Schieferung stärkeren Zusammenhalt zeigen und die aufreißenden Trennfugen können absetzig sein, d. h. es kann zu stufenartigem Relief auf den entstehenden Oberflächen kommen (Abb. 7.40). Segregationsquarz ist anders als in Metapeliten nicht üblich. Grünschiefer sind gewöhnlich durchgehend feinkörnig. Porphyroblasten fehlen in den meisten Grünschiefern. Eine Ausnahme ist Aktinolith, der in Form nadelig gewachsener (nematoblastischer) Porphyroblasten in manchen Grünschiefern vorkommt (Abb. 3.53).

Mineralbestand

Der Mineralbestand von Grünschiefern ist oft nicht im Einzelnen ermittelbar. Das dominierende dunkle Grün des durchweg feinkörnigen Gesteins deutet auf die reichliche Anwesenheit von **Chlorit** hin. Dies ist dann gesichert, wenn zumindest mit der Lupe schüppchenförmige, grüne Kristalle sichtbar sind (Abb. 3.53). In normalem Grünschiefer ist Chlorit das dominierende grüne Mineral. Feinfaserig gewachsene, grüne Kristalle sind **Aktinolith** (Abb. 3.53). Er kann auch makroskopisch

7

Abb. 7.40 Grünschiefer
mit weißen Karbonatgängen.
Teilbereiche vor allem im Bild-
zentrum haben Grünsteincharakter.
Südostrand des Hunsrücks bei
Simmertal, nordöstlich Kirn.
BB ca. 50 cm.

erkennbare Idioblasten bzw. Porphyroblasten mit Längen von mehreren Millimetern bis zu Zentimetern bilden (Abb. 3.29). **Epidot** ist meist wegen Feinkörnigkeit und gleichmäßiger Verteilung nicht erkennbar. Epidotreichtum oder größere Epidotkristalle bzw. -anhäufungen heben sich durch gelblich getöntes Grün (Abb. 3.66) vom Chlorit ab. Weitere, makroskopisch meist nicht hervortretende Minerale von Grünschiefern sind Albit und Quarz. Am ehesten findet man sie bei bewusster Suche im Querbruch der Platten. Weitere Minerale in Grünschiefern können unregelmäßig eingestreute, meist xenoblastische Körner von Pyrit sein und in manchen Beispielen idioblastischer Magnetit. In höhergradig geprägtem Grünschiefer kann zur Amphibolitfazies überleitend **Granat** in Form von eingestreuten Porphyroblasten auftreten.

Gefüge

Hauptgefügemerkmal ist eine oft vollkommen entwickelte Schieferung (Abb. 3.53). Erhöhte Anteile von Quarz und Albit lassen die Schieferung unvollkommener werden. Reliktgefüge der Edukte fehlen. Porphyroblastisches Gefüge kann vor allem durch Aktinolith, Magnetit und Granat bewirkt werden. Alle drei Minerale tendieren zu idioblastischem Wachstum.

Erscheinungsform im Gelände

Vorkommen von Grünschiefer können große Volumen in der Dimension ganzer Berge ausfül-

len oder auch in Form schmaler Streifen von selten über wenigen hundert Metern Breite tektonische Suturen oder Deckengrenzen markieren. Grünschiefer kann im Gelände ähnlich schartige Felskonfigurationen bilden wie Glimmerschiefer. Im Einzelnen ist das Mengenverhältnis von Chlorit zu den anderen Mineralen, vor allem zu Albit und Quarz dafür bestimmend, ob ein Grünschiefer leicht und tiefgründig verwittert und nur bei einschneidender Erosion sichtbar wird oder ob er Felsklippen bildet. Das ausschlaggebende Merkmal ist außer der Schieferung die charakteristische grüne Farbe (Abb. 7.40).

7.3.2.2 Amphibolitfazies

Der Übergang von der Grünschieferfazies zur Amphibolitfazies ist in basischen Gesteinen wegen der Dominanz von chemisch variablen Mischkristallen weitgehend graduell. Der Gesteinscharakter verändert sich dementsprechend nicht abrupt. Diesem Umstand trägt eine von manchen Autoren und der SCMR vorgenommene Abtrennung einer im niedrig temperierten Bereich der Amphibolitfazies platzierten **Epidot-Amphibolitfazies** Rechnung. Dieser Übergangsbereich zur Grünschieferfazies wird hier mit dem höher temperierten Teil der Amphibolitfazies zusammengefasst. Wesentliche Unterschiede zwischen der Epidot-Amphibolitfazies und dem höhergradigen Anteil der Amphibolitfazies kommen in Tab. 7.1 zum Ausdruck.

Im amphibolitfaziellen Temperaturbereich werden **Amphibol** und **Plagioklas** zunehmend bedeutende Minerale. **Amphibolit** besteht ganz überwiegend aus ihnen. Der Amphibol nimmt mit steigendem Metamorphosegrad fließend Hornblendecharakter an. Makroskopisch bedeutet dies, dass er glänzend schwarz wird und die Neigung zu langgestreckter oder nadeliger Ausbildung abnimmt. Chlorit und Epidot können zunächst noch unter niedriggradig amphibolitfaziellen Bedingungen erhalten bleiben und dem Gestein eine grüne Färbung verleihen, sodass es den Charakter von Grünstein noch nicht verloren haben muss. Erst mit weiter zunehmender Temperatur werden dann Chlorit und Epidot zurückgedrängt, um schließlich im höher temperierten Bereich der Amphibolitfazies zu verschwinden. Biotit und diopsidischer Klinopyroxen können hinzukommen. Unter günstigen Bedingungen kann Granat im gesamten Temperaturbereich der Amphibolitfazies auftreten.

Amphibolit, Hornblendeschiefer

Amphibolit, das namengebende Gestein der Amphibolitfazies, ist anders als der Name vermuten lässt, kein ultramafisches Gestein. Metamorphite, die zu über 90 Vol-% aus Amphibol bestehen, kommen zwar vor, sind jedoch selten. Sie müssen dann trotz Verwechslungsgefahr mit entsprechenden Magmatiten und Erdmantelgesteinen nach Fettes & Desmons (2007) als **Hornblendite** bezeichnet werden. Es empfiehlt sich daher, präzisierend von metamorphem Hornblendit zu sprechen. **Amphibolit** wird von Fettes & Desmons in komplizierter Weise definiert. Vereinfacht läuft es darauf hinaus, dass Amphibolit ein granoblastisches bis gneisartig foliiertes Gestein ist, das zu mindestens 75 % aus Amphibol und Plagioklas besteht. Amphibol muss für sich mindestens 30 %, höchstens 90 % des Gesteins ausmachen und auch das mengenmäßig überwiegende mafische Mineral neben z. B. Pyroxen, Granat oder Biotit sein. Der Plagioklas darf nicht weniger als 5 % ausmachen, wobei ein Anteil unter 10 % nur dann relevant ist, wenn andere helle Minerale wie z. B. Quarz mit dem Plagioklas zusammen mindestens 10 % erreichen. Nach Bucher & Grapes (2011) sollte der Amphibolanteil, gewöhnlich handelt es sich um Hornblende, mindestens 40 % sein.

Hornblendeschiefer ohne weitere Namensergänzung ist ein intensiv geschiefertes, nahezu ausschließlich aus parallel eingeregelten, länglichen Hornblendekristallen bestehendes Gestein. Wenn andere Minerale 5 % erreichen, müssen sie in den Namen einbezogen werden, ein Beispiel hierfür ist Biotit-Hornblendeschiefer. Mit abnehmender Intensität der Foliation gibt es Übergänge zu Amphibolit, mit abnehmendem Hornblendeanteil zu Hornblendegneis.

Geologisches Vorkommen

Hornblendeschiefer und Amphibolit gehen auf basaltische oder gabbroide Edukte mit allen Arten von Eduktgefügen zurück. Sie können sowohl aus entsprechend zusammengesetzten Pyroklastiten, Vulkaniten und Ganggesteinen wie auch aus Plutoniten entstehen. Das Primärgefüge spielt bezüglich der Mineralneubildung keine erhebliche Rolle. Amphibolite und Hornblendeschiefer sind **an orogenen, regionalmetamorphen Rahmen gebunden**. Sie sind gewöhnlich mit Gneisen assoziiert, gegenüber denen sie meist mengenmäßig untergeordnet sind. Weitere Begleitgesteine können Granulite, besonders mafische Granulite, und auch Eklogite sein. Vor allem in solchen Fällen können Amphibolitvorkommen retrograd metamorph sein. Sie können dann eine granulitfazielle oder eklogitfazielle Vorgeschichte haben. Primär haben z. B. Basalte, gabbroide Intrusiva, basaltisch-doleritische Ganggesteine oder auch Mg-reiche pelitische Edukte vorgelegen. Aus sedimentären Edukten hervorgegangene **Paraamphibolite sind sehr selten** (Abb. 3.32). Ihr Amphibol ist dann in der Regel keine Hornblende, sondern stattdessen oft Gedrit.

Allgemeines Aussehen und Eigenschaften

Typischer **Hornblendeschiefer** ist gewöhnlich ein merkmalsarmes, tiefschwarzes Gestein, das aus parallel eingeregelten, leistenförmigen Kristallen besteht. Die sehr viel häufigeren Amphibolite können vielgestaltig sein. **Amphibolite** sind gewöhnlich relativ grobkörnige Gesteine mit Korngrößen im Bereich von mehreren Millimetern. Hierdurch heben sich die weißen Plagioklase

Abb. 7.41 Granatamphibolit. Gleiches Gestein und gleiche Lokalität wie Abb. 7.8. Die gelben Flecken sind Flechten. Diamantklipporna, Kullen-Halbinsel, Westschonen, Südschweden.

prägnant von den zumeist tiefschwarzen Amphibolen ab. Besonders auffallend ist ein **intensives Glänzen der gewöhnlich sehr gut ausgebildeten Hornblende-Spaltflächen** (Abb. 7.8). Besonders in direktem Sonnenlicht können Amphibolite bei tiefschwarzer Färbung auffällig glitzern, vor allem wenn sie grobkörnig ausgebildet sind (Abb. 7.41).

Mineralbestand

Amphibolite können außer schwarzer **Hornblende** und **Plagioklas** eine Reihe weiterer Minerale enthalten. Durch hohe Drucke bei der Metamorphose bedingt führen viele Amphibolite als zusätzlichen Hauptbestandteil roten **Granat** (Abb. 7.8, 7.42). Amphibolite können **migmatitischen Charakter** annehmen (Abschn. 7.7). Sie sind dann von **weißen Schlieren** tonalitischer Zusammensetzung, d.h. aus Plagioklas und Quarz durchsetzt (Abb. 7.43). Granat erreicht in vielen Amphiboliten über 5 Vol.-% Anteil. Granatführung in dieser Menge qualifiziert das Gestein für die Benennung als **Granatamphibolit** (Abb. 7.42).

In vielen Amphiboliten treten mengenmäßig untergeordnet zusätzliche Minerale auf, am ehesten sind dies **Biotit**, **Titanit** und **Klinopyroxen**. **Quarz** ist vor allem an weiße, tonalitische Schlieren in migmatitischen Amphiboliten gebunden. Wenn Pyroxene vorkommen, sind diese oft makroskopisch kaum erkennbar. Ein Unterscheidungsmerkmal kann **matterer Glanz der Pyroxene** im Vergleich zu den Spaltflächen der Hornblenden sein, sowie eine insgesamt

unvollkommenere bis schlechte Ausbildung der Spaltflächen. In Hornblendeschiefern und auch Amphiboliten kann gelbgrüner **Epidot** auftreten, entweder gleichmäßig feinkörnig verteilt oder auch in Lagen oder Linsen angereichert.

Gefüge

Amphibolite zeigen keine von den Edukten überlieferten Reliktgefüge. Eine relativ **grobkörnige, granoblastische Struktur** ist kennzeichnend (Abb. 7.8). Anders als in Glimmerschiefern und auch in manchen Gneisen tritt Granat nicht vorzugsweise in Form von Porphyroblasten auf, die sich durch ihre Größe von den Nachbarmineralen abheben. Viele Amphibolite sind massig ausgebildet. Andere sind durch deutliche Einregelung der dann länglichen Amphibole geprägt, dies gilt eher für granatfreie Amphibolite als für Granatamphibolite. In manchen Granatamphiboliten sind die Granate von Coronen aus weißem Plagioklas umhüllt (Abb. 7.8).

Erscheinungsform im Gelände

Amphibolite fallen gegenüber den oft mit ihnen zusammen vorkommenden Gneisen oder sauren Migmatiten durch ihre **extrem dunkle Färbung** auf (Abb. 7.41). Die meisten Amphibolite sind abgesehen von sehr grobkörnigen und glimmerreichen Beispielen ähnlich verwitterungsresistent wie Gneise, wenn diese nicht zu glimmerreich sind. Das Kluftmuster ist oft durch Abstände im

Bereich mehrerer Dezimeter bis Meter geprägt. Hierdurch und durch eine überwiegende Armut an Glimmern wird die Bildung massiver Felsen begünstigt. Häufiger als in Form großvolumiger Gesteinseinheiten treten Amphibolite z. B. in Gneisen als verfaltete oder in die Gneisfoliation eingeregelte Einlagerungen auf. Hierbei sind Mächtigkeiten im Bereich von manchmal nur Dezimetern über Meter und Zehnermeter bis zu mehreren hundert Metern üblich. Die Protolithe waren dann oft basaltisch-doleritische Gänge oder kleinere gabbroide Intrusivstöcke. Amphibolite können als basische Migmatite entwickelt sein (Abb. 7.43). Der schon aufgeschmolzen gewesene Anteil, das Leukosom (Abschn. 7.7), besteht dann aus Quarz und Plagioklas und entspricht damit tonalitischen Zusammensetzungen.

Hinweise zur petrographischen Bestimmung

In manchen Fällen ist es schwierig zu entscheiden, ob ein unfoliiertes Hornblende-Plagioklas-Gestein ein Amphibolit oder magmatischer **Hornblendegabbro bzw. -diorit** ist (Abschn. 5.7.4). In solchen Fällen ist die Beachtung des geologischen Rahmens im Gelände wichtig. Eine Verknüpfung mit pyroxendominiertem Gabbro wäre ein Hinweis zugunsten einer magmatischen Einstufung. Ein fließender Übergang in mafischen Granulit oder ein Auftreten als Einlagerung in Gneis würde eine metamorphe Entstehung sehr wahrscheinlich machen. Ein weiteres mögliches Merkmal für magmatische Entstehung sind ausgeprägte Korngrößenunterschiede

Abb. 7.42 Granatamphibolit aus schwarzem Amphibol, rotem Granat, weißem Plagioklas und etwas schwarzem Biotit. Glazialgeschiebe, Lägerdorf, Südholstein. Herkunft Südwestschweden. BB 6 cm.

Abb. 7.43 Basischer Migmatit, Granatamphibolit mit tonalitischem Leukosom (Abschn. 7.7) aus Plagioklas und Quarz. Stensjöstrand, Kattegatküste nördlich Halmstad, Halland, Südwestschweden.

unter den Körnern einer Mineralart, vor allem der Hornblenden. Ein anderes Indiz für magmatische Entstehung ist das Vorkommen von Kernen aus Pyroxen in Amphibolkristallen. Diese können sich durch matteren Glanz von der Hornblende abheben.

7.3.2.3 Granulitfazies

Basische Gesteine, die granulitfazieller Metamorphose unterworfen waren, werden als mafische Granulite bezeichnet. Sie sind zu wesentlichem Anteil durch mafische Minerale und Plagioklas gekennzeichnet. Die Mafite gehören überwiegend, wenn auch oft nicht ausschließlich Mineralgruppen an, die keine OH-Gruppen enthalten. Statt Amphibol ± Biotit in der Amphibolitfazies dominieren in der Granulitfazies Pyroxene und z. T. Granat als mafische Minerale.

Mafischer Granulit

Mafische Granulite bilden in den lange bekannten klassischen Granulitarealen, wie dem Sächsischen Granulitgebirge, untergeordnete Einlagerungen in sauren Granuliten. Wenn von Granulit die Rede ist, wird hierunter gewöhnlich saurer bzw. leukokrater Granulit verstanden. Erst um 1990 wurden Vorkommen mafischer Granulite in Südwestschweden bekannt (Johansson et al. 1991) und unabhängig davon wenig später auch als von dort stammende Glazialgeschiebe in Teilen Nordwestdeutschlands. Das Verbreitungsgebiet mafischer Granulite in Südwestschweden ist 15 000 bis 20 000 Quadratkilometer groß. Sie treten dort in enger Assoziation mit Granatamphiboliten auf, beide Gesteine als verstreute Enklaven in mengenmäßig weit dominierenden Orthogneisen mit nur zum geringeren Teil erhaltenen Gefügen, wie sie für die Granulitfazies kennzeichnend sind (plattig ausgewalzter Quarz).

Geologisches Vorkommen

Mafische Granulite entstehen im Zuge von Orogenesen bei granulitfaziellen Temperaturen. Sie gehen wie Amphibolite auf **basaltisch-gabbro-**ide Edukte zurück. Regional können sie mit Amphiboliten assoziiert sein, manchmal sogar in einem Aufschluss ineinander übergehend. Abhängig vom bei der Metamorphose wirksam gewesenen Druck können mafische Granulite sich signifikant unterscheiden. Bei eher geringen Drucken gebildete mafische Granulite sind gewöhnlich feinkörnige, meist sehr dunkle bis schwarze, merkmalsarme Granofelse, die basaltartig oder hornfelsähnlich aussehen, wenn sie nicht erkennbar foliiert sind.

Von wesentlich größerer geologischer Bedeutung, auch weil sie ein wesentliches **Gestein der tiefen kontinentalen Kruste** sein dürften, sind bei hohen Drucken gebildete mafische Granulite. Solche mafischen „Hochdruckgranulite" sind Gesteine, die sich, geeignete Zusammensetzung vorausgesetzt, von mafischen „Niedrigdruckgranuliten" durch Granatführung unterscheiden. Nach Bucher & Frey (2002) liegt die kritische Druckgrenze oberhalb derer es zur Granatbildung kommt, für tholeiitbasaltische Zusammensetzung bei 800 °C zwischen 0,6 und 0,7 GPa.

Allgemeines Aussehen und Eigenschaften

Besonders bei geringeren Drucken gebildete mafische Granulite sind als meist feinkörnige, schwarze Gesteine nur sehr bedingt makroskopisch bestimmbar. Das Erkennen mafischer Hochdruckgranulite ist hingegen einfacher, wenn sie spezifisch ausgebildet sind. Erster Hinweis im Gelände ist dann eine bräunliche Gesteinstönung, die auf feinkörnigen, im Gestein verteilten roten Granat zurückgeht. Hierdurch erscheint das insgesamt mäßig dunkel getönte Gestein wie rostig braun angewittert. Das Aussehen gleicht von weitem am ehesten dem von angewittertem Ferrogabbro oder Ferrodiorit (Abschn. 5.7.5). Überhaupt sind gröberkörnige mafische Granulite leicht mit unmetamorphen gabbroiden Gesteinen verwechselbar. Wahrscheinlich ist dies der Hauptgrund, dass sie als regional besonders häufige Glazialgeschiebe länger als ein Jahrhundert intensiver Glazialgeschiebekunde unbeachtet und unerkannt überdauert hatten. Ihre Hauptverbreitungsgebiete auf sekundärer Lagerstätte sind der schleswig-holsteinische Landesteil Schleswig und weite Gebiete Dänemarks.

Mineralbestand

Der Anteil der mafischen Minerale muss mindestens 30 Vol-% ausmachen. Die wesentlichen Minerale von bei geringerem Druck gebildetem, feinkörnigem mafischem Granulit sind **Klino-** und **Orthopyroxen**, oft auch **Hornblende, Plagioklas** und oxidische Erzminerale wie Magnetit. Makroskopisch sind diese Minerale im Gestein meist nicht bestimmbar. Das Gestein selbst ist eher über den geologischen Gesamtzusammenhang einstufbar als über die makroskopische Untersuchung einer typischerweise feinkörnigen Probe ohne Kenntnis des Umfelds. Gewöhnlich ist eine seriöse Bestimmung nicht ohne Mikroskopie möglich. Wesentliche Maßnahme im Gelände ist daher die Entnahme von geeigneten Proben.

Bei hohem Druck geprägter mafischer Granulit enthält immer **Granat** als metamorphe Neubildung (Abb. 7.44). **Klinopyroxen**, der gewöhnlich schwarz gefärbt ist, manchmal mit einer grünlichen Tönung, sowie Plagioklas sind Minerale, die aus dem Edukt stammen, wenn auch mit möglicherweise geänderter chemischer Zusammensetzung. Der **Plagioklas** kann **dunkel getönt** sein. Schwarze **Hornblende** kann in untergeordneter Menge vorkommen. Sie bildet dann eingestreute schwarze Flecken im Gestein. Auch Biotit kann auftreten. Regelmäßig sind oxidische Erzminerale vorhanden.

Der erkennbare Mineralbestand von mafischen Hochdruckgranuliten ist bezüglich der vorkommenden Mineralarten grundsätzlich ebenso in höheren Temperaturbereichen der Amphibolitfazies möglich. Dies gilt jedoch nicht für deren individuelle Mineralchemie und für das weite Überwiegen von Pyroxen über Hornblende. Mafische Granulite der hier beschriebenen Art, wie sie für Südwestschweden kennzeichnend ist, können eindeutig der Granulitfazies zugeordnet werden (Johansson et al. 1991). Die Hornblenden bilden, wenn sie überhaupt vorkommen, überwiegend Säume um die Pyroxene oder sie sind untergeordnet eingestreut.

Gefüge

Während bei niedrigem Druck gebildete mafische Granulite meist feinkörnige Granofelse mit oder ohne erkennbare Foliation sind, sind die Gefüge von mafischen Hochdruckgranuliten variabel. Die nachfolgenden Beschreibungen beziehen sich auf die Verhältnisse im bedeutendsten Gebiet mit mafischen Hochdruckgranuliten in Europa: Südwestschweden. Sehr oft sind die Gefüge der magmatischen Edukte undeformiert überliefert. Hierzu gehören z.B. das körnige Gefüge eines Gabbros (Abb. 7.44) oder das ophitische bis intergranulare Gefüge eines Dolerits. Es gibt Beispiele, in denen magmatische Schichtung eines ehemaligen Gabbros (Abb. 7.45) oder ein feinkörniges, offenbar schnell abgekühltes Salband am Kontakt eines Doleritkörpers gegen das Nebengestein erhalten ist. Diese Gefügebeziehungen weisen auf granulitfazielle Metamorpho-

Abb. 7.44 Mafischer Granulit, Metagabbro aus Pyroxen und Magnetit als dunklen Mineralen und hellem Plagioklas als ursprünglichem Mineralbestand, der zu wesentlichem Teil erhalten geblieben ist. Roter Granat bildet als metamorphe Neubildung Coronen um die dunklen Minerale bzw. an den Kontakten zwischen den dunklen Mineralen und Plagioklas. Die Metamorphose erfolgte unter statischen, hochdruckgranulitfaziellen Bedingungen. Nordwestlich Gislaved, Westsmåland, Südschweden. BB 8,5 cm.

se unter maßgeblich statischen Bedingungen hin bzw. auf große mechanische Widerstandsfähigkeit der Edukte. In ebenfalls vorkommenden Beispielen foliierter mafischer Granulite scheint die Deformation vor der granulitfaziellen Hochdruckmetamorphose angelegt worden zu sein.

Metamorph entstandene Gefügeelemente sind makroskopisch gut erkennbare **Reaktionscoronen** aus rotem Granat ± makroskopisch unauffindbarem Quarz, die die primären mafischen Minerale gegen Plagioklas abgrenzen (Abb. 7.44). Die Coronen dokumentieren eine granatbildende Mineralreaktion zwischen primären Mafiten und Plagioklas. Zwischen solchen coronitischen Reaktionsgefügen und vollkommen granoblastischen Gefügen gibt es alle Übergänge. Die Coronen können als Ausdruck nicht erfolgter Gleichgewichtseinstellung, d. h. vorzeitig abgebrochener Mineralreaktionen verstanden werden, während granoblastische mafische Granulite weitgehend erreichte Gleichgewichtseinstellung anzeigen. In mafischen Hochdruckgranuliten sind die neugebildeten Granate kaum größer als 1–2 mm. Während die Granate in Coronen zu idioblastischer Ausbildung neigen, sind sie in granoblastischen mafischen Granuliten in einfach polygonaler oder rundlicher Konfiguration xenoblastisch.

Erscheinungsform im Gelände

Die meist kleinen Körper aus mafischen Granuliten relativ niedriger Bildungsdrucke sind im Gelände unauffällig. Sie heben sich von umgebenden leukokraten Granuliten nur farblich ab. Mafische Hochdruckgranulite bilden hingegen in ihrer Umgebung aus Gneis oder auch Amphibolit besonders verwitterungs- und abtragungsresistente Felskuppen mit z. T. steilen Flanken. Sie sind gewöhnlich nur in Abständen von mehreren Dezimetern bis Metern von Klüften durchzogen. Mafische Hochdruckgranulite sind im Gegensatz zu den gebietsweise mit ihnen assoziierten Granatamphiboliten völlig frei von weißen, schlierigen Plagioklas-Quarz-Einlagerungen. Abgesehen von aus dem Protolith ererbten Inhomogenitäten wie magmatischer Schichtung, sind mafische Hochdruckgranulite innerhalb eines Vorkommens meist völlig einförmig.

Hinweise zur petrographischen Bestimmung

Granatführende mafische Granulite sind in der Merkmalskombination doleritisch-gabbroider Mineralbestand plus Granat bei oft erhaltenem magmatischem Gefüge unverwechselbar. Hinzu kommt der schon von weitem auffallende Braunton des Gesteins (Abb. 7.45). Dies wird besonders deutlich, wenn in einem Aufschluss mafischer Granulit in Amphibolit übergeht. Der Amphibolit ist dann schwarz glänzend oder schwarz-weiß gefleckt, während der mafische Granulit mattbraun erscheint.

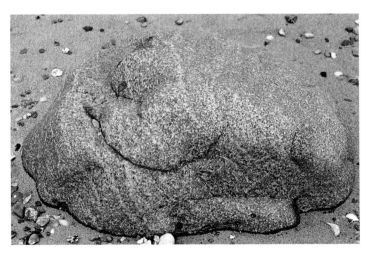

Abb. 7.45 Mafischer Granulit, Metagabbro mit diffuser magmatischer Schichtung. Das Gestein entspricht dem der Abb. 7.44. Die auf den Granatgehalt zurückgehende bräunliche Gesamtfärbung ist ein Hauptunterscheidungsmerkmal gegenüber nichtmetamorphen Gabbros. Glazialgeschiebe, Brodauer Ufer, nordöstlich Neustadt in Holstein. Durchmesser ca. 50 cm.

Sonderfall: coronitische Olivingabbroide

Olivinführende Gabbroide in Orogenen können bei fast vollständig erhaltenem magmatischem Gefüge und Mineralbestand einen oft nur bei gründlichem Hinsehen erkennbaren Hinweis auf metamorphe Beeinflussung zeigen. Das einzige Indiz für eine metamorphe Überprägung sind dann meist schmale **Reaktionscoronen, die Olivinkörner einhüllen** bzw. gegen benachbarten Plagioklas abgrenzen. Eine Braunfärbung des Gesteins wie bei mafischen Hochdruckgranuliten fehlt. Die metamorphe Bildung der Coronen ist durch erhöhten Druck bedingt, entweder unter Einfluss der Restwärme des noch nicht endgültig abgekühlten Gabbroids oder bei einer späteren Metamorphose. Gabbroide, die in geringer Tiefe abgekühlt sind, zeigen keine Coronabildung zwischen Olivin und Plagioklas.

Coronitische Olivingabbroide sind an geologische Szenarien gebunden, unter denen magmatisch gebildeter Olivin und Plagioklas zunächst nebeneinander stabil sind. Darauf folgt eine Phase von Ungleichgewicht zwischen Olivin und Plagioklas unter Bildung von Reaktionsprodukten, zu denen vor allem Orthopyroxen, Granat und oft anschließend Amphibole gehören. Makroskopisch erkennbar sind nur sich von der Umgebung farblich schwach abhebende, meist hellere **schmale Säume um Olivin**. Zwischen Pyroxenen und Plagioklas fehlen anders als in ausgeprägten Hochdruckgranuliten mafischer Zusammensetzungen Coronabildungen. Olivinführende Gabbroide können regional in der geschilderten Weise überwiegend coronitisch sein.

7.3.2.4 Eklogitfazies

Die Eklogitfazies ist ein Bereich besonders hoher metamorpher Drucke bei einer extrem breiten Spanne von Temperaturen. Besonders kennzeichnend für die eklogitfazielle Prägung von Gesteinen ist das **hochdruckbedingte Fehlen von Plagioklas**. Auch andere Feldspäte kommen nicht vor.

Eklogit

Eklogite sind eklogitfaziell geprägte, also **Hochdruck-Gesteine**, die bei Fehlen von Plagioklas maßgeblich aus dem Pyroxen Omphacit und Granat bestehen (Abb. 3.39, 7.46). Während saure oder metasedimentäre Gesteine in eklogitfazieller Prägung extreme Raritäten sind, ist das von der chemischen Zusammensetzung her basische Gestein Eklogit zwar eine Besonderheit, dies bedeutet auch der Name, jedoch ist Eklogit einigermaßen verbreitet und in jedem Fall auffällig. Vom Mineralbestand her ist Eklogit als **Pyroxen-Granat-Granofels** ultramafisch, außer wenn in bedeutender Menge Quarz enthalten ist.

Geologisches Vorkommen

Eklogit tritt typischerweise **in kleinen Vorkommen** auf, regional oft in Gruppen aus mehreren getrennten Gesteinskörpern. Eklogit bildet Einlagerungen von Dezimeter-Dicke in Peridotiten oder Serpentiniten oder auch Körper von bis zu einigen hundert Metern Ausdehnung z. B. in Umgebungen aus Granulit oder Gneis. Größere Vorkommen sind nicht die Regel. Das Auftreten von Eklogit zeigt tektonische Bewegungen mit einem Tiefgang mindestens bis in den Grenzbereich von Erdkruste und Erdmantel oder tiefer an. Dies ist nur in orogenem Rahmen möglich. Nicht orogene Ausnahme des Vorkommens von Eklogit ist das Auftreten als Xenolith in alkalibasaltischen und kimberlitischen Vulkanschloten, d. h. als Förderprodukt von explosiven Vulkanen mit großer Herkunftstiefe des Fördermaterials. Eklogite in Orogenen sind in den meisten Fällen Abkömmlinge von ehemaligen Ozeanbodenbasalten, die bei der Metamorphose besonders hohen Drucken ausgesetzt waren. Es kommen aber z. B. auch ehemalige Gabbros in Frage.

Viele Eklogitvorkommen bestehen maßgeblich oder ausschließlich aus **retrogradierten Eklogiten** (Abb. 7.47). Dies sind Eklogite oder ehemalige Eklogite, die entweder durch Druckentlastung bei noch hohen Temperaturen verändert worden sind oder bei späterer niedrigergradiger Regionalmetamorphose unter Zufuhr H_2O-reicher Fluide. Solche retrogradierten Eklogite können dann neben Granatrelikten weitge-

7

hend Mineralbestände der niedriggradiger metamorphen Faziesbereiche enthalten.

Allgemeines Aussehen und Eigenschaften

Eklogit ist ein maßgeblich aus **rotem Granat** und **grünem Pyroxen (Omphacit)** zusammengesetztes Gestein. Hierbei kann in manchen Vorkommen sowohl das Rot wie auch das Grün sehr blass sein (Abb. 7.46), sodass man erst bei näherem Hinsehen die beiden Farben nebeneinander wahrnimmt, statt eines eher grauen Gesamteindrucks aus einiger Entfernung. Ein weiteres entscheidendes Merkmal für Eklogit ist eine **auffällig hohe Dichte**, die man beim Anheben einer Probe ausreichender Größe spätestens beim Vergleich mit einem gleich großen Stück von z. B. Granit bemerkt. Eklogit hat Dichten von $3,3 \, g/cm^3$ oder mehr, Granit um $2,7 \, g/cm^3$.

Mineralbestand

Nicht retrogradierter Eklogit darf **keinen Plagioklas** enthalten. Alkalifeldspäte sind schon von den basischen, meist basaltischen Eduktzusammensetzungen her praktisch ausgeschlossen. **Roter Granat** und **grüner Pyroxen (Omphacit)** sind die Hauptkomponenten des Gesteins. Der grüne Pyroxen ist in manchen Vorkommen intensiv, in anderen nur blass gefärbt und randlich transparent. Ebenso kann auch der Granat nur blasse Rotfärbung zeigen. Jedoch sind weder der Omphacit

noch der Granat jemals farblos. Weitere in manchen Vorkommen mengenmäßig bedeutende, in anderen Vorkommen fehlende Minerale sind u. a. **Quarz, Disthen**, heller Glimmer und Rutil. Der Rutil bleibt wegen geringer Korngröße gewöhnlich makroskopisch unerkennbar. Der Quarz tritt oft nicht gleichmäßig verteilt auf, sondern in Form unregelmäßig geformter lokaler Anreicherungen. Besonders in Eklogiten, die bei niedrigeren Temperaturen gebildet wurden, können Minerale vorkommen, die OH-Gruppen führen wie z. B. Chloritoid, heller Glimmer oder Talk.

Für Eklogit gilt, dass mit makroskopischen Methoden das Gestein insgesamt sicherer bestimmbar ist als dessen Hauptmineral Omphacit für sich. Dieser ist makroskopisch nur als grüner Pyroxen erkennbar. Ausbildungsform und Farbe würden z. B. auch Diopsid möglich erscheinen lassen. Nur weil Eklogit mit der Kombination Granat plus grüner Pyroxen bei zusätzlich hoher Gesteinsdichte als Gestein nahezu singuläre Eigenschaften hat, lässt sich im Gelände darauf schließen, dass der Pyroxen Omphacit sein müsste.

In durch Druckentlastung bei hohen Temperaturen retrogradierten Eklogiten fehlt der Omphacit. Er ist dann regelmäßig durch filigrane symplektitische Verwachsungen von grünem Pyroxen mit Plagioklas ersetzt. Als Gesamtheit betrachtet bilden solche Dekompressions-Symplektite matt graugrüne, gleichmäßig im Gestein verteilte Flecken zwischen den weiterhin erhaltenen roten Granatkristallen (Abb. 7.47). Zusätzlich können Quarz und/oder Disthen

Abb. 7.46 Eklogit aus blassgrünem, omphacitischem Pyroxen und blassrötlichem Granat. Eine im Bild waagerecht orientierte Foliation geht mit Feinkörnigkeit des Gesteins einher. Gipfelbereich des Bergs Meluzina (1094 m), südöstlich Oberwiesenthal, grenznah auf tschechischem Gebiet. BB 3,5 cm.

unverändert erkennbar sein. Die Minerale der Symplektite sind für sich nicht identifizierbar. Die Symplektite insgesamt sind jedoch als solche bestimmbar. Gewöhnlich kann man mit der Lupe einen filigranen inneren Aufbau erkennen. Die Pyroxenanteile der Symplektite können zusätzlich teilweise oder vollständig durch schwarzen Amphibol ersetzt sein. Dieser Ersatz geschieht gewöhnlich unter deutlicher Vereinfachung und Vergröberung des Symplektitgefüges.

Gefüge

Nichtretrogradierter Eklogit hat gewöhnlich **granoblastisches Gefüge**. Hierbei haben Pyroxen und Granat ähnliche Korngrößen. Quarz kann in Form unregelmäßig verteilter Nester auftreten. Die Korngrößen der Pyroxene und Granatkristalle liegen in vielen Vorkommen unter 1 mm (Abb. 7.46), in anderen im Bereich mehrerer Millimeter (Abb. 3.39). In manchen Vorkommen wird tektonisch bedingte Deformation durch Einregelung vor allem der Pyroxene angezeigt, oder durch parallellagigen Aufbau aus granatreicheren und pyroxenreicheren Anteilen. In einigen Vorkommen sind prämetamorphe Gefüge wie z. B. kissenförmige Absonderung ehemaliger Ozeanbodenbasalte überliefert.

Erscheinungsform im Gelände

Im Gelände können Eklogite morphologisch hervortretende Felsen bilden. Ihre Größe ist dadurch begrenzt, dass Eklogitvorkommen **selten über einige hundert Meter Ausdehnung** hinausgehen, oft sind sie deutlich kleiner. Eklogitfelsen sind gewöhnlich massig und kaum enger als im Dezimeter-Bereich von Klüften durchzogen.

Hinweise zur petrographischen Bestimmung

Eklogite heben sich mit ihrer Zweifarbigkeit aus Rot von Granat und Grün von Pyroxen bei zusätzlich auffällig großer Dichte von fast allen Gesteinen unverwechselbar ab. Mögliche **Doppelgänger können Skarngesteine aus grünem Diopsid und rotem Granat** sein (Abschn. 7.8 und Abb. 3.37). Das Farbspiel kann dann dem von Eklogiten gleichen. Gewöhnlich finden sich aber bei genauerem Hinsehen im Gelände jeweils spezifische Merkmale, die einer Verwechslung entgegen stehen. Während Skarne extrem vielgestaltig und oft schon im Dezimeter-Maßstab farblich und mineralogisch inhomogen sind, gehört eine eher geringe oder nur großmaßstäbliche Variabilität innerhalb eines Vorkommens zu den Merkmalen von Eklogit. Skarne enthalten oft zusätzlich Epidot und Sulfidminerale oder Magnetit. Auch können die Granate in Skarnen gelblich sein. Granat- und klinopyroxenreiche Granatlherzolithe können Eklogit ähneln, enthalten jedoch zusätzlich zu rotem Granat und grünem Pyroxen (Chromdiopsid) Olivin und Orthopyroxen. Als Erdmantelgesteine sind sie letztlich eklogitfaziell geprägt, ohne Eklogite zu sein.

Abb. 7.47 Retrogradierter Eklogit. Die roten Körner sind Granat. Die blassgrüne Masse ist bei Druckentlastung unter hoher Temperatur aus Omphacit entstanden. Sie besteht aus Plagioklas und Diopsid in feinkörniger Verwachsung (Abb. 10.7). Die weißen Anteile sind Plagioklas und Quarz. Die dunkleren Schlieren und Säume enthalten Amphibol anstelle von Pyroxen. Glazialgeschiebe, Ostholstein. Herkunft Halland, Südwestschweden. BB 14 cm

7.3.2.5 Blauschieferfazies

Die ungewöhnliche Gesteinsfarbe von Blauschiefern (Abb. 7.39, 7.48) wird durch blau gefärbte Amphibole bewirkt. Blauschieferfazielle Metamorphose erfordert eine anomal geringe Wärmezunahme mit der Tiefe bzw. hohe Drucke bei relativ geringen Temperaturen. Solche Bedingungen können nur durch schnelle Subduktion hergestellt werden. Die größte Wahrscheinlichkeit schneller Subduktion bei geringen Temperaturen gibt es für kühle ozeanische Kruste mit entsprechend hoher Dichte, d. h. für basaltisches Material, dessen magmatische Entstehung möglichst lange zurückliegt. Andere Edukte, die Druck-Temperatur-Kombinationen der Blauschieferfazies erreichen können, jedoch nur untergeordnet blaue Amphibole enthalten, sind Grauwacken in Turbiditabfolgen (Jayko et al. 1986). Diese spielen jedoch gegenüber Metabasalten keine nennenswerte Rolle.

Blauschiefer (Glaukophanschiefer)

Geologisches Vorkommen

Das Vorkommen von Blauschiefer an der Oberfläche erfordert nicht nur schnelle Subduktion eines basaltisch zusammengesetzten Edukts, sondern auch das sehr viel seltenere Ereignis anschließender tektonischer Heraushebung. Solche Szenarien sind nur an Subduktionszonen möglich, wie sie im späteren Orogen als Suturen zwischen Baueinheiten unterschiedlicher Herkunft in Erscheinung treten. Blauschiefer gelten daher als Indizien für ehemalige Subduktionszonen.

Allgemeines Aussehen und Eigenschaften

Die Blaufärbung von Blauschiefern ist an Amphibole gebunden, die oft sehr feinfaserig ausgebildet sind. Auf den ersten Blick ist ihre Existenz makroskopisch am einfachsten aufgrund der dunkelbläulichen Färbung des Gesteins erkennbar. Der Name Blauschiefer darf nicht so verstanden werden, dass das Gestein in jedem Fall auffällig blau sein muss. In manchen

Fällen ist die Gesteinsfarbe eher grau, wobei die Blaufärbung sich auf eine schwache Tönung beschränkt. Bei nasser Oberfläche wird der Blauton meist deutlicher. In jedem Fall gibt es einen sichtbaren Farbunterschied zu Grünschiefern, die bezüglich Gefüge und allgemeinem Aussehen Blauschiefern am nächsten kommen (Abb. 7.39).

Mineralbestand

Die Blaufärbung bzw. -tönung von Glaukophanschiefer wird durch den Alkali-Amphibol **Glaukophan** (Abb. 3.30) oder Amphibol-Mischkristalle bewirkt, die maßgeblich aus Glaukophan-Komponente bestehen. Der sonstige Mineralbestand ist variabel.

Blauschiefer, die bei **hohen Drucken** gebildet wurden, können als makroskopisch in Erscheinung tretende Minerale außer blaugrauem bis dunkelblauem Amphibol zusätzlich **Granat, hellen Glimmer, Talk, Chlorit, Disthen** und z. T. **Karbonatminerale** enthalten. Der Granat bildet rote oder braune, isometrische Porphyroblasten (Abb. 7.48). Wegen oft erheblicher Anteile von Hellglimmer kann Blauschiefer recht hell erscheinen, mit dann z. T. fleckig verteilter Blaufärbung.

Bei eher **geringeren Drucken** entstandene Blauschiefer enthalten gewöhnlich außer ebenfalls zu blauer Färbung neigendem Amphibol oft weißen **Lawsonit** (Abb. 3.65) und in geringer Menge **Chlorit**, während Granat fehlt.

Gefüge

Dominierendes Gefügeelement in Blauschiefern ist eine intensive Schieferung, die durch parallel angeordnete Amphibole und oft auch helle Glimmer bestimmt wird. Als Porphyroblasten treten zumindest in manchen Blauschiefern Granate hinzu.

Erscheinungsform im Gelände

Im Gelände bilden Blauschiefer ähnliche Felsformen wie Grünschiefer. Saubere, nicht bewachsene Aufschlüsse zeigen mehr oder weniger deutlich die blaue Tönung oder Färbung des Gesteins.

7

Abb. 7.48 Granatführender Blauschiefer. Blaufärbung durch Glaukophan. Insel Syros, Kykladen, Ägäis, Südgriechenland. BB 11 cm.

7.3.3 Regionalmetamorphite aus ultramafischen Edukten

Bei der Metamorphose kann aus einem nicht-ultramafischen Basalt ohne Veränderung der chemischen Zusammensetzung des Gesteins ein ultramafischer Eklogit entstehen. Hier geht es um Metamorphite aus ultramafischen Edukten, die in der Regel von ihrer chemischen Zusammensetzung her auch ultrabasisch sind. Ultramafitite entstammen abgesehen von mengenmäßig unbedeutenden Differentiaten in gabbroiden Plutonen dem Oberen Erdmantel. Erdmantelgesteine weisen in jedem Fall eine metamorphe Prägung auf, zumindest eine Deformationsbeanspruchung. Es ist jedoch wegen ihrer besonderen Zusammensetzungen und wegen ihres spezifischen geologischen Auftretens sinnvoll, sie als eigene Gesteinsgruppe neben den Metamorphiten der kontinentalen und ozeanischen Erdkruste zu behandeln (Kap. 8). Ausnahmen hiervon sind aus Erdmantelgesteinen herzuleitende **Serpentinite** und mit ihnen an manchen Vorkommen assoziierte oder auch selbständig vorkommende Gesteine wie **Talkschiefer** und **Ophikarbonate**. Die genannten Gesteine treten häufig unabhängig von anderen Erdmantelgesteinen zusammen mit Metamorphiten aus Edukten der kontinentalen oder ozeanischen Kruste auf.

Die häufigsten metamorphen Ultramafitite sind Serpentinite. Diese sind im Gelände nicht einfach einer spezifischen metamorphen Fazies zuzuordnen. Die Bildung von Serpentinit ist bei Temperaturen der **Subgrünschieferfazies, Grünschieferfazies** und **mäßig temperierten Amphibolitfazies** (Epidot-Amphibolitfazies) möglich. Serpentinite werden aus Peridotiten gebildet, meist sind diese Dunit oder Harzburgit. Wesentlicher Faktor der metamorphen Umwandlung ist Zufuhr von H_2O. Aus OH-freiem Olivin entstehen hierbei OH-haltige Serpentinminerale. Die als **Serpentinisierung** bezeichnete Umwandlung von Peridotiten ist, bezogen auf die ursprünglichen Temperaturen im Erdmantel, ihrem Wesen nach retrograd. Die Wasserzufuhr, die die Bildung von OH-haltigen Serpentinmineralen aus Olivin ermöglicht, kann im Zuge von Ozeanbodenmetamorphose erfolgen oder während orogener Regionalmetamorphose.

Bei der Untersuchung ultramafischer Gesteine kann man komplexere geologische Szenarien nicht ausschließen. So kann das niedriggradig metamorphe Gestein Serpentinit im Zuge orogener Metamorphose seinerseits Edukt für dann höhergradige Metamorphite werden. Wenn es zu einer höhergradigen metamorphen Überprägung von Serpentinit kommt, können die Serpentinminerale wiederum instabil werden und zunächst Ultramafitite aus Serpentin plus Olivin entstehen bzw. aus Olivin plus Talk und bei hochgradiger Metamorphose aus Olivin plus Orthopyroxen. Bei mäßigen Drucken kann vor Orthopyroxen der Orthoamphibol Anthophyllit in gewöhnlich nadeliger Ausbildung neben Olivin auftreten. Mit makroskopischen Methoden wird man diese Mineralbestände nur teilweise bestimmen können. Der weiche und extrem feinkörnige Serpentinit wird jedoch zunehmend von neugebildeten, größere Härte und Festigkeit bewirkenden Mineralbeständen verdrängt, abgesehen vom Auftreten merklicher Mengen von Talk.

Serpentinit, Ophikarbonate, Talkschiefer, Steatit

Geologisches Vorkommen

Serpentinite treten typischerweise in Form schmaler Streifen oder Linsen von oft nur wenigen Metern bis Zehnermetern Breite **an tief reichenden Störungen oder tektonischen Deckengrenzen** auf. Begleitgesteine können Grünsteine oder Grünschiefer sein oder andere Gesteine, die aus ehemaliger ozeanischer Kruste herzuleiten sind. In diesem Sinne kommen Serpentinite als Anteile von ehemaligen Ophiolithabfolgen (Abschn. 8.2, 8.3) vor. Oft fehlen allerdings zugehörige Begleitgesteine wegen deren gegenüber Serpentinit geringeren tektonischen Mobilität. Große Erdmantelgesteinskomplexe wie alpinotype Peridotitmassive (Abschn. 8.2) oder Peridotitkörper innerhalb von Ophiolithabfolgen können an ihren tektonischen Grenzen von Serpentiniten eingerahmt sein. In diesem Zusammenhang können mächtige Serpentinitkörper auftreten. Auch zu Serpentinit genetisch beziehungslose Gesteine wie Gneise oder Quarzite können direkt an Serpentinite grenzen. Der Kontakt zu solchen Nebengesteinen ist immer tektonisch. Ophikarbonate, Talkschiefer und Steatit können mit Serpentiniten verknüpft sein. Für Talkschiefer und Steatit gibt es auch metasomatische Entstehungsmechanismen, die nicht an Serpentinit gebunden sind.

Allgemeines Aussehen und Eigenschaften

Serpentinite sind außergewöhnlich feinkörnige, makroskopisch **dicht aussehende Gesteine**, deren Bruchflächen einen **matten, ölig erscheinenden Glanz** zeigen. Die Farben variieren zwischen schwarz und kräftig grün bis hellgrün und graugrün. Einzelne Serpentinite können rotbraun gefärbt sein. Langfristig exponierte **Oberflächen bleichen unter Verwitterungseinwirkung aus**. Sie werden fast weiß oder gelblich und verlieren ihren Glanz. Die meisten Serpentinite sind in engerer oder weiterer Staffelung von unebenen tektonischen Gleitflächen (Harnischen) durchsetzt, die meist spiegelnd blank und oft gestriemt sind (Abb. 7.50, 7.49). Es sind diese Flächen, die beim Zerbrechen des Gesteins exponiert werden. Sie können mit dünnen Schichten kräftig grün gefärbter Serpentinmasse belegt sein oder auch mit weißem Karbonat. Im Gelände zerfallen Serpentinitfelsen entlang dieser Flä-

Abb. 7.49 Aufschlusswand aus massivem Serpentinit. Die Kluft- und Ablösungsflächen sind ehemalige Bewegungsbahnen, deren fahlgrüne Färbung durch dünne Belege aus grünem Serpentin ± weißem Huntit $CaMg_3(CO_3)_4$ bewirkt wird. Zell, ca. 5 km südlich Münchberg, Oberfranken, Bayern.

chen. Die Serpentinitfragmente zwischen den tektonischen Trennflächen sind intern feinkörnig-massig. Wegen zusätzlicher Ausbleichung unter Verwitterungseinfluss erhalten Serpentinitvorkommen in vegetationsarmem, offenem Gelände eine schon aus Kilometern Entfernung unverwechselbare, **fahlgrüne Farbe**. Das Innere der von tektonischen Gleitflächen begrenzten Serpentinitstücke erweist sich beim Anschlagen gewöhnlich als fast schwarz mit manchmal grünlich durchscheinenden Ecken. Bruchflächen des Gesteins sind dann glatt, z. T. mit Ansätzen zu muschelig aussehendem Bruch. Tektonisch weniger zerlegte Serpentinite sind makroskopisch entweder völlig strukturlos dicht (Abb. 7.51) oder sie können hellgrau schillernde Orthopyroxene enthalten. Bei unvollständiger Serpentinisierung des peridotitischen Edukts können sich ockerfarbene Verwitterungskrusten entwickeln. Die schwarze Färbung wird von fein verteiltem Magnetit bewirkt, der bei der Serpentinisierung von Mg-reichem Olivin das Fe aus dessen Fayalit-Komponente bindet. Dunkle Serpentinite sind daher merklich magnetisch und starke Handmagnete können von schwarzem Serpentinit festgehalten werden (Abb. 5.81).

Metamorphe **Ophikarbonate** im engeren Sinne sind Serpentin-Karbonat-Mischgesteine, die im Millimeter- bis Zentimeter-Maßstab in meist fleckiger Anordnung aus dunklem Serpentinmaterial und weißem Karbonat bestehen. Ihre Entstehung kann durch CO_2-Zufuhr in Serpen-

tinit erklärt werden. Andere Ophikarbonate sind metasomatischer Entstehung, z. B. durch SiO_2-Zufuhr in Dolomitmarmor. Außerdem werden tektonisch fragmentierte und mit Karbonatmaterial vermengte Serpentinite mit dann gang- und nesterförmig eingelagerten, weißen Karbonatmassen teilweise auch als Ophikarbonate (bes. Ophicalcite) bezeichnet. Sie sind auffällig dunkelgrün-weiß gemustert.

Talkschiefer und **Steatit** (Speckstein) sind gewöhnlich farblose oder hell grünliche, überwiegend oder ausschließlich aus Talk bestehende Gesteine mit entsprechend geringer Härte. Speckstein ist feinkörnig-dichter Talkfels ohne makroskopisch erkennbare Foliation. Er ist bei weitgehender Reinheit, d. h. Fehlen sonstiger Minerale, so weich, dass man ihn zu Schnitzarbeiten verwenden kann. Feinkörnig verteilte Beimengung von Karbonat, vor allem von Magnesit, führt zur Erhöhung der Härte des Gesteins. Geschiefertes Talkgestein heißt **Talkschiefer** (Abb. 3.59).

Mineralbestand

Der **Mineralbestand** von Serpentinit kann zu 100 % aus Serpentinmineralen und fein verteiltem Magnetit bestehen. Häufiger vorkommende zusätzliche Minerale sind aus dem Edukt stammender **Orthopyroxen**, der bis zentimetergroße, meist jedoch kleinere Kristalle bildet und **Granat**. Die Orthopyroxene sind oft auch ser-

Abb. 7.50 Serpentinit mit tektonischen Gleitflächen (Harnischen). Schwarzenbach, südlich Hof, Bayern. BB ca. 25 cm.

pentinisiert, aber durch abweichenden Glanz und hellere Färbung erkennbar. Granat fehlt entweder völlig oder er tritt in auffälliger Menge als wesentlicher Bestandteil des Gesteins auf, oft mit Korngrößen von mehreren Millimetern. Der Granat ist gewöhnlich nur in seinen Kernbereichen erhalten. Die äußeren Ränder sind dann durch **Kelyphit** ersetzt (Abb. 8.11). Oft findet sich an Stelle von ehemaligem Granat ausschließlich Kelyphit. Sowohl die Granate wie auch der aus ihnen hervorgegangene Kelyphit ragen aus angewitterten Oberflächen meist plastisch heraus (Abb. 8.1). Die Granate und Granatrelikte sind in jedem Fall Bestandteile des Edukts, von aus dem Erdmantel stammendem Granatperidotit.

Talk kann die Serpentinmasse verdrängen. Bei weitgehendem Ersatz durch Talk kann durch tektonisch bedingte Deformationsbeanspruchung Talkschiefer entstanden sein. Talkgestein ist wegen der geringen Härte von Talk und wegen dessen weichen und talgig-fettigen Eindrucks, den er beim Anfassen vermittelt, unverwechselbar, besonders in Assoziation mit Serpentinit.

Ophikarbonate enthalten zusätzlich zum Serpentinanteil **Karbonatminerale**.

Gefüge

Eine mikroskopische bis submikroskopische Feinkörnigkeit der Serpentinminerale bewirkt ein für Serpentinite übliches **dichtes Gefüge**. Einzelkristalle sind keinesfalls erkennbar. Die Zusammensetzung aus ganz überwiegend Serpentin ist am ehesten indirekt an einem matten, ölig erscheinenden Glanz erkennbar. Manche **Serpentinite** sind von gangartig auftretendem, asbestiformem **Faserserpentin** (Chrysotil) durchzogen (Abb. 3.58). **Ophikarbonate** enthalten fleckig, ungleichmäßig lagig, schlierig oder gangförmig im Gestein verteiltes Karbonat. Tektonisch durch Vermengung von Serpentinmaterial und Karbonat entstandene „unechte" Ophikarbonate erkennt man an grobmaschig **brekziösem Gefüge** aus dunklen, oft grünschwarzen oder grünen, eckigen Serpentinitfragmenten und hellen, karbonatischen Füllungen der Zwischenräume. Talk tritt entweder als makroskopisch dichte Masse auf oder als **Talkschiefer**. Reiner **Steatit** ist ein dichtes Talkgestein ohne weitere Gefügemerkmale.

Erscheinungsform im Gelände

Im Gelände können **Serpentinite** trotz geringer Härte aus der Umgebung aufragende, meist kleine Felsen bilden, wenn sie kompakt und nicht in dichtem Abstand von tektonischen Gleitflächen durchzogen sind. Serpentinit ist um Größenordnungen häufiger als Talkgesteine.

Abb. 7.51 Serpentinit, massig. Peterlstein, südwestlich Marktleugast, nordöstlich Kulmbach, Münchberger Gneismasse, Frankenwald. BB 6 cm.

Talkschiefer und **Steatit** bilden Einlagerungen in Serpentiniten oder verdrängen diese. Ferner treten sie an Reaktionszonen zwischen SiO_2-reichem Nebengestein und Serpentinitkörpern und in Verbindung mit metamorphen Karbonatgesteinen auf. In Serpentinitaufschlüssen fallen Talkgesteine als weiße oder hell grünliche Bereiche in der Umgebung aus dunklem Serpentinit auf.

7.3.4 Regionalmetamorphite aus karbonatischen Edukten

Sedimentgesteine, die aus Karbonatmineralen bestehen, sind vor allem in phanerozoischen Schichtfolgen verbreitet. Je nach Sedimentationsbedingungen können neben reinem Kalkstein oder auch Dolomit alle Mischungsverhältnisse zwischen Karbonatmineralen einerseits und silikatischen Mineralen andererseits vorkommen. Meistens besteht der Silikatanteil aus tonigen Beimengungen. Quarz, der als Sandanteil beteiligt sein kann, ist zwar als Oxid selbst kein Silikatmineral, aber er kann mit den Karbonaten des Edukts unter Bildung von Ca- und/oder Mg-haltigen Silikaten reagieren. Metamorphite aus überwiegend Karbonatmineralen heißen **Marmore**.

Im Natursteinhandel bedeutet der Handelsname Marmor oft einfach polierfähiges Karbonatgestein. Erst seit 2002 verpflichtet eine DIN EN 12440 die Anbieter zur zusätzlichen Charakterisierung und Benennung nach festen petrographischen Kriterien, die den hier beschriebenen ähneln.

Marmore im petrographischen Sinne sind in allen Metamorphosestufen von der Subgrünschieferfazies bis zur Amphibolitfazies üblich, entsprechend auch bei geringen und mittleren Temperaturen der Kontaktmetamorphose. Hohe Temperaturen bei geringen Drucken, wie sie für die Pyroxen-Hornfelsfazies und für die Sanidinitfazies gelten, führen zum Abbau von Karbonatmineralen unter CO_2-Abgabe.

Je nach Mengenverhältnis von Karbonatmineralen zu Silikatmineralen samt Quarz im Edukt entstehen durch Metamorphose alle Abstufungen zwischen rein karbonatischem

Marmor und Kalksilikatgesteinen, die im Extremfall völlig frei von Karbonatmineralen sein können. Der Name Kalksilikatgestein schließt gemäß SCMR trotz des Namens die maßgebliche Beteiligung von Mg neben Ca ein, z. B. in Form von Diopsid. Dies betrifft naturgemäß Metamorphite aus dolomithaltigen Edukten.

Die nachfolgend eingesetzte Klassifikation samt den Gesteinsbezeichnungen entspricht den Empfehlungen der SCMR. Ergänzende Kommentare sind *kursiv* gedruckt.

Marmor: Metamorphes Gestein, das hauptsächlich aus Calcit und/oder Dolomit besteht.
Quantitativ bedeutet dies einen Karbonatanteil von über 50 Vol.-%. **Dolomitmarmor** *enthält Dolomit mit über 50 Vol.-% des Karbonatanteils,* **Calcitmarmor** *enthält Calcit mit über 50 Vol.-% des Karbonatanteils.*

Reiner Marmor: Metamorphes Gestein, das zu über 95 Vol.-% aus Calcit und/oder Dolomit besteht.

Unreiner Marmor: Marmor mit 50–95 Vol.-% Karbonatmineralen.
Der komplementäre Anteil ist gewöhnlich silikatisch mit oder ohne Beteiligung von Quarz („Silikatmarmor").

Karbonatsilikatgestein: Metamorphes Gestein, das überwiegend aus Silikatmineralen besteht und 5–50 Vol.-% Karbonatminerale enthält.

Kalksilikatgestein („Kalksilikatfels"): Metamorphes Gestein, das überwiegend aus Ca-haltigen Silikaten besteht und unter 5 Vol.-% Karbonatminerale enthält.
Die Bezeichnungen Silikatmarmor und Kalksilikatfels sind traditionell üblich, werden aber von der SCMR nicht unterstützt

Ein Marmor mit unter 5 Vol.-% Ca-Silikatmineralen kann als Kalksilikat-führender Marmor bezeichnet werden, oder es können Einzelminerale genannt werden.

7.3.4.1 Reine Marmore

Geologisches Vorkommen

Als Metasedimente, die aus sehr reinen Kalksteinen oder Dolomiten hervorgegangen sind, treten **reine Marmore** ohne wesentliche Beimengung von Silikatmineralen ebenso wie unreine Marmore gewöhnlich **in Zusammenhang mit anderen Metasedimenten** auf. Gerade regionalmetamorphe Marmore ohne wesentliche silikatische Beimengungen können ganze Bergmassive landschaftsprägend aufbauen. Dies gilt vor allem für Gebiete mit phanerozoischen Eduktaltern. In proterozoischen Metasedimentserien spielen dagegen rein karbonatische Marmore nur eine untergeordnetere Rolle als Bestandteil von karbonatischen Einlagerungen z.B. in Paragneisen. In solchen Vorkommen sind unreine Marmore und auch Kalksilikatgesteine oft im lagigen Wechsel maßgeblich beteiligt. Die Gesamtmächtigkeiten solcher meist heterogenen Gesteine erreichen oft nur einige Meter oder Zehnermeter, selten mehr als einige hundert Meter.

Allgemeines Aussehen und Eigenschaften

Reine Karbonatmarmore sind in typischen Beispielen helle, im Vergleich zu nur diagenetisch beeinflusstem Kalkstein oder Dolomit tendenziell grobkörnige Granofelse mit **glänzenden** **Spaltflächen** der Karbonatkristalle (Abb. 7.52). Schon hierdurch ist eine Verwechslungsgefahr mit oft ebenfalls hellem Quarzit eingeschränkt. Durch Kratzen mit einem Nagel oder einer Messerklinge aus Stahl wird man auf Marmor eine Ritzfurche erzeugen, nicht aber auf Quarzit. Vor allem grobkörniger **Calcitmarmor** ist in Schichten mit Dicken von bis zu einigen Zentimetern **durchscheinend**. Dies wird an vorspringenden Ecken des Gesteins deutlich. Reine Marmore ohne Silikatminerale können vollständig **weiß** oder **blassgelblich** sein. Ebenso können selbst recht reine Marmore von parallel angeordneten, dunkleren Lagen durchsetzt sein, sodass sie gebändert wirken. Anders als in den meisten gebänderten Gneisen ist die Abfolge der Bänderung meist unperiodisch. Es können auch vereinzelte Lagen in sonst homogener Umgebung vorkommen. **Dolomitmarmor** und Calcitmarmor sind leicht verwechselbar. Im konkreten Einzelfall wird man nicht um eine Prüfung mit verdünnter Salzsäure umhinkommen. Kräftiges Brausen zeigt dann Calcit an, verhaltenes Brausen Dolomit. Reiner Marmor oder auch Marmor mit nur geringem Anteil von Beimengungen ist entsprechend homogen. Eine schlierige oder auch brekziöse Vermengung von Anteilen unterschiedlicher Farbe ist nicht zwingend, sodass gerade reine Marmore nicht **marmoriert** aussehen müssen (Abb. 7.53). Marmorierung ist Folge von tektonisch bedingter, ungleichmäßiger Verteilung von unterschiedlich farbigen Anteilen.

Abb. 7.52 Reiner Calcitmarmor. Granoblastisches Gefüge. Wunsiedel, Fichtelgebirge. BB 10 cm.

Auch sedimentäre Prozesse können zu einer Marmorierung des Gesteins führen. So kann Riffschutt auffällige Sedimentstrukturen zeigen, gewöhnlich unter Beteiligung von Fossilien riffbildender und -bewohnender Organismen. Solche Gesteine sind im petrographischen Sinne keine Marmore. Ebenso kann Karbonatgestein, das vollständig oder bereichsweise als dichter Kalkstein bzw. karbonatischer Mudstone ausgebildet ist, kein metamorpher Marmor sein. Marmore können bei Beteiligung nichtkarbonatischer Komponenten am ehesten grüne oder gelbliche, in manchen Fällen auch rote Färbungen zeigen. Anders als viele graue Kalksteine riechen Marmore beim Anschlagen mit dem Hammer nicht bituminös.

Mineralbestand

Reine Marmore **können monomineralisch sein**, d. h. ebenso wie ihre Edukte ausschließlich aus **Calcit** oder **Dolomit** bestehen. Bei der Metamorphose von reinen Karbonatgesteinen kommt es nicht zur Bildung anderer Minerale. Wesentlicher Effekt der Metamorphose ist Umkristallisation (Sammelkristallisation) unter **Kornvergröberung** bei gleichzeitiger Verminderung der Anzahl der Körner. Die im nachfolgenden Abschnitt 7.3.4.2 genannten Silikatminerale und Quarz können auch in recht reinen Marmoren eingestreut vorkommen. Die Färbung grauer, dunkler Lagen geht meist auf ehemalige organische Komponenten des Edukts zurück, die nach der Metamorphose als fein verteilter Graphit vorliegen.

Gefüge

Marmore sind durch ausgeprägt **granoblastische Gefüge** gekennzeichnet (Abb. 7.52). Die Einzelkörner von typischen Calcitmarmoren sind bei Größen von kaum weniger als 1 mm bis zu mehreren Millimetern gewöhnlich schon ohne Lupe gut erkennbar. Für Dolomitmarmor muss man mit tendenziell kleineren Korngrößen der Karbonatkristalle rechnen. Im jeweiligen Gestein sind die Korngrößen meist sehr einheitlich, von Vorkommen zu Vorkommen jedoch stark variierend. Die **Korngrenzen sind oft kaum verzahnt**. Die Kristalle können von ebe-

nen Flächen begrenzte Polygone sein. Der Zusammenhalt des Gesteins unter Verwitterungseinwirkung ist dann entsprechend gering. Solche stark angewitterten Marmore zerfallen beim Anschlagen mit dem Hammer leicht in ihre Einzelkörner oder kleine Brocken. Tektonische Beanspruchung kann zu einer bei Betrachtung des Gesteins kaum erkennbaren internen Deformation der Karbonatkristalle und Einregelung von Ebenen bevorzugter Spaltbarkeit führen. Sichtbarer Ausdruck der Deformation kann eine feine parallele Streifung auf Spaltflächen sein. Diese ähnelt im Aussehen der polysynthetischen Verzwillingung von Plagioklas, die Streifen sind jedoch gewöhnlich besonders schmal und oft leicht gebogen.

Erscheinungsform im Gelände

Marmore können wie auch sedimentäre Karbonatgesteine steile Bergflanken bis hin zu Steilwänden formen. Nicht bedeckte oder bewachsene Felsbereiche sind weiß, hellgrau oder gelblich und daher gegenüber bewachsenen oder bedeckten Bereichen besonders auffällig. An der Oberfläche kommen Karstphänomene hinzu, dies gilt auch für ebene Flächen. Aus **verkarsteten Oberflächen** herausragende Felsen zeigen oft gerundetere Formen als sedimentäre Kalksteine (Abb. 7.54). Besonders bei grobkörnig granoblastischen Beispielen lösen sich leicht Körner von der Oberfläche ab. Hierbei kann sich loser, sandiger Grus aus Karbonatkristallen ansammeln. Die meist nicht großen Marmorvorkommen in metamorphen Grundgebirgsregionen sind bei ausreichender Reinheit als regional knappe Rohstoffvorkommen oft in Abbau gewesen, besonders wenn neben Kalk für Bauzwecke Zuschlagstoffe zur Erzverhüttung benötigt wurden. Aus diesem Grund finden sich heute vielfach **tiefe Gruben** in den verstreuten, meist kleinen Marmorvorkommen **in alten Bergbaurevieren** wie dem Erzgebirge oder weiten Teilen Süd- und Mittelschwedens.

Ausgedehnte Vorkommen reinen Marmors, wie sie in Europa vor allem an mesozoische Orogene gebunden sind, werden oft schon seit der Antike für Bauzwecke und Bildhauerarbeiten gewonnen. In Gebieten mit Marmorvorkommen sind historische und gegenwärtig betriebene

Abb. 7.53 Calcitmarmor am Abbaurand eines aktivenSteinbruchs. Im Vordergrund gesägte Oberflächen, die eine schwache Marmorierung erkennen lassen. Grau getönte, schlierige Bereiche sind durch metamorphe Deformation parallel angeordnet. Im Hintergrund angewitterter Marmor mit Bodenresten. Carrara, Toskana, Italien.

Abb. 7.54 Reiner Marmor im oberflächennahen Verwitterungsbereich. Das helle, massige Gestein neigt wegen des kaum verzahnten granoblastischen Gefüges – anders als gewöhnliche unmetamorphe Kalksteine – zum Absanden, was teilweise kantengerundete Konturen zur Folge hat. Kolmården, nordöstlich Norrköping, Östergötland, Schweden.

Steinbrüche entsprechend verbreitet. Das verwendete Material findet sich dann in benachbarten Städten in und an repräsentativen Gebäuden. Im Gelände tragen Marmorvorkommen ebenso wie diagenetische Kalksteine eine kalkliebende Vegetation.

7.3.4.2 Regionalmetamorphite aus karbonatisch-silikatischen Mischedukten

Unreine Marmore, Karbonatsilikat- und Kalksilikatgesteine

Zwischen weitgehend silikatfreien Marmoren und unreinen Marmoren bis hin zu Kalksilikatgesteinen gibt es fließende Übergänge. Überdies sind Karbonatsilikat- und Kalksilikatgesteine fast immer deutlich inhomogen. Im Gegensatz zu monomineralischen Marmoren ohne Silikatminerale kann in Metamorphiten aus karbonatisch-silikatischen Mischedukten eine Vielzahl von Mineralen vorkommen. Dies können z. T. ausgesprochene Seltenheiten sein, sodass die Mitnahme von Proben fast unumgänglich ist, wenn man eine vollständige und sichere Bestimmung benötigt. Im einzelnen sind die Eduktzusammensetzungen und die Metamorphosebedingungen entscheidend. Typische Edukte sind **Kalksteine und Dolomite mit pelitischen oder sandigen Beimengungen** bis hin zu mergeligen Sedimentgesteinen.

Wie für reine Marmore gilt auch für unreine Marmore und Karbonatsilikatgesteine, dass der wesentliche Gesteinscharakter mehr vom Edukt abhängt als vom erreichten Metamorphosegrad. Große Unterschiede gibt es jedoch bezüglich des Vorkommens spezifischer Minerale.

Geologisches Vorkommen

Unreine Marmore bis Kalksilikatgesteine sind typischerweise **in Metasedimentabfolgen** eingelagert. Begleitgesteine sind dann außer reinen Marmoren z. B. Paragneise, Glimmerschiefer, Phyllite oder Metavulkanite. Im Gelände und entsprechend auf geologischen Karten bilden solche Metakarbonatgesteine langgestreckte Züge. In Gebieten mit benachbarten Magmatiten kann es zur Skarnbildung gekommen sein (Abschn. 7.8).

Allgemeines Aussehen und Eigenschaften

Unreine Marmore bis Kalksilikatgesteine sind regelmäßig mehrfarbig mit lagig-streifiger oder fleckiger Farbverteilung (Abb. 7.55). Die häufigsten Farben sind außer Weiß vor allem helle Tönungen von Grau, Grün, Gelb und Braun. Mit den Farben können auch die dominierenden Korngrößen variieren. Wenn Lagenbau auftritt, ist er oft parallel zum Nebengesteinskontakt orientiert.

Mineralbestand

In unreinen Marmoren, Karbonatsilikat- und Kalksilikatgesteinen können besonders viele verschiedene Minerale vorkommen. Zu den häufigen Beispielen gehören Quarz, Diopsid, Tremolit, Forsterit, Serpentin, Talk, Grossular (Granat), Anorthit, Wollastonit, Spinell, Vesuvian, Glimmer (Phlogopit), Zoisit, Skapolith. Der Anteil der Karbonatminerale Calcit und Dolomit bestimmt, ob es sich z. B. um unreinen Marmor oder Kalksilikatgestein handelt. Ausreichend Mg im Edukt vorausgesetzt, gibt es unter starker Abhängigkeit vom CO_2-Druck eine von den Metamorphosetemperaturen abhängige Folge von sich bildenden Ca-Mg- oder Mg-Silikaten. Mit zunehmenden Temperaturen können bei gegebenem CO_2-Druck zunächst Serpentin und Talk entstehen, gefolgt von Ca-Mg-Amphibol (Tremolit), dann Diopsid und schließlich Forsterit.

Gefüge

Karbonatsilikatgesteine und unreiner Marmor haben durchweg granoblastische Gefüge. Kalk-

Abb. 7.55 Unreiner Marmor aus weißem Karbonatanteil und olivfarbenem Serpentin. Marmorbyn, nordwestlich Katrineholm, Södermanland, Südschweden. BB 11 cm.

silikatgesteine sind anders als die meisten Marmore oft feinkörnig ausgebildet. Vor allem Granat, Vesuvian und Spinell können isometrische Porphyroblasten bilden, die z. T. idiomorph auftreten. Wollastonit bildet gewöhnlich feinfaserige Aggregate, Tremolit leistenförmig-langgestreckte, idiomorphe Kristalle. Quarz kann in Nestern und Linsen oder auch als Einzelkörner vorkommen. Durch lagig wechselnde Mengenanteile der verschiedenen Minerale von unreinen Marmoren und Kalksilikatgesteinen kommt es zur Anlage von verschiedenfarbiger Bänderung. Manche Kalksilikatgesteine können auch homogen und feinkörnig sein, sodass eine makroskopische Bestimmung völlig am Gesamterscheinungsbild hängt. Die Mikroskopie kann dann zu Überraschungen führen.

Erscheinungsform im Gelände

Karbonatsilikat- und Kalksilikatgesteine sind wegen meist geringer Ausdehnung kaum landschaftsprägend. Am ehesten zeigen sich verstreute Blöcke von auffällig fahl-weißem oder hellem Gestein. Deutlichster Hinweis auf solche Gesteine im Aufschluss ist eine oft parallellagige Mehrfarbigkeit bei insgesamt meist sehr heller Tönung. Bei ausreichender Größe können Kalksilikatfelse kleinere Felsgruppen oder Kuppen bilden.

7.3.5 Regionalmetamorphite aus quarzbetonten, sandigen Edukten

Quarzit

Unter Quarzit sollen hier **ausschließlich metamorphe Gesteine** verstanden werden, die ganz überwiegend aus Quarz bestehen und hierdurch in ihrem Gesteinscharakter geprägt sind. Von der SCMR werden Metamorphite mit mindestens 75 Vol.-% Quarz als Quarzite klassifiziert. Quarzite treten ähnlich wie Marmore und Kalksilikatgesteine in allen Metamorphosestufen auf. Sie repräsentieren weitgehend auf SiO_2 begrenzte Eduktzusammensetzungen. Fast alle Quarzite gehen auf quarzreiche Sande zurück.

Bezüglich des Gesteinsnamens Quarzit gibt es die Gefahr von Verwechslungen und Missverständnissen. In geologischen Beschreibungen kann mit dem Gesteinsnamen sowohl aus Quarz bestehendes metamorphes als auch sedimentär-diagenetisches Gestein gemeint sein. Erst aus dem Textzusammenhang wird dann deutlich, was gemeint ist. So können in der Sedimentologie nach Füchtbauer (1988) auch eingekieselte Sandsteine als Quarzite gelten.

Eine vor allem im englischen Sprachgebrauch vorkommende Unterscheidung zwischen sedimentär-diagenetischem „Orthoquarzit" und metamorphem „Metaquarzit" ist eher verwirrungsträchtig als klarstellend, vor allem weil der Namenszusatz Ortho-, bezogen auf Metamorphite, auf ein magmatisches Edukt hinweist.

Geologisches Vorkommen

Quarzite treten in z. T. großen Vorkommen in metasedimentären Gesteinskomplexen auf. Häufige Begleitgesteine sind je nach Metamorphosegrad unterschiedlich geprägte Metapelite. Quarzite sind wie reine Quarzsande refraktärer Rest intensiver Verwitterung kontinentaler Gesteinsassoziationen. Gewöhnlich kommt mehrfache Umlagerung hinzu. Quarzite sind nicht in genetischem Zusammenhang mit Gesteinen zu erwarten, die aus dem Bereich ehemaliger Ozeanböden oder Inselbögen stammen. Extrem seltene Ausnahmen sind metamorph überprägte, aus Quarz bestehende Hydrothermalbildungen.

Allgemeines Aussehen und Eigenschaften

Quarzite sind meist helle, sehr feste, verwitterungsresistente Quarz-Granofelse. Quarzit kann ähnlich hell aussehen wie Marmor. Eine Unterscheidung gegenüber Marmor ist jedoch immer leicht möglich, wenn man das Gestein mit einem Gegenstand aus Stahl unter kräftigem Aufdrücken zu kratzen versucht. Eine Marmoroberfläche würde eine tiefe Furche zeigen, auf Quarzit würde man eine metallische Abriebspur des Stahls sehen. Quarzit kann massige Gesteinskörper bilden, oder auch aufgrund von Foliation plattig teilbar sein. Auch kann noch eine ursprüngliche Schichtung erhalten sein. Die Far-

Abb. 7.56 Quarzit mit granoblastischem Gefüge. Die nicht transparenten, rötlichen Körner sind Feldspäte. Die farblosen, hellen Flecken zeigen Späne an, die über beim Aufspalten entstandenen, oberflächenparallelen Sprüngen einseitig abgeschuppt sind. Glazialgeschiebe. BB ca. 1,8 cm.

ben variieren zwischen weiß, grau, gelblich und rötlich. Hierbei ist oft die Färbung innerhalb eines Vorkommens nur begrenzt variabel, also vorkommensspezifisch.

Mineralbestand

Dominierender Bestandteil von Quarzit ist zwangsläufig Quarz. Manche Quarzite sind weitgehend monomineralisch. Als weitere makroskopisch erkennbare Bestandteile können je nach Zusammensetzung und Metamorphosegrad vor allem **helle Glimmer** und **Feldspäte** vorkommen. Mit zunehmendem Glimmergehalt (Glimmerquarzit) können weitere Minerale hinzukommen, die in Metapeliten vorkommen. Wegen der überwiegend hellen Farben von Quarziten sind bei bewusster Suche mit der Lupe häufig vereinzelt eingestreute, gerundete Körner von **Schwermineralen** zu erkennen, besonders wenn sie schwarz oder dunkel getönt sind. Mit Größen durchweg unter 0,5 mm kommen vor allem mechanisch und chemisch verwitterungsresistente Schwerminerale wie Zirkon, Chromit, Ilmenit, Magnetit und Granat vor. Zirkon kann wegen Farblosigkeit allerdings leicht übersehen werden. Rotfärbung des Gesteins ist an fein verteilten Hämatit gebunden.

Gefüge

In manchen metamorphen Quarziten sind in Maßstäben oberhalb der üblichen Millimeter-

Dimension der Einzelkörner sedimentäre Reliktgefüge erhalten. Dies können Schichtungsphänomene sein wie Schrägschichtung, noch erkennbare Gerölle bis hin zu Konglomeratlagen oder schichtige, dunkle Anreicherungen von Schwermineralen. Auf Grund des massiven Dominierens von Quarz überwiegen Korngrenzen von Quarz gegen Quarz. Hierbei zeigen Quarzite im Einzelkornmaßstab eine deutliche, oft intensive **Verzahnung der Quarzkörner** bei insgesamt granoblastischem Gefüge (Abb. 7.56). Der für Quarz kennzeichnende muschelige Bruch innerhalb der einzelnen Körner kann durch innerkristalline Deformation gestört und daher undeutlich sein.

Feldspäte kommen als zwischen Quarz eingestreute Körner im granoblastischen Kornverband vor, in selteneren Fällen auch als einhüllendes Material mancher Quarze.

Glimmer sind in Quarziten meist planar eingeregelt, sodass in **Glimmerquarziten** gewöhnlich eine durch Foliation bedingte Teilbarkeit entwickelt ist. Foliationsflächen von Glimmerquarziten können vollständig mit Glimmerplättchen belegt sein und so auf den ersten Blick das Vorliegen von Glimmerschiefer vortäuschen. Den hohen Quarzanteil sieht man dann nur im Querbruch.

Ehemalige Gerölle können ähnlich wie in manchen Gneisen zu langgestreckten Ellipsoiden verformt sein.

Erscheinungsform im Gelände

Quarzitvorkommen von einiger Ausdehnung bilden im Gelände oft die höchsten Bergrücken oder Kuppen der Umgebung. Hierbei ragen an steilen Hängen und im Gipfelbereich schroffe, meist auffällig helle Felsklippen auf. Unter Steilhängen und auf exponierten Bergkuppen bilden ausgedehntere Quarzitvorkommen häufig Blockmeere aus oft metergroßen, lose und verkippt liegenden Felsbrocken.

Hinweise zur petrographischen Bestimmung: Unterscheidung Quarzit/Sandstein

Keine Verwechslungsgefahr besteht zwischen Quarzit als metamorphem Gestein und Sandstein mit deutlicher Porosität oder lockerer Bindung. Quarzite sind, wie für Regionalmetamorphite üblich, frei von makroskopisch erkennbarer Porosität und als nur oder fast nur aus Quarz bestehende Gesteine sehr hart und zäh. Problematischer ist die Unterscheidung gegenüber vollständig aus Quarz bestehendem Sandstein, d. h. wenn sowohl detritische Körner wie auch Bindemittel Quarz sind. Dies sind die Gesteine, die in der Sedimentpetrographie auch als Quarzite benannt sein können.

Das Hauptunterscheidungsmerkmal zwischen diagenetischem, quarzgebundenem Sandstein und metamorphem Quarzit ist die **Konfiguration der Korngrenzen**. Überwiegend rundlichen Umrissen der Quarzkörner in diagenetischem Sandstein (Abb. 3.26, 6.31, 6.33) steht deren gegenseitige Verzahnung oder das granoblastische Gefüge in Quarziten gegenüber (Abb. 7.56, 7.57). Nur in Sandstein sind auf Bruchflächen oder noch besser auf angewitterten Oberflächen des Gesteins die rundlichen Umrisse der sedimentierten Quarzkörner mit der Lupe erkennbar. Dies kann z. B. daran liegen, dass die ursprünglichen Kornoberflächen Belege aus oft submikroskopisch feinem Material tragen, oder an unterschiedlicher Klarheit der detritischen und der diagenetisch gewachsenen Quarzanteile. Diagenetische Sandsteine sind meist mit anderen nur diagenetisch geprägten Gesteinen verknüpft, wie z. B. Tonsteinen oder mürberen, porösen Sandsteinen. Manche sedimentären „Quarzite" kommen sogar

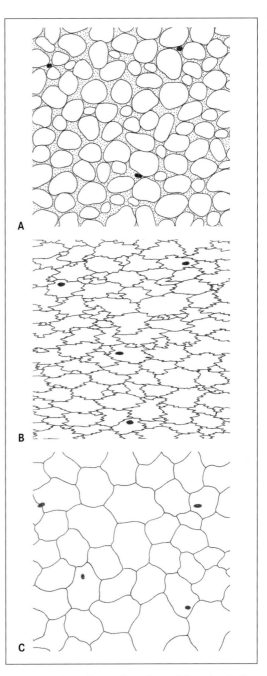

A

B

C

Abb. 7.57 Gegenüberstellung kennzeichnender Gefüge von Quarzsandstein und Quarziten. Sandsteine einschließlich Quarzsandsteinen (A) lassen detritische Körner und Bindemittel getrennt erkennen. In typischen Quarziten gibt es kein für sich erkennbares Bindemittel. Die aneinander grenzenden Quarzkristalle sind entweder miteinander verzahnt (B) oder sie bilden ein granoblastisches Mosaik (C) mit ebenen oder rundlich konfigurierten Korngrenzen und „eingewachsenen" Schwermineralen.

eingebettet in losem Sand vor. Erhaltene, undeformierte Fossilien oder deren Abdrücke weisen
auf unmetamorphen Charakter hin. Quarzite als
metamorphe Gesteine sind mit anderen metamorphen Gesteinen verknüpft, wie z. B. Metapeliten, die eindeutig metamorphe Minerale wie
Cordierit, Sillimanit o. a. enthalten können.

Sedimentäre Schichtung, wie sie in Sandsteinen verbreitet ist und dort gewöhnlich mit Teilbarkeit verbunden ist, kann auch in metamorphen
Quarziten erkennbar sein. Allerdings ist dies nicht
die allgemeine Regel. Wenn in Quarzit noch sedimentäre Schichtung erhalten ist, zeigt sich diese
am ehesten durch schwache Farbunterschiede. In
der Regel sind zumindest höhergradig metamorphe Quarzite über erkennbare Schichtgrenzen
hinweg massig und zusammenhaltend. Abb. 7.7
zeigt diesbezüglich eine Ausnahmesituation.

Ein signifikantes Unterscheidungsmerkmal
zwischen Sandsteinen und Quarziten kann in
günstigen Fällen mit der Lupe beobachtet werden. Voraussetzung ist das Vorhandensein
erkennbarer detritischer, d. h. gerundeter, dunkler oder farbiger Schwermineralkörner wie z. B.
Magnetit, Chromit oder Granat. Hierbei kommt
es auf deren Bestimmung nicht an. In Sandsteinen stecken die Schwermineralkörner zwischen
den Quarzkörnern, in Quarziten hingegen
zumeist innerhalb der Quarzkörner (Abb. 7.57).

Beim Anschlagen von Quarzit mit dem Hammer entstehen häufig bruchparallel und korn-
übergreifend dünne Scherben und Späne, die sich
z. T. nicht vollständig von der Gesteinsbruchfläche ablösen. Sedimentäre Sandsteine hingegen
bilden überwiegend einfache Bruchflächen aus.

7.3.6 Regionalmetamorphite aus Al-betonten Edukten

Extrem Al-reiche Metamorphite können weder
aus üblichen Sedimentgesteinen entstehen, noch
aus Magmatiten. Sie sind entsprechend selten und
in ihrem Vorkommen meist räumlich sehr
begrenzt. Zwei geologisch realistische Szenarien
können zu Gesteinen führen, die H_2O-frei
berechnet Al_2O_3-Gehalte von über 50 Gew.-% aufweisen können bzw. summierte Gehalte von Al_2O_3,
MgO und Gesamt-Fe-Oxid in ähnlicher Höhe.

Dies sind einerseits **durch Verwitterung entstehende Bauxite** (Kap. 9) und **Restite aus Reaktionen gabbroider Magmen mit pelitischem Nebengestein** bei entsprechend hohen Temperaturen. In
Bauxiten wird bei vollständiger Entfernung von Si,
Ca, Mg und Alkalien aus Silikatgesteinen vor allem
Al und in geringerer Menge Fe gegenüber den
Ausgangsgesteinen relativ angereichert. Bei Verwitterung und Fortlösung von Karbonatgesteinen
werden aus pelitischer Komponente ebenfalls Al ±
Fe konzentriert. Beim Kontakt gabbroiden Magmas mit pelitischem Nebengestein kommt es zu
einem Transport vor allem von Si in das Magma
unter restitischer Anreicherung von Al, Mg und
Fe im unmittelbaren Kontaktbereich.

Aus Bauxit entstehen bei mäßigen bis hohen
Metamorphosegraden als **Smirgel** bezeichnete
Metabauxite. Diese bestehen im wesentlichen
aus Korund, Magnetit oder Hämatit und Ilmenit sowie zusätzlich je nach Edukt, Stoffzufuhr
und Metamorphosegrad vor allem Chloritoid,
Diaspor, hellem Glimmer, Margarit und/oder
Disthen. Das Material ist gewöhnlich feinkörnig
und durch seinen Magnetit- oder Hämatitge-
halt dunkel bis schwarz gefärbt. Vor allem der
Korund als wesentliche Mineralkomponente bewirkt eine extreme Härte. Hinzu kommt eine
auffällig hohe Dichte. Metabauxitischer Smirgel
kann mit den metamorphen Entsprechungen
der Muttergesteine der Bauxit-produzierenden
Verwitterung assoziiert sein, z. B. mit Marmor,
Kalksilikatgesteinen oder Gneisen.

An Gabbro-Pelit-Kontakten entstehen bei pyro-
metamorphen Temperaturen kleinräumig ähnliche Smirgelgesteine, wie sie aus Bauxiten hervorgehen können. Sie sind gewöhnlich feinkörnig bis
fast dicht und schwarzglänzend bei hoher Dichte.
Ein geeigneter Handmagnet bleibt wegen hohen
Magnetitgehalts haften. Außer durch Magnetit ist
der Mineralbestand durch Korund geprägt. Das
Gestein hat dann insgesamt entsprechende Härte.
Anders als in Metabauxiten sind oft Spinelle maßgeblich beteiligt. Die einzelnen Minerale sind
jedoch nur ausnahmsweise für sich zu erkennen.
Die Vorkommen solcher Gesteine sind oft so klein,
dass Felsaufschlüsse außer bei intensiver Erosion
oft fehlen. Wegen besonderer Verwitterungsresistenz können sich hingegen Lesesteine im Boden
anreichern, die als auffällig schwarzes Gestein
zudem leicht auffindbar sind.

7.3.7 Regionalmetamorphite aus Fe-reichen sedimentären Edukten

Grundsätzlich können alle Fe-reichen Sedimentgesteine wie z. B. oolithische Eisensteine der Metamorphose unterworfen werden. Wegen ihrer Seltenheit im Vergleich zu anderen Sedimentiten und oft geringer (meist mesozoischer) Alter sowie Bildung in Flachmeeren auf kontinentaler Kruste sind metamorphe Entsprechungen jedoch geologisch unbedeutend. Paläozoische sedimentäre Eisensteine z. B. der mitteleuropäischen Varisziden sind meist so geringgradig metamorph, dass die sedimentäre Prägung dominiert.

Stets metamorph sind hingegen **quarzgebänderte Eisensteine** des Proterozoikums (= **BIF** für **B**anded **I**ron **F**ormation = **Itabirit**). Sie treten als metasedimentäre, schichtige Körper eingebettet in metamorphen Gesteinen wie Phylliten oder Gneisen auf. Die Sedimentationsalter sind weitgehend auf den Zeitraum zwischen 2,8 und 1,8 Milliarden Jahren beschränkt. Entsprechend fehlen quarzgebänderte Eisensteine in ausschließlich phanerozoischen oder auch jungproterozoischen geologischen Einheiten, wie sie Mitteleuropa aufbauen. Sie sind **an alte Kratone** gebunden. Quarzgebänderte Eisensteine bilden **massige oder foliierte Wechselfolgen** von rotbraunem **Hämatit**, **Magnetit** und **Quarz** (Abb. 7.58). Andere Minerale treten allenfalls in unbedeutender Menge auf. In schieferartig foliierten Itabiriten ist plättchenförmig ausgebildeter Hämatit (Specularit) Träger der oft sehr vollkommen ausgebildeten Teilbarkeit.

7.4 Impaktmetamorphe Gesteine

Impaktmetamorphe Gesteine (**Impaktite**) entstehen durch die dynamische und thermische Einwirkung von Stoßwellen, die sich unter natürlichen Bedingungen ausschließlich **beim Aufprall (Impakt) von großen Meteoriten** ausbreiten. Anders als für alle sonstigen Arten von Metamorphose sind nicht endogene, sondern exogene Ereignisse Entstehungsursache. Unmittelbar am Ort des Aufpralls kommt es zum Verdampfen der oberflächennahen Gesteine wie auch des Meteoriten selbst. In einer daran nach außen anschließenden konzentrischen Zone schmelzen die Gesteine zumindest teilweise. Der Aufschmelzung entgehende Anteile werden fragmentiert und bis in den Einzelkornbereich durch die Wirkung der Stoßwelle geprägt. Das Material wird vom Explosionsdruck in das Umland des sich bildenden Kraters ausgebreitet, ein Teil fällt auch in den gerade gebildeten Krater zurück. Bei der Ablagerung von Impaktschmelzen zusammen mit Gesteinsfragmenten entstehen mehr oder weniger brekziöse, vulkanähnliche **Impaktite** (Abb. 7.59). Im weiteren Umkreis werden Gesteine mechanisch gestört und zerbrochen. Ein impaktspezifisches

Abb. 7.58 Itabirit mit steil einfallender Foliation in einem Eisenerztagebau. Die Aufschlusswand im Hintergrund entspricht der Foliationsebene. Die weißen Bereiche sind flächenhaft freiliegende Quarzlagen. Der Tagebau steht im Übergangsbereich zwischen kaum verwittertem, quarzführendem Primärerz (in der Mitte und rechts) und überlagerndem Reicherz, aus dem der Quarzanteil herausgelöst ist (links und lose Blöcke). Nahe Itabirata, Minas Gerais, Südbrasilien.

Bruchmuster bildet zapfenförmig ineinandergreifende Bruchstrukturen von meist mehreren Dezimetern Größe, die als **Strahlenkegel** oder Schlagkegel (Shatter Cones) (Abb. 7.60) bezeichnet werden. Sie können in massig ausgebildeten Gesteinen wie Kalkstein, Sandstein oder auch Granit auftreten. Im Nahbereich des Impakts können unter Einwirkung der sich bei der Stoßwellenausbreitung abrupt auf- und abbauenden Extremdrucke Hochdruckpolymorphe von Quarz entstehen, Coesit und z. T. auch Stishovit, die jedoch makroskopisch nicht zu erkennen sind.

Im Gelände können Impaktite mit pyroklastischen Ablagerungen, Vulkaniten oder Brekzien anderer Entstehung verwechselt werden. Ähnlich wie manche Vulkanite können Impaktite offene Gasblasen enthalten. Sie ähneln manchen Ignimbriten mit brekziösem Gefüge und relativ mürber oft poröser, glasreicher Matrix. In diese Matrix können außer erkennbaren Gesteinsfragmenten und glasigen Schlieren auch fladenartige, aus Gesteinsglas bestehende Körper eingelagert sein. Diese in manchen Vorkommen glänzenden, in anderen durch Entglasung matt aussehenden Glasbomben heißen im deutschen Sprachgebrauch ausgehend von ihrem Vorkommen im und beim Nördlinger Ries **Flädle** (Abb. 7.59). Sie entsprechen gefügemäßig in etwa den Fiamme in manchen Ignimbriten, sind allerdings anders als diese oft nicht planar ausgebildet. Häufig sind sie aerodynamisch verformt, stark gebogen bis gefaltet. Impaktite haben gewöhnlich an das jeweilige Vorkommen gebun-

dene individuelle Merkmale. Sie werden daher nach dem Ort ihres Auftretens mit Lokalnamen bezeichnet (Dellenit, Mienit). Der Name **Suevit** steht für entsprechende Gesteine des (schwäbischen) Nördlinger Rieses, wird aber auch weltweit für entsprechende Gesteine verwendet.

Der Impaktitcharakter eines Gesteins mit den beschriebenen Merkmalen ist durch Beachtung von unmittelbar erkennbaren **Geländemerkmalen** überprüfbar. Solche Indizien können sein:

- Bindung an eine Kraterstruktur oder deren tief abgetragene, kreis- oder ringförmige Entsprechung (Astroblem)
- Strahlenkegel (Shatter Cones)
- Brekziiertes Gesteinsmaterial
- Vulkanitartige Auswurfmassen, ohne dass es eine Vulkanstruktur gibt
- Aerodynamisch geformte Glasbomben.

Nach Chao (1987) zeigen von Stoßwellenmetamorphose betroffene Gesteine in Auswurfmassen des Nördlinger Rieses eine ganze Reihe von **mit der Lupe erkennbaren Merkmalen**. Dies sind mit ansteigender Intensität der Metamorphose u. a.:

- **Mikrobrüche** im Gestein bewirken eine milchig-weiße Farbe. Das Gestein ist leicht zerreiblich. Glimmer sind geknickt.
- **Schocklamellen** sowie unzählige intragranulare Mikrobrüche in Quarz und Feldspäten. Beim Drehen der Probe zeigen Quarz und Feldspat einen seidigen Glanz. Glimmer sind geknickt.

Abb. 7.59 Suevit (Impaktit) aus vulkanitartiger, poröser Matrix und dunkelgrauen Fladen (Flädle) von Impaktglas. Nördlinger Ries. BB 12 cm.

Abb. 7.60 Durch Meteoritenimpakt geformter, asymmetrischer Strahlenkegel (Schlagkegel). Die Ausbildung mit pferdeschweifartig divergierenden Graten und Striationen ist üblich und kennzeichnend. In der gezeigten Anordnung liegt der Ausgangspunkt der Grate und Striationen rechts oben. Das Gestein ist ein aplitartiger Mikrogranit. Hättberg im Zentrum des Siljan-Astroblems (Impaktstruktur). Norddalarna östlich des Siljansees, Mittelschweden.

- Das Gestein erscheint **weiß gebleicht** (ähnlich wie verwittert). **Feldspatglas** tritt auf, Quarz ist teilweise verglast. Glimmer sind geknickt.
- Mit weiter zunehmender Intensität der Metamorphose tritt **Feldspatglas** auf, **Glimmer verliert seinen Glanz** und wird pulverig. Die Quarzkörner sehen glasig aus.
- Schließlich wird das ursprüngliche Gesteinsgefüge ausgelöscht. Stattdessen gibt es ein aus erstarrter Schmelze gebildetes Gestein mit Blasenhohlräumen und schlierigen Fließstrukturen.

7.5 Dislokationsmetamorphite: Kataklasite und Mylonite (*fault rocks*)

Dislokationsmetamorphite sind durch intensive, lokalisierte Gesteinsdeformation geprägt, ohne dass notwendigerweise hohe hydrostatische Drucke oder signifikant erhöhte Temperaturen eine Rolle gespielt haben. Typischerweise sind solche Gesteine an bedeutende tektonische Verwerfungen, Schubbahnen von tektonischen Decken oder Horizontalverschiebungen gebunden. Hierauf gründen die von der SCMR vorgeschlagenen englischen Namen *fault rocks* (= „Störungsgesteine") und *dislocation metamorphism* (**Dislokationsmetamorphose**). Die Bezeichnung *fault rock* wird am besten nicht wörtlich, sondern sinngemäß mit **Dislokationsmetamorphit**

übersetzt oder unübersetzt verwendet. Die wichtigsten Beispiele für dislokationsmetamorphe Gesteinsgruppen sind **Kataklasite** und **Mylonite**. Beide bilden im Geländeanschnitt typischerweise langgestreckte, schmale Züge. Oft treten zu beiden Seiten unterschiedliche Gesteinseinheiten auf. Diese können ursprünglich weit voneinander getrennt gebildet worden sein, oder die zu beiden Seiten angrenzenden Gesteine stammen aus verschiedenen Tiefenstockwerken.

Dislokationsmetamorphose bewirkt die Veränderung des ursprünglichen Gesteinsgefüges in tektonischen Deformationszonen, wie sie Gesteinskörper einzeln oder in Scharen durchsetzen können. Dislokationsmetamorphose ist ein Sonderfall lokaler Metamorphose ohne merkliche Mineralneubildungen. Anders als für die üblicheren Arten von Metamorphose kommt es nicht auf Temperaturen an, die höher liegen müssen als im Bereich der Diagenese. Die Berechtigung der Einstufung als Metamorphose ergibt sich daraus, dass Metamorphose von Fall zu Fall sowohl eine Änderung des Mineralbestands als auch des Gefüges für sich bedeuten kann oder beides zusammen.

Dislokationsmetamorphose produziert brekziöses oder feinkörniges Material durch mechanische Zerkleinerung vorhandener Gesteine, mit oder ohne Rekristallisation. Rekristallisation kann, wenn sie stattfindet, synchron mit der Durchbewegung oder nachfolgend wirksam werden. Die Produkte der Dislokationsmetamorphose können fest oder bröckelig-locker sein. Ihre Klassifikation beruht hauptsächlich auf Unterschieden bezüglich Zusammenhalt, Ausmaß der Zerkleinerung, Vorkommen von glasigen oder glasartigen Anteilen und der Beteiligung von toniger Matrix (Tab. 7.3).

Unverfestigtes, mechanisch zerkleinertes Gesteinsmaterial unterschiedlicher Fragmentgrößen kommt vor allem als Füllung von tektonischen Störungsfugen vor, die in oberflächennahen, kühlen Gesteinen angelegt sind. Zur Verfestigung kommt es durch Einwirkung von Fluiden oder in größerer Tiefe durch thermisch bedingte metamorphe Umkristallisation. Verfestigtes Grobmaterial aus eckigen Gesteinsfragmenten und untergeordnetem Matrixanteil kann unabhängig von den Klassifikationregeln der SCMR deskriptiv als **tektonische Brekzie** bezeichnet werden, sehr feinkörniges, loses Material in Bewegungsfugen als **Gesteinsmehl**. Nur in Süddeutschland und Österreich wird in eher populären Abhandlungen alternativ auch der mundartlich-volkstümlich geprägte Begriff **„Störungsletten"** verwendet.

Mylonite sind im Gegensatz zu gewöhnlich unfoliierten **Kataklasiten** immer foliiert oder zeigen in einzelnen Fällen ausgeprägte Lineation. Mylonite sind immer verfestigt. Kataklasite können verfestigt oder unverfestigt sein. Mylonite lassen sich im Einzelfall mit stark foliierten Gneisen verwechseln. **Mylonitisierung** beruht auf der Zerkleinerung von Gestein an tektonischen Bewegungsflächen im Zuge duktiler Deformation unter Kornzerkleinerung, verbunden mit syntektonischer Rekristallisation.

Mylonite und Kataklasite bestehen aus unterschiedlichen Anteilen von feinkörniger Matrix mit darin eingebetteten Gesteinsfragmenten (Klasten). Sie können im Extremfall auch ausschließlich aus feinkörnigem Material bestehen oder die feinkörnigen Anteile bilden raumfüllend eine Füllmasse zwischen den gröberen Klasten. Die für Mylonite kennzeichnende Foliation kann bei hohem Matrixanteil auf den ersten Blick dem Fließgefüge mancher Rhyolithe ähneln (Abb. 7.61). Anders als die Einsprenglinge von Vulkaniten zeigen die Klasten in solchen Myloniten gewöhnlich linsenförmige Querschnitte und damit verbundene Druckschatten, ähnlich wie die Porphyroklasten in Augengneisen. Manche Ultramylonite neigen

Tabelle 7.3 Klassifikation von Dislokationsmetamorphiten

kohäsionslose (unverfestigte) Kataklasite	
Klasten in feinkörniger Matrix, hoher Tonanteil:	= tonreicher, kohäsionsloser Kataklasit (Kakirit, *fault gouge**)
Klasten in feinkörniger Matrix, geringer Tonanteil:	= tonarme, kohäsionslose Kataklasite (Kakirit)
Matrix < 50 Vol.-%	= **kohäsionsloser Protokataklasit**
Matrix 50–90 Vol.-%	= **kohäsionsloser Mesokataklasit**
Matrix > 90 Vol.-%	= **kohäsionsloser Ultrakataklasit**
kohäsive (verfestigte) Kataklasite (kaum foliiert, meist unfoliiert)	
Matrix < 50 Vol.-%	= **kohäsiver Protokataklasit**
Matrix 50–90 Vol.-%	= **kohäsiver Mesokataklasit**
Matrix > 90 Vol.-%	= **kohäsiver Ultrakataklasit**
kohäsives, glasiges oder glasartig aussehendes Material (unfoliiert)	
gangartige Einlagerungen im Wirtsgestein bildend	= **Pseudotachylyt**
intensiv foliiertes, festes Gestein	
teilweise gneisartig kompakte Gesteine bildend	= **Mylonite**
< 50 Vol.-% feinkörniger Anteil	= **Protomylonit**
50–90 Vol.-% feinkörniger Anteil	= **Mesomylonit**
> 90 Vol.-% feinkörniger Anteil	= **Ultramylonit**
Größere Klasten gewöhnlich linsenförmig und von der Foliation des feinkörnigen Anteils „umflossen"	= **Augenmylonit**
phyllosilikatreicher Mylonit	= **Phyllonit**

* Das englische Wort *gouge* ist im hier vorliegenden Zusammenhang nicht mit einem einfachen Begriff übersetzbar. Es bezeichnet eigentlich das Gemenge aus Staub und Steinbrocken, das beim Arbeiten mit einem Meißel anfällt.

Abb. 7.61 Ultramylonit, aus hellem Magmatit oder Metamorphit hervorgegangen. Eine ausgeprägte Foliation und das weitgehende Fehlen von Porphyroklasten qualifizieren das Gestein als Ultramylonit. Glazialgeschiebe. Emmerlev Klev. Nordseeküste westlich Tønder, Dänemark.

Abb. 7.62 Schieferartig dünnplattig teilbarer Ultramylonit. Talschluss des Val Strona, nordwestlich Forno, Piemont, Norditalien. BB ca. 20 cm.

Abb. 7.63 Mesomylonit, lagenweise zu durchgehend feinkörnigem Ultramylonit tendierend. Mylonitisierter Granodiorit. Insel Bakenskär, Åland-Archipel, Südwestfinnland. BB ca. 50 cm.

unter Verwitterungseinwirkung zu schieferartig dünnplattiger Teilbarkeit (Abb. 7.62).

Bei der makroskopischen Bestimmung wird man auf das Mengenverhältnis von feinkörniger **Matrix** zu erkennbaren **Klasten** achten, um eine Einstufung gemäß Tab. 7.3 vornehmen zu können. Hierbei kommt es nicht auf die Art der fragmentierten Ausgangsgesteine an. Unter Klasten sind Fragmente aus zerkleinertem Altbestand zu verstehen, die sich durch ihre Partikelgröße von der Matrix abheben (Porphyroklasten). Die Matrix besteht aus so feinkörnigen Partikeln, dass diese kaum einzeln makroskopisch wahrgenommen werden. Als Obergrenze der Matrixkorngrößen für Mylonit kann von ca. 0,5 mm ausgegangen werden. Gewöhnlich sind die Korngrößen erheblich geringer.

Pseudotachylyte verdanken ihre Entstehung der Aufschmelzung relativ kleiner Gesteinsvolumen aufgrund der Umwandlung von kinetischer Energie in Wärme entlang von Bewegungsbahnen. Das resultierende Material kann glasig sein oder extrem feinkristallin-flintartig. Das in Abb. 7.64 gezeigte Beispiel geht auf den aktiven, gravitativen Auftrieb des in der Nähe angrenzenden Rapakivigranitplutons von Åland zurück. Hierbei kam es zu Scherbewegungen im Nebengestein.

Eine Klassifikationsübersicht von Kataklasiten und Myloniten ist in Tab. 7.3 dargestellt. Grundlage ist die SCMR-Klassifikation nach Fettes & Desmons (2007), ergänzt nach Heitzmann (1985). Beispiele von mylonitischen Gesteinen und von Pseudotachylyt zeigen Abb. 7.61 bis 7.64.

Abb. 7.64 Pseudotachylyt in Granodiorit. Der Pseudotachylyt ist die schwarze, flint- bis glasartige Substanz, die verzweigt gangartig im rötlichen Granodiorit steckt und z. T. die Kristalle des Granodiorits umfließt. Hammarudda, südwestlich Mariehamn, Åland-Archipel, Südwestfinnland. BB ca. 25 cm.

7.6 Mélanges

Mélanges sind Gemenge verschiedener, meist dunkel aussehender Gesteine mit schlechter Sortierung und brekziösem Gefüge (Abb. 7.65). Typisch, wenn auch nicht notwendig, ist das Auftreten von Serpentinitfragmenten, Tonschiefer und Metagrauwacken verschiedener Größe in feinerer, mechanisch zerriebener Matrix. Blauschieferfragmente, Radiolarite und Karbonatanteile können hinzukommen. Mélanges werden als Bildung im Bereich von Akkretionskeilen im Zusammenhang mit Subduktion gedeutet. Den Mélangecharakter kann man an kleinen Proben nicht zuverlässig erkennen. Wegen z. T. beträchtlicher Größe mancher Gesteinsfragmente in Mélanges ist man zur Beurteilung auf Aufschlüsse von mindestens einigen Quadratmetern Größe angewiesen.

7.7 Migmatite

Migmatite entstehen bei hohen metamorphen Temperaturen und geeigneten Zusammensetzungen dadurch, dass es *in situ* zur **Bildung von Teilschmelzen** kommt. Diese und die daraus entstehenden Gesteinsanteile sind granitisch bis tonalitisch zusammengesetzt. H_2O-Freisetzung aufgrund hoher Anteile von OH-haltigen, ther-

Abb. 7.65 Mélange, weitgehend aus serpentinisierten Peridotit- und Marmorklasten in serpentinitisch-karbonatischer Matrix bestehend („unechter Ophicalcit"). Chasambali bei Larisa, Thessalien, Griechenland.

misch instabilen Mineralen begünstigt die Teilaufschmelzung.

Migmatite sind heterogen zusammengesetzte, meist gneisverwandte, seltener auch amphibolitische Gesteine, die aus mindestens zwei sich deutlich voneinander abhebenden Anteilen bestehen. Zum einen sind dies dunkle, vor allem biotit- und/oder hornblendereiche Teilbereiche, zum anderen helle, weitgehend aus Quarz und Feldspat bestehende Einlagerungen. Die hellen, als **Leukosom** bezeichneten Anteile werden als Kristallisat von Teilschmelzen gedeutet. Die dunklen Gesteinsbereiche mit dem Namen **Melanosom** sind zumindest teilweise Restit der das Leukosom produzierenden Teilaufschmelzung. In manchen Migmatiten kann zusätzlich noch weitgehend unverändertes Ausgangsmaterial der Teilaufschmelzung erhalten sein (Paläosom oder Mesosom). Auch dieses ist regelmäßig dunkler als das Leukosom. Eine Unterscheidung

zwischen Melanosom und Paläosom ist in der Praxis weder einfach, noch im Gelände für das Erkennen von Migmatit entscheidend. Bei typischer Ausbildung ist das Paläosom oder Mesosom heller als das Melanosom und dunkler als das Leukosom. In den nachfolgenden Erläuterungen werden alle gegenüber dem Leukosom dunkleren, nicht in den Schmelzzustand übergegangenen Anteile als Melanosom zusammengefasst.

Obwohl bei der Bildung von Migmatiten partielle Aufschmelzung (Anatexis) stattfindet, gelten diese nicht als Magmatite, sondern als eine **Gruppe von Metamorphiten**. Bei der Bildung von Migmatiten bleibt der Teilschmelzanteil in Form unterschiedlich konfigurierter Segregationen im Gesteinszusammenhang, in enger Assoziation mit dem komplementär entstehenden, mehr oder weniger restitischen Melanosom.

Das verwobene Nebeneinander von Leukosom und Melanosom bedingt, dass ein Migmatit nicht in beliebig kleiner Probe als solcher erkennbar ist. Der Migmatitcharakter wird in vielen Fällen erst auf Oberflächen mit Durchmessern im Dezimeter- bis Meter-Maßstab deutlich.

Geologisches Vorkommen

Migmatite treten in hochgradig metamorphen, tief abgetragenen **Sockelregionen von Orogenen** auf. Dies sind vor allem Grundgebirgsareale mit proterozoischen oder älteren Gesteinen wie der Baltische Schild oder **zentrale Segmente phanerozoischer Orogene** wie das Moldanubikum der mitteleuropäischen Varisziden. Migmatite sind dann mit hochgradig amphibolitfaziellen, z. T. auch granulitfaziellen sonstigen Metamorphiten assoziiert wie auch mit granitischen und anderen Plutoniten. Migmatite können aus magmatischen wie auch sedimentären Edukten hervorgegangen sein. Zu gebänderten Gneisen bestehen Übergänge. Es kann im Einzelfall schwierig zu beurteilen sein, ob ein Gestein noch ein Gneis oder schon ein Migmatit ist. In geologischen Beschreibungen kann dann von **migmatitischem Gneis** die Rede sein.

In besonderer Vielfalt können Migmatite zusammen mit Plutoniten und Gneisen als große Glazialgeschiebe an Steilufern der Südküsten der Ostsee beobachtet werden. Ein gro-

Abb. 7.66 Migmatit aus rotem Kalifeldspat-Quarz-Leukosom und schwarzem, biotitreichem Melanosom. Leukosom und Melanosom sind im Handstückmaßstab verfaltet. Lämmetorp, nordöstlich Finspång, Östergötland, Südschweden. BB 9 cm.

ßer Teil der dort vorkommenden Findlinge besteht aus Migmatiten verschiedenster Gefügeausbildung.

Allgemeines Aussehen und Eigenschaften

Migmatite sind durch ein meist deutlich, seltener auch diffus abgesetztes Nebeneinander von Leukosom und Melanosom gekennzeichnet (Abb. 7.1, **7.66**, **7.67**, **7.68**). Die Geometrie der miteinander verwobenen Anteile ist durch gerundete, seltener geradlinige, manchmal „verwaschene" Konturen bestimmt (Abb. 7.68). Migmatite sind

mehrfarbig. Dem grauen bis schwarzen Melanosom steht ein entweder hell rötliches, tief rotes oder weißes Leukosom gegenüber. Das Leukosom kann lagig, aderförmig, schlierig oder diffus angeordnet sein. Oft kommt eine Verfaltung mit meist schon im Nahbereich uneinheitlichen Wellenlängen und Achsenorientierungen der Falten hinzu (Abb. 7.1).

Mineralbestand

Migmatite enthalten prinzipiell die gleichen Minerale wie Gneise bis Amphibolite. Allerdings unterscheiden sich in Migmatiten die

Abb. 7.67 Verfaltete Wechsellagerung aus dunklem Melanosom und hellem, granitähnlich zusammengesetztem Leukosom, das nesterartige Verdickungen entwickelt hat. Stensjöstrand, Kattegatküste nördlich Halmstad, Halland, Südwestschweden. BB ca. 1 m.

Abb. 7.68 Migmatit mit schlieren-artigen, diffus abgegrenzten Nestern von Leukosom, die gelben Objekte sind Birkenblätter. Præstebo, Nordhang Paradisbakkerne, Bornholm, Dänemark. BB ca. 60 cm.

Mineralbestände von Leukosom und Melanosom.

Im überwiegend granitisch zusammengesetzten **Leukosom saurer bis intermediärer, gneisartiger Migmatite** dominieren **Quarz** und **Kalifeldspat**, Letzterer durchweg als Mikroklin. Mafische Minerale fehlen weitgehend. Wenn vorhanden, sind es die gleichen wie im Melanosom. **Leukosome amphibolitischer Migmatite** haben eher tonalitische Zusammensetzung aus **Plagioklas** neben **Quarz**. Kalifeldspat kann hier fehlen.

Die **Melanosome gneisartiger Migmatite** sind oft von **Biotit** als dunklem Mineral geprägt. Als wesentliches helles Mineral der Melanosome tritt am ehesten **Plagioklas** auf. Weitere dort häufig enthaltene Minerale sind **Hornblende, Cordierit, Granat, Sillimanit**. In **amphibolitischen Migmatiten** (Abb. 7.43) besteht das Melanosom aus **Hornblende** und meist zusätzlich **Plagioklas** sowie oft **Biotit**. In granatamphibolitischen Migmatiten kommt **Granat** hinzu.

Gefüge

Im Gesamtzusammenhang von Leukosom und Melanosom zeigen Migmatite großmaßstäblich verschiedene Konfigurationen der gegenseitigen Durchdringung. Planare Anordnung entsprechend der bei Gneisen häufig entwickelten Bänderung kommt vor, ist jedoch nicht die Regel. Häufig bilden Melanosom und Leukosom unregelmäßig geformte Gesteinsanteile bis hin zu Faltenstrukturen. Hierbei neigen alle Formelemente der Falten zu großer Variabilität. Wellenlängen, Amplituden, Achsenstreichen und Abstand der hellen und dunklen Bereiche variieren dann in ungeordnet erscheinender Weise. Das Leukosom kann unregelmäßig gefaltete, gangartige Formen annehmen, schlierig eingelagert sein oder auch in Form kurzer, linsenförmiger Körper auftreten. Auch enge, liegende Falten können entwickelt sein. Letztlich können alle Konfigurationen vorkommen, die unter statischen Bedingungen oder bei duktiler Deformation von zwei miteinander verwobenen Komponenten bei geringer mechanischer Kopplung entstehen können.

Das Interngefüge der Leukosome kann normalen Graniten entsprechend richtungslos körnig sein bzw. granoblastisch. Die Leukosome mancher Migmatite tendieren zu pegmatitischen Korngrößen.

Erscheinungsform im Gelände

Migmatite sind trotz der internen Unterschiede der Zusammensetzung massige, relativ verwitterungsresistente Gesteine mit gegenüber Gneisen oft zurücktretender Foliation. Daher bilden Migmatite im Gelände massive, seltener lagig gegliederte Felsen. Auf angewitterten Oberflächen können je nach Gefüge und Mineralbestand die Leukosom- oder auch Melanosombereiche morphologisch hervortreten.

Hinweise zur petrographischen Bestimmung: Unterscheidung Migmatit/Gneis

Zur Unterscheidung zwischen Gneisen und Migmatiten ist vor allem das Gefüge im Dezimeter-Maßstab entscheidend. Ohne klare Grenze kann die bei Gneisen häufig auftretende Bänderung mit Zentimeter-Abständen in eine bei Migmatiten größermaßstäbliche Trennung zwischen hellen Quarz-Feldspat-Lagen und dunklen, mafitbetonten Lagen übergehen. Meist weichen die kontrastierenden Gesteinsanteile bei Migmatiten von der einfachen planaren Geometrie üblicher Gneisbänderung ab und nehmen darüber hinaus unregelmäßige, rundlich konfigurierte Gestalt an. Migmatite können wie „durchgerührt" wirken.

Wenn im dunklen Gesteinsanteil von Gneis eine Foliation erkennbar ist, werden die hellen Lagen des Gneises immer parallel zur im dunklen Anteil erkennbaren Foliationsebene eingeregelt sein. In Migmatiten kann das Leukosom unabhängig von möglicherweise vorhandener Foliation angeordnet sein und linsenartige Verdickungen zeigen. Eine strenge planare Einregelung des Leukosoms von Migmatiten ist nicht die Regel. Anders als der helle Anteil gebänderter Gneise zeigt das Leukosom von Migmatiten keine Foliation sondern körnige Gefüge wie Plutonite.

7.8 Metasomatische Gesteine

Metasomatose bewirkt eine wesentliche Veränderung der vom Edukt ererbten Zusammensetzung durch Stofftransport über Gesteinsgrenzen hinweg. Besonders sog. mobile Elemente, die leicht mit Fluiden transportiert werden, bewirken die Bildung von z. T. ungewöhnlichen Mineralbeständen. Metasomatite können eine Vielzahl auch seltener Minerale enthalten. Metasomatisch gebildete oder maßgeblich beeinflusste Gesteine sind relativ selten, jedoch in ihrer Gesamtheit vielfältig. Oft gleichen sie Gesteinen anderer Entstehung. Das Erkennen eines metasomatisch

gebildeten Gesteins kann oft mehr als durch das Gestein als solches durch **spezifische Minerale** angezeigt werden. So ist **Topas** ein signifikanter Hinweis auf Metasomatose (Abb. 3.72), ebenso **Skapolith**. Auch **Fluorit** und **Turmalin** im Gesteinsverband können metasomatischer Entstehung sein.

Hydrothermale Metamorphose ist ihrem Wesen nach oft eine Metasomatose. Hierbei können lokal z. B. Alkalien massiv abgeführt oder auch zugeführt werden. Gesteine können mit Sulfidmineralen durchsetzt werden oder es kann sich Fluorit bilden.

Metasomatose kann im gesamten Temperaturbereich der Metamorphose stattfinden. Entsprechend vielgestaltig ist das Spektrum metasomatisch geprägter Gesteine. Gewöhnlich bilden diese jedoch nur kleine Gesteinskörper und z. T. entstehen Gesteine, die gewöhnlichen Magmatiten oder Metamorphiten gleichen. Geologisch bedeutende metasomatische Prozesse sind:

- Feldspatsprossung
- Skarnbildung (Abb. 3.37, **7.69**)
- Fenitisierung

Metasomatische Prozesse spielen auch eine Rolle bei der Bildung von Ophikarbonaten, mancher Aplite oder auch der Glimmer- und Amphibolanreicherung in Erdmantelgesteinen.

Feldspatsprossung

Feldspatsprossung ist nicht als Begriff etabliert. Gleichwohl lassen sich die Produkte im Gelände beobachten. Die erforderliche Zufuhr von Alkalien muss als metasomatischer Prozess verstanden werden.

In Nebengesteinen granitischer Intrusionen können mit zunehmender Annäherung an den Intrusivkontakt bis zu mehrere Zentimeter große idiomorphe oder auch randlich zerlappte **Feldspat-Porphyroblasten** auftreten. Das Gestein, primär z. B. eine Grauwacke, kann sich so als „Feldspatblastit" fließend dem Gefüge und Mineralbestand von Granit annähern. Die Zuordnung des Gesteins ergibt sich dann am ehesten aus der geologischen Situation des Vorkommens.

Abb. 7.69 Skarn aus u. a. braungelbem Granat (Grossular), der z. T. idiomorph ist, rotem Karbonat, farblos-transparentem Quarz, grünlich-gelbem Epidot und Diopsid-Hedenbergit. Sunnerskog, östlich Vetlanda, Ostsmåland, Südschweden. BB 12 cm.

Skarne

Skarne entstehen unter Stofftransport über Strecken von Metern bis in den Hundertmeter-Bereich durch Reaktion von Bestandteilen saurer intrusiver Magmen mit Karbonatgesteinen. Skarne sind daher durchweg **kleinräumige Bildungen**. Im typischen Fall sind Skarne zonar oder unregelmäßig in Teilbereiche mit verschiedenen Mineralbeständen, Farben und Gefügen gegliedert. Skarne können selbst in einer einzelnen Gesteinsprobe verschiedenste Farben zeigen. Oft kommen rotbrauner **Granat**, grüner **Diopsid-Hedenbergit**, gelbgrüner **Epidot** und farbloser **Quarz** nebeneinander vor (Abb. 3.37, **7.69**). Granat und Diopsid können sowohl derbe Massen bilden wie auch zentimetergroße Einkristalle. Im selben Vorkommen können ebenso gelblichbrauner Granat, Vesuvian, **Amphibole**, Karbonate, Fluorit und manche seltene Minerale vorkommen. Als Erzminerale sind vor allem **Magnetit** und **Sulfide** häufig. Viele Skarne sind **bergbaulich genutzt** worden, sodass sich als auffälligster Hinweis im Gelände **Grubenreste und Halden** finden lassen. Die Gefüge von Skarnen wechseln oft kleinräumig. Insgesamt sind Skarne äußerst heterogene Gesteine.

Fenite

Fenitisierung geht von Alkaligesteinsintrusionen aus. Sie führt im Nebengestein in gewöhnlich zonarer Anordnung zur Anpassung an die Mineralbestände des Intrusivgesteins. Hierdurch kann die Grenze der ursprünglichen Intrusion weitgehend verwischt werden. Im Gelände hat man es dann z. B. mit einem nephelinsyenitisch zusammengesetzten Gestein mit komplexem Mineralbestand zu tun. Eine Bestimmung ist im Gelände kaum sinnvoll. Es kommt eher darauf an, dass man überhaupt damit rechnet, dass ein fenitisiertes Gestein vorliegen kann, wenn man im Randbereich von Alkaligesteinsintrusionen auf ein schwer bestimmbares Gestein trifft oder auch auf ein wie magmatisch erscheinendes Alkaligestein. Besonders signifikant ist ein gradueller Übergang vom Magmatit im Intrusions-Kernbereich zum erkennbar unbeeinflussten Nebengestein.

8 Gesteine des Oberen Erdmantels

Der Obere Erdmantel ist die unter der Erdkruste liegende Baueinheit der kugelschalig aufgebauten Erde. Er ist unter Ozeanen und Kontinenten, abgesehen von gebietsweise metasomatisch beeinflussten Abschnitten, in groben Zügen einheitlich zusammengesetzt. Fast überall liegen die Gesteine des Oberen Erdmantels in unerreichbarer Tiefe. Nur unter besonderen Bedingungen können Gesteine des Oberen Erdmantels an der Erdoberfläche auftreten. Die wichtigsten Arten des Vorkommens von Erdmantelgestein sind:

Als **tektonisch aufgestiegene Schollen**. Hierzu gehören alpinotype Peridotite (Abschn. 8.2), Erdmantelsegmente in Ophiolithabfolgen (Abschn. 8.3) und kleinräumige tektonische Späne aus meist stark serpentinisiertem Peridotit innerhalb von Orogenen (Abschn. 8.4, Abb. 8.1). Auf Ozeanböden beschränkte und daher im Gelände nicht beobachtbare Vorkommen sind an Transformstörungen und an hoch aufgestiegene Manteldiapire gebunden.

Als **Xenolithe in alkalibasaltischen Vulkaniten** im weitesten Sinne (Abb. 8.2) und in entsprechenden Pyroklastiten (Abschn. 8.1). In subalkalischen Basalten kommen Xenolithe aus Erdmantelgesteinen nicht vor.

Kimberlite enthalten besonders vielfältige Xenolithe aus Erdmantelgesteinen. Ihre Vorkommen sind von besonderem petrographischem Interesse, es ist jedoch wenig wahrscheinlich, sie im Gelände anzutreffen. In Mitteleuropa fehlen sie. Kimberlite treten nur in vulkanischen Förderkanälen in alten Kratonen auf. Zu den vorkommenden Xenolithen gehören anders als in Alkalibasalten zu erheblichem Anteil Peridotite und eklogitische Pyroxenite, die Granat in bedeutender Menge enthalten. Komponenten sind serpentinisierter Olivin, Phlogopit (glimmerreiche Kimberlite = Orangeit), Karbonatminerale und ein breites Spektrum von Xenokristallen von z. B. Granat,

Enstatit und Chromdiopsid. Kimberlite können brekziös oder massiv ausgebildet sein.

Unabhängig von der Art des Vorkommens sind Erdmantelgesteine **fast ausnahmslos ultramafisch**. Peridotite bzw. deren serpentinisierte Folgeprodukte überwiegen bei weitem, untergeordnet können Pyroxenite aus diopsidischem Klinopyroxen und/oder Orthopyroxen (Enstatit) einschließlich sehr seltenen Eklogits eingeschaltet sein.

Nur regional begrenzt treten in alkalibasaltischen Vulkaniten gehäuft schwarze bzw. dunkle Xenolithe auf, die aus augitischem Klinopyroxen, schwarzem Amphibol (Abb. 8.3) oder Phlogopit bestehen oder Gemenge aus den genannten Mineralen sind. Magnetit kann zusätzlich beteiligt sein.

Vorkommen von Erdmantelperidotit können großmaßstäblich lagigen Aufbau zeigen (Abb. 8.4). Auch kleinräumig bilden diopsidisch-enstatitische Pyroxenite häufig Lagen in Erdmantelperidotit, die magmatischen Schichten (Abschn. 5.3.2.2) ähneln können (Abb. 8.5, 8.6). Abhängig von der Art des Vorkommens sind viele Erdmantelperidotite teilweise oder vollständig serpentinisiert. In Erdmantelperidotiten können gangartige Vorkommen hornblenditischen Materials eingelagert sein (Abb. 8.2). Solche Hornblendite mit oder ohne schwarzen Klinopyroxen und Glimmer (Phlogopit), oder auch schwarze Klinopyroxenite, gelten als Produkte metasomatischer Beeinflussung im Bereich des Oberen Erdmantels (Zusammenstellung in Best 2003).

Die **Klassifikation von Erdmantel-Ultramafititen** unterliegt denselben Regeln wie die der magmatischen Ultramafitite. So ist Harzburgit eines der häufigsten Erdmantelgesteine. Der Name ist jedoch von Vorkommen plutonischer Olivinkumulate des Harzburger Gabbronoritplutons im Harz abgeleitet, die Orthopyroxen

Abb. 8.1 Granatperidotit, serpentinisiert und angewittert. Die hervortretenden Körner sind kelyphitisierte Granatkristalle. Zwischen Zöblitz und Ansprung, westlich Olbernhau, Erzgebirge. BB ca. 20 cm.

enthalten (Abb. 3.38, 5.81). Regeln und Merkmale zur Unterscheidung zwischen Erdmantelgesteinen und plutonischen Ultramafititen sind in Abschn. 5.7.9 zusammengestellt.

Die häufigsten Erdmantelgesteine, die an der Erdoberfläche vorkommen, sind neben **Harzburgit** (Abb. 8.2) die gleichfalls peridotitischen Gesteine **Lherzolith** (Abb. 3.9, 8.2, 8.6) und **Dunit**. Plagioklasführende Erdmantel-Peridotite sind äußerst selten (Abb. 8.8), am ehesten als sekundäre Bildung in klinopyroxenführendem Erdmantelmaterial, wenn dieses tektonisch aufgestiegen ist, ohne stark abzukühlen. Der Plagioklas verdankt dann seine Entstehung der Druckentlastung bei hohen Temperaturen, z. T. verbunden mit der Bildung basischer Teilschmelze. Hierbei kann der Plagioklasgehalt 10 Vol-% überschreiten, sodass es zu basaltischen bzw. gabbroiden Mineralbeständen kommt.

Die Gültigkeit der gleichen Klassifikation sowohl für manche magmatischen Kumulatgesteine als auch für Erdmantelgesteine bedeutet nicht, dass magmatische und Erdmantelgesteine gleichen Namens verwechselbar sein müssen. Tatsächlich fallen typische Erdmantelgesteine mit auffälligen Merkmalen aus dem für krustale Gesteine üblichen Rahmen. Hierzu gehören: Eintönigkeit der Gesteinsfolge, ungewöhnliche Farben und das Fehlen von typischen Mineralen der Erdkruste wie Feldspäten, Quarz und Glimmern. Im Gelände fallen Landschaftsteile aus Erdmantelgesteinen oft zusätzlich wegen im Ver-

gleich zur Umgebung besonders karger Vegetation auf. Die häufigsten Farben der Gesteinsoberflächen sind fahlgrün bis schwarz und ockergelb bis braun. Hierbei besteht eine starke Abhängigkeit von den Verwitterungsbedingungen und vom Grad der Serpentinisierung. Vorkommen von Erdmantelgesteinen wirken sowohl im Landschaftsbild als auch im Handstück im Vergleich zu Gesteinen der kontinentalen Kruste fremdartig, sodass es auch ohne Gesteinskenntnisse spürbar ist, dass man es mit ungewöhnlichen Gesteinen zu tun hat.

Außer Olivin und Pyroxenen enthalten Peridotite und zumeist auch Pyroxenite des Oberen Erdmantels untergeordnet **Al-reiche Minerale**. Diese sind entweder schwarzer **Chromspinell** (Chromit) (Abb. 3.41, 3.85), roter oder blassroter **Granat** (Abb. 3.9, 8.7, 8.11) oder **selten Plagioklas** (Abb. 8.8), Letzterer manchmal erkennbar den Spinell ersetzend. Die drei Al-reichen Minerale sind Indikatoren unterschiedlicher Druckbereiche und damit Tiefe, aus denen die Gesteine stammen. Die ungefähre mindeste bzw. größtmögliche Herkunftstiefe in Kilometern lässt sich durch Multiplikation des Zahlenwerts des jeweiligen Drucks in GPa, bei dem die Minerale stabil sind, mit 30 errechnen. Für Peridotite gilt, dass Plagioklas nur unter relativ geringen Drucken stabil ist, wie sie in der Erdkruste herrschen. Plagioklas wird bei realistischen Temperaturen ab ca. 0,8 GPa Druck von Chromspinell abgelöst, zwischen 2,0 und 2,5 GPa wird wiederum Chromspinell von Granat abgelöst (nach Best 2003: Zusammenstellung aus verschiedenen Quellen). Dies bedeutet, dass ein granatführender Peridotit aus mindestens 60 km Tiefe stammen muss. Wenn von Spinellperidotit, Granatperidotit oder selten auch von Plagioklasperidotit die Rede ist, ist damit auch eine Aussage im Hinblick auf die Druckbereiche bzw. Tiefen der Gesteinsprägung verbunden. Besonders Spinell (Chromspinell) bildet regelmäßig nur eine untergeordnete Komponente des Gesteins, sodass dieses im Sinne der IUGS-Klassifikation für ultramafische Gesteine gleichermaßen z. B. Harzburgit oder Lherzolith sein kann.

8.1 Erdmantelgesteins-Xenolithe in alkalibasaltischen und verwandten Vulkaniten

Im erweiterten Sinne alkalibasaltische Trägergesteine von Erdmantelgesteins-Xenolithen sind Alkali-Olivinbasalte, und die oft mit ihnen zusammen vorkommenden, basaltartigen Basanite und Olivinnephelinite (Abschn. 5.8.4). Die zugehörigen Magmen müssen ohne wesentliche Differentiation direkt und schnell aus dem Oberen Erdmantel bis an die Oberfläche aufgestiegen sein. In Deutschland gibt es zahlreiche Vorkommen, so z. B. in der Eifel, in Nord- und Mittelhessen, in Südniedersachsen und in der Oberpfalz. Typisches, wenn auch nicht einziges xenolithisches Fördermaterial mit Erdmantelherkunft sind millimeterkörnige Peridotite, die gewöhnlich weit überwiegend aus völlig unserpentinisiertem, grün transparentem Olivin bestehen. Diese Xenolithe fallen daher als grüne Brocken („Olivinknollen") gegenüber dem einbettenden dunkelgrauen bis nahezu schwarzen Gestein auf (Abb. 5.86, 8.2). Sie sind in den genannten Gesteinen fast regelmäßig eingestreut, oft zu mehreren pro Quadratmeter Oberfläche. Am häufigsten sind Größen von einem bis wenigen Zentimetern. Vorkommensabhängig können peridotitische Xenolithe Größen über 10 cm erreichen. Im Extremfall können die Xenolithe

in dichter Drängung wie Gerölle in einem Konglomerat auftreten. Auch alkalibasaltische Pyroklastite enthalten oft peridotitische Erdmantelxenolithe. Abb. 3.41 zeigt einen Ausschnitt eines solchen Xenoliths, der aus pyroklastischen Ablagerungen stammt.

Wegen des schnellen Aufstiegs bei hoher Temperatur spielt Alteration keine Rolle, außer wenn die Xenolithe innerhalb einer Schlotfüllung fluider Aktivität ausgesetzt waren. Peridotische Xenolithe in alkalibasaltischen und verwandten Vulkaniten sind die am wenigsten veränderten Erdmantelgesteine, die an der Erdoberfläche auftreten können.

Bezüglich der Mineralbestände und des Aussehens gibt es zwei wesentliche, durch Übergänge verbundene Gruppen von Erdmantelgesteins-Xenolithen in Alkalibasalten, die makroskopisch unterscheidbar sind:

1. Peridotite mit grünem Klinopyroxen (Chromdiopsid) oder ohne Klinopyroxen (Abb. 8.2 z. T.)
2. Ultramafitite aus schwarzem Klinopyroxen und/oder schwarzem Amphibol und/oder Phlogopit (Abb. 8.2 z. T., Abb. 8.3)

Peridotite mit grünem oder fehlendem Klinopyroxen bilden die mit Abstand häufigste Gruppe von Erdmantelgesteins-Xenolithen. Sie sind die typischen „Olivinknollen" der Alkalibasalte. Sie fallen auf Bruchflächen der einbettenden, dunkelgrauen bis schwarzen Vulkanite durch ihre hellgrüne Färbung schon von weitem auf. In Pyroklastiten können sie jedoch von einer basaltischen Kruste umhüllt sein, sodass sie erst bei Aufschlagen der meist gerundeten Knollen erkennbar werden. Auf angewitterten Gesteinsoberflächen sind die Peridotite ockergelb verfärbt.

Erst bei näherem Hinsehen wird deutlich, dass Olivin zwar das dominierende, aber nicht das einzige Mineral ist. Der **Olivin** ist an hellgrüner Färbung erkennbar (Abb. 3.41, 8.2). Er bildet überwiegend millimetergroße, transparente Körner mit gelegentlich ansatzweise erkennbarer Spaltbarkeit, überwiegend aber muscheligem Bruch, wenn er nicht durch tektonische Beanspruchung zu einer feinkörnigen Masse granuliert ist. Selbst geringfügige Serpentinisierung fehlt fast immer. Der grüne Klinopyroxen ist **Chromdiopsid**, der sich vor allem durch eine intensiv smaragdgrüne Färbung deutlich vom Olivin abhebt. Bei näherem Hinsehen zeigt er Transparenz und bei günstiger Schnittlage zwei Spaltbarkeiten. Anwittern erträgt er, anders als der rasch gelb werdende Olivin, lange ohne Veränderung. Chromdiopsid fehlt nur selten, allerdings kann er sehr vereinzelt in den Peridotit eingestreut sein. Sein Mengenanteil bleibt meistens unter 15–20 Vol.-%. **Orthopyroxen** ist praktisch immer vorhanden (Abb. 8.2), oft überwiegt er den Chromdiopsid, allerdings ist er recht unauffällig. Er ist mit einer blassen bis kaum merklichen olivfarbenen Tönung ähnlich transparent wie der Chromdiopsid und zeigt eine ähnliche Spaltbarkeit. **Chromspinell** bildet schwarze, opake Körner, die in geringer Menge in den Peridotit eingestreut sind. Anders als in manchen tektonisch aufgestiegenen Erdmantelperidotiten (unten) und unter den Xenolithen in Kimberliten kommt Granat in den peridotitischen Xenolithen der Alkalibasalte, Basanite und Olivinnephelinite

praktisch nicht vor. Ebenso fehlt Plagioklas. Die peridotitischen Xenolithe sind im Hinblick auf den Herkunfts-Tiefenbereich ausschließlich Spinellperidotite (oben). Als weitere Komponenten können an besonderen Vorkommen diejenigen Minerale eingestreut sein oder selten auch gangförmige Einlagerungen bilden, die die andere wesentliche Gruppe von Erdmantelgesteins-Xenolithen kennzeichnen (Abb. 8.2). Dies sind schwarze augitische Pyroxene, schwarzer Amphibol und brauner Phlogopit, zusätzlich auch Magnetit.

Je nach Mengenverhältnis der relevanten mafischen Minerale bestehen peridotitische Xenolithe aus unterschiedlich zu klassifizierenden Gesteinen. Die meisten der Xenolithe sind als **Harzburgite** und **Lherzolithe** einzustufen. **Dunite** und **Wehrlite** spielen untergeordnete Rollen. Auf den ersten Blick sehen die Peridotite der Xenolithe einander sehr ähnlich. In den einzelnen Vorkommen von Alkalibasalt kommen jedoch gewöhnlich peridotitische Xenolithe unterschiedlicher Zusammensetzung nebeneinander vor.

Abb. 8.2 Erdmantelgesteinsxenolithe aus Lherzolith (links) und Harzburgit (rechts) in Olivinnephelinit. Die Probe hat eine durchgehend polierte Oberfläche. In beiden Xenolithen überwiegt blassgrüner Olivin. Die kräftig grünen Kristalle sind Chromdiopsid, die olivfarbenen sind Orthopyroxen (Enstatit), die schwarzen Chromspinell. An Fugen, die durch den Basanit und die Xenolithe hindurchziehen, ist es zur Bildung von braunem Phlogopit gekommen. Der rechte Xenolith enthält einen unteren und einen sich kaum vom umgebenden Basanit absetzenden, oberen dunklen Saum aus Hornblendit, der weitgehend in makroskopisch nicht bestimmbare Folgeminerale umgewandelt ist. Diese sind Plagioklas und Rhönit: $Ca_4Mg_8Fe_2Ti_2O_4Si_6Al_6O_{36}$. Wahrscheinlich sind die Säume Segmente von Gängen oder -lagen aus Amphibol des Oberen Erdmantels. Rosenberg, südwestlich Hofgeismar, Nordhessen. BB 9 cm.

Abb. 8.3 Polykristallines Amphibol-aggregat. Durch Abrasion im vulkanischen Förderschlot gerundeter und polierter Xenolith, der aus basanitischem bis olivinnephelinitischem Lapillituff der in Abb. 5.116 gezeigten Art stammt. Die Herkunft aus dem Oberen Erdmantel wird durch Übergänge zwischen reinen Amphibolaggregaten und amphibol-führenden Erdmantelperidotiten im gleichen Vorkommen dokumentiert. Rosenberg, südwestlich Hofgeismar, Nordhessen. BB 10 cm.

Die Gefüge der peridotitischen Xenolithe sind gewöhnlich durch xenomorphe Kristalle mit Korngrößen im Bereich von 1–5 mm geprägt. Die Olivine und Pyroxene können deutlich eingeregelt sein, meistens fehlt jedoch jede Einregelung.

Ultramafitite aus schwarzem Klinopyroxen **und/oder schwarzem Amphibol und/oder Phlogopit** kommen an einzelnen Lokalitäten vereinzelt oder auch gehäuft neben peridotitischen Xenolithen in im weitesten Sinne alkalibasaltischen Vulkaniten vor. Vorkommen gibt es u. a. in Vulkaniten der Eifel und Nordhessens. Abb. 8.3 zeigt ein Amphibolaggregat als Beispiel. Die einzelnen Minerale können zusätzlich oder anstelle polykristalliner Xenolithe auch als Megakristalle auftreten. Die Xenolithe sind schwarz oder im Fall der Glimmerite auch dunkelbraun. Eine Unterscheidung zwischen Amphibol und augitischem Pyroxen ist trotz gleicher tiefschwarzer Färbung gut möglich. Die Amphibole zeigen sehr gut ausgebildete Spaltbarkeiten und glänzende Spaltflächen, während die Pyroxene oft überhaupt keine oder nur unvollkommene Spaltbarkeit zeigen. Die Bruchflächen sind oft matt und rau. Die Korngrößen liegen in manchen Beispielen über 1 cm. Andere Xenolithe bestehen fast nur aus millimeterkörnigen Mineralaggregaten. Das gegenteilige Extrem sind Amphibol-Megakristalle, die Durchmesser von mehr als 10 cm erreichen können. Neben völlig richtungs-los-körnigen Gesteinen mit ebenflächigen Korngrenzen kommen Beispiele mit ausgeprägter paralleler Einregelung der beteiligten Kristalle vor.

8.2 Erdmantelgesteine in nichtophiolithischen alpinotypen Peridotit-komplexen

Alpinotype Peridotitkomplexe sind Segmente des Oberen Erdmantels, die tektonisch in Orogene eingegliedert worden sind. Sie bilden zusammenhängende Ausschnitte des Oberen Erdmantels. In den meisten Fällen sind sie zusammen mit Basalten und Gabbros Bestandteile von Ophiolithabfolgen, d. h. von tektonisch in Orogenen integrierter ozeanischer Kruste samt unterlagernden Gesteinen des obersten Oberen Erdmantels. In diesem Abschnitt geht es um alpinotype Peridotite, die ausnahmslos ohne irgendwelche ozeanischen Begleitgesteine auftreten und auch wegen anderer Merkmale nicht ophiolithisch sind. Wesentliche Unterschiede gegenüber Ophiolithkomplexen bzw. deren Peridotiten sind im Vergleich:

Nichtophiolithische alpinotype Peridotit-massive

- Lherzolith als wesentlicher Bestandteil
- Wenig Dunit
- Chromitanreicherungen selten
- Gabbroide und Klinopyroxenitlagen
- Vorkommen von Granatperidotit und -pyroxenit
- Keine assoziierten Basalte
- *hot-slab metamorphism* von Nebengesteinen

Ophiolithische alpinotype Peridotitmassive

- Lherzolith untergeordneter Bestandteil
- Dunit als wesentlicher Anteil
- Chromitit z. T. verbreitet
- Keine gabbroiden oder Klinopyroxenitlagen
- Kein Granatperidotit oder -pyroxenit
- Assoziierte Basalte: Pillowlaven und Gangscharen
- Ohne *hot-slab metamorphism*

Ein repräsentatives Beispiel ist das 300 Quadratkilometer große Rondamassiv (Serra Bermeja, Serra Palmitera, Sierra Real und Sierra de Tolox) in der westlichen Betischen Cordillere in Südspanien, das von zwei weiteren großen Erdmantelmassiven gleicher Art mit Größen von 100 bzw. 35 Quadratkilometern begleitet wird. Die Peridotitmassive stecken innerhalb des tektonischen Deckenstapels der Betischen Cordillere. Sie bilden siedlungsleere, schroffe Gebirgslandschaften. Zu den wichtigsten Merkmalen der sehr einheit-lich aufgebauten Massive gehört ein lagiger Aufbau in nicht zu stark tektonisch gestörten Bereichen. Die Lagen bestehen überwiegend aus Lherzolith und daneben aus Harzburgit. Abschnittweise scharen sich pyroxenitische (Abb. 8.6) und granatpyroxenitische (Abb. 8.7) Lagen. Gabbroide Einlagerungen sind seltener. Nur als lokale Besonderheiten treten kleine Dunitstöcke auf, die den allgemeinen Lagenbau schneiden. Der lagige Aufbau ist oft schon aus der Ferne erkennbar, so an der auf bis 1480 m steil ansteigenden Südflanke der Sierra Bermeja (Abb. 8.4).

Je nach Ausmaß der Serpentinisierung und in Abhängigkeit von der Gesteinszusammensetzung zeigen die großflächig freiliegenden Peridotite braune (Abb. 8.5), rotbraune, ockergelbe (Abb. 8.6) und fahl grünlich-graue Farben. Im frischen Bruch sind sie dunkelgrau bis schwarzgrau oder bräunlich-grau (Abb. 8.6). Vor allem randliche Anteile der Massive können spektakulär und über mehrere Quadratkilometer brekziiert sein. Die Brekzien bestehen hauptsächlich aus vollständig serpentinisierten, schwarzen Peridotitfragmenten mit Größen im Bereich von Dezimetern in heller, feinkörniger Matrix.

Die unterschiedlichen, meist lagig ausgebildeten Gesteine nichtophiolithischer alpinotyper Peridotite sind durch wechselnde Mengenverhältnisse von Olivin, Orthopyroxen (Enstatit), Chromdiopsid, Chromit, Granat und auch Plagioklas geprägt. Jedes dieser Minerale kann in dem einen oder anderen Gestein fehlen. Nur

Abb. 8.4 Erdmantelperidotite und -pyroxenite (Bildhintergrund). Die rotbraune Färbung ist verwitterungsbedingt. Die Erdmantelgesteine zeigen einen nach rechts (nach Norden) einfallenden Lagenbau. Rondamassiv (Sierra Bermeja), nördlich Estepona, Andalusien.

Abb. 8.5 Lherzolith (hellbraun angewittert) mit hellgrauen Pyroxenitlagen. Westliche Betische Cordillere, Andalusien.

Chromspinell kommt außer in den gabbroiden Lagen durchgehend vor. Granat und Plagioklas treten nicht zusammen auf. Der Granat ist immer von hellen Kelyphitcoronen eingehüllt. **Orthopyroxen** bildet überwiegend gedrungene, schillernde, blassoliv-transparente Kristalle. Daneben kommen vor allem in Lherzolith hauchdünne, streifenförmige Orthopyroxene mit Längen von einigen Zentimetern vor („Litzenpyroxen").

Lherzolith ist am Vorkommen von immer kräftig grünem **Chromdiopsid** erkennbar (Abb. 8.6). Dies gilt gleichermaßen für kaum veränderten und auch für serpentinisierten Lherzolith. Wenn im Peridotit Chromdiopsid vor-

kommt, ist gewöhnlich auch Orthopyroxen vorhanden, der jedoch in der Umgebung aus nur schwach serpentinisiertem **Olivin** kaum auffällt. Neben dem für Lherzolith essentiellen Mineralbestand ist **Chromit** gewöhnlich zusätzlich vorhanden. Ein wesentlicher Teil der Lherzolithe ist durch Granatführung geprägt und als chromitführender **Granatlherzolith** ausgebildet (Abb. 8.7). Der **Granat** ist abgesehen von den Kelyphitsäumen blassrötlich und transparent. **Plagioklas** kann Chromite umsäumen oder unabhängig im Gestein verteilt sein (Abb. 8.8). Er fällt am ehesten im angewitterten Zustand durch weiße Färbung auf. Die Lherzolithe haben

Abb. 8.6 Lherzolith mit lagenförmigen Anreicherungen von grünem Chromdiopsid. Der Lherzolith ist geringfügig serpentinisiert (<10%). Der dunkle, bräunlich-graue Bereich ist unverwittert. Die ockerfarbenen Bereiche verdanken ihre Färbung der Verwitterung des Olivins. Westende des Rondamassivs (Sierra Bermeja), Passhöhe Puerto de Peñas Blancas zwischen Estepona und Jubrique, Andalusien. BB 10,5 cm.

Abb. 8.7 Granatlherzolith, angewittert. Roter Granat ist zusammen mit Pyroxenen in dünnen Granatpyroxenitlagen angereichert. Rondamassiv (Sierra Bermeja), südlich Jubrique, Andalusien.

den vielfältigsten Mineralbestand unter den Peridotiten. Den anderen Peridotiten und auch Pyroxeniten fehlen jeweils bestimmte Minerale, die in den Lherzolithen vorkommen. Das Gefüge der Granatlherzolithe ist **porphyroklastisch**. Die Olivine zwischen den Granat- und Pyroxen-Porphyroklasten bilden eine makroskopisch homogen erscheinende Masse. Besonders auf angewitterten Oberflächen kann sich eine Gefügeregelung durch schlierige Farbunterschiede andeuten.

Harzburgit unterscheidet sich von Lherzolith durch das Fehlen von grünem Klinopyroxen und von Granat.

Im Rahmen des in nichtophiolithischen alpinotypen Peridotiten verbreiteten Lagenbaus gibt es eine für Erdmantelgesteine relativ große Gesteinsvielfalt. Hierzu gehören Lagen von Gabbroiden, Klinopyroxeniten, Orthopyroxeniten und Websteriten.

Die **Pyroxenite** können Korngrößen im Zentimeter-Bereich haben, unabhängig davon, ob es sich um Orthopyroxenite, Websterite oder Klinopyroxenite handelt. Meistens sind die Kristalle jedoch nur wenige Millimeter groß. Granat tritt nur zusammen mit reichlich Klinopyroxen auf. Besonders die Klinopyroxenite fallen durch kräftige Grünfärbung auf, die auch in fortge-

Abb. 8.8 Plagioklasperidotit. Hellgraue Pyroxenitlagen im braungrauen Peridotit sind im Foto senkrecht orientiert. Elongierte Flecken und Schnüre aus weißem Plagioklas schneiden den im Bild senkrecht orientierten Lagenbau unter einem Winkel von ca. 25° von links oben nach rechts unten. Massiv von Ojen (Sierra de Alpujata), nordöstlich Marbella, Andalusien. BB 10,5 cm.

Abb. 8.9 Harzburgitisch-dunitischer, zu einer Ophiolithabfolge gehörender Peridotit. Die weißen Einlagerungen sind Magnesitgänge. Vavdos, Chalkidiki, Nordgriechenland.

schritten serpentinisierter Umgebung wegen Weiterbestehens der Chromdiopside unverändert ist. Die Orthopyroxenite sind grau bis blassgrünlich getönt, oft mit deutlichem Schiller der Pyroxene.

8.3 Erdmantelgesteine in Ophiolithabfolgen

Ophiolithische Peridotite sind deutlich monotoner aufgebaut als die Abfolgen nichtophiolithischer alpinotyper Peridotite. Es überwiegen olivinfarben grüne oder serpentinisierte **Harzburgite** und **Dunite**. Massiver, schwarzer **Chromitit** kann lagenartig in Schlieren oder in Form irregulärer Nester (podiform) auftreten (Abb. 3.85). In manchen Harzburgiten und Duniten kann Magnesit weiße, unregelmäßig geformte oder vernetzt gangförmige Einlagerungen bilden (Abb. 8.9). Weiße, relativ feinkörnig-phaneritische Trondhjemite (ozeanische Plagiogranite) können mit den Gesteinen der Ophiolithserie verknüpft sein (Abschn. 5.7.3).

Wichtige Unterschiede zwischen nichtophiolithischen alpinotypen Peridotitmassiven und ophiolithischen Peridotitvorkommen sind in Abschn. 8.2. aufgelistet. Wenn im Gelände wesentliche Teile der üblichen Abfolge von Ophiolithserien vorliegen, ist die Einstufung tektonisch defor-

mierter Harzburgite und Dunite als Ophiolithanteil unzweifelhaft. Die Peridotite bzw. daraus hervorgegangenen Serpentinite sind dann strukturell tiefster Anteil einer entweder im Zusammenhang erhaltenen oder tektonisch desintegrierten Abfolge aus deformierten Harzburgiten und Duniten (Abb. 8.10) mit einer darüber folgenden Serie aus ultramafischen Kumulatgesteinen, Gabbro und Basalten. Im günstigen Fall besteht sie unten aus parallel orientierten, basaltischen Gängen (Sheeted Dykes) und darüber aus basaltischer Pillowlava (Abb. 5.14). Die ursprünglich darüber liegenden Sedimentite können durch Radiolarit vertreten sein. In ungünstigen Fällen kommen die deformierten Peridotite alleine vor. Die Basalte sind durchweg spilitisiert.

8.4 Erdmantelgesteine in kleinen, isolierten Vorkommen

Kleine Vorkommen von meist weitgehend serpentinisierten Erdmantelperidotiten treten in manchen Orogenen entlang von tiefreichenden tektonischen Nahtlinien (Suturen) auf. Sie sind dabei oft reihenförmig angeordnet. Auch tektonische Deckengrenzen in Orogenen können mit Serpentiniten belegt sein, die aus Erdmantelperidotiten hervorgegangen sind. Oft sind solche

8

Abb. 8.10 Serpentinisierter Peridotit im Vordergrund, aus Strandsand ragend, im Hintergrund alterierter, biogen überkrusteter Gabbro ± Pyroxenit. Fragmente einer tektonisch desintegrierten Ophiolithabfolge. Bennane Head, südwestlich Girvan, Ayrshire, Südwestschottland.

Serpentinite mit metamorphen Gesteinen assoziiert, die durch hohe Drucke geprägt sind. Häufig sind dies granulitfazielle Gesteine, manchmal Eklogite. Die Ultramafititvorkommen haben meist nur Breiten von Zehner- oder wenigen Hundertermetern. Die Längserstreckung kann hingegen mehrere Kilometer erreichen, manchmal in einer Aneinanderreihung ähnlicher Körper über größere Distanzen. Peridotitische Ausgangsgesteine der Serpentinite können alle auch in ophiolithischen und nichtophiolithischen Ultramafititmassiven vorkommenden Erdmantelperidotite sein, einschließlich Granatlherzolithen. **Pyroxene** können trotz Serpentinisierung

noch erkennbar sein, in manchen Vorkommen sind sie durch Amphibole ersetzt. Besonders auffällig kann roter Granat sein, der selbst in fortgeschritten bis vollständig serpentinisierten Peridotiten mit Korngrößen von manchmal über 5 mm eingestreut sein kann (Abb. 8.11). Zumindest schmale Kelyphitsäume sind immer vorhanden. In manchen Vorkommen ist der Granat vollständig durch Kelyphit ersetzt. Vorkommen solcher Peridotite bzw. Serpentinite gibt es im Sächsischen Granulitgebirge und im Erzgebirge.

In seltenen Fällen kann in Gneis, der aus großen Tiefen tektonisch aufgestiegen ist, Peridotit aus dem Erdmantel in Form von isolierten Ein-

Abb. 8.11 Granatserpentinit. In der dunklen Serpentinitmasse stecken pyropreiche, rote Granate, die randlich durch hellgraues Kelyphitmaterial ersetzt sind. Vollständig graue Flecke sind tangential angeschnittene, ehemalige Granate. Zöblitz, Erzgebirge. BB 12 cm.

schlüssen eingebettet auftreten. Auch Eklogit kann in dieser Weise vorkommen. Der Peridotit kann vollständig der Serpentinisierung entgangen sein und in besonders guter Erhaltung vorkommen (Abb. 3.9).

Mit Granatlherzolithen ähnlich der in Abb. 3.9 dargestellten Art ist in entsprechend großer Tiefe global zu rechnen, allerdings unter den dort herrschenden glühend heißen Temperaturen. Die Granatserpentinite der Abbildungen 8.7 und 8.11 sind unterschiedlich intensiv serpentinisierte Entsprechungen. Bei Teilaufschmelzung ist vor allem Granatlherzolith imstande, basaltische Schmelze abzugeben, die dann über Differentiation, Auskristallisation, Verwitterung, Einbeziehung in sedimentbildende Prozesse, erneute Teilaufschmelzung und schließlich Metamorphose Grundlage für die Entstehung der Vielfalt der Gesteine der Erde ist. Einen „Kreislauf der Gesteine", in dessen Verlauf Gleiches periodisch wiederkehrt, gibt es nur unter sehr vereinfachter Betrachtung (Abschn. 4.1). Der Begriff ist fragwürdig.

9 Gesteinsartige Boden-, Verwitterungs- und Residualbildungen

In Abhängigkeit von der regionalen Klimageschichte und von der lokalen Exposition sind Gesteine aller Entstehungsarten im Gelände zumeist von Verwitterungsbildungen bedeckt, die entweder geringmächtig oder auch tiefgründig sein können. Sie sind vor allem Objekte der Bodenkunde. Da sie aber ähnlich wie Gesteine und mit diesen verknüpft vorkommen, werden nachfolgend Beispiele dargestellt, die das Wesen einiger verwitterungsbedingter bzw. bodenbildender Prozesse und Produkte aufzeigen. Hierbei wird auf die Terminologie der bodenkundlichen Klassifikation nicht eingegangen. Eine ausführliche Behandlung findet sich in Blume et al. (2010). In diesem Kapitel sollen beispielhaft einige Boden-, Verwitterungs- und Residualbildungen aus verschiedenen Klimabereichen vorgestellt werden. Hierbei kann es im Rahmen eines Bestimmungsbuchs für Gesteine vorrangig nur darum gehen, einen Eindruck zu vermitteln.

Besonders in feucht-tropischen Klimazonen sind im Bereich alter Landoberflächen, die über lange Zeit der Verwitterung ausgesetzt waren, unverwitterte Gesteine an der Oberfläche eher die Ausnahme. Besonders in Ebenen sind sie meist nur in Tiefen ab mehreren Zehnermetern erhalten. Auch auf exponierten Hängen und Gipfeln kann bei hoher Porosität des Verwitterungsprodukts und damit zusammenhängender guter interner Drainage eine mehrere Meter mächtige Verwitterungsdecke erhalten sein.

Die hier zu behandelnden Bildungen verdanken, mit Ausnahme der in Abb. 9.8 gezeigten möglichen eiszeitlichen Permafrostphänomene, ihre Entstehung in jeweils spezifischer Weise der **chemischen Verwitterung** verschiedener Ausgangsgesteine. Hierbei können extrem zusammengesetzte Produkte entstehen, wie z. B. aus Magmatiten mit ca. 20 Gew.-% Al_2O_3 und gut 50 Gew.-% SiO_2 praktisch SiO_2-freier Bauxit mit Al_2O_3-Gehalten von ca. 55 bis 60 Gew.-% bei ca. 30 Gew.-% Wasser in der Analyse, Letzteres als Ausdruck des OH-Anteils von Bauxitmineralen wie z.B Gibbsit. Wasserfrei gerechnet würde sich das Al_2O_3 des Bauxits noch einmal signifikant erhöhen. Die entscheidende Folge chemischer Verwitterung ist in diesem Beispiel der praktisch vollständige Abtransport von Elementen wie Si, K, Na, Ca und Mg in Lösung. Der hohe Al-Gehalt von Bauxit geht allein auf die selektive Abfuhr anderer, unter Verwitterungsbedingungen mobilerer Elemente zurück, wobei das Al praktisch vollständig an Ort und Stelle bleibt.

Der beschriebene chemische Umsatz wird dadurch ermöglicht, dass es bei chemischer Verwitterung zu chemischen Reaktionen zwischen Mineralen der Gesteine und dem durch Klüfte und Fugen von oben eindringenden Regen- und Sickerwasser kommt. Hierbei spielt nach Stahr (2010) Hydrolyse, d. h. Reaktion der Minerale mit H^+-Ionen eine Hauptrolle. Bei geringerem pH-Wert (relativ saure Lösung) ist die Hydrolyse wirksamer als bei höherem pH. Bei chemischer Verwitterung unter Zutritt von Wasser kommt es außerdem zur Oxidation von zweiwertigem zu dreiwertigem Fe mit der Folge der Zerstörung solcher Minerale wie Biotit, Olivin und Pyroxenen, die Fe überwiegend in der zweiwertigen Form einbauen. Zusätzlich begünstigen höhere Temperaturen die genannten Reaktionen. Daher ist chemische Verwitterung vor allem in feucht-tropischen und feucht-subtropischen Regionen wirksam. In kühlen und trockenen Klimaten hat hingegen die physikalische Verwitterung, d. h. die mechanische Gesteinszerlegung ohne Mineralabbau, eine größere Bedeutung. Mächtigere Decken von chemischen Verwitterungsprodukten in mitteleuropäischen Breiten sind gewöhnlich Relikte früheren wärmeren Klimas, meist des Tertiär.

Ein rein petrographischer Aspekt der chemischen Verwitterung ist die damit verbundene Schaffung von extrem zusammengesetzten potentiellen Edukten für metamorphe Gesteine, die auf andere Weise nicht entstehen können. So gehen manche metamorphen Smirgelgesteine (Abschn. 7.3.6) auf ehemalige Bauxite zurück.

Beim *in-situ*-Zersatz silikatischer Gesteine in feuchtwarmem Klima entsteht zwischen den oberen Bodenschichten und unverwittertem Ausgangsgestein **Saprolit** als oft etliche Meter mächtige Zone, innerhalb derer Feldspäte, Feldspatvertreter und helle Glimmer weitgehend in kaolinitisches Tonmaterial umgewandelt sind und mafische Minerale zumindest teilweise durch Fe-Oxid-Minerale ersetzt sind. Hierbei kommt es zu einer Lockerung des Zusammenhalts des Gesteins ohne wesentlichen Verlust des ursprünglichen Gefüges und schließlich zu einer Vergrusung. Abb. 9.1 zeigt einen chemisch stark verwitterten Granit mit Feldspäten, die teilweise in kaolinitische Tonsubstanz umgewandelt sind. Der Zusammenhalt dieses Saprolits ist hierdurch gegenüber dem ursprünglichen Granit stark gelockert. Abb. 6.1 entstammt dem gleichen Profil und zeigt fortgeschrittene Vergrusung. Grus ist ein lockeres Aggregat aus losen, zumindest zunächst *in situ* nebeneinander liegenden Kristallen des Ausgangsgesteins und den Verwitterungsneubildungen. Saprolitbildung und damit verbundene Vergrusung sowie Corestones als Relikte eines plutonischen Gesteins im Geländezusammenhang zeigt Abb. 9.2. Das an der Loka-

lität in Südportugal herrschende, wechselfeuchtwarme Klima bei guter Drainage begünstigt die chemische Verwitterung.

Ein fortgeschritteneres Stadium der Verwitterung und Saprolitbildung zeigt Abb. 9.3. Das Foto stammt aus einer Region in Südbrasilien, die ursprünglich mit subtropischem Regenwald bedeckt war. Das Ausgangsgestein, in diesem Fall Leucitphonolith, ist vollständig in kaolinitischen Ton umgewandelt, lediglich eine ebenfalls verwitterungsbedingte Rotfärbung zeigt einen geringen Gehalt an oxidischen Fe-Mineralen an. Undeformierte ehemalige Leucitkristalle mit gut erkennbaren Schlackenkränzchen (Abschn. 3.2, Abb 5.104) heben sich farblich markant ab und belegen eine Umwandlung unter Volumenkonstanz und unterbliebene Umlagerung.

In dem Gebiet, in dem Abb. 9.3 aufgenommen wurde, lässt sich bei gleichen Ausgangsgesteinen eine strenge Abhängigkeit des alternativen Auftretens von Saprolitton bzw. Bauxit von der Morphologie erkennen. Bauxit als praktisch SiO_2-freies Verwitterungsprodukt ist an gut drainierte Hang- und Gipfellagen gebunden. Abb. 6.2 zeigt einen Bauxitaufschluss in einem Steilhang. Toniger Saprolit tritt hingegen in flachen Hanglagen und Senken mit stagnierendem Wasser auf. Saprolit der in Abb. 9.3 gezeigten Art, eine im Vergleich mit Bauxit weniger stark ausgelaugte Verwitterungsbildung, enthält bei rund 12 Gew.-% H_2O in der Analyse ca. 40 Gew.-% SiO_2. Bei vollständiger Wegführung von SiO_2 bleiben Residuen aus oxidischen, OH-haltigen Mineralen

Abb. 9.1 Chemisch verwitterter und zerfallender Granit. In kaolinitische Tonmasse umgewandelte Feldspäte qualifizieren das verwitterte Gestein als Saprolit. Der Quarz des Granits ist erhalten geblieben. Stiefmutterplatz, Käste, östlich des Okertals, Westharz. BB ca. 10 cm.

Abb. 9.2 Aufgrund chemischer Verwitterung in feucht-warmem Klima aus Syenit hervorgegangener Saprolit. Weitgehend zersetzte, reliktische Corestones sind in ein Grus-Ton-Gemisch eingebettet. Cabo da Roca, Atlantikküste nördlich Lissabon.

von Fe und Al übrig (**Ferralite**). **Bauxite** (Abb. 6.2) sind Ferralite, die mit Al_2O_3-Gehalten zwischen 45 und 75 Gew.-% zur Herstellung von Aluminium gewonnen werden. Sie entstehen ebenso wie Saprolite als Verwitterungsbildung aus Al-haltigen Gesteinen jeglicher Art. Selbst Kalksteine können über das Zwischenstadium eines tonigen Auflösungsresiduums Ausgangsmaterial für die Bauxitbildung sein.

Wesentliche Bauxitminerale sind, makroskopisch nicht erkennbar, vor allem Gibbsit, auch Diaspor, Goethit und Hämatit. Bauxite können sehr unterschiedliche Gefüge und Strukturen zeigen. Je nach Vorkommen variieren die Farben von Ockergelb über Braun bis rötlich. Die Färbung von Bauxiten hängt vom Fe-Gehalt und

von der Art der Fe-Minerale ab. Sie sind *in situ*-Bildungen auf Al-haltigen Gesteinen in gut drainierter Position. Schaumig-poröse Gefüge unter Erhalt des ursprünglichen Gesteinsvolumens sind kennzeichnend (Abb. 9.4). Das ursprüngliche Gefüge des Muttergesteins ist gewöhnlich nicht mehr erkennbar.

In Europa können – besonders im Mittelmeergebiet, in Relikten aus Zeiten wärmeren Klimas auch in Mitteleuropa – über Kalkstein, Dolomit und auch Gips tonreiche, plastische Böden entwickelt sein, die bei Färbungen zwischen leuchtend gelbbraun bis rotbraun als **Terra fusca** bezeichnet werden. Bei roter Färbung spricht man von **Terra rossa**. Terra fusca und Terra rossa entstehen aus dem unlöslichen silika-

Abb. 9.3 Aus Leucitphonolith entstandener, vollständig vertonter Saprolit. Ehemalige Leuciteinsprenglinge heben sich als helle Konturen aus der ehemaligen Grundmasse (rot) ab. Die braunen Streifen markieren Wurzelröhren. Bauxitmine Barreira, nordwestlich Poços de Caldas, Minas Gerais, Südbrasilien. BB 20 cm.

Abb. 9.4 Bauxit. Verwitterungsprodukt aus Nephelinsyenit. Poços de Caldas, Südbrasilien. BB 11 cm.

tischen Anteil der Ausgangsgesteine, die Färbungen gehen auf geringe Anteile oxidischer Fe-Minerale zurück.

In dem in Abb. 9.5 gezeigten süditalienischen Beispiel ist durch Bodenfließen (Solifluktion) aus höheren Hanglagen im Bereich verminderter Hangneigung Terra-fusca-Material zu mehreren Metern Mächtigkeit akkumuliert worden. Ausgangsmaterial sind in diesem Beispiel mesozoische Kalksteine von hellgrauer Färbung. Die uneinheitliche, überwiegend orangebraune, untergeordnet auch ockergelbe Färbung der Terra fusca beruht daher nicht auf oxidischen Fe-Mineralen, die schon aus den Ausgangsgesteinen ererbt sein können, sondern sie ist Folge von Verbraunung im Zuge der Verwitterungsprozesse. Grund-

lage hierfür ist die Oxidation geringer Gehalte von Fe^{2+}, das in den Kalksteinen enthalten ist.

Die massive Anhäufung von tonigem Terra-fusca-Material stammt von einem großen Volumen aufgelösten recht reinen Kalksteins. Die Bildung von Terra fusca und Terra rossa ist mit intensiver Verkarstung genetisch verknüpft. Anders als in Abb. 6.75 handelt es sich hierbei um teilweise verdeckten Karst, dessen Kalksteinoberfläche abschnittweise von den Verwitterungsresiduen verhüllt ist. Im in Abb. 9.5 gezeigten Geländeausschnitt haben episodische Sturzfluten aus höheren Lagen Erosionsrinnen in das tonige Terra-fusca-Material eingeschnitten und dessen Oberfläche mit mitgeführtem hellgrauem Kalksteinschutt bestreut. Die Kalk-

Abb. 9.5 Durch Erosion überprägtes, umgelagertes Terra-fusca-Material. Die leuchtend orangebraune bis gelbe Färbung ist gegenüber ausgeprägter Rotfärbung von Terra rossa für Terra fusca kennzeichnend. Hangschulter oberhalb Spiaggia Pozzallo, Südcilento, Campanien, Süditalien.

Abb. 9.6 Oberer Abschnitt eines Podsolprofils mit intensiv braun und gelb gefärbtem Ortstein unter aschgrauem, ausgelaugtem Bleichhorizont im Flugsand einer jungholozänen Binnendüne. Naturschutzgebiet nördlich des Treßsee, 8 km südsüdöstlich Flensburg.

steinbrocken repräsentieren das der Terra fusca zugrunde liegende Ausgangsgestein.

Im gemäßigten Klima Mitteleuropas sind je nach Ausgangsgestein, Vegetation, morphologischer Position und Bewirtschaftung sehr verschiedene in sich stark differenzierte Bodenprofile entwickelt, die z. B. wegen hoher Humusgehalte, Durchwurzelung und auch Besiedlung durch Bodenorganismen zumeist kaum als gesteinsartig empfunden werden.

In den gesteinsorientierten Kontext dieses Buchs gehören manche **Podsole** und Zementierungen von Bodenhorizonten durch Ausfällung von Fe-Oxiden, $CaCO_3$ sowie SiO_2 (Ferricrete, Calcrete, Silcrete). Letztere können außer als Bestandteil rezenter Bodenprofile auch als Paläoböden innerhalb sedimentärer Schichtfolgen auftreten (Abb. 9.7). Podsole sind Böden kühl gemäßigter Klimabereiche, die gesteinsartig festen **Ortstein** enthalten können (Abb. 9.6). Typischer Flachland-Podsol, um den es hier geht, ist außer an sandiges Substrat an kühles bis gemäßigt tem-

periertes, feuchtes Klima gebunden. Beispielsweise in der Lüneburger Heide und in anderen sandigen Geest- und Jungmoränengebieten der unter ozeanischem Klimaeinfluss stehenden Teile Norddeutschlands ist Ortstein in Sandgruben und anderen Anschnitten regelmäßig anzutreffen. Er ist dann wegen Verfestigung sowie intensiver Braunschwarz-, Rostbraun- und Gelbfärbung unübersehbar. Auch auf frisch gepflügten Äckern können Ortsteinbrocken liegen.

Gut entwickelte Podsole sind auffällig und für weite Gebiete des nördlicheren Mitteleuropas sowie für Teile Nordeuropas charakteristisch, vor allem als Bodenbildung aus basenarmen, quarzreichen, gut durchlässigen Ausgangsgesteinen, z. B. Sanden. Auch in Mittelgebirgen und Teilen der Alpen sind Podsolböden auf lockeren, körnigen Substraten wie verwittertem Sandstein oder verwittertem Granit verbreitet.

Ortstein in Flachland-Podsolen hat in typischer Ausbildung den Charakter von absandendem Sandstein. Der Ortstein markiert innerhalb des

Abb. 9.7 Unregelmäßig-knollig ausgebildete Calcrete (waagerecht in der Bildmitte). Die Calcrete ist als karbonatische Bodenbildung bei aridem Klima entstanden. Sie ist in Rotsandstein des hohen Oberkarbon eingelagert. Saaletal bei Rothenburg/Saale, nordwestlich Halle. BB ca. 30 cm.

Bodenprofils den Bereich, in dem aus dem darüber liegenden Bodenhorizont humose Stoffe und, soweit vorhanden, Fe- samt Al-Verbindungen als Bindemittel eingeschwemmt sind. Je nach Art des Bindemittels gibt es reine Humuspodsole und Eisenhumuspodsole, die ohne nähere Untersuchung (Glühprobe) makroskopisch verwechselbar sind. Die oberen Abschnitte eines Flachland-Podsolprofils mit gut entwickeltem Ortstein zeigt Abb. 9.6. Das unveränderte Substrat, in diesem Fall weitgehend aus Quarz bestehender Flugsand, ist nicht angeschnitten. Im gezeigten Fall handelt es sich um einen Humuspodsol. Der Ortstein unterlagert einen aschgrauen Bleichhorizont, aus dem die im Ortstein angereicherten Humusstoffe ausgeschwemmt worden sind. Der Bleichhorizont und darunter liegender Ortstein bedingen einander genetisch. Die Podsolentwicklung benötigt wenig Zeit. Im gezeigten Beispiel entstand das Profil im Flugsand einer jungholozänen Binnendüne in jüngerer geschichtlicher Zeit.

Bei geringer ausgeprägter Verkittung entsteht statt Ortstein eine weiche, erdige **Orterde**, die das gleiche braun-gelbe Farbspiel zeigt wie Ortstein. Ortstein und Orterde gehen oft im gleichen Vorkommen wechselnd ineinander über.

Abb. 9.7 zeigt eine fossile Calcrete als durch Calcit zementierten Teil einer in diesem Fall oberkarbonischen Bodenbildung. **Calcrete** entsteht in voll- oder teilaridem Klima durch Karbonatausfällung aufgrund von Wasserverdunstung an oder dicht unter der Oberfläche. Voraussetzung zur Bildung ist eine Sedimentationsunter-

brechung, bevor weitere Ablagerungen den Boden überdecken. Die Calcrete der Abb. 9.7 ist dementsprechend ein Beispiel für einen **Paläoboden**, d. h. für eine gesteinsartig erhaltene, fossile Bodenbildung, die innerhalb einer Abfolge von Sedimentiten eingelagert ist.

Ein besonderes Beispiel verwitterungsbedingt entstandenen Materials ist ein **unverfestigter Kalksilt**, der im Naturschutzgebiet und Nationalen Geotop Liether Kalkgrube in Südholstein aufgeschlossen ist. Das grau gefärbte, mürbebindige Lockermaterial wurde bis 1986 als Düngekalk abgebaut. Ein Restabbau fand nach über 100 Jahren Kalkgewinnung bis 1993 statt.

Der in senkrechter Wand standfeste Kalksilt wurde in der geologischen Literatur und im Abbaubetrieb als Kalkasche bezeichnet. Er besteht aus Calcit neben einem geringen Anteil von Dolomit. Trotz der Bezeichnung Kalkasche besteht keinerlei Zusammenhang mit Vulkanismus. Nesterweise ist der Kalksilt der Liether Kalkgrube von Bruchstücken verschiedener karbonatischer Gesteine des Zechstein durchsetzt, vor allem von Brocken und Schollen bituminöser, dünnplattiger Kalke (Stinkschiefer) des basalen Bereichs des zweiten Sedimentationszyklus der Zechsteingruppe, der Staßfurt-Formation.

Reste des Kalksilts lagern im Sohlbereich der Grube in beim Abbau nicht vollständig ausgeräumten Karstvertiefungen eines kleinen Gipsfelsens. Den verkarsteten Gips zeigen Abb. 6.85 und Abb. 6.89. Der Gipsfelsen ist ein Rest ehemals mächtigen Zechsteinanhydrits des ersten

Abb. 9.8 Kalksilt (Kalkasche), aus Calcit und einem geringen Anteil von Dolomit bestehendes Residuum der Auflösung von Evaporiten. Die drei hellen, senkrechten Strukturen sind von oben her mit Sand ausgefüllt. Ihre Entstehung wird alternativ diskutiert: Karsttektonische Dehnungsfugen oder Eiskeilpseudomorphosen als Folge eiszeitlichen Permafrosts. Liether Kalkgrube, Südholstein.

Abb. 9.9 Erzindikation im Verwitterungsbereich: Grüne Malachitflecken als Verwitterungs- und Umsetzungsprodukt sulfidischer Cu-Vererzung an der Schichtgrenze zwischen konglomeratischem, das Rotliegende abschließendem Weißliegendem und überlagerndem Kupferschiefer der Zechsteinbasis. Der Kupferschiefer überdeckt nur im unteren und linken Teil des abgebildeten Bereichs als dünne, graue Auflage das Weißliegende. Dobis, ca. 5 km nordwestlich Wettin, Sachsen-Anhalt. BB ca. 15 cm.

Sedimentationszyklus der Zechsteingruppe, d. h. der stratigraphisch unter der Staßfurt-Formation liegenden Werra-Formation. Der 8 bis 20 m mächtige Kalksilt ist akkumuliertes, abschnittweise mit Brocken von nichtsalinaren Zechsteingesteinen durchsetztes Lösungsresiduum unreiner Evaporitgesteine des Zechstein.

Im Einzelnen ist nicht geklärt, ob und wieweit der residuale Kalksilt der Liether Kalkgrube zusätzlich von Lösungsumsatz und Umlagerung betroffen ist. Der Übertageaufschluss steht in einem Salzstock von ca. 5 km Durchmesser und ca. 7 km Aufstiegshöhe mit entsprechend komplexen Lagerungsverhältnissen.

Eine auffällige, lokale Besonderheit in dem Kalksilt der Liether Kalkgrube sind mit hellem Sand aus dem Hangenden verfüllte, keilförmige Strukturen, die sich auffällig von der grauen Kalkasche abheben (Abb. 9.8). Sie werden alternativ als **Eiskeilpseudomorphosen** und damit als Dokumente von Permafrostklima gedeutet oder als Füllungen karsttektonisch angelegter Dehnungsfugen.

Im durch Verwitterung geprägten, oberflächennahen Bereich verdienen nicht nur Boden- und Residualbildungen Aufmerksamkeit. Bei der praktischen geologisch-petrographischen Geländearbeit können **verwitterungsbedingte Indikationen von Erzlagerstätten** von zentraler Bedeutung sein. An der Erdoberfläche trifft man Sulfidminerale kaum unverwittert an. In der Regel zeigt sich deren ehemalige oder verborgene Existenz nur in Form ihrer Verwitterungsprodukte. Besonders häufig ist dies Goethit als rostbraunes Verwitterungsprodukt von Fe-haltigen Sulfiden. Goethit ist zwar weit verbreitet, aber massive Goethitkrusten weisen häufig auf Anreicherungen sulfidischer oder auch karbonatischer Fe-Minerale hin. Die Bauxitminerale Gibbsit und Diaspor (Abschn. 3.2) gehen auf Al-haltige silikatische Minerale zurück.

Sulfidvorkommen als Ziele der Erzexploration können sich je nach enthaltenen Metallen im Gelände durch spezifische Farben der Verwitterungsprodukte zu erkennen geben, ohne dass die Sulfide selbst in Erscheinung treten. Abb. 9.9 zeigt den flächenhaften Kontakt zwischen permischem Kupferschiefer, der die Basis der Zechsteingruppe bildet, und stratigraphisch darunter liegendem sog. Zechsteinkonglomerat, das stratigraphisch das Rotliegende abschließt. Der Kupferschiefer ist ein gebietsweise von feinkörnig verteilten Cu-, Cu-Fe- und anderen Sulfiden durchsetzter Schwarzschiefer. Die Sulfidführung kann unmittelbar am Kontakt zum Kupferschiefer geringfügig in das Zechsteinkonglomerat reichen. Während die Sulfide des Kupferschiefers wegen Feinkörnigkeit makroskopisch meist nicht in Erscheinung treten, weisen im abgebildeten Fall leuchtend grüne, fleckenartige Malachit-Überzüge an der Grenzfläche Konglomerat/Kupferschiefer deutlich auf verwitterungsbedingten Umsatz von Cu und damit auf dessen Existenz hin. Malachit hat die Zusammensetzung $Cu_2(CO_3)(OH)_2$. Abb. 9.9 soll am Einzelbeispiel zeigen, dass spezifische Indikationen in Verwitterungsbereichen Beachtung verdienen. Im vorliegenden Fall handelt es sich um einen Hinweis auf sulfidische Vererzung im ehemaligen Kupferschiefer-Bergbaurevier um Mansfeld in Sachsen-Anhalt.

10 Glazialgeschiebe des Norddeutschen Tieflands: Gesteinsbestimmung an sekundärem Vorkommen

Jedes Gestein ist entstehungsbedingt an einen spezifischen geologischen Rahmen gebunden. Für vom eiszeitlichen Inlandeis verschleppte **Glazialgeschiebe** ist jedoch der für anstehende Festgesteinsvorkommen übliche direkte Zusammenhang mit der vorquartären regionalen Geologie verloren gegangen. Die Kriterien für geologisches Vorkommen und Erscheinungsform im Gelände können daher nicht als Hinweise zur Gesteinseinstufung herangezogen werden. Die vorrangig klassifikationsrelevanten Gesteinsmerkmale Mineralbestand und Gefüge sind hingegen normal beobachtbar.

Die als nordische Glazialgeschiebe vorkommenden Gesteine repräsentieren den südlichen und zentralen Teil der **größten Grundgebirgsregion Europas**, des **Baltischen Schilds** samt dessen südlicher Plattformüberdeckung. Das Norddeutsche Tiefland ist Teil einer eiszeitlich geschaffenen **Gesteinsprovinz besonderer Art**, geprägt durch eine **extreme Gesteinsvielfalt**, wenn auch nur in Form loser Steine und Blöcke. Kaum sonstwo lässt sich das makroskopische Bestimmen von verschiedensten Gesteinen einfacher üben als z. B. an Geröllstränden unter Steilufern der südlichen Ostsee.

10.1 Sonderstellung und Bedeutung von Glazialgeschieben

Unter den nordischen Glazialgeschieben kommen **Gesteine aller wesentlichen Bildungsbereiche** vor: Plutonite, Vulkanite, Ganggesteine, Metamorphite und Sedimentite sowie Gesteine des Oberen Erdmantels, letztere als Xenolithe in alkalibasaltischen Vulkaniten.

Glazialgeschiebe aus fossilführenden Sedimentgesteinen sind in der Paläontologie von allgemeiner Bedeutung. Ein Teil der sedimentären Geschiebe dokumentiert stratigraphische Abschnitte und Faziesausbildungen, deren anstehende Entsprechungen im Ostseegebiet und in Skandinavien nicht zugänglich oder völlig unbekannt sind. So ist der Grund der zentralen Ostsee ein riesiges Liefergebiet von oft fossilreichen ordovizischen und silurischen Kalksteinen. Die südliche und südöstliche Ostsee ist samt einiger von eiszeitlichen Ablagerungen überdeckten angrenzenden Landgebiete Heimatareal von mesozoischen Sedimentärgeschieben, die ebenfalls reiche fossile Faunen ohne anstehende Entsprechung enthalten können. Ein Beispiel sind Ammoniten in selten erreichter Erhaltung (Abb. 10.1) in Jurageschieben der „Ahrensburger Geschiebesippe" im Raum nordöstlich Hamburgs. Diese Geschiebefunde ermöglichten Schlussfolgerungen auf biologische Details der geologisch besonders wichtigen, ausgestorbenen Tiergruppe (Lehmann 1967).

Sehr viel häufiger als Geschiebe aus Sedimentgesteinen sind kristalline nordische Glazialgeschiebe. Als „lose Steine" ohne Fossilführung und ohne direkt beobachtbaren geologischen Zusammenhang bleiben sie bisher weitgehend Amateurgeologen und Strandurlaubern überlassen. Eine für Geröllassoziationen ungewöhnliche Vielfarbigkeit ist auffälliger Ausdruck der Größe und geologischen Komplexität des vom nordischen Inlandeis überfahrenen Einzugsgebiets (Abb. 10.2)

Bei Studien von nordischen Glazialgeschieben im Rahmen der **Quartärgeologie** werden vor allem **Leitgeschiebe** beachtet. Dies sind Geschie-

Abb. 10.1 Ammonit *Eleganticeras* *(„Harpoceras") elegantulum* in einer kalkigen Konkretion des Toarcium („Ahrensburger Liasknolle") als Beispiel für Geschiebematerial von besonderer paläontologischer Bedeutung. Ehemalige Kiesgrube am Forst Hagen, Ahrensburg, 20 km nordöstlich Hamburg. Größter Durchmesser des Ammonits 11 cm.

be aus Gesteinen, die aufgrund gut erkennbarer Merkmale einem bestimmten Herkunftsvorkommen zugeordnet werden können. Leitgeschiebespektren ermöglichen Aussagen zur stratigraphischen Stellung von Glazialablagerungen und über die Bewegungsabläufe der eiszeitlichen Inlandeisschilde. In Zusammenstellungen von Leitgeschieben (Zandstra 1999, Smed & Ehlers 2002) steht daher deren Erkennbarkeit im Vordergrund, nicht jedoch die Petrographie an sich. Die Gesteinsbeschreibungen der genannten Autoren beschränken sich auf die bisher bekannten Leitgeschiebe und dabei auf makroskopische Merkmale. Der Leitgeschiebeanteil macht gewöhnlich kaum mehr als 5 % der Gesamtgeschiebebestände aus.

In manchen Fällen lassen sich aufgrund systematischer Geschiebestudien Ursprungsvorkommen ermitteln, die im Herkunftsgebiet unbekannt sind. Ein Beispiel hierfür sind zu ankaramitischen Zusammensetzungen tendierende, ultrabasische Ganggesteine (Abb. 5.105), deren Herkunft sich auf Zentralschonen eingrenzen lässt. Das Ursprungsvorkommen dieser Gesteine ist offenbar unter quartären Ablagerungen verdeckt.

Die über den Leitgeschiebeaspekt hinausgehende, mögliche petrographische Bedeutung von Kristallingeschieben wird am Beispiel von **Orbiculargesteinen** in Finnland deutlich. Nach Lahti (2005) sind in Finnland, dem Land mit der größten Häufung von Orbiculargesteinsvorkom-

Abb. 10.2 Ausschnitt aus einem natürlichen Geröllstrand ohne Hinzufügung oder Wegnahme von Geröllen. Von der Brandung aus Till ausgewaschene nordische Glazialgeschiebe. Im Bild u. a. Granite, Flinte, Gneise, saurer Granulit, Sandsteine, Kalksteine. Strand unter dem Ostseeteilufer Klütz Höved, Nordwestmecklenburg. BB 45 cm.

Abb. 10.3 Kugelgranit (Orbicularit), polierter Anschliff. Glazialgeschiebe, Buxtehude-Eilendorf, Nordniedersachsen. Herkunft unbekannt. BB 20 cm.

men in Europa, von insgesamt 90 im Jahr 2005 bekannten Fundlokalitäten 58 reine Geschiebevorkommen mit jeweils unbekanntem, offenbar verdecktem Anstehendem.

Orbiculargesteine treten als Ferngeschiebe auch in Norddeutschland auf. Drei Beispiele sind allein aus Nordniedersachsen bekannt. Die Fundorte liegen im Landkreis Cuxhaven, im Emsland und im Landkreis Stade (Abb. 10.3). Keines der norddeutschen Orbiculargesteins-Geschiebe gleicht einem der bekannten finnischen oder skandinavischen Vorkommen wie z. B. dem in Abb. 5.32 gezeigten. Sie belegen dadurch zusätzliche, in den Herkunftsländern bisher unbekannt gebliebene oder möglicherweise vom Ostseegrund stammende Vorkommen.

10.2 Art der Vorkommen

Günstige Fundbedingungen für Kristallingeschiebe gibt es vor allem in Kiesgruben und ganz besonders entlang der aus eiszeitlichen Tills aufgebauten **Steilufer der südlichen Ostsee**. Die größte petrographische Vielfalt kristalliner nordischer Geschiebe unter Strandgeröllen tritt von der Lübecker Bucht bis Südjütland auf. Dort überlappen sich die Streufelder von Gesteinsassoziationen westschwedisch-südnorwegischer Herkunft mit den Streufeldern von Geschieben aus Ostschweden und der Ostsee. Hierdurch kön-

nen am gleichen Ort magmatische und metamorphe Gesteine des Svekofennischen Orogens (Svekofenniden), des Svekonorwegischen Orogens (Svekonorwegiden) und Magmatite des Transskandinavischen Granit-Porphyr-Gürtels zusammen vorkommen (Abschn. 10.3, Abb. 10.4), ergänzt durch Gesteine weiterer Regionen wie Bornholm, Schonen und dem Grund der Ostsee.

Am Geröll- und Findlingsstrand kann man auf wenigen hundert Metern ein Spektrum von Gesteinsarten aufsammeln, für das man weit herumreisen (und tauchen) müsste, wenn man die Ursprungsvorkommen besuchen wollte. Geröllstrände der Ostseeküste eignen sich für petrographische Exkursionen im Grundstudium. Die Bestimmung der meisten wichtigen Gesteinsarten lässt sich systematisch üben, ohne auf die „Zufallsmerkmale" weniger Beispiele festgelegt zu werden.

Bei einiger Vertrautheit mit der regionalen Geologie des Baltischen Schilds lässt sich ein wesentlicher Teil der Gesteine dessen einzelnen in Abschn. 10.3 charakterisierten Baueinheiten zuordnen. Hierdurch sind die **Zusammenhänge mit der Geologie der Herkunftsregionen** erschließbar. Insgesamt lässt sich ein umfassender Eindruck von dem Gesteinsbestand des südlichen und zentralen Teils Baltischen Schilds gewinnen.

Glazialgeschiebe können als einfach zu gewinnender Grundbestand für makroskopische und mikroskopische Übungssammlungen genutzt werden. Etliche der abgebildeten Gesteinsbeispiele dieses Buchs sind nordische Glazialgeschiebe. Manche in Mitteleuropa sonst fehlenden Gesteine sind als Geschiebe besonders häufig oder regelmäßig auffindbar. Beispiele hierfür sind Rapakivigranite, mafische Hochdruckgranulite und Charnockite.

10.3 Südteil des Baltischen Schilds: Geologie der Herkunftsgebiete

Als verschleppte Gesteinsklasten reflektieren nordische Glazialgeschiebe den geologischen Bau und den Gesteinscharakter der Herkunftsregionen. Die wichtigsten hiervon sind in der Übersichtsskizze Abb. 10.4 dargestellt.

Die ältesten als Glazialgeschiebe im dänisch-niederländisch-norddeutsch-polnischen Tiefland – und überhaupt in Mitteleuropa vorkommenden Gesteine – entstammen den vor 1,93 bis 1,83 Milliarden Jahren durch die Svekofennische Orogenese geprägten **Svekofenniden** (Mattson & Elming 2001, Puura & Flodén (2000). Diese erstrecken sich vom östlichen Südschweden über das östliche Mittel- und Nordschweden und Südfinnland bis in das Baltikum und Westrussland. Die südöstliche Hälfte ist von mächtigen Plattformsedimenten überdeckt. Für die Svekofenniden ist eine große lithologische Variabilität mit einem hohen Anteil von Gneisen und Magmatiten kennzeichnend. Die Edukte sind altproterozoische Plutonite und Vulkanite und in erheblichem Ausmaß ehemalige Sedimentite wie Grauwacken, Tonsteine, Sandsteine und untergeordnet auch Kalksteine. Die metamorphe Prägung erfolgte typischerweise amphibolitfaziell bei Temperaturen zwischen 500 bis 650 °C und bei relativ geringen Drucken zwischen 0,3 und 0,5 GPa (Lundqvist 1994). Cordierit, Granat und Sillimanit oder Andalusit sind neben Feldspäten, Quarz und Glimmern übliche Minerale in Al-reichen Metasedimentiten.

Zwischen 1,67 und 1,50 Milliarden Jahren vor heute entwickelten sich im Zentralbereich der Svekofenniden in zeitlicher Staffelung mehrere Gruppen von **Rapakiviplutonen**. Als Ge-

schiebelieferant für das dänisch-niederländisch-norddeutsch-polnische Tiefland spielt hiervon der Åland-Batholith eine herausragende Rolle.

Als **Transskandinavischer Granit-Porphyr-Gürtel** (gewöhnlich abgekürzt TIB für **T**ransscandinavian **I**gneous **B**elt) wird ein in Nord-Süd-Richtung durch Skandinavien verlaufender Streifen aus dicht gescharten Granitoidplutonen, untergeordneten Gabbroiden und assoziierten, durchweg sauren Vulkaniten bezeichnet. Die Granitoide des TIB entstanden nach u. a. Mattson & Elming (2001) und Gorbatschev (2004) am Rand der Svekofenniden an einem destruktiven Plattenrand bzw. aktiven Kontinentalrand. Der TIB kann hiernach als durch Erosion freigelegter Sockel eines rund 1,7 bis 1,8 Milliarden Jahre alten kontinentalen magmatischen Bogens angesehen werden.

Besonders kennzeichnende Gesteine des Südabschnitts des TIB sind „Småland-Värmland-Granitoide", die einen riesigen Batholith-Komplex bilden. Granite aus dem Osten der südschwedischen Landschaft Småland zählen zu den am weitesten verbreiteten Glazialgeschieben einschließlich großer Findlinge.

Südwestschweden ist Teil der vor 1,2 bis 0,9 Milliarden Jahren entstandenen **Svekonorwegiden**, des von der Svekonorwegischen Orogenese geprägten südwestlichen Teils des Baltischen Schilds (u. a. Johansson et al. 1991, Möller 1998). Als Liefergebiet spezifischer Geschiebe ist der hochdruckgranulitfaziell geprägte südliche Abschnitt im Gebiet der Landschaften Halland, Westsmåland und Nordwestschonen von besonderer Bedeutung. Dieses über 15 000 km² große Gebiet wird als **Südwestschwedische Granulitregion** bezeichnet.

Als Geschiebe häufig vorkommende, typische Gesteine der Südwestschwedischen Granulitregion sind rötliche bis rote, glimmerarme, häufig magnetitführende granulitische Orthogneise („Järngneise") und ehemalige basische Intrusiva und Gänge, die als Granatamphibolite (Abb. 7.41, 7.42) oder als granatreiche mafische Hochdruckgranulite (Abb. 7.44, 7.45) vorliegen. Lokal treten retrogradierte Eklogite mit ausgeprägten Dekompressionsgefügen auf (Möller 1998), die auch als Geschiebe gefunden werden können (Abb. 7.47, 10.7). Gleiches gilt für in Charnockite umgewandelte ehemalige granitoide Intrusiva (Abb. 7.35, 7.36).

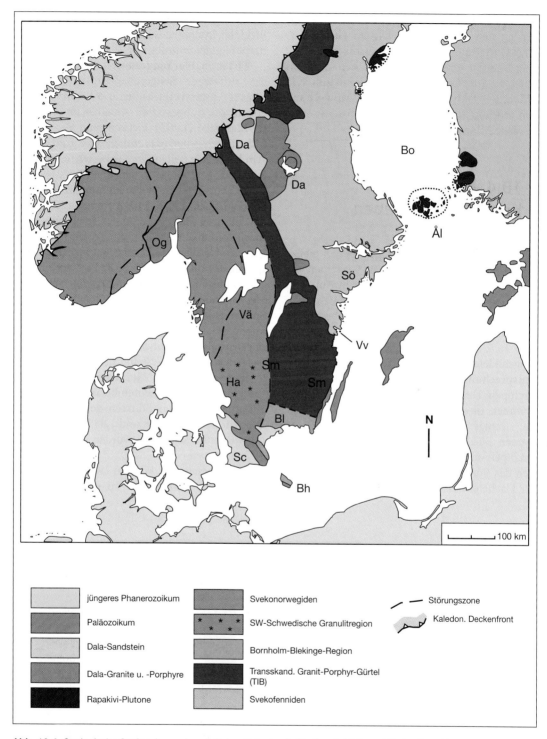

Abb. 10.4 Geologische Großregionen des südlichen Teils des Baltischen Schilds und Herkunftsgebiete von spezifischen Geschiebegemeinschaften. Bh = Bornholm, Bl = Blekinge, Bo = Bottensee, Da = Dalarna, Ha = Halland, Og = Oslograben, Sc = Schonen, Sm = Småland, Sö = Södermanland (Sörmland), Vä = Västergötland, Vv = Västervikgebiet, Ål = Åland. (Digitale Ausführung: Fiona Reiser)

Die **Bornholm-Blekinge-Region** schließt südlich an den Transskandinavischen Granit-Porphyr-Gürtel an. Sie ist durch Orthogneise mit eingelagerten granitischen Plutonen gekennzeichnet. Die Granite haben ein Alter um 1,45 Milliarden Jahre. Ein Beispiel ist Vang-Granit von Bornholm mit nesterartig konzentrierten dunklen Mineralen (Abb. 5.27).

10.4 Beispiele von Kristallingeschieben

Unter den nordischen Glazialgeschieben gibt es neben regional allgegenwärtigen Gesteinen wie z. B. Graniten aus Småland von der in Abb. 5.41 gezeigten Art oder Kinne-Diabas aus Västergötland (Abb. 5.68) auch seltene oder besondere Gesteine. Ein seltenes Glazialgeschiebe zeigt Abb. 10.5. Es ist eine als rhyolithischer Ignimbrit ausgebildete **vulkanische bzw. pyroklastische Entsprechung von Rapakivigranit** des Åland-Archipels. Das einzige bekannte anstehende Vorkommen dieses „Rapakivi-Ignimbrits" ist eine nur wenige hundert Meter große Insel mit Namen Blåklobb am Südwestrand des Åland-Archipels in Südwestfinnland. Allerdings setzt sich das Vorkommen mit wahrscheinlich geringer Flächenausdehnung unter Wasser fort. Abb.

10.5 zeigt neben der Geschiebeprobe von Blåklobb-Ignimbrit eine petrographisch identische Vergleichsprobe von Blåklobb selbst.

Västervik-Fleckengranofels (Abb. 10.6) ist ein auffälliges Leitgeschiebe. Typischerweise besteht Västervik-Fleckengranofels aus farblich voneinander abgesetzten Anteilen im Zentimeter-Maßstab. Dunkle Flecken sind von hellem Material umgeben, das rötlich oder grau gefärbt sein kann. Die hellen Anteile bestehen aus einer feinkörnig-granoblastischen Masse aus Feldspat und Quarz. Die dunklen Flecken werden von xenomorphen Cordierit-Porphyroblasten gebildet, die ihre Färbung reichlich feinschuppigem Biotit verdanken, der in mikroskopischem Maßstab den Cordierit durchsetzt. Zusätzlich können Aggregate von Sillimanit weiße Flecken bilden.

Die anstehenden Vorkommen von Västervik-Fleckengranofels bilden im äußersten Nordosten Smålands in der Umgebung der Stadt Västervik kilometerlange, schmale Einlagerungen in einer überwiegend quarzitischen, metasedimentären Gesteinsfolge. Die Gesteine sind Bestandteil der Svekofenniden. Der Fleckengranofels ist aus tonig-sandigen Sedimenten hervorgegangen, die zusammen mit den Edukten der einbettenden Quarzite zwischen 1,88 und 1,85 Milliarden Jahren vor heute abgelagert worden sind (Sultan et al. 2005).

Glazialgeschiebe können wie Proben aus anstehenden Vorkommen zu mikroskopischen

Abb. 10.5 Vulkanisches (pyroklastisches) Äquivalent von Rapakivi-Granit als Glazialgeschiebe (rechts, stark gerundet) und als Strandstein (links, mit z. T. kantiger Form) vom anstehenden Vorkommen auf der Insel Blåklobb (Åland-Archipel, Südwestfinnland). Der gelbe Doppelfleck auf der Probe von Blåklobb ist Flechtenbewuchs. Das Glazialgeschiebe stammt aus Nordwestmecklenburg. BB 18 cm.

Abb. 10.6 Västervik-Fleckengranofels, durch eingeschlossene Biotitschüppchen dunkel gefärbte Cordieritporphyroblasten (Poikiloblasten) in hellroter, granoblastischer Matrix aus feinkörnigem Quarz und Feldspat. Die hellen Flecken bestehen überwiegend aus Sillimanit. Glazialgeschiebe aus Hubertsberg, Ostholstein. Herkunft: Raum Västervik, Ostsmåland. Anstehenden Västervik-Fleckengranofels mit grauer Grundtönung zeigt Abb. 7.2.

Präparaten für Unterrichts- und Forschungszwecke verarbeitet werden. Das Dünnschlifffoto (Abb. 10.7) zeigt einen Ausschnitt aus einer Geschiebeprobe von **Eklogit der südwestschwedischen Granulitregion**, der unter granulitfaziellen Bedingungen retrograd angepasst worden ist. Es handelt sich um ein ähnliches Eklogitgeschiebe wie das, welches in Abb. 7.47 makroskopisch gezeigt wird. Das mikroskopische Foto zeigt eine filigrane Durchdringung von Klinopyroxen und Plagioklas in symplektitischer Verwachsung, wie sie besonders in granulitfaziellen Gesteinen als Folge nicht abgeschlossener Mineralreaktionen häufiger vorkommt. Die symplektitische Verwachsung ist bei Druckentlastung aus instabil gewordenem omphacitischem Pyroxen entstanden.

In der Landschaft Södermanland südwestlich von Stockholm liegt das Ursprungsgebiet eines in Geschiebegemeinschaften mit ostschwedischem Anteil regelmäßig vorkommenden svekofennischen, migmatitischen Gneises, der im Herkunftsgebiet als **Sörmland-Gneis** bezeichnet wird. Die Edukt-Gesteinsassoziation war eine mehrere Kilometer mächtige Grauwacke-Pelit-Abfolge. Das biotitreiche Gestein fällt

Abb. 10.7 Mikroskopisches Foto eines Gesteinsdünnschliffs aus einem Glazialgeschiebe granulitfaziell retrogradierten Eklogits. Die Farben sind keine Eigenfarben, sondern durch besondere Einstellung des Polarisationsmikroskops (mit Polarisator und Analysator) bewirkte Interferenzfarben. Das Foto zeigt Plagioklas (hellgrau, weiß, blassgelb) und Klinopyroxen (blau, gelb, orange) in einander durchdringender, symplektitischer Verwachsung als Folgeprodukte von Omphacit, der durch Druckentlastung bei hohen Temperaturen destabilisiert wurde. BB 1,2 mm.

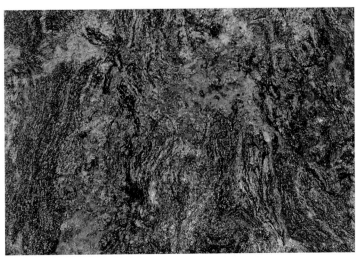

Abb. 10.8 Granat-Cordierit-Para-gneis (Lokalname: Sörmland-Gneis). Roter Granat bildet deformierte Por-phyroklasten. Der oft durch Ein-schlussführung getarnte Cordierit ist vor allem im rechten Bildteil an einer bläulichen Grautönung erkenn-bar. Glazialgeschiebe, Oberfläche eines Findlings, Findlingsgarten an der Liether Kalkgrube, Südholstein. Herkunft: Södermanland, Südost-schweden. BB 28 cm.

durch oft reichliche Führung von bis zu Zenti-meter-großen, roten Granaten auf (Abb. 10.8). Bei genauerem Hinsehen lässt sich neben Feld-spat und wenig Quarz viel bläulich-grauer Cor-dierit erkennen. Eine deutlicher migmatitische Probe aus dem anstehenden Vorkommen zeigt Abb. 7.4.

Das makroskopische Erkennen von Cordierit ist übungsbedürftig. Dies gilt für die makrosko-pische Mineral- und Gesteinsbestimmung ins-gesamt. Die Beschäftigung mit nordischen Gla-zialgeschieben ist wegen ihrer einfachen Erreichbarkeit und großen Vielfalt ein günstiger Anfang.

Literaturverzeichnis

Allaby A. & Allaby M. (1990): The concise Oxford dictionary of earth sciences. – 410 S., (Oxford University Press), Oxford.

Back M.E. (2014): Fleischer's glossary of mineral species. – 10th ed., 420 S., (Mineralogical Record), Tucson.

Best M.G. (2003): Igneous and metamorphic petrology. – 2nd ed., 729 S., (Blackwell Science), Oxford.

Blume H.P., Brümmer G.W., Horn R., Kandeler E., Kögel-Knabner I., Kretzschmar R., Stahr K., Wilke B.-M. (2010): Scheffer / Schachtschabel, Lehrbuch der Bodenkunde. – 16. Auflage, 570 S., (Spektrum), Heidelberg.

Boggs S. (2014): Petrology of sedimentary rocks. – 2nd ed. (5th printing), 600 S., (Cambridge University Press), Cambridge.

Brown P.E. (1991): Caledonian and earlier magmatism. – In: Craig G.Y. (ed.): Geology of Scotland. – 3rd ed., 229–295, (Geological Society), London.

Bucher K. & Frey M. (2002): Petrogenesis of metamorphic rocks. – 7th ed., 341 S., (Springer), Berlin.

Bucher K. & Grapes R. (2011): Petrogenesis of metamorphic rocks. – 8th ed. , 428 S., (Springer), Berlin.

Cajz, V. (ed.1996): České Středohoří, Geologická a přírodovėná mapa 1 : 100000, mit Erläuterungen, 158 S., (Český geologcký ústav), Praha.

Chao E.C.T.(1987): Feldmethode zur Klassifizierung der Stoßwellenmetamorphose. – In: Chao E.T.C., Hüttner R. & Schmidt-Kaler H. (eds.): Aufschlüsse im Ries-Meteoriten-Krater. – 3. Aufl., 15–16, (Bayerisches Geologisches Landesamt), München.

Chappell B.W. & A.J.R. White A.J.R. (1974): Two contrasting granite types. – Pacific Geology, 8, 173–174.

Coombs D.S. (1954): The nature and alteration of some Triassic sediments from Southland, New Zealand. – Transactions of the Royal Society of New Zealand, 82, 65–109.

Coombs D.S., Alberti A., Armbruster T., Artioli G., Colella C., Galli E., Grice J.D., Liebau F., Mandarino J.A., Minato H., Nickel E.H., Passaglia E., Peacor D.R., Quartieri S., Rinaldi R., Ross M., Sheppard R.A., Tillmanns E. & Vezzalini G. (1998): Recommended nomenclature for zeolite minerals: Report of the Subcommittee on Zeolites of the International Mineralogical Association, Commission on New Minerals and Mineral Names. – European Journal of Mineralogy, 10, 1037–1081.

Coombs D.S., Ellis A.J., Fyfe W.S. & Taylor A.M. (1959): The zeolite facies, with comments on the interpretation of hydrothermal syntheses. – Geochimica et Cosmochimica Acta, 17, 53–107.

DIN Deutsches Institut für Normung e. V. (2008): DIN EN 12440, Naturstein – Kriterien für die Bezeichnung; Deutsche Fassung EN 12440: 2008. – 109 S., (Beuth), Berlin.

Dunham R.J. (1962): Classification of carbonate rocks according to depositional texture. – In: Ham W.E. (ed.): Classification of carbonate rocks. A symposium. – American Association of Petroleum Geologists Memoir, 1, 108–171.

Ehlers J. (1994): Allgemeine und historische Quartärgeologie. – 358 S., (Ferdinand Enke), Stuttgart.

Embry A.F. & Klovan J.E. (1971): A late Devonian reef tract on northeastern Banks Island. N.W.T. – Bulletin of Canadian Petroleum Geology, 19, 730–781.

Eskola P. (1915): Om sambandet mellan kemisk och mineralogisk sammansättning hos Orijärvitraktens metamorfa bergarter. – Bulletin de la Commission Geologique de Finlande, 44, 1–145.

Fediuk F., Langrová A. & Melka K. (2003): North Bohemian porcellanites and their mineral composition: the case of the Dobrc̈ice quarry, the Most Basin. – Geolines, 15, 35–43, Praha.

Fettes D. & Desmons J. (eds., 2007): Metamorphic rocks: a classification and glossary of terms. – 320 S., (Cambridge University Press), Cambridge.

Flick H. (1987): Geotektonische Verknüpfung von Plutonismus und Vulkanismus im südwestdeutschen Variscicum. – Geologische Rundschau, 76, 699–707.

Flügel E. (2004): Microfacies of carbonate rocks: analysis, interpretation and application. – 976 S., (Springer), Berlin.

Füchtbauer, H. (1988): Sedimente und Sedimentgesteine. – 4. Auflage, 1141 S., (Schweizerbart), Stuttgart.

Füchtbauer H. & Richter D.K. (1988): Karbonatgesteine. – In: Füchtbauer H. (ed.): Sedimente und Sedimentgesteine. – 4. Aufl., 233–434, (Schweizerbart), Stuttgart.

Gorbatschev R. (2004): The Transscandinavian Igneous Belt – introduction and background. – In: Högdahl K., Andersson U.B. & Eklund O. (eds.): The Transscandinavian Igneous Belt (TIB) in Sweden: a review of its character and evolution. – Geological Survey of Finland, Special Paper, 37, 9–15.

Hawthorne F.C. & Oberti R. (2007): Classification of the amphiboles. – Reviews in Mineralogy & Geochemistry, 67, 55–88.

Hawthorne F.C., Oberti R., Harlow G.E, Maresch W.V., Martin R.F., Schumacher J.C., Welch M.D. (2012): Nomenclature of the amphibole supergroup. – American Mineralogist 97, 2031–2048.

Heitzmann P. (1985): Kakirite, Kataklasite, Mylonite – Zur Nomenklatur der Metamorphite mit Verformungsgefügen. – Eclogae geologiae Helvetiae, 78, 273–286.

Heling D. (1988): Ton- und Siltsteine. – In: Füchtbauer H. (ed.): Sedimente und Sedimentgesteine. – 4. Aufl., 185–231, (Schweizerbart), Stuttgart.

Jayko A.S., Blake M.C. & Brothers R.N. (1986): Blueschist metamorphism of the Eastern Franciscan belt of northern California. – Geological Society of America Memoir, 164, 107–123.

Johansson L., Lindh A., Möller C. (1991): Late Sveconorwegian (Grenville) high-pressure granulite facies metamorphism in southwest Sweden. – Journal of Metamorphic Geology, 9, 283–292.

Jung D. (1958): Untersuchungen am Tholeyit von Tholey (Saar). – Beiträge zur Mineralogie und Petrographie, 6, 147–181.

Lahti S.I. (2005): Orbicular Rocks in Finland. – 177 S., (Geological Survey of Finland), Espoo.

Leake B.E., Wolley A.R., Arps C.E.S., Birch W.D., Gilbert M.C., Grice J.D., Hawthorne F.C., Kato A., Kisch H.J., Krivovichev V.G., Linthout K., Laird J., Mandarino J., Maresch W.V., Nickel E.H. & Rock N.M.S. (1997): Nomenclature of amphiboles: report of the Subcommittee on Amphiboles of the International Mineralogical Association Commission on New Minerals and Mineral Names. – European Journal of Mineralogy, 9, 623–651.

Leake B.E., Wooley A.R., Birch W.D., Burke E.A.J., Ferraris G., Grice J.D., Hawthorne F.C., Kisch H.J., Krivovichev G., Schumacher J.C., Stephenson N.C.N., Whittaker E.J.W. (2004): Nomenclature of amphiboles: Additions and revisions to the International Mineralogical Associations´s amphibole nomenclature. – American Mineralogist, 89, 883–887.

Lehmann U. (1967): Ammoniten mit Kieferapparat und Radula aus Lias-Geschieben. – Paläontologische Zeitschrift, 41, 38–45.

Le Bas M.J. & Streckeisen A.L. (1991): The IUGS systematics of igneous rocks. – Geological Society [London] Journal, 148, 825–833.

Le Maitre R.W. (ed.), Bateman P., Dudek A., Keller J., Lamayre J., Le Bas M.J., Sabine, P.A., Schmid R., Sørensen H., Streckeisen, A., Wooley A.R. & Zanettin B. (1989): A classification of igneous rocks and glossary of terms. – 193 S., (Blackwell), Oxford.

Le Maitre R.W. (ed.), Streckeisen A., Zanettin B., Le Bas M.J., Bonin B., Bateman P., Bellieni G., Dudek A., Efremova S., Keller J., Lamayre J., Sabine P.A., Schmid R., Sørensen H. & Wooley A.R. (2004): Igneous rocks: a classification and glossary of terms. – 236 S., (Cambridge University Press), Cambridge.

Lundqvist T. (1994): The Swedish Precambrian. – In: Fréden C. (ed.): National Atlas of Sweden: Geology. – 14–21, (Almqvist & Wiksell), Stockholm.

Mathé G. (1992) Hirtstein. – In: Astor E. (ed.): Erzgebirge. – 73–74, (Geographisch-Kartographisches Institut Meyer), Mannheim.

Matthes S. (1996): Mineralogie. – 5. Aufl., 499 S., (Springer), Berlin.

Mattson H.J. & Elming S.-Å. (2001): A paleomagnetic and AMS study of the Rätan granite of the Transscandinavian Igneous Belt, central Sweden. – GFF, 123, 205–215.

Möller C. (1998): Decompressed eclogites in the Sveconorwegian (-Grenvillian) orogen of SW Sweden: Petrology and tectonic implications. – Journal of Metamorphic Geology, 16, 641–656.

Morimoto N., Fabries J., Ferguson A.K., Ginzburg I.V., Ross M., Seifert F.A. & Zussman J. (1988): Nomenclature of pyroxenes. – Mineralogical Magazine and Journal of the Mineralogical Society, 52, 535–550.

Nickel E.H. (1992): Nomenclature for mineral solid solutions. – American Mineralogist, 77, 660–662.

Pitcher W.S. (1982): Granite type and tectonic environment. – In: Hsü K.J. (ed.): Mountain building processes. – 19–40, (Academic Press), London.

Pitcher W.S. (1993): The nature and origin of granite. – 321 S., (Blackie Academic & Professional), London.

Potter P.E., Maynard J.B. & Depetris P.J. (2005): Mud and mudstones, introduction and overview. – 297 S., (Springer), Berlin.

Puura V. & Flodén T. (2000): Rapakivi-related basement structures in the Baltic Sea area; a regional approach. – GFF, 122, 257–272.

Rämö O.T. & Haapala I. (1995): One hundred years of rapakivi granite. – Mineralogy and Petrology, 52, 129–185.

Reinsch D. (1999): Zur schriftlichen Formulierung der Mohs'schen Ritzhärte. – Aufschluss, 50, 149–155.

Rieder M., Cavazzini G., D'Yakonov Y.S., Frank-Kamenetskii V.A., Gottardi G., Guggenheim S., Koval P.V., Müller G., Neiva A.N.R., Radoslovich E.W., Robert J.-L., Sassi F.P., Takeda H., Weiss Z. & Wones D.R. (1998): Nomenclature of the micas. – The Canadian Mineralogist, 36, 905–912.

Ries J.B. (2004): Effect of ambient Mg/Ca ratio on Mg fractionation in calcareous marine invertebrates: a record of the oceanic Mg/Ca ratio over the Phanerozoic. – Geology, 32, 981–984.

Rock N.M.S., Bowes D.R. & Wright A.E (1991): Lamprophyres. – 285 S., (Blackie & Son), Glasgow.

Rothe P. (2002): Gesteine: Entstehung – Zerstörung – Umbildung. – 192 S., (Wissenschaftliche Buchgesellschaft), Darmstedt.

Särchinger H. (1958): Geologie und Gesteinskunde. – 5. Aufl., 353 S., (Volk und Wissen), Berlin.

Schäfer A. (2005): Klastische Sedimente: Fazies und Sequenzstratigraphie. – 414 S., (Spektrum), München.

Schmincke H.-U. (1988): Pyroklastische Gesteine. – In: Füchtbauer H. (ed.): Sedimente und Sedimentgesteine. – 4. Aufl., 731–778, (Schweizerbart), Stuttgart.

Schmincke H.-U. (2000): Vulkanismus. – 264 S., (Wissenschaftliche Buchgesellschaft), Darmstadt.

Shelley D. (1993): Igneous and metamorphic rocks under the microscope: classification, textures, microstructures and mineral preferred orientations. – 445 S., (Chapman & Hall), London.

Smed P. (1993): Indicator studies: a critical review and a new data-presentation method. – Bulletin of the Geological Society of Denmark, 40, 332–340.

Streckeisen A. (1976): To each plutonic rock its proper name. – Earth Science Reviews, 12, 1–33.

Stahr K. (2010): Anorganische Komponenten der Böden – Minerale und Gesteine. – In: Scheffer / Schachtschabel: Lehrbuch der Bodenkunde. – 16. Auflage (neu bearbeitet von Blume H.P., Brümmer G.W., Horn R., Kandeler E., Kögel-Knabner I., Kretzschmar R., Stahr K., Wilke B.-M.), 7–48, (Spektrum), Heidelberg.

Stow D.A.V. (2008): Sedimentgesteine im Gelände, ein illustrierter Leitfaden. – 392 S., (Spektrum), Heidelberg.

Sultan L., Claesson S., Plink-Björklund P. (2005): Proterozoic and Archaean ages of detrital zircon from the Palaeoproterozoic Västervik Basin, SE Sweden: Implications for provenance and timing of deposition. – GFF, 127, 17–24.

Sundblad K., Mansfeld J. & Särkinen M. (1997): Palaeoproterozoic rifting and formation of sulfide deposits along the southwestern margin of the Svecofennian Domain, southern Sweden. – Precambrian Research, 82, 1–12.

Tucker, M.E. (1985): Einführung in die Sedimentpetrographie. – 265 S., (Enke), Stuttgart.

Tucker, M.E. & Wright V.P. (1990): Carbonate Sedimentology. – 482 S., (Blackwell), Oxford.

Vorma A. (1976): On the petrochemistry of rapakivi granites with special reference to the Laitila massif, southwestern Finland. – Geological Survey of Finland, Bulletin, 285, 1–98.

Woolley A.R. (1982): A discussion of carbonatite evolution and nomenclature, and the generation of sodic and potassic fenites. – Mineralogical Magazine, 46, 13–17.

Wright V.P. (1992): A revised classification of limestones. – Sedimentary Geology, 76, 177–186.

Zandstra J.G. (1999): Platenatlas van noordelijke kristallijne gidsgesteenten. – 412 S., (Backhuys), Leiden.

Sachwortverzeichnis